Chemistry in Your World
John L. Hogg

제2판

CHEM 생활속의 화학

| 화학교재연구회 옮김 |

Cengage

Australia • Brazil • Canada • Mexico • Singapore • United Kingdom • United States

Cengage

CHEM 2:
Chemistry in Your World,
Second Edition

John L. Hogg

ISBN-13: 978-89-6218-457-0

Cengage Learning Korea Ltd.
14F YTN Newsquare 76 Sangamsan-ro
Mapo-gu Seoul 03926 Korea

Cengage is a leading provider of customized learning solutions with employees residing in nearly 40 different countries and sales in more than 125 countries around the world. Find your local representative at: **www.cengage.com.**

To learn more about Cengage Solutions, visit **www.cengageasia.com.**

Every effort has been made to trace all sources and copyright holders of news articles, figures and information in this book before publication, but if any have been inadvertently overlooked, the publisher will ensure that full credit is given at the earliest opportunity.

Printed in Korea
Print Number: 05 Print Year: 2024

옮긴이의 머리말

21세기 들어 우리의 삶은 과학의 발전으로 인한 많은 혜택을 받고 있다. 획기적인 기술 발전으로 인해 우리는 과거 많은 선조들이 경험해 보지 못한 놀라운 삶을 살아가고 있는 것이다. 플라스틱으로 대변되는 신소재는 우리 삶을 새롭게 변화시켰고 인간 유전체의 연구와 새로운 의약품의 개발은 건강 장수 시대를 예고하고 있다.

많은 과학 분야 중에서도 화학은 특별히 우리 삶과 매우 밀접한 학문이다. 우리 주위의 모든 물질이 화학 연구의 대상물이며 화학 기술의 발전은 우리 삶의 형태를 계속 변화시켜 왔다. 그럼에도 화학은 어려운 학문으로 일반 대중과 멀리 떨어진 학문으로 인식되어 왔다. 화학이 모두에게 중요함에도 위험하고 어려운 과목이라는 인식 때문에 많은 학생들이 기피하는 과목이 되어버렸다.

이 책은 우리가 생활 속에서 접하는 화학 물질과 화학적 변화에 관심을 가질 수 있도록 하고 있다. 공기와 물에서부터 식품과 의약품에 이르기까지, 우리를 둘러싸고 있는 환경에서 우리가 일상에서 사용하는 생활용품까지 여러 분야에 걸쳐 화학의 기본 개념을 소개하며 흥미롭게 설명하고 있다. 산–염기 개념이나 산화–환원에 대한 이해는 자칫 어렵다고 생각할 수도 있으나 우리 주변에서 일어나는 다양한 변화를 설명할 수 있는 화학의 기본개념이다. 또한 우리가 흔히 사용하는 생활용품들이 작용하는 근본적인 원리이기도 하다. 이 책은 화학을 전공하지는 않지만 화학적 기본 개념을 가지고 공부해야 할 학생들을 위한 일반화학이나 생활과학 교재로 사용하기에 적당하도록 준비하였다. 관심을 끌 수 있는 사진과 표를 통해 시각적으로도 참신하게 편집되었다. 학생들은 이 책을 통해 우리 생활 속에 화학이 얼마나 중요한가를 인식할 수 있게 될 것이다.

이 책으로 강의하는 교수님들에게는 책에 나오는 내용 중 잘못되었거나 오탈자가 있으면 지적해 주실 것을 부탁드린다. 또한 책의 출판에 많은 도움을 준 사이플러스 박종성 대표와 편집부 직원들에게 감사를 드린다.

2015년 1월 20일
옮긴이 적음

생활 속의 화학 차례

제8장 에너지와 탄화수소

Energy and Hydrocarbons *144*

제9장 유기 화합물과 고분자

Organic Chemicals and Polymers *178*

제10장 생명의 화학

The Chemistry of Life 208

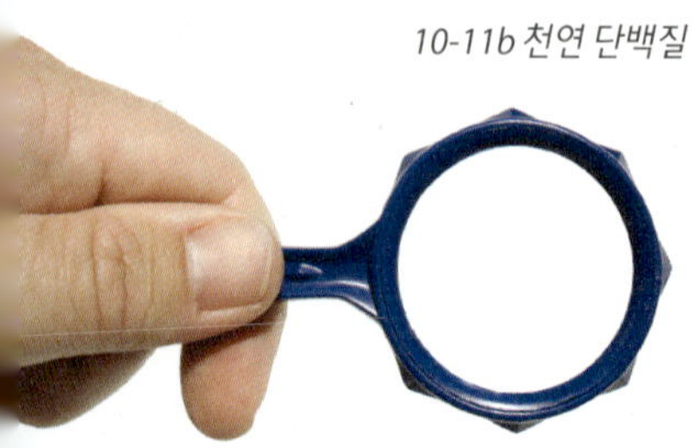

제11장 영양: 건강한 삶의 기본

Nutrition: The Basis of Healthy Living 252

제12장 화학과 의약품

Chemistry and Medicine 276

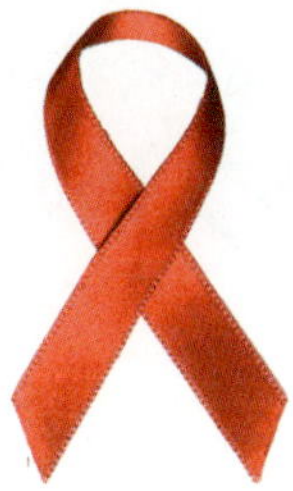

제13장 유용한 재료의 화학

1 화학 세계에서 생활하기

Living in a World of Chemistry

차례

1-1 화학 세계

매학기 첫 강의 시간에 교수들은 학생들에게 그들의 배경과 포부 및 인생의 목표에 관한 어떤 일반적인 경향을 알기 위해 흔히 설문지를 돌린다. 인문계 학생들에게 개설된 화학 교과 과정을 신청한 일반적인 이유는 졸업 요건을 충족하기 위함이거나 고등학교에서 화학을 좋아했기 때문이다. 대부분의 학생들은 화학 지식에 크게 의존할 인생을 추구할 계획을 하지 않는다. 따라서 교수는 일상생활에서 화학의 중요성을 깨우치기 위해 학기 내내 설명한다. 교수는 학생들에게 화학을 어느 정도 이해하는 것이 생활과 관련된 활동을 이해하는 데 중요함을 인식하도록 하는 것을 목적으로 한다.

화학은 물질과 그 변화에 대한 학문으로 정의할 수 있다. 우리 모두는 매일의 삶에서 의식하든지 못하든지 화학 현상의 지식을 사용하고 있다. 화학과 직·간접적으로 관련된 일상 활동을 상상해 보자. 요리, 골프, 컴퓨터 워드 프로세서, 예술? 이러한 활동에서 화학 또는 화학 관련 제품이나 장치를 쉽게 찾을 수 있다면 이미 화학의 중요성을 인식하고 있는 것이다. 일상의 모든 활동은 화학물질과 어느 정도 관련이 있음을 알지만 여전히 얼마나 많은 기초 화학을 알 필요가 있는가를 질문하게 된다.

많은 사람들은 화학이 생물학과 물질과학의 접점에 교묘하게 위치하고 있다고 한다. 두 영역의 이해를 통해 화학자와 화학적 배경을 가진 전문가들은 생활 조건을 개선하는 데 많은 공헌을 하였고, 또 계속하고 있다. 생명 기술의 중요한 발견은 거의 항상 화학에 대한 기본적인 이해에 달려있다. 우리가 살고 있는 세상을 더 좋게 만드는 이러한 발견을 하고자 하는 의지로 인해 사람들은 발전 과정의 한 부분을 담당하게 된다. 적어도 어느 정도는 우리가 더 나은 세상을 이루고자 하지만 화학 주변을 돌려고 하는 노력은 아마도 생각하지 않을 것이다. 그러나 일상 활동의 가장 평범한 사건을 잠깐 살펴보아도 현대 사회에서 화학이 얼마나 퍼져있는지를 알 수 있다.

다음을 생각해 보자. 어떤 생필품들은 왜 화학물질이 없다고 선전하는가? 오늘날 왜 많은 사람들이 생수를 마시는가? 이것은 화학물질이 나쁘다는 의미인가? 생필품이나 식품을 살 때 왜 이런 것을 걱정해야 하는가? 이 과목을 진행하면서 이런 문제들에 대해 여러 번 답할 것이다.

CHAPTER 1

뜻있는 시민들이 투표하는 많은 문제들은 과학적 정보를 평가하는 능력에 크게 의존한다. 예를 들면 의회 대표로 지구 온난화가 신화라고 생각하는 사람을 선택할 것인가 혹은 그것이 어떤 조치를 취해야 할 심각한 문제라고 생각하는 사람을 선택할 것인가? 식품에 방사선 조사를 허용하는 입법에 반대해야 하나? 다음에 SUV 구입을 결정해야 할 때 휘발유 연소 생성물인 이산화 탄소와 물에 관한 핵심을 진정으로 이해하고 있는가? 이런 것들은 오늘날 직면하고 있는 화학적 지식에 크게 의존하는 사회 문제 중 하나이다.

이런 문제들은 마치 화학만이 이들 문제에 책임이 있는 것으로 흔히 생각하도록 한다. 또한 현재의 안락함과 유용한 약품 및 즐겨 쓰는 소비재의 발전은 화학이 가져 왔다

건강한 지구와 인류의 건강은 화학과 깊은 관련이 있다. 화학은 우리 주위의 모든 것이다.

이 음식물에는 화학물질이 전혀 없을까?

고 주장하기를 좋아한다. 이러한 공헌은 세계 많은 사람들의 삶의 질을 향상시키고 수명을 연장시켰다. 그러나 모든 사람이 이런 혜택을 받는 것은 아니다.

서양에서는 "모든 구름에는 흰 가장 자리가 있다"는 옛 말이 있다. 아주 멋진 생활을 추구한 결과로 일어났거나 일어날 수 있는 문제가 있는가? 우리의 모든 희망이 미약해질 수 있는가? 화학적, 기술적 발전이 경이로울 때에도 바람직하지 않는 문제들을 항상 가지고 있다. 화학을 공부하면 일상에서 이익과 위험은 균형 잡혀 있음을 알 수 있다. 어떤 활동의 이점이나 어떤 생산품 사용의 이익이 해로움보다 큼을 잘 알고 있어도 이익과 위험을 별 생각 없이 분석한다. 새로운 정보는 이런 결정에 의문을 갖게 한다. 이런 미묘한 상황에 처할 때 정보를 판단할 능력이 있어야 한다.

앞으로 "화학"을 어떻게 대할 것인가를 잠시 생각해보자. 저학년에서 화학적 변화와 물리적 변화의 차이나 원자와 분자의 차이를 이해해야 한다는 것을 알면 놀랄 것이다. 미래에 저학년 담당 선생님으로서 학생들에게 이들 개념을 쉽게 가르칠 수 있겠는가? 장래에 농부로서 화학을 충분히 이해하여 현대 영농에 필요한 화합물을 이용할 수 있을까? 또는 "화학물질을 쓰지 않는 유기농"이 가야할 길이라고 느끼게 될까? 심지어는 그런 영농이 가능할까? 증권업자로서 고객에게 휘발유 대신 물로 달릴 수 있는 자동차 엔진 개발을 하고자하는 회사에 투자하라고 추천하겠는가? 부모로서 친구가 권하는 새로운 약이나 의학적 처치를 불안하게 생각하지 않겠는가? 의사가 제안한 것을 더 편안하게 느끼지는 않겠는가? 이와 같은 가상적인 상황을 오랫동안 토론할 수도 있으며 이를 위해서는 분명히 아마도 지금보다 화학을 더 알아야할 것이다.

이 책의 주목적은 화학을 좀 더 편안하게 대하는 것이다. 화학의 이해를 시작하여 보자.

아마도 당신에게 '*화학(chemistry)*'은 '*화학물질(chemicals)*'을 의미할 것이다. 그리고 이 말이 항상 독성이라는 형용사와 함께 생각될 것이다. "독성 화학물질 누출" 또는 환경에서 독성물질의 경고에 관해서 들었기 때문에 이런 생각은 그리 놀라운 일도 아니다. 어떤 화합물은 맹독성이다. 추리소설의 비소, 제1차 세계 대전의 독가스, 부패된 통조림 식품에서 자란 미생물이 방출하는 식중독을 일으키는 화합물 등이 독성물질의 예이다.

그러나 화학 공부는 해로운 물질만을 배우는 것은 아니다. 또한 화학에 의해 만들어진 불치병의 치료 의약품, 아름답고 유연하고 값싼 합성섬유, 또는 TV 화면의 천연색과 같은 현대 사회의 경이로운 것들만 배우는 것도 아니다.

대신에, "화학은 나에게 도움을 줄 수 있는 것이 무엇인가?"와 같은 이기적인 관점이 아닌 화학 세계의 시민으로 다가오기를 희망한다. 달에서 찍은 지구의 사진은 우리들에게 이 행성과 여기에 있는 물질들이 유한함을 알려 주었다. 화학 세계는 지구상에서 얻은 물질과 이것들로 할 수 있는 것에 관심을 갖게 한다.

세계적 관점에서 화학의 이해는 21세기 앞에 놓인 주요 사회 문제를 해결하는 데 유용할 것이다. 60억 이상의 현재 세계 인구는 전에 보지 못한 속도로 증가 추세로 있고 50년 후에는 배로 될 전망이다. 어떻게 이 모든 인구를 먹이고, 입히고, 재울 수 있을까?

어떻게 지구가 제공하는 것들이 훼손되는 것을 방지할 수 있을까? 인간 활동의 결과에 관해 지금 알고 있는 것보다 모르고 행한 어떤 피해를 어떻게 복원할 수 있을까? 환경에 가하는 새로운 피해를 어떻게 막을 수 있을까? 이 모든 문제들은 심오한 응용화학이 없이는 해결할 수 없다.

화학을 이해하는 것은 일상 생활의 새로운 차원을 열어준다. 만일 화학물질이 들어있지 않은 상품이 광고된다면 그 상품의 생산자는 무엇을 말하는가? 모든 것이 자연산이라고 선전하는 상품을 두 배로 살 가치가 있는가? (그럴 가치가 있을 수도 있고 그렇지 않을 수도 있다.) 반응하면 맹독성 기체가 생기기 때문에 가정용 암모니아와 염소 표백제를 혼합해서는 안 된다는 것을 아는가?

이 책의 각 장에 앞서 할 것은 세상에 대한 화학적 관점을 살펴보는 것이다. 그것은 관찰과 사실에 기초한다. *과학적 사실*(*scientific fact*)은 매번 같은 결과를 낳는 반복된 관찰에서 나온다. (물은 해수면에서 100°C에서 끓는다는 것은 과학적 사실이다.) 화학세계는 모형, 이론, 실험에 기초한다. 과학자들은 모형과 지식을 조직하는 이론을 사용하고 예측을 한다. 예측은 실험에 의해 시험된다. 실험 결과가 예측과 어긋나면 그 이유를 조사해야 한다. 아마도 이론이 잘못되었을 수 있다.

세계에 대한 화학적 관점은 두 가지 방법으로 물질을 보는 것을 배우는 것이다. 하나의 관점은 직접 관찰이 제공하는 것이며, 다른 관점은 과학자들이 직접 관찰할 수 없는 세계를 배우는 추상적 모습이다.

화학세계의 소개를 계속하기 위해 일간 신문에 언급되기에 충분한 뉴스 가치가 있는 3가지 화학 관련 주제들인 모든 식물과 동물의 유전을 지배하는 DNA, 대기권의 오존 파괴, 그리고 화석 연료와 기후 온난화에 대하여 간단히 살펴보고자 한다. 이 책을 진행하면서 이러한 화학 관련 주제들과 화학자들의 물질에 관한 관점과의 연관성에 관해 배우게 될 것이다.

1-2 DNA, 생화학 및 과학

DNA(deoxyribonucleic acid)는 우리 몸 전체의 세포 속에 존재한다. 약 55년 전, DNA는 한 세대에서 다음 세대로 유전적 정보 전달 즉, 우리 조상과 우리가 어떻게 동일하고 다른지를 전달하는 것으로 알려졌다. 그 이후에 DNA의 화학적 성분과 구조가 밝혀졌다.

2000년에 DNA에 대한 지식의 문이 열렸다. 기업(Celera Genomics)과 비영리 단체(Human Genome Project)의 두 연구원들의 노력으로 인간 DNA 지도가 처음으로 공동 발표되었다. 인간 DNA 지도는 2003년 4월에 완성되었다. 인간 DNA의 모든 성분의 위치가 확인되었다.

그들의 첫 발표에서, 인간 유전자 연구(Human Genome Project)의 선구자들은 다음과 같이 예언적 성명을 발표하였다. "인간 유전에 관해 연구하면 할수록 연구할 내용이 더 많다는 것을 부인할 수 없다." 현재 지속되고 있는 연구는 다음과 같다.

- 인간과 다른 동 · 식물의 건강을 증진하는 신제품 개발.
- 유전병의 이해.
- 유전병 치료제 개발.
- 병을 예방하거나 치료를 위한 개인의 유전자 조성의 변형.

- 약이 어떤 사람에게는 효과적이고 다른 사람에게는 효과가 없는 이유의 연구.
- 개인의 유전자 조성에 정확히 일치하는 약 개발.
- 개량된 농산물과 동물의 개발.
- 원하는 화학제품을 대량 생산할 수 있는 유전적으로 변형된 박테리아의 창조.
- 진화를 더 잘 이해하기 위한 유전정보의 이용.

각 사람의 DNA 조성은 개인을 확인하는 지문과 같은 역할을 한다. DNA를 분석하는 방법이 가능하기 때문에 이런 분석은 과학 수사에서 점점 더 중요한 역할을 한다. DNA에 의한 범인 확인에 관한 법리적 논쟁에 대응하여 미국 국립 과학원이 조사를 하고 정당하게 분석된 DNA 증거 사용의 신뢰성을 의심할 이유가 없다고 결론을 내렸다.

범행 장소에서 발견된 혈액이나 다른 생리 물질의 DNA 분석과 용의자 시료를 비교하는 것은 죄와 무죄의 증거로서 큰 비중을 가진다. 그러나 DNA 증거를 법원에 제출하였던 초기에는 증거에 반대하는 과학 전문가 활용에 대한 우려가 있었다. 판사들은 거의 알지 못하는 과학적 문제에 판결을 내리는 위치에 있게 된다. 1995년 미국 대법원은 연방 및 주 판사들이 증언을 하기 전에 전문가의 능력을 확인하기 위해 공판 전 청문회를 열 권한을 갖는다고 결정하였다. 이 조치의 목적은 "잘못된 과학(일반적으로 받아들일

그림 1.1 ▸ 자연과학의 여러 세부 분야.
분야의 수는 과학 간의 경계가 없어짐에 따라 계속 증가한다.

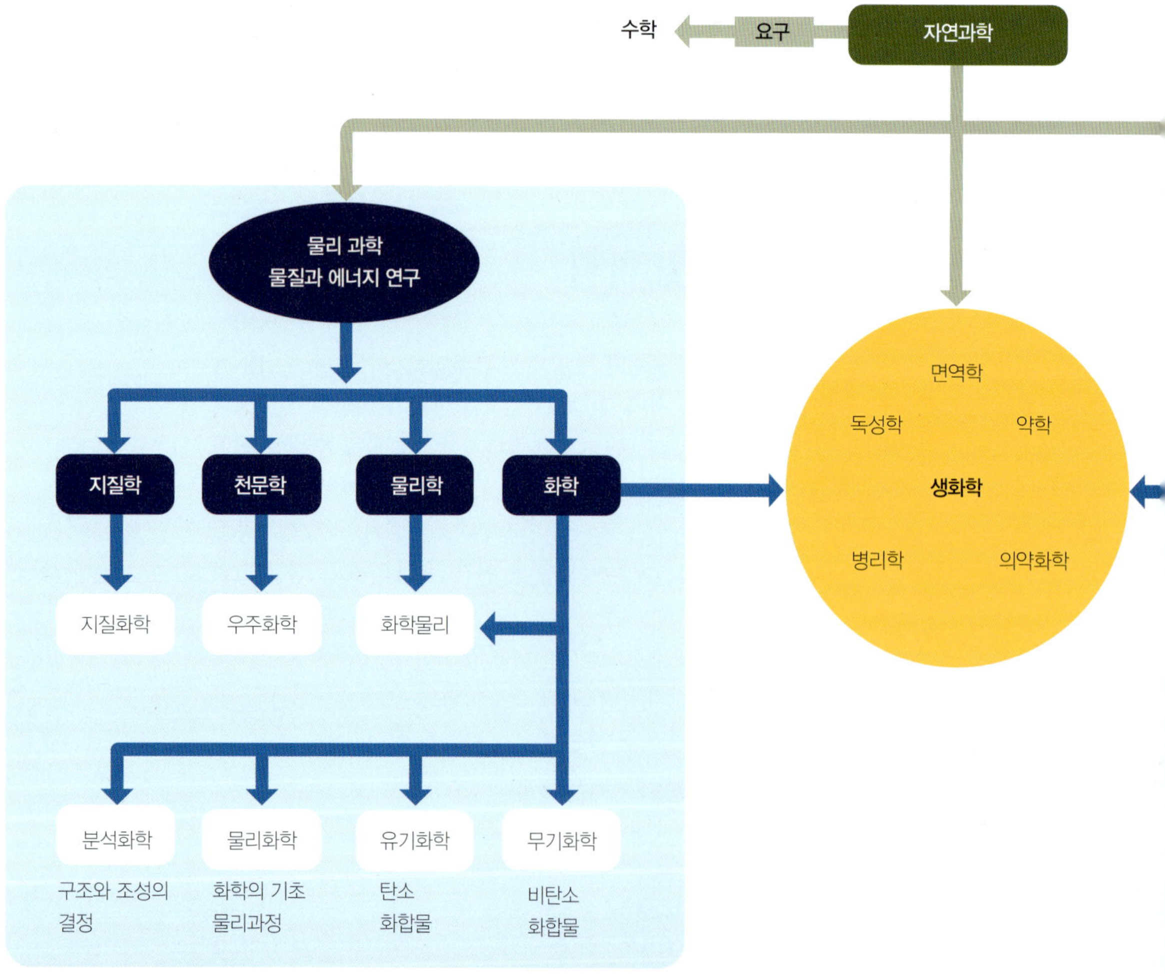

수 없고 적절한 사려없이 발전된 과학)"이 법에 접근하는 것을 막는 것이다. 그 결과로 DNA에 관해 판사들의 교육이 시작되었다. 1995년 35 명의 판사들이 처음으로 이 문제를 6일간 공부하였다. 그들은 실험실에서 그들 자신의 DNA 순서를 확인하기도 하였다.

DNA 실험의 타당성을 수립한 결과 이 방법이 널리 보급되었다. 2011년까지 미국에서는 뉴욕 주에서 17명의 사형 예정자를 포함하여 전국적으로 280명 이상의 개인이 DNA 실험에 의해 무죄가 입증되었다. FBI가 수립한 DNA 지문 시스템 때문에 DNA 실험에 의한 유 · 무죄의 판단은 신속히 보급될 것으로 기대된다. 이 시스템은 모든 주에서 수집한 DNA 증거를 연결하였고 모든 주에서 법 집행관들이 조사하는 것이 가능하게 하였다.

DNA 연구는 *생화학*(*biochemistry*)의 일부이며 화학과 물리학을 생물학과 연결하는 자연과학이다. **화학**(**chemistry**)은 물질과 물질의 변화에 대한 연구로 정의한다. 조금만 생각하여도 화학의 기초 이해가 자연의 모든 것을 이해하게 함을 확신시켜 준다. 화학자는 자연 물질의 이해를 통해 물질을 변화시키고 새로운 물질을 합성할 수 있다.

화학: 물질과 물질의 변화에 대한 연구.

역사적으로 자연과학은 물리적, 생물학적 환경의 자연 관찰과 관련이 있다. 전통적으로 자연과학을 분류하면 그림 1.1과 같이 다른 과학과 화학의 관계에 중점을 가지고 표시된다. 그러나 각각의 과학은 더 정교하게 성장함에 따라 그 경계가 모호해졌다. 새로운

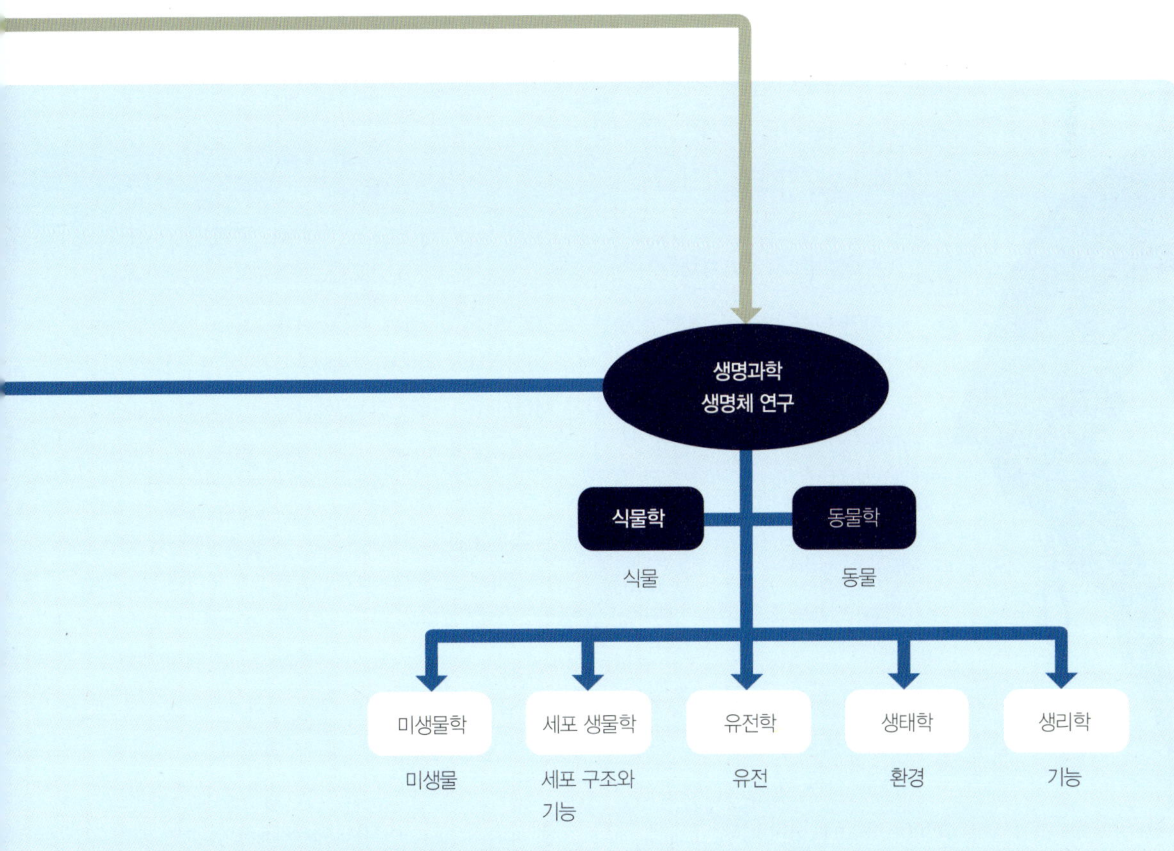

분야가 출현됨에 따라 과학의 역동적인 특징이 나타난다. 최근 자신을 생물리학자, 생무기화학자, 지구화학자, 화학물리학자, 분자고생물학자(현대 화학적 방법을 고전예술품 분석에 사용) 등으로 언급하는 학자들이 나타나고 있다.

DNA 연구는 과학의 첨단 분야이다. 유전병의 원인 해명, 또는 *유전 공학*(*genetic engineering*)이라는 새로운 기술에 의한 신제품 소개와 같은 새로운 발전이 계속되고 있다. 이러한 발전은 건강이나 행동에 관련되기 때문에 언론에 자주 등장한다. DNA는 10장 "생활 화학"에서 다시 다룬다.

1-3 에어컨, 오존 구멍 및 기술

다음으로 DNA 분석보다 우리에게 직접적으로 영향을 주는 냉매로 사용되는 화합물을 생각해보자. 냉매의 발달은 화학의 흥미있는 역사이다. 냉매는 1800년대 후반부터 사용되었다. 그 과정은 증발할 때 열을 흡수하고 응축할 때 열을 방출하는 유체가 필요하며, 증발과 응축이 계속 순환된다.

1900년대 초반에 냉매로 사용된 유체는 대부분 가연성이고 유독하였다. 어느 날 미국 제너럴 모터스(GM)의 연구 책임자인 Charles Kettering이 젊은 기술자인 Thomas Midgley에게 다음과 같은 임무를 부여하였다. "냉장 산업에서는 어디서나 얻을 수 있는 새로운 냉매가 필요하다." Midgley와 그 동료들은 이 문제를 열심히 연구하였다. 그들은 각 화학 실험실에 있는 많은 자료에서 후보들을 고르고 화학 원소 성질의 체계적 변화를 연구하였다. 그들은 플루오린이 유독하지만 어떤 경우에는 독성이 없을 것으로 판단하였다. 초기에 그들은 실험실에서 플루오린을 함유한 새로운 화합물을 만들기로 하였다. 필요한 원료 물질의 하나가 희귀한 플루오린 화합물이기 때문에 그들은 공급 가능한 5개의 작은 병에 든 물질을 신속히 구입하였다. 한 병을 사용하여 새로운 화합물의 첫 번째 시료를 만들었다.

Midgley는 다음과 같이 말했다.

"기니아 피그를 종 모양의 유리 그릇 밑에 시료와 같이 넣었다. 책임을 맡은 의사도 놀랄만큼 기니아 피그는 갑자기 숨을 멈추고 죽지 않았다. 실험 동물은 발진이 나타나지도 않았다. 우리의 예상은 성취되었다."

하지만 다른 병에 들어있던 출발 물질로 만든 두 번째 시료는 기니아 피그를 죽였다. 여기에 문제 해결의 길이 있었다. 연구 결과, 첫째 병만이 순수한 물질을 포함하고 있음을 알았다. 기니아 피그를 죽인 것은 Midgley가 새로 만든 화합물이 아니라 불순물이었다.

"5개 병 중 하나에 실제로 좋은 물질이 들어있었다. 우리는 첫 번째 시도에서 우연히 그것을 선택하였다. 다른 4개 중 하나를 선택했었다면 실험 동물은 우리 자신 외의 이 세상 모든 사람들이 예상한 것과 같이 죽었을 것이다. 만약 그랬다면, 나쁜 물질같이 보였을 것을 분명히 포기했었을 것이다. 이런 짧은 이야기의 교훈은 단순하다. 응용 화학 분야에서 성공하기 위해서는 좋은 친구와 조수를 갖는 것과 같은 행운도 있어야 한다."

이 실험의 성공으로 가정용 냉장고의 보급이 급증하였다. 식품 부패가 사라지고 제2차 세계 대전 이후 식품생산 산업이 팽창하여 냉동식품을 생산하게 되었다.

여기까지가 훨씬 덜 위험한 새로운 냉매인 CFC라고 알려진 염화플루오린화탄소(chlorofluorocarbon)의 개발에 대한 성공 이야기이다. 1950년대와 1960년대를 통해 그 사용이 늘어났고 모든 종류의 신제품이 시판되었다. CFC는 에어로졸 통에서 추진제와 베개나 가구 쿠션에 사용되는 폴리우레탄 발포제로 물질에 작은 공간을 생성하는 데 이상적인 성질이 있다. 대단히 안정한 이 화합물의 운명을 아무도 몰랐기 때문에 1970년대까지는 환경에 유입될 때의 문제가 표면화되지 않았다.

1980년대에 CFC는 안정한 상태로 성층권으로 확산되고 오존과 반응하여 오존을 파괴하는 것이 명백해졌다. 그 결과 오존 구멍이 생기고 지표면까지 태양 복사선이 도달하는 위험성이 증가했다.

성층권에 있는 오존은 자외선을 흡수한다. 오존 감소로 지구에 도달하는 복사선이 상당히 증가하고 피부암과 실명을 가져올 수 있는 해로운 영향이 증가된다. 자외선 노출이 늘어나면 환경에도 해롭다. 바다에서는 식물성 플랑크톤 서식이 줄어 식물성 플랑크톤을 먹는 어류가 감소한다.

1987년에 CFC를 생산하는 나라들은 CFC 사용을 줄이기 위한 법안을 마련하였다. 그 후 개정안은 오존층에 해를 주는 모든 화합물의 완전 퇴출을 요구하고 그 퇴출을 위한 일정을 가속화하였다.

기초과학, 응용과학 및 기술 간의 구별을 알기 위해 냉매와 그 유사 사건들에 관한 문헌을 읽어보는 것이 바람직하다. **기초과학**(basic science) 즉, 기초연구는 단기간의 응용 목적을 염두에 두지 않고 우주에 관한 지식을 추구하는 것이다. 세포 내에서 DNA 기능을 정확히 알기위해 오랜 동안 연구한 생화학자들은 기초과학을 연구한 것이다.

응용과학(applied science)은 특정 문제를 해결하기 위한 명확한 단기간의 목표를 갖는다. Midgley와 동료들이 행한 더 나은 냉매에 관한 연구는 응용과학의 좋은 예이다. 이것은 분명하고 실제적인 목적을 갖는다. 목표에 도달하기 위해 기초과학이나 응용과학은 예측을 하고 그 예측을 확인하기 위한 실험을 하여 앞에서 행한 연구의 기록된 관찰 결과를 활용한다.

기술(technology)은 과학 지식의 응용으로, 정의하기가 더 어렵다. 근본적으로 기술은 사회, 경제계 및 산업의 관계에서 과학을 응용하는 모든 방법이다. CFC를 사용하는 최초 냉장고와 자동차 에어컨은 새로운 기술의 산물이다. 새로운 의약품이나 다른 상용 제품을 만들기 위해 급속하게 팽창된 DNA 조작법을 *생물공학기술*(*biotechnology*)이라 한다.

과학적 발견의 형태에 관계없이 발견과 그 기술의 응용 간에는 상당한 시간이 필요하다. 표 1.1에 여러 형태의 많은 실제 응용의 완성 기간을 나타내었다.

중요한 점은 과학처럼 기술도 인간 활동이라는 것이다. 기술의 사용과 기술적 발전의 우선권에 관한 결정은 인간에 의해 결정된다. 과학적 지식이 어떻게 기술 촉진을 위해 사용되는가 하는 것은 그 결정을 하는 결정권자에 달려있다. 어떤 때는 우리 모두가 결정권자가 된다. 민주주의 사회에서 투표할 때 기술에 관한 결정에 영향을 줄 수 있다. 이러한 기회가 왔을 때 기술에 관련된 사회적 문제를 평가하기 위해 정보를 충분히 아는 것이 중요하다.

CFC의 역사적인 예에서 볼 수 있듯 사회 여건과 같이 과학과 기술은 항상 발전하고 있다. 1930년에 CFC가 냉매로 도입되었을 때 경제적으로 큰 발전이었고 위험물질은 대체되었다. 그 때 기술적으로 발전한 나라의 수와 세계 인구는 적었다. 사람들은 천연 과정이 건강한 환경을 유지한다고 생각하고 있었고 오늘날보다 그 정도가 더했다. 그 때는 오존 감소를 알아내는 정교한 기기가 없었다. 변하는 시대에 적응하기 위해 준비할 수 있는 것은 지속적으로 정보를 얻는 것이다.

기초과학: 실제 응용의 목표가 없는 과학적 지식의 추구.

응용과학: 특정한 문제를 해결하기 위한 명료하고 단기간의 목적을 가진 과학.

기술: 산업 생산, 경제계 및 사회적 목표와 관련된 과학적 지식의 응용.

표 1.1 아이디어로부터 제품 개발까지 소요된 기간

신기술	구상	생산	소요기간(년)
사진	1782년	1838년	56
항생제	1910년	1940년	30
지퍼	1883년	1913년	30
나일론	1927년	1939년	12
로봇 청소기	1990년	2002년	12
인공 방취제	1948년	1955년	7
광기록 저장매체	2000년	2006년	6
인터넷	1964년	1969년	5
접착식 메모지	1974년	1977년	3
의료용 X선	1895년 12월	1896년 1월	0.08

1-4 화석 연료 사용과 지구 온난화

세계는 소비 지향적 사회와 이와 관련된 생활 형태를 유지하기 위해 화석 연료(석탄, 기름, 천연가스)에 점점 더 의존해 왔다. 우리는 매일 막대한 양의 연료를 사용하고 있다. 연료를 태워 여러 종류의 운송기기를 육상과 공중과 바다에서 움직이고 있다. 연료는 엔진을 가동하여 산업 제조 과정을 작동하는 데 직접 사용되거나, 우리가 매일 사용하는 소비재를 생산하여 경제를 추진하는 전기를 생산하는 데 간접적으로 사용된다. 가옥의 냉·난방, 곡물의 성장, 추수, 운반, 요리 등의 활동, 건강관리, 의약품 그리고 자유 시간 동안 우리를 편하게 유지하는 이 모든 것이 화석 연료에 직·간접적으로 관련되어 있다. 어떤 작업에서는 화석 연료를 연소에 사용하지만, 화학 산업에서는 화석 연료를 원료물질로 사용하기도 한다. 하지만 화석 연료는 재생이 불가능하고 결국 고갈될 것이다.

화석 연료의 연소 산물은 자연적이고 바람직한 정도를 넘어서 지구 온난화를 유발하는 것이 점점 분명해지고 있다. 이산화 탄소와 수증기는 열복사선을 흡수한다. 대기권에서 이산화 탄소와 다른 열 흡수 물질의 수준이 지난 백 여년 간 상당히 증가하였다. 과학자, 정치인들과 관심있는 시민단체들의 논쟁의 중심에는 지구 온난화가 이들 물질의 농도가 증가했기 때문인가 하는 문제가 있다. 사실이라면 이 온난화의 결과는 무엇이 될까? 이에 관해 우리가 할 수 있고 또 해야 할 일은 무엇인가?

어떤 사람들은 이 *지구 온난화*(*global warming*)가 지구에 좋을 것이라 믿는다. 어떤 이는 이것이 큰 문제가 아니라고 생각한다. 어떤 이는 우리가 이에 적응하리라 생각한다. 어떤 이는 우리가 아는 바와 같이 삶에 위협이 될 것이라고 믿는다. 어떤 이는 이 온난화에 대해 우리가 할 수 있거나 해야 할 것이 없다고 생각하는 반면, 이런 현상

을 중지할 수 있도록 우리가 능력 범위의 모든 것을 하는 것이 급하다고 생각하는 사람들도 있다. 보통 사람들은 이 지구 온난화에 영향을 주는 요인에 관해 결정해야 할 문제들을 충분히 알아야 한다. 이런 지식은 궁극적으로 자동차의 형태, 살 집의 크기, 일반적 생활 방식 등에 영향을 줄 것이다. 또한 살아있다면 우리가 어디에서, 어떻게 살 것인가에 영향을 준다. 아는 것이 힘이다. 이런 지식을 얻고 적절히 평가하고 적당히 이용하는 것만이 변화하는 시대에 적응할 수 있다.

1-5 이득/위험과 법

일간 신문과 주간 시사지를 훑어보거나 TV 뉴스를 30분 정도만 보면 공중위생과 안전에 대한 위험 가능성이 뉴스가 될 수 있음을 알게 된다.

활동에 수반되는 위험은 유해와 노출이라는 두 가지 주된 요인의 조합으로 이루어진다. 위험 수준이 낮으면 덜 위험하고 위험에 노출될 가능성도 매우 낮다. 정제수 한 잔을 마신다고 하자. 이는 해로운 행위가 아니라 아무런 위험을 초래할 수 없다. 그러나 정제한 물이라도 과잉 노출된 경우, 즉 수영을 할 때는 익사의 위험이 있을 수 있다. 매우 유해함에도 노출 가능성이 적으면 안전하다고 간주할 수도 있다. 여기서, 전기의 사용을 생각해 보자. 전기가 흐르는 전선을 만지지 않으면 전구 플러그를 꽂을 때 위험하지 않다.

활동에 수반되는 위험이 그 활동에서 파생된 이득을 종종 넘어설 때가 있다. 따라서 활동의 이득과 화학물질의 사용 또는 잠재적 위험을 해결할 신기술의 사용에 따른 이득을 사회가 어떻게 평가하는지를 고려하는 것이 중요하다. 예를 들면 자동차는 말보다 운송에서 장점이 많다. 그러나 자동차는 매년 수천 명의 사망자와 상당한 공해를 유발한다. 우리는 분명히 그 위험성을 알고 있으며 이를 최소화하거나 제거하려는 노력을 동시에 하고 있다.

미국 보스턴에 있는 위험분석 하버드센터(HCRA)는 홍역과 소아마비가 창궐할 때 대부분의 사람들이 이를 퇴치하는 종두가 백신의 위험보다 유리하다고 생각하고 면역을 선택하였다는 것을 지적하였다. 하지만 지금 이 병은 세계적으로 매우 드물다. 어린이를 둔 부모는 종두의 이득이 부작용의 위험보다 유리하지 않다고 생각하게 되었으며 자발적 예방 접종 계획을 무시하였다. 천연두가 근절된 세상에 테러 분자들이 천연두 바이러스를 퍼뜨릴 수도 있다는 염려 때문에 어떤 이는 이러한 치명적인 병을 퇴치하기 위한 백신 접종이 새롭게 필요하다고 한다. 그러나 이러한 테러 분자들의 공격에 제일 먼저 반응하였어야 할 많은 의사들과 건강 관련 업자들은 작은 부작용의 위험 때문에 새로운 백신 접종 프로그램에 자진 참여하지 않고 있다. 현재의 인식은 이득(천연두 공격에 대한 보호)보다 위험이 더 크다는 것이다. 반면에 저자가 어렸을 때는 치명적 질병에서 보호한다는 이득이 위험보다 크기 때문에 백신 접종을 하였다. 작은 이득과 작은 위험이 있거나 많은 이득과 큰 위험이 있는 경우의 선악 판단이 분명하지 않다.

이득에 대한 위험 분석에서 몇 가지 요인이 작용한다. 이런 요인에 대한 중요한 토론이 2003년 6월 HCRA의 간행물인 "*Risk in Perspective*" (http://www.hcra.harvard.edu)에 발표되었다. 저자들은 다음과 같은 주요 위험 전망 요인을 지적하였다.

- 공포의 수준: 예를 들면 심장마비와 암 중 어느 것이 더 무서운가?
- 통제: 통제할 수 있을 때 안전을 느낀다.

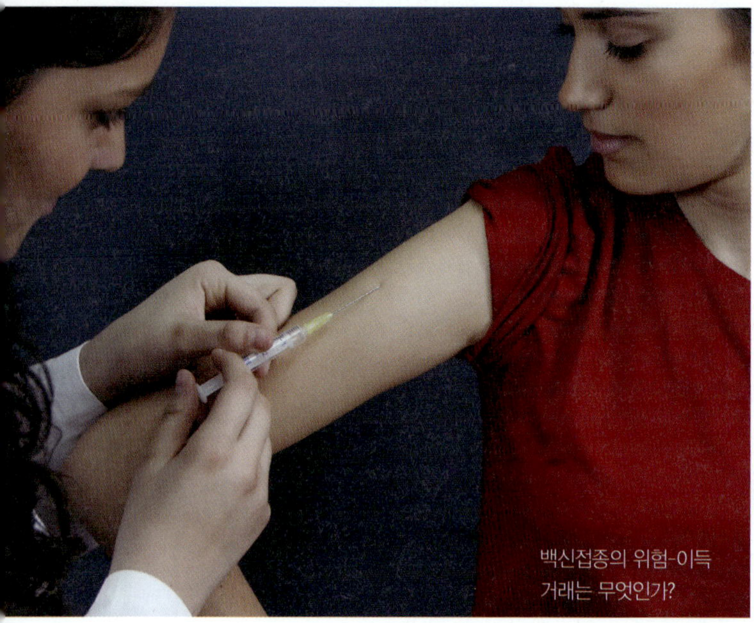
백신접종의 위험-이득 거래는 무엇인가?

- 자연 또는 인위적 위험: 자연적 위험은 덜 걱정한다.
- 선택: 위험한 활동을 선택하는가?
- 어린이들의 관여: 성인이 감당할 수 있는 위험을 어린이들은 감당하지 못할 수도 있다.
- 새로운 위험: 새로이 느끼는 위험이 오래된 위험보다 더 나빠 보인다.
- 인식: 단순히 더 많이 인식하는 것은 그 위험을 실제보다 더 심각하게 한다. 대중 신문은 우리가 정확히 알도록 노력함으로써 이 문제에 기여할 것이다.
- 당신에게 일어날 수 있는 위험: 얼마 전까지 미국 시민들은 미국에서는 테러가 일어나지 않을 것으로 생각하고 테러에 관해 걱정하지 않았다. 2001년 9월 11일 이런 생각은 변했다.
- 신뢰: 신뢰하지 않는 것이 가하는 위험보다 신뢰하는 것에 의한 위험이 더 쉽게 받아들여지는 경향이 있다.
- 위험과 이득의 상쇄: 이득은 위험을 더 받아들이게 하는 경향이 있다.

자연적인 위험과 인위적 위험의 다음 위험 비교를 생각해 보자. 많은 사람들은 식품에 "독성 화학물질"의 사용을 반대한다. 독성 연구가들은 일반적인 미국의 식품에 자연적인 암 발생 원인 화합물이 합성 물질보다 만 배 더 많이 포함되었다고 추정한다. 질병조사 센터는 매년 약 9천 명의 미국인이 자연 식품 중독으로 사망한 것으로 추정한다. 식품에 남아있는 살충제에 의한 사망 추정치는 최악의 경우 수천 명 정도이다. 상당한 소비 속도 때문에 만 명 당 한명의 암 사망을 가져올 수 있는 인공 화합물을 포함하는 식품 판매를 금지하는 법안 제정을 생각해보자. 대부분의 사람들은 이 화합물을 포함하는 식품의 사용을 금지하기를 원할 것이다. 하지만 다음과 같은 활동은 괄호 안에 표시된 자연 발생 발암 물질의 위험이 위와 비슷한 비율로 있다고 전문가는 추정한다. 음식물을 통해 격주로 오렌지 주스(*d*-limonene) 한 잔을 마심, 격년으로 상추 하나 또는 주당 당근(caffeic acid) 하나 섭취, 또는 매 3년마다 포도주(ethyl alcohol) 한 잔 시음. 이런 정보가 위 법안 제정에서 다른 견해가 가능하게 하는가? 표 1.2에서 백만 명 당 한 명의 사망 가능성을 갖는 활동들을 제시하였다.

화학적, 기술적 발달로 기대 수명은 극적으로 증가하는데, 화학 물질과 연관된 영역에서 위험의 수용 수준은 지속적으로 감소하는 것은 이상하다. 이에 대한 이론적, 논리적 설명이 가능한가? 거의 모든 천연 물질이나 인공 화학물질은 어느 정도 관련된 위험성을 가지고 있다. 화학물질과 관련된 위험은 그 독성 및 노출된 사람에 따라 다르다. 어떤 화학물질의 독성은 특수한 화학물질의 고유 성질이다. 그러나 그 독성에 노출되는 것은 우리가 관리할 수 있는 것이다. 예를 들어 물은 원래 독성이 없지만 물 속에 오래 잠겨있으면 익사할 수 있다. 땅콩버터는 아플라톡신(aflatoxin)이라는 독성 화합물이 자연적으로 생기지만 그 농도가 낮고 위험에 노출되는 경우가 대단히 드물기 때문에 대부분의 사람들은 아직 그 존재를 모른다. 식품이나 주변에 있는 이러한 화합물의 아주 낮은 농도를 검출하는 능력이 증가함에 따라 이들이 존재하는 것에 대한 우려 수준은 증가한다.

표 1.2 위험에 노출된 백만 명 당 한 명의 사망 가능성을 가진 활동

활동	사망의 원인
1.4개 담배 흡연	암, 폐병
담배 흡연자와 2개월 동거	암, 폐병
100개 숯불구이 스테이크 섭취	암
카누로 6분 여행	사고
자전거로 10분 여행	사고
자동차로 300 마일 여행	사고
제트 비행기로 1000 마일 여행	사고
1년간 마이애미 물 먹기	클로로폼에 의한 암
덴버에서 2개월 생활	우주선에 의한 암
핵발전소의 경계에서 5년 생활	암

시간이 흐름에 따라 유독 물질의 검출 능력이 pph(%, 백분율) 수준에서 ppm(백만분율), ppb(10억분율), 지금은 ppt(1조분율, part per trillion)까지 발전하였다. 이들 독성 물질의 농도가 해마다 증가하고 있다는 것은 사실이 아니다. 확실히 어떤 심각한 우려의 정도와 화학적, 기술적 편집증 간에는 균형이 있어야 한다. 특정 화학물질을 사용하거나 특정 기술이나 활동을 추구함으로써 오는 위험을 평가하고 얻어진 이득에 대하여 균형을 맞추어야 한다. 어떤 이는 상당한 양의 공공 활동과 정부의 통제는 위험이 없는 삶을 보증할 수 있다고 믿는다. 그것이 가능한가?

1 % = 1/100
1 ppm = 1/1,000,000
1 ppb = 1/1,000,000,000
1 ppt = 1/1,000,000,000,000

이 질문에 대해 완전한 답은 있을 수 없다. "어느 정도의 안전이 충분히 안전한 것인가?" 위험을 받아들일 수 있는 한계를 결정하는 것은 과학적, 사회적, 경제적, 정치적 요인들을 고려해야 하는 어렵고 복잡한 판단 기준이 필요하다. 미국에서는 시간이 갈수록 인간의 건강과 환경 보호 법률들이 상당 수 발효되고 있다.

안전 음료수법, 독성물질 관리법, 깨끗한 공기법 등이 이런 형태의 법들이다. 미 연방 환경 보호국(EPA)은 규제 비용과 이와 관련된 활동의 이득의 균형을 요구한다. 여기서 위험 평가가 사용된다. 인간의 건강이나 환경에 "부당한 위험"이나 "역의 효과"를 가져오면 그 화학물질은 규제 또는 금지된다. 깨끗한 공기법과 깨끗한 수질법은 가장 경제적으로 가능한 기술이나 가장 실용적인 기술에 근거한 공해 조절을 요구한다. 이러한 법률은 물이나 공기로 유입되는 인간이나 산업에서 발생한 쓰레기의 유입을 완전 차단하는 것이 어렵다고 생각한다. 차단은 노출을 감소하기 위한 것이므로 진정한 균형이 되지 않는다. 목적은 대중을 보호하기 위해 "안전한 범위"를 준비하는 것이다. 기술이 발전할수록 기술의 비용은 감소하고 안전의 정도는 조절될 수 있다.

미국 Colorado주 Bueua Vista 근처 Cottonwood 호수. 이 장소를 아름답게 유지하는 것은 사람에게 달려있다.

위험관리(risk management)는 위험에 관한 사회적, 경제적, 정치적 문제를 통합하는 판단을 필요로 한다. 위험을 평가하는 것은 과학자들의 영역이지만 위험의 수용 결정은 사회적 문제이다. 지적이고 유연한 자세로 위험에 대해 주시하는 것이 우리 모두의 책임이다.

1-6 화학에 대한 우리의 자세

화학 및 사회와 화학과의 관계를 살펴보기 전에, 화학, 과학, 기술에 관해 있을 수 있는 편견과 태도를 조사하고자 한다. 많은 비과학자들은 과학과 그 여러 분야를 신비스러운 것으로 간주하고 그들의 기본 개념과 사회적 문제와의 관계를 아마 이해할 수 없을 것으로 생각할 것이다. 많은 사람들은 *케모포비아*(*chemophobia*, 화학에 대한 이유 없는 공포)를 가지고 환경에 대한 실망을 느껴 왔다. 이러한 그들의 자세는 기술의 부정적 효과에 관한 뉴스의 결과에서 생겼을 것이다. 일부 부정적 효과는 매우 비극적이다.

그러나 필요한 것은 과학과 기술의 혜택과 부정적 효과를 완전히 이해하여야 한다는 것이다. 장점과 단점을 분석하여, 부정적 효과가 어떻게 생겼으며 그 위험이 미래 세대를 위해 감소될 수 있는지를 결정할 필요가 있다. 이 책은 화학의 기초와 함께 오늘날 세계에 존재하는 긍정과 부정적 관점 모두에서 화학의 역할을 제공하고자 한다. 이런 지식이 개인적 문제 및 전체 사회의 문제에 대하여 현명하게 결정할 수 있도록 하여 우리 생활이 더욱 건강하고 만족하게 되기를 희망한다.

연습 문제

1. 다음 중 어느 것이 물리과학이 아닌가?
   (a) 물리학 (b) 화학
   (c) 동물학 (d) 지질학

2. 인간보다 모기에게 더 독한 살충제를 만들려고 하는 과학자는 다음 중 어디에 속하는가?
   (a) 기초 연구 (b) 응용 연구
   (c) 기술 (d) 우연한 발견

3. 집의 해충을 없애기 위해 유독성 화학물질 사용의 위험성과 화학물질의 고유 독성과의 차이점을 생각해 보시오.

4. 화학을 정의하시오.

5. DNA 연구는 어떤 생물 과학 분야에 속하는가?

6. 생물학과 물리과학의 다른 분야를 연구하는 과학자가 DNA 연구를 할 수 있는가? 그렇다면, 그들은 무엇을 추구하는지를 설명하시오.

7. 새로운 활동, 신상품, 약품, 기술을 평가할 때, 대부분의 사람들이 의식적 또는 잠재의식적으로 생각하는 믿을 수 있는 여러 위험 요인을 나열하시오.

8. 유기농(인공 화학물질이 없이 자란) 과일과 야채와 정부나 법에 의해 허용된 인공 화합물을 사용하여 기른 과일과 야채를 먹는 것을 비교하여 위험과 이득을 어떻게 평가하는가? 케모포비아(화학에 대한 이유 없는 공포)의 생각이 이 판단에 영향을 미치는가?

9. 다음 각 활동에 대하여 발생할 수 있는 위험과 노출되었을 때 어떻게 발생하는지를 나열하고 행위의 이득이 위험을 능가하는지 결정하시오. 모든 위험을 줄일 수 있는 방법을 제시하시오.
   (a) 공기 중의 입자를 검출하기 위한 방사능 캡슐을 이용하는 연기 검출기 설치
   (b) 해로운 박테리아를 없애기 위해 방사능을 조사한 식료품 먹기
   (c) 유전자 변형 곡물이나 식물을 사용한 음식 먹기
   (d) 멸균하지 않은 우유 먹기
   (e) 흡연
   (f) 럭비하기

2

물질의 화학적 관점

The Chemical View of Matter

차례

우리가 사용하는 거의 모든 것은, 자연 상태에서는 별 쓸모가 없었지만 실생활에 유용하도록 형태와 기능이 바뀐 것들이다. 이 중 일부는 나무를 잘라 집을 짓는 데 필요한 목재로 바꾸는 것처럼 단순히 형태만 바뀌는 물리적 변화로 만들어지지만, 대부분은 모래를 가열하여 유리로 만드는 것과 같이 그 성질이 완전히 바뀌게 되는 화학적 변화로 만들어진다. 이와 같이 자연 상태에서는 쓸모없는 물질들이 우리 생활에 꼭 필요한 물질로 변화되는 과정을 관찰하고 이해할 뿐만 아니라, 변화를 일어나게 하는 방법을 찾는 학문이 화학이다. 그러므로 이 장에서는 물질의 구조와 그 물질을 구성하는 성분에 대한 고찰이 이루어질 것이다.

우리는 하루에도 몇 번씩 앞에 놓인 물건들의 특성을 생각하고 그에 따라 그 물건을 다룬다. 예를 들어 스파게티 요리를 할 때는 먼저 물을 끓이고 그 끓는 물 속에 스파게티를 넣으면 잠시 후 면이 부드러워지리라 예측한다. 또 잔디 깎는 기계 연료통에 기름을 부을 때 그 기름에 불꽃이 닿지 않도록 조심하는데, 이는 기름에 불이 붙으면 폭발하여 불이 날 수 있다는 예측을 하기 때문이다. 스파게티를 끓이거나 연료통을 안전하게 채우는 때에 이런 예상이 왜 옳은지 고민할 필요가 없다.

하지만 화학은 이런 물질들이 왜 그런 특성이 있는지 이해하고 일반인들에게 알려주는 일을 맡고 있다. "왜 물은 100°C에서 끓는가?" "왜 기름은 타고 물은 타지 않는가?" "왜 스파게티는 끓는 물 속에 들어가면 부드러워지는가?" 등과 같은 질문은 단순히 물질이 변화하는 모습을 관찰함으로서만 답을 얻을 수 있는 것은 아니다. 그보다는 그 물질이 갖는 본성을 더 깊이 연구해야 답이 나오는 것이다.

거시적: 보고 느끼고 다룰 수 있을 정도로 충분히 큼.

미시적: 현미경을 통해서만 볼 수 있음.

나노수준: 나노미터 (0.000000001 m) 수준.

눈에 보이고 손으로 느낄 수 있으며 다룰 수 있어서 일반 실험실에서 실험이 가능할 정도의 크기인 물질 시료를 **거시적**(macroscopic) 시료라 하고. 너무 작아서 현미경으로 봐야만 관찰이 가능한 물질의 시료를 **미시적**(microscopic) 시료라고 부른다. 화학자들은 이보다 더 작은 **나노수준**(nanoscopic)에서 물질을 관찰하려고 한다. 나노수준에서의 실험은 매우 어렵지만, 최근에 새로운 실험장비들이 개발되면서 나노수준에서의 연구가 가능하게 되었다.

주변에서 접할 수 있는 물질들의 화학적 모형을 살펴보면 모든 종류의 물질은 아주 작은 입자들의 집합체임을 알 수 있다. 이 장에서는 먼저 물질이 어떻게 묘사되고 생각되는지 그 방법을 소개하고, 나노 크기란 무엇을 의미하는지 알아보기로 한다.

2-1 물질의 상태, 혼합물, 순물질

질량과 부피가 있는 모든 것을 물질이라고 한다. 흔히 볼 수 있는 물질의 세 가지 상태는 고체, 액체, 기체이다. 물질의 네 번째 상태인 플라즈마는 불꽃이나 별, 그리고 대기권 상층부에서 볼 수 있다. 물질의 세 가지 상태는 누구나 쉽게 구분할 수 있지만, 그 차이점을 과학적으로 설명할 필요가 있다. 예를 들어 물이라는 화학 물질은 고체(얼음)나 액체(물), 기체(수증기)의 상태로 존재하며 각각의 이름이 있다. 그러나 물과는 달리 대부분

그림 2.1 ▸ 거시적으로 보이는 물의 세 가지 상태 및 나노수준에서의 물의 상태.

의 다른 물질들은 세 가지 상태에 대한 고유한 이름을 갖고 있지 않다. 그렇다면, 물 이외의 다른 물질의 세 가지 상태가 서로 어떻게 다른가를 명확히 구분할 수 있는 특성은 무엇일까?

과학적인 관점으로 보면, 고체란 어떠한 용기에 물질을 담든지 그 물질의 모양과 부피가 원래대로 보존되는 상태를 말한다. 그림 2.1에서 볼 수 있는 것과 같이, 얼음 조각은 그것이 담겨있는 용기에 관계없이 모양이 같다. 액체는 부피는 보존되지만, 모양이 바뀌는 상태를 말한다. 물을 작은 잔에서 큰 잔으로 바꾸어 부으면, 그 부피가 더 커지지는 않으나 형태가 바뀜을 알 수 있다. 기체는 부피와 모양이 다 보존되지 못하는 상태를 말한다. 끓는 주전자에서 수증기가 대기 중으로 나오면, 그 수증기는 주전자 형태의 모양이 아닐 뿐만 아니라, 주전자 보다 넓은 방안으로 부피가 확장되어 버린다. 그림 2.2는 브로민이라는 또 다른 화학 물질의 상태를 보여준다.

불균일 혼합물: 조성이 균일하지 않은 물질.

균일 혼합물: 조성이 균일한 물질.

용액: 균일 혼합물. 고체, 액체 및 기체 상태가 모두 가능함.

대부분의 물질은 자연에서 순물질이 아닌 혼합물 상태로 존재한다. 이 중 어떤 것은 불균일한 조성을 쉽게 확인할 수 있는 **불균일 혼합물**(**heterogeneous mixture**)로, 초콜릿 칩이나 다양한 결정으로 이루어진 바위를 그 예라 할 수 있다. 시료의 어떤 부분에서도 조성이 같은 혼합물을 **균일 혼합물**(**homogeneous mixture**)이라고 하며, **용액**(**solution**)이라고도 한다. 용액을 형성하는 입자가 너무 작아서 아무리 확대해 보아도 불균일하게 섞인 부분이 나타나지 않는다. 또한, 균일 혼합물은 양에 상관없이 그 성분이 같다. 질소와 산소로 구성된 맑은 공기나, 끓인 차, 구리와 아연의 합금인 황동(brass) 등이 용액이다. 이러한 예에서 알 수 있듯이 *용액은 고체, 액체, 기체 상태로 모두 발견된다.*

어떤 혼합물은 균일 혼합물로 착각되기도 한다. 교실의 공기는 균일 혼합물처럼 보이지만, 공중에 떠다니는 먼지 입자가 햇빛에 보이는 것과 같이, 공기가 균일 혼합물이 아님을 알 수 있다. 또한 손가락을 베었을 때 흐르는 피도 균일 혼합물로 보이지만, 현미경을 통해서 보면 불균일 혼합물임이 곧 드러난다(그림 2.3).

혼합물을 이루는 구성 성분으로 분리할 때 정제한다(purify)고 한다. 분리는 한 번에 완료되지 않으며 몇 번의 분리 과정을 거쳐야 더 순수한 물질을 얻을 수 있다. 궁극적 목표는 가능한 최고의 순수한 물질을 얻기 위함이다.

혼합물을 분리할 때에는 구성 성분의 특성의 차이를 이용한다. 예를 들어, 많은 사람들이 마시기 전에 수돗물로부터 특정 물질을 분리하고자 한다. 이렇게 하는 한 가지 방법은 나노 수준에서 입자들 간의 인력을 이용하는 것이다. 물이 필터를 통과할 때, 불순물은 필터에 잘 붙으므로 불순물이 분리되게 된다.

그림 2.2 ▸ 브로민의 세 가지 상태: (a) 브로민 고체, (b) 브로민 액체, (c) 브로민 기체.

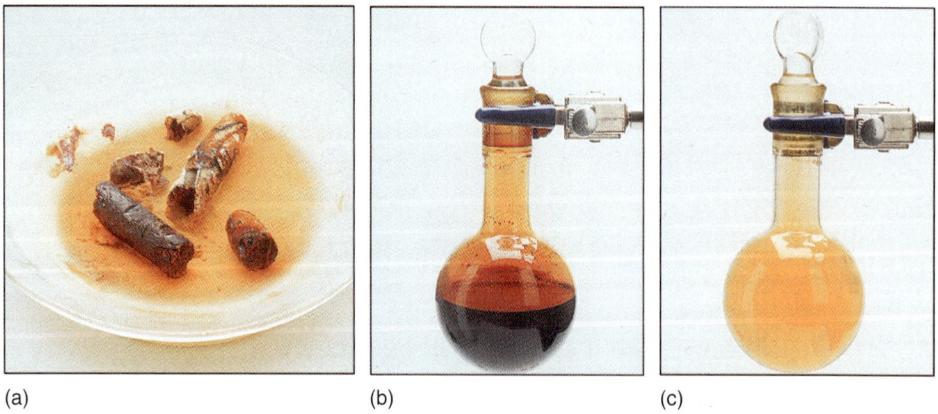

(a) (b) (c)

그림 2.3 ▸ 피는 불균일 혼합물이다. 서로 다른 혈구를 구분하기 위해 색을 칠하였다. 도넛 모양은 적혈구이며, 노란색은 면역계 세포, 갈색은 혈소판을 나타낸다.

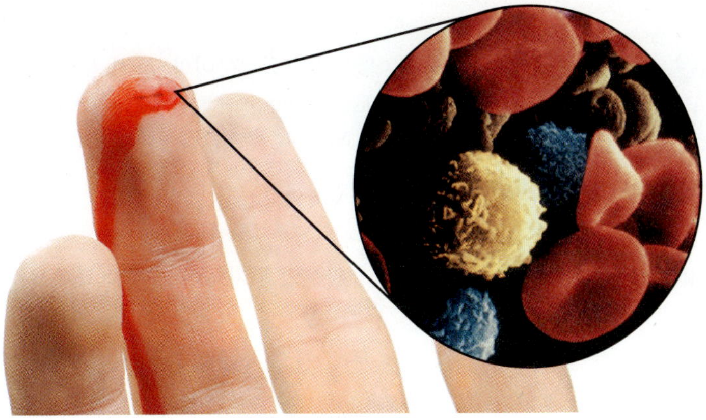

순물질: 나노수준에서 균일하고 일정한 성분으로 이루어진 물질.

원소: 한 가지 종류의 원자로만 이루어진 물질.

원자: 원소를 이루고 있는 가장 작은 입자.

2-2 원소: 가장 단순한 물질

물질의 화학적 모형은 다음 세 가지 개념에 기초하였다. **순물질**(pure substance)은 나노수준에서 일정하고 균일한 조성으로 이루어져 있으며, 그 특성은 변하지 않는다. **원소**(element)는 한 가지 종류의 원자로 이루어진 순물질이다. **원자**(atom)는 원소의 가장 작은 입자이며, 다른 원소는 다른 종류의 원자로 이루어져 있다.

일상에서 흔히 보는 물건들은 그 구조가 매우 복잡하고 대부분 혼합물이다. 다른 어떤 것과도 혼합되지 않은 순수한 원소는 흔하지 않다. 생일 풍선을 불 때 사용되는 헬륨 기체는 원소의 한 예이다. 이 기체는 헬륨 원소이다. 이것은 화학적 관점에서 무엇을 의미하는가? 첫째, 헬륨은 헬륨이라고 할 수 있는 다른 어떤 종류의 물질로 더 분리되거나 분해될 수 없다는 것이다. 둘째, 풍선에는 헬륨 원자라고 하는 아주 작은 입자들이 들어있다는 것이다. 셋째, 기체는 헬륨이 갖는 독특하고 일관된 특성을 가지고 있다는 것이다.

우리가 일상에서 흔히 볼 수 있는 또 다른 원소로 수은이 있다. 수은은 온도조절기 스위치의 도체로 사용되거나, 온도계 속의 액체로 사용된다. 수은은 분명 헬륨과는 그 특성이 다르다. 즉, 수은은 기체인 헬륨과 달리 액체이며 전기가 통한다. 물론, 헬륨과 수은은 둘 다 원소이며 단일 원자로 구성되어 있다는 공통점이 있다. 수은 온도계 속의 액체도 수은 원자로만 이루어져 있다. 그러나 수은과 헬륨의 특성이 매우 다르므로 수은 원자와 헬륨 원자는 다르다고 쉽게 결론지을 수 있다(그림 2.4).

그림 2.4 ▸ 수은 원자는 헬륨 원자에 비해 크고 훨씬 무겁다. 수은 원자는 헬륨 원자보다 직경은 3배 크며, 질량은 50배 무겁다.

수은 원자

직경 3배, 무게 50배

헬륨 원자

2-3 화합물: 원자들의 조합

주변에서 볼 수 있는 순물질이 원소가 아니라면 이는 분명 화합물이다. 흔히 볼 수 있는 화합물로 물을 들 수 있는데, 물이 화합물이라는 것은 무엇을 의미할까? 화학 공부를 하지 않은 사람도 물이 H_2O로 불리는 것을 알 것이다. "H_2O"는 화학자들이 물을 나타내기 위해 사용하는 표기법이다. 이 표기법에서 H는 수소 원소를, O는 산소 원소를 각각 의미한다.

화합물: 일정한 비율의 원자들로 이루어진 순물질.

분자: 화합물의 가장 작은 화학적 단위.

화합물(**chemical compound**)이란 한 가지 이상 원소의 원자들이 일정한 비율로 결합된 순물질이다. 어디서 가져온 물이든지 특성이 같으므로, 물은 순물질임을 알 수 있다. 또한 물이 화합물인 것도 알 수 있는데, 이는 물에 전류의 형태로 에너지를 흐르게 하면 수소 원소와 산소 원소로 분해되기 때문이다. 적절한 조건이 되면 수소와 산소는 다시 결합되어 물이 된다.

화학적 관점에서 보면 모든 물질은 작은 입자로 구성되어 있다. 물이라고 말할 수 있는 가장 작은 입자는 물 분자(**molecule**)이다. 각 물 분자는 두 개의 수소(H_2O의 아래 첨자 2)와 한 개의 산소(H_2O의 O뒤에 아래 첨자가 없음)로 구성되어 있다. 실험적으로 보면, 순물질은 (1) 원소라고 하는 더 단순한 물질들로 분해될 수 있는 *화합물*과, (2) 그 원소의 특성을 갖는 더 작은 입자로 분해할 수 없는 *원소*의 두 가지 종류로 나눌 수 있다.

일단 원소가 결합하여 화합물이 만들어지면, 그 원소의 독특한 특성은 사라지고 대신 화합물의 특성을 갖게 된다. 물에 잘 녹는 흰 결정으로 이루어진 설탕은, 그 구성 성분인 탄소, 수소, 산소와는 전혀 다른 특성을 갖는다. 탄소는 검은 가루로 물에 녹지 않으며, 수소는 가장 가벼운 기체이고, 산소는 호흡할 때 필요한 대기 중에 있는 기체이다.

2-4 물질의 분류

우리가 살펴본 원소, 화합물, 혼합물 등의 물질은 물질의 조성과 다른 물질로 분리할 수 있는가에 따라 그림 2.5와 같이 분류할 수 있다.

불균일 물질은 모두 혼합물이며 다양한 균일 물질들로 분리할 수 있다. 반면, 균일 물질은 순물질일 수도 있고 혼합물일 수도 있다. 균일 물질이 혼합물이라면, 그 물질은 용액이라고 하며 일정한 조성을 갖는다. 하지만 같은 물질의 용액이라도 그 조성이 매우 다를 수 있다. 예를 들어 물이 가득 찬 찻잔에 설탕 가루를 약간 넣은 용액과 계량컵에 가득 담은 설탕을 부어 만든 용액은 둘 다 설탕 용액이지만 그 조성이 다름을 알 수 있다. 물과 설탕은 물을 증발하는 물리적 과정을 통해 분리할 수 있다.

균일 물질이 순물질이라면 조성이 같으며, 원소나 화합물 중 하나이어야 한다. 원소는 한 가지 종류의 원자로만 이루어졌으며, 화합물에는 고유한 방법으로 결합된 다른 원소의 원자들이 들어있다. 나노수준에서 보면, 설탕 분자는 탄소(C) 원자 12개와 수소(H) 원자 22개, 산소(O) 원자 11개로 구성되어 있으며 $C_{12}H_{22}O_{11}$이라는 기호로 나타낸다. 거시적 수준에서 보면, 설탕 100 g 속에는 탄소 42.1 g, 수소 6.5 g, 산소 51.4 g이 들어있다. 설탕에서 순수한 탄소, 수소, 산소 원자를 얻기 위해서는 화학 반응이 일어나야 한다.

그림 2.5 ▸ 물질의 분류. 화합물을 형성하는 원소들은 화학 반응에 의해서만 분리될 수 있다.

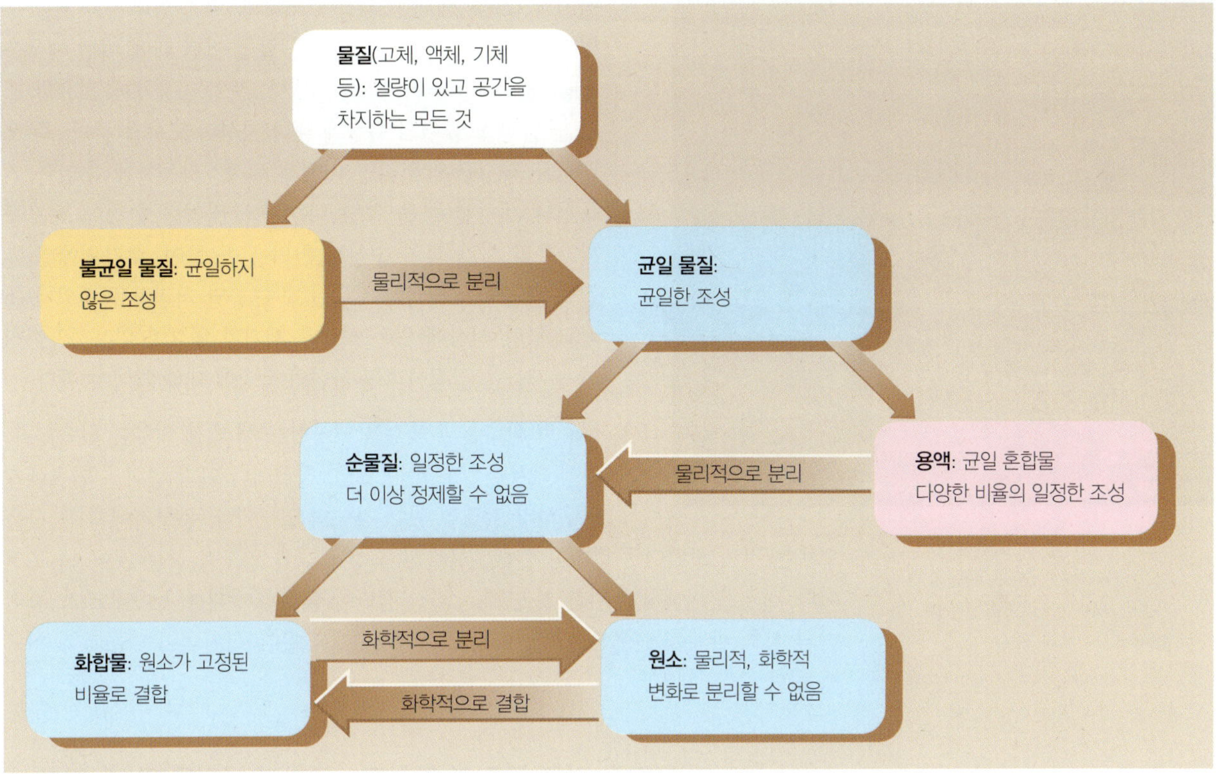

2-4a 순물질 연구 목적

왜 원소 및 화합물과 이들의 성질에 대해 관심을 가져야 하는지 당황스러울 것이다. 기본적으로 다음과 같은 세 가지 이유가 있다.

1. 순물질에 대한 연구를 함으로써만 그 특성을 이용할 수 있는 방법을 찾고, 새로운 종류의 물질을 만들며, 일상생활을 보다 편리하게 개선시킬 수 있다. 예를 들어, 버드나무 추출액을 마시면 불쾌한 부작용은 있어도 통증을 진정시키는 효과가 있다는 것이 예전부터 알려져 있었다. 화학자들은 버드나무 추출액 속에 들어있는 진통 효과 물질의 정체를 알아낸 후, 부작용은 줄이면서 진통 효과는 유지하는 물질 분자를 생산하게 되었다. 이 순물질이 바로 $C_9H_{18}O_{14}$라는 화학식을 가지는 아스피린이다.

   한때, 대부분의 천연 물질은 물리적 방법으로만 변화시킬 수 있었다. 도자기나 철과 같은 몇몇 유용한 물건들만이 화학적 변화의 산물이었다. 일상 생활에 쓰이는 물건은 천연 물질의 성질을 이용하는 것으로 매우 제한적이었을 것이다. 오늘날 물질의 화학적 변형을 통해 삶의 질이 획기적으로 개선된 예를 일상생활에서 수없이 볼 수 있다. 합성 섬유, 플라스틱, 구급 약품, 라텍스 물감, 새로운 연료, 사진 인화 필름, CD나 DVD 등이 화학적 변화를 이용하여 만든 일상용품이다. 또한 물질의 특성을 이용하여 여러 바람직하지 못한 화학 변화를 방지할 수 있다. 즉 철로 만들어진 물건들의 부식을 막거나 음식이 상하지 않도록 하는 것, 유전 질환을 방지할 수 있는 것도 모두 물질의 화학적 특성을 이용한 것이다.

아스피린은 버드나무 추출물에서 자연적으로 발견되는 물질을 기초로 하여 인공적으로 만든 화합물이다.

2. 물질의 특성에 대해 연구하면 일상생활 뿐 아니라 사회 및 정치적으로 논의되는 환경 문제에 좀 더 현명하게 대처할 수 있다. 즉, 비료나 농약의 특성을 알면 어떤 때에 어떤 제품을 사용하는 것이 좋은지 알 수 있다. 지역 공동체에 필요한 결정을 할 때도 물질의 특성에 대한 지식이 도움을 준다. 즉 쓰레기를 하수구에 버리면 어떻게 될까? 자동차에 투입한 기름이나 세차한 물을 그냥 하수구에 버리면 환경에 해로울까? 우리 시가 과연 수십억 원의 돈을 들여, 수자원에 있는 질소 화합물을 제거하기 위한 하수 종말 처리장을 짓고 고등학교 강당 천장에 있는 석면을 제거할 필요가 있을까? 이러한 문제들을 결정하려면 물질의 특성에 대해 알아야 한다.

3. 원소나 화합물의 특성을 연구하는 세 번째 이유는 단순히 호기심 때문이기도 하다. 화학 물질이나 화학 변화는 인류에게 연구하라고 열려 있는 자연의 일부이다. 등산가에게 큰 산을 오르는 것이 도전이듯 화학자에게는 물질의 특성에 대한 연구를 하는 것이 큰 도전이다. 물질을 이해하기 위한 첫 단계는 가장 간단한 물질의 형태를 찾아내고 그 물질 간의 상호 관계를 연구하는 것이다. 호기심 때문에 많은 화학자들이 기초과학 연구를 한다.

2-4b 물질의 구조를 알면 물질의 화학적 · 물리적 성질을 알 수 있다

기초 연구의 핵심은 *물질의 구조*를 탐구하는 것이다. 아주 작은 원자들의 결합에 기초하여, 눈에 보이는 물질의 특성을 설명하고자 하는 것이다(그림 2.6).

컴퓨터 부품의 종류를 보면 컴퓨터의 성능을 알 수 있듯이, 물질의 특성도 그 구성 성분에 의해 결정된다. 그러므로 물질의 특성을 이해하고 설명하기 위해서는, 그 물질을 구성하는 미세 입자들을 알고 그 입자들이 어떻게 서로 연결되어 있는지를 알아야 한다. 이 책과 화학이라는 학문의 주제를 한 마디로 요약하자면 *물질의 구조와 그 특성에 대해 연구하는 것*이다. 화학자들은 물질의 구조와 특성에 대한 지식으로 무장한 뒤, 신물질을 만들어내고 그 특성을 예측하기 위해 필요한 능력을 키우기 위해 끊임없이 연구한다.

2-5 화학 원소

철, 금, 황, 주석과 그 밖에 지각에서 발견되는 몇몇 물질들은 현대적 의미의 원소라는 용어가 생겨나기 전부터 원소로 인지되었다. 천연에서 산출되는 다른 원소들은 발견되는 화합물에서 원소를 분리시키는 어렵고 복잡한 화학 실험을 통해서야 밝혀지게 되었다. 비록 쉽지는 않지만 화학자들은 매우 복잡한 혼합물이나 화합물에 존재하는 원소라도 분리과정을 통하면 어떤 원소인지 알아낼 수 있게 되었다.

원소의 이름은 주기율표에 기록되어 있다. 이 주기율표상의 원소 중 약 18개 정도는 천연에서는 발견되지 않고 실험실에서 인공적으로, 그것도 극미량만을 만들어 낼 수 있다.

원소의 특성은 매우 다양한데, 주로 원소를 이루는 원자의 내부 구조에 의해 결정된다. 헬륨, 질소, 산소, 염소 등 몇몇 원소는 기체이다. 수은과 브로민 원소만 액체이고 그

그림 2.6 ▸ **눈을 보는 세 가지 관점.** (a) 눈 덮인 풍경. (b) 현미경으로 본 눈송이의 아름다운 패턴. (c) 눈과 얼음을 형성하는 물 분자의 규칙적인 배열을 나타낸 분자 모형.

(a) (b) (c)

밖에 대부분의 원소는 고체이다, 고체 상태의 원소는 대부분 은색을 띤 금속이다. 금속의 독특한 두 가지 특성은 전류가 통하는 도체라는 것과 광택이 난다는 것이다. 원소의 두 번째 범주인 비금속은 도체가 아니며 광택도 없다. 우리에게 친숙한 비금속으로는 앞에 언급한 기체 원소와 고체인 탄소, 황, 인, 아이오딘이 있다.

2-5a 원소 기호

때로 사람들은 CH_3CH_2OH, H_2SO_4, 아세틸살리실산(acetylsalicylic acid), 산화 질소 등과 같은 화학식이나 화합물 이름을 보면서 화학은 배우기 어려운 학문이라는 선입견을 가질 수도 있다. 그러나 전문용어가 필요한 분야는 화학만이 아니다. 화학식이나 악보 또는 농구에서의 작전도 모두 그 분야에 친숙하지 않은 사람에게는 이해하기 힘든 암호일 뿐이다. 화학을 공부하려면 음악이나 농구처럼 나름의 전문 기호와 용어가 필요하다. 그것을 알지 못하면 서로 의사소통을 할 수 없을 것이다.

원소는 물질을 만들기 위한 건축 재료라 할 수 있으므로, 화학에 대한 의사소통을 하기 위해서는 기본적으로 원소 기호를 알아야 한다. 주기율표를 보면 원소 기호가 그 이름과 함께 기록 되어있다. 영어 원소 이름의 첫 자나 처음 두 글자를 따서 각 기호를 붙이는 네 두 글자를 딸 경우 첫 글자는 대문자로 두 번째 글자는 소문자로 표시한다. 예를 들어 아이오딘(iodine)은 I로 인듐(indium)은 In으로 표시하고 질소(nitrogen)는 N, 니켈(nickel)은 Ni, 마그네슘(magnesium)은 Mg, 망가니즈(manganese)는 Mn으로 표시한다. 이러한 각각의 기호들을 숙지하고 다른 원소들과 다른 점을 구분할 수 있어야 한다.

이 중 11개 금속 이름은 영어 명이 아니라 라틴어나 그리스어 등의 고대어에서 유래하였다. 표 2.1에 명시된 이런 금속들은 고대에도 천연에서 발견되거나 천연에서 산출되는 화합물에서 용이하게 얻을 수 있었으므로 고대에 이미 그 이름을 갖게 되었다.

알려진 원소 중 비금속 원소는 18개이다. 대부분의 비금속 기호는 한 글자로 되어 있다.

H	C	N	O
수소	탄소	질소	산소
P	S	F	I
인	황	플루오린	아이오딘

이 장 앞부분에서 비금속인 헬륨 기체 시료에는 헬륨 원자가 들어있다는 것을 보였다. 그러므로 기호 He는 He 원자 한 개나, 혹은 다수의 He 원자를 표시하는 것이다. 물

표 2.1 현대 영어의 원소명을 따르지 않은 원소 기호

현대 원소명(영어)	기호	기호의 유래
구리(Copper)	Cu	*cuprum*: Cyprus의 섬을 의미하는 라틴어
금(Gold)	Au	*aurum*: 빛나는 새벽을 의미하는 라틴어
납(Lead)	Pb	*plumbum*: 라틴어 원소 이름
소듐(Sodium)	Na	*natrium*: 라틴어 원소 이름
수은(Mercury)	Hg	*hydrargyrum*: 액체 은 혹은 quick silver를 의미하는 그리스어
안티모니(Antimony)	Sb	*stibium*: 그리스어 *anti* + *manos*에서 온 라틴어 *antimony*
은(Silver)	Ag	*argentum*: 라틴어 원소 이름
포타슘(Potassium)	K	*kalium*: 알칼리를 의미하는 라틴어
주석(Tin)	Sn	*stannum*: 라틴어 원소 이름
철(Iron)	Fe	*ferrum*: 라틴어 원소 이름
텅스텐(Tungsten)	W	*wolfram*: tin을 게걸스럽게 먹어치운다는 뜻의 스웨덴어 [tin(주석) 정제에 방해가 된다는 의미로 사용]

질의 구조를 이해하려면 무엇보다 먼저, 많은 비금속 원소들이 원자가 아닌 분자로 구성되어 있다는 것에 주목해야 한다. 순수한 수소 기체 시료에는 수소 원자만 들어 있지만, 이 원자들은 서로 결합하여 2개의 원자로 이루어진 수소 분자(H_2)로 존재하게 된다. 7개의 비금속은 일반적으로 2개의 원자로 이루어져 있으며 **이원자 분자**(**diatomic molecule**)라고 한다.

이원자 분자: 두 개의 원자로 이루어진 분자.

원소	기호	특성
수소	H_2	무색, 무취, 매우 가벼운 기체, 공기 중에서 연소
산소	O_2	무색, 무취, 반응성이 높은 기체, 공기의 구성 물질
질소	N_2	무색, 무취 기체, 반응성이 상대적으로 낮음
염소	Cl_2	녹황색 기체, 매우 독한 질식할 듯한 냄새, 유독성
플루오린	F_2	옅은 노란색, 반응성이 매우 높은 기체
브로민	Br_2	암적색 액체, 쉽게 기화됨, 부식성이 매우 높음
아이오딘	I_2	어두운 자주색 고체로 약하게 가열하면 쉽게 기화됨

2-6 화학 기호의 사용

2-6a 화합물을 나타내는 식

화학식: 화합물을 형성하고 있는 원자들에 해당하는 원소의 조합을 나타내는 식.

아래 첨자: 화합물에서의 원자 비율을 나타내기 위해 화학식에서 기준선 밑에 쓴 숫자(H_2O의 "2").

앞에서 이미 원소들의 조합을 나타내는 몇몇 **화학식**(**chemical formula**)을 사용하였다. H_2는 수소 원소를, H_2O는 물을, $C_{12}H_{22}O_{11}$은 설탕을 나타내는 화학식이다. 많은 원자가 결합된 화합물에서도 화학식이 의미하는 것은 같다. 즉 원소는 기호로 표시하고 **아래 첨자**(H_2O의 숫자 2)는 각 원자의 상대적인 개수를 나타낸다. 표 2.2는 간단한 분자 화합물

표 2.2 간단한 분자 화합물

화합물	식	특성
물	H_2O	냄새가 없는 액체
일산화 탄소	CO	무취, 인화성, 유독성 기체
이산화 탄소	CO_2	무취, 불연성, 질식성 기체
이산화 황	SO_2	불연성, 질식성 냄새
암모니아	NH_3	무색, 불연성 기체, 자극적 냄새
메테인	CH_4	무취, 인화성 기체
사염화 탄소	CCl_4	불연성, 높은 비중의 액체
이산화 질소	NO_2	적갈색 기체, 자극성 냄새

의 식과 특성을 보여 준다. 이 식이 분자 한 개를 나타낼 수도 있고 많은 양의 시료를 나타낼 수도 있다.

종종 분자 안에서 원자들이 어떻게 결합되어 있는지 보여주기 위해 원소 기호 사이에 선을 긋기도 한다.

수소 분자

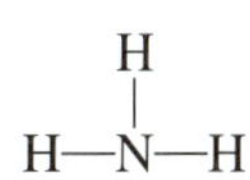
암모니아 분자

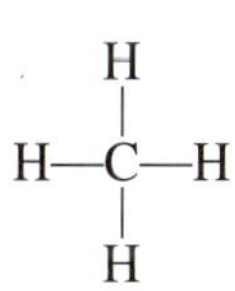
메테인 분자

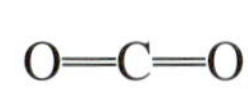
이산화 탄소 분자

위와 같이 선을 사용하여 원자의 연결을 보여 주는 화학식을 **구조식**(**structural formula**)이라 하고, 그 안에 존재하는 원소 기호만 표시하는 것을 **분자식**(**molecular formula**)이라고 한다. 예를 들어 메테인의 분자식은 CH_4이다. 메테인과 같이 탄소가 수소, 질소, 산소, 인, 황 등과 결합된 수백만 개의 화합물들은 **유기 화합물**(**organic compound**)이라 부른다.

탄소를 기본으로 하지 않는 화합물은 **무기 화합물**(**inorganic compound**)이라 하며, 일상 생활에서 흔히 사용되는 다음과 같은 화합물이 있다.

	NaCl	NH_4NO_3	H_2SO_4	$Mg(OH)_2$
화학명:	염화 소듐	질산 암모늄	황산	수산화 마그네슘
용도:	소금	비료	배터리의 산	제산제

분자 모양을 평면이 아닌 입체로 표시해야 할 필요가 있을 경우, 화학자들은 그림 2.7과 같이 물리적 모형을 만들거나 컴퓨터 그래픽을 사용한다.

구조식: 분자를 형성하고 있는 원자간 결합을 선으로 나타낸 화학식.

분자식: 원소 기호와 아래 첨자로 분자를 나타내는 화학식.

유기 화합물: 탄소와 수소 화합물의 유도체.

무기 화합물: 유기 화합물을 제외한 화합물.

그림 2.7 ▸ 물 분자를 인쇄 형태(a와 b), 분자 모형(c와 d) 및 컴퓨터 그래픽(e)으로 나타낼 수 있다.

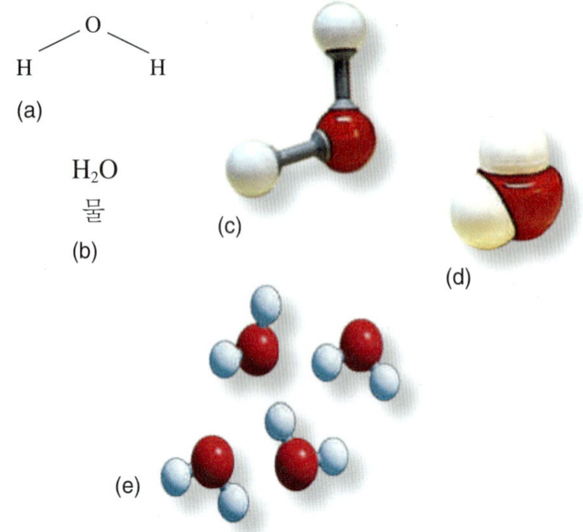

예제 2.1 화학 기호

➜ 다음 중 어느 것이 원소이고 어떤 것이 화합물인가?

(a) KI **(b)** Co **(c)** Ag **(d)** NO **(e)** Cl_2

풀이

(a)와 **(d)**는 화합물이다. 원소의 두 번째 글자는 대문자로 표기하지 않는다. **(b)**와 **(c)**는 코발트와 은 원소를 나타내며, **(e)**는 이원자 분자로 존재하는 염소 원소를 나타낸다.

2-6b 화학 반응식

화학 반응은 하나 이상의 순물질이 하나 이상의 다른 순물질로 변형되는 과정이다. 여기서도 화학자들은 의사 소통을 위해 화학 기호를 사용한다. 화학 반응을 간결하게 표시하기 위하여 **화학 반응식**(**chemical equation**)에 기호와 식을 사용한다. 예를 들어 탄소를 포함한 물질이 불완전 연소할 때 항상 일어나는 반응을 말로 표현하면 "탄소가 산소와 반응하여 일산화 탄소가 만들어진다"라고 할 수 있다. 고체 원소인 탄소는 원소 기호인 C로, 산소는 이원자 분자를 표시하는 화학식인 O_2로, 일산화 탄소 분자는 한 개의 탄소 원자와 한 개의 산소 원자를 가진 CO라는 화학식으로 표시한다.

화학 반응식: 화학 반응을 반응물과 생성물의 화학식으로 나타낸 식.

균형 화학 반응식: 반응물과 생성물에 있는 각 원자의 수가 일치하는 화학 반응식.

화학 반응시 원자들이 재배열되어 새로운 물질이 형성되지만, 원자의 숫자는 변하지 않는다. 이것을 바르게 표시하기 위하여 **균형 화학 반응식**(**balanced chemical equation**)에서는 반응물과 생성물에 있는 원자의 수가 반드시 같아야 한다. 위 예의 경우, 산소 분자 한 개와 탄소 원자 두 개가 결합하여 두 개의 일산화 탄소 분자를 만드는데, 이 모든 정보는 다음 식에 들어있다.

$$2\ C(s) + O_2(g) \longrightarrow 2\ CO(g)$$

이 식에는 탄소가 고체(*s*)이고 산소와 일산화 탄소는 기체(*g*)라는 정보도 포함되어 있다. 화살표(⟶)는 "반응"을 의미하며, 이 화살표는 식의 왼쪽[원소나 화합물 등을 포함하는 **반응물(reactant)**]에서 오른쪽[이 또한 원소나 화합물 등을 포함하는 **생성물(product)**]으로 진행되는 동안 발생하는 변화를 표시한다. 이 식은 다음과 같이 풀어서 말할 수 있다.

거시적 수준: 고체 탄소가 산소 기체와 반응하여 일산화 탄소 기체를 생성한다.
나노 수준: 탄소 원자 두 개와 산소 이원자 분자 한 개가 반응하여 일산화 탄소 분자 두 개를 생성한다.

화학 반응식에서 화학식 앞에 쓴 숫자인 **계수(coefficient)**는 반응에 사용된 물질의 양을 나타내며, 아래첨자는 순물질의 구성을 나타낸다. 아래 첨자를 바꾸면 전혀 다른 반응물이나 생성물이 되지만 계수를 바꾸면 반응에 사용된 물질의 양만 바뀌는 것이다. 예를 들어 2 CO는 두 개의 일산화 탄소를 표시하지만 CO_2는 이산화 탄소 분자를 표시하는 것인데, 이는 탄소를 포함한 물질이 완전 연소될 때 발생하는 물질로 일산화탄소와는 전혀 다른 물질이다.

$$C(s) + O_2(g) \longrightarrow CO_2(g)$$

화학 반응식의 균형을 맞추는 방법은 8장에서 자세히 배우게 된다.

반응물: 화학 변화가 일어나는 물질.

생성물: 화학 반응으로 만들어진 물질.

계수: 화학 반응식에서 균형을 맞추기 위해 화학식 앞에 쓰는 숫자.

예제 2.2 화학 반응식

➡ 이산화 질소(NO_2)는 적갈색 기체로 공해가 심한 도시에서 연무 형태로 보이기도 한다.

(a) 일산화 질소(NO)로부터 이산화 질소가 만들어지는 다음 반응을 말로 설명하시오.

$$2\ NO(g) + O_2(g) \longrightarrow 2NO_2(g)$$

(b) 반응식의 균형이 맞는지를 설명하시오.

풀이

(a) 일산화 질소 기체가 산소 기체와 반응하여 이산화 질소 기체가 만들어졌다. 계수는 NO 분자 2개와 O_2 분자 1개가 반응하여 NO_2 분자 2개가 생성되었음을 보여 준다.

(b) *반응물:* NO의 계수 2는 2 개의 NO 분자를 의미하므로 N 원자 2개와 O 원자 2개를 나타낸다. O_2는 계수가 없으므로 1개의 O_2 분자에 해당하며 O 원자 2개를 나타낸다. 따라서 반응물은 2개의 N 원자와 4개의 O 원자로 이루어져 있다. *생성물:* NO_2의 계수가 2이므로 2개의 N 원자와 4개의 O 원자에 해당한다. 따라서 반응식은 균형이 맞아 있다.

2-7 물질의 변화: 물리적 또는 화학적 변화

질량: 물질의 양에 대한 측정값.

물리적 성질: 물질의 종류가 바뀌지 않으면서 관찰되는 특성.

밀도: 단위 부피 당 질량.

화학적 성질: 화학적 반응 과정에서 관찰되는 특성으로 반응물 중 한 개 이상의 물질이 다른 물질로 바뀜.

황은 노란 색이고 철은 자석에 끌리며 물은 100°C에서 끓는다. 이것은 각 물질의 독특한 특성이지만, 이 성질에는 공통점이 있다. 즉 색을 관찰한다거나 자석으로 집어 올리고, 끓는점을 측정하고, 물질의 양인 **질량**(**mass**)과 부피를 측정하는 과정에서는 물질의 화학적 변화가 일어나지 않는다. 이러한 특성을 **물리적 성질**(**physical property**)이라고 한다. 화학에서 *물리적*(*physical*)이라는 용어는 물질의 화학적 본질이 변화되지 않으면서 일어나는 모든 과정을 지칭한다. 자석으로 황과 철을 분리시키는 것을 물리적 분리라고 한다. 물이 끓었을 때 발생되는 수증기 역시 물(H_2O)이므로 물을 끓이는 것도 물리적 변화다.

물질의 물리적 성질은 측정을 통하여 수치화할 수 있다. 같은 크기의 납과 알루미늄을 손으로 들어보면, 납이 알루미늄보다 훨씬 무겁다는 것을 알 수 있을 것이다. 하지만 이러한 차이는 **밀도**(**density**)를 수치로 나타내어 비교하면 보다 명확해진다. 즉 밀도는 부피가 같은 두 물질의 질량 차이를 수치화하여, 두 물질의 물리적 특성이 얼마만큼 다른지를 명확하게 나타내 준다. 납 1 cm^3는 11.3 g이고 알루미늄 1 cm^3는 2.7 g이므로 납의 밀도가 알루미늄의 밀도보다 더 높다.

	밀도 (20°C에서)
납	11.3 g/cm^3
알루미늄	2.7 g/cm^3

물이 끓는 것과 같은 물리적 변화와는 달리, 물질의 화학적 본질이 변화되는 과정을 화학적 변화라 한다. 휘발유를 연소하면 이산화 탄소, 일산화 탄소 및 물의 혼합물이 만들어진다. 휘발유나 석유 같은 물질이 공기 중에서 탈 때의 특성은 비슷한데, 이러한 특성을 **화학적 성질**(**chemical property**)이라고 한다.

화학적(*chemical*)이라는 말은 물질의 화학적 본질이 변화되는 과정을 지칭한다. 화학 반응 과정에서는 원자의 배열이 바뀌게 된다. 화학 반응물과 생성물은 원자의 개수와 종류는 같지만 그 특성이 전혀 다른 물질이다. 물과 같이 수소와 산소로 이루어진 화합물을, 수소 기체와 산소 기체의 단순 혼합물과 구분하기 위하여 화학적으로 결합하였다는 말을 사용한다. 이 말은 수소와 산소 원자가 독립된 단위로 강하게 결합하고 있다는 것을 말하며 이것을 물 분자라고 한다.

철이 녹슬고, 가을에 나뭇잎 색이 변하며, 제산제 알약이 물에 녹아 이산화탄소 거품이 발생하는 것 등이 우리가 주변에서 흔히 볼 수 있는 화학 변화의 예이다. 이렇게 눈으로 확인할 수 있는 변화를 보고 화학 반응이 일어났음을 알 수 있다(그림 2.8). 물론 모든 화학 반응과정을 눈으로 직접 관찰할 수 있는 것은 아니다.

영어에서 *chemical*이라는 단어는 "화학물질"이라는 명사로도 사용된다. 어떤 의미에서 보면, 우주에 있는 모든 물질은 화학물질이라 할 수 있다. 대부분의 화학물질은 화합물이다. 오염된 물에 들어있는 화합물은 건강에 해롭겠지만, 화학을 조금이라도 공부한 사람이라면 페니실린, 소금, 나일론 섬유, 세탁 세제, 자연 조미료 등 우리에게 유용한 물질 또한 화합물임을 알 것이다.

일부 물리적 변화와 모든 화학반응에는 에너지 변화가 동반된다. 종종 에너지는 열의

그림 2.8 ▸ 화학 반응의 관찰. 눈으로 확인할 수 있는 화학 반응: (a) 불꽃을 볼 수 있다, (b) 물질을 섞으면 빛이 발생한다, (c) 두 용액을 혼합했을 때 침전이 생긴다, (d) 단풍이 든다.

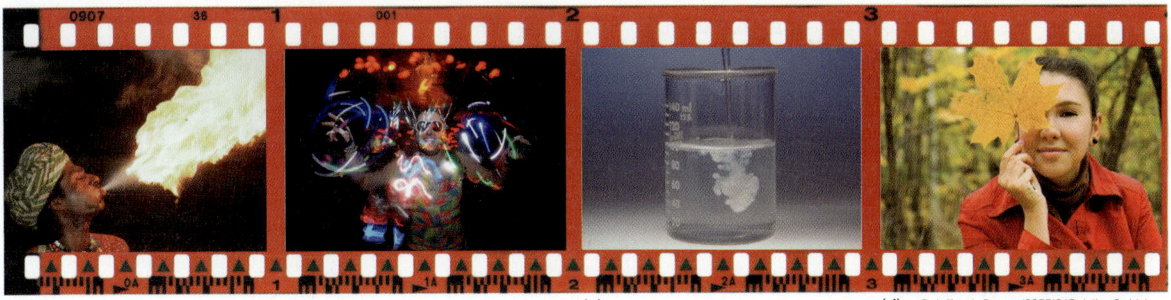

(a) (b) (c) (d)

© Jeffrey L. Rotman/CORBIS/© Julian Smith/Corbis/Charles D. Winters/© iStockphoto.com/alexkotlov/© iStockphoto.com/belterz

형태로 유지되거나 발산되는데, 물질이 녹거나 끓는 물리적 변화가 일어날 때 에너지는 열로 방출된다. 그러나 광합성 작용에서처럼 주변의 에너지를 흡수하여 화학 반응을 일으키는 경우도 있다.

에너지(energy)란 변화를 일으킬 수 있는 능력이며, 물리적 용어로는 일을 할 수 있는 능력을 말한다. 에너지는 **퍼텐셜 에너지**(potential energy) 형태로 저장되기도 한다. 휘발유는 화학 에너지로 알려진 퍼텐셜 에너지를 갖고 있으며, 연소될 때 열과 빛의 형태로 방출된다. 화학 에너지는 또한 전기 에너지나 기계적 에너지로 발산되기도 한다(표 2.3). 저장된 에너지가 아닌 사용되고 있는 에너지는 **운동 에너지**(kinetic energy)라고 하는데 이 운동 에너지는 움직임과 관련이 있다.

에너지: 일을 하거나 변화를 일으킬 수 있는 능력.

퍼텐셜 에너지: 위치나 배열에 의해 저장된 에너지.

운동 에너지: 움직이는 물체의 에너지.

정량적: 정보를 숫자로 나타냄.

정성적: 숫자로 나타내지 않은 정보.

2-8 과학에서의 정량적 개념

순물질의 끓는점이나 질량, 밀도 등과 같이 숫자로 표시된 측정값을 자주 접하게 된다. 측정을 하는 것은 화학 뿐만 아니라 다른 모든 과학에서 반드시 필요한 과정이다. 측정에서 얻은 값을 **정량적**(quantitative) 정보라고 한다. 몸무게를 재는 것은 정량적 실험 과정의 한 예이다. 이와 달리 숫자와 관련 없는 **정성적**(qualitative) 정보도 있다. 예를 들어 손을 욕조 속에 집어넣어 물이 뜨거운 지 알아보는 것은 정성적 실험 과정이라고 할 수 있다.

측정값은 숫자와 단위로 기록한다. "끓는점 52도"는 단위가 없으면 아무 의미가 없다. 즉, 52도가 미국에서 사용하는 화씨인지 미국 외의 세계 각국에서 사용하는 섭씨인지 반드시 표시해야 한다.

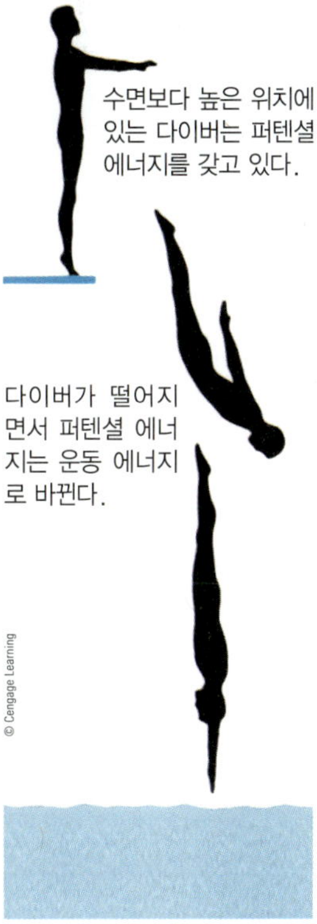

© Cengage Learning

표 2.3 ▸ 화학 퍼텐셜 에너지가 다른 형태의 에너지로 바뀌는 예

~에너지로 변환	전기 에너지	열 에너지	빛 에너지	기계적 에너지
~에 의해	배터리 연료전지	연소 음식의 소화 많은 화학 반응	양초가 탐 벽난로 속의 통나무가 탐 반딧불이 빛을 냄 화학 반응에 의한 발광	로켓 동물의 근육 다이너마이트의 폭발

2-8a 단위 변환

단위 변환: 한 단위로 표현된 양을 다른 단위로 변환함.

등가성: 서로 다른 측정에서 얻어지는 같은 양.

환산 인자: 측정값의 단위를 바꾸어 줄 때 사용하는 비율.

처음 측정한 양의 단위를 다른 단위로 변환하여 표시할 수 있어야 한다. 이런 과정을 **단위 변환**(**unit conversion**)이라고 한다. 측정값의 단위 변환을 하려면 우선 등가성에 대해 알아야 한다. **등가성**(**equality**)이란 한 양을 두 다른 단위로 나타내는 방법이다.

예를 들어, 빵집을 운영하는 데 하루 필요한 계란이 48개라고 가정해 보자. 슈퍼마켓에 가서 별 생각 없이 달걀 4다스를 샀다면 무의식적으로 단위 변환을 한 것인데 어떻게 이것이 가능할 수 있었을까? 이는 이미 달걀 한 다스에는 12개의 달걀이 들어있다는 단위의 등가성에 대해 알고 있기에 가능한 것이다.

$$\text{달걀 12개} = \text{달걀 1다스}$$

수학적으로 이것을 **환산 인자**(**conversion factor**)라고 하는데, 환산 인자는 분자와 분모의 양이 같은 비율임을 뜻한다. 분자와 분모의 양이 동일한 비율이므로 분자와 분모를 바꾸어 적어도 상관없다. 또 환산 인자는 항상 같음을 알 수 있다. 즉 "달걀 한 다스는 달걀 12개"라고도 할 수 있고 "달걀 12개는 달걀 한 다스"라고도 할 수 있다.

$$\frac{\text{달걀 1다스}}{\text{달걀 12개}} \quad \text{또는} \quad \frac{\text{달걀 12개}}{\text{달걀 1다스}}$$

환산 인자를 사용하려면, 먼저 원래의 단위로 표시한 측정값을 쓴다. 다음에 원래의 단위가 분모에 변환하려는 단위가 분자에 있는 환산 인자를 곱한다. 이 계산을 하면 원래의 단위는 소거되고 새로운 단위로 바뀌는 것을 알 수 있다.

$$48\cancel{\text{개 달걀}} \times \frac{\text{1 다스 달걀}}{12\ \cancel{\text{개 달걀}}} = \text{4 다스 달걀}$$

같은 방법으로 달걀의 다스를 달걀의 개수로 변환할 수 있다.

$$4\cancel{\text{다스 달걀}} \times \frac{\text{12 개 달걀}}{1\ \cancel{\text{다스 달걀}}} = \text{48 개 달걀}$$

단위 변환을 바로 하기 어려울 때에는 여러 가지 단위의 관계를 이용할 수 있다. 예를 들어 5 인치를 야드로 변환하려면 다음과 같은 관계를 이용한다.

$$\text{12 인치} = \text{1 피트}$$
$$\text{3 피트} = \text{1 야드}$$

그러면 다음과 같이 계산할 수 있다.

$$5\ \cancel{\text{인치}} \times \frac{1\ \cancel{\text{피트}}}{12\ \cancel{\text{인치}}} \times \frac{\text{1 야드}}{3\ \cancel{\text{피트}}} = \text{0.14 야드}$$

이렇게 단위 변환을 할 때, 한 개의 단위가 사용되다가 약분되어 없어지고 다른 단위가 사용되는 과정을 다시 한 번 숙지하자. 실수하지 않고 정확히 단위 변환을 하려면 양을 측정할 때마다 단위를 정확히 표시해야 한다. 그리고 숫자처럼 단위를 약분하여 그 단위를 없애는 습관을 들여야 한다. 그러다보면 이런 방법이 단위 변환이나 화학 계산 이외의 다른 분야에도 많이 적용됨을 알게 될 것이다. 측정치에 단위를 빠뜨리지 않고 쓰다보면 수학적 답을 찾을 때나 한 단위를 없애고 다른 단위로 대체할 때 옳은 답을 정확히 쓸 수 있게 된다(물론 연산이 정확히 이루어졌다는 가정 하에서).

과학 법칙과 과학적 사실을 확립하려면 정확한 관찰과 측정을 해야 한다. 어떠한 단위로나 정확한 측정을 할 수 있지만, 1700년 대 후반 프랑스 혁명 이래로 과학자들은 한 가지 간단한 단위법으로 통일하여 측정하고자 노력해왔다. 이는 물론 의사소통을 원활히

하기위한 것이었고 이런 목적에서 만들어진 미터법은 다른 단위법보다 두 가지 장점이 있어 선호되었다. 첫째, 작은 단위를 그 보다 큰 단위로 변환하려면 10을 몇 번 곱하기만 하면 되므로, 단위 변환이 용이하다. 즉, 밀리미터를 미터로 바꾸려면 소수점을 왼쪽으로 세 번만 움직여 주면 된다.

$$1 \text{ 밀리미터} = 0.001 \text{ 미터} = 1 \times 10^{-3} \text{ 미터}$$

$$\text{따라서, } 5.0 \text{ 밀리미터} = 0.0050 \text{ 미터} = 5.0 \times 10^{-3} \text{ 미터}$$

이 방법을 인치를 야드로 바꿀 때와 비교해보면 얼마나 간단한지 쉽게 알 수 있을 것이다. 과학 기호를 통일한 것도 여기에 포함되어 있다. 아주 작은 숫자나 아주 큰 숫자를 표시하는 방법을 복습하려면 이 책 뒤에 첨부된 중요한 숫자와 과학 기호 표를 참조하기 바란다.

현대 미터법의 두 번째 장점은 기본 단위 대부분이 재현 가능한 자연 현상에 기초하여 정해졌다는 것이다. 예를 들어, 시간의 단위인 초(second)는 방사능 물질인 세슘에서 방출되는 특정한 파장의 전자기파가 일정한 수만큼 진동하는데 걸리는 시간으로 정의된다. 따라서 항상 같은 값을 재현할 수 있다.

미국에서 아직도 일상적으로 사용되는 여러 단위들은 영국 왕들이 법령을 내려 시행하던 영국의 측정 단위법이 변형된 것이다. 예를 들어 *야드(yard)*는 Saxon가의 왕들이 입던 치마 장식 띠의 길이를 기준으로 했는데 왕의 허리둘레가 달라 그 크기가 제각각이었다. 그리하여 헨리 1세는 이를 표준화하고자 1 야드를 자신의 코끝부터 엄지손가락 끝까지의 길이로 정하는 법령을 선포하기도 했다. 현재 미국에서 쓰는 1 야드의 기준은 국립표준과학연구소(NIST)에서 정한 것이다.

1790년대에 처음 도입된 이래로 미터법은 계속 수정되고 개선되었다. 현재 사용되는 국제 단위계를 약자로 SI 단위(Système International d'Unités라는 프랑스어)라고 하는데, 1960년 국제도량형국(International Bureau of Weights and Measurements)이 채택한 것이다. SI 체계에서는 7개의 기본 단위를 정하고 이 기본 단위로부터 다른 단위들이 파생된다. 예를 들어 길이의 SI 기본 단위는 미터(m)인데, 여기서 제곱미터(m^2)와 입방미터(m^3)가 파생되어 나왔나. SI 기본 단위보다 크기나 작은 값은 접두사를 붙여 표기한다(표 2.4). 즉, 미터보다 작은 길이 단위가 필요할 때에는 센티미터(cm)나 밀리미터

표 2.4 SI 단위의 확장에 사용되는 접두사

접두사	약자	의미	예
메가(mega-)	M	10^6(백만)	1 메가톤 = 1×10^6 톤
킬로(kilo-)	k	10^3(1천)	1 킬로그램(kg) = 1×10^3 g
데시(deci-)	d	10^{-1}(십분의 일)	1 데시미터(dm) = 0.1 m
센티(centi-)	c	10^{-2}(백분의 일)	1 센티미터(cm) = 0.001 m
밀리(milli-)	m	10^{-3}(천분의 일)	1 밀리미터(mm) = 0.001 m
마이크로(micro-)	μ*	10^{-6}(백만분의 일)	1 마이크로미터(μm) = 1×10^{-6} m
나노(nano-)	n	10^{-9}(십억분의 일)	1 나노미터(nm) = 1×10^{-9} m
피코(pico-)	p	10^{-12}(1조분의 일)	1 피코미터(pm) = 1×10^{-12} m

*그리스어 mu('뮤'라고 읽음)

표 2.5 화학에서 많이 사용되는 단위

이름	기호	다른 단위와의 비교
미터(meter)	m	39.4 인치
리터(liter)	L	1.06 쿼트(quart)
그램(gram)	g	0.0352 온스(ounce)
섭씨 도(degree Celsius)	°C	순수한 물은 100°C에서 끓고 0°C에서 언다.
칼로리(calorie)	cal	물 1 g의 온도를 1°C 올리는 데 필요한 에너지

(mm), 나노미터(nm)를 사용하고, 미터보다 큰 길이의 단위가 필요할 때에는 킬로미터(km)를 사용한다. 질량 단위로는 그램(g), 킬로그램(kg), 밀리그램(mg), 마이크로그램(μg, μ는 그리스어 mu에 해당), 또는 나노그램(ng) 등의 단위를 사용한다.

표 2.5에 나와 있는 5개의 단위는 그 편리성 때문에 화학 뿐만 아니라 일상생활에서도 전 세계적으로 흔히 사용된다. 이 책에서는 표 2.5에 열거된 단위 부호를 사용할 것이다. 하지만, 부피 단위로는 리터(L)가 더 자주 사용되는데, 이는 SI 단위인 m^3의 양이 너무 크기 때문이다($1\ m^3 = 1000\ L$).

예제 2.3 미터 단위의 접두사

➡ 2 km는 몇 미터인가?

풀이

접두사 킬로(*kilo-*, k)는 1000 배를 의미하므로 1000 m = 1 km이다. 더 쓸 필요가 없을 것이다. 만 원이 천 원짜리 지폐 10장에 해당하는 것과 같이 1 km가 1000 m에 해당한다고 생각하면 될 것이다. 하지만, 이 문제를 가장 이상적으로 푸는 방법은 아래와 같이 환산 인자를 포함한 식을 써서 답을 구하는 것이다.

$$2\ \cancel{km} \times \frac{1000\ m}{1\ \cancel{km}} = 2000\ m$$

연습 문제

1. 어제 사용한 물질 중 화학적으로 변형되지 않은 자연 상태의 물질은 무엇이 있는가?

2. 다음 변화가 물리적 변화인지 화학적 변화인지 설명하시오.
   (a) 눈송이가 만들어짐
   (b) 철이 녹슮
   (c) 과일을 깎음
   (d) 나무로 테이블 다리를 만듦
   (e) 포도로 포도주를 만듦
   (f) 감자를 삶음

3. 두 종류의 순물질이 완벽하게 같은 특성을 가질 수 있겠는가?

4. 화학적 변화는 사람에게 이로울 수도 있고 해로울 수도 있다. 각각의 경우에 대한 예를 몇 가지 들고, 그 변화가 화학적 변화인 이유를 설명하시오.

5. 다음 원소는 천연에서 어떤 상태(고체, 액체, 기체)로 존재하는가? 주기율표를 참조하여 답하시오.
   (a) 주석
   (b) 브로민
   (c) 디스프로슘(Dy)
   (d) 제논
   (e) 사마륨(Sm)
   (f) 리튬
   (g) 수은
   (h) 아이오딘

6. 다음은 서로 혼동하기 원소들이다. 원소의 기호나 이름을 쓰시오.
   (a) copper(구리), copernicium(코페르니슘)
   (b) copper(구리), chromium(크로뮴), cerium(세륨)
   (c) tungsten(텅스텐), titanium(타이타늄), tin(주석)
   (d) thallium(탈륨), thorium(토륨)
   (e) nitrogen(질소), nickel(니켈)
   (f) C, Ca
   (g) iron(철), fluorine(플루오린)
   (h) nitrogen(질소), nickel(니켈), neon(네온)

7. 모래(SiO_2)와 소금(NaCl)이 섞여있다. 두 물질을 어떻게 분리할 수 있겠는가? 두 물질이 분리되었다면, 어떤 것이 어떤 물질인지를 확인할 수 있는 방법은?

3

우리가 숨쉬는 공기

The Air We Breathe

차례

지구의 대기는 45억 년 전에 처음 형성된 이래로 15억 년 전까지는 지금과는 사뭇 달랐다. 당시의 대기에는 질소(N_2), 수증기(H_2O), 이산화 탄소(CO_2), 메테인(CH_4), 암모니아(NH_3) 등이 있었지만 산소(O_2)는 거의 없었다. 모든 생명체가 산소를 필요로 하는 것은 아니었으며, 생명체는 깊은 바다에서만 활동하였다.

과학자들은 25억 년 전에 광합성을 할 수 있는 시아노박테리아(cyanobacteria)가 출현하여 대기를 변화시키기 시작하였다고 믿고 있다. 산소는 박테리아가 대사과정을 통해 버리는 부산물이었다! 당시 지구에는 산소와 아주 잘 반응하는 물질이 풍부하여, 산소는 아주 천천히 축적되었다. 바다와 육지에 있는 철과 다른 물질이 산소와 반응해서 처음에는 대부분의 산소가 이에 소비되었기 때문이다. 그러나 산소와의 반응 때문에 철 등의 물질이 서서히 줄어들고, 대기 중 산소 농도가 증가하기 시작하였다. 17억 5천만 년 전에 이르렀을 때 대기 중 산소의 양은 지금의 약 21% 정도까지 도달하였다. 산소 농도의 증가는 산소에 의존하는 생명체의 발달에 두 가지 중요한 역할을 하였다. 첫째, 산소는 호흡에 필요하였다. 둘째, 성층권에 오존층이 형성되게 하였다. 높은 에너지의 자외선을 막아주는 오존층이 없었다면, 사람과 같이 산소를 필요로 하는 유기체는 살아남을 수 없었을 것이며, 만일 살아남았다 하더라도 지금과는 전혀 다른 모습이었을 것이다.

우리는 이제 막 화학을 공부하기 시작하여 원소, 원자, 분자, 화학 반응 등에 대한 지식이 조금은 제한적이지만, 이를 바탕으로 몇 가지 아주 중요한 현상에 대하여 설명하고자 한다. 이 장에서는 귀중한 원자재이며, 상당한 위험에 처해 있으며 위험이 점점 뚜렷해지고 있는 공기에 집중할 것이다. 우리는 우리 건강과 삶의 방식을 위험에 빠뜨릴 정도로 대기를 오염시키기 시작했는가? 지구를 둘러싸고 있는 생명 유지의 화학물질 덮개인 공기를 탐구하고, 그 조성과 우리가 공기에 끼치는 영향, 그리고 그와 관련된 몇 가지 문제들에 대하여 설명하고자 한다.

3-1 하부 대기층과 조성

지구는 수 킬로미터 높이의 화학 물질로 둘러싸여 있다. 그 화학 물질은 우리가 살고 있는 기체층을 구성하는데, 그 공간을 *대기권(atmosphere)*이라고 한다. 지구 대기에 있는 기체는 중력에 의해 잡혀있다. 열에너지는 분자를 계속 움직이게 하여 기체가 지표면으로 가라앉는 것을 막아주고, 중력은 기체가 우주 공간으로 빠져 나가는 것을 막아준다. 대기의 조성 백분율은 고도가 바뀌어도 기본적으로 거의 변하지 않지만, 고도가 올라

대기권은 지표에서 성층권까지 변화한다.

대기압: 주어진 고도에서 대기의 무게에 의해 가해지는 압력.

대류권: 해수면에서 10 km 높이까지에 걸쳐 있는 지구의 대기권.

성층권: 대류권에서부터 고도 약 50 km까지에 걸쳐 있는 지구의 대기권.

오존층: 태양에서 방출된 해로운 자외선의 대부분을 걸러내어 지구상의 생명을 보호하는 기체 오존의 성층권 지역.

가고 온도가 낮아짐에 따라 대기의 밀도는 급격히 떨어진다. **대기압(atmospheric pressure)**은 해수면에서 1 atm(14.7 lb/in^2 = 1 kg/cm^2)인데, 고지대에 위치한 덴버(Denver)에서는 약 0.8 atm(12 lb/in^2)로 떨어지며, 높이 8850 미터의 에베레스트 산 꼭대기에서는 약 0.3 atm(4.4 lb/in^2)까지 떨어진다.

에베레스트 산 정상에서도 공기 중의 21%는 산소이지만, 공기의 밀도는 해수면의 3분의 1이기 때문에, 에베레스트 산 등반가는 해수면에서와 같은 양의 산소를 얻기 위해 보통보다 세 배나 많은 부피의 공기를 마셔야 한다. 따라서 약간만 움직여도 숨이 가쁜 높은 고도의 산을 오르는 대부분의 등반가가 산소통을 사용하는 것은 놀라운 일이 아니다.

지구의 대기 중 가장 낮은 층을 **대류권(troposphere)**이라고 한다(그림 3.1). 대류권은 대략 고도 10 km까지로 날씨의 변화가 일어나는 곳이다. 프로펠러나 제트 비행기, 기구 등은 통상적으로 대류권 안에서 움직인다. 덴버는 해수면보다 약 1.6 km 높은 곳에 있으며, 에베레스트 산은 대류권 안에 있지만 거의 9 km 높이까지 다다른다. 대류권 상층부 공기의 온도는 약 −60°C(−76°F)로 지표면에서의 평균 온도인 15°C(59°F)보다 훨씬 낮다. 이 장에서 이야기하는 오염의 대부분은 지표면 근처에서 발생한다. 이러한 오염은 때로는 대기 속에서 수 킬로미터 높이까지 이르기도 하지만, *지표 수준 공기 오염*(ground-level air pollution)이라고 한다.

대류권 위에는 고도 약 50 km까지 펼쳐진 **성층권(stratosphere)**이 있다. 성층권에서는 온도가 서서히 올라 50 km 높이에서는 약 0°C에 이른다. 고도 약 15~30 km에는 오존 농도가 높은 **오존층(ozone layer)**이 있는데, 성층권에서의 온도 상승은 오존층이 자외선(UV)을 흡수하기 때문이다. 대류권에서 오존(O_3)은 오염원으로 작용하지만, 성층권에서는 보호막으로서의 역할을 한다. 우주선처럼 이 구역을 통과하여 지구 대기 너머로 여행을 가는 것도 있지만, 이 영역을 비행할 수 있는 것은 몇몇 초음속 비행기나 고고도(高高度) 기상 관측 기구뿐이다.

대기 오염에 대해 공부하기 전에, 건조한 공기가 보통 상태에서 어떤 조성을 가지고 있는지 좀 더 자세히 알아보기로 하자. 표 3.1에서 보듯이, 지구 대기의 약 99%는 질소

그림 3.1 ▸ 저층 대기.

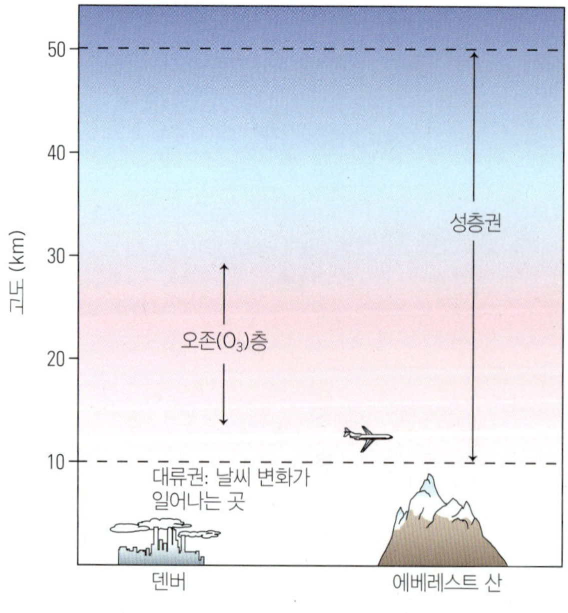

표 3.1 건조한 공기의 조성(해수면 높이)

	조성(부피비)	
기체	백분율(%)	ppm
질소(N_2)	78.084	780,840
산소(O_2)	20.948	209,480
아르곤(Ar)	0.934	9340
이산화 탄소(CO_2)	0.037	370
네온(Ne)	0.00182	18.2
헬륨(He)	0.00052	5.2
메테인(CH_4)	0.0002	2
수소(H_2)	0.0001	1
크립톤(Kr)	0.0001	1
일산화 탄소(CO)	0.00001	0.1
제논(Xe)	0.000008	0.08
오존(O_3)	0.000002	0.02
암모니아(NH_3)	0.000001	0.01
이산화 질소(NO_2)	0.0000001	0.001
이산화 황(SO_2)	0.00000002	0.0002

와 산소이고, 적은 양이지만 그 밖의 다양한 기체들이 대기에 있다.

표 3.1에 있는 농도는 백분율(%) 또는 ppm 단위로 표시되어 있다. 우리는 백분율에는 익숙하다, 예를 들어 여학생 136명과 남학생 64명이 있는 반에서, 여학생의 백분율은 여학생수를 전체 학생 수(200)로 나누고 100을 곱하여 쉽게 68%라고 결정할 수 있다. 이는 100명의 학생당 여학생이 68명 있다는 의미이다. 즉, 68%는 100분의 68이다. 공기의 성분 중 많은 종류는 1%보다도 훨씬 더 적게 존재한다. 예로 네온은 공기 중에 0.00182% 존재하는데, 이렇게 아주 작은 수를 다루는 것은 때로는 매우 어색하다. 네온처럼 아주 낮은 농도는 **ppm**(parts per million, 백만분율) 또는 **ppb**(parts per billion, 십억분율) 단위로 표시하는 것이 더 쉽다. 여러분은 화학에 대한 식견을 가져야 할 사람으로서 이들 단위에 익숙할 필요가 있다.

백만분율(ppm): 백만에 대한 비율.

십억분율(ppb): 십억에 대한 비율.

0.00182%가 몇 ppm인가를 알기 위해서는, %를 ppm 단위로 바꾸어야 한다, 이는 다음과 같은 질문이기도 하다. 공기에 있는 100개의 입자 당 0.00182가 Ne 원자일 때, 1,000,000개의 입자 중에는 Ne 원자가 얼마나 있는가? 이를 구하기 위한 간단한 비례식은 다음과 같다.

$$\frac{0.00182}{100} = \frac{x}{1{,}000{,}000}$$

위 식으로부터 $100x = 1820$ 즉, $x = 18.2$ ppm을 얻을 수 있다. 이는 공기에서 1,000,000개의 입자를 잡아낼 수 있다면, 이 중 평균적으로 18.2개가 Ne 원자일 것이라는 말과 같다. 물론 0.2개의 원자는 있을 수 없고, 단지 통계적인 평균을 의미한다, 약간의 연습으로 %, ppm, ppb 사이의 단위 변환을 쉽게 할 수 있을 것이다.

예제 3.1 %, ppm, ppb 사이의 단위 변환

(a) 어느 습한 날에 공기 중 수증기 농도가 0.85% 이었다. 이는 ppm, ppb 단위로 얼마인가?

풀이

$$\frac{0.85}{100} = \frac{x}{1,000,000,000}$$

이므로 $100x = 850,000$이다. 따라서 $x = 8500$ 즉, 8500 ppm이다.
또한

$$\frac{1000}{1,000,000} = \frac{x}{100}$$

이므로 $100x = 850,000,000$이다. 따라서 $x = 8,500,000$ 즉, 8,500,000 ppb이다.

위 비례식을 풀면 0.85%는 8500 ppm 또는 8,500,000 ppb임을 알 수 있다.

(b) 대부분의 성인은, 1000 ppm의 일산화 탄소를 포함하고 있는 공기를 네 시간 정도 호흡할 경우, 사망에 이른다. 1000 ppm의 일산화 탄소는 몇 %에 해당하는가?

풀이

다음은 공기 입자 1,000,000개 당 1000개가 CO일 때, 100개 당 (x)개가 CO라는 것을 나타내는 식이다.

$$\frac{1000}{1,000,000} = \frac{x}{100}$$

이므로 $1,000,000x = 100,000$이다. 따라서 $x = 0.1$ 즉, 0.1%이다.

이는 공기 입자 100개 당 CO가 평균 0.1개 있다는 의미이다. 물론 0.1개의 분자는 없기 때문에, 좀 더 사실적으로 표현하고자 하면, 0.1%를 ppt(parts per thousand, 천분율) 단위로 변환하여 보라. 공기 입자 1000개 당 하나가 CO임을 알 수 있을 것이다.

3-2 공기: 순수한 기체의 공급원

균일 기체 혼합물인 공기에 포함되어 있는 각 기체는 순수한 화합물로 분리할 수 있다. *공기 분류법(fractionation of air)*이라는 공정을 사용하여 질소, 산소와 그 밖의 기체를 분리하기 위해서는, 먼저 수증기와 이산화 탄소를 제거해야 한다. 이는 공기를 냉각시키고 이 때 생긴 언 수증기와 이산화 탄소를 제거함으로써 이루어진다. 그 후, 정상 대기압의 100배 정도 압력으로 공기를 압축하면, 공기의 온도가 올라간다. 다시 공기를 상온으로 식히고, 공기가 차가운 진공 상자로 빨려들어 가도록 한다. 이 과정에서 공기는 팽창하게 되는데, 분자들 사이의 상호 인력을 극복하기 위해서는 에너지가 필요하기 때문에, 이미 차가운 상자 안에서 기체는 더 차갑게 된다. 이와 같은 압축과 팽창을 여러 번 반복하고 조절하면, 팽창된 공기의 온도가 액화점(응축점)까지 떨어진다. 기체들은 서로 끓

그림 3.2 ▸ (a) 공기 분류법, (b) −196°C에서 끓는 액체 질소.

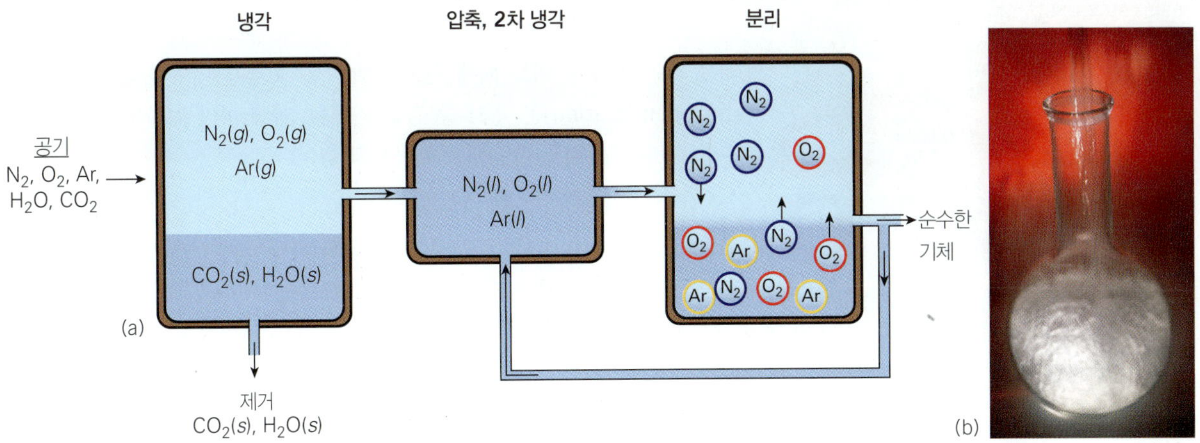

는점이 다르기 때문에 액화 공기로부터 순수한 기체들을 분리해 낼 수 있다.

액체 공기의 온도를 올리면 먼저 질소[끓는점(bp) −196°C]가 기화되고, 남은 액체인 산소와 아르곤은 더 농축된다. 온도를 더 올리면 고순도 산소(bp −183°C)와 아르곤(bp −189°C)이 분리된다. 공기에 미량 존재하는 기체들(네온, bp −246°C; 제논, bp −108°C; 크립톤, bp −153°C)도 액체 공기로부터 분리할 수 있다.

상업적 목적으로 헬륨(끓는점 −271°C)을 공기에서 분리하지는 않는다. 이는 천연 가스에서 헬륨을 추출하는 것이 더 경제적이기 때문인데, 미국 서부 텍사스(Texas) 산 천연 가스에는 부피로 7%까지 헬륨이 포함되어 있기도 한다.

3-2a 산소

액체 공기를 분류하여 얻은 산소는 대부분 강철을 만들 때(제강) 사용된다. 나머지는 로켓의 연료와 산소가 필요한 다른 반응에도 사용된다.

액체 산소(LOX, liquid oxygen)는 대기압에서 끓는점인 −183°C로 보관하여 운반한다. 이 정도로 차가운 물질을 *극저온 유체*(*cryogen*, "얼음처럼 차가운"이라는 뜻의 그리스어 *kryos*에서 유래)라고 한다. 극저온 유체는 특히 위험한데, 닿았을 경우 즉시 동상에 걸리고, 플라스틱이나 고무 개스킷, 몇몇 금속 등은 이러한 온도에서 쉽게 부스러지거나 부러진다. 어떤 물질은 액체 산소와 폭발적으로 반응한다. 따라서 공기 중에서 불을 붙여 태울 수 있는 물질은 액체 산소와 직접 접촉하지 않도록 하여야 한다.

3-2b 질소

질소는 화학적으로 반응성이 매우 약하기 때문에, 용접이나 고온 금속야금 공정 등에 비활성 대기 역할로 많이 쓰인다. 만일 이러한 공정에 공기가 있으면 뜨거운 금속이 산소와 반응을 할 수도 있다.

액체 질소는 사마귀나 미관상 안 좋은 피부 또는 병균성 조직 등을 제거하기 위해 피부를 부분적으로 냉각시키는 등의 의료용(*저온 수술*, *cryosurgery*)으로 쓰인다. 또한 액체 질소는 온도가 낮고 비활성이므로 식품을 냉동 보관하여 운반할 때 사용되기도 한다. 질소가 채워진 트럭이나 화물열차의 밀폐된 화물칸은 생명에 필요한 산소가 없거나 매

여러 종류의 영족 기체를 사용하는 "네온" 사인.

우 적을 수 있기 때문에 위험하다. 이러한 공간에 들어갈 때는 반드시 호흡 장치를 가지고 가거나 신선한 공기로 먼저 공간을 환기해야 한다.

질소는 식물에 필수적인 원소이지만, 기체 질소가 바로 식물에 공급되는 것은 아니다. 이를 위해 질소는 반드시 "고정"되어야 한다. **질소 고정**(**nitrogen fixation**)은 대기 중 질소 기체를, 물에 녹아 식물의 뿌리가 흡수할 수 있는 형태의 화합물로 바꾸는 과정이다.

3-2c 영족 기체

공기 중에서 가장 흔한 영족 기체인 아르곤은 미국에서 매년 250,000 톤 정도 추출된다. 아르곤은 대부분 금속 야금 공정에 비활성 대기용으로 소비된다. 또한 백열전구 필라멘트의 수명을 늘리기 위한 충전 기체로 쓰이기도 한다. 네온은 "네온" 사인에 많이 사용되는데, 아르곤, 크립톤, 제논 등도 여기에 쓰인다.

질소 고정: 대기 중의 질소를 식물의 영양소로 유용한 용해성 질소 화합물로 변환하는 것.

인적 오염: 인간의 활동으로 인해 발생하는 오염.

3-3 자연적 공기 오염과 인적 공기 오염

우리가 숨쉬는 공기에는 앞에서 다룬 기체들만 있는 것은 아니다. 공기에는 자연 현상이나 인간 활동의 결과로 발생한 기체가 포함되어 있다. 이러한 물질들이 달갑지 않거나 해롭다고 여겨지면 이를 오염 물질이라고 부른다.

화산 분출에서 나온 먼지, 수은 증기, 염화 수소, 황화 수소 등 자연적으로 발생한 물질은 공기를 대량으로 오염시킨다. 산불이나 들불이 나면 이산화 탄소와 염소화된 유기 화합물 등이 발생하며, 활엽수와 낙엽수에서는 자연적으로 많은 양의 활성 유기 화합물이 분비되어 대기로 퍼져 나간다. 이러한 자연 현상은 우리가 어찌할 수 없다, 따라서 이 절에서는 **인적 오염**(**anthropogenic pollution**)에 주로 관심을 가지고 공부하고자 한다.

특히 인구가 밀집한 도시 지역에서는 인간 활동이 우리가 숨쉬는 공기의 질에 뚜렷한 영향을 주는 것으로 보인다. 자동차, 화석 연료를 쓰는 발전소, 제련소, 야금 공장, 정유소 등은 상당량의 화학 오염 물질을 대기로 방출한다. 이러한 대기 오염 물질은 농촌 지역에서도 점차 증가하고 있으며, 특히 도시 지역에서 보이는 농도 정도이면 눈이 따갑고, 기침, 호흡 곤란, 심지어는 사망까지도 이를 수 있다. 공기 오염이 새로운 것은 아니다. 셰익스피어(Shakespeare)는 17세기에 이미 이에 관한 글을 쓰기도 하였다.

많은 사람이 오염된 공기의 직접적인 영향으로 고통 받았다는 충격적인 사례가 이미 있었음에도, 1960년 이전에는 미국에서 공기 오염에 대해 관심 뿐만 아니라 이를 조절하고자 하는 노력도 거의 없었다. 예를 들어, 펜실베이니아(Pennsylvania) 주 도노라(Donora) 시는 1948년 10월에 5일 동안이나 공기 오염에 뒤덮여 6천여 명이 병들고 18명이 사망하였다. 과거에는 공장에서 나오는 연기, 일산화 탄소, 질소 산화물, 유기 화합물의 증기 등을 일반인이 냄새 맡지 못하고 보이지 않는 곳에서 대기로 흩뿌린다면 그 유해성에 대해 아무 생각 없이 공기 중에 방출하였다.

미국에서는 1960년대에 들어서야 공기 오염이 점차 증가하는 문제라고 인식하여, 1970년에 대기오염방지법이 통과되었다. 이 법은 공장이나 자동차 등에서 발생하는 공기 오염을 줄이는 데 기여하였지만 포괄적이지는 못하여 1977년에 좀 더 엄격한 기준을 가지는 방향으로 개정되었다.

(a) 1980년에 세인트헬렌스(Mt. St. Helens) 화산이 폭발하여 2/3 세제곱마일의 물질을 대기 중으로 퍼트렸다.
(b) 대낮에도 하늘을 어둡게 하였던 "도노라 스모그". 오염의 주요인은 아연 제련소였다.

(a)

(b)

1989년 6월 부시(George H. W. Bush) 대통령은 이전의 대기오염방지법을 대폭 바꾼 1990 수정 대기오염방지법에 서명하였다. 이 수정법은 미국에서 제조되는 거의 모든 것에 영향을 끼친다. 1990 수정법에 의해 규제되는 물질에는 미세먼지, 오존, 일산화 탄소, 질소 산화물, 황 산화물, 탄소와 수소 원자로만 이루어진 화합물인 **탄화수소(hydrocarbon)**, 휘발성 독극물, 이산화 탄소, 성층권에 있는 오존을 감소시킬 수 있는 물질 등이 포함되어 있다. 다음 절에서는 시야를 방해하고, 호흡기 질환을 악화시키며, 햇빛을 산란시켜 지역적으로 혹은 전 지구적으로 온도를 떨어뜨리는 입자에 대하여 알아볼 것이다.

탄화수소: 탄소와 수소 원자만을 포함하는 화합물.

3-4 공기 오염 물질: 입자의 크기가 차이를 만든다

공기 오염 물질이 일으킬 수 있는 영향은 그 크기에 의해 부분적으로 결정된다. 공기 오염 입자는 크기에 있어서 크게는 눈으로 볼 수 있을 정도의 비산회(날아다니는 재)부터 작게는 개개의 분자, 이온, 원자까지 있다. 많은 오염 물질은 안개를 이루는 물방울에 붙는다. 대기 중에 떠다니는 고체와 액체 방울을 통칭하여 **미세먼지**(**particulate**)라고 한다. 고체 미세먼지로는 금속 산화물, 토양 입자, 바다 소금, 발전소나 소각로에서 발생하는 비산회, 탄소 알갱이, 또는 더 작은 금속 입자 등이 있다. **에어로졸**(**aerosol**) 입자는 지름이 1~1만 나노미터(nm)이며 무려 1조 개 정도의 원자, 이온, 또는 작은 분자를 가지고 있다. 2000 nm 범위의 입자는 시계를 악화시키는 주범이다.

미세먼지: 대기 중에 떠다니는 고체 입자나 액체 방울.

에어로졸: 너무 작아서 오랜 시간 동안 대기 중에 떠다니는 오염 입자.

에어로졸 입자는 작아서 오랜 기간 동안 대기에 떠 있을 수 있으므로, 쉽게 흡입하여 호흡기 질병을 일으킬 수 있다. 이러한 입자에는 돌연변이나 암을 유발하는 물질이 포함되어 있을 수 있다. 에어로졸 입자는 상대적으로 표면적이 커서 *흡착력*(*adsorption*)이 크며, 그 표면에 화학 물질을 농축시킬 수 있다. 얇은 물 층으로 둘러싸인 액체 에어로졸이나 입자는 공기 오염 물질이 물에 흡수되어 농축되거나 반응이 일어날 수 있게 하기도 한다.

미국에서는 매년 수백 만 톤의 그을음, 먼지, 연기 입자가 대기로 배출된다. 미국의 대기에 떠다니는 미세먼지의 평균 농도는 농촌 지역에서는 약 0.00001 g/cm^{3}이며 도시에서는 대략 그 여섯 배 정도이다. 오염이 심한 지역에서는 농도가 0.002 g/cm^{3}까지 오르기도 한다.

대기 중 미세 먼지는 태양으로부터의 빛을 산란시키거나 특히 반사시킴으로써 지구의 온도를 떨어뜨릴 수 있다. 1980년의 세인트헬렌스 산과 1991년의 피나투보 산(Mt. Pinatubo)에서의 거대한 화산 폭발은 측정할 수 있을 정도의 지구 냉각 효과를 보여주었다.

미세 먼지나 에어로졸은 중력, 비, 눈 등에 의해 자연적으로 제거된다. 공업적인 미세 먼지 방출은 발생한 먼지를 여과, 원심 분리, 세척 등 다양한 물리적 방법으로 처리하여 방지할 수 있다. 다른 방법으로는 전기 집진법이 있는데, 이는 배출 가스에서 나오는 1 마이크로미터(μm)보다 작은 에어로졸이나 미세 먼지도 98% 이상 제거하는 효과를 가지고 있다. 그림 3.3에 나타낸 전기 집진기의 효과는 매우 극적이다.

3-5 스모그

연기, 안개, 공기 및 다른 화학 물질이 섞여있는 유독성 혼합물을 *스모그*(*smog*)라고 처음 부른 사람은 데보에 박사(Dr. Harold de Voeux)로 1911년에 그는 1150명의 인명을 앗아간 런던 대기 오염에 관한 보고서에서 이 단어를 사용하였다. 해를 거듭할수록 스모그는 많은 지역과 공업 단지로 마치 전염처럼 퍼져나갔다.

스모그가 발생하기 위해서는 어떤 일반 조건이 필요한가? 오염 물질을 발생시키는 요인에 따라 스모그의 화학적 성분은 변하지만, 거의 대부분 경우 스모그가 발생하기 위해서는 특정한 지형 조건과 기상 조건이 있다.

그림 3.3 ▸ 정전기를 이용한 집진과 그 효율성. (a) 전기 집진기. 음으로 하전된 전극은 지나가는 연기 입자에 음전하를 전달한다. 입자는 양으로 하전된 벽으로 끌리고 그 후 수집통으로 떨어진다. (b) 사진에 있는 여러 굴뚝 중 한 굴뚝에 있는 집진기는 작동하지 않고 있다. 이 굴뚝은 청소가 필요하고, 나머지 굴뚝의 집진기는 잘 작동하고 있다.

첫째, 바람이 없어서 오염 물질이 수평적 또는 수직적으로 퍼지지 않고 모일 수 있는 기간이 있어야 한다. 이는 공기층 사이의 비정상적인 온도 배열인 **열 역전(thermal inversion)** 현상이 일어날 조건을 만든다(그림 3.4). 보통은 따뜻한 지표면 근처에서 형성된 따뜻한 공기는 밀도가 낮아 하늘로 올라간다. 이 때 대부분의 오염 물질도 함께 가지고 대류권으로 올라가며, 대류권에서 이들 오염 물질은 멀리 퍼진다. 그러나 열 역전이 일어나면 따뜻한 공기층이 지표면 근처의 차고 밀도가 높은 공기층을 덮어, 찬 공기층이

열 역전: 더 따뜻한 공기가 더 찬 공기 위에 있게 되는 대기 조건.

그림 3.4 ▸ 열 역전. 지표면에서 따뜻해진 공기는 대개 하늘로 올라갈 때 오염 물질도 함께 가지고 올라간다. 그러나 열 역전 현상이 일어나면, 밀도가 높은 찬 공기층 위에 형성된 따뜻한 공기층이 움직이지 않게 된다. 그 결과 오염 물질은 지표면 근처에서 빠져나가지 못한다.

움직이지 못한다. 오목한 형태의 지형(산이나 절벽 등으로 둘러싸인 지형)에서는 고여있는 공기가 상당 기간 머물러 있게 된다. 대기가 이런 조건에 있을 때, 자동차, 발전소, 공장 등에서 나온 오염 물질은 스모그를 형성한다.

크게 두 종류의 스모그가 밝혀졌다. 하나는 주로 석탄이나 석유의 연소에서 나오는 것으로, 여기서는 이산화 황이 그을음, 비산회, 연기, 부분적으로 산화된 유기 화합물 등과 섞여있다. 이러한 스모그는 런던과 그 주변에서 처음 알려졌기 때문에 "런던" 스모그라고 한다. 또 산업 활동과 관련되어 있기 때문에 산업 스모그(**industrial smog**)라고도 하는데, 석탄을 적게 쓰거나 공장에 배출 조절기를 달면 대체로 그 양이 줄어든다.

산업 스모그: 석탄 연소와 같은 산업활동으로 일반적으로 생기는 스모그.

광화학 스모그: 공기 중의 광활성 오염물에 햇빛의 작용으로 형성되는 스모그.

산업 스모그의 주성분은 이산화 황이다. 실험에 따르면 이산화 황은 에어로졸의 생성을 증가시키는데, 특히 탄화수소와 질소 산화물의 혼합물이 있으면 에어로졸이 더 잘 생성된다. 예를 들어, 50%의 상대 습도(H_2O)에서 3 ppm의 탄화수소, 1 ppm의 NO_2, 0.5 ppm의 SO_2가 섞여있는 혼합물은 에어로졸을 형성하며, 그 안에서 화학 반응이 일어나 황산(H_2SO_4)을 주생성물로 만든다. 황산 에어로졸을 흡입하는 것은 매우 위험하며, 특히 천식이나 폐기종 등의 호흡기병을 가지고 있는 사람에게는 상당히 해롭다. 에어로졸의 농도가 5 ppm인 곳에서 한 시간 정도 있으면 기관지 수축이 일어날 수 있으며, 10 ppm 수준에 한 시간 정도 있으면 심각한 호흡 곤란이 발생할 수 있다.

끔찍하기로 유명한 사례의 런던 스모그가 1952년에 발생했다. 목요일이었던 그 해 12월 4일, 열 역전과 자욱한 밤안개 그리고 템즈강(Thames River) 유역을 따라 펼쳐진 영하의 차가운 날씨로 인해 런던 시민들은 집안 난로에 많은 양의 석탄을 넣게 되었다. 나중에 밝혀진 것처럼, 고급 석탄을 수출하기 위해, 시민에게는 저급 석탄이 공급되고 있었다. 이 저급 석탄은 황 함량이 높아 결과적으로 문제를 일으켰다.

계속되는 추운 날씨에 주말 내내 난로를 사용하였고, 이는 연기와 화학 증기를 대기에 내뿜어 오염이 계속 증가하였다. 사고에 대한 보고서에 따르면 일찍이는 토요일부터 런던 주위 수 킬로미터에는 스모그 때문에 햇빛이 비치지 않았다. 이런 날씨가 계속되고 주말은 더디게 흘러가면서 상황은 더욱 악화되었다. 호흡이 어려워지기 시작하고, 사람들은 숨을 쉬기 쉽도록 위쪽으로 올라가 잠을 청해야 했다. 병원은 숨이 가빠 헐떡이는 사람으로 넘쳐났고, 월요일에는 호흡 관련 심장병으로 100명이 넘는 사람이 사망했다.

화요일인 12월 9일에는 날씨가 나아지기는 했지만, 이미 그 때까지 막대한 피해가 발생했다. 처음에는 4000여명이 스모그와 관련되어 사망한 것으로 추정하였지만, 새로운 자료와 분석을 바탕으로 한 최근(2001)의 추정에 따르면, 스모그가 직접적인 원인이 되어 추후에 사망한 사람까지 포함하여 전체적으로 1만1천~1만2천명이 사망하였다. 이후에도 치명적인 런던 스모그가 몇 차례 더 있었지만 1952년 대재앙에 견줄만한 것은 없다. 비교하면, 1952년의 런던 스모그 대재앙 때문에 사망한 사람의 수는 1941년 일본의 진주만 습격에 의한 사망자 수와 2001년 테러리스트의 뉴욕(New York) 세계무역센터 쌍둥이 빌딩 공격에 의한 사망자 수를 합친 것의 거의 두 배에 이른다. 대부분의 사람은 이 대재앙에 대해 들어본 적이 없을 것이다. 오염은 인상 깊은 뉴스거리가 아닐지 수 있지만, 훨씬 더 치명적일 수 있다.

두 번째 종류의 스모그는 로스앤젤레스(Los Angeles)나 기타 도심 지역에서 흔히 발생하는 것으로 내연 기관의 배기가스가 대기에 높은 농도로 있는 것이다. 이런 도시형 스모그는 빛에 의해(이 경우 햇빛에 의해) 여러 화학 반응이 시작되고 그 결과 유해한 스모그가 발생하기 때문에 광화학 스모그(**photochemical smog**)라고 한다. 광화학 스모그에는 이산화 황은 거의 없지만 상당량의 질소 산화물, 오존, 산소화 또는 오존화된 탄화

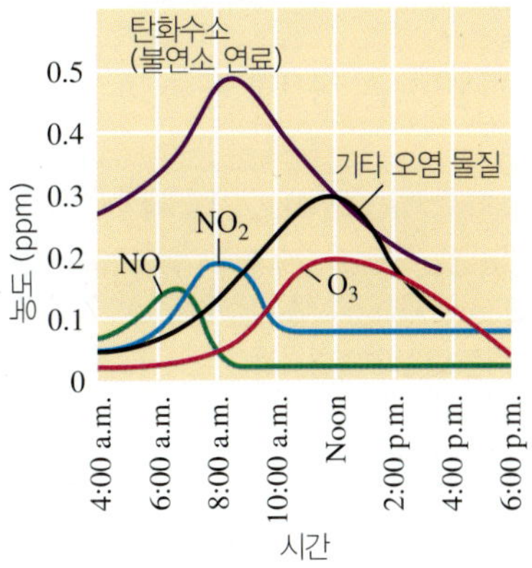

그림 3.5 ▸ 혼잡 시간대의 오염 물질 농도. 아침에는 일차 오염 물질이 높은 수준으로 생기고, 뒤따라 이차 오염 물질이 생성된다.

수소, 유기 과산화물, 반응하지 않고 남은 다양한 탄화수소 등이 섞여있다. 자동차는 광화학 스모그를 구성하는 많은 성분의 직간접적 원인이 된다. 그림 3.5는 도시지역에서 혼잡 시간대에 광화학 스모그의 여러 성분이 얼마나 증가하는가를 보여주고 있다.

광화학 스모그를 만드는 많은 화학 반응은 에어로졸 입자에서 일어난다. 이런 과정으로 대기에 바로 배출되는 **일차 오염 물질(primary pollutant)**은 **이차 오염 물질(secondary pollutant**, 오염 발생원에서 바로 배출되는 것은 아니지만 공기에 있는 다른 성분과의 반응에 의해 생성되는 오염 물질)로 바뀐다. 몇 가지 이런 오염 물질이 표 3.2에 정리되어 있다.

일차 오염 물질이 광화학 스모그의 이차 오염 물질을 만드는 한 예는 이산화 질소 분자가 빛에너지를 흡수하면서 시작된다. 이산화 질소는 280~430 nm의 파장을 가지는 빛과 반응한다. 이 때 **광해리(photodissociation)** 반응이 일어나 이산화 질소는 산화 질소와 자유 산소 원자로 분리된다. 생성된 자유 산소 원자는 산소 분자와 반응하여 중요한 이차 오염 물질인 오존(O_3)을 만든다.

$$NO_2(g) \xrightarrow{\text{빛}} NO(g) + O(g)$$
$$O_2(g) + O(g) \longrightarrow O_3(g)$$

또한 산소 원자는 탄화수소와 반응하여 유독하고 악취가 나는 다른 화학물질을 생성할 수도 있다. 해가 쨍쨍한 날에는 질소 산화물이 0.2 ppm, 반응성이 높은 탄화수소가 1 ppm 정도만 있어도 충분히 광화학 스모그 반응이 일어난다. 이 때 탄화수소는 대부분 휘발유 같은 석유 제품이 연소되지 않고 남은 것이며 질소 산화물은 내연 기관의 배기가

일차 오염 물질: 대기 중으로 직접 배출되는 오염 물질.

이차 오염 물질: 대기 중에서 화학 반응에 의해 형성되는 오염 물질.

광해리: 빛 에너지에 의해 일어나는 반응물의 분해.

표 3.2 ▸ 일차, 이차 오염 물질

일차 오염 물질	이차 오염 물질
산화 질소(NO)	질산 이온(NO_3^-)
이산화 질소(NO_2)	질산(HNO_3)
이산화 황(SO_2)	삼산화 황(SO_3)
일산화 탄소(CO)	황산(H_2SO_4)
이산화 탄소(CO_2)	황산 이온(SO_4^{2-})
탄화수소	유기 과산화물
재	오존(O_3)

스에서 나온다.

다음 절에서는 광화학 스모그의 주성분인 질소 산화물, 오존, 이산화 황, 탄화수소에 대해 살펴볼 것이다.

3-6 질소 산화물

질소 산화물은 여덟 가지가 알려져 있으며, 그 중 세 가지인 산화 이질소(N_2O), 산화 질소(NO), 이산화 질소(NO_2)가 대기의 중요 성분으로 인식되고 있다. 이들 세 가지는 통칭하여 "NO_x"라고 알려져 있다. 대기 중 질소 산화물의 97%는 자연 발생하고, 3%만이 인간 활동에 기인한다. 자연에는 N_2O를 생성할 수 있는 박테리아가 있어서, 대기에서 N_2O는 흔히 발견되지만 그 양은 아주 적다.

보통 대기 중 NO_2 농도는 수 ppb 미만이다. 번개에 의해 생성된 대부분의 질소 산화물은 비에 씻겨 나간다. 이는 식물이 이용할 수 있는 질소 화합물을 만드는 방법 중 하나이다. 질소 산화물의 생성 원인을 보면(표 3.3), 분명히 연소 과정이 주요 원인이다. 미국의 경우, 자연에서 생성된 것을 제외한 나머지 질소 산화물은 대부분 자동차, 공장, 발전소 등에서의 화석 연료 연소 때문에 생긴다.

이산화 질소.

광화학 스모그의 주원인 중 하나는 무색이지만 반응성이 높은 NO(산화 질소)이다. 대기 중 NO의 농도는 꽤 낮으며, 우리가 어떻게 할 수 없이 자연적으로 발생한다. 따라서 우리가 관심을 두는 부분은 인간 활동 때문에 발생하는 산화 질소로, 이는 우리가 조절할 수 있다. 어디서 산화 질소가 발생하는가? 우리가 아는 바와 같이 내연 기관이 작동할 때 많은 양의 공기를 소비한다. 공기의 약 78%는 보통 상황에서는 반응성이 없는 질소 기체이다. 내연 기관이 빨아들이는 공기의 약 21%는 산소 기체이다. 보통 기온에서는 질소와 산소가 서로 만나도 반응하지 않지만, 엔진 연소통의 온도는 2500°C(평균 온도 약 400~600°C)까지 오른다. 이러한 조건에서는 열을 필요로 하는 산화 질소의 형성 반응이 쉽게 일어난다. 대기 중에서도 번개가 칠 때 같은 반응이 일어난다.

$$N_2(g) + O_2(g) \xrightarrow{\text{에너지}} 2\,NO(g)$$

표 3.3 NO_x의 배출

원인	배출량(백만톤)
	미국
화석 연료의 연소	66
생물 자원의 연소	1.1
번개	3.3
토양 미생물의 활동	3.3
성층권으로부터의 유입	0.3
합계(오차 범위는 추정값)	74(±1)

출처: Stanford Research Institute.

도시에서의 이산화 질소의 축적.

산화 질소는 자체가 독성 오염 물질이므로 미국 환경보호청(Environmental Protection Agency, EPA)에서는 일차 독성 오염 물질에 포함하여 규제하고 있다. 산화 질소가 엔진의 배기 장치에서 새어나오면 대기 중의 산소와 매우 빨리 반응하여 적갈색의 유독 기체인 이산화 질소를 생성한다.

$$2\,NO(g) + O_2(g) \xrightarrow{\text{에너지}} \underset{\text{이산화 질소}}{2\,NO_2(g)}$$

미국 휴스턴(Houston), 로스앤젤레스나 서울과 같은 대도시의 스카이라인을 감상했던 사람들은 대부분 때로 도시 위에 떠있는 뿌연 적갈색 연무를 본 적이 있을 것이다. 이 연무는 눈과 호흡기에 자극적인 이산화 질소를 많이 포함하고 있다. 미국 EPA에서는 모든 질소 산화물에 대한 연간 평균 노출 허용치를 53 ppb로 정해 놓고, 질소 산화물의 수준이 이보다 높은 도시나 주는 벌금을 물거나 연방 정부의 간섭을 받게 된다.

이산화 질소는 주로 이차 오염 물질인 오존(3-7절)이나 광화학 스모그를 만듦으로써 대기 오염 물질로 작동한다. 이산화 질소는 또한 물과 반응하여 질산이나 아질산을 만들 수 있다. 이 반응은 수성 에어로졸에서 잘 일어나는데, 만들어진 산은 에어로졸 방울을 안정되게 한다.

$$2\,NO_2(g) + H_2O(\ell) \longrightarrow \underset{\text{질산}}{HNO_3(aq)} + \underset{\text{아질산}}{HNO_2(aq)}$$

산의 부식성 때문에 이러한 에어로졸 방울이 떠 있는 공기를 흡입하는 것은 당연히 위험하다. 또한 이 산들은 대기 중 암모니아나 금속 입자와 반응하여 질산염이나 아질산염을 생성할 수 있다.

$$\underset{\text{암모니아}}{NH_3(g)} + HNO_3\,(aq) \longrightarrow \underset{\substack{\text{질산 암모늄}\\ \text{(염)}}}{NH_4NO_3(aq)}$$

위에서 말한 산과 염은 모두 에어로졸 입자를 안정하게 하며, 입자는 결국 대기에 정착하거나 더 큰 빗방울에 녹는다. 이산화 질소는, 오존을 생성하는 것 이외에도, 에어로졸 형성 과정에서의 역할 때문에 도시나 산업 단지의 대기에 연무를 일으키는 주원인이 된다.

3-7 오염 물질로서의 오존

오존은 산소 원자 세 개로 이루어진, 화학식 O_3인 분자로 산소 분자의 **동소체(allotrope)**이다. 오존은 자극적인 냄새를 가지고 있어서, 방전이 일어나는 전기 제품 근처에서 종종 이 냄새를 맡을 수 있다. 또 천둥이 치며 비가 내린 후에도 냄새를 맡을 수 있는데, 이는 번개에 의해 대류권에서 생성된 오존이 비에 씻겨 내려왔기 때문이다.

동소체: 한 원소의 다른 분자 형태.

이미 보았듯이, 대기로 배출된 산화 질소는 산소와 반응하여 이산화 질소를 만들 수 있다. 강한 여름 햇볕 아래에서 이산화 질소는 광화학적으로 분해되어 산화 질소와 반응성이 매우 높은 산소 원자(O)로 바뀔 수 있다. 앞에서 언급한 바와 같이, 산소 원자는 산소 분자와 반응하여 오존을 형성한다.

오존은 대기에서 일어난 화학 반응에 의해 생성되기 때문에 제어하기가 가장 어려운

표 3.4 오존에 대한 대기환경지수와 대기환경개요

오존 농도, ppm (표시가 없으면 8 시간 평균)	대기환경지수	대기환경개요
0.00~0.064	0~50	좋음
0.065~0.084	51~100	보통
0.085~0.104	101~150	민감한 사람은 건강 위험
0.105~0.124	151~200	건강 위험
0.125(8시간)~0.404(1시간)	201~300	매우 건강 위험

오염 물질 중 하나이다. EPA의 오존 감시 웹 사이트(web site) http://www.airnow.gov에 가면, 누구나 미국 여러 도시의 오존 생성량이 하루 중 어떻게 변하는지 매일 관찰할 수 있다. 또한 미국의 각 지역 신문에 있는 날씨 정보란에서도 색으로 구별해 놓은 오존 경고를 찾을 수 있다.(역자 주: 우리 나라의 각 지역별 오존 농도의 실시간 정보는 http://www.airkorea.or.kr에서 찾아볼 수 있다.)

표 3.4는 오존 농도, 대기환경지수, 대기환경개요 사이에 일반적으로 사용되는 관계를 나타낸 것이다. 기상 상황, 햇볕의 세기, 바람, 지형에 의해, 또한 자동차, 버스, 트럭, 기차, 배, 공장, 심지어는 잔디 깎는 기계가 그 지역의 대기에 내뿜는 이산화 질소의 농도 등에 의해 영향을 받아 건강에 안 좋은 대기 상태가 짧을 수도 있고 오래 갈 수도 있다.

3-8 이산화 황: 주요 일차 오염 물질

이산화 황은 황이나 황을 포함하고 있는 화합물이 공기 중에서 탈 때 생성된다.

$$S(s) + O_2(g) \longrightarrow SO_2(g)$$

화산에서 매년 많은 양의 SO_2가 대기 중으로 발생하지만, 지구 전체적으로는 SO_2 배출량의 70% 정도가 인간 활동 때문에 발생한다. SO_2는 한 번 생성되면 보통은 에어로졸 방울에 분산되어 시계를 상당히 줄이고, 또한 지구를 따뜻하게 하는 햇빛을 산란시켜 전 지구적이거나 지역적 기후에 영향을 끼칠 수 있다. SO_2의 배출은 미국에서 평균 온도를 1°C 가량 낮춘다.

불균일 고체 혼합물인 석탄에는 황철광이 들어있다.

미국에서 사용하는 대부분의 석탄은 황을 포함하고 있는데, 이는 석탄에 황철광(Fe_2S)이 들어있기 때문이다. 질량비로 석탄의 1~4% 정도가 황이다. 석탄이 탈 때 황철광은 산소와 반응하여 SO_2를 생성한다.

$$4\,FeS_2(s) + 11\,O_2(g) \longrightarrow 2\,Fe_2O_3(s) + 8\,SO_2(g)$$

전기를 생산하기 위해 미국에서는 많은 양의 석탄을 사용하고 있다. 1000 메가와트(MW)급 석탄 화력 발전소에서는 1 시간에 약 700톤의 석탄을 연소한다. 석탄에 4%의 황이 들어있다면, 이 발전소에서는 1 시간에 56톤, 1년에는 490,560톤의 SO_2를 발생시킨다. 전기 생산을 위해 매년 약 8억톤의 석탄이 소비되고 있다.

연료용 기름에는 약 4% 정도까지 황이 포함되어 있

기 때문에, 기름을 사용하는 화력 발전소도 상당한 양의 SO_2를 발생시킬 수 있다. 기름에 있는 황은 황 원자가 탄소나 수소 원자에 붙어있는 형태의 화합물에 포함되어 있다. 휘발유에는 황을 포함하고 있는 화합물의 농도가 상대적으로 낮다. 그럼에도 1999년에 EPA는 당시 120 ppm인 황 화합물의 허용 최대 농도를 2005년까지 90 ppm으로, 2010년까지 15 ppm으로 낮추라는 의무사항을 발표하여, 배기 가스의 양을 90% 이상 감소시키고자 하였다.

미국에서는 전기 생산이나 공업용 용광로에 주로 석탄을 사용하는 주에서 가장 높은 수준의 SO_2 배출이 발생하고 있다. EPA는 SO_2가 배기 굴뚝에 도달하기 전에 대부분을 제거하도록 모든 석탄사용 공장 관리자에게 명령한다.

황을 많이 포함하고 있는 석탄에서 황을 제거하는 것은 비용이 많이 들고 완전하지도 않다. 한 가지 방법은 석탄을 아주 잘게 부순 후, 자석을 이용하여 황철광(Fe_2S)을 분리하는 것이다. 연료용 기름에서 황 함량을 줄이는 것도 비용이 많이 든다. 이 때는 기름에 수소를 불어 넣어 황화 수소(H_2S)를 만든 후 제거한다.

현재, 대부분의 경우 사전 처리 없이 황 함유 석탄을 태운다. SO_2는 생성된 이후에 배기 가스로부터 제거하고 있다. 제거 방법 중 하나는 SO_2를 석회(산화 칼슘)와 반응시켜 미세 분진 형태의 아황산 칼슘을 만든 후, 이를 굴뚝에서 전기 집진기로 거르는 것이다. 석회는 탄산 칼슘으로 주로 이루어진 석회석을 가열하여 얻는다.

$$\underset{\text{석회석}}{CaCO_3(s)} \xrightarrow{\text{열}} \underset{\text{석회}}{CaO(s)} + CO_2(g)$$

$$CaO(s) + SO_2(g) \longrightarrow \underset{\text{아황산 칼슘}}{CaSO_3(s)}$$

또 다른 방법은 SO_2를 포함하는 배기 가스를 용융 탄산 소듐에 통과시켜 고체 아황산 소듐으로 만든 후 제거하는 것이다(그림 3.6).

SO_2를 제거하기 위한 위의 방법들은 지구 온난화(6-3절)의 주요인인 CO_2를 대기 중으로 또 다시 배출하게 되는 것에 주목하라. 이러한 문제를 해결하기 위한 새로운 기술 개발이 계속되고 있다.

널 바람직하지만 SO_2를 제거하기 위해 여전히 사용되는 방법 중 하나는 연기를 매우 높은 굴뚝을 통해 배출하는 것이다. 이런 굴뚝에서는 공장 근처에서 떨어진 높은 고도에

그림 3.6 ▸ 용융 탄산 소듐과의 반응을 이용한 SO_2의 제거.

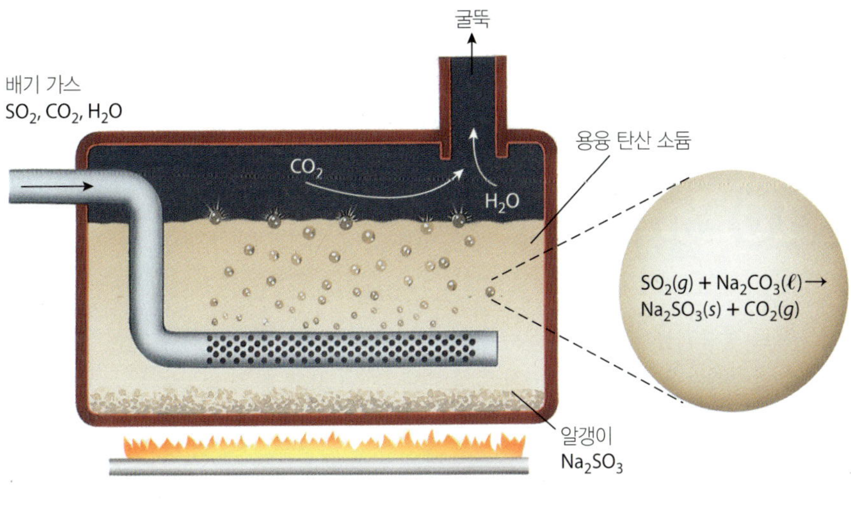

서 SO_2가 배출되어, 에어로졸 입자가 형성되기 전에 SO_2가 희석된다. 그러나 SO_2가 공기 중에 더 오래 머무를수록 황산이 될 가능성은 더 높아진다는 문제는 남아있다. 영국에서 행한 10년에 걸친 연구에 의하면, 발전소에서 SO_2 배출이 35% 증가하였는데도, 높은 굴뚝 건설로 인해 지표면 근처의 SO_2 농도는 30%나 줄었다. 나머지 SO_2는 어디로 갔을까? 연구 결과를 보면 이 경우 다른 오염이 발생한다는 것이다. 1970년 미국 EPA가 정한 대기오염방지법으로 인해 여러 공장에서 굴뚝이 높아졌고 이 때문에 오염 물질이 바람에 더 멀리까지 날아가게 되었다. 이는 의도하지 않은 또 다른 오염 문제를 낳았다.

대기 중 대부분의 SO_2는 산소와 반응하여 삼산화 황(SO_3)을 형성한다. 친수성이 강한 SO_3은 수성 에어로졸에 녹아 황산을 만들어 결국 산성비가 된다(7-2절).

$$SO_3(g) + H_2O(\ell) \longrightarrow H_2SO_4(aq)$$

3-9 탄화수소와 공기 오염

탄화수소 화합물은 자연적 요인과 인적 요인에 의해 발생하여 대기 중으로 퍼진다. 자연적 탄화수소는 침엽수와 낙엽수에 의해 다량 발생한다. 1988년 미국 조지아 공대(Georgia Tech)의 William Chameides는 Science 지에 일부 도시에서는 대기 중 탄화수소의 발생이 인간 활동보다 나무 때문에 더 많다고 보고하였다. 이후 EPA는 이것이 사실임을 확인하였다. 메테인(CH_4)은 흰개미, 개미, 벼농사, 소와 같은 반추동물, 죽은 식물이나 동물을 분해하는 박테리아의 활동 등 다양한 요인으로 발생한다. 또한 공업용 용매의 사용, 석유 정제와 유통 과정, 불연소된 휘발유와 경유 성분의 방출 등과 같은 인간 활동도 대기 중 탄화수소 발생에 상당한 책임이 있다.

간단한 탄화수소 뿐만 아니라, 자동차에 의해 주로 발생하는 더 큰 탄화수소 분자(CH_4보다 더 많은 탄소 원자를 가지는 분자)도 대기를 오염시킨다. 이들 오염 물질과 그 유기 유도체의 가장 큰 위험은 독성이다. 탄화수소는 지표면 근처에서 오존과 반응하여 자극성이 매우 강한 유기 과산화물을 만드는 것으로 알려져 있다.

식물이나 기타 자연적 원인에 의해 발생하는 탄화수소는 조절할 수 없지만, 자동차에 의해 발생하는 것은 조절할 수 있다. 탄화수소 배출을 줄이기 위해 현재 두 가지 방법이 사용되고 있다. 첫째, 휘발유가 공기 중으로 빠져나가는 것을 막도록 급유기의 연료주입 호스와 주둥이를 재설계하였다. 둘째, 미국에서 사용되는 모든 자동차에는, 탄화수소, CO, NO_x 배출을 줄이는 촉매 변환기를 의무적으로 설치하여야 한다.

1970년대 중반부터 미국에서 판매되는 자동차에 설치되기 시작한 촉매 변환기의 효과는 설치 전인 1960년의 탄화수소, CO, NO_x 배출율(주행 1 마일 당 배출 그램수)과 현재의 배출율을 비교해보면 알 수 있다(표 3.5).

3-10 일산화 탄소

대기 중으로 방출되는 일산화 탄소는 산업이나 자동차에 의해 발생하는 모든 양보다 자연적으로 발생하는 양이 적어도 10배 이상 많다. 매년 38억 톤의 일산화 탄소 배출량 중 약 30억 톤은 지표 토양에서 썩는 유기물의 산화 때문에 발생한다. 그럼에도 불구하고 일산화 탄소를 공기 오염 물질로 분류하는 것은 인간 활동으로 생기는 일산화 탄소가 대

표 3.5 탄화수소(HC), 일산화 탄소(CO), 질소산화물(NO_x)의 배출율

1960년(촉매 변환기 설치 전)		1993년(촉매 변환기 설치 의무화, 미국)		2012년 기준*,†	
HC	10.6 g/mi	HC	0.41 g/mi	NMHC†	0.075 g/mi
CO	84.0 g/mi	CO	3.4 g/mi	CO	3.4 g/mi
NO_x	4.1 g/mi	NO_x	1.0 g/mi	NO_x	0.2 g/mi

*출처: EPA Office of Transportation and Air Quality.
†이 기준은 2004년에 제정되었다.
†NMHC 는 nonmethane hydrocarbons(메테인을 제외한 탄화수소)의 약자이다.

부분 도시에서 발생하기 때문이다.

오존과 마찬가지로 일산화 탄소는 가장 다루기 어려운 오염 물질 중 하나이다. 미국 로스앤젤레스나 휴스턴, 그 밖의 자동차가 많고 인구가 밀집한 도시에서는 일산화 탄소에 대한 EPA의 대기환경 기준을 초과하는 경우가 반복적으로 발생하고 있다.

일산화 탄소는 석탄의 탄소나 석유와 같은 탄소 화합물이 충분한 산소 공급없이 탈 때 항상 발생한다.

$$2\,C(s) + O_2(g) \longrightarrow 2\,CO(g)$$

휘발유 엔진은 CO를 발생시키는 것으로 유명하다. 이는 연소실에서 연료가 탈 때 그 속도가 빨라, 배기가스가 연소실에서 빠져나가기 전에, 연료가 모두 CO_2로 바뀌지 않기 때문이다. 최근의 촉매 변환기는 대부분의 일산화 탄소를 이산화 탄소로 바꾸지만, 변환되지 않고 남은 일산화 탄소의 농도는 교통이 많은 기리 주변에서는 사람에게 위험하다. 교통이 가장 혼잡한 시간에 그 농도는 50 ppm까지 오를 수 있다. 전원 지역에서 일산화 탄소의 농도는 지구 평균인 0.1 ppm에 가깝다. 도시에서 일산화 탄소의 농도를 조절할 수 있는 효과적인 방법은 배출의 주원인인 자동차를 규제하는 것이다. 탄화수소를 태우지 않는 교통수단은 당연히 CO를 배출하지 않는다.

일산화 탄소가 위험하다는 것은 알고 있을 것이다. 그런데 왜, 그리고 어떻게 위험할까? 1장에서 배웠던 내용, 즉 모든 활동과 관련된 위험성은 우리가 위험 상황에 얼마나 노출될 수 있는가, 그리고 그 노출과 관련된 위험 요소는 무엇인가에 달려있다는 것을 생각해 보자. 일산화 탄소는 상온에서 색도 없고 냄새도 없다. 따라서 그것이 존재하는지를 알 수 있는 보통의 감각이 없으므로 아무런 경고도 없이 일산화 탄소에 노출될 수 있다. 또한 일산화 탄소는 호흡한 산소를 이용하는 우리 몸의 능력에 영향을 주기 때문에 위험하다. 결국 일산화 탄소는 관련 위험성 때문에 상당히 위험한 오염 물질이다.

혈액에서의 산소 전달 방해는 일산화 탄소의 가장 잘 알려진 대사 독성이다. 일산화 탄소는 기체이기 때문에 공기와 섞여 몸으로 들어오며 허파에서 혈액과 접촉하여 혈액 내 적혈구에 있는 헤모글로빈(hemoglobin)에 잡히게 된다. 그리고 산소와 마찬가지로 몸 전체로 전달된다. 이러한 전달이 가능한 것은 헤모글로빈에 산소나 일산화 탄소와 결합할 수 있는 철 원자가 있기 때문이다. 헤모글로빈이 O_2나 CO와 결합하는 화학반응은 아래와 같다. 다루는 주제에 집중하기 위해 여기서는 헤모글로빈 분자를 단순하게 표현하였다. 좀 더 자세한 것은 10장을 참조하라.

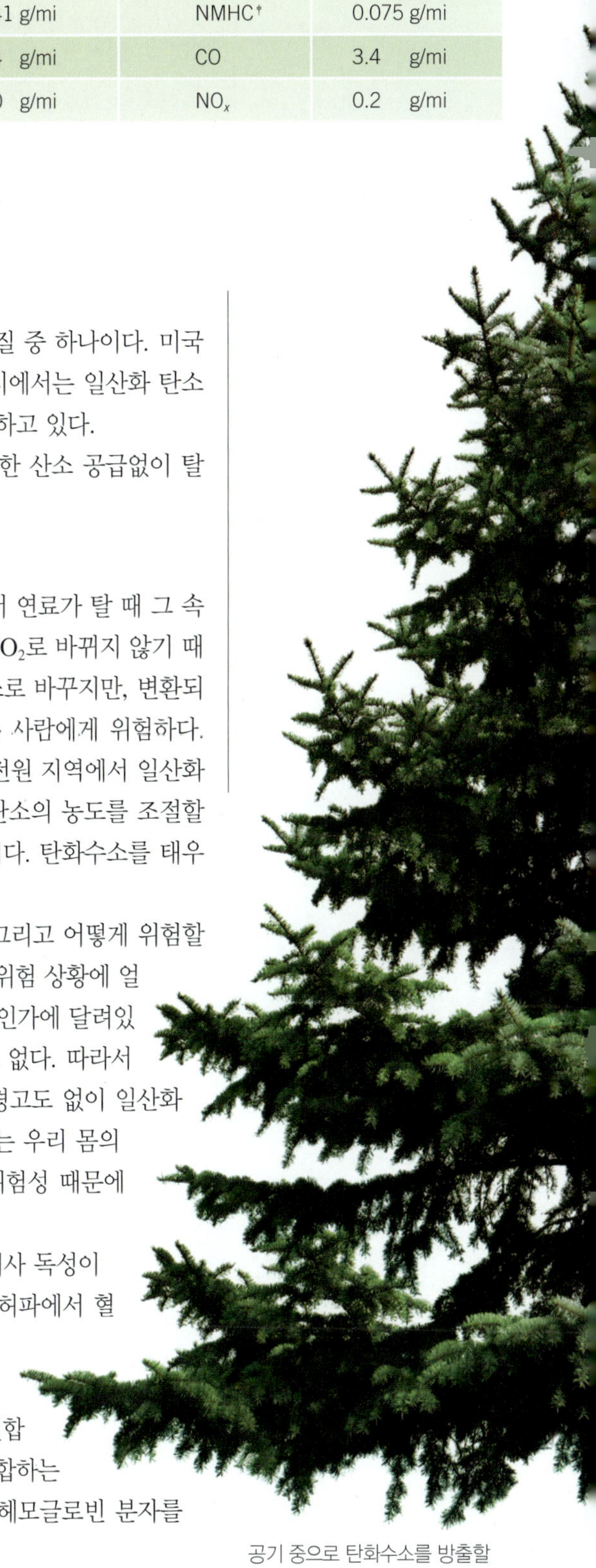

공기 중으로 탄화수소를 방출할 수 있는 소나무.

$$O_2 + Fe_{헤모글로빈} \rightleftarrows O_2—Fe_{헤모글로빈}$$

$$CO + Fe_{헤모글로빈} \rightleftarrows CO—Fe_{헤모글로빈}$$

이 두 반응은 이중 화살표($\rightleftarrows$)로 표시된 바와 같이 가역 반응이다. 즉, 헤모글로빈이 기체 분자와 결합한 후 다시 역반응으로 분자를 내어 놓을 수 있다(역반응은 세포에 산소를 전달할 때 일어난다). 이 때 CO와 O_2 사이에 큰 차이가 있다. 실험에 의하면 헤모글로빈은 산소보다 일산화 탄소와 140배나 강하게 결합할 수 있다고 알려져 있다. 이러한 효과적인 일산화 탄소와의 결합 때문에, CO 분자와 결합한 헤모글로빈 분자는 생명 유지에 필수적인 산소 전달을 수행할 수 없다. 따라서 우리가 숨쉬는 공기에 풍부한 양의 산소가 있지만, 일산화 탄소는 우리 몸의 산소 사용 능력을 해치게 된다.

순수한 일산화 탄소만 마셔야 위험한 것이 아니다. 일산화 탄소나 산소는 헤모글로빈과 가역적으로 반응하기 때문에 얼마나 많은 양의 기체가 헤모글로빈과 결합하는가는 각 기체 분자의 농도에 의해 결정된다. 0.1% 이하의 CO를 포함하고 있는 공기에 산소 분자는 CO 분자에 비해 적어도 200배나 많이 있다. 이런 조건에서는 일산화 탄소의 독성으로 인한 위험이 거의 없다. 그러나 좀 더 높은 농도의 CO가 있는 공기에서는, 일산화 탄소와 산소가 헤모글로빈과 결합하기 위해 서로 경쟁하여 문제를 일으킨다. CO의 농도가 30 ppm인 공기를 8시간 호흡하면 대부분의 사람은 두통과 메스꺼움을 느낀다. 0.1%(1000 ppm) CO를 포함하고 있는 공기를 4시간 동안 마시면, 보통 성인의 경우 헤모글로빈의 약 60%가 CO와 결합하게 되어 CO 분자를 떼어내지 않는 한 사망에 이르기 쉽다. CO와 결합한 헤모글로빈의 양은 공기에 있는 CO 분자의 양과 관련되어 있기 때문에, 일산화 탄소 때문에 고통 받는 사람에게 O_2 농도가 높은 공기를 마시게 하는 것은 효과적인 처치법이다. 일산화 탄소 중독에 있는 환자는 신속히 신선한 공기, 더 좋게는 순수한 산소에 노출시키면 생명을 구할 수 있다.

몇 가지 직업에서는 오랜 시간 일산화 탄소에 노출되는 것을 피하기 어렵다.

비유를 들어 설명하는 것이 적절할 것이다. 공기, 헤모글로빈, O_2, CO_2 대신에 학생이 가득한 대학 구내식당을 상상해 보자. 이 식당에는 건강에 좋은 샐러드와 기름진(그러나 매우 맛있는) 피자의 단 두 가지 식단 밖에 없다. 줄을 서서 지나가면서 음식을 고를 때, 몇몇은 샐러드를 고르겠지만 피자가 적게 진열되어 있더라도 더 많은 학생이 피자를 고를 것이다. 즉 학생들은 샐러드보다 피자를 더 좋아하기 때문에 훨씬 더 많은 수의 학생이 건강에 좋지 않은 음식을 들고 식탁으로 갈 것이다. 피자가 더 많이 진열되어 있다면 피자를 선택한 학생의 비율은 늘어날 것이다. 이러한 건강 불균형을 되돌릴 수 있는 방법 중 하나는 각 학생 앞에 샐러드 두 접시를 놓는 것이다. 그러면 피자를 먹은 후 학생들은 샐러드를 선택하여 먹을 것이다. 헤모글로빈은 학생들이 하는 방식으로 거의 행동한다. 헤모글로빈은 CO(건강에 안 좋은)에 대해 강한 선호도를 가지고 있어서 산소(건강에 좋은)보다 CO를 "더 좋아한다". 이러한 선호도를 극복하려면 O_2와 CO(더 적은 일산화 탄소)의 선택에 제한을 두거나, CO에 대한 처음 선택이 이미 이루어졌다면 이후에는 더 많은 O_2를 제공해야 한다.

3-11 미리보기

우리가 숨쉬는 공기의 질은 이 장에서 배운 공기 오염 물질의 존재에 크게 영향을 받을 수 있다. 이런 오염 물질의 농도를 줄이고자 하는 법률적, 기술적 노력은 긍정적인 결과를 보여주었지만, 아직도 해야 할 일이 분명히 많이 있다. 앞으로 이 책을 따라 배우면서 자주 이러한 노력과 관련된 화학을 다시 다룰 것이다. 예를 들어 4장에서는 화석 연료의 연소와 연소 생성물 중 이산화 탄소의 발생에 중점을 둘 것이다. 우리는 보통 이산화 탄소를 오염 물질로는 생각하지 않는다. 그러나 이산화 탄소는 **지구 온난화(global warming)**의 형태로 자연 환경에 큰 영향을 주고 있다. CO_2는 그 독성처럼 대기 중 농도도 낮지만, 지표면 근처에서 열을 잡을 수 있는 능력을 가지고 있어서 이 장에서 배운 오염 물질보다도 더 우려스러운 물질이다.

> **지구 온난화:** 한 가지 이상의 온실 기체의 농도가 증가함으로써 인간의 관점에서 바람직한 수준보다 높게 지구가 더워지는 것.

8장에서는 내연 기관에서 발생하는 공기 오염 물질을 줄이는 것과 관련된 기술에 대해 좀 더 자세히 다룰 것이다.

여러분은 몇 가지 오염 물질(황 산화물과 질소 산화물)이 산성비의 주요인으로 작용하여 우리 환경에 큰 영향을 준다는 것을 알게 될 것이다. 이런 문제를 충분히 이해하기 위해서는 수용액에서의 화학 그리고 pH 단위에 대한 지식이 필요하므로, 이 문제는 7장까지 미루기로 한다.

끝으로 염화플루오린화탄소(CFCs, chlorofluorocarbons)라고 알려진 몇 가지 화합물은 주로 완전히 다른 대기 영역에서 작용하는 오염 물질이다. 이들이 대류권에 끼치는 영향은 아주 작지만 성층권에 있는 보호막인 오존층을 파괴한다.

공기 오염은 많은 요인에 의해 발생하여 여러 가지 형태로 나타나며 대기의 여러 다른 영역에 영향을 끼칠 수 있어, 이를 조절하기 위해서는 여러 형식의 개인적, 법률적, 기술적 행동이 필요하다. 여러분은 개인으로서 이런 노력에 기여할 부분이 있다면, 어떻게 기여를 할 것인가를 결정하여야 할 것이다. 또는 아무 행동도 할 필요가 없다고 결정할 수도 있다. 단, 결정을 할 수 있으려면 사안에 대하여 충분히 알고 있어야 한다.

연습 문제

1. 다음 단어를 정의하시오.
   (a) 오염된 공기 (b) 에어로졸
   (c) 광화학 스모그 (d) 이차 오염 물질

2. 세 가지 주요한 공기 오염 물질의 이름을 말하고 각각에 대하여 그 발생 원인을 제시하시오.

3. 산업 스모그와 광화학 스모그는 어떻게 다른가?

4. 다음 네 반응을 순서에 맞게 배열하여 일반 도시 환경에서 어떻게 오존이 생성되는지 설명하시오.
   (a) NO_2 + 햇빛 $\longrightarrow$ NO + O
   (b) $N_2 + O_2 \longrightarrow 2\ NO$
   (c) $2\ NO + O_2 \longrightarrow 2\ NO_2$
   (d) $O + O_2 \longrightarrow O_3$

5. 대기 중에서 질소 산화물이 생기는 주요 원인들은 무엇인가?

6. 에어로졸은 무엇이며 공기 오염에는 어떻게 작용하는가?

7. 대기 중 탄화수소 발생의 두 가지 주원인은 무엇인가? 둘 중 어느 것이 조절 가능한가?

8. 이산화 질소는 어떤 이차 오염 물질을 만드는 데 작용하는가?

9. NO_2 분자가 광자를 만나면 어떤 일이 일어나는가? 반응식을 쓰시오.

10. SO_2가 들어있는 에어로졸, NO_2, 오존 등 세 가지가 끼치는 비슷한 해로운 영향은 어떠한가?

11. 공기로부터 순수한 산소를 얻는 방법을 기술하시오.

12. 미세 먼지를 포함하고 있는 공기를 호흡할 때 따르는 건강상 위험은 무엇인가?

4

이산화 탄소와 온실 효과

Carbon Dioxide and the Greenhouse Effect

차례

오염 물질 면에서 이산화 탄소는 어쩌면 비교적 무해한 대기(atmosphere) 성분으로 생각될 수도 있다. 우리가 매번 들이쉬는 숨(breath)에는 이산화 탄소가 0.04%에 불과하지만, 내쉬는 숨에는 약 4% 이산화 탄소가 들어있다. 화석 연료의 연소, 숲과 초원의 화재 등의 자연적 과정으로 매년 수십 억 톤의 이산화 탄소가 대기로 방출된다. 이와 동시에, 나무, 풀 등의 식물은 같은 양의 이산화 탄소를 대기로부터 제거한다. 온도가 바뀜에 따라, 이산화 탄소는 끊임없이 대양(ocean)과 그 밖의 물에 용해되어 방출되고 있다. 다시 말하면, 다양한 자연적, 인위적 과정으로 이산화 탄소는 대기에 추가되기도 하고, 대기로부터 제거되기도 한다.

이산화 탄소는 질소 산화물, 황 산화물, 오존, 일산화 탄소 및 그 밖의 기체 오염 물질 정도의 강한 오염 물질로 간주되지는 않는다. 하지만 낮은 대기층에 이산화 탄소의 농도가 증가하는 것은 기후에 큰 영향을 줄 수 있다는 우려가 있다.

4-1 시간 흐름에 따른 대기 중 이산화 탄소 농도

이산화 탄소 농도가 대기 중에 비교적 낮지만, 지난 20만 년에 걸쳐서 매우 현저하게 등락했다는 증거가 있다. 지구가 약 45억 년 동안 현존했다는 것을 고려하면 20만 년은 그다지 긴 시간이 아니지만, 사용 가능한 자료를 이용하여 이 농도가 신뢰할만하게 도출될 수 있는 시간 틀이라고 볼 수도 있다. 고농도의 이산화 탄소가 공룡들이 지구를 돌아다녔을 약 1억 년 전 지구의 온도를, 최소한 부분적으로, 10~20°C 더 높였을 것이라고 제안한 사람들도 있다.

남극 대륙의 표면 아래 깊은 곳에서 채취한 얼음 핵(ice core)이 과거의 지구 온도를 추산하는 데 사용되었다. 이 측정값의 정확도는 가장 흔한 수소(protium)와 중수소(deuterium)같은 수소의 다른 동위 원소들이 아주 조금 다른 끓는점을 갖는다는 사실에 기반을 둔다. 얼음 안에 있는 이 동위 원소들의 상대적 양을 알면, 얼음이 묻힐 때의 대기 온도를 결정할 수 있다. 얼음이 형성될 때 공기 방울들이 얼음 안에 포획되며, 이들을 분석하게 된다. 그리하여 온도 관련 자료와 이산화 탄소 농도를 비교하여 상관관계가 있는지를 결정할 수 있다. 이 상관관계를 그림 4.1에 나타내었다. 이 그림에 따르면, 얼음핵 안에 포획된 이산화 탄소의 양이 등락할 때, 온도도 똑같은 방향으로 등락한다. 즉, 높은 이산화 탄소의 농도가 평균 온도보다 높은 온도와 놀라울 정도로 상관관계를 갖는다. 이러한 현상으로 과학자들은 대기 중 이산화 탄소의 양이 지구 온도와 관계가 있다고 믿게 되었다.

증명할 수는 없지만, 높은 이산화 탄소 농도가 온도 증가의 원인이라는 것을 이 상관관계가 암시한다. 다른 현상들이 높은 온도에 이르러 이산화 탄소 농도를 상승시키는 원인이 된다는 것이 이론적으로는 가능하지만, 그 가능성은 낮다. 하지만 이산화 탄소가 햇

온실 효과는 온도 상승을 일으킨다. 축적된 열이 도망가지 못하도록 막아주는 덮개 덕분에, 이 딸기들은 겨울 동안 추운 기후에서도 자랄 수 있다.

빛을 잡아둔다(trap)는 것이 알려져 있으므로, 그림 4.1에 피크(blip) 형태로 나타나 있는 이산화 탄소 농도 증가와 온도 증가가 인간의 활동과 관계되는지를 살펴보는 것은 우리의 몫이다.

4-2 온실 효과란 무엇인가?

온실 효과: 태양 빛이 지구 표면에 도달한 뒤 적외선으로 방출하는데, 대기 중에 있는 다양한 기체들이 이 적외선을 도망가지 못하게 하는 현상.

적외선: 2.5×10^{-5}~2.5×10^{-6} m 범위의 파장을 가진 전자기파.

온실 효과(greenhouse effect)란 대기 중에 있는 이산화 탄소, 수증기, 메테인(methane) 등의 분자가 **적외선(infrared radiation, IR)**을 흡수하여 지구 대기를 따뜻하게 만드는 현상이다. 그림 4.2에 나타난 바와 같이, 태양으로 오는 복사선(빛)의 약 43%는 적외선, 약 8%는 높은 에너지의 자외선, 39%는 가시광선이다. 적외선이 대기를 지나서 지구에 부딪칠 때 어떤 효과가 나타날까?

태양에서 지구로 오는 태양 복사선이 지구 대기에 도달하면 다양한 분자들을 만나게 된다. 어떤 분자는 다른 분자들보다 복사선의 어떤 영역들을 더 효율적으로 흡수하며, 다른 유형의 복사선들은 자신이 접하는 분자들과 다른 반응을 일으킨다. 두 특징 모두 온실 효과를 이해하는 데 매우 중요하다.

그림 4.3은 태양 복사선의 운명을 생생하게 보여준다. 태양 복사선이 지구에 도달하여도, 많은 양은 단순히 우주로 반사될 뿐이다. 이런 현상이 일어나지 않으면 지구가 너무 뜨거워져 생명체들이 살 수 없다는 것을 상기하더라도, 이 사실은 우리에게 현실성이 거의 없는 결론이다. 다행스럽게도, 대기 중에 있는 분자들(주로 산소와 오존)이 에너지가 높은 자외선의 상당량을 흡수한다. 그리하여 잠재적으로 손상을 일으킬 수 있는 자외선은 매우 적은 양만 지표면에 도달한다.

그린란드 빙상(Greenland Ice Sheet)에서 채취한 얼음 핵 시료들. 233°F에 보관된 이 시료들을 지구 온난화의 증거를 잡기 위해 조사한다.

지표면에 도달하는 태양 복사선의 대부분은 가시광선과 적외선 범위의 것들이다. 지표면에서 이 복사선은 물, 먼지, 빌딩, 인도(sidewalk), 얼음, 눈, 풀, 사람 등 모든 물체에 의해서 흡수된다. 대부분의 경우, 흡수된 복사선은 자신이 부딪치는 물체 안의 분자 진동 운동을 증가시킨다. 우리 피부에 부딪치는 햇빛은 피부를 구성하는 분자들을 진동시켜 따뜻함을 느끼게 해준다. 지구, 빌딩, 물 등에 부딪치는 햇빛도 마찬가지이다. 이렇게 흡수된 빛 에너지는 빛을 흡수한 물체의 온도를 높인다. 물체가 일단 데워지면, 자신과 접촉해 있는 대기층을 포함한 더 낮은 온도의 물체로 이 에너지를 재복사한다. 이 에너지는 더 따뜻한 물체로부터 적외선 형태로 빠져나간다.

적외선이 지구로부터 우주 쪽으로 향할 때, 그 중 약 84%는 대기에 있는 분자들(수증기, 이산화 탄소, 메테인)에 흡수된 뒤 지구로 재복사된다. 이 "온실 담요(greenhouse blanket)" 현상이 생명체가 감내할만한 지구 온도를 유지시키는 복사선의 진입과 진출의 균형에 중대하다. 다행히도, 이 현상은 지표면을 안락한 평

그림 4.1 ▸ 지난 16만 년간 지구 표면의 평균 온도와 대기 중 평균 이산화 탄소 농도의 장기(long-term) 변화량. 금속관을 남극 빙하에 담그고 얼음을 채취한 후, 과거에 다양한 깊이에 있었던 얼음에 포획된 아주 오래된 공기 방울들을 분석하여 이산화 탄소 농도 값들을 얻었다. 이 분석에 의하면, 약 1만 년 전에 끝난 마지막 대빙하 시대(great ice age) 이래로 우리는 따뜻한 간빙기(빙하 시대의 중간, interglacial period)에 있다. 대기 중 이산화 탄소 농도와 온도의 대략적인 상관관계는, 증명할 수는 없지만, 둘 사이에 연관성이 있다는 것을 암시하고 있다.

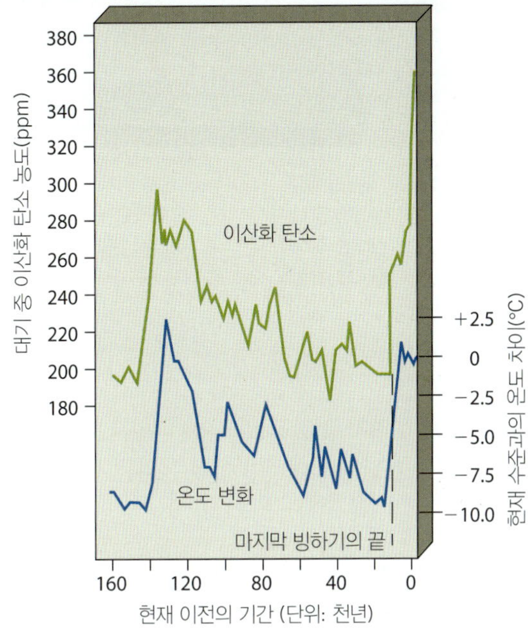

균 온도인 15°C로 (외부 우주의 −270°C와 비교할 때) 데워주며, 우리가 여기서 살 수 있게 해준다. 이러한 온난화 현상이 없다면, 지구의 바다는 얼어붙은 고체가 될 것이다!

온실 효과는 어느 정도까지만 바람직하다. 자외선과 가시광선을 통과시킬 능력을 갖고 있지만 재복사하는 적외선을 우주로 재복사하는 능력을 갖고 있지 않은 유리 공으로 지구가 싸여 있다면, 무슨 일이 일어날지 상상해보라. 엄청난 재앙이 올 것이다. (뜨겁고 햇빛이 많은 날에 차 안에서 일어나는 일을 생각해보라.) 다행스럽게도, 지구의 제어 메커니즘들이 수천 년간 자연적인 온실 효과를 조절해 왔다. 하지만 이 정교한 균형을 인

그림 4.2 ▸ 태양 복사선의 세기와 복사선의 파장 비교.

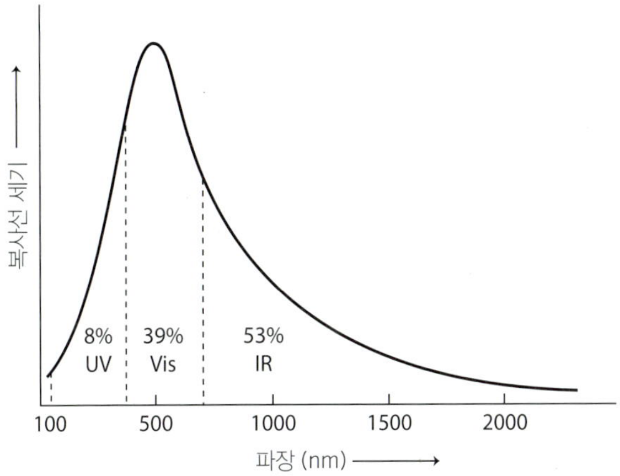

그림 4.3 ▸ 자연적인 온실 효과. 이 자연적 효과가 제공하는 대기 온난화 현상이 없다면, 지구는 춥고 생명체가 거의 없는 행성이 될 것이다. 광범위하게 수용된 온실 효과 이론에 의하면, 대기 중 온실 기체의 농도가 증가하면, 대기권 평균 온도가 증가한다.

(a) 태양 빛이 낮은 대기층을 침투하여 지표면을 데운다.

(b) 지표면은 들어오는 태양 복사선의 많은 부분을 흡수한 뒤 적외선으로 분해시키며, 이 적외선이 낮은 대기층으로 올라간다. 약간의 적외선은 열 형태로 우주로 탈출하며, 약간의 적외선은 온실 기체 분자들에 흡수되어 더 긴 파장의 적외선으로 방출되어 낮은 대기층을 데운다.

(c) 온실 기체 농도가 증가함에 따라, 이 분자들이 적외선을 더 많이 흡수하고 방출하여 더 많은 열을 낮은 대기층에 더한다.

간이 교란시키기 시작했다는 우려가 커지고 있으며, 그렇기 때문에 이미 도래했을지도 모를 잠재적 환경 재앙인 지구 온난화에 대하여 이제 논의를 시작해 보자.

4-3 이산화 탄소를 왜 걱정해야 할까?

에너지, 파장, 진동수 사이의 관계식을 이용하여 앞에서 논의한 전자기파들의 에너지 값을 계산할 수 있다. 먼저 적외선(IR), 가시광선(Vis), 자외선(UV)의 상대적 에너지 값들을 나열하면 파장이 더 긴 복사선이 더 낮은 에너지의 복사선에 해당한다는 것을 알게 된다. 그런 다음 추가 개념들을 도입하여, 좀 더 의미있는 용어로 정확한 에너지 값들을 계산할 수 있게 될 것이다.

일렬로 늘어선 온실들.

에너지 유형	파장 범위	상대적 에너지
적외선	(2.5×10^{-5})~(2.5×10^{-6}) m	낮음
가시광선	$(700$~$400) \times 10^{-9}$ m	중간
자외선	$(400$~$200) \times 10^{-9}$ m	높음

각 유형의 복사선은 분자나 물체에 각각 다른 영향을 준다. 적외선, 가시광선, 자외선과 관련된 상대적 에너지 값들을 살펴보면, 세 복사선 중에서 적외선이 가장 낮은 에너지를 갖는다는 것을 알 수 있다. 적외선은 화학 결합들을 깰 수는 없지만, 굽힘 운동이나 진동 운동을 일으킬 정도의 충분한 에너지를 갖고 있다. 분자를 구성하는 결합들이 신축 운동이나 굽힘 운동을 함에 따라 이 분자들을 함유한 물체가 따뜻해지기 때문에, 적외선은 때로 열복사(열복사선, heat radiation)이라고 한다.

이러한 분자 운동이 일어나기 위해서 필요한 에너지와 복사선(빛)의 에너지가 완전히 일치해야 한다. 적외선을 흡수하는 분자의 능력은 분자의 모양뿐만 아니라, 결합의 신축 운동이나 굽힘 운동의 결과로 일어나는 분자 내 전자 분포의 변화량과도 관계가 있다. 대기의 주성분을 구성하는 분자들 대부분은 적외선을 흡수하지 않는다. 예를 들면, N_2와 O_2는 적외선을 흡수하지 않으며 온실 효과에 관여하지 않는다.

이제 이산화 탄소, 메테인, 물을 살펴보자. 이 기체들은 적외선을 흡수한다. 왜냐하면 분자 내 결합의 어떤 신축 및 굽힘 운동과 관련된 에너지가 적외선의 에너지와 똑같기 때문이다. 따라서 이 세 기체는 지구 온난화에 중요한 역할을 한다.

4-3a 공기 중의 이산화 탄소

온도에 미치는 이산화 탄소의 효과는 태양계의 두 번째 행성인 금성의 온도와 지구의 온도를 비교하여 생생하게 보여줄 수 있다. 지구와 금성은 모두 단순히 태양으로부터 떨어진 거리만을 생각했을 때보다 더 따뜻하다. 금성의 평균 온도는 450°C인데, 금성과 태양 사이의 거리만으로 예측하는 온도보다 300°C나 더 높다. 태양으로부터 금성보다 2600만 마일 더 떨어져 있는 지구의 평균 온도는 15°C로 예상 온도인 −18°C보다 33°C 더 높다. 왜 그럴까?

이렇게 온도가 상승한 것은 대부분 두 행성의 대기 조성 때문이라고 할 수 있다. 금성의 대기는 CO_2 96%와 H_2SO_4 구름을 가지며 기압이 90 atm인 반면, 지구의 대기는 N_2 78%, O_2 21%, CO_2 0.03~0.04%, H_2O 0.1~1.0%이며 기압은 1 atm이다. 이러한 조성과 압력 차이(더 높은 압력은 주어진 부피에 더 많은 기체 분자가 있다는 것을 의미)로 태양으로부터의 거리에도 불구하고 지구 대기의 유익한 온실 효과를 설명할 수 있다.

지구 대기 중의 물과 그 외의 물의 백분율은 습도에 따라 비교적 작은 범위에서 오르락내리락한다. 지구 대기 중 평균 CO_2 농도는 1860년 280 ppm에서 2004년 380 ppm으로 증가하였으며, 지금도 계속 증가하고 있다(그림 4.4). 280 ppm에서 330 ppm으로 50 ppm 증가하는 데 150년이 걸렸지만, 최근 330 ppm에서 380 ppm으로 50 ppm 증가하는 데 단 30년밖에 걸리지 않았다. 지구는 지난 10년간 CO_2 농도가 25% 이상 증가하였다. 그림 4.5에 나타난 바와 같이, 이 기간 동안 지

거품나는 탄산수(sparkling water) 제조에 이산화 탄소가 쓰인다.

그림 4.4 ▸ 대기 중 이산화 탄소 농도는 꾸준히 상승하여 왔다

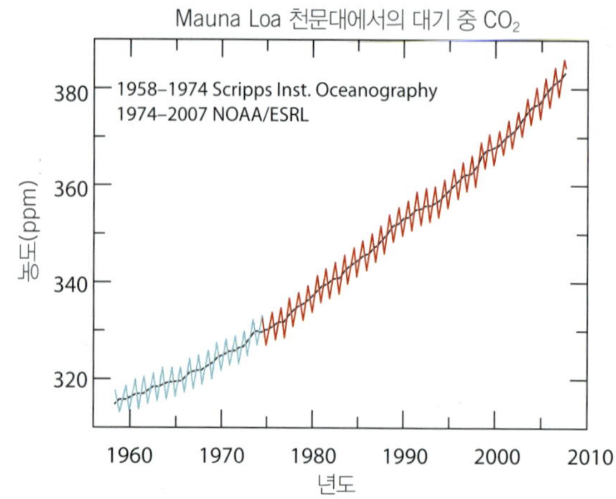

구의 평균 온도는 약 0.5~0.7℃ 증가하였다. "대기 중 CO_2 농도 증가가 온도 상승의 원인이었을까?"라는 것이 가장 큰 질문이다. 더욱이, 여기에 인과관계가 있다면, 대기 중 CO_2 농도가 더 증가하는 경우 어떤 결과들이 나타나게 될 것인가?

모든 사람이 첫 번째 질문에 대한 답에 만장일치로 동의하지는 않지만, 지구 온도의 최근 상승은 대부분, 또는 전적으로, 대기 중 이산화 탄소 농도 때문이라는 것을 점점 더 많은 과학자들이 확신하게 되었다. 100% 정확하게 예측하는 것은 어렵지만, 이산화 탄소 농도가 약 600 ppm에 도달하면, 지구 온도가 1.5~6℃만큼 증가할 것이라는 것이 일반적인 추정이다. 이런 현상은 2050년쯤에 일찍 다가올 수도 있다. 이렇게 예측된 온도 변화량이 현저하지 않다고 보일지 몰라도, 이 범위 이내의 온도 감소가 약 2만 년 전에 마지막 빙하기를 야기하였다. (지구 온도의 증가에 따른 결과는 4.6절에서 다시 논의할 것이다.)

4-4 이산화 탄소 이외의 온실 기체

염화플루오린화탄소: 탄소, 염소, 플루오린과 때로 수소만 포함하는 화합물들을 집합적으로 가리킬 때 쓰는 용어.

복사 냉각: 대기 중에 수증기가 적어서 맑은 날 밤에 지구로부터 열 손실이 증가하는 현상.

이산화 탄소 이외에 몇몇 대기 기체들도 적외선을 흡수한다. **염화플루오린화탄소**(**chlorofluorocarbon**, CFC) 같은 기체들은 인간 활동의 결과로 대기 중에 존재하지만, 수증기, 메테인, 아산화 질소와 같은 기체들은 그렇지 않다. 표 4.1에 나타낸 것과 같이, 수증기를 제외한 대부분의 기체는 비교적 낮은 농도로 존재한다. 수증기가 주요 온실 기체이더라도, 공기 중 수증기 양에 대해서 우리가 할 수 있는 일은 거의 없다. 하지만 구름이 낀 겨울밤에 비해서 맑은 겨울밤에 나타나는 소위 **복사 냉각**(**radiational cooling**)에 미치는 수증기의 효과를 관찰할 수 있다. 열을 잡아주는 구름이 낮은 대기층에 없기 때문에, 맑은 밤에는 온도가 좀 더 빨리 떨어진다. 같은 이유로 사막의 밤은 습도가 낮아 매우 춥다. 물 이외의 잠재적인 온실 기체들에 대하여 우리가 할 수 있는 것이 있을까? 만일 그렇다면, 어떤 기체에 초점을 맞추어야 할까?

표 4.2에 나타낸 바와 같이, 이런 기체들의 적외선 흡수 효율성은 같지 않다. 어떤 기체는 다른 기체들보다 자릿수가 다를 정도로(즉, 10의 몇 제곱 정도로) 더 효율적이다. 다행히도 대기 안에 이런 적외선 흡수 고효율 기체들의 농도(대류권 존재량, tropospheric abundance)는 무척 낮다. 기체가 적외선을 흡수하는 효율성과 기체의 농도

그림 4.5 ▸ (a) 지난 150년간 온도, 해수면(sea level), 적설량(snow cover) 추세, (b) 1900~2100년 기간에 대하여 다양한 모형으로 예측한 지표면의 온난화 정도와 실제 온난화 정도, (c) 예측된 온난화의 지리학적 분포도.

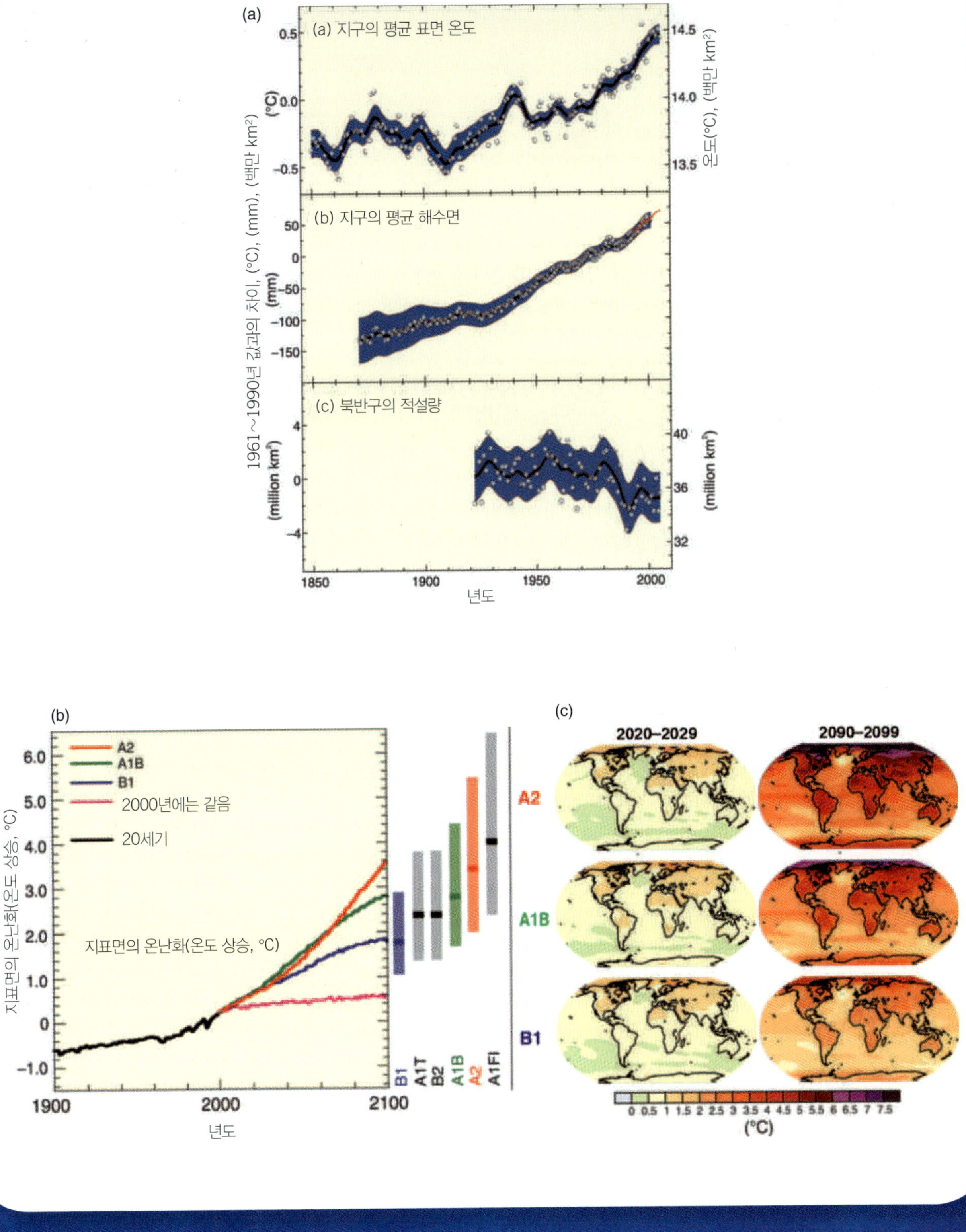

표 4.1 핵심 온실 기체들의 대기 중 농도와 수명

시간/기체	CO_2	CH_4	N_2O	CFC-11 (CCl_3F)	CFC-12 (CCl_2F_2)	CFC-22 ($CHClF_2$)
1750년 이전 (산업화 시대 이전) 농도*	~280 ppm	~700 ppb	270 ppb	0†	0†	0†
2001~2002년 농도	372 ppm	~1800 ppb	318 ppb	258 ppt‡	546 ppt	146 ppt
대기 안에서의 수명 (년)	가변적§ (50~200)	12	114	45	100	11.9

1750년 이전 농도 값은 화석 연료 연소와 관련된 인간 행동에 대해 실제로 영향을 받지 않았다고 가정한다.
†아직까지 발견되지 않음
‡이 기호는 1조(10^{12}) 개 중에서 하나를 의미한다.
§이산화 탄소를 제거하는 메커니즘들은 무척 다른 수명(지속 시간)을 갖고 있으므로, 이 값은 추정치이다.

모두에 문제의 심각성이 관련되어 있으므로, 이산화 탄소와 메테인에 논의의 초점이 맞춰질 것이다. 이 두 기체의 농도가 이미 높을 뿐만 아니라 계속 증가하고 있기 때문이다.

4-5 온실 기체의 원천 물질

18세기 후반에 유럽에서 시작된 산업 혁명 이전에는, 보통 사람이 비교적 적은 양의 이산화 탄소를 대기에 방출하였다. 사람들이 요리와 개인적인 난방용으로 석탄과 나무를 태웠기 때문에 이산화 탄소가 방출되었다. 하지만 내연 기관은 엄청난 양의 화석 연료를 필요로 하였다. 산업 혁명 초기의 화석 연료는 석탄이었다. 시간이 경과함에 따라, 석유, 휘발유, 경유, 천연 가스 등이 주된 연료가 되었고, 공장, 전기, 자동차 운송에 대한 의존도는 현재 수준으로 증가하였다.

화석 연료의 연소로 온실 기체인 이산화 탄소와 수증기가 생성되는 사실을 결코 피할 수는 없다. 휘발유 1갤런(약 3.8 L)이 연소할 때 이산화 탄소 18파운드와 물 1 갤런을 생성한다(8-1절). 대기로 방출되는 이 기체들이 증가하면, 대기에 있는 이 기체들의 농도 변화 속도가 어떻게 될까? 다시 말하면, 우리는 자연적인 메커니즘으로 제거되는 이산화

표 4.2 몇몇 핵심 온실 기체의 대류권 존재량 대비 적외선 흡수의 상대적 효율성

물질	온실 인자*	대류권 존재량 (%)
CO_2	1 (비교하기 위하여 부여한 값)	3.7×10^{-2}
CH_4	30	1.8×10^{-4}
N_2O	160	3.1×10^{-5}
O_3	2000	4.0×10^{-6}
CCl_3F	21,000	2.6×10^{-8}
CCl_2F_2	25,000	5.2×10^{-8}

*이산화 탄소 대비 온실 기체의 적외선 흡수 효율성을 나타내는 척도가 온실 인자 값이다. 이산화 탄소의 온도 인자 값을 임의로 1로 부여하였다.

탄소의 양보다 더 많은 양의 이산화 탄소를 대기로 보내는 것이 아닐까? 증가하는 이산화 탄소 농도가 증명하듯, 이 질문에 대한 답은 "예"처럼 보인다.

분출하는 화산, 호수와 대양의 바닥에 있는 천연 분출구(vent), 자연적으로 부패하는 나무와 식물, 그 밖의 몇몇 메커니즘 등이 매년 대기에 추가되는 이산화 탄소 250억 톤에 많이 기여한다. 하지만 250억 톤 중 220억 톤이 화석 연료 연소로 발생한다! 가장 우려하는 대기 중 이산화 탄소는 바로 인간이 만들어낸다.

공기로부터 이산화 탄소를 제거시키는 주요 두 가지 메커니즘은 광합성과 물(주로 대양)에 용해되는 것이다. 광합성에서는, 이산화 탄소와 물이 햇빛 존재 하에서 식물 내 클로로필과 결합하여 탄화 수소와 산소 기체를 생성한다. 이 까닭으로 세계 인구의 증가에 따른 산림 벌채와 초원 손실에 대하여 아주 많은 우려가 있다.

$$6\,CO_2 + 6\,H_2O \xrightarrow[\text{클로로필}]{\text{햇빛}} \underset{\substack{\text{탄수화물} \\ \text{(포도당, 과당, 셀룰로스)}}}{C_6H_{12}O_6} + 6\,O_2$$

이산화 탄소는 대양에 흡수된다. 이산화 탄소가 물에 용해되면 물과 반응하여 탄산(H_2CO_3)을 생성하기 때문이다. 탄산은 용해된 상태로 있을 수도 있고, 탄산 수소염이나 탄산염 광물을 형성하여 석회석 등의 고체로 침전될 수도 있다. 물의 온도가 이산화 탄소와 그 외의 기체들을 용해시키는 자신의 능력에 큰 영향을 준다. 높은 온도에서는 적은 양의 CO_2가 용해될 것이다. [탄산 음료를 따뜻하게 하면 어떤 일이 일어나는지 생각해 보라. 김(이산화 탄소)이 빠질 것이다!] 세계 대양들의 온난화로 더 많은 이산화 탄소가 대기로 방출될 것이다. 이것은 가볍게 받아들일 문제가 아니다.

자연적인 메커니즘에 의해 대기로부터 매년 이산화 탄소 100억 톤이 제거되는 것으로 추정된다. 현재 화석 연료를 연소시켜 매년 이산화 탄소 220억 톤을 대기층으로 돌려보낸다. 이와 같이 매년 약 220억 톤의 이산화 탄소가 대기층에 알짜 증가하고 있다! 이 사실은 이산화 탄소 농도 추세를 설명해준다. 이산화 탄소 농도가 증가하고 있고, 거의 분명히 우리에게 이 증가의 책임이 있다.

전형적인 미국 시민의 생활 방식과 인도 농부의 생활 방식을 비교함으로써, 생활 방

화석 연료를 연소하면 온실 기체인 이산화 탄소와 수증기가 생성된다.

식을 바탕으로 대기로 방출되는 이산화 탄소 양의 차이를 생각해 보자. 예를 들어, 운송, 거주, 식량 생산, 전기 사용, 소비재 등과 이들의 생산에 필요한 에너지를 살펴보자. 인도 농부는 매년 0.5 톤 미만의 탄소를 대기로 방출하는 데 비해, 평균적인 미국 시민은 매년 탄소 약 6톤을 이산화 탄소의 형태로 방출한다는 것을 알면 놀라지 않겠는가? 이산화 탄소에서 탄소 백분율이 27%이므로, 미국인 한 사람이 거의 22 톤의 이산화 탄소를 방출하고, 인도인 한 사람은 1.8 톤의 이산화 탄소를 방출하는 것과 마찬가지이다.

또 하나의 문제성 온실 기체인 메테인은 주로 늪지에서 식물의 부패(습지 기체, marsh gas), 매립지와 논에서 유기물의 부패, 소(cow), 그리고 천연 가스 라인과 유정(oil well)에서 새는 기체 등의 원천 물질로부터 대기로 방출된다.

소를 비롯한 반추(되새김) 동물들의 소화기에는 셀룰로오스를 분해하여 메테인 기체를 생성하는 박테리아를 갖고 있다. 커다란 반추 동물들은 하루에 메테인 수 백 리터를 만들어낸다. 전 세계의 소와 양의 개체 수가 크게 증가해 왔기 때문에, 메테인 방출량도 크게 증가하였다. 에너지 생산, 에너지 유통, 가축 등이 메테인 방출량에 가장 큰 원인이고, 매립지의 방출과 천연 원천 물질들이 뒤를 잇는다는 것에 과학자들은 동의한다. 그러므로 대기 중 메테인 농도가 이산화 탄소 농도보다 훨씬 낮더라도, 메테인이 적외선을 효율적으로 흡수하기 때문에, 지구 온난화에서 메테인의 역할을 전적으로 무시할 수는 없다. 하지만 탄소에 기반한 경제에 의해서 대기로 방출되는 이산화 탄소의 엄청난 양 때문에, 우리 논의의 주된 초점은 메테인이다.

4-6 지구 온난화에 대해서 확실히 알고 있는 것은 무엇인가?

지구 온난화에 대해서 분명하게 말할 수 있는 몇 가지가 있다.

- 지구는 분명히 따뜻해지고 있고, 대부분의 과학자는 인류가 그것에 대한 책임이 있다는 것에 동의한다.
- 온난화 현상은, 최소한 부분적이라도, 온실 기체들(주로 이산화 탄소)이 대기로 방출되기 때문이다. UN의 후원을 받는 "기후 변화에 관한 정부간 협의체(Intergovernmental Panel on Climate Change, IPCC)"는 최근, 방출량을 억제시키지 않으면 2100년까지 1.4~5.8°C 만큼의 잠재적 파국 수준의 온난화를 예측하였다.
- 온도가 2°C만 증가해도, 지구는 지난 200만 년 동안 보다 더 따뜻해진다.
- 어떤 특별한 변화가 이루어지지 않으면, 세계 인구가 증가함에 따라 온실 기체의 속도와 양이 증가할 것이다. 2012년 초 세계 인구는 69.9억 명이다.

4-7 지구 온난화의 결론 — 좋은 것인가 나쁜 것인가?

사람들 대부분이 이제는 동의하듯이, 지구 온난화가 실제 상황이라면 온난화의 결과들을 살펴보아야 한다. 지구 온난화의 결과는 논란도 많고 예측하기도 힘들다. 하지만 아래의 것들이 증가된 지구 온난화에 따른 가능성 높은 결과라는 것에 대기 과학자들 대부분이 동의한다. 물론 각 현상이 얼마나 분명한지에 대해서는 논쟁거리이다.

- 바다가 따뜻해져서 좀 더 많은 이산화 탄소를 방출할 것이다. 물에 기체의 용해도가 줄어들기 때문이다. 이런 현상은 온난화를 훨씬 더 증가시켜 문제를 악화시킬 것이다. 하지만 더 많은 플랑크톤이 더 따뜻한 대양에서 자랄 수 있어 더 많은 이산화 탄소를 소모할 수도 있다.
- 바다가 따뜻해지면서 해저에 존재하는 고체 형태의 얼어있는 메테인이 기체가 되어 공기로 방출될 것이다. 이 현상은 온난화를 더욱 증가시킬 것이다.
- 세계 곳곳에서 덮고 있는 얼음과 눈이 현저하게 감소할 것이다. 이 현상은 반사를 감소시켜, 지구가 훨씬 더 많은 복사선을 흡수하게 되어 온난화가 가속될 것이다.
- 남극과 북극에 있는 얼음과 눈이 녹으면서 해수면이 상승할 것이다. 그 결과로 섬과 해안선을 따라 위치한 저지대에 재앙이 올 수 있다. 이 현상이 일어나고 있다는 증거가 이미 있다. 수천 년 동안 얼어있었던 선반 얼음(ice shelf, 육지에 연결되어 있고 바다를 덮고 있는 빙상)이 떨어져 나가고 있다. 300명 이상의 과학자들이 연구하여 2004년 후반에 발표한 소위 "북극 기후 영향 평가(Arctic Climate Impact Assessment)"에 의하면, 온난화 결과로 늦어도 2099년까지는 북극곰이 멸종한다는 것이다.
- 바다가 따뜻해짐에 따라 더 많은 물이 증발할 것이다. 수증기가 온실 기체이기 때문에, 이 현상은 지구 온난화를 증가시킨다. 하지만 구름이 더 형성되어 지구로 진입하는 햇빛을 반사시켜 이 현상을 상쇄시킬 수도 있다.
- 바다의 온난화는 해류를 크게 바꾸어 날씨, 어장(fishery) 등에 예측 불가능한 영향을 끼칠 수도 있다.
- 증발 현상의 증가 결과, 어떤 지역에 강우량이 너무 많을 수도 있다.

이 현상으로 홍수가 증가하게 될 것이다.

- 수목 한계선(tree line, 환경이 바뀌어 나무의 생육이 불가능해지는 한계선)이 더 북쪽으로 이동하여, 나무가 더 광대한 지역에서 자라게 될 것이다. 이 현상으로 더 많은 이산화 탄소가 소모될 수도 있다.
- 강우 지역이 이동함에 따라, 세계의 사막과 경작 지역의 위치가 이동하고 크기가 바뀔 수도 있다. 이 결과들은 예측하기 어렵다.
- 지구가 따뜻해짐에 따라, 열대 지역 질병들이 더 광범위하게 유행하게 될지도 모른다.
- 폭풍과 악천후의 강도가 아마도 증가하게 될 것이다.
- 열이 증가하면, 어떤 지역에서는 공기 오염이 악화되고, 곡식이 손상되고, 자원이 고갈될지도 모른다.
- 온실 기체의 대기 농도가 어떤 값에 도달하면, 기후 시스템이 비교적 빠르고 파국적으로 재편되기 시작할지도 모른다고 몇몇 과학자가 추정하였다.

4-8 지구 온난화를 심도있게 다룬 교토 회담

저개발 국가의 사람들이 점점 미국의 생활 방식을 채택하고 있다. 이러한 경향성 때문에 지구 온난화와 관련된 문제들이 악화될 것으로 예상된다. 현 시점에서, 산업화된 나라들 중에 1인 당 이산화 탄소 방출량 1위가 미국이며, 중국이 11위이다. 하지만 총 방출량으로는 중국이 1위(2009년에 77억 톤), 미국이 2위(2009년에 54억 톤)이다. 더 많은 나라들이 엄청나게 많은 이산화 탄소를 만들어내는 생활 방식을 점점 더 채택하면 어떤 일이 일어날까?

지구 온난화 재앙의 잠재성을 알고, 지구 온난화가 실제 문제라는 것을 완전하게 확신하기 위해서, 세계의 많은 국가가 1997년 일본 교토(Kyoto)에 대표단을 보내서 이 현안을 심도있게 다루기 시작하였다. 이 회의에서 161개국이 선진국에 대하여는 온실 기체의 방출 목표 값을 설정하였지만, 개발도상국에 대해서는 목표 값을 설정하지 못했다. 이런 결과로 논쟁이 많이 일었으며, 세계 강대국들 중 미국만이 교토에서 설정된 목표 값을 지지하지 않은 것에 일부분 책임이 있다. 물론 경제적 현안들도 논의되었으며, 이 목표 값이 강요되면 다른 어떤 나라들보다 자국이 경제적 어려움을 겪을 것이라는 입장을 미국이 취했다. 미국이 저개발국에 비해서 불공정한 부담을 감내해야 한다는 요청을 받고 있다는 우려도 있었다. 비록 몇몇 미국 정치인이 개인적으로 교토 의정서(protocol, 나라를 대표하는 전권 위원들 사이에 결정된 사항을 기록한 국제간 공문서)를 동의하고 나섰지만, Bush 대통령과 Obama 대통령 둘 다 이 목표 값을 지지하지 않았다. 러시아는 2004년에 교토 의정서를 비준하였다. 이 비준으로, 2005년 2월 16일에 법으로서 발효되는 합의안을 수용한 124개국은 강제로 이산화 탄소 방출량을 줄여야 한다. 바로 그 날짜에, 탄소 방출물(기체)은 서명한 나라들에 의해서 사고파는 원자재가 되었다. 이 의정서에 서명한 30개

의 선진 공업국은 늦어도 2012년까지는 방출량 목표 값들을 맞춰야만 한다. 몇몇 나라는 의정서가 요구하는 것보다 더 극적으로 방출량을 감축하겠다고 서약하였다. 예를 들면, 대영 제국은 2050년까지는 방출량을 60%만큼 감축시키려고 계획하고 있다.

토요타(Toyota) 2010 Prius 해치백 같은 휘발유-전기 하이브리드 차량들이 미국 운전자들 사이에서 점점 인기를 끌고 있다.

미국 정부는 교토 의정서에 서명하지는 않았지만, 많은 주 정부, 단체, 산업체 등은 이 문제를 다루기 위한 조치를 취하였다. 2004년 7월에 8개의 주 정부의 법무상(Attorney General)들이 온실 기체 방출량을 줄일 것을 요구하면서 미국에서 가장 큰 공기업들을 제소하였다. 캘리포니아 주는 2014년까지 자동차 배기가스 30%를 줄이려고 하고 있으며, 다른 주들도 비슷한 조치들을 고려하고 있다. 다량의 온실 기체의 생성에 책임이 있는 여러 회사와 산업체가 정부의 요구도 없는데 자발적인 감축 계획을 시행하고 있다. 하지만 교토 의정서의 가장 열렬한 지지자들조차 이것만 갖고는 지구의 기후 변화 문제를 풀기 힘들다고 인식하고 있다. 유엔 환경 계획(UN Environment Program)의 책임자인 Klaus에 의하면, 교토 의정서는 긴 여행에서 첫 번째 걸음마일 뿐이다.

4-9 지구 온난화에 대한 가능한 대응책

과학자들은 지구 온난화 문제가 실제라고 가정한 후, 그 과정을 늦추거나 그 결과 현상들과 함께 지낼 수 있는 것에 대하여 제안하기 시작하였다. 제안들 중 몇몇은 분명하고 실행 가능할 것이다. 나머지는 명백하지만 실행에 옮기기는 어려워 보인다. 그 밖에 더 많은 제안들은 너무 특이해서 실행 가능성에 대해서 논쟁이 일어날 수 있다. 하지만 지구 온난화 같은 심각한 문제인 경우, 대응책 중 가장 터무니없다고 생각할만한 것도 살펴볼 필요가 있다. 한때 어리석다고 생각되었던 공학적 업적물들이 이제는 일상화되고 있다. 지구 온난화에 대한 우리의 대응을 미래가 어떻게 평가할 것이라고 누가 말할 수 있는가? 예를 들면, 다음 조치들 중 한 개 이상은 효과적이라고 입증될지도 모른다.

- 전기 자동차, 수소 자동차, 하이브리드(혼성, hybrid) 자동차 같은 이산화 탄소 방출량이 적은 차량에 투자.
- 화석 연료 소비를 줄이고, 탄소 기반 이외의 대체 연료의 개발 및 이용.
- 화석 연료에 적게 의존하는 효율적 내연 엔진 및 자동차 개발.
- 커다란 대량 수송 수단 개발.
- 생산시 발생하는 온실 기체 양을 고려하여 상품과 서비스에 세금(탄소세, carbon tax) 부과.
- 나라 또는 조직들이 서로 노력하여 효과적인 감축 프로그램을 집단적으로 잘 활용할 수 있도록 전 세계적인 방출량 무역 프로그램 개발.
- 온실 기체를 발생시키지 않는 새로운 기술의 개발과 이용. 예를 들면, 원자력 발전과 풍력 발전은 온실 기체를 발생시키지 않는다. 뉴욕시 "자유의 탑(Freedom Top)"은 전력의 20%를 꼭대기에 있는 풍력 발전용 터빈으로부터 얻게 고안되었다.
- 바다를 이산화 탄소의 폐기장(dump)으로 이용. 즉, 높은 공장 굴뚝(stack)으로부터

이산화 탄소를 펌프로 퍼올려서 해저로 보내면, 이산화 탄소가 고압 환경(바닥)에서 액체가 될 것이다. 하지만 이런 과정으로 바다의 화학이 바뀔지도 모른다. 또한, 바다가 갑자기 다량의 이산화 탄소를 내뿜는다면, 문제가 일어날 수도 있다.

- 바다가 플랑크톤의 성장을 증가시키도록 영양 공급. 이 아이디어는 이런 과정으로 이산화 탄소가 더 많이 소모된다는 것이다. 이것이 가능하더라도, 플랑크톤이 죽어 분해된다면 무슨 일이 일어나겠는가?
- 태양과 지구 사이에 거대한 파라솔을 설치하여 햇빛을 막거나 반사시키기.
- 다량의 먼지를 대류권에 수송하여 햇빛을 반사시켜 온난화에 대응. 너무 많은 햇빛을 받는다면 무슨 일이 일어날까? 작으면서 반사를 잘하는 수많은 작은 공(sphere)을 대류권에 방출시키자는 대안을 제안한 사람들도 있다.
- 생활 방식을 바꾸어 적은 양의 이산화 탄소 생성.
- 지구의 인구를 줄이거나 최소한 인구 증가를 늦추기.
- 내연 기관 이용과 화석 연료 연소 금지.

여기에 기술된 몇몇 안은 비록 공상 과학처럼 보이지만, 모든 안이 심도있게 고려되었거나 소규모로 시험되었다. 제안된 것들 중 몇몇은 결코 진행할 수 없겠지만, 이 안들 몇 개를 조합한 안들은 아마 반드시 필요할 것이다.

마지막으로, 지구 온난화가 주로 인간 때문이라는 증거가 날이 갈수록 점점 강력해지지만, 지구 온난화에 관해 여전히 다른 의견들이 있다는 것을 인식해야 한다. 대부분의 사람이 다음 중 하나 또는 그것과 조금 다른 것에 찬성한다. 이 현안에 대하여 어느 것이 당신의 의견과 가장 부합하는가?

- *기다리자*! 이 문제가 실제이고, 심각하며, 우리가 원인을 제공하고 있다는 것에 대해서 100% 확신할 때까지 기다린 다음, 조치를 취하자.
- *지금 행동하자*! 현재 증거에 바탕을 둔 문제를 최고의 과학적 분석을 하고, 무엇을 하기 너무 늦기 전에 시간을 벌 수 있도록, 즉시 적절한 조치를 취하자. 증거 수집을 계속하고, 문제에 대한 해답을 찾자. 이 일에는 어쩌면 새로운 기술이 필요할지도 모른다.
- *무시하자*! 지구 온난화가 자연적이라면, 이것을 무시해 버리자. 왜냐하면 인간이 자연을 제어할 수는 없기 때문이다.

우리가 적절하게 대응하는지는 오직 시간이 말해 줄 것이다!

연습 문제

1. 다음을 정의하시오.
   (a) 온실 효과
   (b) 지구 온난화
   (c) CFC
   (d) 교토 의정서
   (e) 적외선

2. 이산화 탄소는 메테인, CFC, 그리고 그 밖의 분자들보다 적외선을 덜 효율적으로 흡수하지만, 높은 대기 농도 때문에 가장 우려하는 지구 온난화 기체이다.
   (a) 참
   (b) 거짓

3. 지구 온난화에 대하여 가능한 해결책이나 부분적으로 가능한 해결책으로서 다음 안들 중에서 제안되지 않은 것은?
   (a) 바다에 철 비료를 넣어 플랑크톤 성장을 촉진시키기
   (b) 탄소 화합물이 전혀 없는 휘발유만 연소시키기
   (c) 펌프를 이용하여 지하 또는 해저로 이산화 탄소를 격리시키기
   (d) 태양과 지구 사이에 거대한 파라솔(또는 스크린)을 설치하여 지구에 내려오는 복사선의 양을 감축시키기
   (e) 삼림 벌채를 줄이고 나무를 많이 심기

4. 만약 지구 온난화가 없다면, 지구의 온도는 +15°C 대신에 약 −18°C이고, 바다는 얼었을 것이다.
   (a) 참
   (b) 거짓

5. 지구 표면에 부딪치는 자외선과 가시광선의 일부는 적외선 형태로 지구로부터 재방출된다.
   (a) 참
   (b) 거짓

6. 바다가 더 따뜻해지면 이산화 탄소를 더 용해시킬 수 있다.
   (a) 참
   (b) 거짓

7. 지구 온난화는 다음 것들 중에서 어느 것과 주로 관련되어 있는가?
   (a) 대기권 내 자외선을 흡수하는 분자들
   (b) 오존층을 분해하는 분자들
   (c) 자외선과 수월하게 반응하는 분자들
   (d) 화학 분자들의 신축 운동과 굽힘 운동을 일으키는 복사선의 유형
   (e) 대기에 쌓여있는 엄청난 양의 CFC 기체들

8. 주요 선진 공업국들은 모두 다 교토 의정서를 비준하였다.
   (a) 참
   (b) 거짓

9. 대기 중 이산화 탄소의 평균 농도는 산업화 이전 280 ppm 이었다가 산업화 이후에는 380 ppm으로 증가하였다. 다음 중에서 어떤 것이 가장 가능성이 높은 원인인가?
   (a) 세계의 동물 개체 수 증가
   (b) 지난 150년 동안에 증가된 화산 활동
   (c) 내연 엔진의 증가된 휘발유 효율성
   (d) 더 많은 CO가 자외선에 의해서 CO_2로 변환될 수 있도록 오존층이 얇아짐
   (e) 세계 인구의 증가로 더 많은 휘발유가 이용됨

10. 지구 온난화를 조절하거나 제어하기 위해서 제안된 다양한 방법에 대하여 찬반 토론을 하시오.

5
산-염기 반응
Acid-Base Reactions

차례

산(acid)! 이 말을 들으면 대부분의 사람들은 위험이라는 것을 즉시 떠올린다. 염기(base)! 이 말을 들으면 미국에서는 야구(baseball)를 떠올리는 사람도 있다. 화학자와 많은 과학자들에게 이 두 단어는 우리 주변에서 매우 자주 접하는 화합물을 떠올리게 하는 것이다. 산과 염기 사이의 화학 반응은 우리 개인의 건강, 환경과 모든 생명체들의 건강, 그리고 우리 경제의 건강에까지도 극적인 영향을 미치고 있다.

어떤 산과 염기는 숙련되지 않은 사람이 다루기에는 매우 위험할 수도 있다. 진한 황산과 진한 수산화 나트륨(흔히 양잿물이라고 부름)은 심각한 화학적 화상의 원인이 되기도 한다. 그러나 배터리에 들어있는 황산과 세척제에 들어있는 수산화 나트륨은 사실 잠재적으로 위험한 물질임에도 불구하고 많은 주방이나 창고에서 쉽게 찾을 수 있다.

탄산 음료의 거품은 탄산의 존재 때문에 나타나는 것이지만 이 산을 마신다는 생각은 하지 않는다. 위험이 있을 수 있는 화학 실험에 사용되는 탄산이 이처럼 가게에서 쉽게 구입하는 것이 법적으로 문제가 된다고 생각하지는 않을 것이다.

세숫비누는 염기성을 띤다. 하지만 세숫비누를 쓰면서 주방용품의 세척제를 사용할 때 읽는 경고문(눈을 가까이 하지 말라는 것과 같은)을 읽은 사람은 없을 것이다. 눈에 염기가 들어가면 눈을 붕산수로 씻어야 한다는 사실을 알면 사람들은 매우 혼란스러울 것이다.

이 장에서는 산과 염기와 관련된 위험성이 그 농도와 정체성 때문이라는 것을 배우게 될 것이다. 모든 산과 염기가 본래 위험한 것은 아니다. 이들은 항상 우리 주변에 있는 물질이다. 혈액의 산-염기 균형은 우리 건강에 중요한 요인이며 수많은 생물학적 반응들이 생체의 산과 염기에 의존한다. 빗물에 섞여있는 산의 농도는 강과 산림의 건강을 결정하는 중요한 요인이며 우리가 먹는 식품 생산에 영향을 준다. 산과 염기는 수많은 제조공정에서 핵심적인 역할을 하고 있다. 실제로 황산은 많은 산업 공정에서 필요한 물질이며 그 판매량을 가지고 국가의 경제를 가늠할 수도 있다.

CHAPTER 5

5-1 산과 염기: 화학적 상대

모든 사람은 산과 염기에 대해 몇 가지 실제적인 것들을 알아야 하는데, 주로 수용액으로 접하는 것들이다. 이들은 위험할 수 있다. 이러한 위험은 레몬즙이 눈이 들어가 쓰라렸던 경험에서부터 배터리의 산(황산)으로 인하여 화상을 입거나 실명을 하는 등 다양하다. 이러한 피해는 산이 눈이나 피부에 닿았을 때 재빠르게 다량의 물로 씻어내지 않아서 생기는 것이다. 하수구 세척제나 오븐 세척제에도 강염기인 수산화 나트륨이 함유되어 있기 때문에 비슷하게 심각한 피해를 입힐 수 있다. 강한 산과 염기성 용액은 옷에 구멍을 만들 수도 있다. 따라서 첫째로 배워야 할 지식은 강한 산과 염기는 다룰 때에는 매우 조심해야 한다는 것이다.

산과 염기가 이러한 잠재적 위험성을 갖지만, 이 물질들을 반드시 멀리해야만 할 필요는 없다. 산과 염기의 묽은 수용액들이 우리 일상생활에서 항상 사용된다. 오렌지 주스, 식초, 탄산음료, 가정용 암모니아수, 우유, 일상적으로 사용되는 대부분의 비누와 세제가 바로 이런 수용액에 속한 것들이다.

모든 산성 수용액들은 그 근원이나 용도에 관계없이 어떤 공통적인 화학적 성질을 가진다. 염기성 수용액도 마찬가지이다. 산과 염기는 다른 물질들과 그리고 상호간에 매우 잘 반응하는 매우 관련된 부류의 화합물들이다.

산과 염기는 세척 용도로 사용된다.

영어에서 산을 뜻하는 acid란 단어는 시다는 뜻의 라틴어 *acidus*에서 온 말인데, 이는 산이 수용액에서 신맛을 가지기 때문이다. 레몬, 자몽, 라임의 신맛은 시트르산(citric acid)과 아스코브산(ascorbic acid, 비타민 C)를 가지기 때문이다. 식초의 신맛은 아세트산이 들어있기 때문이다. 산이 가지는 또 다른 성질은 **산-염기 지시약**(**acid-base indicator**)의 색깔을 변화시키는 것이다(그림 5.1).

산-염기 지시약: 용액에서 산도와 염기도의 변화에 따라 색이 변하는 물질.

하이드로늄 이온: 수화된 양성자, H_3O^+

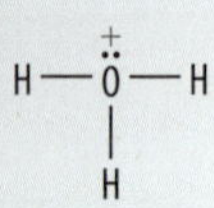

루이스 구조

산은 수용액(*aqueous solution*, *aq*로 표기)에서 수소 이온 (H^+)을 내놓는데, 이 때문에 생기는 공통적인 성질들을 표 5.1에 나타내었다. 따라서 산의 이온화는 다음 염산의 예와 같은 식으로 나타낸다.

$$HCl(aq) \longrightarrow H^+(aq) + Cl^-(aq)$$

수소 이온은 크기가 작기 때문에 양전하가 작은 영역에 집중되어 있고 수용액에서는 물과 결합하여 **하이드로늄 이온**(H_3O^+)의 형태로 존재한다.

$$H^+(aq) + H_2O(\ell) \longrightarrow H_3O^+(aq)$$

따라서 위에서 보았던 염산(다른 산의 경우에도)의 이온화를 표시하는 식의 경우 하이드로늄 이온을 생성물로 쓰는 것이 옳을 것이다. 그리고 이것은 위의 두 식을 더해서 같은 항을 소거해 줌으로써 얻을 수 있다.

$$HCl(aq) \longrightarrow \cancel{H^+(aq)} + Cl^-(aq)$$

$$\text{더하기}\ \cancel{H^+(aq)} + H_2O(\ell) \longrightarrow H_3O^+(aq)$$

$$HCl(aq) + H_2O(\ell) \longrightarrow H_3O^+(aq) + Cl^-(aq)$$

$HCl(aq)$로 표시하는 염산은 염화 수소 기체를 물에 녹여 만들며, 하이드로늄 이온과 염화 이온을 포함하고 있다.

염기 역시 몇 가지 공통된 성질을 갖는다(표 5.1). 염기의 수용액은 비누처럼 미끌

그림 5.1 ▸ 몇 가지 가정용품들의 산도. 산-염기 지시약 몇 방울을 가해 색 변화를 보면 소다수의 산도가 식초보다 높다는 것을 알 수 있다. 한편 세척제들은 약간 염기성을 띤다.

표 5.1 산과 염기의 성질

산	염기
신 맛 H^+ 이온을 생성 금속과 격렬하게 반응하여 수소 생성 지시약의 색 변화 (푸른색 리트머스 시험지가 붉게 변함) 석회석($CaCO_3$)에 가하면 CO_2 생성 염기를 중화시킴	쓴 맛 OH^- 이온을 생성 미끄러운 감촉 지시약의 색 변화 (붉은색 리트머스 시험지가 푸르게 변함) 산을 중화시킴
산성 물질	**염기성 물질**
식초 토마토 과일산 탄산 음료 블랙커피 위산 비타민 C 아스피린 개미의 독 배터리액	가정용 암모니아수 베이킹 소다 비누 세제 마그네시아유 오븐 세척제 잿물 하수구 청소액 제산제

거리는 성질을 갖는다. 잘 알려진 이러한 성질은 수산화 이온(hydroxide ion, OH^-)이 물에 녹았을 때 나타난다. 수산화 소듐(NaOH), 수산화 포타슘(KOH), 수산화 칼슘[$Ca(OH)_2$], 수산화 마그네슘[$Mg(OH)_2$]은 매우 잘 알려진 염기들로서 산업현장과 실험실에서 흔히 사용된다. 이들은 물에 녹았을 때 OH^- 이온을 만드는 이온성 화합물들이다. 예를 들어 수산화 소듐이 물에 녹는 것은 다음 화학식으로 나타낼 수 있다.

$$NaOH(s) \xrightarrow{\text{물}} Na^+(aq) + OH^-(aq)$$

5-1a 중화 반응

염기는 물에 녹아 수산화 이온을 만들고 산은 하이드로늄 이온을 만든다고 했지만, 실제로 산 또는 염기를 가리지 않고 모든 수용액에서 이들 두 이온이 모두 존재한다고 하는 사실은 여러분을 당혹케 할 것이다. 용액이 산성인가 염기성인가를 결정하는 것은 이들 두 이온의 상대적 양이다.

H_3O^+ 이온을 OH^- 이온보다 더 많이 가지는 용액은 산의 성질을 갖게 되므로 **산성 용액**(**acidic solution**)이라고 부른다. 반면 OH^- 이온의 양이 H_3O^+ 이온의 양보다 많은 경우에는 염기의 성질을 갖게 되며 **염기성 용액**(**basic solution**) 또는 **알칼리 용액**(**alkaline solution**)이라 부른다.

> **산성 용액:** H_3O^+ 이온의 농도가 OH^- 이온의 농도보다 높은 용액.
>
> **염기성 용액(알칼리 용액):** OH^- 이온의 농도가 H_3O^+ 이온의 농도보다 높은 용액.

물은 산성과 염기성이 동시에 될 수 없다. 산성 용액은 H_3O^+ 이온의 농도가 OH^- 이온보다 높으며, 염기성 용액은 OH^- 이온의 농도가 H_3O^+ 이온의 농도보다 높다. 산성 용액이 염기성 용액과 섞이게 되면 산성 용액의 H_3O^+ 이온이 염기성 용액의 OH^- 이온과 반응하여 물을 만들게 된다.

$$H_3O^+(aq) + OH^-(aq) \longrightarrow 2\ H_2O(\ell)$$

수산화 포타슘과 같은 염기와 염산과 같은 산은 반응하여 물 이외에도 염화 포타슘(KCl)과 같은 염을 생성한다. **염(salt)**은 염기에 있는 금속 양이온과 산에 있는 음이온으로 이루어진 화합물이다.

$$\underset{\text{염기}}{KOH(aq)} + \underset{\text{산}}{HCl(aq)} \longrightarrow \underset{\text{염}}{KCl(aq)} + \underset{\text{물}}{H_2O(\ell)}$$

이 반응에서 KOH, HCl, KCl은 물에 녹아 이온을 만드는 화합물이며 물은 분자성 화합물이다. 이 과정을 보다 자세히 나타내면 다음과 같다.

$$K^+(aq) + {}^-OH(aq) + H_3O^+(aq) + Cl^-(aq) \longrightarrow K^+(aq) + Cl^-(aq) + 2H_2O(\ell)$$

정확하게 같은 양의 산과 염기가 반응하면 산과 염기 속에 녹아 있는 H_3O^+ 이온과 OH^- 이온이 결합하여 물을 만들게 되며, 이것을 **중화반응(neutralization reaction)**이라고 한다. 수산화 소듐과 황산의 반응도 수산화 포타슘과 염산의 반응과 같은 중화반응이다.

$$\underset{\text{염기}}{2\,NaOH(aq)} + \underset{\text{산}}{H_2SO_4(aq)} \longrightarrow \underset{\text{염}}{Na_2SO_4(aq)} + \underset{\text{물}}{2\,H_2O(\ell)}$$

중화반응이 일어나면 산과 염기의 성질은 사라지며 중성의 용액이 만들어진다.

5-1b 산-염기의 정의

산과 염기의 반응은 산에서 만들어진 수소 이온이 염기에서 만들어진 수산화 이온으로 이동하는 것으로 나타낼 수 있다. 화학적 관점에서 보면 산과 염기의 정의는 산-염기 반응에서 수소이온의 역할을 가지고 설명할 수 있다. **산(acid)**은 염기에 수소 이온을 제공하는 분자나 이온이다. H^+는 수소 원자에서 전자가 제거된 것이기 때문에 이 이온을 종종 양성자라고 부른다. **염기(base)**는 산으로부터 수소 이온을 받아들일 수 있는 분자나 이온을 말한다. 이러한 정의의 결과로 반응물간에 수소 이온을 교환하는 모든 반응을 **산-염기 반응(acid-base reaction)**이라고 할 수 있다. 중화 반응은 이러한 반응의 한 예이다. 아래 구조식은 염산 용액 형성 과정에서 물(H—O—H)과 염화 수소 기체 사이에 수소 이온이 어떻게 교환되는지를 보여준다. 이것은 물이 염기이며 HCl이 산인 산-염기 반응이다.

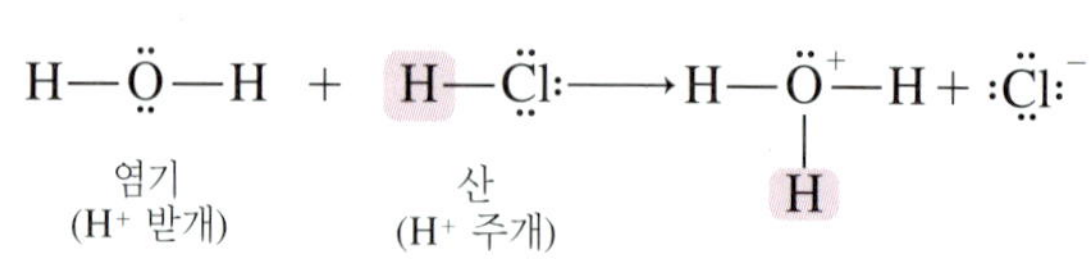

수산화 소듐과 염산 용액 중의 하이드로늄 이온과의 반응에서, OH^-는 염기이며 H_3O^+는 산이다.

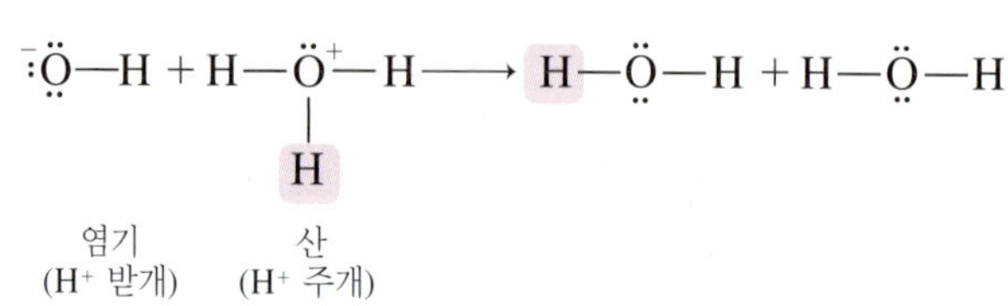

수소 이온의 주개 및 받개로서의 산과 염기의 개념은 우리가 이제까지 설명한 산과 염기의 성질 뿐만 아니라 암모니아(NH_3)와 탄산 이온(CO_3^{2-}) 등의 염기성을 설명한다. 중성인 암모니아 분자는 물 분자로부터 수소 이온을 받아들여 염기성을 띠는 용액을 만

드는데, 이 용액은 수산화 이온을 포함하고 있기 때문에 염기성을 띠게 된다. 이 반응에서 물은 수소 이온을 제공하게 되므로 산으로 작용한다.

$$NH_3(aq) + H_2O(\ell) \rightleftharpoons NH_4^+(aq) + OH^-(aq)$$

염기 (H+ 받개) / 산 (H+ 주개) / 암모늄 이온

수산화 이온을 포함하지 않지만 탄산 소듐(Na_2CO_3, 세척용 소다)이나 탄산 포타슘(K_2CO_3)과 같은 탄산염들도 물에 녹으면 염기성 용액이 된다. 어떻게 이 탄산염이 물에서 수산화 이온을 만들게 되는 것일까? 암모니아처럼 탄산 이온이 물로부터 수소 이온을 받아들이면 수산화 이온이 남게 된다. 여기서 산–염기 반응에 영향을 주지 않는 Na^+ 이온은 제외하였다.

$$CO_3^{2-}(aq) + H_2O(\ell) \rightleftharpoons HCO_3^-(aq) + OH^-(aq)$$

염기 (H+ 받개) / 산 (H+ 주개) / 중탄산 이온

이 절에 있는 반응식들은 매우 중요한 점을 보여주고 있다. 염화 수소와의 반응에서 물은 염기로 작용한다. 그러나 암모니아 분자나 탄산 이온과의 반응에서는 물이 산으로 작용한다. 모든 물 분자는 사실상 동일하기 때문에, *물은 산과 반응하느냐 또는 염기와 반응하느냐에 따라 염기가 될 수도 있고 산이 될 수도 있다.* 물의 이러한 성질은 물을 기본으로 하는 이 세상에서 매우 중요한 역할을 한다. 물에 녹아서 수소 이온을 주는지 받을 수 있는 어떤 물질이 물에 녹으면 그 용액은 염기성이나 산성을 띤다. 고질적인 때를 제거하는 데 이것은 매우 유용한 지식이 될 것이다(5-5절). 그러나 산성비가 만들어지는 과정에서는 이것이 매우 심각한 문제가 되기도 한다(7-2절).

5-2 산과 염기의 세기

염산과 같은 강산과 식초에 들어있는 아세트산과 같은 약산의 차이는 무엇일까? *산과 염기의 세기는 수용액에서 이들의 이온화* ***정도****에 의해 결정된다.* 이온화가 많이 될수록 그 산과 염기는 더 강하다.

황산, 염산, 질산과 같은 잘 알려진 산은 물과 완전히 반응하여 모두 하이드로늄 이온과 음이온이 된다. 따라서 이들은 이온 결합 화합물들처럼 전해질이 된다. 또 이들은 용액에서 완전하게 이온화가 되기 때문에 *강전해질(strong electrolyte)*이 된다. 이들 **강산(strong acid)**의 용액은 하이드로늄 이온의 농도가 높아 매우 산성이 된다(표 5-2). 질산과 같은 강산과 물의 반응은 반응이 한쪽으로 완결된다는 의미로 한쪽 화살표를 갖는 반응식으로 표기한다.

> **강산:** 수용액에서 100% 이온화하는 산.
>
> **약산:** 수용액에서 부분적으로 이온화하여 이온화하지 않은 산과 평형을 이루는 산.

$$HNO_3(aq) + H_2O(\ell) \longrightarrow H_3O^+(aq) + NO_3^-(aq)$$

많은 산은 산 분자들이 모두 이온으로 되지 못한 지점에서 물과 평형을 이룬다. 이러한 산은 **약산(weak acid)**이다. 이들은 평형을 이루기 때문에 수용액에서 매우 적은 양만 이온화한다. 아세트산은 대표적인 약산이다.

$$CH_3COOH(aq) + H_2O(\ell) \rightleftharpoons H_3O^+(aq) + CH_3COO^-(aq)$$

아세트산 / 아세트산 이온

표 5.2 많이 사용되는 산

이름	화학식	세기	용도 또는 근원
황산*	H_2SO_4	강함	금속 세정, 자동차 배터리, 플라스틱, 염료, 비료의 제조
염산	HCl	강함	금속 세정, 벽돌 시공
질산	HNO_3	강함	비료, 폭약, 플라스틱의 제조
인산	H_3PO_4	보통	비료, 세제, 음식 첨가물의 제조
아세트산	CH_3COOH	약함	식초
프로판산	CH_3CH_2COOH	약함	스위스 치즈
시트르산	$HOC(COOH)(CH_2COOH)_2$	약함	과일
탄산	H_2CO_3	약함	탄산 음료
붕산	H_3BO_3	약함	안약, 순한 소독제

*황산은 둘 이상의 산성 수소 이온을 줄 수 있는 다양성자 산이다. 1차적으로 HSO_4^-로 완전히 이온화되는데, 이 이온은 약산으로 SO_4^{2-}로 부분적으로 이온화한다.

CH_3COOH 분자는 H_3O^+와 CH_3COO^-로 이온화되며 동시에 다시 결합하여 물과 CH_3COOH로 된다. 아세트산의 분자는 몇 퍼센트 정도만 이온화되기 때문에 아세트산의 수용액은 대부분이 아세트산 분자이고 약간의 하이드로늄 이온과 음이온으로 되어 있어 매우 약산이다.

강염기: 수용액에서 100% 이온화하는 염기.

약염기: 수용액에서 부분적으로 이온화하여 이온화하지 않은 염기와 평형을 만드는 염기.

앞에서 설명한 바와 같이 많은 금속 수산화물들은 이온성 화합물이며, 물에 녹아 완전히 이온화되므로 **강염기**(strong base)이다. 암모니아는 대표적인 **약염기**(weak base)로, 물과 평형을 이루어 상대적으로 매우 적은 양의 암모늄 이온과 수산화 이온을 만든다.

$$NH_3(g) + H_2O(\ell) \rightleftharpoons NH_4^+(aq) + OH^-(aq)$$

아마존 강 유역에 있는 불개미. 이들과 다른 개미들은 가장 간단한 유기산인 폼산(HCOOH)을 갖고 있다. 아마존의 불개미 군집은 매우 거대하기 때문에 그 지나간 행렬이 폼산에 의해 오염될 수 있다.

약산의 음이온도 염기이다(표 5.3). 아세트산과 물의 역반응을 살펴보자. 아세트산 이온 (CH_3COO^-)은 산성의 하이드로늄 이온으로부터 수소 이온을 받아 염기로 작용한다. 혈액과 같이 산의 농도가 일정하게 유지되어야 하는 용액 중에서 음이온의 이러한 성질이 매우 중요한 역할을 한다는 것을 알게 될 것이다(5-4절). 혈액이나 가정용으로 사용되는 탄산 수소 소듐을 함유하는 용액에서, 탄산 수소 이온

표 5.3 많이 사용되는 염기

이름	화학식	세기	용도
수산화 소듐	NaOH	강함	하수구 청소제, 알루미늄, 레이온, 비누, 세제의 제조
수산화 포타슘	KOH	강함	비누, 세제, 비료의 제조
수산화 칼슘	$Ca(OH)_2$	강함	표백분말, 종이, 펄프, 연수의 제조
암모니아	NH_3	약함	비료, 폭약, 플라스틱, 세제, 살충제의 제조
탄산 수소 소듐	$NaHCO_3$	약함	제산제
탄산 소듐	Na_2CO_3	약함	세제, 유리제조
탄산 칼슘	$CaCO_3$	약함	분필

(HCO_3^-)이 갖는 염기의 성질 때문에 산의 농도를 조절하는 역할을 한다.

$$HCO_3^-(aq) + H_2O(\ell) \rightleftharpoons H_2CO_3(aq) + OH^-(aq)$$

이 반응에서 형성된 탄산은 안정하지 않기 때문에 분해되어 이산화 탄소 기체를 형성한다.

$$H_2CO_3(aq) \rightleftharpoons CO_2(g) + H_2O(\ell)$$

5-3 몰농도와 pH 척도

알고 있는 바와 같이, 물은 반응하는 물질의 성질에 따라 수소 이온을 주는 산이 될 수도 있고 수소 이온을 받는 염기가 될 수도 있다. 또 물은 아주 작은 양에 지나지 않지만, 자신과의 반응에서 산으로 작용할 수도 염기로 작용할 수도 있다. 550,000,000개의 물 분자 중에서 1개만이 이러한 방법으로 이온화된다.

$$H_2O + H_2O \rightleftharpoons H_3O^+ + OH^-$$

순수한 물은 같은 양의 하이드로늄 이온과 수산화 이온을 갖는다.

물의 자체 이온화(self-ionization)는 어떤 수용액이 얼마나 산성 또는 염기성인가를 수식으로 나타내는 편리한 방법의 기초를 제공한다. 이러한 양을 실생활에서 자주 접하게 된다. 예를 들어 샴푸 설명서에 pH 밸런스(용액의 산도를 표현하는 말로 모발의 손상을 줄여주는 용어로 사용)라는 말이 있다. pH의 의미를 이해하기 위해서는 **용액의 농도(concentration of a solution)**를 표시하는 법을 알아야 한다. 농도는 특정량의 용매 또는 용액에 녹은 용질의 양이다. 농도가 4.0 g/L인 수산화 소듐은 용액 1 리터 당 4 g의 NaOH가 들어있다는 뜻이다. 그러나 화학에서는 반응에서 화학 물질의 양과 관련이 있는 몰을 기초로 하는 농도를 더 자주 선호한다.

용액의 농도: 특정량의 용매나 용액 중에 녹아있는 용질의 양.

몰농도: 용액 1 리터 중에 녹아있는 용질의 몰수.

5-3a 몰농도

화학에서 용액의 농도로 **몰농도(molarity)**를 자주 사용된다. 몰농도는 용액 1 리터당 녹아있는 용질의 몰수이다. 예를 들어 1 몰 용액(1 M)은 용액 1 리터에 1 mol의 용질을 포함한다. 용질이 수산화 소듐이라면 1.00 M 수산화 소듐 용액은 용액 1 리터에 NaOH 1 mol(40.0 g)를 포함한다. 주어진 용액의 몰농도를 계산하기 위해서는 녹아있는 용질의 양, 용질의 몰질량, 용액의 부피를 알아야 한다. 예를 들어 NaOH 4.0 g은 0.10 mol(4.0 g/40.0 g/mol)이다. 따라서 NaOH 4.0 g이 물에 녹아 1.0 L 용액을 만들면 0.10 M NaOH 용액이 된다.

$$\text{몰농도(M)} = \text{용질의 몰수/용액의 리터수}$$

예제 5.1 몰농도

용액 1 L에 HCl(몰질량 36.5 g/mol) 10.0 g을 포함하는 용액의 몰농도는 얼마인가?

풀이

우선 HCl 10.0 g의 몰수를 계산한다.

$$10.0 \text{ g HCl} \times \frac{1 \text{ mol HCl}}{36.5 \text{ g HCl}} = 0.274 \text{ mol HCl}$$

용액 1 L에 0.274 mol이 녹아있는 이 용액의 농도는 HCl 0.274 M이다.

5-3b pH 척도

순수한 물 및 모든 중성 용액의 경우 하이드로늄 이온과 수산화 이온의 농도는 같다. 몰농도로 나타내면 이들의 농도는 25°C에서 항상 1.0×10^{-7} M 이다.

순수한 물에서 하이드로늄 이온과 수산화 이온의 몰농도의 곱은 $(1.0 \times 10^{-7})(1.0 \times 10^{-7}) = 1.0 \times 10^{-14}$이다. *수용액에서 H_3O^+와 OH^-의 몰농도의 곱은 항상 일정하기 때문에 1.0×10^{-14}은 매우 중요한 수치이다.* 어떤 물질의 몰농도를 표시하는 데 흔히 사용되는 대괄호를 이용하여 나타내면 다음과 같다.

$$[H_3O^+][OH^-] = 1.0 \times 10^{-14}$$

순수한 물에 산을 가하면 H_3O^+의 농도는 1.0×10^{-7}보다 커지고 OH^-의 농도는 1.0×10^{-7}보다 작아진다. 그러나 이 둘의 곱은 1.0×10^{-14}이 되어야 한다. 이 관계는 어느 한 이온의 농도를 알고 있을 때 나머지 한 이온의 농도를 계산하는 기초가 된다.

0.10 M NaOH의 경우를 생각해 보자. 수산화 소듐은 완전히 이온화되는 강염기이므로 수산화 이온의 몰농도는 0.10 M이다. 그러나 하이드로늄 이온의 농도는 순수한 물의 1.0×10^{-7}보다 훨씬 작아야 한다. 위의 관계식을 이용하여 0.10 M NaOH에서 하이드로늄 이온의 농도를 계산해 보자. 다음 계산에서 0.1 M은 과학적 표기법에 따라 1.0×10^{-1}로 표시하였다.

$$[OH^-][H_3O^+] = 1.0 \times 10^{-14}$$
$$(1.0 \times 10^{-1})[H_3O^+] = 1.0 \times 10^{-14}$$
$$[H_3O^+] = \frac{1.0 \times 10^{-14}}{1.0 \times 10^{-1}} = 1.0 \times 10^{-13} \text{ M}$$

0.10 M H_3O^+을 포함하는 0.10 M HCl 용액에서 같은 계산을 해보면, OH^-의 농도는 1.0×10^{-13} M이다.

0.10 M HCl과 0.10 M NaOH에서 H_3O^+ 농도의 차이는 10^{12}배, 즉 1조 배에 해당한다. 덴마크의 생화학자 S. P. L. Sørensen은 1909년 이러한 지수를 산도를 표시하는 데 사용하자고 제안하였다. 그가 제안한 척도는 덴마크 맥주의 산도를 시험하는 데 매우 유용하였다. 그의 척도는 현재 수소 이온 지수를 프랑스어 *pouvoir hydrogene*로 나타내는 데서 유래한 pH 값으로 알려져 있으며, 하이드로늄 이온 농도의 로그값의 음수로 정의한다.

pH: 용액에서 하이드로늄 이온 농도의 로그값의 음수.

$$pH = -\log [H_3O^+]$$

용액의 하이드로늄 이온의 농도가 1.0×10^{-4} M이나 1.0×10^{-11} M 형태로 주어진 경우에는 pH 값 계산이 매우 쉽다. 하이드로늄 이온의 농도가 1 × 10의 지수 형식으로 주어진 경우 pH 값은 지수의 음의 값이 되며 따라서 각각 pH 4, pH 11 이다. 이러한 방법은 1의 로그값이 0이라는 사실 때문이다.

pH = $-\log [H_3O^+]$이므로 아래의 수식을 이용하면

$$\begin{aligned} pH &= -\log (1 \times 10^{-4}) \\ &= -[\log (1) + \log(10^{-4})] \end{aligned}$$

log 1은 0($10^0 = 1$)이고 10^{-4}의 로그값은 -4이므로

$$\begin{aligned} pH &= -[0 + (-4)] \\ &= 4 \end{aligned}$$

따라서 농도가 1 곱하기 10의 몇 제곱과 같은 형식으로 나타내면 pH를 매우 쉽게 짐작할 수 있다. 그러나 농도 표시가 다르게 나타난 경우 계산기를 사용해야 한다. 예를 들어 하이드로늄 이온의 농도가 6×10^{-8} M인 경우의 pH를 계산하여 보자.

$$\begin{aligned} pH &= -\log (6 \times 10^{-8}) \\ &= -[\log(6) + \log(10^{-8})] \end{aligned}$$

여기서 6의 로그값은 계산기를 이용하여 구하면 0.778이다. 따라서 pH는 다음과 같이 계산된다.

$$\begin{aligned} pH &= -[0.778 + (-8)] \\ &= 7.22 \end{aligned}$$

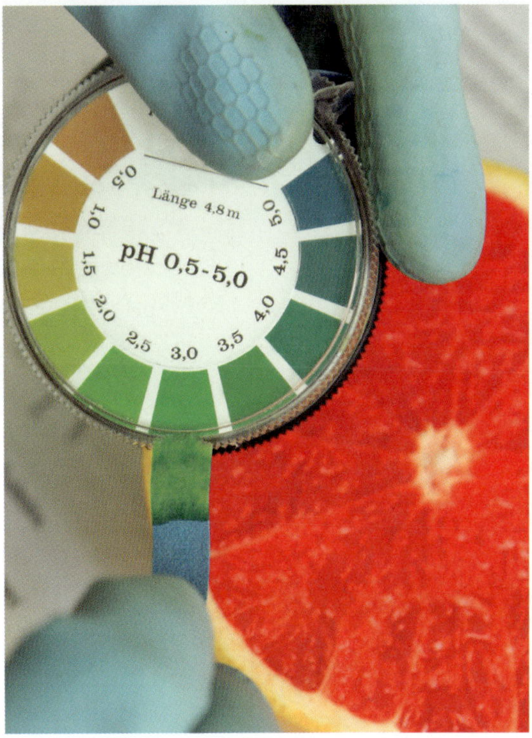

pH 3.0이므로 자몽 주스는 산성을 나타낸다.

계산기가 없는 경우에도 과학적 표기법의 성질을 이용하여 pH 값을 짐작할 수 있다. 하이드로늄 이온의 농도는 보통 과학적 표기법을 이용하여 1과 10 사이의 숫자 곱하기 10 몇 제곱 형태(예를 들어 6×10^{-8})로 나타낸다. 이 값은 1×10^{-8}과 10×10^{-8} 사이의 값이다. 이제 이 값들에 로그를 취해보면 다음과 같은 사실을 알 수 있다.

$[H_3O^+] = 10 \times 10^{-8}$이면, pH = $-[1 + (-8)]$이고 따라서 pH = 7이다.

그리고

$[H_3O^+] = 1 \times 10^{-8}$이면, pH = $-[0 + (-8)]$이고 따라서 pH = 8이다.

따라서 이 경우 하이드로늄 이온의 농도는 7과 8 사이의 값을 갖게 될 것이다. 이러

그림 9.2 ▸ 25°C 수용액에서 pH와 수소 이온(H^+ 또는 H_3O^+) 농도 및 수산화 이온(OH^-) 농도 사이의 관계. 중요한 물질들의 pH 값도 함께 나타내었다.

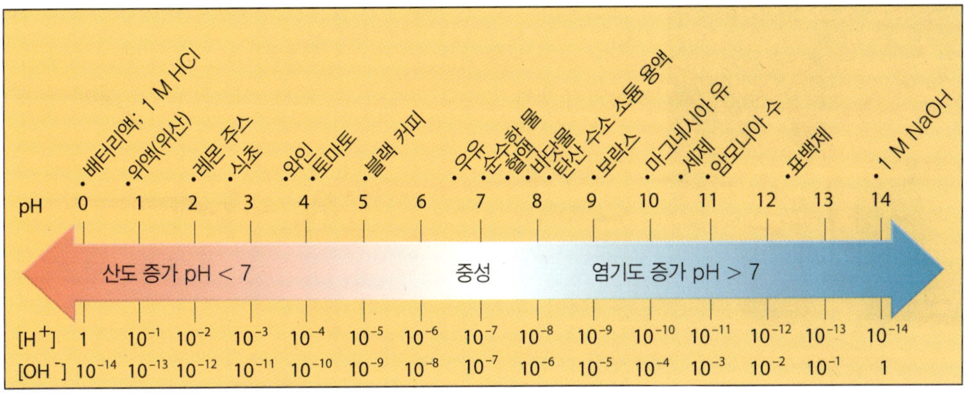

한 몇 번의 훈련을 통해 잠깐 사이에 pH를 쉽게 예측할 수 있다. 그러나 보다 정확한 값을 원한다면 계산기를 이용하여야 할 것이다.

하이드로늄 이온의 농도가 커질수록, 용액은 더 산성이 된다. 용액의 산성도가 증가하면 pH 값은 감소한다. 예를 들어 $[H_3O^+]$이 1×10^{-3}(0.001) M에서 1×10^{-1}(0.1) M로 변하면 pH는 3에서 1로 감소한다. pH 값이 작을수록 용액은 더 산성이 된다.

중성 용액: pH가 7인 용액.

중성 용액(neutral solution)에서는 pH가 7(하이드로늄 이온의 농도는 1×10^{-7})이다. 여기서 하이드로늄 이온의 농도가 감소하면, 용액은 염기성이 된다. 따라서 염기성 용액의 pH는 7보다 크다. pH 값이 커질수록 용액은 더 염기성이 된다.

$pH < 7.0$이면, 용액은 산성이며 $[H_3O^+] > [^-OH]$.
$pH = 7.0$이면, 용액은 중성이며 $[H_3O^+] = [^-OH]$.
$pH > 7.0$이면, 용액은 염기성이며 $[H_3O^+] < [^-OH]$.

pH와 하이드로늄 이온 농도 사이의 관계와 더불어 많이 사용되는 용액들의 pH를 그림 5.2에 나타내었다.

약산은 일부분만 이온화므로 약산의 pH는 산의 농도에 의해 주어지지 않고 이온화 정도에 의해 결정된다. 예를 들어 강산인 1.0 M HCl 용액에서는 하이드로늄 이온의 농도 역시 1.0 M이고 pH는 0이다. 그러나 1.0 M 아세트산의 경우에는 하이드로늄 이온의 농도가 1.0 M이 아니라 4.3×10^{-3} M이며 pH는 2.4이다. 많은 익숙한 물질들의 하이드로늄 이온의 농도는 0.1 M(1×10^{-1} M)~10^{-14} M이며 이러한 낮은 농도의 경우 pH 척도로 나타내는 것이 더 편리하다.

예제 5.2 pH 계산

많은 청량음료에는 탄산과 인산이 들어있다. 어떤 콜라의 하이드로늄 이온의 농도가 1×10^{-3}이라면 pH는 얼마인가?

풀이

pH는 하이드로늄 이온 농도의 로그값의 음수로 정의하며 $pH = -\log [H_3O^+]$이다. 농도가 1×10^{-3}인 경우 지수가 −3 이므로 pH는 3이다.

5-3c pH 척도는 비선형이다

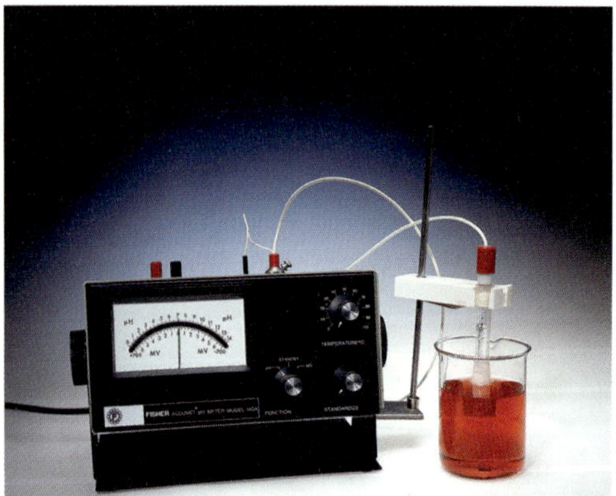

수용액의 pH를 정확히 측정하려면 pH 미터를 사용한다.

이제 pH 척도가 선형 척도가 아니라는 것을 알게 되었을 것이다. log 1에서 log 2, log 3, log 4 등으로 감에 따라 로그값은 선형으로 나아가지 않는다. 1의 로그값은 0이고 10의 로그값은 1이지만, 5의 로그값은 0.5가 아니다. 5의 로그값은 0.699로 0과 1 사이의 정확한 절반이 아니다. 따라서 pH 척도는 선형이 아니다.

5-4 산–염기 완충 용액

산–염기 완충 작용은 외부에서 가해지는 충격을 흡수하여 원래의 조건이나 구조를 유지하도록 해주는 충격 흡수 장치의 원리와 유사하다. pH를 조절하려면 갑작스런 산이나 염기의 첨가로 인한 충격으로부터 H_3O^+의 농도가 일정하게 유지되도록 하는 것이 필요하다. **완충 용액**(**buffer solution**)은 산과 반응할 수 있는 염기를 갖고 있으며 또 염기와 반응할 수 있는 산을 갖고 있어 용액 본래의 pH를 유지할 수 있게 된다. 이처럼 pH를 조절할 수 있는 산-염기의 조합을 **완충**(**buffer**)이라고 한다. 어떤 아스피린 병에는 아스피린의 산성을 상쇄해준다는 의미로 완충(buffered)이란 용어가 적혀있다. 이러한 알약은 더 빨리 용해되어 빠른 약효를 보여준다. 그러나 이러한 작용은 pH가 1.5~2 정도로 높은 산성인 위 속의 환경에서 완충 작용을 해주지는 못한다.

어떻게 완충 용액이 pH를 일정하게 유지하는 작용을 할까? 완충 용액은 외부에서 가해지는 산이나 염기에 맞서 반응하는 염기와 산을 가지고 있어야 할 뿐만 아니라 이 산과 염기가 서로 반응하지 않아야 한다. 이러한 조건을 만들기 위해서, 완충 용액은 약산과 그 약염기 음이온[예를 들면 아세트산(CH_3COOH)과 아세트산 이온(CH_3COO^-)] 또는 약염기와 그 약산의 양이온[예를 들면 암모니아(NH_3)와 암모늄 이온(NH_4^+)]의 혼합물이어야 한다. 아세트산과 아세트산 이온을 갖고 있는 완충 용액에 염기가 첨가되면 염기는 다음과 같이 아세트산과 반응한다.

$$CH_3COOH(aq) + OH^-(aq) \rightleftharpoons CH_3COO^-(aq) + H_2O(\ell)$$

그리고 산이 첨가되면 산은 다음과 같이 아세트산 이온과 반응한다.

$$CH_3COO^-(aq) + H_3O^+(aq) \rightleftharpoons CH_3COOH(aq) + H_2O(\ell)$$

이 두 반응을 자세히 보면 서로 반대라는 것을 알 수 있다. 즉 첫 번째 반응의 반응물은 두 번째 반응의 생성물이다. 두 개의 동일하면서도 반대인 반응의 균형은 화학 평형의 한 예이다. 두 반응에서 새로운 물질이 생성되지 않음을 주목하라. 두 반응의 생성물은 항상 완충 용액을 이루는 성분들이며 이러한 작용에 의해 pH 값은 일정하게 유지된다.

완충 작용은 많은 산업분야와 자연계의 과정에서 매우 중요하다. 실제로 혈액의 pH의 조절은 우리 건강의 필수적 요소이다. 혈액의 pH는 약 7.4이며 우리의 건강은 이 pH를 좁은 영역에서 일정하게 유지시켜 주는 완충 작용의 능력에 의존한다. pH가 7.35 아래로 내려가면 *산혈증*(*acidosis*)이 되며, 7.45보다 커지면 *알칼리혈증*(*alkalosis*)이 되므로, 이 값은 생명을 유지시켜 주는 경계가 된다.

이산화 탄소가 물에 녹아 만들어지는 탄산과 탄산 이온의 조합은 혈액의 pH를 안전한 값으로 일정하게 유지시켜 주는 완충 용액 중 하나이다.

혈액의 완충계는 두 개의 핵심적인 평형에 의존한다. 이산화 탄소가 물과 반응하여 탄산을 만들고 탄산은 물과 반응하여 하이드로늄 이온과 탄산 수소 이온을 만든다.

$$CO_2(g) + H_2O(\ell) \rightleftharpoons H_2CO_3(aq)$$

$$H_2CO_3(aq) + H_2O(\ell) \rightleftharpoons H_3O^+(aq) + HCO_3^-(aq)$$

어떤 조건에서 하이드로늄 이온의 농도가 증가(즉 pH가 감소)하면 두 번째 평형이 왼쪽으로 움직여 하이드로늄 이온의 농도를 감소시킨다. 르샤틀리에 원리에 의하면 평형은 스트레스를 낮추는 방향으로 움직여 평형을 유지하게 된다. 이렇게 되면 다음 차례로 첫 번째 반응의 평형이 왼쪽으로 움직여 이산화 탄소의 배출이 증가하게 된다. 따라서 혈액 완충계에 있는 탄산 수소 이온이 산을 중화한다.

같은 방식으로 어떤 조건에서 하이드로늄 이온의 농도가 감소(즉 pH가 증가)하면 르샤틀리에 원리에 의해 두 번째 평형이 오른쪽으로 움직여 더 많은 하이드로늄 이온을 생성한다. 이 경우에는 수산화 이온이 증가하면 탄산에 의해 중화될 것이다.

완충 용액: 산과 염기의 혼합 용액으로 산이나 염기가 첨가될 때 반응하여 pH를 조절하는 용액.

완충: pH를 조절할 수 있는 산과 염기의 조합.

예제 5.3 pH로부터 하이드로늄 이온의 농도 결정

pH가 7.4인 혈액의 하이드로늄 이온 농도는 얼마인가?

풀이

pH = 7.4 이므로 pH의 정의에 따르면

$$-\log [H_3O^+] = 7.4$$

$$\log [H_3O^+] = -7.4$$

계산기에 7.4를 입력하고 +/− 버튼을 눌러 부호를 바꾼 다음 antilog 버튼을 눌러 이 pH에 해당되는 하이드로늄 이온 농도가 4.0×10^{-8} M임을 구한다. 또는 정확한 답을 구할 필요가 없을 때에는 pH가 7과 8 사이의 값이기 때문에 하이드로늄 이온 농도가 10^{-7} M과 10^{-8} M 사이의 어느 값이라고 할 수 있다.

5-5 부식성 세척제

보통 집안 구석구석에는 힘든 청소작업을 해야 하는 곳들이 있다. 이러한 작업에 사용되는 세척제들은 보통 강한 산성이나 염기성을 띠는 것들로서 기름이나 녹 등과 같은 원치 않는 오염물질들을 쉽게 제거해준다. 변기 세척제는 보통 염산이 포함되어 있으며 무기물 성분의 때(주로 탄산염)와 철분으로 인한 얼룩 같은 것을 녹일 수 있다. 여기에 인산과 옥살산과 같은 다른 산들도 또한 사용된다. 강산이 들어있는 변기 세척제의 pH는 보통 2보다 낮다. 따라서 이들이 피부나 눈에 닿으면 매우 심각한 위험을 초래할 수 있으므로 매우 조심해서 취급해야 하며 반드시 고무장갑을 끼고 다루어야 한다.

한편 표백제(5.3절), 하수구 청소제, 오븐 청소제의 pH 범위는 반대로 12 이상이다. 이 용액에는 보통 강염기인 수산화 소듐(NaOH)이 들어있다. 하수구는 기름이나 머리카락 등으로 인하여 내부가 막히게 된다. 이러한 경우에는 하수구를 뚫는 도구를 이용하여 오염물질을 제거하거나 오염물질을 녹여야 한다. 이 때 수산화 소듐과 같은 염기는 하수구를 막고 있는 오염원을 녹이기에 매우 적합한 물질로서 기름의 화학 결합을 끊어 더 작은 분자로 만들어 쉽게 녹도록 해준다. 머리카락과 같은 단백질도 수산화 소듐에 의하여 분해되며 하수구는 원활하게 제 기능을 할 수 있게 된다. 시중에는 이러한 목적에 의하여 액상, 가루, 고형 등의 다양한 수산화 소듐을 함유하고 있는 제품들이 판매되고 있다. 보통 액상으로 된 것들이 하수구의 문제를 해결하는 데 가장 적합하지만 이들이 물에 희석되면 그 효과가 감소된다. 한편 알루미늄 금속 조각을 포함하는 하수구 청소제도 있는데 이 알루미늄 조각들은 수산화 소듐과 반응하여 수소 기체(인화성이 있으므로 주의)를 발생시켜 하수구를 뚫는 데 도움을 준다.

$$2Al(s) + 2NaOH(aq) + 6H_2O(\ell) \longrightarrow 2Na^+(aq) + 2Al(OH)_4^-(aq) + 3\ H_2(g)$$

오븐 세척제도 수산화 소듐과 같은 강염기를 포함한다. 많은 오븐 세척제들은 스프레이 형태로 오븐 내부에 분사해 사용한다. 이 때 분사된 세척제를 들여마시지 않도록 해야 한다. 코로 흡인된 강염기는 비강 조직, 기관지, 폐에 손상을 줄 수 있다.

그림 9.3 ▸ **부식성 가정용 세척제.** 라벨을 잘 읽고 이들 화학 물질을 주의하여 다루어야 한다.

5-6 속쓰림: 왜 제산제를 쓰는가?

사람의 위벽은 염산을 분비하는 수 천 개의 세포를 갖고 있는데, 이 염산은 미생물들을 죽이거나 소화를 돕는 작용을 한다. 위의 내부 조직은 매우 낮은 pH(1.5~2.0)에 의해서 해를 입지 않기 때문에 위의 내부 점막은 분당 50만개의 세포가 교환된다.

위산이 역류하면 속쓰림 때문에 고생을 하게 되는데 목과 가슴에 통증을 동반하게 된다. 과식이나, 맵고 시고 기름진 음식, 아스피린과 같은 약제 등이 원인이 될 수도 있다.

제산제(antacid)는 속쓰림의 원인이 되는 산을 중화시켜 주는 염기이다. 가장 보편적인 제산제의 성분은 마그네슘과 알루미늄의 수산화물, 탄산 수소염, 탄산염이다(표 5.4). 베이킹 소다(탄산 수소 소듐)은 다른 제산제들이 개발되기 이전에 속쓰림을 달래기 위해 사용되었다. 약산의 염기성 음이온인 탄산 수소 이온은 염산에서 생성된 하이드로늄 이

제산제: 위 속에서 분비되는 과량의 염산을 중화시키는 염기.

표 5.4 제산제

화합물	화학식	시판 중인 제품
수산화 마그네슘	$Mg(OH)_2$	Phillps'Milk of Magnesia
탄산 칼슘	$CaCO_3$	Tums, Titralac
탄산 수소 소듐	$NaHCO_3$	Alka-Seltzer, baking soda
수산화 알루미늄	$Al(OH)_3$	Amphojel
수산화 알루미늄, 수산화 마그네슘		Maalox, Mylanta, Di-Gel tablets
수산화 알루미늄, 수산화 마그네슘, 탄산 마그네슘	$MgCO_3$	Di-Gel liquid
탄산 소듐 다이하이드록시알루미늄	$NaAl(OH)_2CO_3$	Rolaids
탄산 칼슘, 수산화 마그네슘		Sodium-free Rolaids

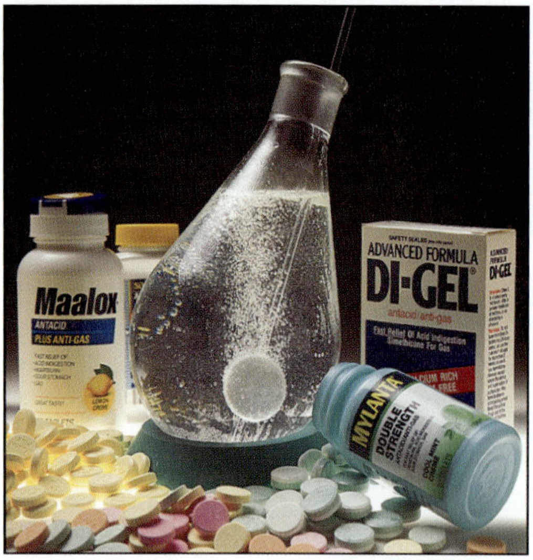

많이 사용되는 제산제, 보통 과량의 위산을 중화시키고 CO_2 기체를 발생한다(그림 중앙).

온과 반응하여 탄산을 생성하며 이는 다시 물과 이산화 탄소로 분해된다. 이 과정은 혈액의 완충 작용과 동일함을 주목하라.

$$HCO_3^-(aq) + H_3O^+(aq) \longrightarrow H_2CO_3(aq) + H_2O(\ell)$$
$$H_2CO_3(aq) \longrightarrow CO_2(g) + H_2O(\ell)$$

제산제 알카셀처(Alka-Seltzer)는 탄산 수소 소듐과 탄산 수소 포타슘, 시트르산, 아스피린을 포함하고 있다. 알카셀처 알약을 물에 넣으면 이산화 탄소가 발생하는데, 이는 시트르산이 탄산 수소염과 반응하여 탄산을 만들기 때문이다(위 반응식 참조).

마그네시아유는 수산화 마그네슘과 물의 현탁액이다. 수산화 마그네슘은 약간량 복용으로도 제산제의 역할을 할 수 있으며 과량 복용하면 설사를 일으킬 수 있다. 탄산 칼슘(분필 성분)도 제산제의 원료로 사용되며 염기인 탄산 이온이 하이드로늄 이온을 중화시킨다.

$$CO_3^{2-}(aq) + 2\,H_3O^+\,(aq) \longrightarrow H_2CO_3(aq) + 2\,H_2O(\ell)$$
$$H_2CO_3(aq) \longrightarrow CO_2(g) + H_2O(\ell)$$

적은 양의 탄산 칼슘을 복용하는 것은 해가 없지만, 계속적으로 복용하게 되면 변비를 일으킬 수 있으며 또 다른 제산제의 원료인 수산화 알루미늄도 과량 복용하면 변비의 원인이 된다. 탄산 칼슘과 수산화 알루미늄이 변비의 원인이 되기 때문에 반대의 작용을 하는 수산화 마그네슘을 섞은 제산제들도 시판되고 있다.

속쓰림을 덜어주는 다른 종류의 약물들도 최근 판매되고 있다. 이들은 위산을 중화시키는 것이 아니라 위산의 분비를 억제하는 역할을 한다.

연습 문제

1. 다음 용어의 의미는 무엇인가?
(a) 산성 용액
(b) 염기성 용액
(c) 중성 용액

2. 염이란 무엇인가?

3. 다음 용어의 의미는 무엇인가?
(a) 이온화도
(b) 강산
(c) 강염기
(d) 약산
(e) 약염기

4. 염기성 용액의 pH 범위는 얼마인가?

5. 다음 물질들이 산성인지 염기성인지 표시하시오.
(a) 위액
(b) 토마토
(c) 오븐 세척제
(d) 비누
(e) 탄산음료
(f) 베이킹 소다

6. 다음 용어의 의미는 무엇인가?
(a) 몰농도
(b) 농도

7. 완충작용이란 무엇인가?

8. 다음 중화반응에 대하여 반응식을 세우고 계수를 맞추시오.
(a) 아세트산[$CH_3COOH(aq)$]과 수산화 포타슘 [$KOH(aq)$]의 반응
(b) 황산[$H_2SO_4(aq)$]과 수산화 칼슘[$Ca(OH)_2(aq)$]의 반응
(c) 황산[$H_2SO_4(aq)$]과 수산화 소듐[$NaOH(aq)$]의 반응

9. 제산제의 원료로 사용되는 탄산 칼슘[$CaCO_3(s)$]과 위액의 성분인 $HCl(aq)$과의 반응식을 쓰시오.

10. pH 5.0인 블랙 커피와 pH 6.5인 우유 중 어떤 것이 더 산성인가?

11. pH 3.2인 자몽과 pH 2.3인 레몬 중 어떤 것이 더 산성인가?

12. 다음 완충 용액의 성분 중 산을 가했을 때 반응하는 것은 어떤 것인가? 또 염기를 가했을 때 반응하는 성분은 어떤 것인가?
(a) 같은 양의 NH_3와 암모늄 이온(NH_4^+)으로 구성된 완충 용액
(b) 같은 양의 HF와 NaF로 구성된 완충 용액

13. 두 용액 A와 B는 모두 1%의 산을 포함하고 있다. 용액 A는 pH가 4.6이고 용액 B는 1.1 이다. 어떤 용액이 더 강한 산을 포함하는가?

14. 6.0 M NaOH 용액 1.0 L를 만들기 위해 필요한 NaOH는 몇 그램인가?

15. 0.100 M HCl 200 mL를 만들기 위해 필요한 HCl의 몰수는 얼마인가?

16. 다음 시료를 녹여 1.0 L 용액을 만들 때 그 용액의 몰농도는 얼마인가?
(a) HCl 5.0 g
(b) NaOH 40.0 g

17. 0.10 M H_2SO_4 용액 1.0 L를 만들기 위해 필요한 H_2SO_4는 몇 그램인가?

6

산화-환원 반응
Oxidation-Reduction Reactions

차례

5장에서 논의된 산-염기 반응과 같이, 산화-환원(oxidation-reduction, redox) 반응은 우리 주변에서 흔하게 일어난다. 이러한 반응에서 많은 경우에 산소가 참여하고 있다. 산화와 환원 반응은 항상 동시에 일어나고 있지만, 대부분의 사람들은 아마도 산화에 더 친숙하다. 종이가 타거나 휘발유가 연소되는 등의 일부 산화 반응은 상당히 빨리 진행되는 반면, 외부에 놓아둔 철 공구에 녹이 생기는 현상은 보다 천천히 진행된다. 이들 각 경우에 산화되는 화학물질이나 물체는 일반인들에게도 비교적 분명하게 관찰된다. 그러나 어떤 화학물질이나 물체가 환원되는 것은 그리 분명하지 않다. 우리는 생각하고, 달리고, 뛰고, 일상적인 생활을 유지하기 위해 글루코스(glucose)의 산화 반응에 의한 생화학 에너지에 의존하고 있다. 자동차용 전지에서 일어나는 산화-환원 반응에 의한 화학적 에너지가 없다면 자동차 여행은 불가능할 것이다. 또한 현대 생활에서 당연하게 여기고 있는 손전등, MP3 플레이어, 휴대폰, 사진기 등도 전지가 없다면 사용할 수 없다.

6-1 산화-환원 반응

산화물: 어떤 원소에 산소가 결합된 화합물.

연소: 열과 (보통) 빛을 내는 빠른 산화.

"산화(oxidation)"는 어떤 원소나 화합물에 산소(oxygen, O_2)가 결합할 때 일어나는 화학 반응이라는 뜻에서 그 이름이 붙여졌다. 대부분의 금속은, 공기 중의 산소와 금속과의 반응으로 만들어진 **산화물**(**oxide**) 형태로 채광된다. 예를 들면, 주요 알루미늄 원광인 보크사이트(bauxite)는 산화 알루미늄(Al_2O_3)을, 헤마타이트(hematite, 철광석의 주성분)는 산화 철(III)(Fe_2O_3)을 함유하고 있다. 탄소, 질소, 혹은 황을 함유한 물질을 공기 중에서 태우면, 탄소 산화물(CO_2, CO), 질소 산화물(NO, NO_2, N_2O_4 등), 황 산화물(SO_2, SO_3)이 생성된다.

산소와 결합하는 물질을 "*산화된다(oxidized)*"고 하고, 이를 *산화(oxidation)* 반응으로 분류한다. 모든 **연소**(**combustion**) 반응은 산화반응이다. 예를 들어, 천연가스 중 메테인(methane)이 연소되면 탄소는 이산화 탄소로 산화되고, 수소는 물로 산화된다.

$$CH_4(g) + 2\,O_2(g) \longrightarrow CO_2(g) + 2\,H_2O(g)$$

철로 된 물체에는 철의 산화에 의해 점차 녹이 발생한다. 그러나 이 점진적인 과정이 연소를 의미하는 것은 아니다.

$$4\,Fe(s) + 3\,O_2(g) \longrightarrow 2\,Fe_2O_3(s)$$

철광석에서 철을 생산하는 고로(blast furnace) 내에서 일어나는 주요 화학 반응 중 하나는 철 산화물과 일산화 탄소의 반응이다.

$$Fe_2O_3(s) + 3\,CO(s) \longrightarrow 2\,Fe(\ell) + 3\,CO_2(g)$$

철에 산소가 첨가되는 것이 산화라면, 철에서 산소를 제거하는 것은 어떻게 설명하는가? 이것이 "*환원*(*reduction*)"이며, 이 단어는 "되돌리다" 뜻으로 사용되기도 한다. 수 백 년 동안 야금학자들은 환원을 원광석에서 금속으로 돌아간다는 의미로 사용하였다. 오늘날 화학적 관점에서는 철 산화물이 가지고 있는 산소의 제거하여 환원된다고 한다.

철과 산소의 결합은 연소에 비해 느리게 진행되나, 그 영향은 매우 크다. 미국에서는 1998년에 녹슨 도로 시설물의 수리, 제거 및 교체하는 데 2780억 달러를 지출하였다.

철광석과 일산화 탄소의 반응에서 산소는 일산화 탄소와 결합하여 이산화 탄소를 생성하는데, 이 때 일산화 탄소는 산화됨을 기억하기 바란다. "*산화 반응과 환원 반응은 함께 일어난다*"는 기본적인 화학 개념이 여기에 있다. 만약 한 반응물이 산화되면 다른 반응물은 환원되어야 한다.

시간이 지남에 따라 산화와 환원의 정의는 산소 원자를 얻고 잃는 개념을 넘어서게 되었다. 최신의 정의를 적용하면 왜 산화와 환원이 항상 동시에 진행되는지를 쉽게 이해할 수 있다. 원자나 이온이 전자를 잃었을 때 산화되었다고 한다. 반대로 원자나 이온이 전자를 얻었을 때 환원되었다고 한다. 금속인 소듐과 비금속인 염소의 반응을 살펴보자(그림 6.1).

$$2\,Na(s) + Cl_2(\ell) \longrightarrow 2NaCl(s)$$

백색의 결정성 고체인 생성물은 염화 소듐은 각각 같은 수의 Na^+ 이온과 Cl^- 이온으로 이루어진 이온성 화합물이다.

산화: 산소를 얻음, 수소를 잃음, 전자를 잃음.

환원: 산소를 잃음, 수소를 얻음, 전자를 얻음.

산화-환원 반응: 한 반응물은 산화하고, 다른 반응물은 환원하는 반응.

염소와 소듐의 반응에서 소듐 원자는 최외각 전자 1개를 잃고 소듐 양이온(Na^+)이 된다. **산화**(**oxidation**)는 전자를 잃는 반응으로, 소듐은 산화되었다. 원자나 이온이 산화되면 그 전하가 증가한다(보다 양의 값으로 됨). 전자는 질량을 가지며 화학 반응에서 질량은 보존되어야 하므로, 산화 반응 중 원자가 잃은 전자가 어디로 갔는지 반드시 살펴보아야 한다. 염소와 소듐의 반응은 소듐 원자가 전자를 잃고 염소 원자는 전자를 얻기 때문에 일어난다.

환원(**reduction**)은 전자를 얻는 반응으로, 위 반응에서 염소가 염화 이온(Cl^-)으로 변환될 때 각 염소 원자는 전자 하나를 얻어서 환원된다. 원자나 이온이 환원되면 그 전하는 감소한다(보다 음의 값으로 됨).

한 반응물은 산화되고 다른 반응물이 환원되는 이와 같은 반응을 **산화-환원 반응**(**oxidation-reduction reaction**, redox)으로 표현한다. 예로 금속 원소가 비금속 원소와 결합하는 모든 반응에서 금속은 산화되고 비금속은 환원되는 산화-환원 반응이다.

그림 6.1 ▸ 염소에 의한 소듐의 산화.

금속 소듐과 비금속 염소의 반응은 많은 에너지를 방출한다. 생성물인 염화 소듐은 식용 소금으로 모든 사람에게 친숙하다.

예제 6.1 산화와 환원 이해

➜ 구리와 산소가 반응하며 산화 구리(II)를 생성하는 다음 반응에서, 산화되는 반응물과 환원되는 반응물을 구별하시오.

$$2\,Cu(s) + O_2(g) \longrightarrow 2\,CuO(s)$$

풀이

Cu와 O_2간 반응은 반응물에 산소가 첨가되었고 금속과 비금속의 결합이므로 산화-환원 반응으로 이해해야 한다. 생성물이 이온결합 화합물이므로 전자를 얻고 잃음은 각 이온의 전하에서 결정된다. CuO는 Cu^{2+}와 O^{2-} 이온으로 이루어져 있다. 따라서 각 구리 금속은 전자 두 개를 잃고 산화되었으며, 산소는 전자 두 개를 얻어 환원되었다.

6-2 산화제: 표백과 소독

제(agent)란 변화를 일으키는 어떤 것을 말한다. 우리는 어떤 물질에 산소가 첨가되면 그 물질이 산화되었다고 알고 있다. 이 반응에서 산소는 **산화제(oxidizing agent)**로, 그 자신이 전자를 얻어 산화반응을 일으킨다. 다음 예와 같이 할로겐(halogen)도 산화제이다.

산화제: 다른 반응물의 산화를 일으키는 물질.

표백제: 색상을 띠는 화학물질. 산화시켜 불필요한 색소를 제거하는 화학물질.

$$2\,Al(s) + 3\,Cl_2(g) \longrightarrow 2\,AlCl_3(s)$$
$$Sn(s) + F_2(g) \longrightarrow SnF_2(\ell)$$

위 반응의 각각에서 중성 할로겐 분자는 전자를 얻어 환원되어 -1가 이온이 되었다. 여기 모든 산화-환원 반응에 대해 다음과 같은 또 하나의 공통 조건이 있다. *산화제는 환원된다*. 몇 가지 일반적인 산화제를 표 6.1에 정리하였다.

우리의 생활 주변을 살펴보면 하나 이상의 산화제를 발견할 수 있다. 가장 일반적인 가정용 산화제는 수용성 이온 화합물인 하이포아염소산 소듐(NaOCl)이다. NaOCl은 **표백제(bleach)**로, 이는 세탁시 불필요하게 색이 있는 화학 물질을 산화시켜 더 희고 깨끗한 옷감을 만드는 데 이용된다. 만약 실수로 NaOCl 용액(예, Clorox bleach)을 청바지에 쏟을 경우, 흰색 점이 나타나는 것으로 NaOCl의 효과를 즉시 확인할 수 있을 것이다. 왜 이와 같은 현상이 생기며 이는 산화와 어떤 연관이 있는가?

수영장을 소독하는 데 사용되는 약품은 분해되어 염소를 함유하고 있는 산화제를 만든다.

물질은 그들의 분자 구조가 일부 가시 광선을 흡수하여 색을 띤다. 섬유나 종이의 색에 관여하는 물질은 대부분 탄소-탄소 단일 결합과 이중 결합을 교대로 가지는 긴 사슬을 가지는 유기 화합물이다. 이들 결합이 일부 빛을 흡수하여 색을 만드는데, 이는 이들 결합이 끊어지거나 이중 결합을 단일 결합으로 전환하는 반복 형태에 의한 것이다. 표백제는 이 반복 형태를 방해하여 그 결과로 유기 화합물이 가

표 6.1 몇 가지 산화제와 환원제

이름	분자식	용도
산화제		
이산화 납(lead dioxide)	PbO_2	자동차용 전지
이산화 망가니즈(manganese dioxide)	MnO_2	전지
하이포아염소산 소듐 용액 (sodium hypochlorite solution)	$NaOCl(aq)$	세탁용 표백제, 소독제
산소(oxygen)	O_2	음식의 신진대사, 연료의 연소
오존(ozone)	O_3	수처리, 유해화학물질 파괴
염소(chlorine)	Cl_2	음용수 및 폐수 정제, 화학합성
과산화 수소(hydrogen peroxide)	H_2O_2	표백, 소독
환원제		
수소(hydrogen)	H_2	연료, 화학합성
이산화 황(sulfur dioxide)	SO_2	화학 합성
탄소(carbon)	C	철광석 제련
아연(zinc)	Zn	전지

시광선을 흡수하는 능력을 잃게 만든다. 물론 매우 강한 표백제는 섬유를 그 자체를 구성하는 분자 내의 결합을 끊을 수도 있는데, 이렇게 되면 섬유에 얇은 반점이 생기거나 구멍이 생기게 된다.

NaOCl은 산화제이므로 살균제로 사용되기도 한다. 욕실 바닥을 청소하거나 부엌 조리대를 닦을 때 액상 표백제를 사용하면 NaOCl의 살균기능과 표백기능을 함께 이용하는 것이다. 박테리아 외부 표면의 분자를 산화시킴으로써 살균제는 세포의 구조를 분열시키거나 박테리아를 죽일 수 있다.

또 다른 친숙한 산화제는 과산화 수소(H_2O_2)로 이것 역시 표백제이다. 요즘 과산화 수소의 가장 인기 있는 용도는 머리카락을 탈색시켜 "과산화 수소로 만든 금발(peroxide blonde)"을 만드는 것이다. 묽은 과산화 수소 수용액(약 3%)은 소독제로도 사용할 수 있는데, 이는 과산화 수소가 박테리아 감염을 막아 상처를 닦는 데 이용할 수 있기 때문이다. 소독제는 살균제와 같은 방식으로 작용하나, 살균제와는 달리 사람의 조직에 피해를 주지 않고 사용할 수 있을 정도로 순하다.

염소 자신도 음용수 및 자연 수로로 되돌아오는 물의 순도를 보장하는 데 있어서 매우 중요한 산화제이다. 폐수와 음용수 처리는 7-10절과 7-12절에서 자세히 기술하고자 한다.

6-3 환원제: 야금과 건강

환원제: 다른 반응물의 환원을 일으키는 물질.

금속이 다른 물질과 반응을 할 때, 금속은 전자를 제공하여 환원 반응을 일으키는 **환원제(reducing agent)**로 작용한다. 예를 들어, 산소나 할로젠과의 반응에서 금속은 환원제로 작용하여 산소나 할로젠이 환원된다.

$$2\,Cu(s) + O_2(g) \longrightarrow 2\,CuO(s)$$
$$2\,Al(s) + 3\,Br_2(g) \longrightarrow 2\,AlBr_3(s)$$

위 반응과 모든 산화-환원 반응에서, *환원제는 산화된다*. 몇 가지 일반적인 환원제를 표 6.1에 나타내었다.

대부분의 금속은 자연 상태에서는 화학물질로만 존재하기 때문에 환원제는 광물에서 금속을 생산할 때 결정적인 역할을 한다. 주로 **코크스(coke)** 형태인 석탄(coal)에서 만들어진 탄소는 야금학에서 환원제로 가치가 크다.

코크스: 공기가 없는 상태에서 석탄을 가열하여 휘발성 물질을 제거하여 대부분 탄소로 구성된 물질.

자유 라디칼: 짝짓지 않은 전자를 가지고 있는 원자나 분자.

$$ZnO(s) + C(s) \longrightarrow Zn(g) + CO(g)$$

아연(Zn) 생산에서, 위 반응은 높은 온도에서 진행되어 아연이 기체 상태로 만들어지며 응결하여 추가적인 정제작업을 한다. 이 과정에서 산화 아연에 있는 Zn^{2+} 양이온은 아연 금속으로 환원되고, C(s)는 일산화 탄소로 산화된다. 이 과정은 3장에서 오염 문제로 언급한 펜실베이니아 도노라(Donora)에서의 아연 금속을 생산 과정과 관련이 있다.

금속들처럼 수소 기체는 관련된 모든 반응에서 환원제로 작용한다. 예를 들어, 수소는 산화 구리(II)에서 구리를 환원시킨다.

$$CuO(s) + H_2(g) \longrightarrow Cu(s) + H_2O(\ell)$$

다른 화합물에 수소를 첨가하는 반응 또한 환원으로 분류한다. 대체 에너지로서의 메탄올 생산의 중요성이 증가하고 있는데(8-9절), 다음 반응에서 일산화 탄소는 수소 첨가반응에 의해 메탄올로 환원된다.

$$CO(g) + 2\,H_2(g) \longrightarrow CH_3OH(\ell)$$

환원제는 건강 유지를 위해서도 중요하다. 대중 매체에서는 과일, 채소 또는 *항산화제(antioxidant)*를 함유하고 있는 비타민 보조제가 사람의 건강에 미치는 중요성에 대해 자주 다루고 있다. 약국에서는 다양한 항산화 비타민(antioxidant vitamins)를 판매하고 있는데 이들은 주로 비타민 E, 비타민 C, 비타민 A 또는 베타 카로틴(beta-carotene, 몸속에서 비타민 A로 변환)을 포함한다.

항산화제는 화학적 용어로 정의하면 환원제이다. 이는 잠재적인 산화제를 환원시킴으로써 산화 반응을 저지한다. 인체와 관련되는 산화제는 **자유 라디칼(free radical)**이라 알려진 원자나 분자의 조각이다. 자유 라디칼에는 짝짓지 않은 전자가 있어서 가까이에 있는 분자로부터 다른 전자를 빼앗아 오지 않는 한 오래 존재하지 않는다(그림 6.2). 만약 이 두 번째 분자가 중요한 기능을 갖는다면 이 기능이 저해될 것이다. 예를 들어, 자유 라디칼이 DNA 분자 중 세포분열을 지배하는 부분과 연관된다면(10-11절), 그 결과로 이상 세포분열(즉, 암)이 일어날 수 있다.

자유 라디칼은 인체 내 정상적인 생화학 반응에서 발생하며, 담배 연기, 오염된 공기 또는 다른 요인으로 생긴 독성 물질이 존재하는 경우에도 발생한다. 이들은 반응성이 더 낮은 분자로부터 전자를 받아 빠르게 비활성화된다. 따라서 항산화제는 자유 라디칼이 어떤 악영향을 미치기 전에 여러 방식으로 자유 라디

알루미늄과 브로민의 산화-환원 반응[$2Al(s) + 3Br_2(l) \longrightarrow 2AlBr_3(s)$]은 열을 방출하며 일부 액체 브로민이 끓어 브로민 증기의 구름을 만든다.

석류 주스에는 상당한 농도의 항산화제가 들어 있다.

칼에 전자를 제공할 수 있는 분자들이다.

요약하면, 다음과 같이 산화와 환원을 설명할 수 있다.

산화	환원
산소를 얻음	산소를 잃음
전자를 잃음	전자를 얻음
수소를 잃음	수소를 얻음

또 다음과 같이 다른 방식으로 살펴볼 수 있다.

산화제는 환원된다	환원제는 산화된다
산소를 잃어	산소를 얻어
전자를 얻어	전자를 잃어
수소를 얻어	수소를 잃어

예제 6.2 산화제와 환원제

다음 산화–환원 반응에서, 산화제와 환원제를 구별하시오.

(a) $2\,CO(g) + O_2(g) \longrightarrow 2\,CO_2(g)$

(b) $CuO(s) + H_2(g) \longrightarrow Cu(s) + H_2O(\ell)$

풀이

(a) 산소는 산화제이며, 일산화 탄소에 첨가되었다. 일산화 탄소는 환원제이다.

(b) 산화 구리는 산소를 잃었기 때문에 산화제이다. 수소는 환원제이며, 산소와 결합하여 산화되었다.

6-4 배터리

전기화학 전지: 화학반응을 이용하여 전류를 생성하는 장치.

배터리: 전류를 만드는 전기화학 전지 종류, 보통 전기화학으로 전류를 생성하는 모든 장치를 칭함.

화학반응으로부터 전류를 만들어내는 장치를 **전기화학 전지(electrochemical cell)**라고 한다. 엄밀하게 말하면 **배터리(battery)**는 전기화학 전지에 해당한다. 그러나 화학적 에너지를 전기 에너지로 변환하는 모든 장치에 대해서 배터리라는 단어를 사용할 것이다.

작용하기 위해 배터리는 전자를 상대적으로 쉽게 잃는 금속을 이용한다. 구리 이온(Cu^{2+})의 용액 속에 아연(Zn) 조각을 넣었을 때 일어나는 반응을 살펴보자. 아연 표면에 금속 구리가 석출되면서 용액 중 구리 이온의 푸른색이 엷어진다(그림 6.3). 구리 이온은 전자를 얻어 환원되어 구리 금속으로 변환된다.

산화는 반드시 환원을 동반하므로 산화되는 것은 무엇인가? 즉 전자를 잃은 것이 무엇인가? 세밀하게 살펴보면, 반응에 의해 아연 조각이 점차 소모됨을 알 수 있다. 아연 금속은 산화되어 용액 중에서 아연 이온으로 되는데 이는 색깔을 띠지 않는다.

아연에 의한 구리 이온의 환원은 이용 가능한 전자의 경쟁으로 생각할 수 있다. 그림

그림 6.2 ▸ 항산화제의 거동.

한 번 자유 라디칼(R ·)이 형성되면, 가능한 빨리 반응하여 짝짓지 않은 전자를 제거하거나 짝을 짓는다. 베타 카로틴과 다른 항산화 비타민은 이와 같은 자유 라디칼의 반응을 방해하여 DNA나 주요 생화학 물질을 보호한다.

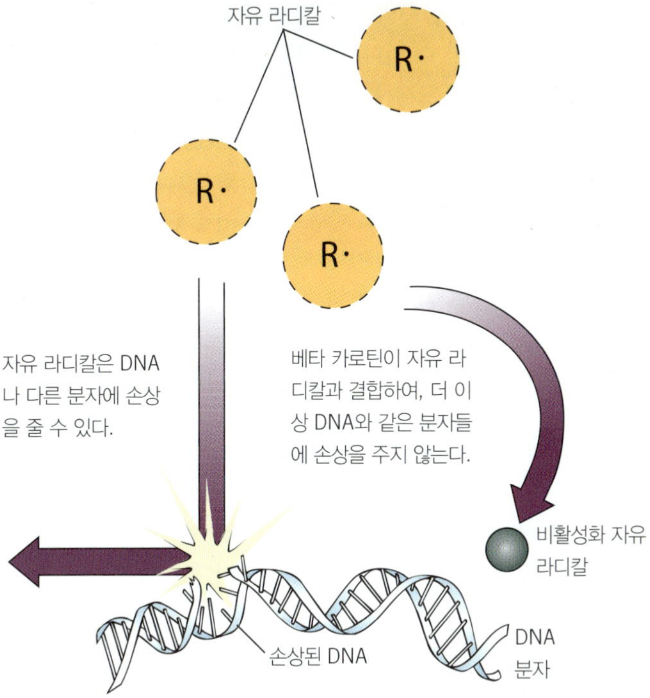

6.3에 있는 반응을 살펴보면, 아연 원자가 자신의 전자를 Cu^{2+} 이온에게 제공하는 것으로 나타난다.

$$\underset{}{Zn(s)} + \underset{\text{푸른색}}{Cu^{2+}(aq)} \longrightarrow \underset{\text{무색}}{Zn^{2+}(aq)} + Cu(s)$$

만약 구리 원자가 Zn^{2+} 이온에게 더 쉽게 전자를 제공한다면, 일어나는 반응은 관찰된

그림 6.3 ▸ 구리 이온에 의한 아연의 산화.

(a) 용액을 푸른색으로 만드는 Cu^{2+} 이온을 포함하는 용액에 아연 조각을 넣는다. (b) 몇 분 후, 용액의 푸른색이 엷어지면서 남아있는 아연 위에 구리가 석출된다. (c) 약 한 시간 뒤, 용액의 색이 거의 없어져 대부분의 Cu^{2+} 이온이 구리 원자로 환원되었음을 보여준다. 구리 이온은 남아있는 아연 조각 위에 금속성 구리로 환원되었으며, 아연은 산화되어 Zn^{2+} 이온으로 변하였으며 이는 색을 띠지 않는다. (d) 원자 수준에서의 과정 묘사.

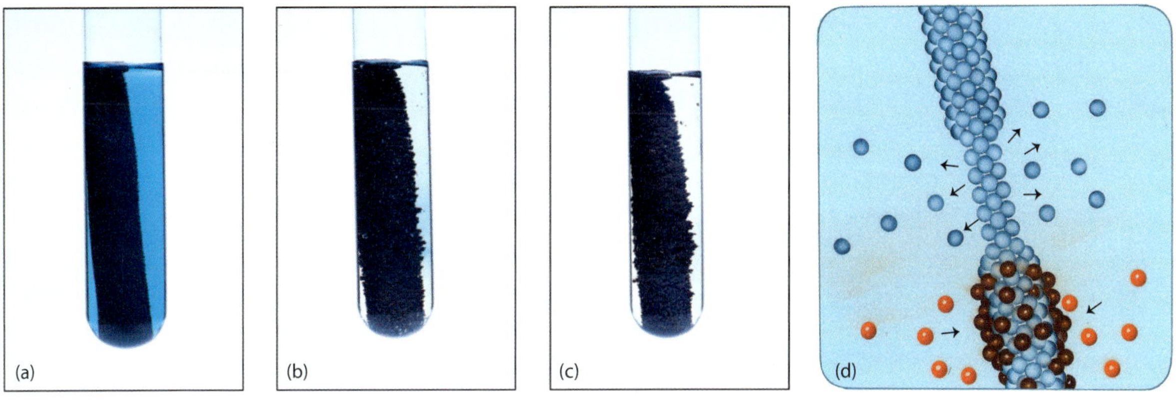

결과와는 반대 방향의 반응(역반응)이 진행될 것이다. 하지만 이와 같은 역반응은 유리하지 않으며 자발적으로는 일어나지 않는다. 분명 아연은 전자를 더 쉽게 제공하기 때문에 아연은 구리보다 더 강한 환원제이다.

좋은 환원제인 금속과 다른 금속의 이온 간에 전달되는 전자는 배터리 내에서 전자 흐름 즉, 전류(current)를 제공할 수 있다. 이 전류는 환원제와 산화제를 물리적으로 분리하고 회로를 통하여 전자가 흐르도록 할 때 생성된다. 배터리는 두 개의 **전극(electrode)**을 가지고 있는 용기 내에서 일어나는 자발적인 산화–환원반응을 바탕에 두고 있다. 이 중 한 전극에서는 전지 밖으로 전자가 흘러나가 산화 반응이 일어난다(이를 – 부호로 표기한다). 이 전극을 **산화전극(anode)**이라고 한다. 다른 전극에서는 전자가 전지 안으로 흘러들어가 환원 반응이 일어난다(이를 + 부호로 표기한다). 이 전극을 **환원전극(cathode)**이라고 한다. 전지 내부의 모두 반응물이 소모되고 반응 생성물이 초기 반응물 상태로 전환될 수 없을 때 전지가 "죽었다"고 하고 버리게 된다. 반면에 반응 생성물이 초기 반응물 상태로 전환될 수 있다면 그 전지는 재사용할 수 있다.

전극: 전기화학 전지에서 전자가 들어오거나 나갈 수 있는 전도성 물질.

산화전극: 전기화학 전지에서 전자가 흘러 나가는 전극으로 산화 반응이 일어남.

환원전극: 전기화학 전지에서 전자가 흘러 들어오는 전극으로 환원 반응이 일어남.

6-4a 1회용 전지

전기화학 전지 내 부분들의 일반적인 배열을 그림 6.4(a)에 나타내었다. 이 절의 앞 부분에서 논의되었던 아연과 구리 이온 간의 반응은 이러한 전지가 어떻게 작동되는지를 보여주는 예이다. 그림 6.4(b)에 나타낸 바와 같이, 아연은 구리 이온 용액과 분리되어 있으며 두 부분은 전자가 이동할 수 있도록 전선으로 연결되어 반응이 진행된다. *염다리(salt bridge)*는 한 전극 용기로부터 다른 전극 용기로 이온이 이동할 수 있도록 한다. 산화전극에서는 Zn^{2+} 이온이 생성되고 음이온이 그 용기로 흘러들어가 양전하가 축적되고 반응이 중단되는 것을 막아야 하기 때문에 이러한 염다리가 필요하다. 다른 용기에서는 Cu^{2+} 이온이 소모되고 같은 이유로 양이온이 이동해 와야만 한다.

1회용 전지.

전자는 아연 산화전극에서 나와 전선을 통해 Cu^{2+} 이온의 환원이 일어나는 구리 환원전극으로 흐른다. 전지 내에서 반응은 간단해 보이지만, 생성물은 본래의 형태로 쉽게 전환되지 않는다. 이와 같은 현상이 일어나기 위해서는 구리 전극 표면에 흡착된 구리가 용액 중으로 다시 용해되고, Zn^{2+} 이온이 아연 금속으로 전환되어야 한다. 달리 표현하면, 이 반응이 쉽게 가역적이지 않기 때문에 이 반응은 재충전할 수 없는 1회용 전지에 적합한 것이다. 이런 종류의 전지를 **1차 전지(primary battery)**라고 한다.

1차 전지: 반응이 쉽게 가역적이지 않기 때문에 재충전할 수 없는 전지.

오늘날 가장 많이 알려진 1차 전지는 *알칼라인 건전지(alkaline battery)*이다. 수산화포타슘(KOH, 알칼리성 물질)이 존재하는 조건에서 아연은 산화전극으로 작용한다. 그림 6.5에 보인 바와 같이 아연은 염다리 역할을 하는 다공성 종이에 의해 다른 화학물질과 분리되어 있다. 환원전극은 산화제인 이산화 망가니즈(MnO_2)를 포함하고 있는 흑연(graphite, 탄소)으로 만들어진다. 산화전극에서의 산화 반응은 Zn가 Zn^{2+}(고체 ZnO)으로 변환되는 것이고, 환원전극에서의 환원 반응은 Mn^{4+}(MnO_2)이 Mn^{3+}(Mn_2O_3)으로 변환되는 것이다. 따라서 전체 전지 반응은 다음과 같다.

$$Zn(s) + 2\,MnO_2(s) \longrightarrow ZnO(s) + Mn_2O_3(s)$$

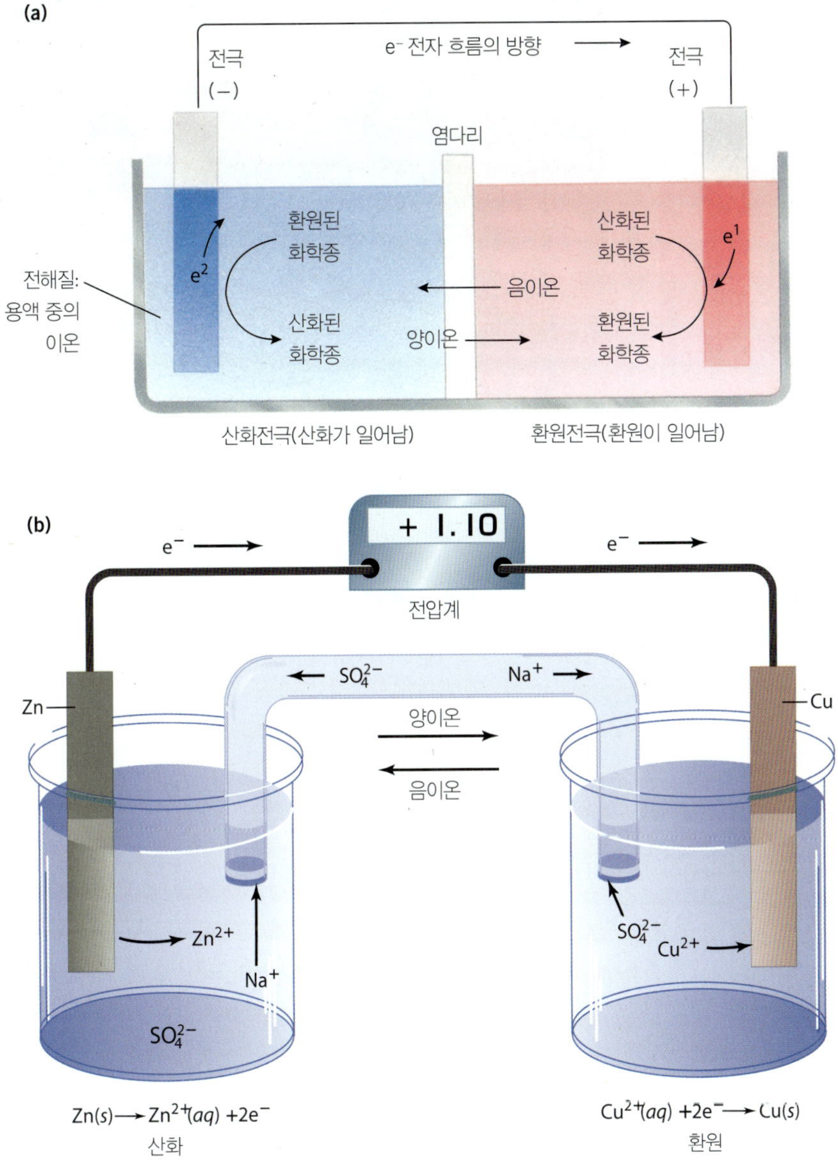

그림 6.4 ▸ (a) 전기화학 전지의 구성. 산화전극(anode)에서는 산화(전자 잃음)가 일어나고, 전자는 전지의 외부 회로를 통해 흐른다. 전자는 환원전극(cathode)에서 다시 전지로 들어오고, 환원전극에서 환원(전자 얻음)이 일어난다. 다공성 염다리(또는 다른 연결)을 통해 두 반응조 사이의 이온 흐름이 가능하게 하여 전하 균형을 유지한다.

(b) 간단한 전기화학적 전지. 전극이 전도성 회로로 연결될 때 아연 전극에서 아연이 산화되어 생성된 전자가 구리의 환원이 일어나는 구리 전극으로 흐른다. 이 전지의 전체 반응은 아래와 같다. $Zn(s) + Cu^{2+}(aq) \longrightarrow Zn^{2+}(aq) + Cu(s)$

6-4b 재충전 전지

어떤 전지는 에너지를 가해 전극에서의 산화-환원 반응을 역으로 진행하는 것이 가능하며, 따라서 그 전지는 재충전할 수 있다. 이런 형태의 전지를 2차 전지(secondary battery)라고 한다. 일정 조건하에서 2차 전지는 여러 차례 방전되기고 하고 재충전되기도 한다.

2차 전지: 전류를 생산하는 반응을 거꾸로 하여 반응물을 재생함으로써 전류의 흐름을 거꾸로 하여 충전할 수 있는 전지.

납-산(lead-acid) 자동차용 축전지는 가장 친숙한 2차 전지이다. 이 전지는 방전될 때, 산화전극에서는 금속 납(lead)이 황산 납(lead sulfate)으로 산화되고, 환원전극에서는 $Pb^{4+}(PbO_2)$가 $Pb^{2+}(PbSO_4)$로 환원된다. 이 반응은 황산이 존재할 때 일어나며 이들 반응식은 다음과 같다.

산화(산화전극)

$$Pb(s) + SO_4^{2-}(aq) \longrightarrow PbSO_4(s) + 2e^-$$

그림 6.5 ▶ 알칼라인(alkaline) 건전지.
이 형태의 1회용 건전지는 사용기간 동안 1.54 V의 일정한 전압을 제공한다.

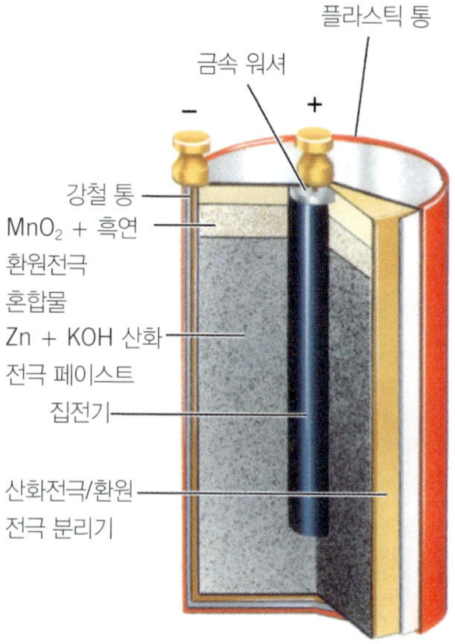

건전기 종류. (제일 뒤) 자동차용 납축전지(lead-acid battery). (왼쪽에서 오른쪽으로) 1회용 아연-흑연 건전지, 1회용 알칼라인 건전지, 재충전 니켈-카드뮴 전지 3개.

환원(환원전극)

$$PbO_2(s) + 4H^+(aq) + SO_4^{2-}(aq) + 2e^- \longrightarrow PbSO_4(s) + 2H_2O(\ell)$$

알짜반응

$$Pb(s) + PbO_2(s) + 2H_2SO_4(aq) \longrightarrow 2PbSO_4(s) + 2H_2O(\ell)$$

두 전극에서 모두 형성된 황산 납은 불용성으로 전극표면에 남아있기 때문에 납-산(lead-acid) 전지(그림 6.6)는 재사용할 수 있다. 즉 전지를 충전하고자 할 때, 황산 납이 역반응에 유용하다.

2차 전지의 재충전에는 전지에서 흐르는 전자의 흐름 방향을 반대로 바꾸는 것이 필요하고, 이는 발전기 또는 교류 발전기를 이용해서 이루어진다. 재충전할 때, 두 전극에서의 반응은 반대로 된다.

전지의 방전(자동차 시동을 걸 때)
화학 에너지 ⟶ 전기 에너지

전지의 충전(자동차가 달릴 때)
전기 에너지 ⟶ 화학 에너지

일반적인 자동차용 납-산 축전지의 재충전은 운전 중에 일어난다. 정전압기(voltage regulator)는 교류 발전기의 출력(output)를 감지하고, 교류 발전기의 전압이 전지의 전압을 초과하게 될 때 전기 에너지가 전지에 부가되고 전지는 충전된다. 납-산 축전지의 충전 회로동안 환원전극에서 소량의 물이 수소로 환원되고, 산화전극에서는 소량의 물이 산소로 산화된다. 그 결과 전지 상부에는 잠재적으로 폭발 가능성이 있는 수소와 산소 혼합물이 생성된다. 정상적인 운전 조건 하에서는 자동차는 폭발하지 않는다. 그러나 노후한 전지의 경우 내부 단락(short circuit)으로 폭발할 수도 있다. 전지는 항상 스파크로부터 보호되어야 한다.

그림 6.6 ▸ 납-산 축전지. 산화전극은 스펀지 형태의 납으로 채운 납 망(grid)이다. 환원전극은 산화 납(IV)(PbO_2)로 채운 납 망이다. 각 전지는 약 2 V의 전압을 생성한다. 연결된 6개의 전지는 원하는 전체 전지 전위를 제공한다. 대부분의 납 축전지는 사용기간이 3년 이하이다. 이들 전지 내부의 납은 유해물질이므로 폐기 시에는 엄중한 환경규제를 고려하여야 한다.

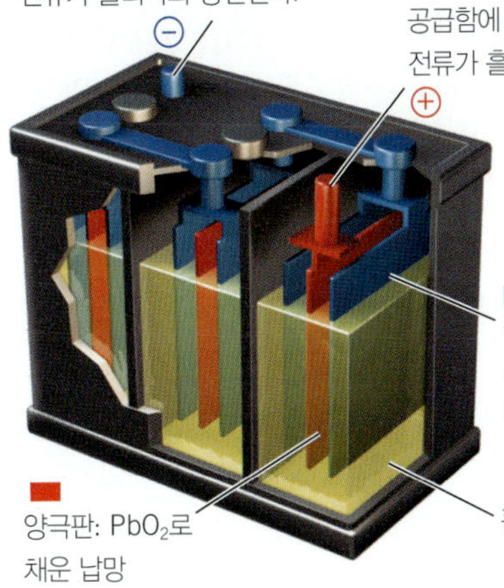

대체로 납-산 축전지는 상대적으로 저렴하고 믿을 수 있으며, 단순하고 사용기간이 적절하다. 단 무게가 상당한 것이 주요 결점이다. 새로운 2차 전지가 전자장비 분야에서 개발되고 있지만, 아무 것도 납-산 축전지와 같은 가격대비 성능을 보여주지는 못하고 있다.

6-4c 연료전지

일반 전지는 상대적으로 작아서 쉽게 삽입하고 제거할 수 있으며, 이곳저곳 이동이 용이하다. 이러한 전지는 전지 내부에 반응물의 양이 제한되어 있어 생성할 수 있는 전류량에 한계가 있다. 전지 내 산화 가능한 물질을 모두 소모하면, 재충전 전지가 아닌 한 그 전지의 수명이 끝나게 된다. 이 문제를 해결하는 한 방법이 연료전지이다. 전지와 유사하게, 연료전지에는 산화 반응이 일어나는 전극과 환원 반응이 일어나는 전극이 있다. 그러나 연료전지의 에너지는 전극부에 저장되어 있는 화학물질에 의존하지 않는다. 연료전지는 화학반응의 생성물을 밖으로 흘려내보내는 동안 연속해서 전극부로 공급되는 반응물을 이용하여 에너지를 생성한다.

연료전지의 한 종류는 제미니(Gemini), 아폴로(Apollo) 우주 프로그램과 우주 왕복선 임무에 사용되었다. 1970년 4월 13일, 아폴로 13호 우주선에 장착된 산소 탱크 1의 극적인 폭발은 탱크 2에서 산소를 방출하는 도화선이 되었다. 산소는 호흡 외에도 사령선과 우주비행사들에게 필요한 전기와 물을 생산하는 연료전지 작동에 필수적이었다. *아폴로 13호(Apollo 13)*라는 영화로 옮겨진 이 사건은 지금까지 알려진 우주인 구조작전 중 가장 감격적인 사례이다.

이들 연료전지에서는 수소 기체가 연료전지의 산화전극으로 공급되고 산소 기체가 환원전극으로 공급되어 다음 반응이 일어난다.

산화(산화전극): $2H_2(g) \longrightarrow 4H^+ + 4e^-$

환원(환원전극): $O_2(g) + 4H^+ + 4e^- \longrightarrow 2H_2O(g)$

알짜반응: $2H_2(g) + O_2(g) \longrightarrow 2H_2O(g)$ + 에너지

양성자 교환막(proton exchange membrance, PEM)은 연료전지의 각 반에 해당하는 두 부분을 분리한다. 이 막은 수소 기체의 산화에 의해 만들어진 양성자를 통과시켜, 환원전극에서 산소 기체의 환원에 의해 만들어진 수산화 이온과 반응하여 물을 만들게 한다. 이 연료전지의 폐기물은 단순한 수증기로, 필요시 응축하여 우주비행사들이 이용할 수 있다. 연료전지는 전지 질량의 10배에 해당하는 에너지를 제공한다. 전형적인 7일 우주비행의 경우, 우주선의 연료전지는 약 680 kg의 수소를 소비하며, 약 720 L의 물을 만든다.

최근에는 자동차에 연료전지 기술을 적용하는 데 관심이 많다. 이들 전지에서 산소는 공기로부터 공급받을 수 있으나, 수소는 폭발성이 있으며 가벼워서 저장하는 데 기술적 어려움이 있기 때문에 연료전지 작동에 필요한 수소를 자동차에 저장하고 이동시키는 부분은 해결이 필요한 문제이다. 이와 같은 자동차는 제작이 가능해 보이지만 실제적으로는 불가능할 것이다.

수소 저장 문제를 해결할 수 있는 가능한 방법은 필요한 시점에 필요한 수소를 만들어 내는 것이다. 현재 적절한 촉매를 이용하여 휘발유를 수소와 일산화 탄소로 변환시킬 수 있는 공정 개발에 대한 많은 연구가 이루어지고 있다. 이렇게 만들어진 수소는 자동차용 연료전지(산소는 공기에서 공급받음)에 이용할 수 있을 것이다. 일산화 탄소는 또 다른 촉매 하에서 이산화 탄소로 변환되는데, 자동차 배기 가스는 물(증기)과 이산화 탄소가 될 것이다. 이들 기체가 지구 온실화에 영향을 줄 수는 있지만, 이른바 무공해 차량을 만들 수 있을 것이다. 모든 탄소를 기반으로 한 연료는 근본적으로 이산화 탄소를 배출하므로, 이산화 탄소 생성과 화석연료 소모라는 문제를 해결했다고 전적으로 말할 수

오늘날의 전지: 리튬 이온

리튬 이온(Li-ion) 전지는 1980년대 개발된 새로운 형태의 2차 전지로, 1991년 소니(Sony) 사에서 처음 상용화 제품을 출시하였다. 이 전지에서 리튬 이온은 방전할 때는 산화전극(보통 흑연)에서 환원전극[보통 층상 산화물 혹은 다음이온(polyanion)]로 이동하며, 충전할 때는 환원전극에서 산화전극으로 이동한다. 동일한 양의 에너지를 제공하는 다른 2차 전지와 비교하여 리튬 이온 전지는 매우 가볍고 다양한 모양과 크기로 제작이 가능하여, 휴대용 게임기, 스마트폰, 넷북 등의 휴대용 전자기기제품에 사용하기에 매주 적합하였다. 또한 이들은 높은 에너지 밀도(energy density)를 가져, 방위체계, 자동차, 항공우주 분야에 적용이 확대되고 있다. 초기 상용화 이후 리튬 이온 전지는 계속적으로 발전하고 있다. 2002년, Yet-Ming Chiang 교수와 이들 MIT 연구팀은 알루미늄(aluminum), 니오븀(niobium), 지르코늄(zirconium)으로 도핑된 전지용 전도성 물질을 적용할 때 성능을 매우 향상되는 현상을 발견하였다. 2004년, Chiang 교수는 철-인산(iron-phosphate) 나노 입자를 사용하여 전극의 표면적을 증가시켰으며 이를 통해 전지의 저장용량 및 성능을 크게 향상시켰다.

전기 자동차인 테슬라 로드스터(Tesla Roadster)는 리튬 이온 전지팩의 1회 충전으로 244 마일(393 km)을 이동할 수 있으며, 3.7초 이내에 0~60 mph(0~97 km/h)까지 가속할 수 있다.

는 없다. 그러나 이들 연구는 시작되었다.

많은 기업체에서 최근 휘발유-전기 하이브리드 차량 개발에 노력을 기울이고 있다. 이들 *하이브리드 차량*(*hybrid car*)은 휘발유에서 생성한 에너지와 전지에서 생성한 에너지를 조합하여 사용한다. 일본 혼다(Honda)사는 최초로 이 종류의 차량을 시판하였다. 자동차가 무부하(idling) 상태에 있거나 저속에서 이동할 때는 전기 모터로 작동한다. 고속에서는 휘발유 엔진과 전기 모터가 모두 에너지를 생성한다. 차량이 감속할 때, 휠(wheel)은 에너지를 전지에 저장하는 발전기를 가동한다. 이들 종류의 차량은 충전을 하기 위해 전원에 연결할 필요가 없으며, 휘발유 1갤런(약 3.8 L)으로 약 100 km까지 달릴 수 있다. 몇몇 다른 제조업체가 있었으나, 2009년 미국에서 도요타(Toyota)와 혼다(Honda)는 하이브리드 차량의 주요공급업체가 되었다. 쉐보레(Chevrolet), 포드(Ford), 렉서스(Lexus), 마쯔다(Mazda), 닛산(Nissan)에서 승용차, SUV, 소형 오픈트럭 등의 하이브리드 차량을 선보였다.

수소를 생산하기 위해 화석연료를 사용하는 연료전지 이외에는 실제 적용하기에 가격이 너무 비싸고, 수소 연료 자동차를 도로 위에서 만나기 위해서는 극복해야 할 기술적인 문제도 많이 남아있다.

6-5 전기분해: 전자 전달에 의한 화학반응

2차 전지의 충전과 같은 비자발적인 화학반응은 에너지를 주입하여 반응을 일으킬 수 있다. **전기분해 반응**(**electrolysis reaction**)은 외부 전원공급 장치로부터 전기 에너지를 공급받아 일어나는 산화-환원 반응이다. 전지로 전자가 흘러 들어갈 때 전극은 음으로 하전되고, 용액 중의 양이온은 전극 쪽으로 이동하여 환원반응이 일어난다. 이런 종류의 전지(그림 6.7)는 전극을 별도의 부분으로 분리할 필요는 없다. 전기분해 반응과 연관된 화학종의 변화는 전지에서 일어나는 반응과는 반대방향으로 일어난다. 전기분해에서 전기에너지는 화학변화를 일으킨다. 전지에서는 화학변화가 전기 에너지를 만든다.

전기분해 반응: 전기 에너지 투입을 필요로 하는 산화-환원 반응.

몇몇 광물의 금속은 환원시키기 어려우며 이 반응을 일으킬 수 있는 강력한 환원제는 매우 제한적이므로 환원반응에 충분한 에너지를 공급할 수 있는 전해방식이 훌륭한 대안에 해당한다. 가장 중요한 것으로, 알루미늄이 이런 종류에 해당하는 금속이다. Al^{3+} 이온 형태로 존재하는 알루미늄은 지각에 존재하는 양이 많은 원소 중 3번째(7.4%)에 해당한다. 미국에서 소비되는 알루미늄의 판매량이나 상업적 가치는 철과 강철(steel) 다음에 해당한다.

알루미늄이 발견된 1825년부터 19세기말까지 알루미늄은 보다 활성이 높은 금속(포타슘 혹은 소듐)으로 $AlCl_3$를 환원시키는 방법으로 제조하였는데 그 가격이 매우 비쌌다. 1854년 알루미늄은 상업적 생산이 진행되었음에도 오늘날의 금이나 백금과 같은 귀금속으로 분류되었으며 초기에는 보석으로 이용되었다. 그러나 나폴레옹 3세는 알루미늄의 무기 적용 가능성을 알아보고 생산성을 높일 수 있는 방법을 연구하도록 지시하였다. 프랑스는 이미 알루미늄을 함유하고 있는 광물인 보크사이트(bauxite) 원천을 가지고 있었다. 보크사이트라는 이름은 프랑스의 마을인 레보드(Les Baux)에서 유래하였다. 1886년 23세의 프랑스인 폴 에루(Paul Heroult)가 현재까지도 사용하고 있는 전기화학적 방법을 발명하였다. 흥미롭게도 우연의 일치로 22세의 미국인 찰스 홀(Charles Hall)도 같은 해에 동일한 방법을 발명하였다. 그래서 이 상업적 절차를 Hall-Heroult 공정이

그림 6.7 ▸ 전기분해 전지.

전기분해 과정에서는 전극을 구역별로 분리할 필요는 없다. 전자는 환원 반응이 일어나는 전지의 환원전극으로 들어간다. 전하 균형을 맞추기 위하여 이온은 전해질 용액 내에서 이동한다. 산화 반응이 일어나는 산화전극에서는 전자를 내보낸다.

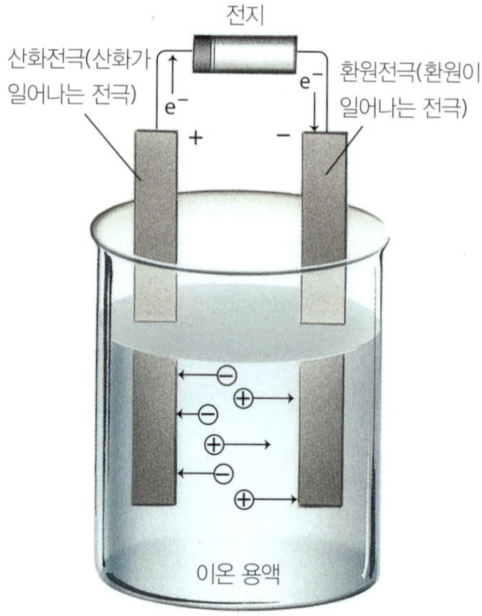

그림 6.8 ▸ 전기분해를 이용한 알루미늄 생산.

환원전극에서 알루미늄 이온은 알루미늄 금속으로 환원된다. 탄소 산화전극에서 산소 기체가 발생한다. (전지 반응식은 $2Al_2O_3 + 3C \longrightarrow 4Al + 3CO_2$이다.) 용융 알루미늄은 전지 내 용융염 혼합물보다 무거워 바닥에 모인다.

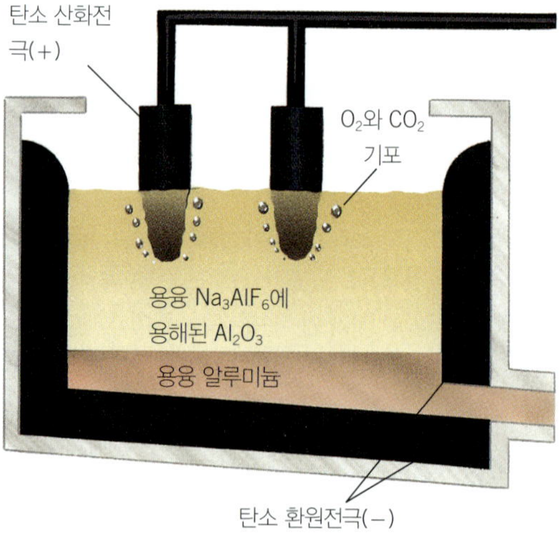

라 한다.

Hall–Heroult 공정은 보크사이트에서 분리한 산화 알루미늄을 용융 이온 화합물(빙정석, cryolite, Na_3AlF_6) 용액에 녹인다. 이 혼합물을 탄소 산화전극과 환원전극 역할을 하는 탄소 내벽을 가진 용기의 전지에서 전기분해한다(그림 6.8).

알루미늄은 활성 물질이므로 산화물 형태를 환원시키는 데 상당한 에너지가 필요하다. 이온 화합물(Na_3AlF_6)을 용융 상태로 유지하는 데 필요한 에너지도 있으므로 알루미늄 제련공정은 매우 많은 에너지를 소비한다. 실제로 미국에서 생산하는 전체 전력의

5%를 알루미늄 금속 생산에 사용하고 있으며, 이는 금속 가격의 약 40%에 해당하는 비용이다. 알루미늄 재활용의 성공할 수 있었던 이유 중 하나가 에너지 절감이다. 재활용 알루미늄을 이용하여 만든 음료 캔은 새로운 알루미늄으로 만들 때에 비해 5%의 에너지만 필요하며, 공정은 전체적으로 약 20% 정도 저렴해진다.

또 다른 전해의 적용사례는 한 금속(전기분해 전지의 환원전극에서 만들어짐)을 다른 금속(산화전극에서 만들어짐)으로 코팅하는 전기도금(electroplating)이다. 예를 들어 광택이 없는 철이나 강철 표면에 은을 전기도금하여 은도금 식기를 생산한다.

6-6 부식: 원하지 않는 산화–환원

미국은 **부식**(corrosion, 환경에 노출되어 일어나는 금속의 원하지 않는 산화) 현상 때문에 매년 일백억 달러 이상을 버리고 있다. 부식의 대부분은 철과 강철의 녹(rust) 발생이다. 이와 같은 원하지 않는 부식을 초래하는 산화제는 대체로 산소이다. 녹은 금속 표면에 강하게 부착하지 못하므로, 철은 부식에 의해 가장 심한 영향을 받는다. 녹 발생으로 인하여 표면에서 철 손실이 계속되면 결국 구조적 약화를 초래하게 된다.

부식: 외부 환경에 노출되어 일어나는 금속의 원하지 않는 산화.

금속 부식의 추진력은 금속이 가진 환원제로서의 활성 정도와 산화제의 세기에 있다. 강한 환원제(금속)과 강한 산화제(예를 들어 산소)가 서로 접촉할 때의 반응은 두 물질 간의 반응과 유사하다. 화학 반응의 속도를 지배하는 주요 요인으로는 온도와 농도를 들 수 있으며, 부식 속도 역시 이들에 영향을 받는다. 철 못의 부식현상(그림 6.9)을 살펴보자. 금속 표면에는 약하게 결합되어 있는 철 원자의 미세결정이 존재하는데 이는 쉽게 산화된다.

$$Fe(s) \longrightarrow Fe^{2+}(aq) + 2\,e^-$$

철은 좋은 전기 전도체이므로 위 산화 반응에서 만들어진 전자는 금속을 통하여 환원 반응이 일어나는 어떤 지점으로 이동할 수 있다. 만약 전자가 흐르지 않아 과량의 음전하가 축적될 경우

그림 6.9 ▸ 철의 부식.

철은 전기 전도체이고 전자는 한 곳에서 다른 곳으로 이동하므로, 철이 산화하는 부분과 산소가 환원되는 부분과 다를 것이다.

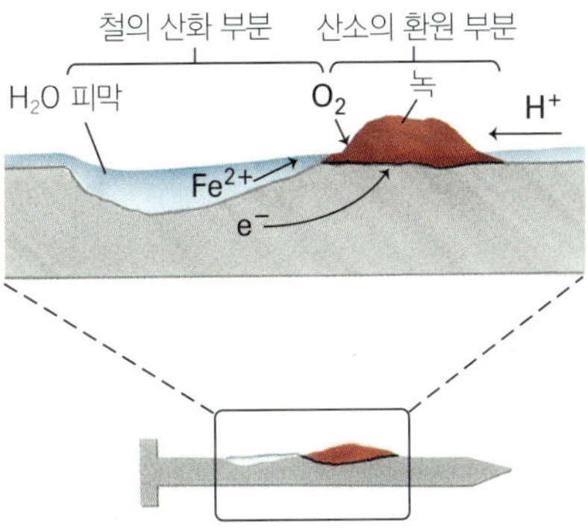

부식현상이 갑작스럽게 중단되기 때문에 철의 전기 전도성은 매우 중요하다. 전자가 소모되는 철 표면의 한 부분에 용존 산소를 가진 물방울이 있다고 하자. 여기서 산소는 전자를 받아 수산화 이온을 형성한다.

$$O_2(g) + 2\,H_2O(\ell) + 4\,e^- \longrightarrow 4\,OH^-(aq)$$

Fe^{2+} 이온은 더 산화하여 Fe^{3+}가 되며, Fe^{3+}는 OH^-와 반응하여 녹(rust)이라고 부르는 수화된 산화 철을 형성한다.

$$2\,Fe^{3+}(aq) + 6\,OH^-(aq) \longrightarrow \underset{\text{녹}}{Fe_2O_3 \cdot 3H_2O(s)}$$

녹스는 속도는 철 표면 위의 물에 녹아있는 염에 의해 가속된다. 수산화 이온과 철 이온은 염이 용해되어 만들어진 철 용액 중에서 쉽게 이동한다. 겨울철 거리에 있는 제설용 소금에 노출되면 자동차는 더 쉽게 부식된다. 만약 운전하는 지역에서 제설용 소금을 사용한다면, 겨울철이 끝날 즈음에는 자동차 하부를 씻어 주어 자동차에 쌓여있는 소금을 제거하는 것이 좋을 것이다.

녹이 발생하기 위해서는 세 가지 반응물이 필요하다. 이 세 가지는 철, 산소, 물이다. 녹 발생은 도료, 그리스(grease), 기름, 에나멜, 크로뮴과 같은 내식(corrosion-resistant) 금속 등과 같은 방식 코팅을 통해 막을 수 있다. 이들 코팅은 대부분 수분을 방지한다. 철보다 반응성이 큰 몇몇 금속은 부식되어 치밀한 산화물 피막을 형성하기도 한다. 이와 같은 피막으로 코팅된 철은 방식 특성을 가진다. 이러한 금속 중 하나가 아연(zinc)이다. 아연 도금된 물체의 아연 코팅 층은 공기와 물에 노출되어 산화 아연 피막을 형성하며 이는 아연의 추가적인 산화 반응을 막는다. 만약 아연 코팅 층에 상처가 나서 철이 공기에 노출된다면, 아연의 전자를 제공하는 능력이 철보다 더 뛰어나기 때문에 아연은 형성된 Fe^{2+} 이온을 빠르게 환원시킬 것이다.

연습 문제

1. 다음 용어를 정의하시오.
(**a**) 산화(전자를 이용하여)
(**b**) 환원(전자를 이용하여)
(**c**) 산화(산소를 이용하여)
(**d**) 환원(수소를 이용하여)
(**e**) 산화제
(**f**) 환원제

2. 다음 화합물 중 더 쉽게 산화되는 화학종을 고르시오.
(**a**) CO 또는 CO_2 (**b**) NO_2 또는 NO
(**c**) SO_3 또는 SO_2 (**d**) N_2 또는 NH_3

3. 표백(bleaching)과 소독(disinfecting)의 화학적 차이점은 무엇인가?

4. 연소(combustion)와 산화(oxidation)의 차이점을 기술하시오.

5. 포타슘 원자와 K^+ 이온 중 더 산화되지 쉬운 화학종은 무엇인가?

6. "산화제는 화학반응에서 환원된다." 참인가 거짓인가? 그 이유를 설명하시오.

7. "산화제는 화학반응이 일어날 동안 전하가 감소한다." 참인가 거짓인가? 그 이유를 설명하시오.

8. 왜 지구 대기를 산화 대기(oxidizing atmosphere)라고 표현하는가?

9. 마그네슘의 주요 원천은 Mg^{2+} 이온은 가지고 있는 바다이다. 이 마그네슘은 산화된 형태인가 환원된 형태인가?

10. 다음 반응식에서 환원된 종과 산화된 종을 말하시오. 각 반응식에 산화제와 환원제를 표기하시오.
(**a**) $2Al(s) + 3Cl_2(g) \longrightarrow 2AlCl_3(s)$
(**b**) $S(s) + O_2(g) \longrightarrow SO_2(g)$
(**c**) $CuO(s) + H_2(g) \longrightarrow Cu(s) + H_2O(g)$
(**d**) $C_2H_4(g) + H_2(g) \longrightarrow C_2H_6(g)$

11. 전기화학 전지에서 산화 반응은 항상 산화전극에서 일어난다.
(**a**) 참 (**b**) 거짓

12. 전기화학 전지(cell)와 배터리(battery)의 차이점은 무엇인가?

13. 다음을 1차 전지와 2차 전지로 구분하시오.
(**a**) 손목시계용 건전지
(**b**) 자동차용 전지
(**c**) 하이브리드 자동차의 전지
(**d**) 휴대폰의 전지

14. 1900년대 초기 전기자동차가 유행했었다. 왜 이들 전기자동차는 내연기관(내부연소엔진)을 사용하는 자동차로 대체되었는가?

15. 알칼라인 건전지는 1.5 V의 전압을 제공한다. 그러나 두 개의 건전지를 직렬로 연결하면 3.0 V를 생성한다. 그 이유를 설명하시오.

16. 항산화제(antioxidant)에 대한 적합한 표현은?
(**a**) 환원제 (**b**) 산화제
(**c**) 양이온 (**d**) 자유 라디칼(free radical)

17. 연료전지(fuel cell)의 질량은 일정하다. 그러나 전지가 작동하는 동안 반응물과 생성물의 질량은 변한다. 이것이 참인 이유를 설명하시오.

18. 보크사이트(bauxite)는 순수한 Al로 변환되는 Hall-Heroult 반응식은 다음과 같다.

$$2Al_2O_3 + 3C \longrightarrow 4Al + 3CO_2$$

위 반응에서 산화된 종과 환원된 종은 무엇인가?

7

모든 곳에서 필요로 하는 물

Water, Water Everywhere

차례

물 분자 하나는 단 세 개의 원자들만으로 이루어져 있다. 그럼에도 불구하고, 생명이 지구에만 유일한 것인지를 알아볼 수 있는 중대한 요인이 바로 다른 행성에서 물을 찾는 것인 만큼, 물이 생존에 엄청나게 중요하다는 것을 알 수 있다. 어떻게 중심 산소 원자에 수소 원자 두 개가 공유결합하고 있는 이처럼 흔하고 단순한 분자가 이 세상에 중대한 역할을 할 수 있는 것일까? 크기와 분자량이 비슷한 다른 분자들과 비교해서 물의 화학적 성질과 물리적 성질이 얼마나 다르기에 생물의 생존에 중요한 열쇠가 된 것일까? 뿐만 아니라, 지구의 70%나 물로 덮여있는데도 유효한 깨끗한 물의 양에 대해서 사람들이 왜 그렇게 걱정하는 것일까?

물이 너무 적으면, 우리는 목말라 죽을 것이다. 물이 너무 많으면 익사할 것이다. 지구의 물이 적은 지역은 건조한 사막이 되어 생활하기 힘들다. 하지만 물이 너무 많다면, 그 땅에는 사람이 거주할 수 없고 수생 동물들이 그 자리를 차지할 것이다. 분명한 것은, 물의 양이 적음과 많음 사이에 딱 좋은 균형이 있고, 물의 질과 물리적 상태도 중요하다는 것이다. 바다에는 액체 상태의 물이 넘쳐나지만, 많은 생물들이 의존하는 깨끗한 물은 사실상 많지가 않다. 옛날 서양에서는 목축업자들은 물 때문에 서로 싸우곤 했는데, 언젠간 이런 날이 돌아올 수도 있다. 지구상의 인구가 70억을 넘어가면서 필요한 물의 양도 어마어마해졌다. 하지만 깨끗한 물의 양은 세상 사람들을 모두 만족시키기에는 턱없이 부족하다.

물은 수많은 물질들을 녹이고 이전 장에서 배운 대기 중 오염물질들과도 화학적으로 반응한다. 여러 질소 산화물들과 황 산화물들은 대기 중의 물과 반응하여 건물과 환경에 나쁜 영향을 끼치는 산성비를 만든다. 물에 용해된 물질에는 천연 광물, 인공으로 만든 화학비료, 농약, 휘발유, 연료 첨가제, 유독성 화학약품들 그리고 사람들이 버린 항생제들도 있다. 이런 환경 피해를 최소화하고 충분한 물을 보장하기 위해서는, 모든 종류의 오염을 멈춰야한다. 깨끗한 물은 제한적이기 때문에, 물에 문제를 일으키는 오염의 양과 오염의 종류 모두를 조절해야 한다. 물은 사용되고, 재사용되고, 또 재사용되고 계속 끊임없이 재사용되어야 한다. 물이 오염이 된다면 정화시켜야 할 것이다.

CHAPTER 7

7-1 물의 특별한 성질들

표 7.1에서는 물을 암모니아, 메테인, 질소, 산소, 이산화 탄소와 비교하였다. 이 분자들은 모두 2~5개의 원자들로 이루어져 있고, 분자량이 16~44 g/mol이다. 표 7.1의 자료를 보면 물은 이 분자들 중에서 확실히 유별나다. 물만 상온에서 액체로 존재하며, 끓는점도 다른 분자들과 비교해서 수백 도 높다. 뿐만 아니라 어는점도 큰 차이를 나타낸다. 이 분자들 중 암모니아가 물과 가장 가까운 값을 보인다. 이 분자들의 루이스 구조를 보면, 물과 암모니아만 분자간 수소 결합(intermolecular hydrogen bond)을 할 수 있다. 이 자료들을 다시 보면, 물만이 지구의 자연적인 환경에서 세 가지 물리적 상태(액체, 고체, 기체)로 존재할 수 있는 분자이다. 물만이 지구에 있는 생명에게 중요한 액체로서의 역할을 하기에 유일하게 적합하게 보인다.

물의 성질을 읽으면서 어떻게 이 성질들이 우리 일상에 영향을 미치는지, 그리고 이 성질이 달랐으면 우리의 삶이 어떻게 바뀔지 상상해 보자.

물은 기후, 식량 생산, 경제, 환경에 중요한 역할을 한다.

표 7.1 물과 비슷한 크기의 몇 가지 분자 비교

화합물의 성질	물(H_2O)	암모니아(NH_3)	메테인(CH_4)	질소(N_2)	산소(O_2)	이산화 탄소(CO_2)
분자량(g/mol)	18	17	16	28	32	44
상온에서의 상태	액체	기체	기체	기체	기체	기체
끓는점(°C)	100	−33.4	−161.5	−195.8	−183	승화
녹는점(°C)	0	−77	−182.5	−210	−218.8	5.2 atm에서 −56.6

융해열: 녹는점에서 주어진 양의 고체를 녹이는 데 필요한 열.

열용량: 주어진 크기의 물질 시료 1 g을 1°C 올리는 데 필요한 열량.

기화열: 끓는점에서 주어진 양의 액체를 증발하는 데 필요한 열.

7-1a 물의 몇 가지 성질

1. *물은 주위에 있는 다른 물 분자들과 수소 결합을 하기 때문에 상온에서 액체로 존재한다.* 순수한 물은 0~100℃에서 액체이다.

2. *고체 물(얼음)의 밀도는 액체 상태의 물보다 밀도가 작다.* 물이 얼음이 될 때 부피가 커지기 때문이다. 만약 얼음이 보통 고체라면, 액체보다 밀도가 더 클 것이다. 그리고 호수는 바닥부터 얼기 시작할 것이고, 해양 생물들에게 재앙적인 결과를 초래할 것이다. 하지만 얼음의 구조 덕분에 얼음에 압력을 가하면 녹는다. 압력은 얼음을 더 작은 부피로 만드는데, 물이 얼음보다 부피가 작으므로 얼음은 물이 되는 것이다.

3. *얼음의 융해열(용융열)은 80 cal/g이다.* **융해열**(**heat of fusion**)이란 0℃에서 얼음 1 g을 0℃에서 물 1 g으로 녹일 때 필요한 열량이다. 이 에너지의 양은 다른 물질들과 비교했을 때 훨씬 크다. 얼음이 녹을 때 모든 고체가 액체가 되기 전까지는 온도는 변하지 않는다는 것을 명심하라.

4. *물은 열용량이 비교적 크다.* 물은 작은 온도의 변화만으로 많은 양의 열을 흡수할 수 있다. 왜냐하면 추가된 열은 온도를 올릴 때 사용되는 것보다는 수소 결합을 없앨 때 사용되기 때문이다. 비교해 보면, 물의 **열용량**(**specific heat capacity**, 1.00 cal/g℃, 4.18 J/g℃)은 구리(0.092 cal/g℃, 0.385 J/g℃)나 철(0.106 cal/g℃, 0.444 J/g℃)보다 약 10배 이상 크다. 물의 열용량은 호수와 바다가 기후로부터 변화가 적은 이유이다. 거대한 강은 태양열을 흡수하고, 밤이나 추운 계절에는 열을 방출한다. 만약 물의 성질이 아니었으면 지구는 엄청난 온도의 차이를 보일 것이다. 반대로, 달과 수성의 표면의 온도는 낮과 밤의 온도차가 엄청나다.

물의 세 가지 모든 상. 안개는 물방울의 부유액이며 수증기는 볼 수 없다.

5. *물은 기화열이 높다.* 액체가 증발하려면, 열이 필요하다. 액체의 **기화열**(**heat of vaporization**)이란 액체 안의 분자들이 서로 붙잡고 있는 분자간 인력의 측정이다. 물은 기화열이 가장 높은 물질 중 하나이다(540 cal/g 또는 2250 J/g). 높은 기화열 때문에 물이 피부에서 증발할 때 체온이 내려간다. 증발되는 물 분자는 원래 붙어있던 분자로부터 떨어져나

그림 7.1 ▸ 표면장력.
(a) 표면장력은 표면 분자를 끌어당기는 분자간 힘에 의해 강화된다. (b) 소금쟁이는 가벼워서 표면장력을 통해 단위 면적 당 힘을 끊기에 충분하지 않다. 소금쟁이도 날카로운 발 끝으로는 걸을 수 없음을 주목하라.

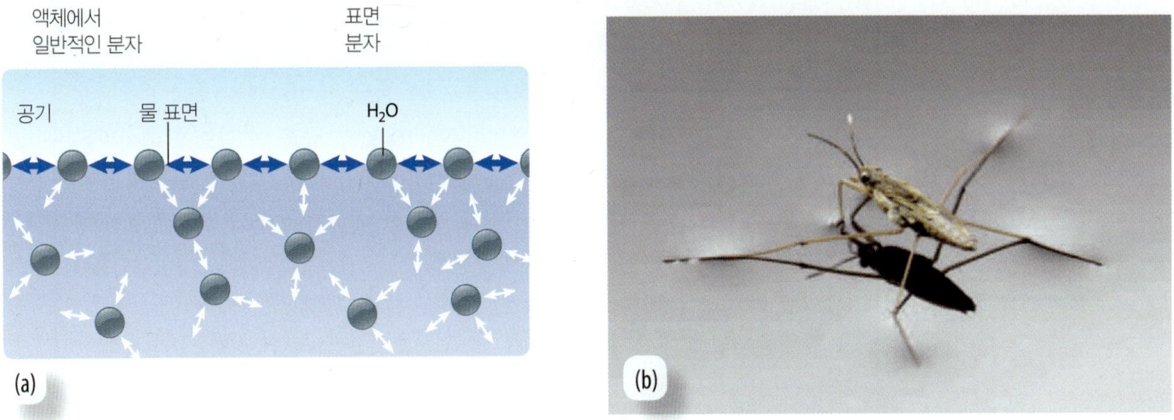

가기 위해서 많은 에너지를 가지고 간다. 얼음이 녹을 때처럼, 물이 증발할 때 액체 자체의 온도는 변하지 않는다.

6. *물은 표면장력이 크다.* 기체와는 달리 액체는 표면특성이 있다. 액체 표면 아래에 있는 분자들은 완벽하게 다른 분자들로 둘러싸여 있고, 분자간 인력 때문에 모든 방향으로부터 힘을 느낀다. 반대로, 액체 표면에 있는 분자들은, 분자의 아래나 옆에서부터만 힘을 느낀다. 이 동일하지 않은 인력 때문에, 물 표면이 피부처럼 당겨지게 된다. 이 액체 피부의 당김을 벗어나기 위한 힘을 **표면장력(surface tension)**이라 한다. 그리고 표면장력은 분자간 인력이 강한 액체일수록 더욱 크다. 물의 표면장력은 물 분자끼리의 수소 결합 때문에 비교적 크다.

표면장력: 액체 표면에서 분자 상호간의 인력을 극복하는 데 필요한 에너지의 양.

7. *물은 뛰어난 용매이기 때문에 만유 용매(universal solvent)라고도 한다.* 물은 아주 뛰어난 용매이기 때문에 자연에서의 물은 보통 순수한 물이 아니라 용질을 담은 용액의 상태로 존재한다.

예제 7.1 물의 상 변화(phase change)에 관련된 에너지

➜ 0°C의 얼음 5.00 g을 100°C의 수증기 5.00 g으로 바꿀 때 필요한 에너지를 구하시오.

풀이

처음 에너지는 얼음을 녹일 때 전부 사용된다. 이 때 온도는 얼음이 전부 녹을 때까지 변화가 없다. 얼음이 전부 액체가 되면, 에너지는 추가적으로 물의 온도를 100°C까지 올릴 때 사용된다. 물의 온도가 100°C에 도달하게 되면, 모든 에너지는 액체를 기체로 바꾸기 위해 사용된다, 그리고 온도는 100°C를 유지한다. 얼음을 녹일 때 필요한 에너지와, 물을 0°C에서 100°C까지 올릴 때 사용된 에너지, 그리고 그 물을 기체로 만들 때 이용된 에너지를 계산하면 필요한 총 에너지를 구할 수 있다.

이 문제를 풀기 위해서 다음 정보들이 필요하다.

얼음의 융해열: 80.0 cal/g
물의 열용량: 1.00 cal/g°C
물의 기화열: 540 cal/g

얼음 0°C를 물 0°C로 바꿀 때 필요한 에너지는 얼음의 질량 5.00 g에 융해열을 곱해서 나오는 값 400 cal이다. 0°C의 물을 100°C로 바꿀 때 필요한 에너지는 물의 질량 5.00 g에 물의 열용량을 곱해서 나오는 값 500 cal이다. 마지막으로, 100°C의 물 5.00 g을 수증기로 만들 때 필요한 에너지는 물의 질량 5.00 g에 기화열을 곱해서 나오는 2700 cal이다 따라서 총 필요한 에너지는 400 + 500 + 2700 = 3600 cal이다.

반대로, 100°C에서 수증기 5.00 g을 얼음으로 만들려면 3600 cal가 발열반응으로 일어날 것이다.

우리는 마실 물을 필요로 하며, 스케이트를 탈 때나 온도를 낮출 때 얼음이 필요하고, 온실가스 역할로 지구의 온도를 조절하는 수증기도 필요하다. 만약, 얼음의 밀도가 액체 상태의 물보다 컸다면, 호수는 바닥부터 위로 얼기 시작할 것이고, 얼음 스케이트는 타기 힘들 것이다. 뿐만 아니라, 빙하가 바다 아래에 있을 것이기 때문에 타이타닉도 살아남았을 것이다. 그리고 컵에 가득 찬 얼음이 녹을 때 물이 넘칠 것이기 때문에 얼음물에도 신경을 써야 할 것이다.

물의 높은 열용량과 높은 기화열은 많은 화학적과 산업적 일에서 온도를 조절할 때 사용된다. 물이 증발할 때 몸의 열을 같이 가져감으로써, 인간은 땀을 흘려 체온 조절을 한다. 감귤류 과일(귤, 오렌지, 레몬, 자몽)을 키울 때, 농부들은 아주 추운 밤에는 열매에 물을 뿌려놓는다. 왜냐하면, 물이 얼 때 발산되는 열이 손상되기 쉬운 열매들을 지켜주기 때문이다. 또한 얼음 코팅이 단열처리도 한다. 물의 표면장력이 왜 물방울과 비눗방울이 공 모양인지를 설명해준다.

물의 탁월한 용매 능력은 장단점이 있다. 물은 많은 용질의 용매 역할을 하고 이러한 성질이 우리에게 많은 도움을 준다. 하지만, 물의 탁월한 용매 능력 때문에 물은 쉽게 오염된다. 물의 pH는 사람에게 큰 영향을 주기 때문에, 물을 정화하는 방법을 찾는 것이 중요하다.

7-2 산성비

산성비: pH가 5.6보다 낮은 비.

산성비(acid rain)라는 용어는 1872년에 영국의 화학자이자 기후학자였던 Robert Angus Smith가 처음 쓴 것이다. 그는 산업혁명 때 영국 맨체스터에 내린 산성비를 보고 이 용어를 쓰기 시작했다. 물의 pH는 7이지만 빗물에는 대기에 있는 이산화 탄소가 녹아들어 자연스럽게 산성을 띠게 된다. 상온에서 이산화 탄소의 용해도는 3.4 g/L이고 물과 가역적으로 반응하여 약산인 탄산이 된다.

$$CO_2(g) + H_2O(\ell) \rightleftharpoons H_2CO_3(aq)$$

$$H_2CO_3(aq) + H_2O(\ell) \rightleftharpoons H_3O^+ + HCO_3^-(aq)$$

평형에서 공기 중의 포화상태인 이산화 탄소의 pH는 5.6이다. 빗물의 pH가 5.6 미만일 때 산성비라고 부른다.

3장에서 보았듯이, NO_2, SO_2, SO_3는 대기 중의 물과 반응하여 산이 생성된다. NO_2로부터 질산(nitric acid, HNO_3)과 아질산(nitrous acid, HNO_2)이 생성된다. SO_3와 SO_2로부터는 황산(sulfuric acid, H_2SO_4)과 아황산(sulfurous acid, H_2SO_3)이 생성된다. 조건이 충족되면 이러한 산을 포함한 물방울들이 낮은 pH의 비나 눈으로 내리게 된다. 그린랜드에서 취한 1900년에 만들어진 것으로 추정되는 얼음 핵 시료에 황산 이온(SO_4^{2-})과 질산 이온(NO_3^-)이 들어있다. 이것은 최소한 1900년 이후로 산성비가 매우 흔했다는 것을 나타낸다.

인간의 활동에 의해 생성된 산성 산화물들의 양이 많아지기 때문에 산을 포함하는 고체 입자의 낙하 뿐만 아니라 산성비도 요즘 문제가 되고 있다. 이러한 산도를 쉽게 허용할 수 없는 자연 지역에 이러한 것들이 내리면 심각한 환경문제가 발생한다. 미국 북동부와 유럽 북동부에 내리는 이들 강수의 연간 평균 pH는 4.0~4.5이다. 어떤 지역에 내리는 폭풍우는 다량의 SO_2와 NO_x를 포함하고 있어서 약 1.5 정도의 낮은 pH를 나타낸다. 내리는 눈과 비는 국경이 없으므로 산성비는 국제적인 문제로 여겨지고 있다(그림 7.2).

산성비로 인한 문제는 물고기가 없는 연못과 호수, 죽어가는 숲, 그리고 무너지는 건물에서도 볼 수 있다. 죽은 호수는 그림 같아 보이지만, 물고기는 산성을 띠는 물에서 생존할 수 없다. 송어나 농어는 pH가 5~6 미만이면 죽고 홍합은 pH가 6.5 미만이면 죽는다.

산성비는 나무를 여러 방법으로 손상시킨다. 나뭇잎의 기공을 침해하여 증산율을 높

그림 7.2 ▸ 산성비와 고체 입자 강우를 포함하는 산성 강하물로 인해 영향을 받은 지역의 세계 지도.

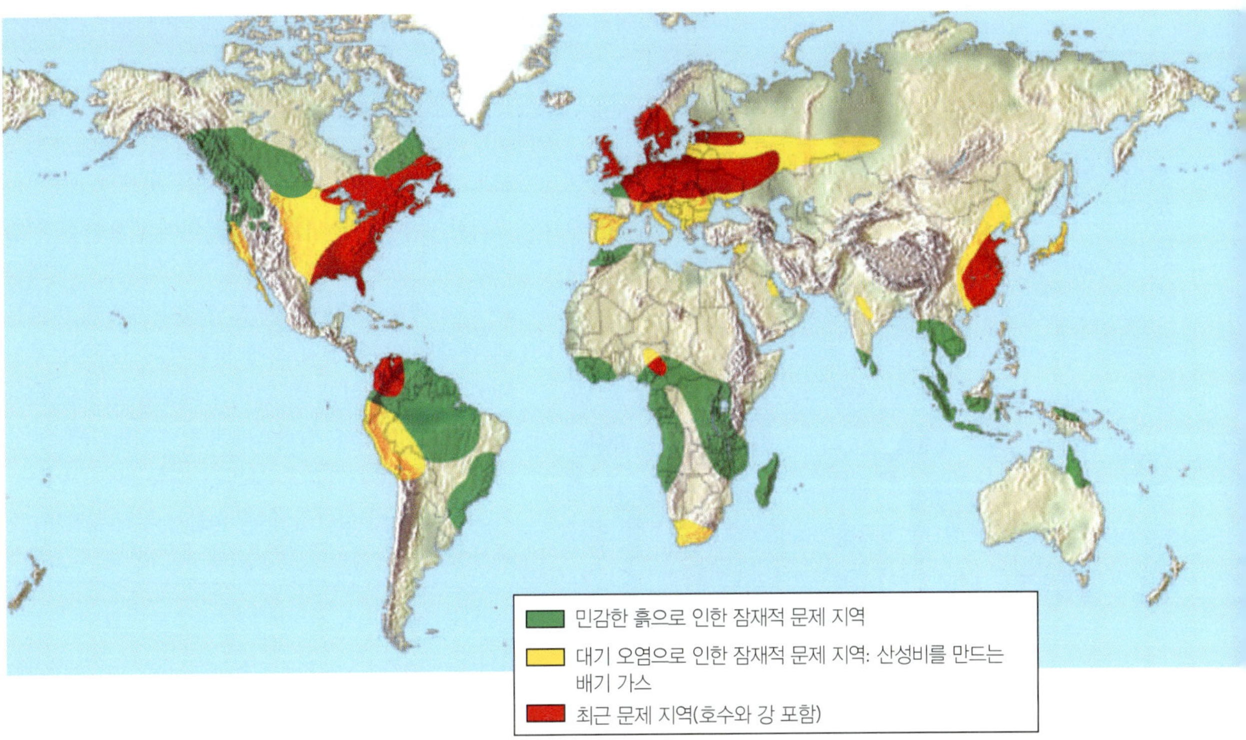

유럽에서 가장 많이 오염된 지역의 숲에 내린 산성비의 영향. 이전 동독과 체코슬로바키아의 공장에서 이산화 황과 질소 산화물 배기 가스로 인해 대대적인 손상이 일어났다.

이고 나무에 물이 부족하게 된다. 나무껍질과 나뭇잎 표면 구조들도 산에 의해 파괴될 수 있다. 산성비는 토지를 산성화시키고 이는 나무뿌리를 손상시키므로 영양분과 물 흡수력을 감소시킨다. 또한 산성비는 지하수나 정상적인 pH를 가진 물에 녹지 않는 무기물을 녹이며, 이 많은 무기물에는 식물의 생명에 독성인 금속 이온이 포함되어 있다. 예를 들어, 산은 토지에 있는 수산화 알루미늄을 녹여 뿌리를 통한 알루미늄 이온(Al^{3+})의 흡수를 일으켜 식물에게 독성 효과가 나타난다.

$$Al(OH)_3(s) + 3\,H^+(aq) \longrightarrow Al^{3+}(aq) + 3\,H_2O(\ell)$$

산성비와 다른 오염들의 효과는 돌과 금속 구조에 더 파괴적인데, 그 이유는 이 반응들이 비가역적이기 때문이다. 유럽의 석조 건물이 피해를 입음으로써 산성비는 대륙의 역사적인 유물들을 천천히, 그렇지만 확실히 훼손시킨다. 독일 쾰른 대성당(Cologne Cathedral)에 있는 양각(陽刻)은 오늘날 거의 알아볼 수가 없다. 대영 제국에 있는 런던 탑, 성 바오로 대성당, 링컨 대성당도 같은 운명을 겪고 있다. 유럽과 캐나다 및 미국 동부에 있는 건물의 아름다운 여러 양각과 조각된 주상들은 오염물질, 특히 산성비의 작용에 의해 서서히 잊혀져 가고 있다(그림 7.3).

그러면 산성비에 대해서 어떻게 해야 할까? 당연히, 질소 산화물과 황 산화물이 생기는 것을 줄이면 될 것이다. 하지만, 이것은 쉬운 일이 아니다. 산성화된 호수에 소석회[$Ca(OH)_2$]를 뿌려 산을 중화시켜 일시적으로 pH 7로 높이는 중화법이 이용되고 있다.

$$Ca(OH)_2(s) + 2\,H^+(aq) \longrightarrow Ca^{2+}(aq) + 2\,H_2O(\ell)$$

일부 호수들은 산성비에 대처하는 자기들만의 방법이 있다. 그러한 호수들은 석회암으로 이루어진 바닥으로 이루어져 있어서 탄산 칼슘($CaCO_3$)이 산성비로 의한 산을 중화시킬 수 있다.

그림 7.3 ▸ 산성비로 인한 Paul Revere의 무덤이 손상된 모습.

산성비에 대한 궁극적인 해결책은 질소 산화물이나 황 산화물을 생성하는 산업들을 정부에서 관리하는 법이다. SO_2 배출을 관리하는 법은 존재하지만 그러한 방법은 돈이 많이 든다. 이에 필요한 돈은 결국엔 소비자들이 부담해야 할 것이다. 질소 산화물은 연소 배기 가스를 내는 오염원이 너무 많기 때문에 관리가 더 어렵다. 촉매 변환기로 자동차로부터 NO_x 배출을 조절할 수 있지만 대부분의 가정용 난로, 공업용 보일러, 발전소에서는 적절한 규제를 하지 않고 있다. 다행히도 NO_2는 대류권에서 반응성이 커서 산성비 생성의 주된 요인이 되지 않으며, 따라서 SO_2가 산성비에 큰 비중을 차지한다.

7-3 물과 같이 풍부한 것이 어떻게 부족할 수 있는가?

물 공급의 질을 확보하는 것은 우리 모두의 공통된 책임이다. 정부는 자연 환경으로 되돌아갈 수 있는 폐수의 질과, 마실 수 있는 물의 질을 관리하는 법을 제정한다. 미국에서는 환경 보호 기관(Environmental Protection Agency; EPA)이 이러한 법들을 집행한다. 각 주 정부는 고유의 법을 가지고 있으며, 그 법을 집행하는 데 책임을 질뿐만 아니라 그 지역의 산업체, 하수처리장, 상수 처리 설비들이 연방 정부의 기준에 맞추도록 한다.

이러한 규제의 목적은 그 물을 깨끗하게 하여 그 다음 물 공급을 원하는 도시든, 살만한 좋은 개울을 찾는 송어든 사용자가 적절히 사용하게 하는 데 있다.

시민 개개인 또한 물을 깨끗하게 유지하는 데에 역할이 있다. 우리 가정에서 배출되는 수질 오염을 막기 위해서는 지식 계층의 자발적 봉사가 필요하다. 법만으로는 폐기물의 위험 물질을 제거하거나, 화장실, 싱크대, 빗물 배수관으로 들어가는 잠재적인 수질 오염물질을 막을 수 없다.

지표면에 물이 매우 풍부한데도 불구하고 오염된 물에 대한 우려가 이토록 많은지 물어볼 수 있다. 바다(평균 깊이 2.5 마일)는 지구의 72%를 덮고 있으며, 지구에 있는 물 97.5%의 저수지이다. 2.5%만이 담수이다. 물은 또한 모든 생물의 주요 요소이다(표 7.2). 예를 들어, 성인의 평균 수분 함량은 70%이고, 이는 지표면의 수분 함량과 같은 비율이다.

미국 근방에서는 하루에 평균 4조 3천5백억 갤런의 비와 눈이 내린다(그림 7.4). 이 중 3조 1천억 갤런은 증발과 증산을 통해 대기 중으로 되돌아간다. 8천억 갤런은 매일 바다나 지하로 흘러들어가며, 나머지 4천5백억 갤런은 가정용이나 상업용으로 매일 쓰이게 된다. 미국은 매년 전체 나라를 30인치로 덮을 수 있을만한 강수량을 가진다. 1900년에는 근방 48개 주들이 천연 자원에서 하루에 400억 갤런을 빼냈지만, 이는 2004년에 이르러서는 4천5백억 갤런으로 증가하였다. 하루 물 사용량은 세계 인구의 증가에 따라 같이 증가할 것이다. 하지만 전체 물의 공급은 늘지 않는다. 따라서 땅 속 물이 보충되는 것보다 빼내는 속도가 더 빠른 지역이 확장될 것이다. 이것은 물은 매일 재사용되어야 한다는 것을 의미한다. 당신이 식수대에서 마시는 물 분자들은 불과 며칠 전 다른 도시의 폐수 속에 있었을 수도 있다.

대수층: 불투수성 암반에 잡혀 있는 물을 포함하는 다공성 바위나 퇴적물.

사용할 수 있는 물의 두 가지 원천은, 강, 호수, 습지와 같은 *지표수*(*surface water*)와, 지표면 아래에 있는 *지하수*(*groundwater*)이다. 그림 7.4는 수자원과 지하수의 흐름을 나타낸 것이다. 매일 빼내는 약 900억 갤런의 물은 대수층에 투입된 우물로부터 오는 지하수인데, **대수층**(**aquifer**)이란 물을 함유한 다공성 바위나 불투과성 바위에 의한 퇴적물들의 층들을 말한다. 이렇게 미국 대초원지대에 있는 많은 도시들과 대서양 연안을 따라 물을 공급해주는 우물들을 자분정(artesian well, 지하수가 수압에 의해 저절로 솟아나오는 샘)이라고 한다.

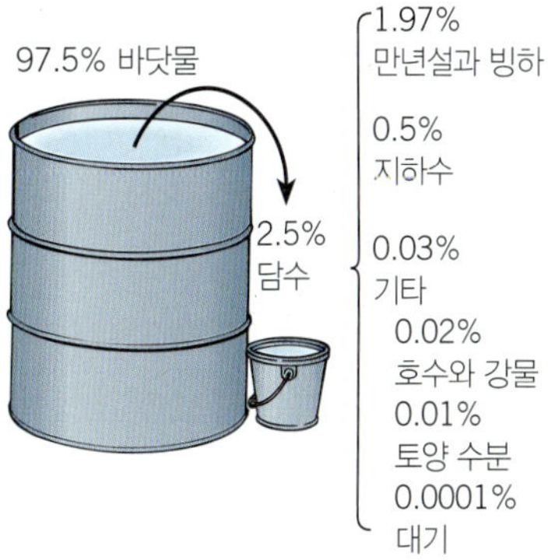

상수도. 2.5%의 담수 중에서 1% 미만만을 지하수나 지표수로 인간이 사용할 수 있다.

표 7.2 수분 함량

	백분율
해양 무척추동물	97
태아(1개월)	93
성인	70
체액	95
신경 조직	84
근육	77
피부	71
결합 조직	60
채소	89
우유	88
생선	82
과일	80
살코기	76
감자	75
치즈	35

미국의 건조한 서쪽 지역에서는, 관개를 위해 물을 퍼올리는 데 이용되는 우물들이 말라가거나, 관개가 더 이상 경제적으로 실현가능하지 않을 정도로 깊게 뚫어야 한다. 어떤 지역에서는, South Dakota에서 Texas까지 이르는 Ogallala 대수층에서부터 자연적인 과정으로 치환될 때보다 40배 빠르게 농업용수를 끌어올렸다. 대수층의 얕은 지역에서 물을 빼내는 것이 비효율적으로 되면서 농장들이 버려지게 되었다.

동쪽 해안지방을 따라 있는 주요 대수층들이 고갈되면서, 물이 빠져나감에 따라 대수층의 석회석 층이 무너질 때 거대한 싱크홀이 만들어진다(그림 7.5). 그 지역의 지하수를 지나치게 사용한 결과, Houston 시 전체가 여러 해 동안 몇 피트 가라앉았다. 많은 연안 도시들 또한 대수층에서 담수가 빠져나감에 따라 바닷물이 흘러 들어와서, 그 곳에서 나오는 염분이 섞인 물이 일으키는 문제들을 겪었다. Ohio의 Dayton에서는, 대수층 사용의 문제가 다소 다르다. 산업의 감소와 그에 따른 인구의 감소가 지하수면 상승으로 이어졌고, 이는 시내 지하층의 범람을 일으켰다. 이러한 예들은 중요하고 또 때로는 위태로운, 물의 사용과 유용성 사이에 존재하는 균형을 나타낸다.

누가 물을 사용하고 있는가? 표 7.3은 미국에서 물 사용 내역을 보여준다. 사용된 전체 물의 82%는 화력 발전과 관개가 차지한다.

공업용수 사용은 완제품 생산과 직접적으로 관련될 수 있다. 예를 들어, 물 1 갤런은 타이프 용지 8장을 생산하는 데 이용되는 반면 휘발유 1 갤런을 생산하는 데는 약 80 갤런의 물이 필요하며, 못 한 상자를 생산하는 데는 물 25 갤런이 필요하다. 물론, 생산품들이 물을 직접적으로 포함하는 것은 아니므로, 사용된 물은 자연으로 되돌아가거나 재활용된다.

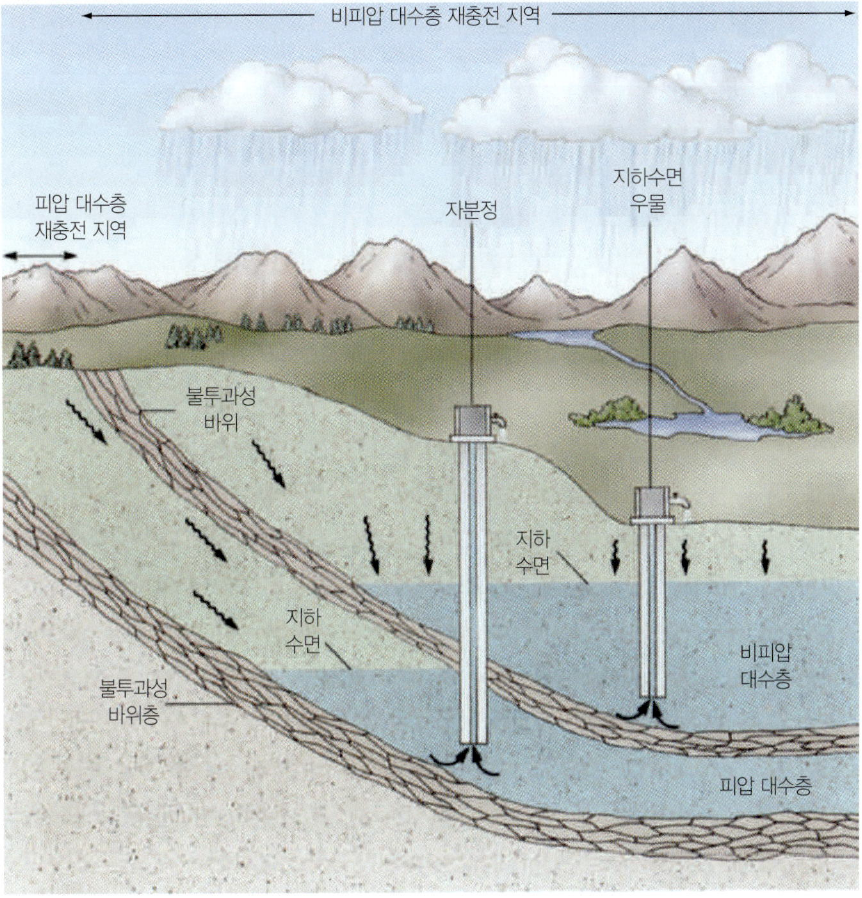

그림 7.4 ▸ 수자원. 지표수는 강, 호수, 습지에서 모인 물을 포함한다. 지하수는 비피압 대수층이라고는 곳에 있는데, 이는 불투과성 바위층 사이에 있는 대수층이나 바로 위 지표수에 의해 재충전된다. 피압 대수층이 압력을 받으면, 물을 끌어올릴 필요가 없을 것이다.

많은 산업에서, 한 번에 물이 가장 많이 사용되는 것은 냉각 시스템이다. 물은 다른 어떤 액체보다 많은 열을 흡수할 수 있다. 물의 열용량은 1 cal/g, 즉 4.18 J/g이다. 재순환 냉각수는 물 보전의 중요한 방법이다. 냉각탑은 따뜻한 물이 주위 공기로 열을 방출하게 하며, 사용된 물이 강이나 호수로 흘러나가 열 공해를 일으키는 것을 줄인다. 또한, 물의 열용량이 높아 산업 이용자가 물을 냉각시킬 때 얻는 열에너지를 재사용할 수 있게 된다.

매일 미국에서 사용되는 각각 440억 갤런 이상의 **음용수(potable water)**의 반을 지하수와 지표수가 각각 제공한다. 표 7.4는 다양한 개인 사용량의 평균을 나타낸 것이다. 도시 용수의 작은 일부분만이 실제로 마실 수 있는 음용수용이면 된다. 상수도의 가장 많은 부분은 음용수 기준에 맞추기 위해 필요한 더 비싼 처리 대신 소독하고 세균학적으로 안전하게 할 수 있을 것이다. 이런 방식으로 처리된 물은 공원이나 골프장의 관개, 에어컨, 공업용 냉각, 수세식 화장실에 적합할 것이다. 표 7.4를 자세히 보면 가정용수의 비효율성이 나타나 있다. 음용수용 처리 시스템과 기타 용도용 처리 시스템의 이중 시스템에 강력한 논쟁이 있을 수 있다는 것은 명백하다.

음용수: 마시기에 적합한 물.

가정용수 보전은 담수 공급의 수요를 줄이는 한 방법이다. 표 7.3을 보면 가정에서의 사용이 전체 중 작은 부분으로 나타나지만, 가정용수의 보전은 큰 도시 지역에서의 담수 공급 수요를 줄이는 중요한 단계가 될 수 있다.

거의 대부분의 물 분자들은 수십억 년 전 이들이 형성되었을 때부터 재활용되어 왔다. 옆에 있는 물 한 잔이 아리스토텔레스나 링컨이 마셨던, 또는 타이타닉이 침몰했을

그림 7.5 ▸ 미국 Virginia의 Richmond의 싱크홀.
대수층 고갈로 인해 지하 동굴의 윗부분이 무너져 다섯 명의 사망자가 발생하고 인근 지역이 파괴되었다.

표 7.3 미국에서 하루 소비하는 4천 80억 갤런의 물 사용내역(백분율)

사용 용도	합계(%)
가정용	11
공업용	5
화력 발전	48
농업용/관개	34
기타	2

출처: http://water.usgs.gov

표 7.4 가정용수의 1인당 평균 사용량

가정내 사용	일반 가정에서 1인당 사용량(갤런)	물 절약 장치를 갖춘 가정에서 1인당 사용량(갤런)
샤워	12.6	10.0
세탁	15.1	10.6
설거지	1.0	1.0
화장실	20.1	9.6
욕조	1.2	1.2
누수	10.0	5.0
수도꼭지*	11.1	10.8
기타 가정용 실내 사용†	1.5	1.5
합계	72.6	49.7

*미국인들은 하루에 10억 잔 이상의 수돗물을 마신다.

†평균적으로, 가정에서 사용하는 물의 50~70%가 잔디와 식물에 물을 주기 위해 실외에서 사용된다.

출처: American Water Works Association 웹사이트: http://awwa.org

때 그 안으로 들어간 물 분자를 포함할 수 있다는 사실을 생각해보았는가? 이러한 가능성에도 불구하고, 폐수나 하수로부터, 특히 최근에 버려진 하수로부터 마실 물을 얻는다는 생각은 심리적으로 많은 사람들이 받아들이기 어렵다. 하지만 이러한 기술이 발전되어 NASA 우주 비행선의 비행에 이용되었다. 이것이 의미하는 것은, 물(깨끗하든 아니든)을 이용할 수 있다면, 반드시 재사용할 것을 생각해야 한다는 것이다. 미국의 남서부에서는 대수층 고갈의 속도로 인해 하수로부터 물을 재활용하는 **지하수 충전**(**groundwater recharge**)이라는 과정이 생겨났다. 예를 들어, 미국 Texas의 El Paso에서는 폐수로부터 1000만 갤런의 깨끗한 물을 El Paso의 주요 물 공급원인 지하 대수층에 넣는다.

지하수 충전: 처리된 하수로부터 지하수로 돌려 놓음.

7-4 깨끗한 물과 오염된 물의 차이는 무엇인가?

오염(pollution)이라는 용어는 공기, 물, 토양의 자연적인 사용 가능성이 줄어들도록 하는 상황을 말할 때 쓰인다. 마시거나, 씻거나, 관개를 하거나, 공업용으로 쓰이기에 적절하지 않다고 판단되는 물은 오염된 물이다. 그 오염은 열, 방사성 동위원소, 독성 금속 이온, 유기 분자, 산, 염기, 또는 병을 일으키는 물질인 **병원균**(**pathogen**)등이 될 수 있다(표 7.5). 어떤 용도에는 적합한 물이 다른 용도로는 오염되어 적합하지 못할 수 있다. 예를 들어 수영장의 물을 마시려고 하지 않을 것이다. 사용하기에 적합하지 않은 물은 종종 인간의 활동에 의해 오염되어왔지만, 자연적인 과정 또한 물을 오염시킬 수 있다. 썩은 낙엽이나 동물의 배설물과 같은 유기 물질들과 접촉한 물은 대부분 악취와 색깔을 가지게 되며, 일부는 병원성이 되기도 한다. 먼지와 모래의 작은 입자들로 이루어진 유사 또한 물을 오염시킬 수 있다. 표 7.6은 깨끗한 자연의 물에서 발견될 수 있는 물질들을 나타낸 것이다. 이 목록을 보면, 완전히(100%) 깨끗한 물은 일반적으로 유용하지 않음이 분명하다.

병원균: 질병을 일으키는 미생물.

표 7.5 미국 공중위생국(PHS)의 오염물질 분류

오염물질	예
산소를 요구하는 폐수	동식물로부터 나오는 물질
감염원	박테리아, 바이러스
식물 양분	질산염이나 인산염과 같은 비료
유기 화학물질	용액, 살충제, 세제 분자들
기타 무기물과 화학물질	채광작업에서 나오는 산, 금속 가공 작업에서 나오는 무기 물질
토양 침식으로부터의 침전물	강바닥의 미사 점토
방사성 물질	채광 폐기물, 사용된 방사성 동위원소
공업으로부터의 열	발전 공장으로부터 나오는 냉각수

표 7.6 "순수한" 물에서 발견되는 용해 물질

이름	화학식	비고
물이 대기와 접촉하면서 생기는 것들:		
이산화 탄소	CO_2	물을 약산성으로 만든다.
먼지 입자들	–	때로 많은 양이 될 수 있다.
질소	N_2	산소와 마찬가지로 뜨거운 물에서 눈에 보이는 거품을 생성한다.
이산화 질소	NO_2	번개에 의해 형성된다.
산소	O_2	수중 생물을 돕는다.
물이 접촉한 바위의 종류에 따라 크게 달라지는 것들:		
탄산 수소 이온	HCO_3^-	흙, 바위
칼슘 이온	Ca^{2+}	석회석으로부터 나옴
염화 이온	Cl^-	흙, 점토, 바위
철 이온	Fe^{2+}	흙, 점토, 바위
마그네슘 이온	Mg^{2+}	흙, 점토, 바위
포타슘 이온	K^+	흙, 점토, 바위
소듐 이온	Na^+	흙, 점토, 바위
황산 이온	SO_4^{2-}	흙, 바위

인간의 활동으로 물이 오염됨에 따라, 미국에서는 정부가 물을 깨끗하게 유지하기 위한 법들을 제정하였다. 1972년 수질오염 방지법(Clean Water Act)은 물을 깨끗하게 유지하는 것에 누가 책임을 가지고 있는가에 대한 의회의 생각의 큰 변화를 나타내었다. 이 법은 재사용하기에 적합한 물을 생산하는 책임을 사용자(예를 들어 시 당국)로부터 폐수를 방류하는 사람에게로 전가시켰다. 폐수를 투기하기 전에 정화하는 것이 정화되지 않은 폐수가 방류된 다음 정화하는 것보다 쉽기 때문에(그림 7.6), 수질오염방지법은 자연수의 질을 향상시키는 데 중요한 과정이었다. 이 법은 EPA(환경보호국)가 배출 기준(공장, 시 하수 처리장, 다른 시설로부터 자연수로 방류되는 오염물질의 최대 양)을 만들고 감시하도록 한다. 알려진 대로, 현재 공업으로부터 나온 폐수는 관개나 공업용 냉각과 같은 목적으로 사용될 수 있을 만큼 정화될 수 있다.

그림 7.6 ▸ EPA는 사실상 모든 공업 폐수가 방류되기 전에 처리되도록 요구한다. 이 물은 상당히 깨끗하지만, 마실 정도는 아니다.

7-5 수질에 영향을 미치는 유해 산업 폐기물

종이, 자동차, 텔레비전 등을 만드는 산업 과정에서 폐기물이 생성된다. 표 7.7에 우리 삶에 필요한 제품을 제조하는 과정에서 생성되는 몇 가지 산업 오염 물질을 나타내었다. 토지에 녹아든 산업 오염 물질들은 지하수에 녹아들어 수원을 오염시키게 된다. 과거에는 폐기물이나 화학 물질을 금속 드럼통에 넣어 땅에 묻는 방법을 일반적으로 여겼다. 몇 년 후, 드럼통이 녹슬게 되면서 안에 들어있던 화학 물질이 흘러나와 지하수가 다른 물들과 섞이게 되었다. 이러한 방법들이 수질에 미치는 영향을 깨닫게 되면서 1976년 미국 국회는 자원 보존 및 회복법(Resource Conservation and Recovery Act, RCRA)을 통과시켰다. 1980년에는 국가의 수원을 오염시킬 수 있는 위험한 폐기물이 묻혀있는 곳을 치우기 위해 16억 달러의 비용이 드는 "슈퍼펀드(Superfund)"라고 하는 프로그램을 설계하였다. 1997년이 되어서야 이 작업은 9년 가까이 걸릴 것이며 총 74억 달러가 들 것이라고 결론지었다. 1999년까지 205개의 위험한 폐기물 터들이 치워졌고 슈퍼펀드 목록에서 제외되었다. 아직 다 치우지 못한 곳들을 빨리 청소해야 하는데, 그 이유는 예전에 폐기물을 묻었던 시골 지역들이 지금 주거지역들로 발전했기 때문이다.

슈퍼펀드는 이미 존재하는 유해 폐기물 터 관리를 하기도 특정 산업 폐기물들을 **유해 폐기물**(**hazardous waste**)로 정의하고 이러한 폐기물의 제조, 저장, 운송, 처리법을 밀접하게 규제하고 있다. 또한 RCRA는 이러한 폐기물을 제조를 담당한 쪽에서 처리부분까지 담당하도록 규제하고 있다. RCRA 이전에는, 폐기물을 어디서 취해서 어떻게 처리하는지에 관계없이 폐기물 처리하는 사람으로 거의 아무나 고용할 수 있었다. 오늘날은 유해 폐기물을 발생시킨 사람이 누가 그것을 운반하고 어떻게 처리하고 있는지 알고 있어야 한다, 유해 폐기물을 선적한 각각에 이름에 따라 유해 폐기물을 얼마나 존재하며 어떻게 처리하는지 나열한 문서인 목록(*manifest*)을 동반한다. 유해 폐기물을 운반하고, 일시 저장하고, 마지막으로 처리할 때 각 단계마다 매니페스트에 책임 당사자가 서명하여 반출자에게 보낸다. 지자체에서도 매니페스트 복사본을 받고 정기적으로 유해 폐기물을 처리하는 모든 사람은 EPA에 유해 폐기물 활동의 연례 보고서를 제출한다.

유해 폐기물: 수질 오염을 일으키는 산업 및 가정 폐기물.

유해 산업 폐기물은 안전한 매립지로 옮겨 소각하거나 이들의 위험한 요소를 없애는 어떠한 처리 방법을 동원하여야 한다. 어떠한 폐기물 처리 방식도 환경을 오염시키면 안

표 7.7 제품 제조와 관련된 중요한 산업 오염 물질과 생성물

제품	오염 물질
플라스틱	용매, 유기 염소 화합물
농약	유기 염소 화합물, 유기 인산염 화합물
의약품	용매, 수은이나 아연 같은 금속
페인트	금속, 안료, 용매, 유기 잔여물
석유 제품	오일, 유기 용매, 산, 알칼리
금속	금속, 플루오린화물, 시안화물, 산, 오일
가죽	크로뮴, 아연
섬유	금속, 안료, 유기 염소 화합물, 용매

된다. 어떤 매립지들은 플라스틱 안감들로 처리되어 있어서 매립되는 폐기물들이 물과 접촉할 수 없게 만들어져 있다. 이러한 매립지들은 혹시 모를 누출 때문에 모니터링이 잘 될 수 있어야 한다. 또한 어떠한 폐기물들은 매립지들에서 소각되기도 한다. 소각하는 방법이 최우선처럼 보이겠지만 요즘 쓰이는 소각로들은 이미 다 쓰이고 있고 새로운 소각로를 허가 받기는 그 지역 주민들의 반발로 그리 쉽지는 않다.

7-6 수질에 영향을 미치는 가정 폐기물

종종 우리는 쓰레기에 무엇을 버리는지에 대해 생각하지 않지만 우리가 버리는 물건들과 그 물건을 버리는 방법은 산업 폐기물들과 마찬가지로 수질에 큰 영향을 미친다. 소각되는 가정 폐기물이 공기 오염의 주원인이며, 많은 가정 쓰레기는 매립지로 가게 되므로 우리 또한 지하수, 계곡, 강, 호수의 수질 오염에 큰 기여를 하고 있다. 표 7.8는 가정에서 쓰이는 물건들과 그것들이 포함하는 화합물을 보여주고 있다. 우리가 산업 제품의 소비자이기 때문에 산업 폐기물과 마찬가지로 우리도 같은 화학 물질로 물을 오염시킬 수 있다. 물론 공장에서 나오는 화학 폐기물의 양보다 가정에서 나오는 양은 훨씬 적지만 중간 정도의 도시에서도 매일 버려지는 가정물품은 매우 많다.

가정에서 유해 폐기물을 처리하는 방법은 공장에서 처리하는 방법보다 더 큰 문제로 여겨진다. 아무리 분리수거를 잘한다 해도 매립지로 가는 쓰레기와 분리해야 하는 화학 물질을 분리할 수 있는 방법이 없기 때문이다. 만약 그러한 화학 물질들을 쓰레기와 함께 버린다면 도시에 있는 매립지나 소각장에 가게 된다. 이러한 화학 물질들을 싱크대나 하수구에 버린다면 분명히 흐르는 물과 만나게 될 것이다.

그렇다면 지하수에 영향을 미치지 않는 가정용품 폐기법은 무엇일까? 시청의 폐기물 담당자들에게 가정용품들을 처리할 수 있는 방법들을 제시하거나 따로 날을 잡아 화학품을 처리할 수 있는 방도를 설립하자고 건의하는 것이다.

7-7 물에서 종종 발견되는 독성 원소

중금속 이온들은 아마 제일 흔한 물 오염 물질이다. 중금속은 카드뮴, 크로뮴, 니켈, 구리와 같은 덜 흔한 많은 금속들뿐만 아니라 납이나 수은 같이 자주 만나는 원소들도 포함된다. 이 금속들은 때로는 증상이 바로 나타나는 극심한 독성을 띠지만, 대개 소량으로 만성적인 경우가 더 많다. 만성적 독성은 계속되는 통증으로 신체의 기능을 저하시키는 특성을 가진다. 채굴과 산업 생산의 부적절한 폐기물 처리로 인해 독성 금속 이온들이 물에 유입하게 되는 것이다. 또한 농업 생산뿐만 아니라 일반 가정에서 나오는 폐기물로 인해 상수도에 유입될 수도 있다.

7-7a 수은

수은은 매우 흔한 중금속이다. 수은은 실온에서 액체의 원소 모양을 가지고 있으며 휘발성으로 인해 반짝거리는 성질을 가지고 있다. 수은은 쉽게 Hg_2^{2+}[수은(I) 이온, mercury(I) ion]이나 Hg^{2+}[수은(II) 이온, mercury(II) ion]로 산화시킬 수 있다. 이 두

표 7.8 일반 가정 유해 폐기물에 포함된 화합물들과 처리법

물건 종류	유해 성분	처리법*
곤충 스프레이	농약, 유기 용매	Haz.
화장실 청소품	산과 염기	Drain
가구 닦는 가루	유기 용매	Haz.
에어로졸 캔	용매, 추진제	Trash
손톱 매니큐어와 리무버	유기 용매	Haz.
부동액	유기 용매, 금속	Haz.
살충제	농약, 용매	Haz.
차 배터리	황산, 납	Haz.
의약품	유기 화합물	Trash
페인트(라텍스)	유기 고분자	Trash
휘발유	유기 용매	Haz.
자동차 오일	유기 화합물, 금속	Haz.
하수구 청소품	염기	Drain
페인트(유성)	유기 용매	Haz.
수은과 Ni-Cd 전지	중금속	Haz.

*Haz: 유해 폐기물로 전문 처리. Drain: 다량의 물을 써서 부엌이나 화장실 배수구로 처리.
Trash: 일반 쓰레기로 처리. 지하수에 해 없음. 대부분의 가정에서는 Haz. 표시가 되어있는 것을 일반 쓰레기로 처리하는데, 이렇게 하면 지하수 오염이 될 수 있다.
출처: Water Environment Federation Fact Sheet, 2001.

가지 이온 형태는 독성이 있으며 효과가 누적될 수 있다(우리 몸은 수은을 잘 제거시키지 못하기 때문에 반복적인 노출로 독성 효과가 누적될 수 있다).

수은은 산업에 널리 쓰이며 수은 온도계 같이 일반 가정에서도 찾아볼 수 있다. 다 쓰고 난 형광등 폐기물은 수은이 물에 유입되는 대표적인 근원이다. 형광등은 약 60 mg의 수은을 함유하고 있으며, 이것이 등 안에서 증발하면서 전극과 전극 사이에 전기적 흐름을 도와준다. 폐기된 등은 쓰레기 매립지에서 최종적으로 부서지는데, 이 과정에서 수은이 방출되고 산화되면서 접촉한 물에 용해된다.

한 번 개울이나 호수, 바다에 방출되면 금속 수은은 아래로 가라앉게 되며, 미생물로 인해 메틸수은(CH_3Hg)으로 전환된다. 전환된 수은은 안정하고 지속적인 형태를 띠고 있으며, 참치나 황새치같은 해양 생물이나 해양 포유 동물의 몸 안에 축적된다. 메틸수은이 축적된 생물을 사람들이 먹게 되면 건강이 위태롭게 될 수 있다. 수은으로 오염된 해산물 섭취는 여러 번 지적된 적이 있다.

7-7b 납

납 또한 널리 알려진 중금속이다. 수은처럼 납도 반복적인 노출에 의해 인체 내에 축적된다. 납은 수 세기 동안 배관 작업에 사용되었다(납은 라틴어로 *plumbum*이라 하는데, *plumber*라는 영어 단어가 여기서 유래되었다). 최근까지도 납을 기본으로 한 땜납이 분수식 식수대, 샤워기, 수도꼭지 등 거의 모든 배관 작업에 쓰였다. EPA에서 식수로 허용하는 납 수치는 리터 당 15 mg이다.

또한 납은 여러 페인트 배합에 널리 쓰인다. 지난 30년간 납이 포함된 페인트는 실내 장식용으로 사용이 금지되었지만, 실외 작업이나 산업 작업에서는 허용하고 있다. 이들 페인트나 이들 페인트로 코팅된 제품이 폐기될 때 납이 상수도에 유입될 수 있다.

7-7c 비소

비소는 많은 식품에 자연적으로 소량 존재한다. 예를 들어, 새우에는 약 19 ppm의 비소가 들어있고, 곡물에는 약 0.4 ppm의 비소가 들어있다. 자연적으로 식품에 존재하는 비소의 양은 식물과 동물이 자란 외부 환경에 의존한다. 대부분의 토양에는 비소가 들어있어 식물이 자라면서 축적되는 반면, 몇몇 살충제에도 비소가 들어있어 살충제를 사용했을 때 비소 잔류물을 만든다. 미국 식품의약국(FDA)에서는 어패류의 비소 함유량을 76 ppm으로 제한하고 있다. 비소는 공유 결합 화합물을 형성할 때보다 이온 형태에서 훨씬 더 독성을 띤다. 전형적인 독성 비소 화합물에는 비산(AsO_4^{3-})이나 아비산(AsO_3^-)과 같은 이온이 들어있다.

비소와 중금속 이온들은 효소 내에서 설프하이드릴기(—SH)와 반응할 수 있는 능력 때문에 일차적으로 독성을 띤다(10-8절).

7-8 수질 오염 측정

7-8a 생화학적 산소 요구량

물로 들어간 많은 유기 화합물은 그 곳에 있는 미생물로 인해 쉽게 산화될 수 있다. 이것은 물 안에서 유기 폐기물의 축적을 방지하는 자연적인 과정이다. 이러한 유기 물질을 단순한 물질(CO_2와 H_2O와 같은)로 전환하기 위해서는 산소가 필요하다. 필요한 용해된 산소량을 **생화학적 산소 요구량**(**biological oxygen demand**, BOD)라고 하며, 용해된 유기물의 양을 측정하는 방법이다. 박테리아와 다른 미생물들이 이들의 식량이 되는 유기물을 대사하기 위해서는 산소가 필요하다. 궁극적으로, 정상에 가까운 조건과 충분한 시간이 주어지면 미생물들은 많은 양의 유기물을 다음과 같은 최종 생성물로 전환할 것이다.

생화학적 산소 요구량: 녹아있는 유기 화합물을 CO_2나 H_2O와 같은 간단한 물질로 산화하는 미생물에 의해 필요한 용해된 산소량.

유기 탄소 ⟶ CO_2
유기 수소 ⟶ H_2O
유기 산소 ⟶ H_2O
유기 질소 ⟶ NO_3^- 또는 N_2

20°C, 정상 기압(1 atm)에서 물에 대한 산소 분자(O_2)의 용해도는 0.0092 g O_2/L이다. 하지만, 분자식 $C_6H_{10}O_5$인 유기 물질을 무게로 10 ppm(겨우 0.001%) 포함하는 개울의 BOD는 0.012 g O_2/L이다. 분명히 이 BOD 값은 이 온도에서 용해된 산소 분자의 평형 농도를 초과한다. 이 BOD 값을 가지는 개울이나 호수에 용해된 산소를 박테리아가 활용하기 때문에 물의 산소 농도가 너무 쉽게 낮아져 물고기들이 살 수 없게 될 것이다. 이러한 일이 일어나는 여부는 새로운 산소가 물에 용해될 수 있는 기회에 달려있다. 얕은 개울에서 물이 세게 흐르면(공기를 통하게 되어 공기로부터 더 많은 산소 흡수를 가능하게 함) BOD가 용해된 산소량을 초과하게 되어 생명체가 물에서 살아남을 수 있다.

BOD 값은 산업 폐기물이나 하수를 산소나 오존으로 처리함으로써 크게 줄일 수 있다. 지금 개발되고 사용된 많은 상업적 청소 업체들은 유기 폐기물을 "태우는" 이러한 방식을 사용하고 있다. 폐수를 산소로 처리하는 또 하나의 장점은 비생물분해성 물질이 부분 산화의 결과로 생물분해성 물질로 된다는 것이다.

많이 오염된 물에는 종종 높은 농도의 유기 물질을 포함하고 있어 생화학적 산소 요구량이 크다, 극단적인 경우에는, 환경으로부터 필요한 것보다 더 많은 산소가 필요하게 된다. 그 결과 많은 수중 생물이 더 이상 살 수 없게 된다. 호기성 세균(분해 과정에서 산소를 필요로 하는 종)들이 죽는다. 그 결과, 더 많은 생물체들이 죽어 BOD는 급증한다. 하지만, 자연은 이런 경우를 대비한 보완 시스템을 가지고 있다. 새로운 미생물들(혐기성 세균)로 대체되고, 이들 유기체들이 산소를 취해 산소가 들어있는 화합물을 물과 이산화탄소로 변환한다.

이들 박테리아로 인해 유기 질소는 원소 형태의 질소로 변환된다. 충분한 시간이 주어지면, 충분한 산소를 얻을 수 있게 되어, 호기성 산화가 다시 돌아오게 된다.

7-9 물은 어떻게 자연적으로 정화되는가?

물은 한정된 양이지만 지속적으로 재생되는 천연 자원이다. 물 순환을 통해 자연은 물을 정화하는 여러 기회를 제공한다. 전 세계적인 *증류*(*distillation*) 과정으로 공기로부터 용해된 기체들과 함께 비휘발성 불순물을 극소량만 포함하는 빗물을 만든다. 바다의 소금물로부터 얼음이 *결정화*(*crystallization*)되면 빙산 형태로 비교적 순수한 물이 된다. 지하수가 암석 표면을 흐르면서 *통기*(*aeration*, 공기를 통함)되면 빨리 흐르는 개울에서 휘발성 불순물이 공기로 방출되고 산소가 녹아 들어간다. 고체 입자의 *퇴적작용*(*sedimentation* 또는 settling)은 천천히 흐르는 개울이나 호수에서 일어난다. 모래를 통한 물의 *여과*(*filtration*)로 소금이나 조류같은 부유 물질이 제거된다. 매우 중요한 것은 세균과 다른 미생물에 의해 일어나는 *산화*(*oxidation*) 과정이다. 사실상 모든 천연 유기물질(폐기물 뿐만 아니라 식물과 동물의 조직 세포)은 산소가 있고 농도가 너무 높지 않는 한 표면에서 산화될 수 있다. 마지막으로, 다른 자연 과정은 *희석*(*dilution*)이다. 자연에서 발견되는 오염 물질은 전부는 아니더라도 대부분 희석으로 인해 농도가 일정 수준 이하로 내려가면 무해하다고 할 수 있다.

인구가 폭발적으로 늘어나고 산업혁명이 도래하기 전에는, 사막 지역을 제외하고는 자연적인 정화 작용으로도 매우 순도 높은 물을 충분히 만들 수 있었다. 자연의 정화 과정은 방대하지만 사실은 섬세하다고 생각할 수 있다.

오늘날, 인간 활동으로 이 자연 정화 작용의 한계가 넘어서 오염된 물이 축적되고 있다. 간단한 예를 들면, 강바닥에서 자갈을 끄는 것이다. 자갈을 발굴하는 과정에서 물에 많은 부유물을 남고, 그 물질들이 하류까지 가면서 수중 생물이 파괴된다. 결국 고체 덩어리가 가라앉으면서 새로운 정상 생물이 시냇물에서 다시 발견된다.

아마 자연 정화 작용으로만 의존해서는 풀리지 않을 문제로 더 복잡한 예는 미생물로 쉽게 산화되지 않는 유기 분자로 인한 오염이다. **생분해성**(**biodegradable**) 물질은 미생물에 의해 간단한 분자로 분해될 수 있는 분자로 이루어져 있다. 예를 들어, 물 속에서 떠도는 셀룰로오스는 이산화 탄소와 물로 전환될 것이다. 반면 **비생분해성**(**nonbiodegradable**) 물질은 미생물의 활동으로 인해 쉽게 간단한 물질로 산화되지 않

생분해성 세균의 활동에 의해 단순한 물질로 분해되는 것.

비생분해성: 세균의 활동에 의해 단순한 물질로 분해되지 않는 것으로 환경에 강하다.

는 물질이다. 전환되는 속도가 매우 느리거나 천연 미생물로 아예 전환되지 않으면, 비생분해성 물질은 환경 내에 축적되는 경향이 있다.

일부 유기화합물, 특히 합성된 것들은 비생분해성이다. 이런 물질들이 환경에 노출되었을 때, 자연수에 남거나 생물체에 의해 흡수되어 생체 안에 그대로 오래 남는다. 예를 들어, 가지난 사슬로 된 세제 분자들은, 미생물로 인해 쉽게 분해되지 않는다.

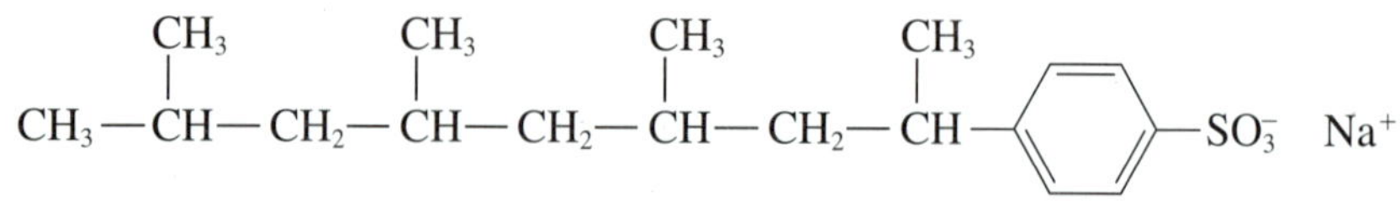

가지난 사슬을 가지는 알킬벤젠설폰산 소듐 세제 분자

이런 분자들을 포함하던 처음 만든 세제들은 강과 시내에 축적되어 거품을 만드는 원인이 되었다. 이 가지난 사슬로 된 세제는 미생물이 쉽게 분해할 수 있는 생분해성인 곧은 사슬의 알킬벤젠설폰산염 세제로 곧 대체되었다.

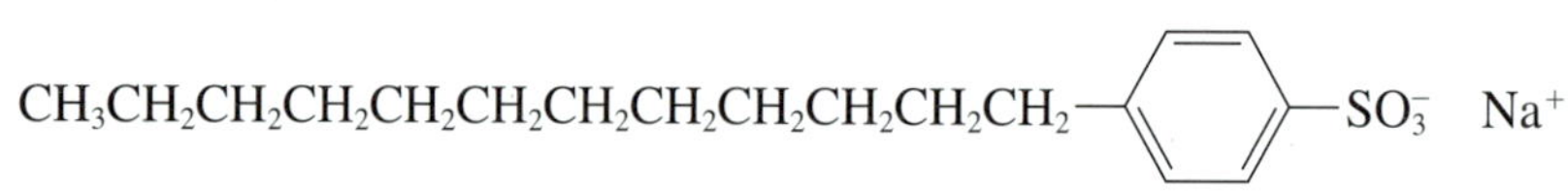

곧은 사슬을 가지는 알킬벤젠설폰산 소듐 세제 분자

비생분해성 유기 오염 물질의 다른 예로는 염화탄화수소 및 폴리염화탄화수소가 있다. 이 화합물들은 살충제로 사용된다. 살충 작용이 있는 다이클로로다이페닐트라이클로로에테인(dichlorodiphenyltrichloroethane, DDT)은 1939년에 처음으로 알려졌다. 제2차 세계대전이 끝날 무렵 이 화합물의 살충력은 전설적이었다. 그 이유는 말라리아를 일으키는 모기부터 이(lice)까지 그 무엇이든 다 죽일 수 있었기 때문이다. 이런 성공적인 결과로 염화탄화수소로 만든 다른 여러 살충제가 도입되었고, 1960년대 초에는 전 세계적으로 사용되었다. 이런 화합물들은 대부분의 곤충류를 다 죽일 수 있는 넓은 범위의 살충제이다. 하지만, 이런 화합물들은 생분해가 엄청 느리고 환경에 축적된다. 이런 축적이 특히 골칫거리인 이유는 생분해가 느리게 되면서 화합물들이 먹이 사슬에 남기 때문이다. 물고기를 먹는 새들을 예로 들면, 이런 화합물을 먹은 작은 유기체들이 물고기에게 잡혀 먹히고, 그 물고기는 새가 잡아먹기 때문에 많은 양의 살충제 화합물이 새의 몸 안에 축적된다. 이런 이유로 매, 펠리칸, 흰머리 독수리, 물수리 등 여러 새들이 멸종 위기에 처해 있다. DDT는 새들에게 필요한 딱딱한 알을 만드는 메커니즘을 방해하면서 생식 장애를 유발한다. 1972년 미국에서 DDT 사용을 금지한 이후에 갓 부화한 새들의 숫자가 급격히 증가했다.

7-10 물 정화 과정: 고전과 현대

하수란 가정, 공장 및 각종 건물들의 싱크, 욕조, 세탁기, 변기 등에서 흘러나오는 모든 것을 의미하는데, 99.9%가 물이다. 지난 수년간 도심에서는 시골 지역에서 흔한 변소에 해당하는 오수 구덩이(cesspool)들을 만들었는데, 이는 땅 속에 하수가 흘러 들어가

폭기 시설. 이러한 처리 시설에서 물은 자연적으로 정화된다.

도록 하는 것이다. 오수 구덩이에서는 혐기성균에 의해 유기 물질들이 분해되어 썩은 계란 냄새를 풍기는 황화 수소(hydrogen sulfide)와 같은 악취를 풍기는 화합물들이 발생한다. 오수 구덩이를 청소하는 것이 너무 괴로웠던 나머지, 사람들은 물로 이 구덩이를 청소하는 방법을 고안해 내었고, 더 나아가 여러 오수 구덩이들을 연결하여 때때로 물로 청소하는 시스템을 만들어내었다. 다음 단계는 폐기물을 저장해두지 않는 도시의 하수도였다.

처음 도시 하수도는 단순히 폐기물을 강과 개울로 흐르게 하면 당연히 자연적으로 정화되어 하류에 도달했을 때 사람들이 다시 이용할 수 있을 것으로 예상하였다. 하지만 오늘날 여러 단계를 통해 하수를 처리하여 자연에 존재하는 물만큼 깨끗한 상태로 배출한다. 가장 기본적인 처리방법은 자연의 정화방법인 침전과 여과를 이용하는 *일차 폐수처리법(primary wastewater treatment)*이다. 일차 폐수처리법에서는 그림 7.7에서 보는 바와 같이 하수를 일차 침전탱크(primary sedimentation tank)에서 염소 살균기로 이동한다.

일차 폐수처리법은 하수에 존재하는 고체의 40~60%와 유기물의 30% 정도를 제거한다. 또한, 수산화 칼슘(calcium hydroxide)과 황산 알루미늄(aluminum sulfate)을 더해 수산화 알루미늄(aluminum hydroxide)이라는 끈적하고 젤리 같은 침전물이 천천히 생산되면서 현탁된 먼지 입자 및 균과 함께 침전된다.

$$3\,Ca(OH)_2(aq) + Al_2(SO_4)_3(aq) \longrightarrow 2\,Al(OH)_3(s) + 3\,CaSO_4(s)$$

수 년 동안 도시의 하수처리 시설의 정화 방법은 오직 일차 폐수처리법에 이어 처리된 폐수의 염소화(chlorination)였다(7-12절 참조). 염소 소독법은 남아있는 해로운 병원균들을 소멸시킨다. 남은 고체와 녹은 유기물은 자연에서 여러 단계들을 거쳐 처리된다고 추정된다.

하지만 이러한 처리법이 오염된 물로부터 시민들을 보호하기에 부족하다는 것이 밝혀졌고, 1972년에 만든 수질오염방지법(Clean Water Act)은 하수처리 시설에서 오수 구덩이의 개념을 더 체계적으로 되살린 *이차 폐수처리법(secondary wastewater treatment)*도 필수로 실행하도록 하였다. 최신 이차 폐수처리법이 산소가 풍부한(aerobic) 환경에서 작동되는 반면, 오수 구덩이는 산소가 부족한(anaerobic) 환경에서 작동된다. 하지만 결과는 같다. 즉, 침전되지 않은 유기 분자들이 미생물에게 잡아먹히면 슬러지가 생성되어 침전된다.

하지만 일차 및 이차 폐수처리법을 병행하여도 독성 금속 이온 같은 용해성 무기물질, 질산 이온(NO_3^-)이나 암모늄 이온(NH_4^+)과 같은 영양소, 염화 탄화수소(chlorinated hydrocarbon)와 같은 비생분해성 유기 화합물들은 제거되지 않는다. 이러한 물질들은 폐수의 구성물과 성질에 따라 특별히 선택된 다양한 *삼차 폐수처리법(tertiary wastewater treatment)*을 통해 제거할 수 있다. 삼차 폐수처리법을 하는 데 있어서 걸림돌은 하수처리 시설을 수정하고 변경하는 것과 추가적 처리법 때문에 사용되는 비용이다.

*카본블랙(carbon black)*을 통한 물의 여과는 삼차 폐수처리법의 한 종류로서, 비생물분해성인 용해된 유기 화합물, 즉 이차 폐수처리법 이후에도 물에 남아있는 화합물들을 제거하는 데 유용하다. 카본블랙은 잘게 나누어진 탄소 입자들로 이루어져 있으며, 이 입자들이 표면적이 커서 특정 독성 가능성을 가진 물질을 포함한 용질들이 흡착(adsorb)할 수 있다.

탈질소세균: 암모니아나 암모늄 이온을 질소로 변환하는 세균.

암모니아나 암모늄 이온을 제거하기 위해서는, 또 다른 삼차 폐수처리법이 필요하다. 질소는 수생 미생물들에게 영양소이기 때문에 자연수에 과도한 질소의 유출은 생화학적 산소 요구량(biochemical oxygen demand, BOD)의 급증과 수반되는 어류의 때죽음과 다른 문제들이 생길 수 있다. 따라서 물을 암모니아나 암모늄 이온을 무해한 질소 기체로 변환하는 **탈질소세균(denitrifying bacteria)**에 노출시킨다.

$$NH_4^+(aq) \text{ 또는 } NH_3(aq) \xrightarrow{\text{탈질소 세균}} N_2(g)$$

"순수한 물"에 대한 여러 정의

화학자: "다른 물질이 없는 순수한 H_2O"

부모: "내 자식에게 해로운 것이 없는 것"

야생동물 위원회: "동물에게 해로운 것이 없는 것"

보트 관광객: "눈과 코를 즐겁게 하는 것, 쓰레기가 없는 것"

생태학자: "필요한 영양소를 포함하는 천연 혼합물"

그림 7.7 ▸ 일차 및 이차 폐수처리

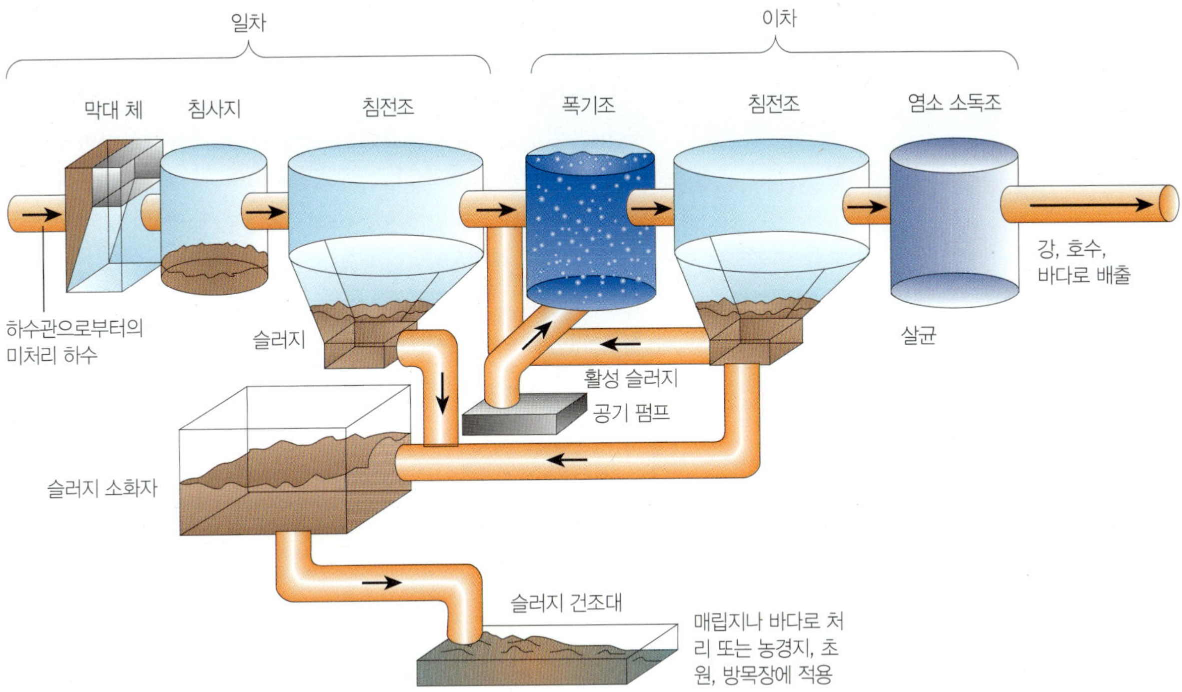

7-11 경수의 연화

물에 Ca^{2+}, Mg^{2+}, Fe^{3+}, Mn^{2+}이 존재하면 물이 "경도(hardness)"를 나타내게 된다. 경도는 (1) 보일러와 온수 배관에 침전물이 형성되게 하고, (2) 비누에서 불용성 응결물이 형성되게 하고(일부 합성 세제에서는 이 반응은 일어나지 않는다. 10-4절 참조), (3) 물에서 고약한 맛이 나도록 할 수 있기에 선호하지 않는 현상이다.

탄산염(carbonate)의 형태로 존재하는 칼슘이나 마그네슘 이온에 의한 경도는 약간 산성을 띤 물이 석회석($CaCO_3$)이나 백운석[$CaMg(CO_3)_2$] 사이로 흐를 때 생성된다.

이러한 "경수(hard water)"는 위에서 언급한 이온들을 제거하여 연화시킬 수 있다. 물을 연화시키는 방법 중 하나는 바로 석회 소다(lime-soda) 과정이다. 석회 소다 과정은 탄산 칼슘($CaCO_3$)이 중탄산 칼슘[$Ca(HCO_3)_2$]보다 훨씬 더 불용성이고, 또 수산화 마그네슘이 중탄산 마그네슘보다 훨씬 더 불용성이라는 성질을 이용한다. 이 과정에서 물에 첨가되는 원료는 소석회[$Ca(OH)_2$]와 소다(Na_2CO_3)이다.

석회 소다 과정의 종합적인 결과는 거의 모든 칼슘과 마그네슘 이온을 탄산 칼슘이나 수산화 마그네슘 형태로 침전시키고, 소듐 이온으로 대체하는 것이다.

Fe^{2+}로 존재하는 철과 Mn^{2+}로 존재하는 망가니즈는 공기와의 산화(aeration)을 통해 더 높은 산화 상태로 만들어 물로부터 제거할 수 있다. 물의 pH가 7 이상이라면 (자연적으로 또는 석회의 추가 때문에), 비용해성 화합물인 $Fe(OH)_3$과 $MnO_2(H_2O)_x$가 용액에서 생성되어 침전될 것이다.

가정용 단물(soft water)을 얻기 위한 바램은 오히려 건강에 대한 열띤 토론을 유발하였다. 단물은 주로 산성을 띠며 2+ 또는 3+ 금속 이온 대신에 소듐 이온으로 이루어져 있다. 소듐 이온 섭취가 늘면 심장병과 관련이 있다고 알려져 있다. 또한, 산성을 띤 단물은 금속관, 연결부, 고정물들을 공격하여 납 이온(Pb^{2+})과 같은 해로운 이온들을 용해하게 된다. 물을 마실 때 소듐 이온 섭취량을 줄이고 씻을 때 비누를 덜 사용하는 한 가지 방법은 천연 경수만을 마시고 단물로 씻는 것이다.

많은 상업적으로 사용되는 연수장치에는 소듐 양이온이 많은, 비용해성이며 음전하를 띤 수지를 포함하는 이온 교환 칼럼(ion-exchange column)이 있다. 물이 수지 칼럼을 통해 흐를 때, 경수에 흔한 이중전하를 띤 양이온(Ca^{2+}, Mg^{2+}, Fe^{2+})이 단일 전하를 띤 소듐 이온보다 칼럼에 더 강하게 부착된다. 따라서 소듐 이온이 물로 이동하고 이중 전하를 띤 양이온이 물에서 제거된다. 이러한 물의 연화 과정을 그림 7.8에 나타내었다. 이온 교환 칼럼이 결국 경수 이온들로 채워지게 될 것이므로, 물을 연화시킬 수 있는 역량이 한정되어 있다. 정수기나 제빙기가 달려있는 최신 냉장고에는 이러한 물 연화 장치가 부착되어 있다.

때로는 세탁용 소다라고 하는 탄산 소듐(Na_2CO_3)을 사용하여 물을 연화할 수 있다. 물에 탄산 소듐을 첨가하면 불용성인 탄산 칼슘과 탄산 마그네슘이 형성되어 고체로 침전된다.

7-12 물의 염소 및 오존 처리

1900년대 초 상수도에 염소 처리법이 등장하면서 미국에서 장티푸스 외 수인성 질병으로 인한 사망자 수가 1900년 10만명 당 35명에서 1930년에 10만명 당 3명으로 줄어들었다.

염소는 물에서는 기체 상태의 원소 Cl_2로 나타나며 강한 산화제로 작용하여 물 속 세균을 죽인다. 수돗물을 만들 때와 폐수를 흘려보내기 전 모두 이 과정을 거친다. 염소 처리법은 대체로 콜레라, 장티푸스, 파라티푸스, 이질 등 세균으로 인해 퍼지는 주요 수인성 질병들을 방지한다. 하지만 도심의 상수도는 여전히 오염에 노출되어 있다. 예를 들어 1993에 미국 밀워키 주에서 *크립토스포르디움*(*Cryptosporidium*) 균으로 인한 소화기 질환이 크게 발생하였다. *살모넬라*(*salmonella*) 균으로 인한 좀 덜한 질병 발생도 있었다. 또한, 병원체들이 표면 유출수(surface water runoff)를 통해 상수도에 들어온 경우도 있었다.

살균 부산물: 물에 들어있는 물질에 살균제의 작용으로 형성되는 화합물.

산업 폐수와 수돗물의 염소화는 염소와 유기 화합물들의 잔류 농축과의 반응으로 인해 생성되는 **살균 부산물(disinfection by-product)** 때문에 잠재적 위협이 될 수 있다.

$$\text{유기 화합물들을 포함하는 물} \xrightarrow{\text{염소}} \text{염소화된 유기 살균 부산물}$$

수 ppm 이하로 존재할 수도 있는 이들 살균 부산물은 발암 물질로 추정되는 다이클로로메테인(dichloromethane), 클로로폼(chloroform), 트라이클로로에틸렌(trichloroethylene), 클로로벤젠(chlorobenzene)을 포함한다. 염소화 되는 유기물을 더 효율적이게 제거하면 염화 탄화수소의 생성을 막을 수 있다.

살균 부산물인 염화 탄화수소들을 제거할 수 있는 방법 중 하나는 오존(O_3)을 살균제로 사용하는 것이다. 오존은 방전을 통해 산소나 공기를 지나가게 하였을 때 생성된다. 이 과정은 주로 매우 강한 산화제인 약 20% 오존–산소 혼합물을 생성한다.

오존화(ozonation)도 염소화 과정과 마찬가지로 유해한 살균 부산물을 생성할 수 있

도시 하수처리 시설에 있는 염소 접촉실. 물을 염소화하여 질병을 일으키는 병원균을 죽이고 자연으로 되돌린다. 격막이 물의 흐름을 늦추어 염소와의 접촉 시간을 늘린다.

다. 대부분의 자연수에서 발견되는 브로민화 이온(Br^-)은 오존에 의해 산화되어 발암물질로 추정되는 브로민산 이온(BrO_3^-)이 된다. 일반적으로, 염소 처리를 통해 생성되는 많은 염화 탄화수소들보다, 이 한 가지 유해 살균 부산물인 브로민산 이온이 훨씬 덜 위험한 인자로 여겨진다.

7-13 바다에서 담수를

바닷물이 지구 표면의 72%를 차지하기 때문에 담수 공급이 부족한 지역에서 바닷물을 담수 공급원으로 고려하는 것은 당연한 일이다. 바닷물은 무게로 따지면 평균적으로 약 3.5%(35,000 ppm)의 염을 포함하고 있기 때문에 바닷물은 식수, 생활용수, 농업용수로 사용하기에는 농도가 너무 높다(표 7.9). 물에 녹아있는 이온의 합이 500 ppm 아래로 낮아져야 사람이 사용하기에 적당하다.

그림 7.8 ▸ 가정용 이온교환 연수 장치

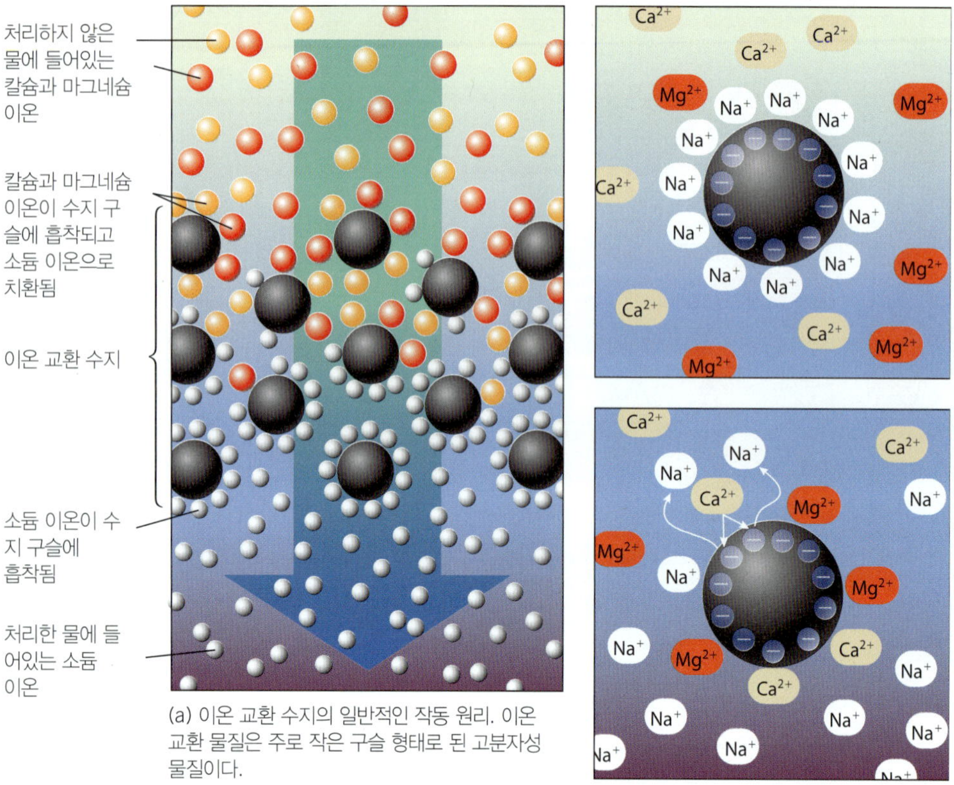

(a) 이온 교환 수지의 일반적인 작동 원리. 이온 교환 물질은 주로 작은 구슬 형태로 된 고분자성 물질이다.

(b) 이온 교환 수지는 일반적으로 수지 표면에 음전하를 띤 작용기를 가진다. 소듐 이온이 표면에 흡착되어 음전하 균형을 맞춘다.

(c) Ca^{2+}와 Mg^{2+} 이온이 흡착된 후의 이온 교환 수지. 더 높은 전하를 띤 Ca^{2+}와 Mg^{2+} 이온이 소듐 이온보다 수지 구슬에 더 강하게 결합한다. 이렇게 되어 수지 표면에 소듐 이온이 알칼리 토금속 이온으로 치환된다.

바닷물을 담수로 바꾸는 기술이 개발되었다. 이 기술이 실제적으로 쓰이는 정도는 담수의 접근성과 기계를 돌리는 데 쓰이는 비용에 달려있다.

세계 담수화 협회(International Desalination Association, IDA)에 따르면 2009년도 기준으로 전 세계의 분포한 13,080개의 담수화 공장은 하루에 총 120억 갤런의 담수

표 7.9 ▸ 농도 0.001 g/kg 이상으로 바닷물에 존재하는 이온

이온	바닷물(g/kg)
Cl^-	19.35
Na^+	10.76
SO_4^{2-}	2.71
Mg^{2+}	1.29
Ca^{2+}	0.41
K^+	0.40
HCO_3^-, CO_3^{2-}	0.106
Br^-	0.067
$H_2BO_3^-$	0.027
Sr^{2+}	0.008
F^-	0.001
계	35.129

를 생성하며 담수화 공장의 60%는 중동에 위치하고 있다. 바닷물을 정화하는 두 가지 방식으로 *역삼투*(*reverse osmosis*)와 *태양열 증류*(*solar distillation*)가 있다.

대략 전 세계 담수화 공장의 20%는 열 증류 방식을 이용한다. 사우디아라비아에는 현재 세계에서 가장 큰 담수화 공장이 있다. 이 공장은 하루에 1억 2천8백만 갤런의 식수를 생산하며 담수화 공장에서 만들어지는 물은 사우디아라비아 식수의 70%를 차지한다. 미국의 탬파베이, 샌디에고, 엘패소 지역은 이미 역삼투를 이용한 담수화 공장이 있거나 현재 짓고 있다. 탬파베이에 있는 담수화 공장은 2천5백만 갤런의 식수 생산이 가능하다. 하지만 역삼투막에 부착물이 생기는 것을 방지하기 위해 물을 사전 처리하는데 이것에 문제가 있어 하루 담수화되는 물은 이보다 적다. 2016년에 설립될 샌디에고 공장은 하루 5천만 갤런의 식수를 생산할 수 있으며 더욱 미래에 설립될 공장은 하루에 1억 1천9백만 갤런의 식수 생산이 가능할 것으로 보인다.

7-13a 역삼투

합성 고분자 화합물이나 동물의 조직 같이 극히 얇은 소재의 물질은 일부 분자만을 통과시킬 수 있다. 이러한 물질을 막(membrane)이라고 하며 특정 분자와 이온을 통과시키는 것을 **투과성(permeable)**이라고 한다. 막의 투과도는 막에 존재하는 작은 통로들에 의해 결정된다. 막 중에서 물 분자는 통과시키지만 물보다 큰 분자나 이온은 통과시키지 않는 막을 **반투막(semipermeable membrane)**이라고 한다. 합성 고분자 화합물로 만든 많은 반투막은 이러한 성질을 가지며 아세트산 셀룰로오스가 대표적이다. 반투막을 바닷물과 순수한 물 사이에 놓으면 순수한 물이 막을 통과해 바닷물을 희석시킬 것이다. 이 과정을 **삼투(osmosis)**라고 한다. 나가는 물 분자보다 들어오는 물 분자가 더 많기 때문에 바닷물이 있는 쪽의 물 높이가 높아지며 막의 양 방향에서 물 분자의 이동 속도가 같아질 때까지 막에 압력이 가해진다. **삼투압(osmotic pressure)**은 삼투현상을 정지시키기 위해 필요한 외부 압력을 말한다. 그림 7.9의 a와 b는 삼투와 삼투압의 개념을 설명하고 있다.

역삼투(reverse osmosis)는 염도가 높은 물(수용액)에서 순수한 물 쪽으로 물 분자가 이동하도록 압력을 가해주는 것을 말한다(그림 7.9b). 보통 바닷물의 삼투압은 24.8 atm

투과성: 물질이 통과하도록 허용함.

반투막: 물 분자는 통과하나 이온이나 더 큰 분자는 통과하지 못하는 막.

삼투: 반투막을 통해 농도가 더 낮은 용액에서 농도가 더 높은 용액으로 물 분자가 흐르는 것.

삼투압: 삼투가 일어나지 않도록 하는 데 필요한 외부 압력.

역삼투: 반투막을 통해 농도가 더 높은 용액에서 농도가 더 낮은 용액으로 물 분자가 흐르도록 용액에 압력을 가함.

그림 7.9 ▸ (a) 역삼투를 이용한 물 정화, (b) 나노 범위 수준의 역삼투.

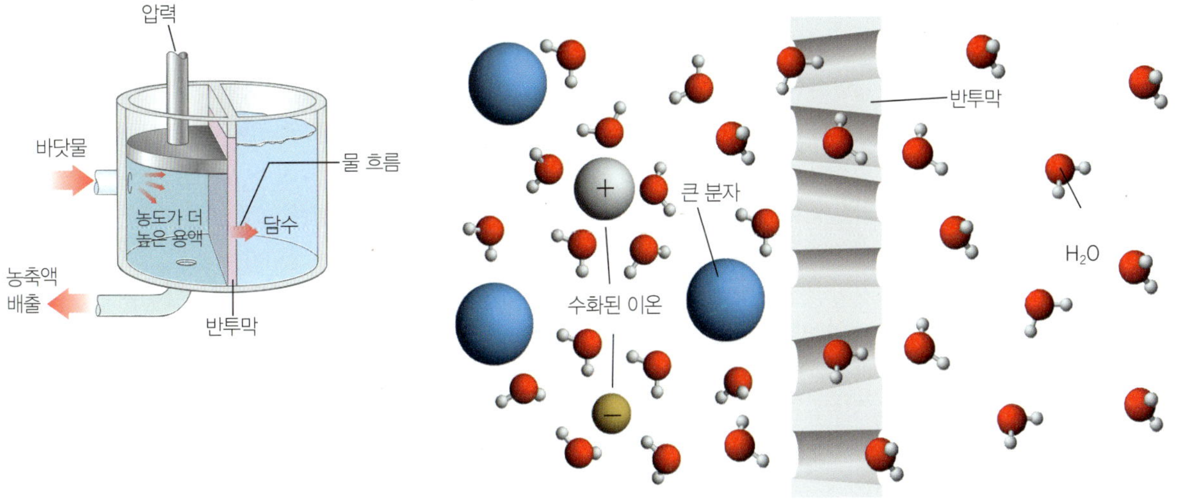

이다. 따라서 역삼투가 일어나기 위해서는 24.8 atm보다 높은 압력을 가해주어야 한다. 최대 100 atm의 압력을 가하면 적당한 속도의 역삼투가 일어나며 과정이 진행될수록 염도가 높아진다. 작고 휴대 가능한 역삼투 기계는 비상시 개인용으로 적은 양의 순수한 물을 만드는 데 사용할수 있다. 이러한 수동 담수화 기계는 보통 바닷물로부터 시간당 4.5 L의 순수한 물을 만들어낼 수 있다.

7-14 가정용 음용수

물을 정화하기 위해 많은 노력을 함에도 불구하고 많은 소비자들은 가정, 학교, 회사에서 나오는 수돗물의 질에 대해 의구심을 갖는다. 어린아이를 키우는 부모는 납이나 염소 소독 후 부산물로 생성되는 유기 발암물질 같은 화학물질을 특히 걱정한다. 따라서 많은 사람들은 생수를 사서 마시거나 정수기를 이용한다.

미국 식품의약국(FDA)에서는 판매되는 생수의 품질을 규제하고 있다. 물은 하나 이상의 정화 과정을 거친다(그림 7.10). 증류, 탄소 여과, 역삼투의 3단계 정화 시스템(정수기에서도 사용됨)을 도시용수에 적용하자는 논의가 이미 이루어졌다. 미국 환경보호청(EPA)이 허용하는 3단계 정화 시스템을 거친 물의 최대 오염치를 표 7.10에 나타내었다. 하지만 각 정화단계의 비용이 많이 들어 정화된 물의 가격은 비싸질 수밖에 없다. 생수나 정수기의 경우, 사람이 마실 소량의 물만 정화하면 되기 때문에 비용은 큰 문제가 되지 않는다. 그림 7.10에는 각 정화단계마다 제거되는 오염물질과 남아있는 물질을 색으로 나타내었다. 따라서 생수를 사기 전에는 꼭 병의 라벨을 꼼꼼히 읽어보아야 한다.

세계보건기구(WHO)에 따르면 매년 160만명의 5살 이하의 아이들이 오염된 물을 마셔 설사로 죽는다. 전 세계에서 약 10억명의 사람들은 안전하고 깨끗한 식수를 얻을 수 없다. 설사, 콜레라, 주혈흡충증, 오염된 물에 의한 전염병으로 인한 사망자는 하루 9300명에 달하며 이는 1년에 340만명이 넘는 수치이다. 이 수치는 서양인들은 찾아보기 힘들고 대부분 이러한 죽음이 거의 일상인 아시아나 아프리카 특정 지역에 사는 사람들이다.

아직 세계적으로 제한적인 수자원 공급을 널리 공평하게 하기 위해 많은 노력이 필요하다. 또한 세계 인구가 늘어나면 물의 접근성이 점점 떨어져 문제가 더욱 심각해진다. 궁극적으로 보면 물 자체는 있다. 다만 여러 용도로 사용하기에는 물의 염도가 높거나 오염되어 깨끗하지 않고 잘못된 장소에 위치할 뿐이다. 다른 지방에서 물을 끌어다 쓰지 않았다면 로스엔젤레스, 피닉스, 라스베가스와 같은 도시들은 지금같이 성장하지 못했을 것이다. 여기서 제기되는 의문점은 얼마의 가격을 지불하고 얼마나 오랫동안 이러한 도시들이 더 성장을 유지할 수 있을까하는 것이다. 2004년 4월 타임지 발표에 따르면 세계 골프장 유지를 위해 쓰이는 매일 25억 갤런의 물은 유엔이 지정한 하루 최소 필요한 물의 양을 기준으로 47억명의 사람들에게 공급할 수 있는 양이라고 한다. 2002년 9월 내셔널 지오그래픽에 따르면 두바이는 비싼 돈을 들여 260만 갤런의 바닷물을 담수화하고 이 물로 와일드 와디 워터파크를 운영하였다. 이러한 예는 돈이 물 부족을 해결하는 일반적인 방법일 수도 있다는 것을 보여준다.

표 7.10 미국 환경보호청(EPA)이 허용하는 음용수의 최대 오염치를 나타낸 부분적인 표*

금속	
베릴륨	0.004
카드뮴	0.005
크로뮴	0.100
구리	1.300
납	0.015
준금속	
비소	0.010
안티모니	0.006
비금속	
플루오린화물	4.00
질산염	10.00
휘발성 유기 화합물	
벤젠	0.005
사염화 탄소	0.005
염화 비닐	0.002
트라이클로로에틸렌	0.005
헥사클로로벤젠	0.001
스타이렌	0.100

농약, 제초제, 폴리염화바이페닐	
클로르데인	0.002
엔드린	0.0002
헵타클로르	0.0004
린데인	0.0002
메톡시클로르	0.040
톡사펜	0.003
폴리염화바이페닐	0.0005
이차 오염물	
철	0.30
망가니즈	0.05
아연	5.00
염화물	250.00
황산염	250.00
용해된 고체 총량	500.00

*값은 mg/L 단위

출처: http://www.epa.gov/safewater/mcl.html

그림 7.10 ▸ 물 정화의 마지막 단계. 생수나 도시용수는 모두 이 정화과정을 거친다. 각 단계마다 어떤 오염물이 제거되는지를 색으로 나타내었다. 병원균은 이 모든 방법을 거쳐도 걸러지지 않는다. 따라서 수돗물은 꼭 염소 소독이나 다른 살균작용을 거쳐야 된다.

연습 문제

1. 다음 단어의 뜻을 설명하시오.

(**a**) 지표수
(**b**) 지하수
(**c**) 염수(brackish water)
(**d**) 공해
(**e**) 지하수 충전
(**f**) 음용수

2. 지하수가 어떤 오염원에 의해 어떻게 오염되는지 설명하시오.

3. 물이 가장 많이 소비되는 활동은 무엇인가?

4. '지하수 충전'이라는 용어의 뜻을 설명하고 이 용도로 어떤 수자원이 사용되는지 말하시오.

5. 공업용과 가정용 쓰레기를 폐기하는 두 가지 방식을 말하고 이 중 어느 방식이 수질에 영향을 줄 가능성이 높은지 쓰시오.

6. 흔한 가정용 쓰레기를 3가지 쓰고 그들이 포함하고 있는 수질에 악영향을 끼칠 화학물질을 종류를 적으시오.

7. 깨끗한 물이 가정의 납 성분에 의해 오염되는 과정을 적으시오.

8. 증류로 물을 정화하는 방식을 설명하시오.

9. 침전과 여과로 물을 정화하는 방식을 설명하시오.

10. 너무 높은 농도의 암모니아 같은 질소 화합물은 수질에 악영향을 미친다. 3차 오수처리 중 어떤 방법으로 이를 제거하는지 쓰시오.

11. 물의 염소 소독은 물의 폭기(aeration)와 어떻게 비슷하고 어떻게 다른지 쓰시오.

12. 역삼투가 어떻게 바닷물을 정화하는지 설명하시오.

8 에너지와 탄화수소

Energy and Hydrocarbons

차례

미국의 보통 사람은 세계 어떤 나라의 사람들보다 훨씬 많은 에너지(1인 당 에너지 소비량)를 이용하며, 사용량도 놀라운 속도로 계속해서 증가하고 있다. 미국 인구는 세계 인구의 약 5%이지만, 1일 에너지 공급량의 약 25%를 소비하며, 이 중 85%는 화석 연료 소비량이다. 탄화수소의 연소 반응 생성물인 이산화 탄소가 지구 온난화에 중요한 역할을 할 수도 있다는 것을 이미 배웠다(4장). 앞으로도 계속해서 많은 양의 화석 연료(석탄, 석유, 천연 가스)와 여기서 나오는 생산품(휘발유, 메탄올, 에탄올)을 태울 인류의 영향에 대한 큰 우려는 당연히 놀랄 일이 아니다. 한편으로는, 화석 연료의 공급량과 이로부터 얻을 수 있는 에너지가 한정되어 있다는 걱정이 있다. 또 한편으로는, 비록 인간이 발생시킨 이산화 탄소가 지구 온난화의 으뜸 원인이 아니라는 것이 밝혀졌지만, 이러한 화석 연소로부터 얻어지는 에너지에 대한 지속적인 사용이 지구 온난화를 가속시킬 수도 있다는 우려도 있다. 모든 것을 고려해보면, 아마도 화석 연료들을 가장 잘 이용하는 것은 이들을 태워서 이들의 화학 결합 내에 포함된 에너지를 얻는 것이 아니라 좀 더 나은 목적으로 활용하는 것이다.

화석 연료 중 가장 많이 사용되는 것은 탄화수소 화합물이다. 천연 가스는 대부분 메테인이고, 원유는 수천 개 탄화수소의 복합 혼합물이며, 석탄은 훨씬 더 복잡한 탄화수소의 복합 혼합물이다. 휘발유와 항공유와 같은 우리가 사용하는 많은 연료는 석유로부터 얻는다.

화석 연료들은 또한 수많은 소비재를 만드는 데 이용되는 탄화수소 화합물의 주요 원천 물질이다. 이 장에서는 탄화수소 화합물의 화학 및 에너지 측면을 기술하고, 9장에서는 탄화수소 화합물의 산업적 이용에 중점을 두었다. 에너지 방출량 향상과 공해 감소의 필요성 때문에, 알코올과 메탄올은 에너지 부분에서 논의하기로 한다.

에너지의 국제 표준 단위는 줄(joule)이지만, 좀 더 친숙한 열 단위는 칼로리(cal)이다. 1 칼로리는 물 1 그램을 1°C 높이는 데 필요한 열량이다. 1 cal는 4.18 J과 같고, 1000 cal는 1 kcal와 같다. 예를 들면, 우리가 걸을 때는 140 kcal/h가 소모되고, 자고 있을 때에는 80 kcal/h가 소모된다.

8-1 연료에서 얻는 에너지

가정과 산업에서, 우리는 대부분의 에너지를 화석 연료를 태워서 얻는다(그림 8.1). 연료의 연소가 에너지를 어떻게 공급하는가? 연료는 산소 존재 하에서 쉽게 탈 수 있는 환원된 형태의 물질이고, 연소는 산화 반응이다(6-1절). 천연 가스의 주성분인 메테인의 연소는 연료의 연소가 에너지를 어떻게 생성하는지를 생생하게 보여주는 예이다.

연료가 연소하는 과정에서 방출된 열을 어떤 목적에 이용할 수 있다. 열(heat) 에너지를 비롯한 에너지의 방출 과정을 자유에너지 감소(exergonic) 반응이라고 한다. 열 형태로 방출되는 것에만 초점을 맞추면, 그 과정은 발열(exothermic) 반응이라고 한다. 이 과

전 세계적으로 매년 생산되는 에너지의 85% 이상을 석유와 같은 화석 연료로부터 얻는다. 1년에 석유로부터 생산되는 에너지 양은 태양이 1시간 동안 제공하는 에너지 양보다도 적다.

그림 8.1 ▸ **2008년 미국에서 이용된 에너지 원천 물질들.**

모든 것을 종합해보면, 화석 연료들(석유, 천연 가스, 석탄)이 연료의 84%를 차지하고 있다. 이들은 재생 가능한 에너지 원천 물질이 아니다. 화석 연료의 공급량이 고갈됨에 따라, 재생 가능한 에너지 이용이 점점 더 중요해질 것이다. 재생 가능한 에너지는 식물, 바람, 흐르는 물, 지열, 태양으로부터 얻어진다.

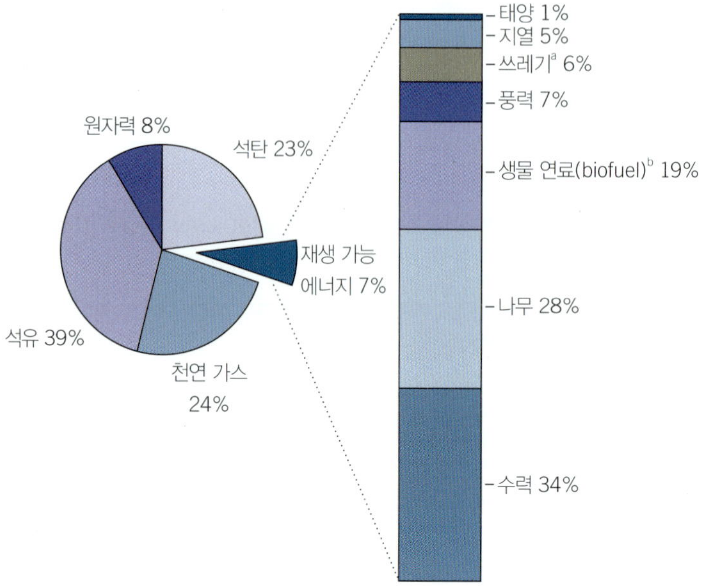

[a]생체근원(biogenic) 원천 물질에서 나오는 고체 쓰레기, 매립지 가스, 오니(sludge, 슬러지, 더러운 오염 물질을 함유한 진흙), 농업 부산물, 그 밖의 생물자원(biomass).
[b]에탄올 연료와 바이오디젤(biodiesel, 식물 기름으로 만든 대체 디젤유), 이들을 생산할 때 발생하는 손실량과 부산물.

정들의 역이 자유에너지 증가(endergonic) 또는 흡열(endothermic) 과정이다. 화학 반응과 관련된 에너지 변화량을 자유에너지 감소 또는 자유에너지 증가로 가장 적절하게 생각할 수도 있지만, 화학 반응에서의 주된 에너지 변화량은 흔히 열 에너지이다.

연료의 연소와 같은 화학 반응에서, 에너지가 방출되거나 흡수되는 것을 무엇이 결정하는지 살펴보기로 하자. 화학 반응은 반응물을 생성물로 변환시킨다. 이러한 변환이 일어나려면 반응물 내의 몇몇 화학 결합이 깨져야 한다. 결합이 깨지려면 에너지가 투입(input)되어야 한다. 후에 제시되겠지만, 화학자들은 이러한 흡열 과정을 양의 부호(+)와 수학적 항들로 나타낸다. 생성물이 형성될 때에는 반드시 새로운 화학 결합들이 형성된다. 화학 결합의 형성은 에너지를 방출하고, 이런 흡열 반응은 음의 부호(−)와 수학적 항들로 표시된다. 두 반응의 합이 화학 반응과 관련된 에너지 변화량이다.

몇몇 평균 결합 에너지 값을 표 8.1에 나타내었다. 결합 에너지는 특정 화학 결합 1 mol을 끊는 데 필요한 열 에너지 혹은 엔탈피다. 결합이 깨지는 것과 형성되는 것은 서로 반대 과정이므로, 이 값은 또한 특정 화학 결합 1 mol이 형성될 때 방출되는 열 에너지이다. 화합물마다 결합 에너지 값이 다르지만, 이들의 평균 결합 에너지 값만으로도 우리 목적상 충분하다.

화학 반응과 관련된 에너지 변화량은 다음 세 범주에 속한다.

- *전체적으로 에너지가 소모된다.* 반응물 내의 결합을 깨는 데 필요한 에너지의 합이 생성물 내에 새로 형성된 결합이 방출하는 에너지보다 크면, 화학 반응에 의해 에너지가 소모될 것이다. 흡열적으로 결합이 깨지는 과정(+ 부호)이 발열적으로 결합이

표 8.1 평균 결합 에너지

결합	에너지 (kJ/mol)
C—H	416
O=O	498
C=O	803
O—H	467
C—C	356
H—H	436
C—O	336

형성되는 과정(− 부호)보다 에너지가 더 필요하므로, 전체적으로 보면 이 에너지 변화량의 합이 흡열적(+ 부호)이다. 이런 유형의 화학 반응은 에너지 투입을 필요로 하기 때문에 에너지원으로는 유용하지 않을 것이다.

- ***전체적으로 에너지가 방출된다.*** 반응물 내의 결합을 깨는 데 필요한 에너지의 합이 생성물 내에 새로 형성된 결합이 방출하는 에너지보다 작으면, 화학 반응에서 에너지가 방출될 것이다. 흡열적으로 결합이 깨지는 과정(+ 부호)이 발열적으로 결합이 형성되는 과정(− 부호)보다 에너지가 덜 필요하므로, 전체적으로 보면 이 에너지 변화량의 합이 발열적(− 부호)이다. 이런 유형의 화학 반응은 에너지를 생산하기 때문에 에너지원으로 유용할 수 있다. 다시 말하면, 반응물들이 사용 가능한 연료일 수 있다. 연료의 연소로 방출되는 에너지의 총량 이외의 인자들 또한 연료로서의 적합성을 결정하는 데 중요할 수 있다.
- ***전체적으로 알짜 에너지 변화가 없다.*** 반응물 내의 결합을 깨는 데 필요한 에너지의 합이 생성물 내에 새로 형성된 결합이 방출하는 에너지와 완전하게 일치하면, 알짜 에너지 변화량이 없다. 흡열적으로 결합이 깨지는 과정(+ 부호)이 발열적으로 결합이 형성되는 과정(− 부호)이 방출하는 에너지와 똑같기 때문에, 이 에너지 변화량의 합은 영(0)이다. 화학 반응에서 이런 현상은 불가능하지는 않지만 비교적 드물게 일어난다.

균형 화학 반응식을 알고, 끊어지고 형성되는 모든 화학 결합의 결합 에너지 값들을 안다면, 화학 반응에서 일어나는 열 에너지(엔탈피) 변화량을 이론적으로 계산할 수 있다. 목적에 맞게, 탄화수소나 이와 관련된 연료들의 연소에 관계된 화학 결합의 유형들만 축약된 형태의 표에 나타내었다(표 8.1).

메테인의 연소를 살펴보면서 몇몇 연료의 연소에 대해 수학적으로 분석해 보자. 어떠한 탄화수소도 완전히 연소되면 이산화 탄소와 물만 생성하므로, 메테인에 대해서 비교적 간단하게 화학 반응식을 쓸 수 있다. 표 8.1에 있는 결합 에너지 값들을 쓰면, 반응물(메테인 1 mol과 산소 2 mol) 내 화학 결합을 깨는 데 총 2660 kJ이 필요하다는 것을 알 수 있다. 이 과정이 흡열적이기 때문에, 에너지 요구량은 +2660 kJ으로 표시된다. 이와 비슷하게, 생성물 내의 모든 결합의 형성으로 3474 kJ의 에너지가 방출된다는 것을 알 수 있다. 우리는 이 발열 과정을 −3474 kJ로 표시한다. 이 두 과정의 에너지 합은 −814 kJ이다(음의 부호는 전체 과정이 발열적이라는 것을 뜻한다). 메테인 1 mol이 연소될 때

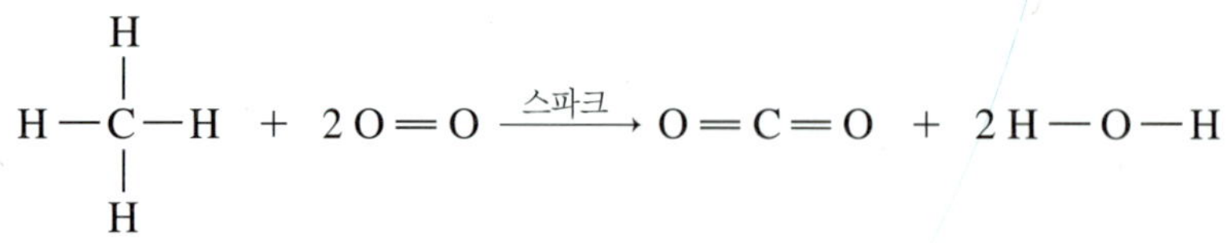

결합 깨짐
발열적 (+)

결합 형성
흡열적 (−)

4 (C—H)	2 (O═O)	2 (C═O)	4 (O—H)
4 mol (416 kJ/mol)=	2 mol (498 kJ/mol)=	2 mol (−803 kJ/mol)=	4 mol (−467 kJ/mol)=
+1664 kJ	+996 kJ	−1606 kJ	−1868 kJ

합 = +2660 kJ

합 = −3474 kJ

$$\text{알짜} = (+2660\ \text{kJ}) + (-3474\ \text{kJ}) = -814\ \text{kJ}$$

연소열: 어떤 연료가 연소할 때 방출하는 열량.

방출하는 열 에너지가 바로 이 값이다. 어떤 연료 1 mol이 연소할 때 방출하는 열을 **연소열**(**heat of combustion**)이라고 한다.

이런 유형의 계산을 반복하면, 여러 유형의 연료들의 에너지 값을 비교할 수 있다. 하지만 서로 다른 연료의 에너지 방출량을 비교하기 전에 고려할 사항이 있다. 우리가 계산하면 연료 1 mol 당 방출되는 에너지 값을 산출하게 된다. 메테인 1 mol의 질량은 16 g인 반면 옥테인(octane) 1 mol의 질량은 114 g이기 때문에, 이 방법은 좋은 것이 아니다. 화합물의 몰연소열을 분자량으로 나누면, 비교하기에 더 좋은 숫자를 얻을 수 있다. 서로 다른 연료들이 방출하는 열을 비교할 때 사용해야 할 숫자가 바로 이것이다. 예를 들면, 메테인인 경우 −814 kJ/mol을 16 g/mol로 나누면 −50.8 kJ/g을 얻을 수 있다. 이 수치는 표 8.2에 있는 실험값 −50.1 kJ/g에 잘 부합한다. 이 실험값은 에너지 변화량에 기여하는 엔트로피 값을 또한 포함하고 있다. 대부분의 탄화수소는 이산화 탄소와 물로 완전히 연소될 때 일반적으로 약 40~50 kJ/g의 에너지를 방출한다고 할 수 있다.

똑같은 화학식(C_8H_{18})과 분자량(114 g/mol)을 가진 옥테인과 2,2,4-트라이메틸펜테

표 8.2 몇 가지 흔한 연료의 연소열 실험값

연료	연소열(kJ/mol)	연소열(kJ/g)
수소	−242	−121
메테인	−802	−50.1
에테인	−1428	−47.6
프로페인	−2016	−45.8
오일(탄화수소 혼합물)	—	~−45
무연탄	—	−30.5
에탄올	−1367	−29.7
메탄올	−640	−20
갈탄	—	−16
포도당	−2800	−15.5 (광합성의 역반응)
나무	—	(−10)~(−14)

$$2\ CH_3(CH_2)_6CH_3 + 25\ O{=}O \xrightarrow{\text{스파크}} 16\ CO_2 + 18\ H_2O$$

또는

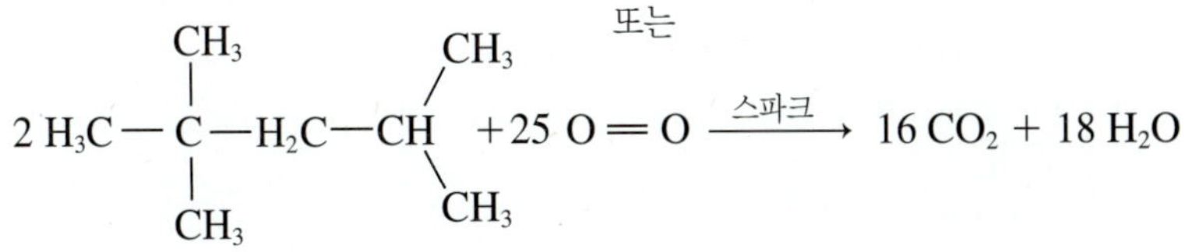

결합 깨짐
발열적 (+)

2×7 (C—C)
14 mol (356 kJ/mol)=
+4984 kJ

25 (O═O)
25 mol (498 kJ/mol)=
+12,450 kJ

2×18 (C—H)
36 mol (416 kJ/mol)
+14,976 kJ

합 = +32,410 kJ for
2 mol C_8H_{18}

결합 형성
흡열적 (−)

32 (C ═ O)
32 mol (−803 kJ/mol)=
−25,696 kJ

36 (O—H)
36 mol (−467 kJ/mol)=
−16,812 kJ

합 = −42,508 kJ

알짜 = (+32,410 kJ) + (−42,508 kJ)

= −10,098 kJ 2 mol에 대하여 C_8H_{18}

알짜 − −5049 kJ 1 mol에 대하여 C_8H_{18}

인은 연소할 때 비슷한 양의 열을 방출한다(약 −50.9 kJ/mol 즉, −44.3 kJ/g). 두 반응 모두 완전히 똑같은 결합 개수와 유형을 포함하고 있지만, 가지난 사슬(탄소 원자들의 비선형 배열) 결합이 곧은 사슬 결합보다 쉽게 끊어지기 때문에, 2,2,4-트라이메틸펜테인의 연소가 아주 조금 더 많은 에너지를 방출한다. 다음 분석에서, 화학 반응식이 옥테인 2 mol의 연소에 대한 열량을 기술하고 있기 때문에, 열량 값을 반드시 2로 나누어야 1 mol 당 열량을 얻을 수 있다.

나중에 보게 되겠지만(8-2절), 두 화합물이 연소할 때 비슷한 양의 열을 방출하지만, 옥테인은 매우 비효율적인 연료이고 2,2,4-트라이메틸펜테인은 매우 좋은 연료이다. 이런 현상은 왜 그럴까? 연료의 질이 에너지 함량보다 분명히 더 중요한 것임에 틀림없다.

연소에 대한 균형 방정식을 쓰고, 표 8.1에 있는 결합 에너지 값들을 이용한 간단한 계산으로 다른 네 종류의 연료(수소, 에테인, 메탄올, 에탄올)를 비교해 보자.

$$2\ H_2 + O_2 \longrightarrow 2\ H_2O$$

$$2\ CH_3CH_3 + 7\ O_2 \longrightarrow 6\ H_2O + 4\ CO_2$$

$$2\ CH_3OH + 3\ O_2 \longrightarrow 4\ H_2O + 2\ CO_2$$

$$CH_3CH_2OH + 3\ O_2 \longrightarrow 3\ H_2O + 2\ CO_2$$

이들 연소 반응은 모두 발열적이다. 즉, 이 반응들 모두 열을 방출한다. 표 8.2는 방금 논의된 연료들의 연소열을 요약한 것이며, 비교를 위해 다른 화합물들을 포함하고 있다.

예제 8.1 메탄올의 연소열

➜ 표 8.1에 있는 결합 에너지 값들을 써서 메탄올의 연소열 값을 결정하시오. 이 값을 메탄의 연소열 값과 비교하시오.

풀이

균형 반응식을 살펴보면, 메탄올 2 mol이 연소하려면 산소 3 mol이 필요하고, 물 4 mol과 이산화 탄소 2 mol이 생성된다는 것을 알 수 있다. C—H 결합 6 mol(+416 kJ/mol), C—O 결합 2 mol(+336 kJ/mol), O—H 결합 2 mol(+467 kJ/mol), O═O 결합 3 mol(+498 kJ/mol)을 깨는 데 총 +5596 kJ이 필요하다. 생성물 내에 O—H 결합 8 mol(−467 kJ/mol)과 C═O 결합 4 mol(−803 kJ/mol)이 형성되면서 총 −6948 kJ이 방출된다. 필요한 에너지(+5596 kJ)와 방출되는 에너지(−6948 kJ)의 합은 메탄올 2 mol 당 −1352 kJ 즉, −676 kJ/mol이다. 메탄올의 분자량은 32 g/mol이므로, 이 계산값은 −21.1 kJ/g에 해당되며 실험값 −20 kJ/g와 상당히 비슷하다. 그러므로 산소 원자가 메테인 분자에 도입되면(즉, 메테인이 메탄올이 되면), 연소열이 약 −50 kJ/g으로부터 −20 kJ/g로 줄어든다.

표 8.2의 자료에서 다음 세 가지가 눈에 띈다.

- 다른 어떤 탄화수소나 알코올보다 수소가 1 그램 당 더 많은 열을 방출한다.
- 모든 탄화수소는 1 그램 당 비슷한 열량을 방출한다.
- 탄화수소가 산소로 치환되어 알코올이 되면, 연소시 방출되는 열량이 감소한다. 메테인과 메탄올 또는 에테인과 에탄올을 비교해 보면 이런 현상을 알 수 있다.

앞에서 논의된 연료들과 비교하기 위해 다른 세 연료(포도당, 나무, 석탄)를 표 8.2에 포함하였다. 석탄과 나무는 순수한 화합물이 아니기 때문에, 이들의 연소에 대해서 간결한 화학 반응식을 쓸 수 없다는 것을 주목하라. 하지만, 석탄이나 나무의 특정 질량을 재서 태우면 1 g 당 방출되는 열량을 결정할 수 있다. 대부분의 나무는 10~14 kJ/g을, 석탄은 무연탄이냐 갈탄이냐에 따라 16~30 kJ/g의 열을 방출한다. 포도당의 중요성은 나중에 논의될 것이다.

앞에서 보았듯이, 연료들의 에너지 함량은 상당히 다르다. 연료의 에너지 함량 이외의 인자들이 이 연료 중 어느 것을 사용하는가를 결정하는 데 큰 역할을 한다. 구할 수 있는 가능성(availability, 가용성), 수송과 저장의 용이성, 오염물질 생성 잠재성, 경비, 그리고 겨우 감지된 위험조차도 연료에 대한 인식과 사용에 영향을 줄 수 있다. "어떤 것이 가장 좋은 연료인가?"라는 질문을 고민하기 전에, 몇몇 석유에서 기반한 연료가 어디에서 오는지 살펴보자.

8-2 석유

원유(crude petroleum)는 수천 개의 탄화수소 화합물의 혼합물이며, 석유의 실제 조성은 원산지에 따라 달라진다. 예를 들면, Pennsylvania 원유는 주로 곧은사슬 탄화수소들인 반면, California 원유는 방향족 탄화수소(8-8절)의 비율이 더 높게 구성되어 있다.

휘발유를 포함한 많은 제품을 석유로부터 분리하거나 만든다. 하지만 한정된 석유 매장양은 이 자원을 어떻게 이용해야 하는가를 심사숙고할 것을 우리에게 강요할지도 모른다.

석유가 에너지원과 소비재의 출발 물질로서 얼마나 오랫동안 존립할 수 있을까? 땅에서 얻을 수 있는 원유 자원의 양이 계속 수정되기 때문에, 이 기간을 추정하기는 어렵다. 예를 들면, 세계 원유 자원의 65% 이상이 위치하고 있는 중동 지역의 원유 매장량을 재평가한 결과, 세계 원유의 매장량 추정 값이 1984~1994년 사이에 43% 증가하였다. 원유 매장량의 이러한 증가는 다음 20~30년 동안 아시아와 남미의 개발도상국들의 굉장히 높은 석유 수요의 증가와 서로 상쇄된다. 현재 예상으로는, 원유 생산이 2010~2025년에 정점에 도달한다. 원유 생산은 이후에도 수십 년 동안 계속되겠지만, 증가하는 생산 경비와 낮아지는 가용성 때문에, 천연 가스, 석탄, 풍력 에너지, 태양 에너지, 특히 광전지(photovoltaic cell)를 이용하여 얻은 전기 등 대체 자원의 사용이 증가할 것이다.

8-2a 석유 정제

석유 정제는 **분별 증류**(**fractional distillation**) 공정으로 성분들을 끓는점 구간으로 나누는 것으로 시작된다. 단순 증류와 분별 증류의 차이는 증류되는 혼합물을 얼마나 잘 분리해 낼 수 있는지를 나타내는 분리도(fractional degree)에 있다. 예를 들면, 용해된 고체나 액체들을 함유한 물은 단순 증류로 정제할 수 있다. 불순한 용액을 가열하여 끓게 되면, 수증기가 응축되어 별도의 용기에 모아진다. 석유는 수 천 개의 탄화수소를 함유하고 있기 때문에, 순수한 화합물의 분리는 현실성이 없을 뿐만 아니라 그럴 필요도 없다. 석유 증류에서 얻어지는 생성물들은 여전히 수 백 개의 탄화수소의 혼합물이기 때문에 **석유 분획**(**petroleum fraction**)이라고 한다.

분별 증류: 혼합물을 끓는점이 다른 분획들로 분리하는 것.

석유 분획: 석유의 분별 증류로 얻어지는 특정한 끓는점 범위의 수백 개의 탄화수소 혼합물.

그림 8.2는 원유 정제 공정에 이용되는 분별 증류탑을 나타낸 것이다. 먼저 원유를 400℃까지 가열하여 생성된 뜨거운 증기와 액체의 혼합물을 증류탑에 넣는다. 증기가 탑을 따라 올라가면서 다양한 지점에서 응축된다. 끓는점이 낮은 석유 분획들(휘발성이 더 높은 분획들)은 끓는점이 높은 석유 분획들보다 증기상(vapor phase)으로 더 오래 남아있을 것이다. 이러한 끓는점 차이로 분획들의 분리가 가능해진다. 몇몇 기체는 응축되지 않고 탑 꼭대기로 빠져나가고, 증발되지 않는 잔류 오일은 바닥에 모인다. 석유의 분별 증류로 얻는 전형적인 생성물들을 표 8.3에 나타내었다.

8-2b 옥탄값

탄화수소의 연소 성질은 분자 구조에 따라 다르다. 옥탄값(octane rating 또는 octane number)은 휘발유의 노킹(knocking) 성질에 대한 임의적인 척도이며, 표준 시험용 엔진의 작동에 바탕을 두고 있다. 옥탄값을 부여하는 데 쓰이는 표준물질은 아이소옥테인(isooctane, 2,2,4-트라이메틸펜테인)이다. 연료가 엔진 안에서 부드럽게 연소하지 않는 것이 노킹이며, 이것은 피스톤이 밸브나 실린더와 충돌하여(마찰을 일으켜) 생기는 소

주유소에서 구입 가능한 휘발유의 옥탄값.

리이다. 상당한 노킹을 나타내는 헵테인(heptane)에 옥탄값 영(0)이 부여되어 있으며, 부드럽게 연소하는 2,2,4-트라이메틸펜테인에 옥탄값 100이 부여되어 있다. 먼저 휘발유를 표준 엔진에 넣고 노킹 현상을 기록하여 휘발유의 옥탄값이 결정된다. 그 다음 시험 결과와 헵테인과 아이소옥테인의 혼합물의 거동을 비교하여, 동일한 노킹 성질을 갖는 혼합물 내 아이소옥테인의 백분율을 그 휘발유의 *옥탄값(octane rating)*이라고 한다. 그러므로 만일 어떤 휘발유가 헵테인 13%와 아이소옥테인 87% 혼합물과 똑같은 노킹 특성을 가지면, 이 휘발유에 옥탄값 87이 부여된다. 주유소에서 구입 가능한 좀 더 높은 등급의 휘발유는 옥탄값 89(고급, regular plus)와 92(최고급, premium)를 갖는다.

석유의 분별 증류로 나오는 "직류(straight-run)" 휘발유의 옥탄값은 겨우 55이다. 직류 휘발유에는 대부분 곧은 사슬 탄화수소가 들어있는데, 이것은 너무 빨리 연소하여 내연 기관의 연료로 쓰기에는 적합하지 않기 때문에, 추가 정제가 필요하다. 엔진에서 "노킹(knocking)" 현상이나 "타다닥타다닥 소리(pinging, 탁구공 소리)"가 증명하듯이, 빠

그림 8.2 ▸ 석유 정제. 원유를 먼저 관 증류기에서 400°C까지 가열한다. 그 다음, 형성된 증기를 분별 증류탑으로 넣는다. 증기가 탑을 따라 올라가면서 냉각되어 분획들로 응축되기 때문에, 서로 다른 분획들을 서로 다른 높이에서 빼낼 수 있다. 올라가는 증기가 수많은 공 모양의 캡(bell cap)에서 어떻게 반복적으로 응축되어 수집되는지를 이 그림이 보여준다.

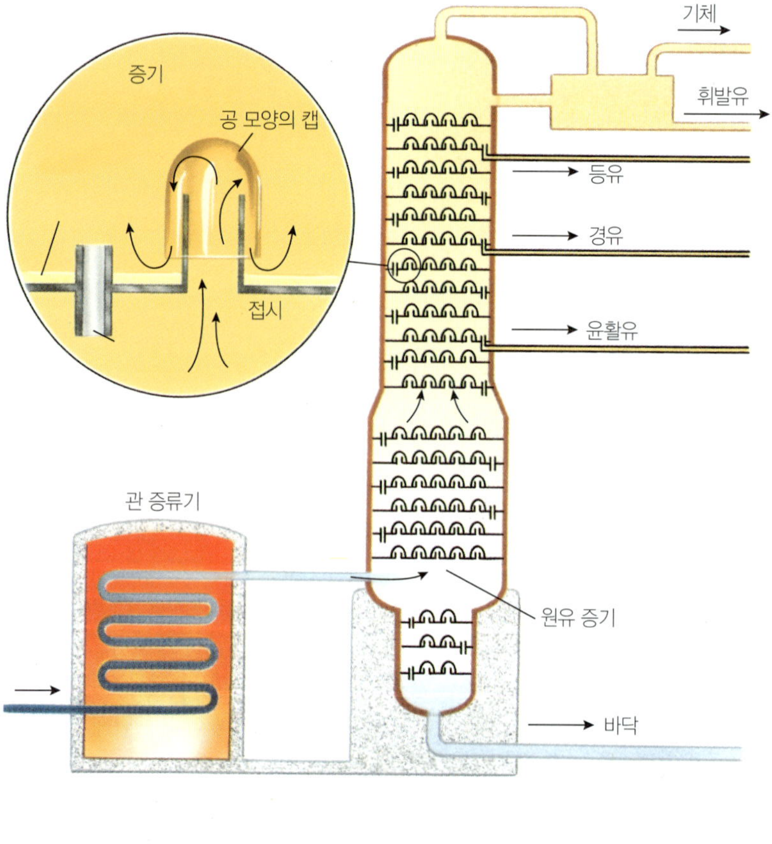

표 8.3 원유에서 얻어지는 탄화수소 분획

분획	탄소 원자 개수	끓는점 범위(°C)	용도
기체	C_1~C_4	0~30	기체 연료
휘발유	C_5~C_{12}		자동차 연료
등유	C_{12}~C_{16}		제트기 연료, 디젤 오일
경유	C_{16}~C_{18}	300 이상	디젤 연료, 열분해 원료
윤활유	C_{18}~C_{20}	350 이상	윤활유, 열분해 원료
파라핀 왁스	C_{20}~C_{40}	용융점 낮은 고체	초(candle), 왁스 종이
아스팔트	C_{40} 초과	끈끈한 잔류물	길거리 아스팔트, 지붕 타르

표 8.4 몇몇 탄화수소와 휘발유 첨가제의 옥탄값

이름	옥탄값
옥테인	−20
헵테인	0
펜테인	62
1-펜텐	91
2,2,4-트라이메틸펜테인(아이소옥테인)	100
벤젠	106
메탄올	107
에탄올	108
삼차뷰틸 알코올	113
메틸 삼차뷰틸 에터(MTBE)	116
파라-자일렌	116
톨루엔	118

른 연소는 제어 불가능한 연료 폭발의 원인이 된다. 따라서 엔진 파워가 줄어들고, 엔진이 손상을 입을 수도 있다.

가지 사슬 또는 방향족 화합물의 백분율을 높이거나 옥탄값 증강제(enhancer)*를 첨가하여 휘발유의 옥탄값을 높일 수 있다*. 옥탄값 척도가 확립된 이래 아이소옥테인보다 뛰어난 연료들이 개발되어, 척도가 100 이상으로 확대되었다. 몇몇 탄화수소와 옥탄값 증강제의 옥탄값을 표 8.4에 나타내었다. 연료의 옥탄값이 연료의 에너지 함량의 척도는 아

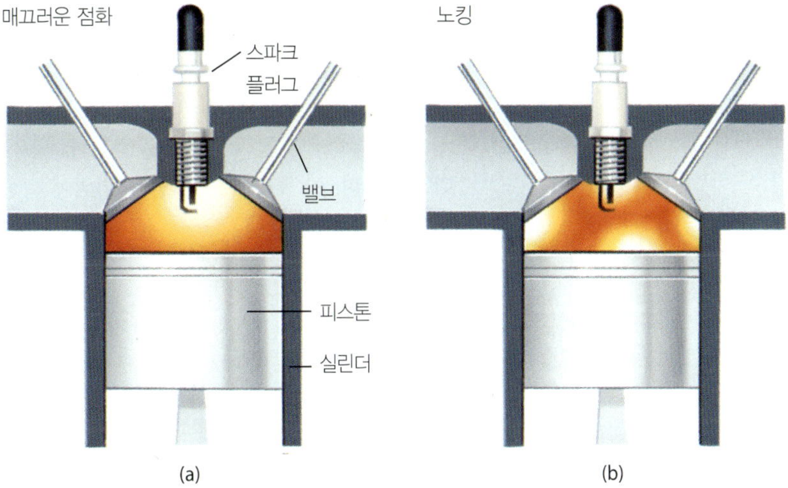

옥탄값은 점화(ignition)의 매끄러움과 관련이 있다.

니라는 것을 유의하자. 예를 들면, 옥테인(좋지 못한 연료)과 아이소옥테인(좋은 연료)은 똑같은 양의 에너지를 방출하지만, 이들의 방출 속도가 다르다. 옥탄값이 가장 높은 연료를 단순히 최고의 연료라고 판정할 수는 없다. 예를 들면, 톨루엔은 옥탄값이 118로 매우 높지만, 에너지 함량, 상당한 독성, 연소 성질, 경비 등의 성질 때문에 연료로는 부적합하다. 그럼에도 불구하고, 대부분의 휘발유 혼합물에는 약 5~7%의 톨루엔이 들어있다.

8-2c 촉매 개질

촉매 개질 공정: 곧은 사슬 탄화수소를 가지난 사슬 탄화수소와 방향족 탄화수소를 변환시켜 직류 휘발유의 옥탄값을 증가시키는 공정.

촉매 분해 공정: 크기가 큰 등유를 휘발유 범위의 탄화수소들로 변환시키는 공정.

곧은 사슬 탄화수소를 가지난 사슬 탄화수소와 방향족 탄화수소를 변환시켜 직류 휘발유의 옥탄값을 증가시키는 데 **촉매 개질 공정(catalytic reforming process)**이 이용된다. 알루미나(Al_2O_3) 지지체 위에 정밀하게 분산된 형태의 촉매가 이 공정에 쓰인다.

$$\underset{\substack{\text{펜테인} \\ \text{(옥탄값 62)}}}{CH_3CH_2CH_2CH_2CH_3} \xrightarrow{\text{촉매}} \underset{\substack{\text{3-메틸뷰테인} \\ \text{(옥탄값 94)}}}{CH_3\overset{\overset{\displaystyle CH_3}{|}}{C}HCH_2CH_3}$$

이 공정에서 옥탄값이 낮은 곧은 사슬 탄화수소가 옥탄값이 좀 더 높은 가지난 사슬 탄화수소로 개질(변환)된다. 이 공정은 또한 특정한 촉매와 석유 혼합물을 이용하여 벤젠, 톨루엔, 자일렌 등의 방향족 화합물을 생산하는 데 이용된다. 예를 들면, 직류 휘발유, 등유, 경유 분획의 증기를 650°C에서 구리 촉매 위를 통과시키면, 원래 혼합물이 더 많이 방향족 탄화수소 화합물의 혼합물로 변환되며, 이 혼합물을 분별 증류하여 벤젠, 톨루엔, 자일렌 등을 얻을 수 있다. 이 공정의 한 예로 헥세인을 벤젠으로 변환시키는 것을 들 수 있다.

$$\underset{\substack{\text{헥세인} \\ \text{(옥탄값 25)}}}{CH_3CH_2CH_2CH_2CH_2CH_3} \xrightarrow{\text{촉매}} \underset{\substack{\text{벤젠} \\ \text{(옥탄값 106)}}}{C_6H_6} + 4\,H_2$$

촉매 개질 공정은 잠재적인 연료인 수소 기체의 주 공급원이다.

8-2d 촉매 분해

석유 정제 공정의 일부분은 각 탄화수소 분획을 상업적 목적에 맞게 조절하는 것이다. 예를 들면, 휘발유의 수요가 등유의 수요보다 더 크다. 따라서 "*분해(cracking)*" 공정으로 화학 반응을 통해 등유가 많이 함유된 분획을 휘발유 범위의 분자들로 변환시킨다. **촉매 분해 공정(catalytic cracking process)**에서는 제올라이트를 촉매로 이용하며 공기가 없는 조건에서 포화 탄화수소를 가열한다. 탄화수소들은 더 짧은 사슬 알케인이나 알켄으로 분해되며, 이 중 일부가 휘발유 범위에 속한다.

$$\underset{\text{알케인}}{C_{16}H_{34}} \xrightarrow[\text{열}]{\text{압력}} \underset{\substack{\text{휘발유} \\ \text{범위 알케인}}}{C_8H_{18}} + \underset{\substack{\text{휘발유} \\ \text{범위 알켄}}}{C_8H_{16}}$$

알켄이 알케인보다 옥탄값이 더 높기 때문에, 촉매 분해 공정은 혼합물의 옥탄값도 증가시킨다. 유기화학 산업의 출발 물질로 사용되는 알켄의 생산에도 촉매 분해가 중요하다.

8-2e 옥탄값 높이기

반노킹제(antiknock agent) 즉, 옥탄값 증진제(octane enhancer)를 휘발유에 첨가하여 휘발유의 옥탄값을 높일 수 있다. 1975년 이전에 가장 널리 쓰이던 반노킹제는 테트라에틸 납[$(C_2H_5)_4Pb$]이었다. 휘발유 1갤런 당 $(C_2H_5)_4Pb$ 3 g을 넣어주면, 휘발유의 옥탄값을 10~15만큼 높일 수 있다. 미국 환경보호국(Environmental Protection Agency, EPA)이 납 함량을 줄이라고 요구하기 전에는, 보통(regular) 휘발유과 최고급(premium) 휘발유 둘 다 평균 3 g의 $(C_2H_5)_4Pb$나 $(CH_3)_4Pb$을 함유하였다. 하지만 1970년에 발효된 '대기 오염 방지법(Clean Air Act)'은 1975 연식 자동차들은 1970 연식 자동차들이 방출하는 일산화 탄소와 탄화수소 양의 10% 미만을 방출할 것을 요구하였다. 일산화 탄소와 탄화수소의 방출량을 줄이기 위해서 백금 기반 촉매 변환기가 사용되면서 무연(lead-free, 납이 없는) 휘발유가 필요하게 되었다. 왜냐하면 납이 백금 촉매를 코팅시켜 촉매 활성을 감소시키기 때문이다. 이런 이유와 대기로 날아가는 납이 신경학적 독성 물질이라는 사실 때문에, 1975년부터 생산된 자동차들은 촉매 변환기를 보호하기 위해서 무연 휘발유를 사용해야만 했다.

테트라에틸 납을 더 이상 사용할 수 없기 때문에, 다른 옥탄값 증진제를 휘발유에 첨가하여 옥탄값을 높여야 한다. 예로 벤젠, 톨루엔, 자일렌, 2-메틸-2-프로판올, 메틸 삼차 뷰틸 에터(MTBE), 메탄올, 에탄올 등을 들 수 있다.

8-2f 산소 함유 휘발유와 성분 배합 변경 휘발유

1990년에 만들어진 대기 오염 방지법의 수정안(amendment)은 오존과 일산화 탄소 농도가 높은 도시는 산소 함유 휘발유와 성분 배합 변경 휘발유를 사용하여 탄화수소와 독성 화합물의 방출량을 줄일 것을 요구하였다(3-9절). **산소 함유 휘발유(oxygenated gasoline)**는 MTBE, 메탄올, 에탄올, 2-메틸-2-프로판올 같이 산소를 함유한 유기 화합물과 휘발유의 배합물이다. 정제 과정 중에 첨가물을 배합하거나 최종 단계에서 메탄올이나 에탄올을 첨가하여 산소 함유 휘발유를 생산할 수 있다. MTBE가 미국 내 많은 지역에서 상수도의 오염 물질로 밝혀졌기 때문에, 많은 주에서 사용이 엄격히 제한되거나 금지되었다.

> **산소 함유 휘발유:** 좀 더 깨끗하게 연소하기 위해서, 메탄올이나 에터 같은 산소를 포함하는 유기 화합물을 함유한 휘발유의 배합물.
>
> **성분 배합 변경 휘발유:** 불포화 탄화수소, 방향족 화합물, 황의 함량을 줄이고 산소 함유 화합물을 첨가하여 조성을 바꾼 휘발유.

성분 배합 변경 휘발유(reformulated gasoline)는 불포화 탄화수소, 방향족 화합물, 휘발성 성분, 황의 백분율(함량)을 줄이고 산소 함유 첨가제를 첨가하여 조성을 바꾼 휘발유이다. 이 휘발유를 생산하려면 정제 공정이 상당히 바뀌어야 하므로 생산 단가가 더 높다. 심각한 일산화 탄소 오염 문제를 갖고 있는 도시에서는 겨울 네 달 동안 산소 함유 휘발유의 사용이 요구된다(3-10절). 이 휘발유는 평균 2.7%(무게비)의 산소를 제공할 정도의 충분한 산소 함유 유기 화합물을 함유해야 한다. 산소 함유 휘발유는 쉽게 점화되고 깨끗하게 연소하여 일산화 탄소의 방출량을 줄여준다.

미국에서는 1990년 규정에 따라, 가장 심각한 오존 오염을 갖고 있는 9개 시는 성분 배합 변경 휘발유를 사용하도록 요구받았으며, 오존 공기질 기준(ozone air-quality standard)을 맞추지 못한 또 다른 87개 시는 성분 배합 변경 휘발유를 사용을 사용하도록 권고받았다.

성분 배합 변경 휘발유의 조성은 후에 정치적 경제적 갈등의 현안이 되었다. 1994년 6월 30일 EPA(환경보호국)가 성분 배합 변경 휘발유 안에 있는 산소 함유 유기물이 재생 가능한 자원(renewable, 바람, 물, 햇빛 같이 언제나 사용 가능한 천연 자원)이어야 한다고 결정하였다. 대부분의 자동차 생산자들은 1990년의 대기 오염 방지법을 맞추기 위해 메탄올에서 합성되는 MTBE를 사용하고 있었다. 메탄올은 합성 가스(synthesis gas, 석탄으로부터 얻음, 8-4절)로부터 생성되기 때문에 재생 가능하지 않다. 이 새로운 강제 규정은 곡물에서 만들어지는 에탄올(재생 가능한 자원)과 에탄올에서 만들어지는 에틸 삼차뷰틸 에터(ethyl *tert*-butyl ether, ETBE)를 사용하도록 요구하였다. 에탄올 사용으로 원유 수입의 의존도가 줄고, 주 정부의 농업 보조금에 대한 농민들의 의존도를 낮추고, 재생 가능한 자원의 사용이 증가할 것이라고 이 규정의 지지자들은 주장하였다.

EPA 결정에 대응하여 미국 석유 협회(American Petroleum Institute)와 국가 정유 협회(National Petroleum Refiners Association)는 미국 콜롬비아 주 최고 법원(Court of Appeal)에 소송을 제기하였다. 이 소송은 에탄올 생산자와 곡물 재배자에게 유리하게 규정화 절차를 위반하였다는 혐의로 EPA를 제소하였다. 1995년 4월 28일, EPA가 성분 배합 변경 휘발유에 재생 가능한 산소 함유 물질 사용을 요구하는 것을 금지하는 것을 최고 법원이 승인하였다.

그 후 몇 년 동안, 성분 배합 변경 휘발유의 조성에 관련된 새로운 현안이 표면화되었다. 상당한 농도의 MTBE가 식수에서 발견되었다(아마도 새거나 흘린 휘발유가 수로로 씻겨 내려가서 발생했던 것 같음). MTBE는 자연적인 과정이나 물 처리로 쉽게 분해되지 않기 때문에, 자신이 쌓여있는 곳에 그대로 남아있게 된다. MTBE는 식욕을 떨어뜨리고, 물에서 나쁜 냄새가 나게 하는 것으로 보고되고 있다. MTBE는 또한 발암 물질일 수도 있다. 이러한 우려에 대응하여, 엄선된 최고의 과학자들이 증거를 검토하였다. 2000년 이들의 권고에 의하여, MTBE 사용을 배제하고 에탄올과 같은 산소 함유 물질을 더 사용하려는 노력이 시작되었다.

8-3 천연 가스

천연 가스는 지각 안에 석유와 함께 붙잡혀 있는 기체들의 혼합물로, 기체들이 암반을 통과하여 들어가 있던 유정(oil well)이나 가스정(gas well)으로부터 얻을 수 있다. 북미 지역의 천연 가스는 C_1~C_4 알케인 혼합물(메테인 60~90%, 에테인 5~9%, 프로페인 3~18%, 뷰테인 1~2%)이며, 그 밖에 다양한 양의 기체(예를 들면, CO_2, N_2, H_2S, 불활성 기체)도 함유하고 있다. 유럽과 일본의 천연 가스는 거의 모두 메테인으로 구성되어 있다.

천연 가스는 미국에서 가장 빠르게 증가하고 있는 에너지 원으로 사용하는 물질이며, 미국에서 천연 가스 생산량은 원유 생산량보다 17% 정도 많다. 미국에서는 천연 가스 약 50%, 전기 18.5%, 연료 기름 14.9%, 나무 4.8%, 그리고 뒤를 이어 뷰테인과 프로페인 같은 액화 가스가 4.6% 정도가 가정 난방용으로 쓰인다. 석탄과 등유의 사용 비율은 0.5% 정도로 낮고, 태양열을 이용하는 가정의 비율은 훨씬 낮다. 하지만 미국의 천연 가스 매장량이 세계 매장량의 5% 밖에 되기 않기 때문에, 현재의 천연 가스 사용 비율은 2050년까지만 지속될 수 있다.

천연 가스는 차량 연료로 사용되며, 전 세계에서 250만 대 이상의 차량이 천연 가스로 동력을 얻는다. 80만 이상의 천연 가스 차량을 보유한 아르헨티나가 천연 가스 차량의 이용에 있어서 세계를 선도한다. 미국에서는 캘리포니아를 비롯한 몇몇 주에서 천연 가스 차량의 사용을 장려하여 새로운 공기질 규정(air-quantity regulations)을 충족하려 하고 있다. 천연 가스 차량들은 최소량의 일산화 탄소, 탄화수소, 입자성 물질을 방출하며, 천연 가스의 가격은 휘발유 가격의 약 1/3이다. 천연 가스 차량의 주요 불편한 점은 실린더 모양의 고압용 가스 탱크가 필요하고, 압축된 천연 가스를 판매하는 서비스 센터들이 부족하다는 것이다.

대부분의 천연 가스는 에너지원으로 사용되지만, 유기화학 산업의 중요한 원천 물질이기도 하다. 천연 가스와 석유로부터 나오는 알케인들의 용도를 그림 9.1에 나타내었다.

8-4 석탄

석탄은 고분자량 탄화수소들의 복합적 혼합물로, 질량 백분율로 약 85%의 탄소를 함유하고 있다. 석탄은 대개 소량의 황도 함유하고 있다. 하지만 공기 오염과 산성비에 기여할 수 있는 잠재성 면에서, 소량의 황도 중요한 요소가 될 수 있다. 석유와는 대조적으로, 석탄은 탄소 접합 고리(fused ring)를 더 많이 포함하며, 훨씬 더 복잡한 구조를 가진다.

미국에서 연간 생산되는 석탄의 약 88%는 연소하여 전기를 생산한다. 1% 정도만 가정 및 산업용 난방에 쓰인다. 석탄의 소비가 증가하고는 있지만, 석탄은 비교적 더러운 연료이고, 다루기에 부피가 크며, 공기 오염의 주요 원인이어서(황 때문에), 연료로서의 석탄 사용은 줄었다. 깊은 곳에서의 채굴 위험과 노천광의 환경오염 또한 석탄 사용을 줄어들게 만들었다.

전기 생산에서의 높은 석탄 의존성과 산업용 화합물 생산에서의 작지만 아직도 중요한 의존성을 고려해 볼 때, 도대체 석탄은 얼마나 남아있으며 석탄 공급은 얼마나 오래 지속될 수 있을까? 다른 화석 원료들의 공급량에 비해 세계 석탄 매장량은 막대하다. 석탄은 세계 화석 연료 매장량의 91%를 차지하며, 대략 같은 비율의 천연 가스와 석유가 그 나머지 9%를 차지한다. 오늘날까지 세계 석탄 중 소량만이 채광되었을 뿐이다. 현재

많은 부엌용 스토브(stove)는 천연 가스를 써서 요리에 필요한 열을 만들어낸다.

의 사용 속도라면 세계 석탄 매장량이 최소 200년을 더 버텨줄 수 있다(그림 8.3a). 하지만 석유와 천연 가스가 고갈되어 감에 따라 세계 석탄 소비량(그림 8.4b)이 현저하게 증가할 것으로 추정되므로, 이런 예측은 지나치게 어림잡은 것일 수도 있다.

석탄은 연소성 기체(석탄의 기화) 또는 액체(석탄의 액화)로 변환될 수 있다. 각 경우에 환경 문제를 최소화시킬 수 있지만, 이 연료에서 에너지를 얻는 데 추가 비용이 발생한다.

8-4a 석탄 기화

석탄을 분쇄하여 가루로 만든 뒤에 과열된(superheated, 끓는점 이상으로 가열된) 수증기로 처리하면 CO와 H_2의 혼합물(합성 가스, synthesis gas)을 얻을 수 있다. 이 공정을 석탄 기화(coal gasification)라고 한다.

$$C + H_2O + 31\ \text{kcal} \longrightarrow CO + H_2$$

합성 가스는 연료뿐만 아니라 유기 화합물이나 휘발유 제조에서 출발 물질로 쓰인다.

더 새로워진 석탄 기화 공정에서는 메테인이 최종 생성물이다. 분쇄한 석탄을 촉매 수용액과 혼합한 뒤에, 결과 혼합물을 700°C까지 가열하면 메테인과 이산화 탄소를 생성할 수 있다. 전체 반응은 다음과 같다.

$$2\ C + 2\ H_2O + 2\ \text{kcal} \longrightarrow CH_4 + CO_2$$

전체 반응이 약간 흡열적이지만, 생성된 메테인을 연소시키면 192 kcal/mol의 열이 방출된다. 그러므로 이 공정은 환경적으로 깨끗한 연료인 메테인을 얻는 에너지 효율적 방법이다.

8-4b 석탄 액화

촉매 존재 하에서 석탄을 고압의 수소와 반응시키면 액체 연료를 만들 수 있다. 이 공정은 석탄의 수소 첨가(hydrogenation) 반응이다. 이 공정으로 석유 안에 있는 탄화수

그림 8.3a ▸ 세계의 사용가능 석탄 매장량.

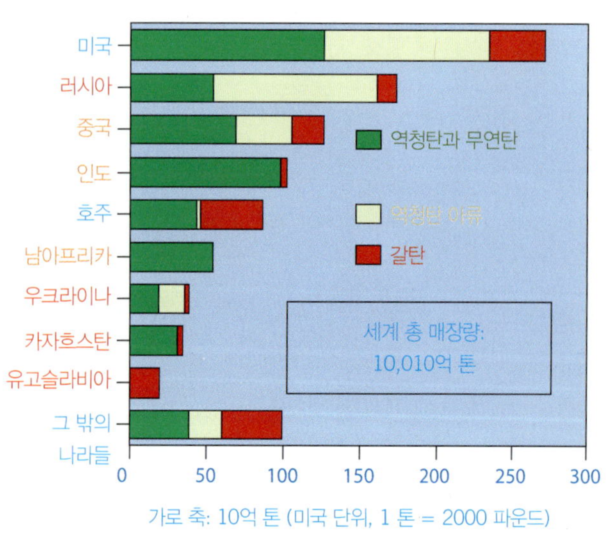

그림 8.3b ▸ 1970~2025년에 권역별 세계 석탄 소비량.

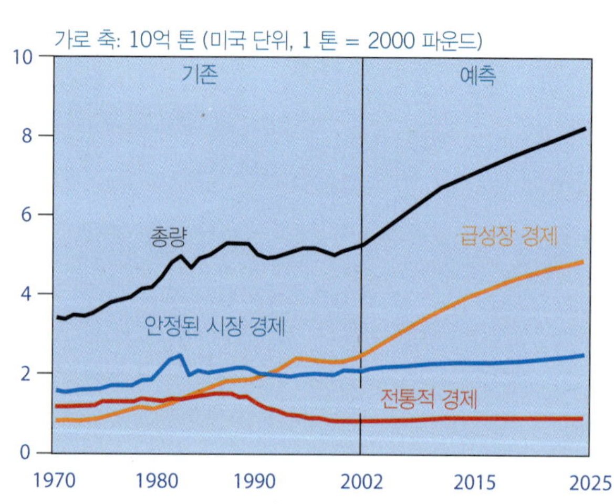

소 화합물들과 유사한 것들이 생성된다. 이 결과로 생긴 원유 유형의 혼합물을 분별 증류하여 연료 오일, 휘발유, 몇몇 탄화수소, 그 밖의 원자재를 얻을 수 있다. 석탄 1 톤으로부터 약 5.5 배럴(1 barrel = 160 L)의 액체가 얻어진다. 현재 석탄 액화(coal liquefaction)로 액체 1 배럴을 얻는 데 드는 비용이 원유 1 배럴 가격의 약 두 배이다. 하지만 원유 공급량이 고갈되어 가고 있을 뿐만 아니라 원유 가격이 올라가고 있기 때문에, 석탄 액화가 경제적으로 타당성을 갖게 될 것이다.

8-5 연료로서의 메탄올

자동차 때문에 공기 오염도가 극심한 도심 지역에서는 메탄올과 에탄올이 휘발유 대체제로 고려되고 있다. 예를 들면, 미국 남부 캘리포니아는 1981년 이래 메탄올 동력 자동차들을 시험하여 왔다. 이 자동차의 절반 정도는 100% 메탄올(M100)을 사용하고, 나머지 절반은 M85(85% 메탄올과 15% 휘발유 배합물) 또는 휘발유를 사용하는 하이브리드 차량(flexible-field vehicle, FFV)이다. 메탄올 연료 M85와 M100이 과거에는 에탄올 연료 E85와 E100보다 더 많은 주목을 받았지만, 에탄올을 기반으로 하는 하이브리드 차량의 인기가 꾸준히 증가하고 있다. 하지만 E100(100% 순수한 에탄올)은 현재 미국에서 자동차 연료로 승인받지 못하고 있다.

메탄올 또는 에탄올 동력 자동차로 전환되는 장단점은 무엇인가? 메탄올과 에탄올은 모두 휘발유보다 더 깨끗이 연소하며, 일산화 탄소, 반응하지 않은 탄화수소, 질소 산화물, 오존 같은 오염 물질의 농도가 줄어든다(3장). 하지만 알코올 동력 차량이 발암성인 폼알데하이드(formaldchyde)를 더 많이 배출한다는 우려가 있다. 메탄올 동력 차량의 수가 한정되어 있기 때문에, 이러한 폼알데하이드 방출량이 다른 연료들로부터 나오는 총 알데하이드 양에 어느 정도 기여하는가를 평가하는 것은 어렵다.

알코올 동력 차량에 대한 기술, 특히 옥탄값 107인 메탄올을 연소시키는 경주용 자동차에 대한 기술은 오랫동안 존재하였다. 하지만 메탄올과 에탄올의 에너지 함량이 휘발유의 에너지 함량의 약 절반이기 때문에, 같은 거리 주행을 위해서는 메탄올 연료 탱크가 휘발유 연료 탱크보다 2배나 커야 한다. 하지만 알코올을 기반으로 하는 연료의 가격이 휘발유 가격의 반 정도라는 사실이 이런 현상을 부분적으로 상쇄시켜 주므로, 거리당 가격 경쟁력이 있다. 에탄올은 푸른색 불꽃을 내면서 연소하는 반면, 메탄올은 무색 불꽃을 내며 연소한다. 그러므로 사고를 피하기 위해서는, 메탄올이 연소하는지 볼 수 있도록 첨가물(예를 들면, 소량의 휘발유)을 메탄올에 첨가해 주어야 한다. 또 하나의 단점은 메탄올과 에탄올이 강철을 부식시키는 경향이다. 따라서 연료 탱크를 스테인리스 강철로 제작하거나 메탄올 내성(methanol-resistant) 코팅을 해야 한다. 알코올 동력 차량 대수가 거리에 충분해질 때까지, 메탄올이나 에탄올 판매소가 부족하기 때문에 알코올이나 휘발유 둘 중 하나로 달릴 수 있는 자동차들이 필요할 것이다. 알코올 판매소 분포와 저장 문제들이 해결되어감에 따라, 더 나은 알코올 연료 엔진이 고안되어 생산될 것이며, 이런 결과로 알코올을 연료로 활용하는 것이 더욱 효율적이 될 것이다.

또 하나의 방법은 메탄올을 이용하여 휘발유를 만드는 것이다. 모빌 정유사(Mobil Oil Company)가 메탄올을 휘발유로 변환시키는 공정을 개발하였지만, 이것은 현재 미국에서 휘발유 가격에 대해 경쟁력이 없다.

$$2\,CH_3OH \xrightarrow{\text{촉매}} (CH_3)_2O + H_2O$$

다이메틸 에터

$$2\,(CH_3)_2O \xrightarrow{\text{촉매}} 2\,C_2H_4 + 2\,H_2O$$

에틸렌

$$\text{많은 } C_2H_4 \xrightarrow{\text{촉매}} C_5\text{~}C_{12} \text{ 탄화수소 혼합물}$$

휘발유

8-6 탄화수소의 종류

앞에서 탄화수소 및 이와 관련된 많은 화합물이 고도로 산업화된 사회에서 연료로 흔히 이용된다는 것을 살펴보았지만, 아직도 그들의 구조와 차이점을 자세히 보진 않았다. 이 시점에서 많은 유형이나 종류의 탄화수소와 이와 관련된 화합물들을 자세히 살펴는 것이 유용할 것이다. 왜냐하면 이들은 연료 이외에도 많은 용도가 있기 때문이다. 네 부류의 탄화수소들이 있다. 탄소—탄소 단일 결합을 포함하는 *알케인(alkane)*, 한 개 이상의 탄소—탄소 이중 결합을 포함하는 *알켄(alkene)*, 탄소—탄소 삼중 결합을 포함하는 *알카인(alkyne)*, 벤젠, 벤젠 유도체, 접합 고리 등으로 구성되어 있는 *방향족(aromatic)* 화합물이다.

8-6a 알케인: 유기 화학의 뼈대

가장 간단한 알케인은 천연 가스의 주성분인 메테인(CH_4)이다. 알케인은 일반식이 C_nH_{2n+2}인 포화 탄화수소이다(표 8.5). 모든 탄화수소의 화학식에는 전통적으로 C 원자가 먼저 오고 그 다음에 H 원자가 오며, 모든 알케인은 이름에 접미사 -*에인(-ane)*을 갖는다는 것에 주목하라. n = 1~4일 때는, 이름 앞부분이 역사적 기원을 갖는다. 따라서 이들은 반드시 외워야할 관용명(common name)들이다. n = 5 이상일 때는, 그리스어 접두사(표 8.5)로 탄소 개수가 몇 개인지를 나타낸다. 예를 들어, 탄소 6개를 가진 화합물은 헥세인(hexane)이라고 한다.

CH_4의 사면체 구조에 대해 이미 논의되었지만, 포화 탄화수소 내의 모든 탄소 원자가 단일 결합 4개를 가지므로, 알케인 내의 *각* 탄소들이 사면체 기하 구조를 갖는다는 것을 인식하는 것이 중요하다. 알케인 내 탄소 원자들의 사면체 기하 구조를 2차원으로 그리기는 어렵다.

그림 8.4a와 8.5a처럼, 탄소 원자 사슬은 대개 직선으로 표시한다. 하지만 이런 그림들은 사면체의 결합각(109.5°)을 정확하게 표시하지 못한다는 것을 기억하라.

모형을 이용하면 이러한 사면체 구조들을 이해하는 데 도움이 된다. "공–막대(ball-and-stick) 모형"과 "공간 채움(space-filling) 모형"의 두 가지 모형이 일반적으로 사용된다. 공–막대 모형에서 공은 원자를 표시하고, 짧은 나무 혹은 플라스틱 조각은 결합을 표시한다. 예를 들면, 메테인에 대한 공–막대 모형(그림 8.4b)은 탄소를 표시하는 푸른색 공 한 개와 수소를 표시하는 흰색 공 네 개가 막대기로 연결된 것을 보여준다. 공간 채움 모형(그림 8.4c)은 훨씬 더 사실적인 표시법이다. 왜냐하면 이 모형에서는 원자들의 상대적 크기와 이들의 분자 내 공간 배향 모두를 나타내기 때문이다. 실험적인 원자 크기 값들에 따라서 모형 내 조각들을 축척시켜 공-막대 모형을 만든다. 모형을 조립할 때, 조각들을 보이지 않는 연결 고리로 붙인다. 화학자들은 자주 "쐐기 대시(wedge-dash) 모형"을 이용하여 분자의 기하 구조를 표시한다(그림 8.6d). 실선은 종이 면에 놓여있는 결합을, 대시는 종이 면으로부터 뒤로 향하는 결합을, 쐐기는 종이 면으로부터 앞으로 나오는 결합을 나타낸다.

그림 8.4(b)와 8.5(b) 같은 공-막대 모형은 탄화수소 및 탄화수소 유도체의 논의에서 광범위하게 이용되어 분자의 기하 구조를 시각화하는 데 도움을 준다. 예를 들면, 그

표 8.5 처음 8개의 곧은 사슬 탄화수소

이름	화학식	끓는점(°C)*	구조식	용도
메테인	CH_4	−162	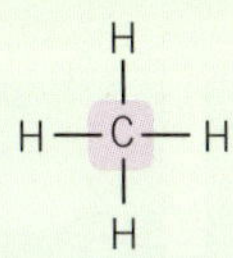	천연 가스의 주성분
에테인	C_2H_6	−88.5	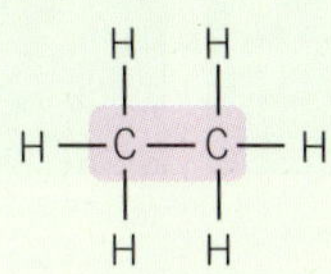	천연 가스의 부성분
프로페인	C_3H_8	−42	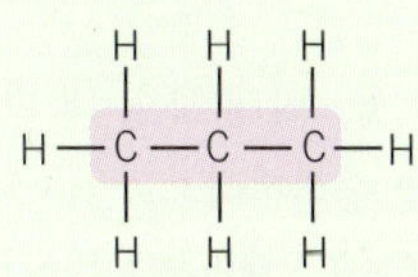	연료용 용기 가스
뷰테인	C_4H_{10}	0	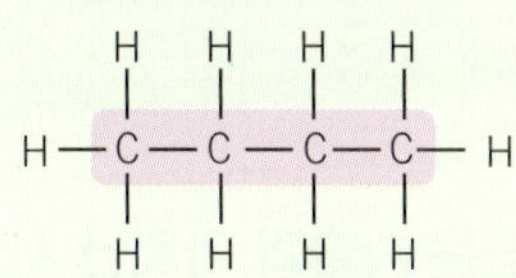	
펜테인	C_5H_{12}	36	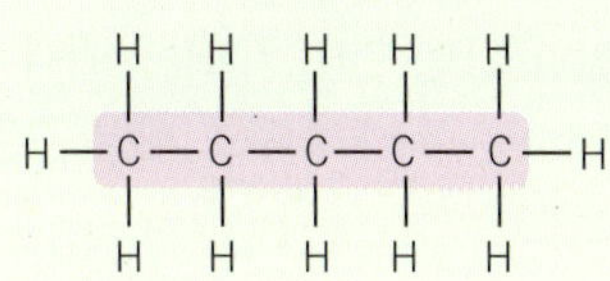	휘발유 성분
헥세인	C_6H_{14}	69	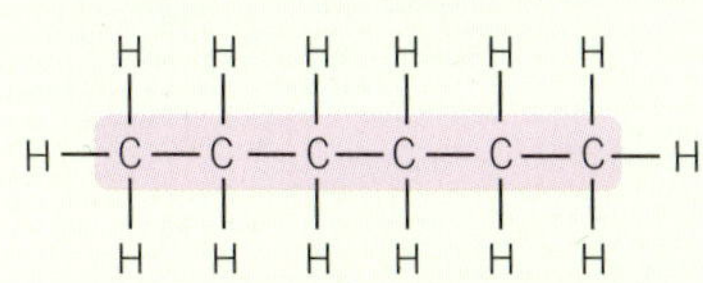	
헵테인	C_7H_{16}	98	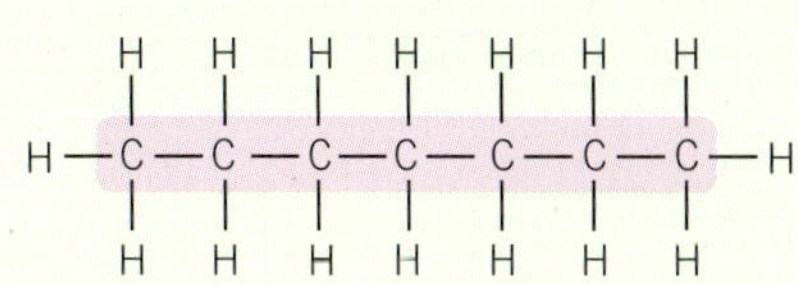	
옥테인	C_8H_{18}	126	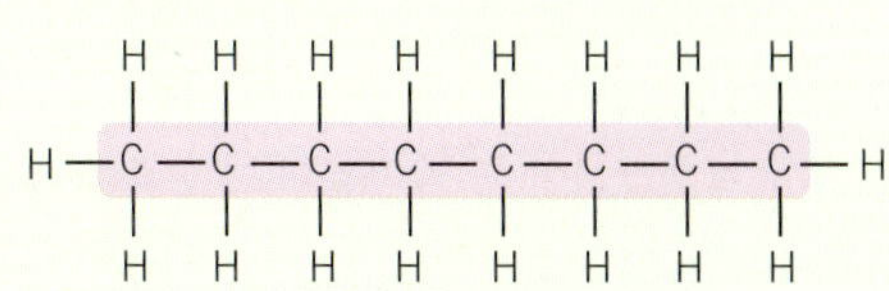	

*분자량이 증가함에 따라, 끓는점들이 점차 증가하는 것을 주목하라. 이러한 끓는점 차이 때문에 원유의 분별 증류가 가능하다.

그림 8.4 ▸ 메테인의 구조. (a) 구조식, (b) 공-막대 모형, (c) 공간 채움 모형, (d) 쐐기 대시 모형.

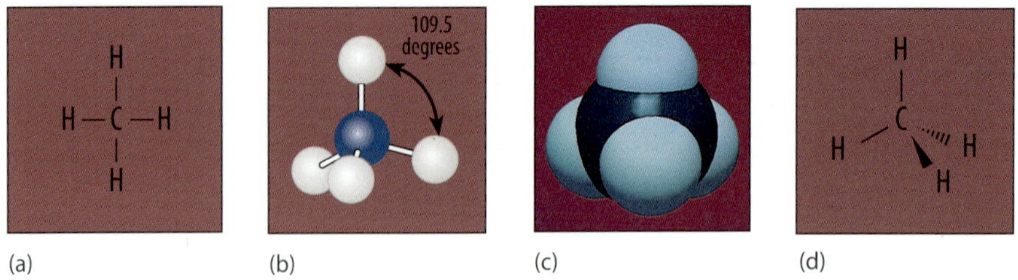

그림 8.5 ▸ 프로페인의 구조. (a) 구조식, (b) 공-막대 모형, (c) 공간 채움 모형, (d) 쐐기 대시 모형.

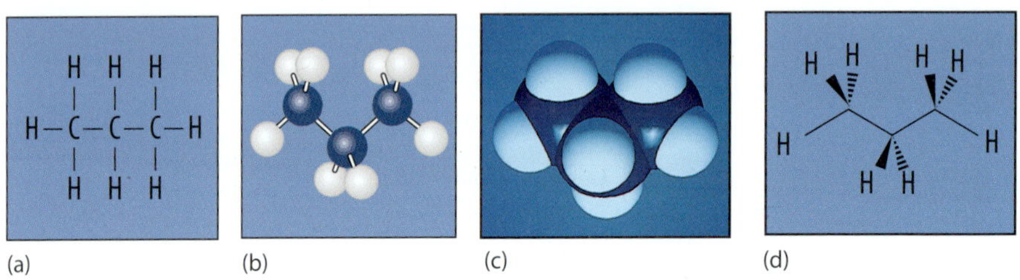

림 8.5(b)에 있는 프로페인의 공–막대 모형 내 탄소들이 각 탄소의 사면체 기하 구조 때문에 일직선에 놓이지 않음을 주목하라. 그림 8.5(a)의 프로페인 구조식 같은 곧은 사슬 그림이 왜 H—C—H와 C—C—C 사면체 결합각들을 정확하게 표시하지 않으며, 그림 8.5(d)와 같은 투영들이 왜 이용되는지를 공-막대 모형이 잘 보여준다.

8-6b 알케인의 곧은 사슬과 가지난 사슬 이성질체들

처음 세 개의 알케인인 CH_4, C_2H_6, C_3H_8은 각각 단 하나의 가능한 구조 배열을 갖는다. 하지만 C_4H_{10}에 대해서는 두 개의 구조 배열(곧은 사슬 배열과 가지난 사슬 배열)이 가능하다.

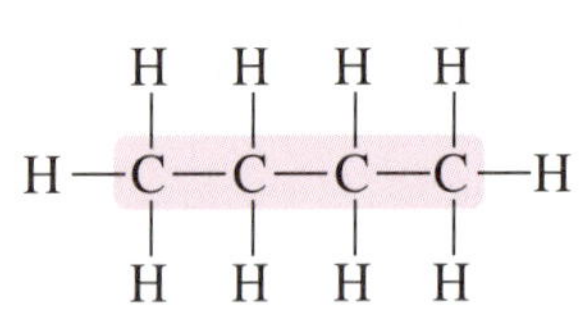

구조식:

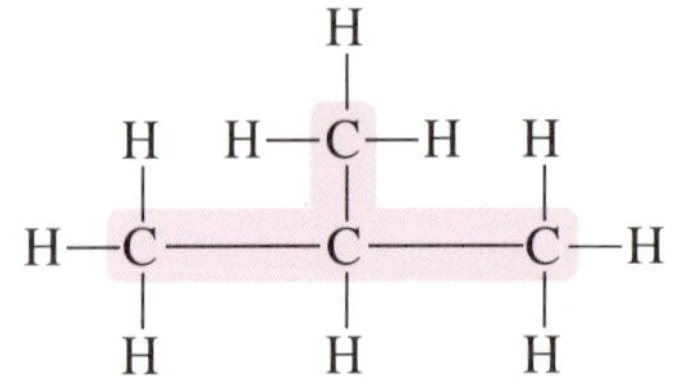

뷰테인과 메틸프로페인 두 화합물의 축소형 화학식과 성질은 다음과 같다.

축소형 구조식	$CH_3CH_2CH_2CH_3$ 뷰테인	$CH_3CH(CH_3)CH_3$ 메틸프로페인 (아이소뷰테인)
녹는점	−138.3℃	−160℃
끓는점(1 기압)	0.5℃	−12℃
밀도(20℃)	0.579 g/mL	0.557 g/mL

이 분자들은 원자의 개수는 같지만 성질이 다르다. 두 구조의 공-막대 모형을 그림 8.6에 나타내었다.

분자식은 같지만 원자 배열이 다른 둘 이상의 화합물을 **이성질체(isomers)**라고 한다. 이성질체들은 끓는점, 색깔, 용해도, 반응성, 밀도 등과 같은 한 개 이상의 물리적 또는 화학적 성질이 다르다. 몇 가지 다른 유형의 이성질 현상이 유기 화합물에서 가능하다. **구조 이성질체(structural isomers)**는 원자들이 결합하는 순서가 다르다. 똑같은 집짓기 블록(building blocks) 묶음에서 똑같은 블록들로 많은 구조물을 만들어내는 어린이로부터 예상되는 결과를 구조 이성질 현상에 비교할 수 있다. **가지난 사슬 이성질체(branched-chain isomers)**와 **곧은 사슬 이성질체(straight-chain isomers)**는 원자들이 결합하는 순서가 다른 구조 이성질체의 예이다.

C_4H_{10}의 가지난 사슬 이성질체인 메틸프로페인은 용기에 넣어 판매되는 가스의 일반적인 성분이며, 중심 탄소에 "메틸(methyl, $-CH_3$)"기를 갖는다. 이것은 **알킬기(alkyl group)**라고 하는 알케인 토막의 가장 간단한 예이다. 이 경우, 메테인으로부터 H가 제거되면 *메틸(methyl)*기가 얻어진다.

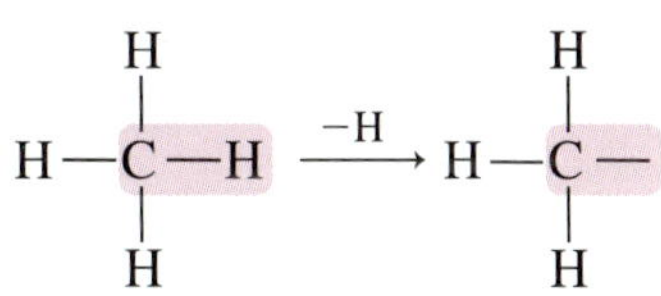

또는 CH_3- (또한 $-CH_3$ 라고도 쓴다)

이성질체: 분자식은 같지만 다른 원자 배열을 가진 둘 이상의 화합물.

구조 이성질체: 원자들의 결합 순서가 다른 이성질체.

가지난 사슬 이성질체: 곁사슬에 C—C 결합을 가진 탄화수소의 구조 이성질체.

곧은 사슬 이성질체: 곁사슬이 없는 탄화수소의 구조 이성질체.

알킬기: 수소 하나가 제거된 알케인.

그림 8.6 ▸ 뷰테인의 공-막대 모형들.
곧은 사슬 C_4 탄화수소 뷰테인과 가지난 사슬 C_4 탄화수소 아이소뷰테인.

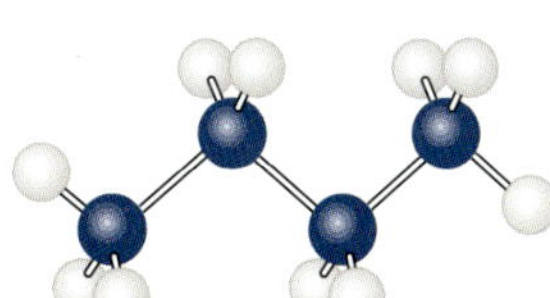

뷰테인

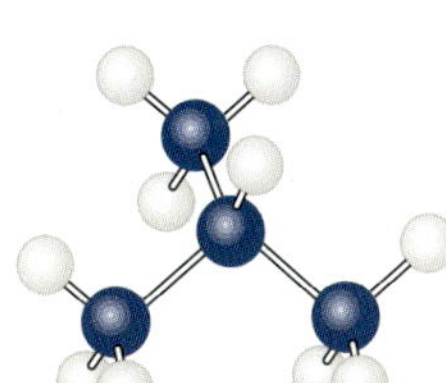

메틸프로페인
(아이소뷰테인)

에테인으로부터 H가 제거되면, *에틸(ethyl)*기가 얻어진다.

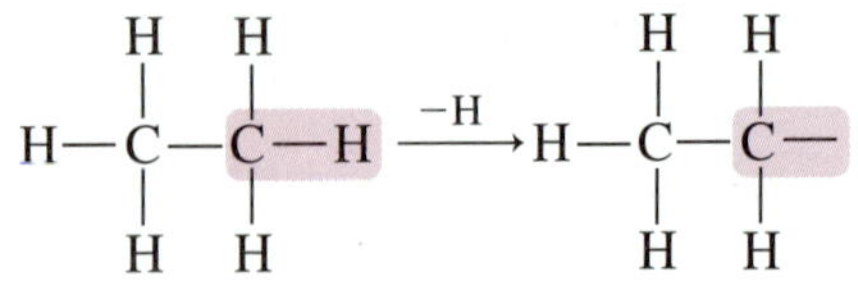

또는 $CH_3CH_2—$ ($—C_2H_5$ 라고도 쓴다)

C_3H_8로부터 H가 제거될 때, 두 개 이상의 알킬 작용기가 가능하다는 것을 주목하라.

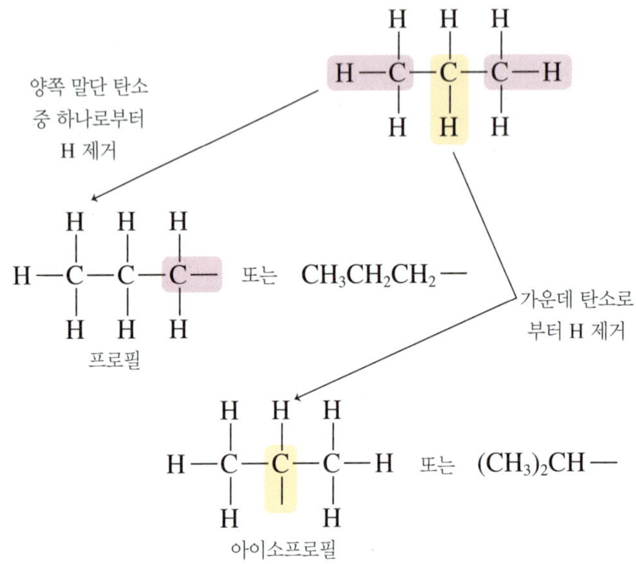

알킬 작용기는 어미 알케인 이름에서 "*에인(-ane)*" 대신에 "*일(-yl)*"을 붙여서 명명한다. 이론적으로는 어떠한 알케인도 알킬기로 변환될 수 있다. 알킬기들의 예를 표 8.5에 나타내었다.

C_6H_{14}, C_7H_{16}, C_8H_{18}에 예측되는 구조 이성질체들의 수는 각각 5, 9, 18개이다. 이들 탄화수소에 대해 예측된 이성질체들이 모두 분리되었으며, *더 이상의 이성질체들이 발견되지 않았다*.

8-6c 가지난 사슬 알케인 명명법

많은 알케인과 그 밖의 유기 화합물들이 관용명(common name)과 체계적 이름을 모두 갖고 있다. 왜 관용명과 체계적 이름이 둘 다 이용될까? 보통 관용명이 먼저 등장하여 널리 알려져 있다. 많은 소비 제품은 관용명으로 표시되며, 몇 가지 이성질체만 가능할 때는 소비자를 위한 제품이 무엇인지 관용명으로도 충분히 알 수 있다. 예를 들면, C_4H_{10}에 대해서는 가지난 사슬 이성질체가 하나 밖에 없기 때문에, 메틸프로페인의 관용명인 "아이소뷰테인(isobutane)"이면 충분하다. 하지만 여러 이성질체가 가능할 때는, 관용명 체계가 기능을 급격히 상실한다.

앞에서 옥탄값에 대해서 논의하였다. 옥테인(C_8H_{18})의 가능한 이성질체 수는 18개이다. 이들 이성질체 중 하나인 2,2,4-트라이메틸펜테인(2,2,4-trimethylpentane)은 연료 산업에서 "아이소옥테인(isooctane)"으로 알려져 있고, 휘발유의 옥탄값을 매기는 데 표준물질로 이용된다.

표 8.6 몇몇 알킬기

이름	축소형 구조 표시
메틸	CH_3—
에틸	CH_3CH_2— 또는 C_2H_5—
프로필	$CH_3CH_2CH_2$— 또는 C_3H_7—
아이소프로필	CH_3CH— 또는 $(CH_3)_2CH$— | CH_3
뷰틸	$CH_3CH_2CH_2CH_2$— 또는 C_4H_9—
t-뷰틸*	CH_3 | CH_3C— 또는 $(CH_3)_3C$— | CH_3

**t*는 3차(tertiary)를 뜻하며, 때로 *tert*라는 약자로도 표시된다. 이것은 중앙 탄소 원자가 세 개의 다른 탄소 원자에 결합되어 있다는 것을 의미한다.

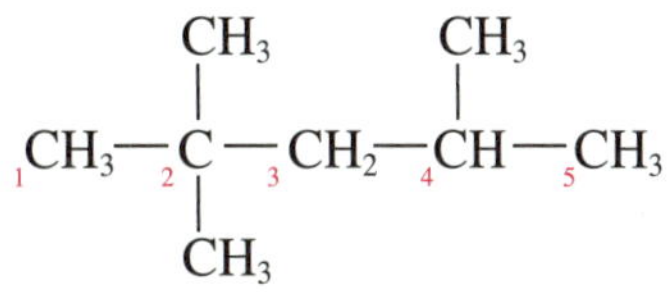

2,2,4-트라이메틸펜테인
(아이소옥테인)

이 경우에 어떤 이성질체가 실제로 표준물질로 이용되고 있는가에 대해서 아이소옥테인과 같은 관용명은 충분한 정보를 제공하지 않을 것이다. 화학자에게는 아이소옥테인이라는 이름이 완전히 다른 구조를 가리킨다. 하지만 체계적 이름은 완벽한 정보를 제공한다. 5개의 탄소 원자로 된 곧은 사슬을 의미하는 "펜테인(pentane)"으로부터 분자 내에서 가장 긴 사슬을 확인할 수 있다. "2,2,4-" 숫자는 펜테인 사슬에 달려있는 세 작용기의 위치를 나타내며, 접두사 "트라이(tri)"는 모든 작용기들이 메틸기라는 것을 표시한다.

예제 8.2 구조 이성질체

➜ 펜테인(C_5H_{12})에 대해 세 개의 이성질체가 가능하다. 이 이성질체들의 축소 구조식들을 그리시오.

풀이

모든 가능한 이성질체들을 그릴 때 따라야 하는 좋은 계획은 다음과 같다. (1) 곧은 사슬 이성질체부터 시작하여, 한 번에 하나씩 메틸기를 제거한다. (2) 메틸기를 제거한 후 남아있는 사슬 위에 떼어낸 메틸기를 놓는다. (3) 또 하나의 메틸기를 제거하기 전에 모든 가능성을 점검한다. 이번 경우에는 첫 번째 이성질체로 C_5 곧은 사슬 펜테인으로 시작한다.

$$CH_3CH_2CH_2CH_2CH_3$$

축소식: 펜테인

메틸기 하나를 제거한 후, 그 메틸기를 2번 탄소에 놓으면 두 번째 이성질체인 2-메틸뷰테인(2-methylbutane)이 얻어진다. 이 화합물이 C_4 탄소 사슬에 달려 있는 메틸기로 얻을 수 있는 단 하나의 가능한 이성질체라는 것을 확인하라(그 다음 탄소에 메틸기를 놓더라도, 똑같은 이성질체가 얻어진다). 또 하나의 메틸기를 제거하여 2번 탄소에 놓으면 세 번째 이성질체인 2,2-다이메틸프로페인(2,2-dimethylpropane)이 얻어진다.

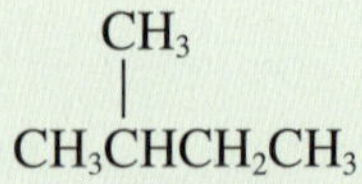

축소식: 2-메틸뷰테인

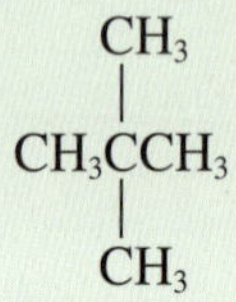

축소식: 2,2-다이메틸프로페인

8-7 알켄과 알카인: 알케인의 활성 높은 사촌들

알켄(alkene)은 하나 이상의 이중 결합을 포함하는 탄화수소이다. 석유에는 알켄이 들어있으며, 휘발유에 이들이 존재하면 옥탄값이 높아진다. 산업용 알켄은 석유로부터 분해(cracking) 공정으로 얻는다. 관용명인 에틸렌(ethylene)으로 더 알려져 있는 에텐(ethene)은 가장 간단한 알켄이다.

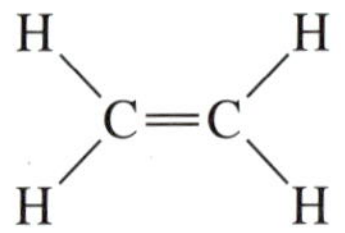

에틸렌은 매년 다른 어떤 유기화학 물질보다도 더 많이 제조되며, 2009년에는 1억 9백만 톤이 제조되었다. 에틸렌 중 상당한 양이 폴리에틸렌(polyethylene, 9-5절)이라는 플라스틱 생산에 이용된다.

에틸렌은 식물에서도 발견되는데, 식물 내에서 묘목 성장을 제어하고 열매 숙성을 조절하는 호르몬이다. 이런 성질의 발견으로 식품 가공업자들은 수확 후에 과일과 채소를 숙성시키는 데 에틸렌을 이용한다.

이중 결합 한 개만 갖는 알켄의 일반식은 C_nH_{2n}이다. 알켄 계열의 두 번째 구성원은 프로펜(propene, 또는 프로필렌)이다. 프로필렌도 많은 양 제조되어 폴리프로필렌(polypropylene, 9-5절)이라는 플라스틱 생산에 이용된다. 에텐과 프로펜에 대한 표시법을 그림 8.7에 나타내었다. 연소 반응 이외에 다른 화학 반응성을 거의 갖지 않는 알케인과는 달리, 알켄은 반응성이 크다. 화학 반응이 일어나는 자리는 보통 이중 결합이다. 이 반응성이 많은 종류의 플라스틱을 만드는 데 핵심이다. 또한 수소를 탄소–탄소 이중 결합에 첨가하면, 액체 형태의 불포화 지방(탄소–탄소 이중 결합을 가짐)과 기름이 마가린(margarine, 10-3절)에 필요한 좀 더 굳은 형태로 변환된다.

8-7a 알켄의 구조 이성질체

알켄 계열에서 다른 탄소 두 개 사이에 이중 결합을 놓으면(즉, 이중 결합의 위치를 바꾸면), 추가적으로 이성질체들을 형성할 수 있다. 에텐과 프로펜에서는 이중 결합 위치가 하나만 가능하지만, 이 계열의 그 다음 알켄인 뷰텐(butene)에서는 두 가지 이중 결합 위치가 가능하다.

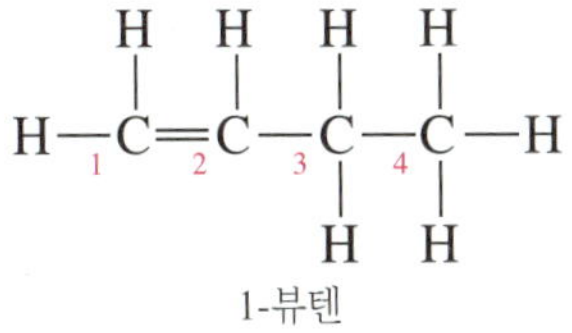

1-뷰텐

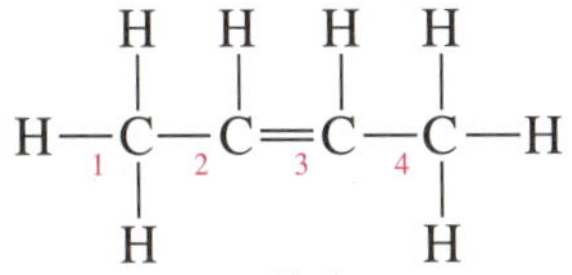

2-뷰텐

녹색 토마토. 시장으로 가는 도중 이 토마토들을 에틸렌 기체에 노출시켜 숙성시킬 수 있다.

알켄의 탄소 원자에 메틸이나 에틸과 같은 작용기가 결합되어 있으면, 가장 낮은 번호가 이중 결합에 주어지도록 가장 긴 탄화수소 사슬의 끝부터 번호를 매긴 후, 그 다음

그림 8.7 ▸ 가장 작은 두 알켄: (a) 흔히 에틸렌으로 알려진 에텐, (b) 프로필렌으로 알려진 프로펜. 탄소–탄소 이중 결합 주위의 평면적인 원자 배열을 주목하라.

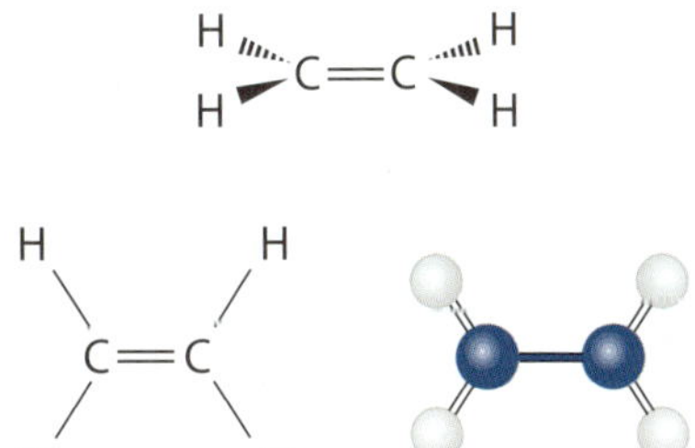

에텐

(a)

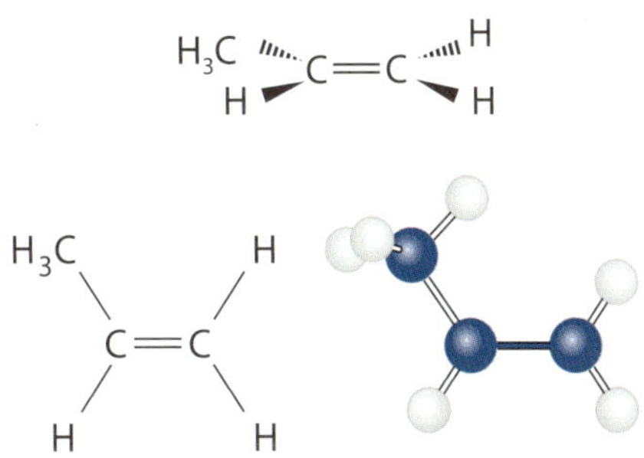

프로펜

(b)

번호들이 치환기에 부여된다. 예를 들면, 다음 화합물에서 가장 긴 사슬은 탄소 7개이다(헵텐). C2와 C3 사이에 이중 결합이 있으며(2-헵텐), 메틸기 세 개(트라이)가 3번, 4번, 6번 탄소에 결합되어 있다(3,4,6-트라이메틸).

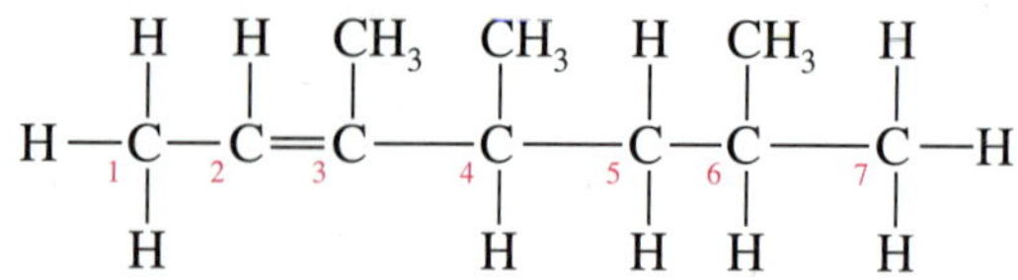

따라서 이름은 3,4,6-트라이메틸-2-헵텐(3,4,6-trimethyl-2-heptene)이다.

예제 8.3 알켄 화합물 그리기

➜ 2,3-다이메틸-2-펜텐의 구조를 그리시오.

풀이

먼저 모체 알켄을 그리고, 이중 결합을 올바른 위치에 놓는다. 이 경우, 2-펜텐이 모체 분자이다.

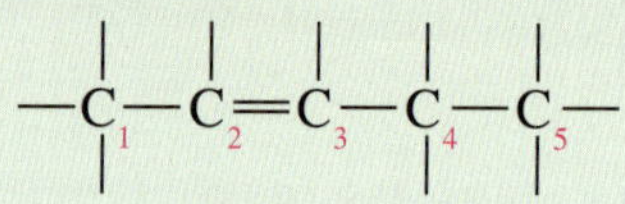

그 다음에 적절한 탄소들 위에 알킬기들을 놓는다. 이 경우, C2와 C3에 메틸기가 하나씩 있다. 이중 결합의 번호 부여가 우선순위가 가장 높다는 것을 기억하라. 탄소 하나 당 결합 개수가 4개를 초과해서는 안 된다는 것도 점검하라.

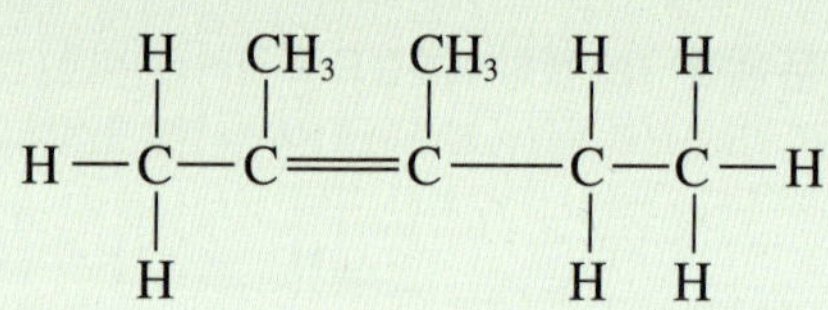

8-7b 입체 이성질 현상: 알켄의 *시스*와 *트랜스* 이성질체

시스 이성질체: 탄소—탄소 이중 결합의 같은 쪽에 치환기들을 갖는 입체 이성질체.

트랜스 이성질체: 탄소—탄소 이중 결합의 반대 쪽에 치환기들을 갖는 입체 이성질체.

입체 이성질 현상: 분자식과 원자—원자 결합 서열이 같지만, 원자들의 공간 배열이 다른 현상.

어떤 알켄들은 **시스 이성질체**(***cis*** **isomer**)와 **트랜스 이성질체**(***trans*** **isomer**)를 가질 수 있는데, 이런 현상은 **입체 이성질 현상**(**stereoisomerism**)의 한 예이다. *이 이성질체들은 분자식과 원자—원자 결합 서열을 같지만, 원자들의 공간 배열이 다르다.* 그 밖의 다른 입체 이성질 현상인 광학 이성질 현상은 10-1절에서 논의한다.

알케인과 알켄의 중요한 차이점은 분자내 탄소–탄소 결합의 유연성이다. 알케인에서는 탄소–탄소 단일 결합을 축으로 한 회전이 실온에서 수월하게 일어나지만, 알켄에서는 탄소–탄소 이중 결합이 아주 강해서 이 결합을 축으로 하여 회전을 할 수 없다. 에텐(C_2H_4)을 살펴보자. 이 분자의 원자 6개는 같은 평면 위에 놓여 있으며, 결합각은 약 120°이다.

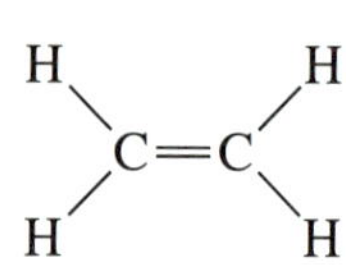

또는

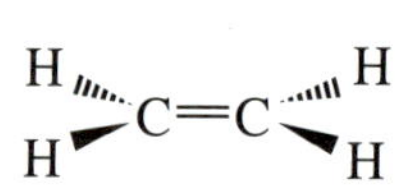

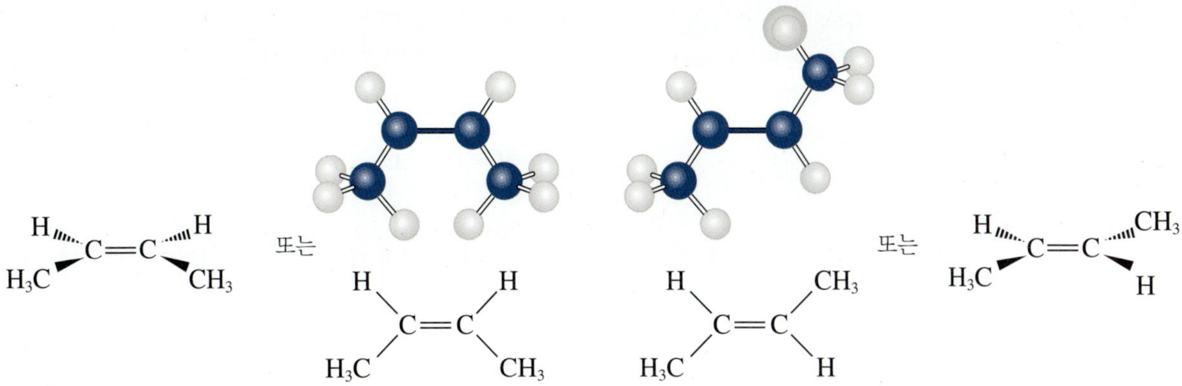

시스-2-뷰텐　　　　트랜스-2-뷰텐

	시스-2-뷰텐	트랜스-2-뷰텐
녹는점	−138.9°C	−105.5°C
끓는점(1 기압)	3.7°C	0.9°C
밀도(20°C)	0.621 g/mL	0.604 g/mL

에텐의 각 탄소에 메틸기가 하나씩 결합되도록 수소 원자 두 개가 메틸기 두 개로 치환되면, 2-뷰텐($CH_3CH{=}CHCH_3$)이 얻어진다. 똑같은 결합들을 가진 두 화합물이 존재한다는 것이 실험적으로 확인되었다. 두 화합물의 차이는 두 메틸기의 공간에서의 위치에 있다. *시스* 이성질체는 이중 결합 평면 내 같은 쪽에, *트랜스* 이성질체는 이중 결합의 반대쪽에 메틸기 두 개를 갖는다. 2-뷰텐의 *시스*와 *트랜스* 이성질체들의 물리적 성질은 매우 다르다.

3번째 이성질체인 1-뷰텐(*시스* 및 *트랜스* 이성질체들의 구조 이성질체)은 *시스*, *트랜스* 이성질체가 없다. 한 탄소 원자에 같은 작용기(수소) 두 개가 있기 때문에, 그 성질은 2-뷰텐 이성질체들의 성질과는 다르다.

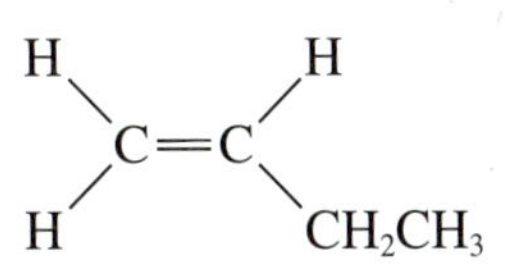

1-뷰텐

녹는점	−185.3°C
끓는점(1 기압)	−6.3°C
밀도(20°C)	0.595g/mL

알켄에서 *시스–트랜스* 이성질 현상은 두 이중 결합 탄소에 모두 다른 작용기가 있을 때에만 가능하다.

알카인(**alkyne**)에는 분자당 하나 이상의 삼중 결합(—C≡C—)이 있으며 일반식은 C_nH_{2n-2}이다. 가장 단순한 알카인은 에타인(ethyne, C_2H_2)이며, 흔히 아세틸렌이라고 한다. 알카인 명명법은 알켄 명명법과 비슷하며, 삼중 결합에 가장 낮은 번호가 부여된다.

> **알카인:** 탄소–탄소 삼중 결합을 포함하는 화합물.

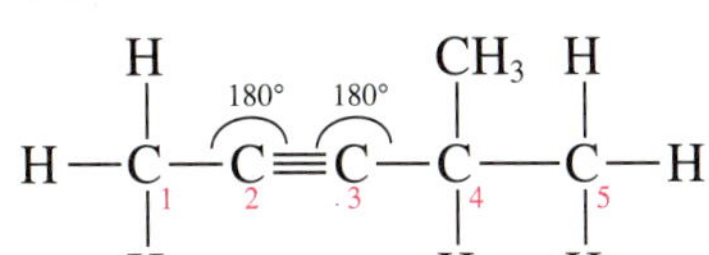

위 화합물의 이름은 4-메틸-2-펜타인(4-methyl-2-pentyne)이다. 알켄의 경우와 마찬가

지로, 다중 결합의 위치가 바뀌면 다른 이성질체가 생성된다. 예를 들면, 4-메틸-1-펜타인(4-methyl-1-pentyne)은 4-메틸-2-펜타인과 다른 화합물이다.

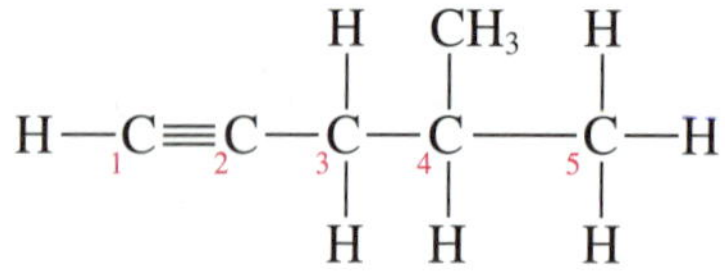

하지만 알카인에서는 삼중 결합 탄소 원자 주위의 기하 구조가 직선형이기 때문에, *시스*, *트랜스* 이성질체가 불가능하다.

8-8 고리 탄화수소

탄소는 곧은 사슬뿐만 아니라 고리도 형성할 수 있다. 석유와 석탄에서 발견되는 두 부류의 중요한 고리 탄화수소(cyclic hydrocarbon)는 사이클로알케인과 방향족 벤젠 화합물이다.

8-8a 사이클로알케인

사이클로알케인: 탄소들이 고리로 연결된 포화 탄화수소.

사이클로알케인(cycloalkane)은 고리 구조를 갖는 포화 탄화수소이다. 사이클로프로페인(cyclopropane)은 가장 간단한 사이클로알케인으로 결합각 스트레인이 큰 화합물이다.

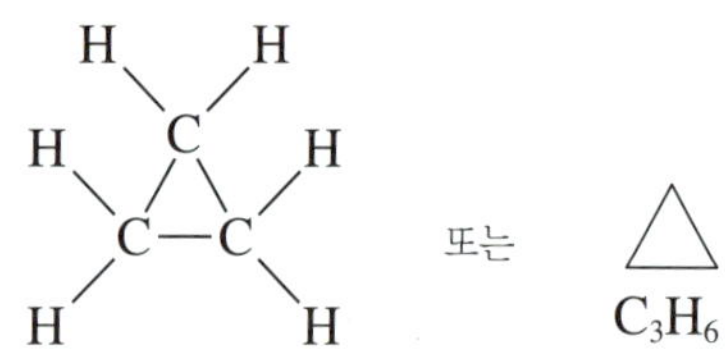

고리의 결합각이 60°이기 때문에, 고리에 결합각 스트레인(strain)이 있다. 네 개의 원자와 결합하는 탄소는 사면체 각도인 109.5°를 선호한다. 고리 내 결합각이 이러한 "이상적인(ideal)" 각도에서 벗어나기 때문에, 작은 고리 화합물에는 스트레인(무리)이 발생한다. 휘발성이 높은 가연성 기체(끓는점 −32.7°C)인 사이클로프로페인은 빠르게 작용하는 마취제이다. 사이클로프로페인—산소 혼합물은 작용이 신속하고 환자의 회복이 빠르기 때문에 영아, 유아, 심각한 병세를 가진 환자의 수술에 유용하다. 수술실의 폭발 위험을 줄이기 위해서 헬륨 기체를 사이클로프로페인—산소 혼합물에 첨가한다.

사이클로알케인은 흔히 다각형으로 표시하며, 이 다각형의 각 꼭짓점은 수소 두 개가 결합된 탄소를 나타내고 선분은 C—C 결합을 표시한다. C—H 결합은 흔히 나타내지 않는다. 그 밖에 흔히 볼 수 있는 사이클로알케인의 예로 사이클로뷰테인(cyclobutane, C_4H_8), 사이클로펜테인(cyclopentane, C_5H_{10}), 사이클로헥세인(cyclohexane, C_6H_{12})을 들 수 있다. 고리들이 실제로는 편평하지 않다는 것을 화학자들이 알고 있지만, 사이클로알케인은 평면적 투영으로 나타낸다.

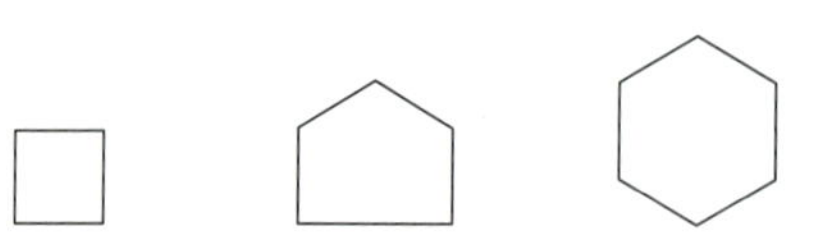

예를 들어 아래에 나타낸 바와 같이, 사이클로헥세인은 의자 형태(chair conformation)

로 존재한다. 이런 형태가 이상적인 결합각 109.5°를 제공하기 때문이다.

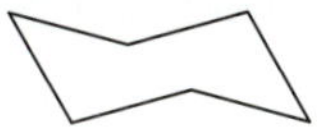

8-8b 방향족 화합물

벤젠 고리를 한 개 이상 포함하는 탄화수소를 **방향족 화합물(aromatic compound)**이라고 한다. *방향족(aromatic)*이란 단어는 *향(aroma)*에서 유래되었는데, 이러한 화합물이 매우 강하고 때로는 기분 좋은 특유한 냄새를 가짐을 나타낸다. 하지만 벤젠과 그 밖의 많은 화합물은 유독하고 발암성이다.

방향족 화합물: 한 개 이상의 벤젠 고리나 벤젠과 비슷한 성질을 가지는 고리 화합물.

벤젠과 비슷한 방향족 화합물들의 독특한 화학적 성질을 결정하는 주요한 구조적 특징은 탄소 원자 6개로 이루어진 벤젠 고리이다. 탄소—탄소 결합성 전자들 중 몇 개가 고리 평면 위아래에서 "서로 스며들어 고른 층을 형성하는 것(smearing)"을 그림 8.8에 나타내었다. 다시 말하면, 모든 탄소—탄소 결합이 동등하며 벤젠은 평면 분자이다. 고리 주위의 고른 전자 분포 때문에 벤젠과 방향족 화합물들은 알켄보다 반응성이 낮다. 벤젠을 두 개의 공명 구조로 표시할 수도 있다.

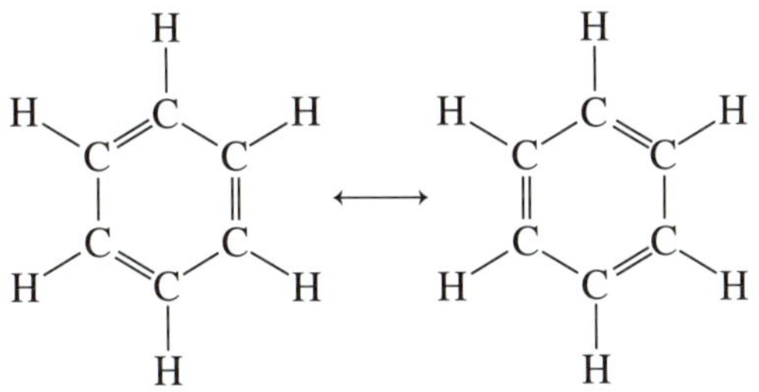

또는

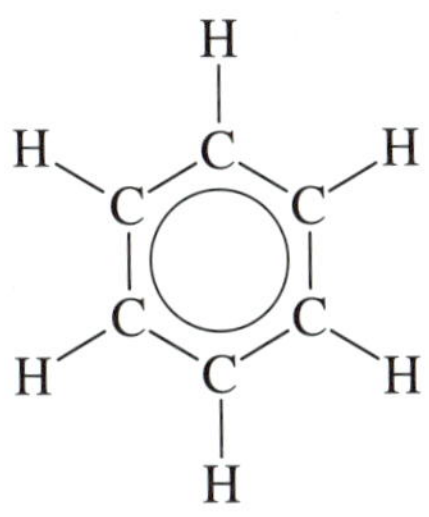

그림 8.8 ▸ 가장 작은 방향족 화합물 벤젠. (a) 고리 위아래의 전자 구름이 고리 주위로 고르게 분포된 결합성 전자들을 표시한다. (b) 공-막대 모형에 나타난 바와 같이, 벤젠의 결합성 전자들을 표시하는 또 하나의 방법은 단일 결합과 이중 결합을 교대로 표시하는 것이다.

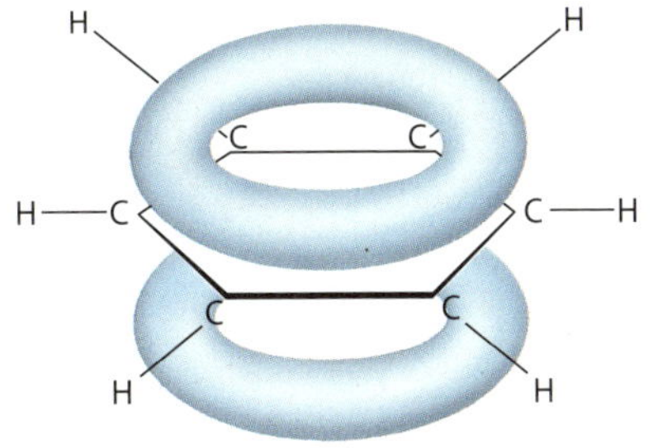

(a)

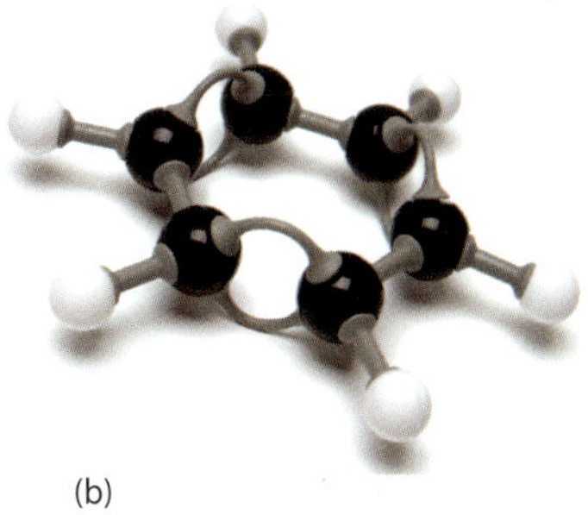

(b)

여기서 고리는 고르게 분포되고 서로 스며들어 층을 형성하는 전자들을 표시한다. 화학자들은 다른 상황에서는 다른 표기법이 유용하다는 것을 알고 있다.

수소 원자들을 나타내지 않을 때, 벤젠은 육각형 고리와 내부 동그라미로 표시한다. 육각형의 각 꼭짓점은 결합된 수소 원자 한 개를 갖는 탄소를 나타낸다. 내부 동그라미를 갖는 육각형은 벤젠(C_6H_6)이며, 내부 동그라미를 갖지 않는 육각형은 사이클로헥세인(C_6H_{12})를 표시한다는 것을 기억하라.

벤젠
C_6H_6

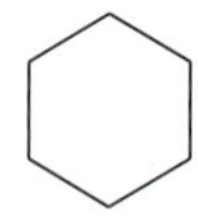

사이클로헥세인
C_6H_{12}

8-8c 벤젠 유도체

벤젠과 벤젠 유도체들은 플라스틱, 합성세제, 살충제, 의약품, 유기 화학 제품의 제조에 널리 쓰인다. 몇몇 중요한 유도체는 수소 원자들 중 하나가 작용기로 단일 치환된(monosubstitued) 벤젠 화합물들이다. 예를 들면 수소 원자 하나를 메틸기로 치환하면, 흔한 용매인 메틸벤젠(톨루엔, toluene)을 얻을 수 있다. 또한 에틸벤젠은 수소 원자 하나가 에틸기로 치환된 것이다.

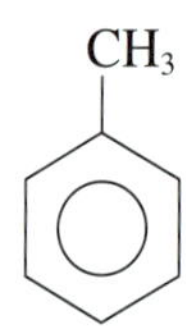

톨루엔

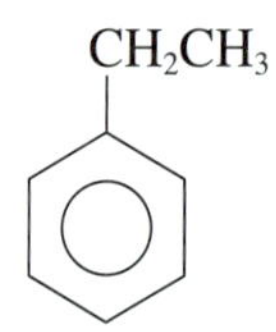

에틸벤젠

8-8d 방향족 화합물의 구조 이성질체

벤젠 구조가 평면 구조를 갖기 때문에, 벤젠 고리의 수소 원자 중 두 개 이상이 작용기로 치환되면 구조 이성질체들이 가능하다. 수소 두 개가 작용기로 치환되면, 세 개의 이성질체가 가능하다. 접두사 *오쏘*(*ortho*-), *메타*(*meta*-), *파라*(*para*-)와 숫자들을 이용하여 이성질체들을 구분한다. 화합물의 이름을 쓸 때, 이러한 접두사에서 첫 번째 글자만 쓰기도 한다. 예를 들어 작용기 두 개가 메틸기일 때는, *o*-자일렌, *m*-자일렌, *p*-자일렌이라는 세 이성질체가 있으며, 여기서 *o*, *m*, *p*는 각각 *오쏘*(1,2), *메타*(1,3), *파라*(1,4)를 가리킨다. 괄호 안의 숫자들은 작용기가 결합하는 탄소 원자의 번호이다. 예를 들어 (1,2)는 특정 탄소와 이것에 인접한 탄소 두 개에, (1,3)은 특정 탄소와 그것으로부터 탄소 하나 건너뛴 탄소에(즉, 두 탄소 사이에 다른 탄소가 하나 끼어있음) 작용기 두 개가 결합하는 것을 의미한다.

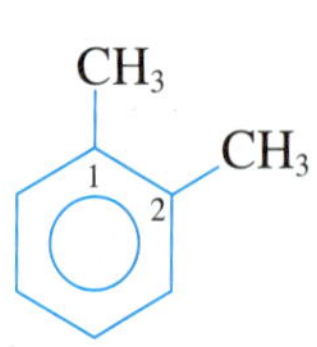

1,2-다이메틸벤젠
(*오쏘*-자일렌)
녹는점 −25°

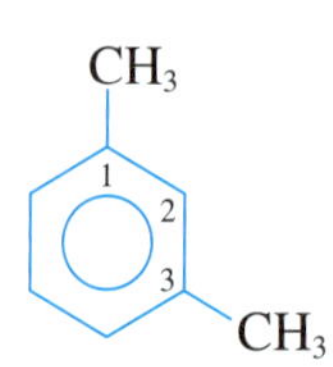

1,3-다이메틸벤젠
(*메타*-자일렌)
녹는점 −47.9°

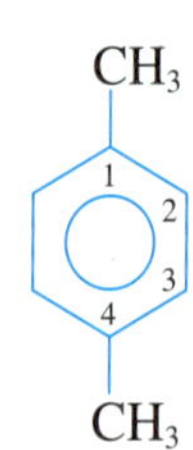

1,4-다이메틸벤젠
(*파라*-자일렌)
녹는점 13.3°

(자일렌은 염료, 살충제, 의약품의 합성에 쓰인다)

어떤 유형의 방향족 화합물은 고리의 모서리를 공유하는 벤젠 고리 두 개 이상을 갖는다. 나프탈렌(naphthalene), 안트라센(anthracene), 벤조파이렌(benzopyrene), 페난트렌(phenanthrene) 등을 예로 들 수 있다.

나프탈렌

안트라센

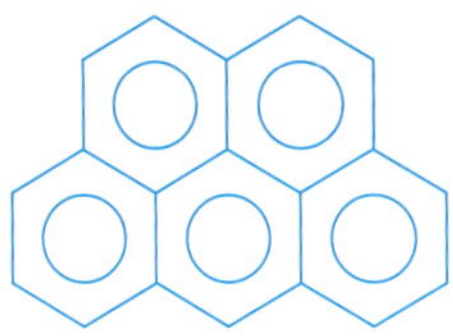
벤조파이렌
(숯 연기나 담배
연기에서 발견)

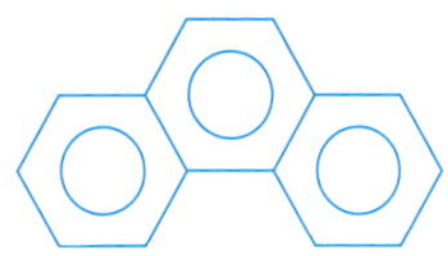
페난트렌

자연에서 발견되는 많은 유기 화합물은 "방향족 고리와 사이클로알케인 고리" 또는 "방향족 고리와 사이클로알켄 고리"가 서로 접합되어 있는 고리 탄화수소들이다. 스테로이드(10-5절) 가 좋은 예이다. 유기 화합물을 식물에서 분리하거나 실험실에서 합성하는 방법을 개발하는 사람을 *천연물 화학자*(*natural product chemist*)라 한다. 예를 들어 Percy Julian은 스테로이드 계열 화합물인 하이드로코티손(hydrocortisone)과 녹내장 치료에 유용한 화합물 피소스티그민(physostigmine)을 합성한 최초의 화학자였다.

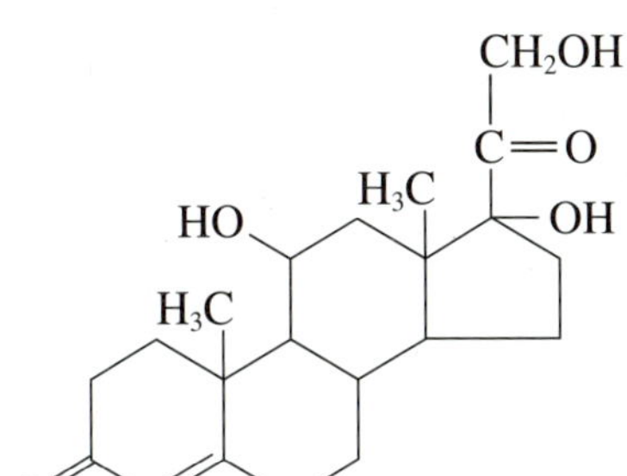

하이드로코티손

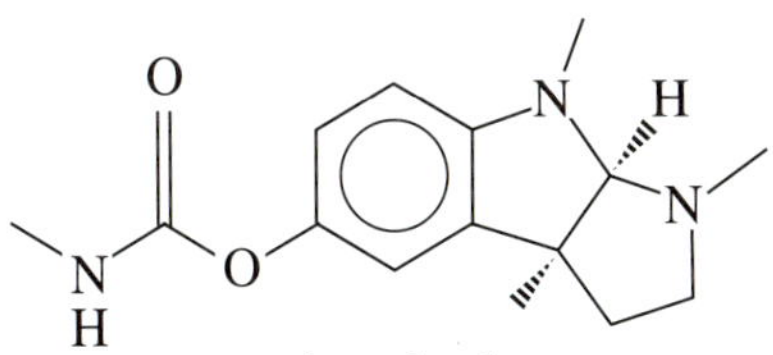

피소스티그민

8-9 알코올: 산소가 합승하다

8-9a 알코올

알코올: —OH 기를 포함하고 있는 유기 화합물.

작용기: 분자 내에서 특징적인 화학 반응성을 가진 원자나 원자단.

에테: 일반식 R—O—R′을 포함하고 있는 유기 화합물.

알코올은 산소를 포함하고 있기 때문에 엄밀한 의미로는 탄화수소가 아니지만, 연료 부분에서 논의되었으므로, 간략하게 논의하기로 한다. 알코올의 일반식은 ROH이며, 여기서 R은 알킬기이다. **알코올(alcohol)**은 본질적으로 알케인이며, 알케인의 수소 원자들 중 하나가 —OH 기로 치환되어 있다. **작용기(function group)**는 화합물에 특징적인 거동을 부여하는 분자내 원자나 원자단을 말한다. 따라서 메테인의 H 원자 중 하나가 —OH 기로 치환되면, 메탄올(methanol 또는 메틸 알코올)이라는 알코올이 생성된다. 이 화합물은 메테인(methane)의 마지막 철자 '*-e*'를 '*-ol*'로 바꾸어 명명한다. 이와 마찬가지로, 에테인과 프로페인으로부터 에탄올(ethanol, 에틸 알코올)과 프로판올(propanol, 프로필 알코올)을 얻을 수 있다. 프로판올에서는 —OH 기가 치환하는 프로페인 내 수소 위치에 따라 두 개의 이성질체(프로판올과 2-프로판올)가 얻어진다. 2-프로판올은 아이소프로판올(isopropanol 또는 아이소프로필 알코올)이라고도 한다. 아이소프로필 알코올은 흔히 "소독용 알코올(rubbing alcohol)"로 알려져 있으며, 대부분의 가정에 있는 약장(가정상비약 통, medicine cabinet)에서 볼 수 있다.

메틸 알코올이라고도 하는 *메탄올*(CH_3OH)은 *합성 가스*(*synthesis gas*)로 알려진 일산화 탄소와 수소의 혼합물로부터 합성할 수 있다. 수득률을 높이기 위해 고압, 고온, 촉매가 사용된다.

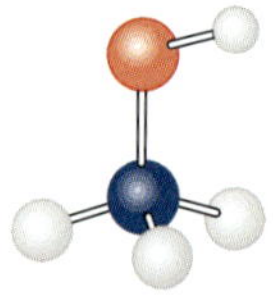

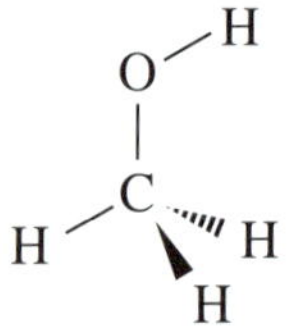

메탄올 구조의 두 가지 표현법.

$$\underset{\text{석탄}}{C(s)} + \underset{\text{수증기}}{H_2O(g)} \longrightarrow \underset{\text{합성 가스}}{CO(g) + H_2(g)}$$

$$CO(g) + 2\,H_2(g) \xrightarrow[300°C]{ZnO,\ Cr_2O_3} CH_3OH(g)$$

메탄올을 합성하는 이전 방법은 공기가 없는 조건 하에서 너도밤나무, 히코리나무, 단풍나무, 자작나무 같은 견목(hardwood, 목재를 재질에 따라 나눌 때 활엽수에 속하는 목재)을 가열하는 것이었다. 이런 이유로 메탄올은 때로 *목정*(木精, *wood alcohol*)이라고도 한다. 메탄올은 유독하여, 30 mL 정도의 적은 양만 마셔도 죽을 수 있고, 더 적은 10~15 mL 정도도 눈을 멀게 할 수 있다.

에틸 알코올 또는 곡물 알코올이라고 하는 *에탄올*(C_2H_5OH)은 탄수화물(전분, 설탕) 발효로 얻을 수 있다.

$$\underset{\text{포도당}}{C_6H_{12}O_6} \xrightarrow{\text{효모}} \underset{\text{에탄올}}{2\,C_2H_5OH} + 2\,CO_2$$

효모는 발효 과정의 촉매인 효소를 함유하고 있다. 발효 생성물을 증류하여 에탄올 95%와 물 5%의 혼합물을 얻을 수 있다. 에탄올은 알코올 음료의 활성 성분이다. 대체 연료 및 산소 함유(oxygenated) 연료의 첨가제로의 활용성 때문에 에탄올이 점점 주목을 받고 있다. 1980년대 중반까지 브라질에서는 모든 신차 판매의 90%가 에탄올 전용 차량이었다. 1990년의 에탄올 부족 사태 때문에 오늘날에는 많은 사람이 휘발유 동력 자동차로 되돌아갔다. 하지만 브라질에서 지금 판매되는 모든 휘발유는 에탄올 25%를 함유하고 있다. 에탄올 85%와 휘발유 15%의 연료 혼합물은 E85 또는 가소홀(gasohol, gasoline과 ethanol의 합성어)로 알려져 있으며, 미국 내 최소한 22개 주에서 구입 가능하다. 이 주들은 대부분 중서부 주들이다.

8-9b 에터

에터(ether)는 일반식이 R—O—R′이며, 여기서 R과 R′은 알킬기를 나타내는데, R과 R′은 같을 수도 다를 수도 있다. MTBE(methyl *tert*-butyl ether, 메틸 *tert*-뷰틸 에터)는 산소 함유 휘발유와 개질 휘발유에 이용되었기 때문에 한때는 중요한 산업용 에터였다.

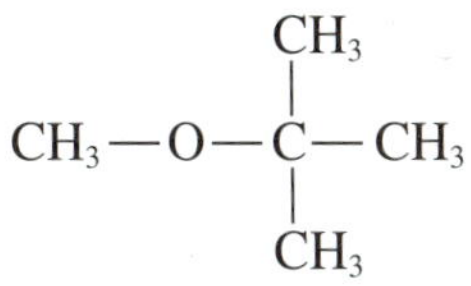

MTBE

유기 용매인 다이에틸 에터(diethyl ether, $CH_3CH_2OCH_2CH_3$)와 상표명 Neothyl로 알려진 메틸 프로필 에터(methyl propyl ether, $CH_3OCH_2CH_2CH_3$) 또한 잘 알려진 에터들이다.

에탄올은 알코올 음료의 활성 성분이다.

연습 문제

1. 화석 연료의 정의는 무엇인가?

2. 탄화수소란 무엇인가?

3. 연소열이란 무엇인가?

4. 다음 용어를 정의하시오.
(a) 이성질체
(b) 곧은 사슬 탄화수소
(c) 가지난 사슬 탄화수소

5. 포화 탄화수소인 알케인의 일반식은 C_nH_{2n+2}이며, 여기서 n은 정수이다. 이 계열의 처음 네 알케인의 이름과 화학식은 무엇인가?

6. 다음 화합물의 구조식을 쓰시오.
(a) 2-메틸펜테인
(b) 4,4-다이메틸-5-에틸옥테인
(c) 2-메틸-2-헥센

7. 다음 각 쌍의 두 화합물은 같은 화합물인가? 이성질체들인가? 또는 다른 화합물들인가?

(a)

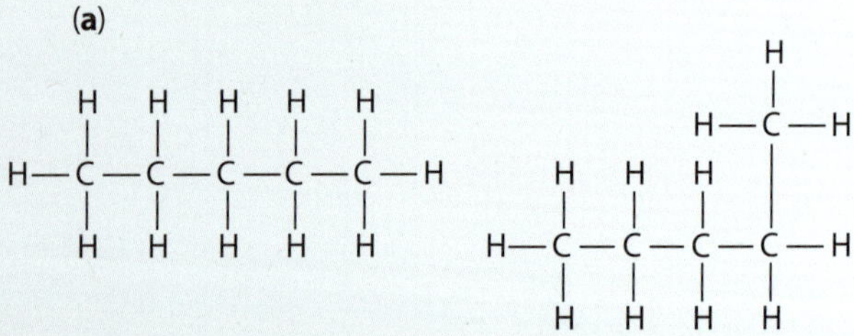

(b)

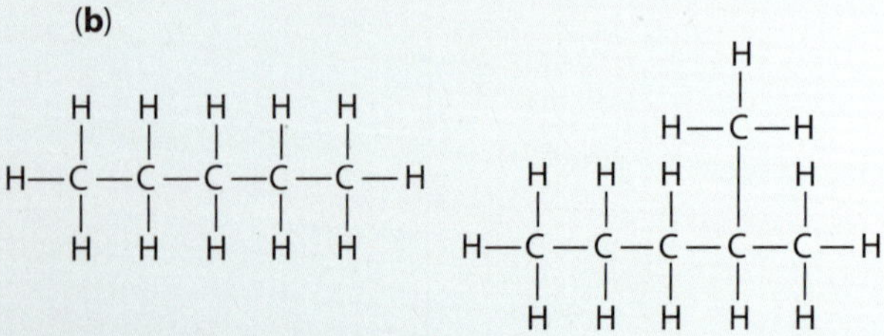

(c)

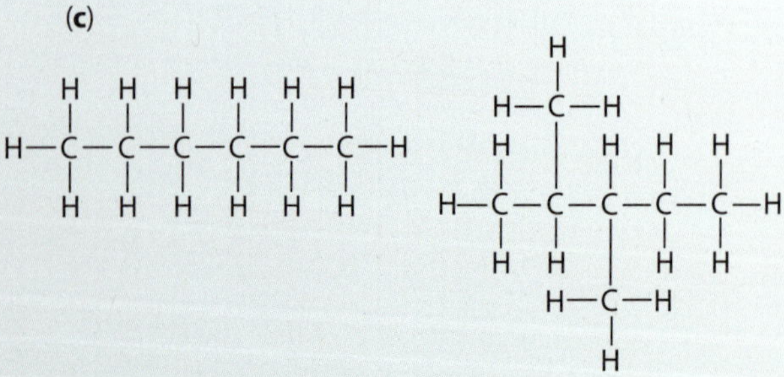

(d)

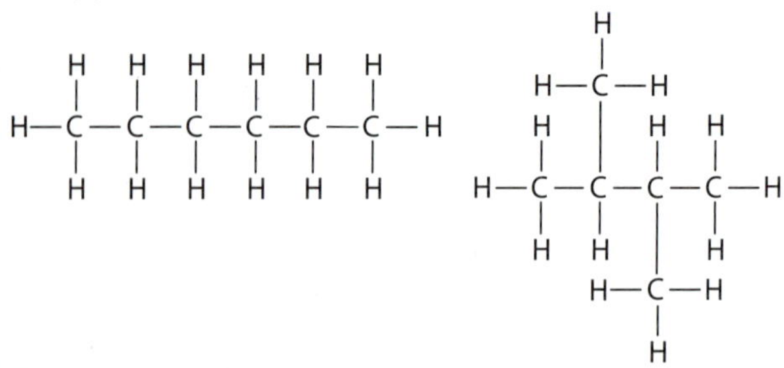

8. 2-뷰텐은 *시스*와 *트랜스* 이성질체를 갖지만 1-뷰텐은 이성질체를 갖지 않는다. 왜 그럴까?

9. 휘발유의 옥탄값을 증가시키는 휘발유 첨가제 세 개는 무엇인가?

10. '옥탄값'이라는 용어가 의미하는 바를 기술하시오.

11. 메탄올을 차량용 대체 연료로 쓸 때 장점과 단점은 무엇인가?

12. 다음은 여러 화합물의 화학식과 공-막대 모형을 나타낸 것이다. 다음 각 화합물이 알케인, 알켄, 방향족, 알카인, 에터 중 어느 것인지 밝히시오.

(a) Propane ($CH_3CH_2CH_3$)

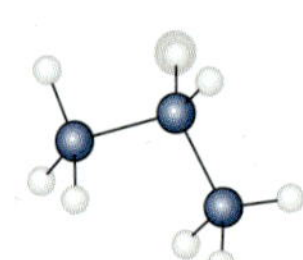

(b) 1-Butyne ($CHCCH_2CH_3$)

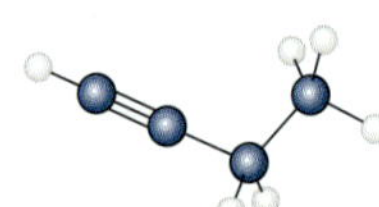

(c) Diethyl ether ($CH_3CH_2OCH_2CH_3$)

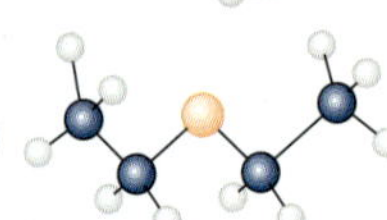

(d) Ethanol (CH_3CH_2OH)

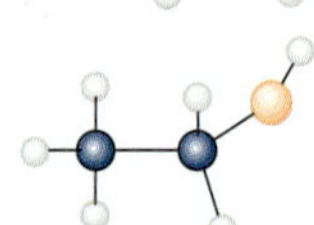

(e) Ethylbenzene ($CH_3CH_2C_6H_5$)

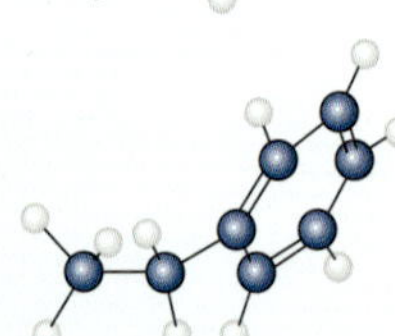

13. 표 8.1에 있는 결합 에너지 자료를 이용하여, 수소와 산소로부터 물을 생성하는 반응의 이론적 에너지 변화량을 계산하시오.

$$2\,H\text{–}H + O\text{=}O \longrightarrow 2\,H\text{–}O\text{–}H$$

9 유기 화합물과 고분자

Organic Chemicals and Polymers

차례

화석 연료는 주요 에너지원일 뿐만 아니라 수많은 상품을 만드는 데 사용하는 탄화수소의 주된 근원이 된다. 오늘날 정제된 원유의 3%가 상업적으로 중요한 유기 화합물을 합성하는 출발 물질로 사용된다. (유기 화합물은 분자 구조 내에 C—H 결합을 포함하는 물질이다.) 이들 화합물은 플라스틱, 합성 고무, 합성 섬유, 의약품, 염료, 농약, 비료 등 수천 가지 상품을 만드는 데 꼭 필요한 물질이다. 이러한 이유로 유기 화학 공업을 종종 "석유 화학 공업(petrochemical industry)"이라고 부른다.

몇 가지 주요 유기 화합물과 이들의 반응을 이 장에서 설명하고자 한다. 특별히 고분자 생산에 사용되는 반응과 화학과 화학공학의 주요한 부분을 소개하는 것을 목표로 한다.

탄소 화합물은 지구 상에 있는 생명의 열쇠를 쥐고 있다. 만일 탄소 화합물이 모두 제거되었다면 이 세계가 어떠할까 생각해 보라. 그 결과는 달의 황량한 표면과도 같을 것이다. 인체에서 탄소 화합물이 모두 제거된다면 물과 소량의 무기질만 남게 될 것이다. 모든 생명체에 대해서도 마찬가지이다. 탄소 화합물은 또한 우리 일상에서 필수적이다. 화석 연료, 음식, 대부분의 의약품은 탄소 화합물로 이루어져 있다. 우리가 플라스틱과 합성 섬유 시대에 살고 있기 때문에 의복과 가정용 기구, 대부분의 다른 상품도 일정 부분 탄소 화합물로 되어 있다.

알려진 수백만 가지 화합물의 85% 이상이 탄소 화합물이며, 화학의 한 분야인 **유기 화학(organic chemistry)**에서 이들을 연구하고 있다. 유기 화합물은 왜 그렇게 많은가? 8장에서 탄화수소와 이들의 구조 이성질체와 기하 이성질체를 논의할 때 다음 두 가지 이유를 나타내었다. (1) 한 분자 내에서 안정한 탄소-탄소 단일 결합, 이중 결합, 삼중 결합을 통해 연결된 탄소 원자가 배열할 수 있는 능력, (2) 이성질체 형성. 이 장에서는 세 번째 이유인 탄소 원자에 결합한 여러 작용기에 대해 논의할 것이다.

> **유기 화학:** 탄소 화합물의 화학.

표 9.1는 미국에서 매우 많이 생산되는 화합물을 나열한 것인데, 이 표를 보면 유기 화학 공업이 경제적으로 중요한 것은 알 수 있다. 이 중 네 개가 유기 화합물이다.

CHAPTER 9

9-1 유기 화합물

화학 공업에서 사용되는 많은 유기 화합물은 화석 연료로부터 얻는다. 예를 들어, 에틸렌, 프로필렌, 뷰틸렌, 아세틸렌 등은 천연 가스나 석유를 촉매 열분해하여 얻는다. 표 9.1은 이들을 출발물질로 사용하는 것들을 요약한 것이다. 석유와 콜타르(공기가 없는 데서 고온으로 석탄을 가열하여 얻음)는 화학 공업에서 사용되는 벤젠 유사체인 방향족 화합물의 1차 근원이다(표 9.2). 콜타르를 증류하면 표 9.2에 나열한 방향족 화합물을 얻는다.

표 9.1 미국에서 생산되는 주요 화합물*

이름	제법	용도
황산	황을 태워 SO_2를 만들고 SO_3로 산화한 후 물과 반응, 금속 제련으로부터도 얻어짐	비료, 석유 정제, 금속과 화합물 제조
에틸렌	석유와 천연 가스로부터 얻는 탄화 수소를 열분해	플라스틱, 부동 상품, 섬유, 용매
암모니아	질소와 수소의 촉매 반응	비료, 플라스틱, 섬유, 수지
인산	황산과 인산염 광물의 반응, 원소 인을 태워서 물에 녹임	비료, 세제, 수처리 화합물
염소	NaCl을 전기분해, HCl 사용자로부터 회수	화학 생산, 플라스틱, 용매, 펄프, 종이
프로필렌	석유와 석유 제품의 열분해	플라스틱, 섬유, 용매
수산화 소듐	NaCl 용액의 전기분해	화학 약품, 펄프, 종이, 알루미늄, 섬유 산업, 석유 정제
질산 암모늄	암모니아와 질산의 반응	폭발물, 비료
요소	압력 하에서 NH_3와 CO_2의 반응	비료, 동물 사료, 접착제, 플라스틱
스타이렌	에틸벤젠의 탈수소화	고분자, 고무, 폴리에스터

*유기 화합물은 강조함

그림 9.1 ▶ 석유와 천연 가스를 원재료로 하여 얻는 탄화수소.
촉매 열분해로 에틸렌, 뷰틸렌, 아세틸렌, 프로필렌을 만드는데, 이들을 다른 화학 원재료와 많은 종류의 상품으로 변환한다.

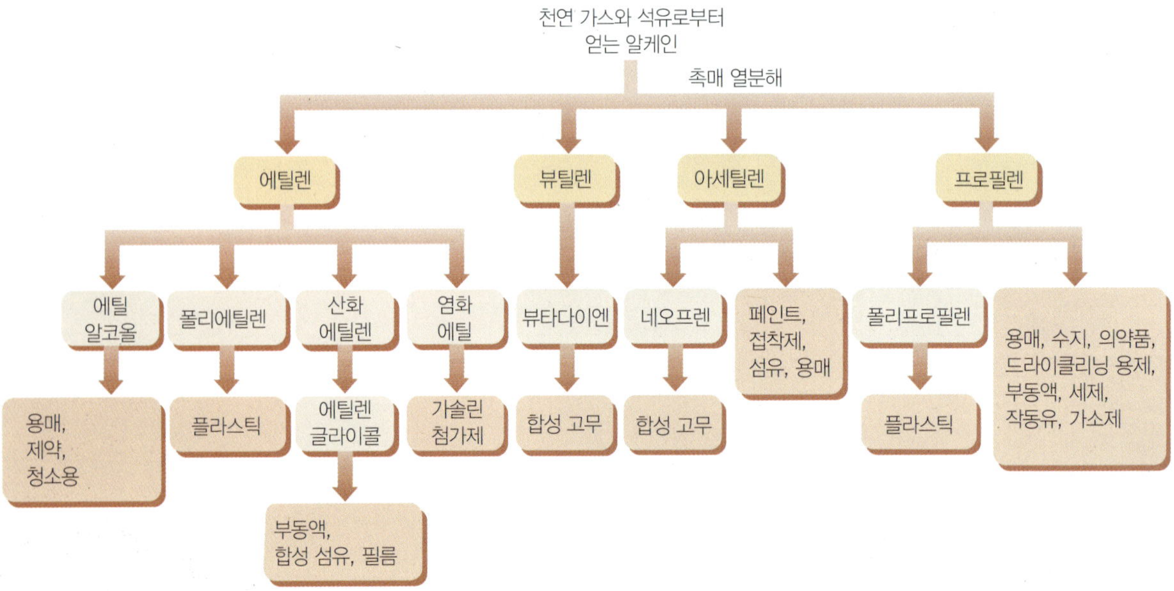

유기 화합물은 한때 식물, 동물, 화석 연료에서만 얻었으며, 아직도 이들이 탄화수소의 직접적인 근원이 된다(그림 9.1과 9.2). 또한 사탕수수로부터 설탕을, 발효된 곡식으로부터 에탄올을 얻는 등 동식물은 많은 다른 화합물의 근원이기도 하다. 하지만 유기화학이 발달하면서 천연 물질과 신물질 모두를 합성하는 더 값싼 방법이 개발되었다.

수백만의 유기 화합물들은 탄화수소의 수소 원자 대신에 *작용기(functional group)*

그림 9.2 ▸ 석유와 석탄에서 얻는 방향족 화합물과 그 용도.

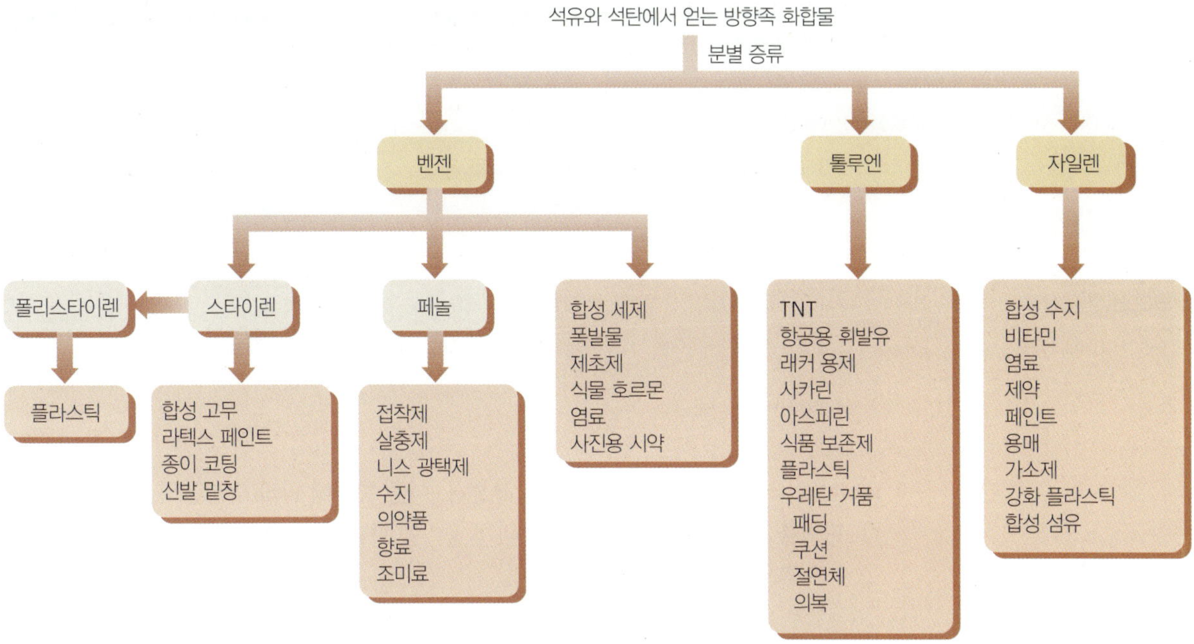

표 9.2 콜타르의 증류 분액

끓는 범위(°C)	이름	타르, 질량(%)	주요 성분
200 미만	경유	5	벤젠, 톨루엔, 자일렌
200~250	중유(中油, middle oil)	17	나프탈렌, 페놀, 피리딘
250~300	중유(重油, heavy oil)	7	나프탈렌과 메틸나프탈렌, 크레졸
300~350	그린 오일	9	안트라센, 페난트렌
잔류물		62	피치 또는 타르

라고 하는 원자나 원자단이 치환된 화합물의 종류를 포함한다. 알코올과 에터의 작용기는 8-9절에서 논의하였다. 작용기는 물리적 성질과 특정 화학반응이 일어나는 능력을 포함하여 어떤 분자에서 일련의 성질을 나타내는 원자나 원자단을 말한다는 것을 상기하라. 알코올과 그 산화물(알데하이드, 케톤, 카복실산)은 화합물에서 가장 유용한 종류의 작용기들이다.

9-2 알코올과 산화 생성물

알코올은 탄소에 결합된 하이드록실(—OH)기를 하나 이상 포함하는 유기 화합물의 주요 종류이다. 연료와 연료 첨가제로 메탄올, 에탄올, 2-메틸-2-프로판올의 중요성은 9.2절과 9.5절에서 설명하였다. 이들과 다른 상업적으로 중요한 알코올의 용도를 표 9.3에 나열하였다. 알코올은 —C—OH 탄소에 직접 결합된 탄소 원자의 개수에 따라 분류하며 일차(primary, 추가적인 C 원자 하나), 이차(secondary, 추가적인 C 원자 두 개), 삼차

표 9.3 몇 가지 중요한 알코올

축소 구조식	끓는점(°C)	체계적인 이름	일반명	용도
CH_3OH	65.0	메탄올	메틸 알코올	연료, 가솔린 첨가제, 폼알데하이드 제조
CH_3CH_2OH	78.5	에탄올	에틸 알코올	음료, 가솔린 첨가제, 용매
$CH_3CH_2CH_2OH$	97.4	1-프로판올	프로필 알코올	공업용 용매
CH_3CHCH_3 | OH	82.4	2-프로판올	아이소프로필 알코올	소독용 알코올
$HOCH_2CH_2OH$	198.0	1,2-에탄다이올	에틸렌 글라이콜	부동액
$HOCH_2CHCH_2OH$ | OH	290.0	1,2,3-프로판트라이올	글리세롤(글리세린)	음식과 화장품 보습제

(tertiary, 추가적인 C 원자 세 개)로 부른다. 이들 종류에 따라 알코올의 반응성은 다르다. 탄소를 기반으로 하는 어떤 종류의 작용기를 나타내는 데 R을 사용한다. R 기가 다를 수도 있으면 R, R′, R″로 나타낸다.

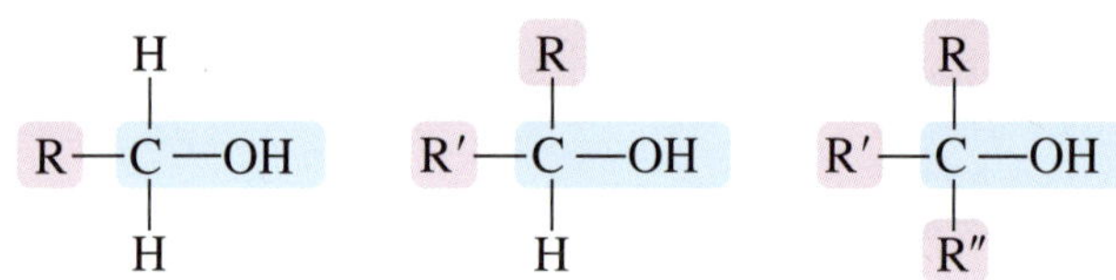

일차 이차 삼차

에탄올과 1-프로판올은 일차 알코올이다. 2-프로판올(아이소프로판올)은 소독용 알코올로 우리에게 친숙한데, 소독용 알코올은 2-프로판올의 70% 수용액이다. 2-프로판올은 이차 알코올이며 탄소 원자 세 개로 된 알코올의 두 가지 이성질체 중 하나이다.

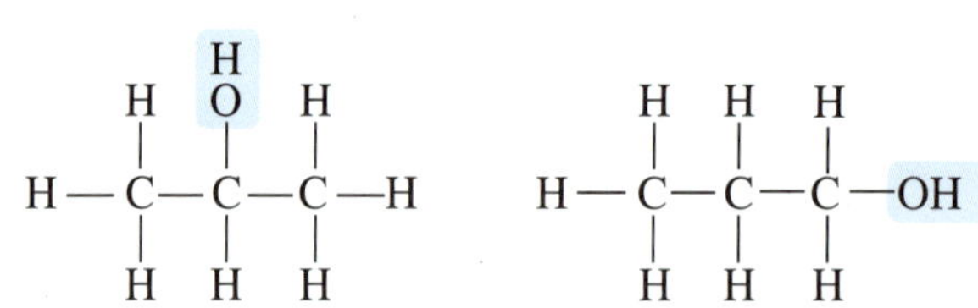

2-프로판올 1-프로판올

탄소 원자 네 개로 된 알코올에 대해서는 네 가지 구조 이성질체가 있는데, 이 중에는 8-2절에서 가솔린 첨가제로 이전에 사용되었다고 설명한 2-메틸-2프로판올(삼차-뷰틸 알코올)이 있다.

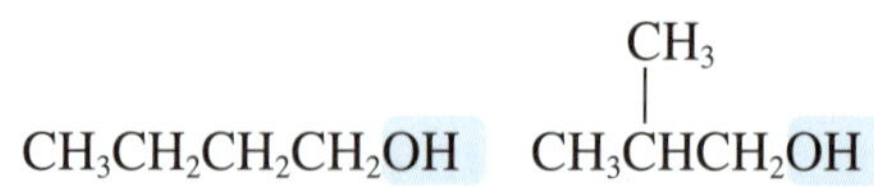

1-뷰탄올
일차 알코올

2-메틸-1-프로판올
일차 알코올

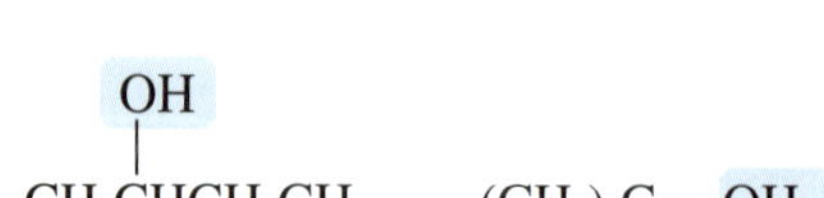

2-뷰탄올
이차 알코올

2-메틸-2-프로판올
삼차 알코올

알코올을 출발물질로 사용하여 많은 여러 다른 형태 유기 화합물을 합성할 수 있다. 한 가지 중요한 반응은 **산화**(**oxidation**)인데, 이것은 대부분의 유기 물질에 대해서 탄소와 산소 원자 사이에 공유결합의 개수가 증가된 반응을 말한다. 알코올이 산화되면 산화된 알코올과 산화 정도에 따라 **알데하이드**(**aldehyde**)나 **케톤**(**ketone**) 또는 **카복실산**(**carboxylic acid**)이 얻어진다. 출발 화합물이 일차 알코올이라면 첫 번째 산화 생성물은 알데하이드이고 두 번째 산화 생성물은 카복실산이다. 예를 들어 일차 알코올인 에탄올의 산화는 아세트알데하이드(acetaldehyde)와 아세트산(acetic acid)을 만드는 데 사용된다.

산화: 유기 화합물에서 탄소와 산소 사이의 결합의 개수가 증가하는 과정.

알데하이드: —C=O (C에 H 결합) 작용기를 포함하는 유기 화합물.

케톤: 두 탄소 원자 사이에 카보닐(C=O) 작용기를 포함하는 유기 화합물.

카복실산: —C=O (C에 OH 결합) 작용기를 포함하는 유기 화합물.

알데하이드 케톤

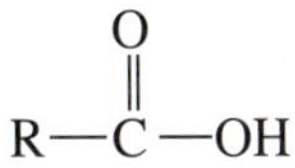

카복실산

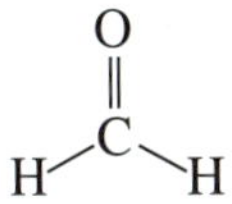

폼알데하이드

가장 간단한 알데하이드인 폼알데하이드(formaldehyde, HCHO)는 메탄올을 산화하여 얻는다. 이 화합물은 상온에서 기체이지만 포르말린(formalin)이라고 부르는 40% 수용액으로 종종 사용한다. 폼알데하이드가 고분자의 중요한 출발물질이기는 하지만 독성과 발암성 때문에 건강에 많은 위험이 있다. 또한 화석 연료의 불완전 연소에서 미량 생산되는 공기 오염물질이기도 하다. 메탄올을 연료로 사용(8-5절)하는 것에 대한 한 가지 우려는 메탄올의 불완전 연소로부터 폼알데하이드가 만들어지기 때문에 도시 시역에서 폼알데하이드 수준을 잠재적으로 증가시킬 수 있다는 것이다.

이차 알코올이 산화되면 케톤이 얻어진다. 2-프로판올(아이소프로필 알코올)을 산화하면 아세톤이 얻어지는데, 아세톤은 유기 용매와 손톱 메니큐어를 지우는 용제로 널리 사용되는 케톤이다.

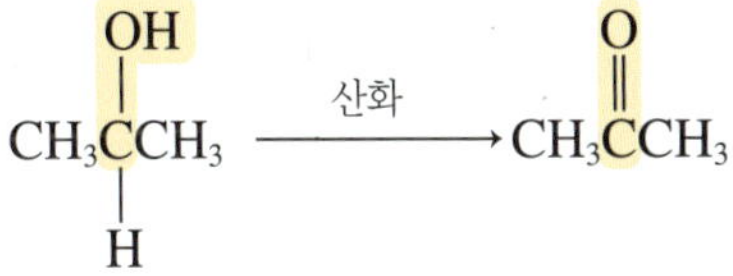

2-프로판올 아세톤

9-2a 알코올에서 수소 결합

알코올의 물리적 성질을 보면 액체 내에서 분자간 수소 결합 효과의 예가 된다. 이것은 표 9.3에 끓는점으로 보여주고 있다. 수소 결합은, 몰질량이 약간 더 크지만 수소 결합을 할 수 없는 프로페인(몰질량 44 g)은 상온에서 기체인 반면 왜 메탄올(몰질량 32 g)이 액체인가를 설명한다. 메탄올은 물보다 끓는점이 약간 낮은데 그 이유는 메탄올에는 결합할 수 있는 O—H 수소가 하나 밖에 없기 때문이다.

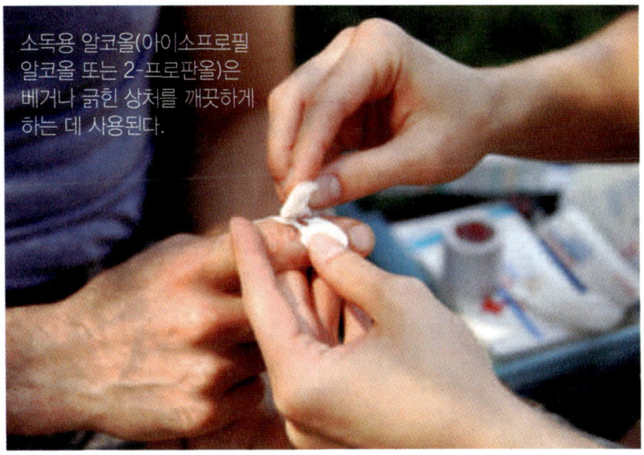

소독용 알코올(아이소프로필 알코올 또는 2-프로판올)은 베거나 긁힌 상처를 깨끗하게 하는 데 사용된다.

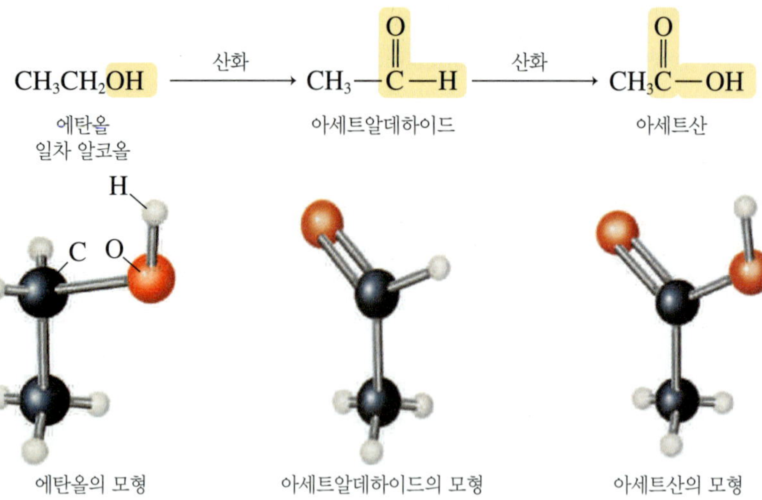

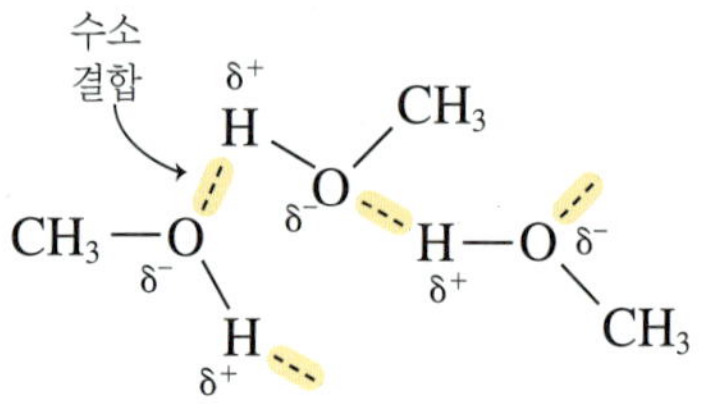

에틸렌 글라이콜이 끓는점이 더 높은 것은 분자당 —OH 기가 두 개씩 있기 때문이다. 세 개의 —OH 기를 가지는 글리세롤은 끓는점이 훨씬 더 높아 자동차 엔진에서 끓지 않고 열을 제거하는 데 사용할 수 있다.

표 9.3에 나열된 알코올들은 또한 물에 매우 잘 녹는데, 그것은 물과 알코올 분자에 있는 —OH 기 사이의 수소 결합 때문이다. 하지만 탄소 사슬의 길이가 증가함에 따라 알코올의 용해도는 감소한다. 그 이유는 비극성인 탄화수소 부분이 —OH 기에 의한 수소 결합보다 용해도에 더 큰 영향을 미치기 때문이다.

9-2b 에탄올

에탄올은 알코올 음료에 사용하는 알코올로 이를 위해 여러 식물로부터 탄수화물(녹말, 당류)을 발효시켜 만든다(표 9.4). 알코올 농도가 14% 이상이 되면 효모의 성장이 방해받아 발효가 멈추게 된다. 에탄올 농도가 더 높은 음료는 증류하거나 다른 발효 산물의 증류로 얻은 에탄올을 보강하여 만든다. 에탄올–물 혼합물의 증류로 얻을 수 있는 에탄올 최대농도는 95%이다. 알코올 음료의 도수는 에탄올의 부피 백분율의 두 배이다. 예를 들어 80도 보드카는 부피로 40%의 에탄올을 포함하며, 95% 에탄올은 190도이다.

에탄올은 메탄올만큼 독성이 있지는 않지만(8-9절), 순수한 에탄올 1 파인트(약 0.5 리터)를 빠르게 섭취하면 대부분의 사람이 죽을 수 있다. 에탄올은 진정제로, 에탄올의 다른 혈중 농도에서의 효과를 표 9.5에 수록하였다. 90도 위스키 1 온스(약 30 mL) 두 잔이나 맥주 12 온스(340 mL) 두 잔을 빠르게 마시면 혈중 알코올 농도가 0.05%에 이른다. 에탄올은 혈류 중으로 빠르게 흡수되고 간에서 만들어진 효소에 의한 대사작용이 일어난다. 해독 속도는 시간당 순수한 에탄올 1 온스 정도이다. 에탄올은 산화되어 아세트알데하이드가 되고 더 산화되어 아세트산이 되며, 최종적으로 CO_2와 H_2O가 만들어져 폐와 신장을 통해 빠져나간다.

표 9.4 일반적인 알코올 음료

이름	발효시키는 탄수화물 출처	에탄올 함량	도수
맥주	보리, 밀	5%	10
와인	포도 또는 다른 과일	최대 18%, 그렇지 않은 것은 첨가한 것임.	20~28
브랜디	증류된 와인	40~45%	80~90
위스키	보리, 호밀, 옥수수 등	45~55%	90~110
럼	당밀	~45%	90
보드카	감자	40~50%	80~100

표 9.5 혈중 알코올 수준의 효과*

마시는 잔수†	알코올의 부피 백분율(%)	효과
1~4	0.05~0.15	조정력 부족, 판단력이 바뀜, 과장된 감정
5~10	0.15~0.20	취함(발음이 불분명함, 통찰력과 평형이 바뀜)
10~15	0.30~0.40	무의식, 혼수 상태
16잔 이상	0.50	사망 가능성

*미국에서는 혈중 알코올 농도가 0.08% 이상인 사람은 법적으로 취한 사람으로 간주한다.

†1잔 = 맥주 12 온스(부피로 알코올 4.5%)

와인 4 온스(부피로 알코올 14%

리큐어 1½온스(부피로 알코올 45%)

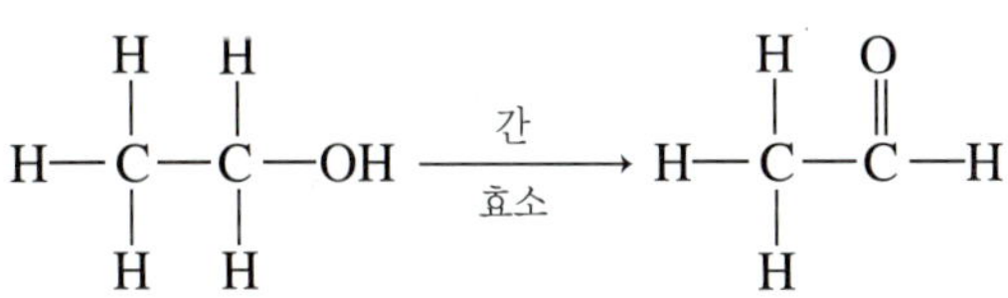

에탄올　　　　아세트알데하이드

미국에서 알코올 음료에 붙는 연방세는 갤런 당 약 26 달러이다. 에탄올 생산 단가가 갤런 당 1 달러 정도 밖에 되지 않기 때문에 공업용으로 만든 에탄올은 주세를 피하기 위해 변성(denature)하여야 한다. 변성 알코올(**denatured alcohol**)은 메탄올이나 가솔린과 같은 독성 물질을 소량 포함하고 있는데, 이들은 물리적 방법이나 화학적 방법으로 쉽게 제거할 수 없다.

변성 알코올: 화학적 방법이나 물리적 방법으로 쉽게 제거할 수 없는 독성 화학물질을 소량 첨가한 에탄올.

알코올 음료 산업에서 사용되는 것 이외에 에탄올은 용매나 다른 많은 유기 화합물의 합성에, 또한 가솔린 첨가제 등으로 널리 사용된다(8-9절). 오랫동안 공업용 에탄올도 발효로 만들었다. 하지만 지난 몇 십년 내에 원유의 부산물, 특히 에틸렌에 물을 촉매 존재하에서 첨가하여 에탄올을 만드는 것이 더 저렴하게 되었다. 이러한 과정으로 매년 10조 파운드 이상의 에탄올을 생산한다.

9-2c 에틸렌 글라이콜과 글리세롤

한 분자 안에 알코올 기가 두 개 이상 존재할 수 있다. 2가 알코올(di-alcohol)인 에틸렌 글라이콜(표 9.3)은 부동액과 고분자 합성에 사용된다.

에틸렌 글라이콜은 부동액의 주성분으로 주효하지만 사용에 문제가 없는 것은 아니다. 에탄올이 산화되어 아세트산이라는 카복실산이 되는 것과 마찬가지로 에틸렌 글라이콜의 두 하이드록실 기도 알코올 탈수소효소(*alcohol dehydrogenase*)라고 하는 간 효소에 의해 산화되어 옥살산(oxalic acid)이 된다. 생리적 pH에서 옥살산은 혈류 내 칼슘과 결합하여 불용성 염인 옥살산 칼슘(calcium oxalate)을 형성한다.

$$\underset{\text{에틸렌 글라이콜}}{HOCH_2CH_2OH} \xrightarrow{\text{간 효소}}$$

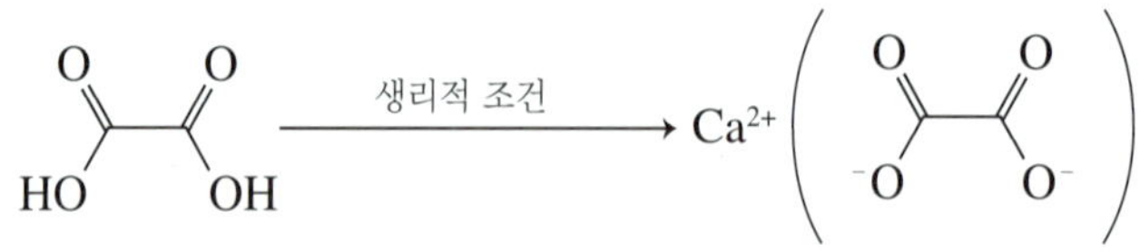

옥살산 옥살산 칼슘

옥살산 칼슘은 신장과 뇌에서 결정화되어 심각한 질병을 일으켜 죽음에 이르게 할 수도 있다. 이러한 중독은 대부분 방열기(라디에이터) 유체를 교체하였을 때 일어난다. 부동액을 부주의하게 보관하거나 도로에 부동액을 흘리면 애완동물이나 심지어 작은 아이들이 종종 먹기도 한다. 부동액은 대개 녹색, 노랑 혹은 빨강 등 아이들을 유혹할 수 있는 밝은 색 혼합물로 판매된다. 아이들이나 애완동물들은 또한 에틸렌 글라이콜의 단맛에 끌리는데, 이런 효과들이 복합적으로 작용하여 결국 죽음에 이르게 할 수도 있다. 5 mL 미만의 양으로도 고양이를 죽일 수 있고, 작은 아이들은 30 mL만 먹어도 사망할 수 있다. 어른이나 커다란 개도 60 mL를 먹으면 죽을 수 있다. 섭취한 후 바로 치료하지 않으면 종종 혼수 상태나 사망에 이른다.

에틸렌 글라이콜 중독을 치료하는 한 가지 방법은 에탄올을 대량 투여하는 것이다. 간에 있는 알코올 탈수소효소는 에틸렌 글라이콜보다 에탄올 대사를 더 잘한다. 이들 효소가 에탄올 대사로 분주하면 에틸렌 글라이콜이 약 14 시간의 반감기로 신장으로부터 배출된다. 반감기를 다섯 번 지나면(70 시간 후) 에틸렌 글라이콜은 처음 양의 약 3% 정도만 남게 된다. 따라서 피해자가 섭취 후에 곧바로 섭취한 부동액을 구토하지 않으면 에틸렌 글라이콜 중독에 대한 일반적인 치료법은 주의 깊게 조절된 조건에서 정맥으로 에탄올을 투여하는 것이다. 에탄올 대사로 만들어지는 아세트산이 혈류 중에 산을 과도하게 만들어 대사 산독증(acidosis)이라고 하는 조건을 만들어 사망을 초래할 수도 있기 때문에 의사나 수의사가 주의 깊게 관찰하는 것이 중요하다. 이러한 일이 어떻게 일어나는지를 알려면 5-4절의 혈액 완충계를 다시 공부하도록 하라. 이러한 산도의 증가를 막기 위해 의사들은 종종 탄산 수소 소듐 정맥 주사를 실시한다.

얼어붙은 조건에서 비행을 준비하는 비행기에 얼음 제거제로 에틸렌 글라이콜을 사용하는 것도 문제가 된다. 전 세계 대형 공항에서 매년 수십만 갤런의 용매를 사용하기 때문이다. 이 용매 다량이 종종 공항 주변 생태계에서 발견되어 심각한 환경문제를 일으킨다. 최근에는 에틸렌 글라이콜과 다른 화학 물질의 양을 제한하고 환경으로의 방출을 최소화하

구조에서의 작은 차이가 성질에서는 큰 차이를 만든다. 글리세롤은 탄소 원자 세 개와 각 탄소에 결합된 —OH 기로 이루어져 있는데, 무독성의 단맛을 내는 시럽 형태이며 피부에 보습작용이 있다. 비누와 식품 첨가제로도 사용된다(11-9절). 부동액에는 에틸렌 글라이콜이 들어 있는데, 에틸렌 글라이콜은 탄소 원자 두 개와 각 탄소에 결합된 —OH 기로 이루어져 있으며 매우 유독하다.

기 위하여 훨씬 더 많은 주의를 기울이고 있다. 회수하여 재사용하는 시스템이 가동 중이며 지금은 공항으로부터 나오는 빗물에 대해 훨씬 더 엄중한 감시가 이루어진다.

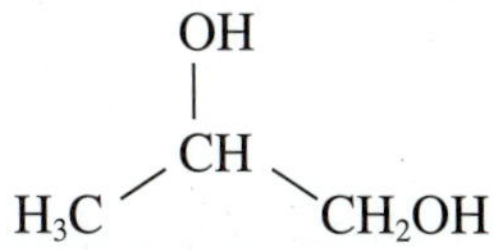

프로필렌 글라이콜

프로필렌 글라이콜은 그 구조 때문에 옥살산으로 산화되지 않아 부동액으로 인가기 늘어나고 있다. 시라®(Sierra®) 상표와 같이 더 환경 친화적인 부동액에는 이 무독성 알코올을 사용한다. 이러한 부동액들은 동물원이나 많은 동물이 부동액에 노출될 수 있는 곳에서 매우 많이 쓰인다. 하지만 프로필렌 글라이콜의 한 가지 단점은 에틸렌 글라이콜보다 비용이 더 든다는 것이다.

3가 알코올(tri-alcohol)인 글리세롤(glycerol, 표 9.3)은 비누 제조에서 얻어지는 부산물이다. 글리세롤은 보습 성질 때문에 먹을 수 있는 무독성 보습제(수분을 모아 잡고 있는 물질)로서 식품과 담배, 약품과 화장품 제조에서 용도가 많다. 또한 나이트로글리세린(nitroglycerin)과 수많은 다른 화학물질 제조에도 사용된다. 글리세롤의 가장 중요한 화합물은 아마도 천연 에스터인데 이들은 식물과 동물에서 발견되는 지방과 기름이다(10-3절).

9-3 카복실산과 에스터

9-3a 카복실산

카복실산은 —COOH 작용기를 포함하고 있으며 알코올이나 알데하이드를 산화하여 만든다. 이러한 반응은 매우 잘 일어나는데, 와인이 시게 되어 식초를 형성하는 것으로 공기로부터 산소 존재 하에서 에탄올이 산화하여 아세트산으로 되는 것이다.

카복실산은 극성이며 수소 결합을 잘 형성한다. 이 수소 결합 때문에 산의 끓는점이 매우 높아져, 몰질량이 비슷한 알코올보다 훨씬 더 높게 된다. 예를 들어 에탄올(46 g/mol)의 끓는점은 78°C에 불과하지만 폼산(formic acid, 46 g/mol)은 끓는점이 101°C이다.

모든 카복실산은 약산이며(5-2절), 다음과 같이 염기와 반응하여 염을 형성한다.

$$\underset{\text{아세트산}}{CH_3\overset{\overset{\large O}{\|}}{C}-OH(aq)} + NaOH(aq) \longrightarrow \underset{\text{아세트산 소듐}}{CH_3\overset{\overset{\large O}{\|}}{C}O^-Na^+(aq)} + H_2O(\ell)$$

탄소 원자 사슬인 훨씬 더 긴 카복실산의 염은 수세기동안 비누로 사용되어 왔다. 많은 카복실산이 천연에서 발견되며 오래 전부터 알려졌다. 그 결과 친숙한 카복실산은 대부분 일반명으로 부른다(표 9.6).

표 9.6 몇 가지 간단한 카복실산

구조	냄새	일반명	체계명	끓는점(°C)
$\mathrm{H\overset{\overset{O}{\|}}{C}OH}$	톡 쏘는 향	폼산	메탄산	101
$\mathrm{CH_3\overset{\overset{O}{\|}}{C}OH}$	식초향	아세트산	에탄산	118
$\mathrm{CH_3CH_2\overset{\overset{O}{\|}}{C}OH}$	스위스 치즈	프로피온산	프로판산	141
$\mathrm{CH_3(CH_2)_2\overset{\overset{O}{\|}}{C}OH}$	상한 버터	부티르산	뷰탄산	163
$\mathrm{CH_3(CH_2)_3\overset{\overset{O}{\|}}{C}OH}$	거름 냄새	발레르산	펜탄산	187

거름 냄새는 발레르산 때문이다(표 9.6 참조).

묽혀서 식초를 만드는 산인 아세트산(acetic acid)은 진한 형태로 생산되어 사진 필름판, 합성 섬유, 플라스틱과 다른 생산품 제조에 사용되는 고분자인 아세트산 셀룰로오스(cellulose acetate)를 만드는 데 대량 사용된다(9-5절).

대량 생산되는 다음 세 가지 다른 산은 카복실산 기를 두 개 가져 다이카복실산(dicarboxylic acid)으로 알려져 있다.

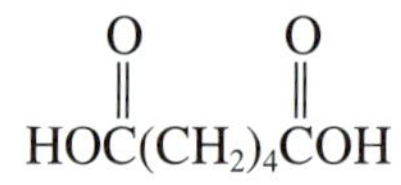

아디프산

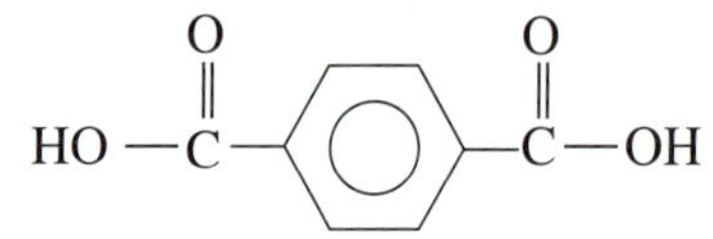

테레프탈산

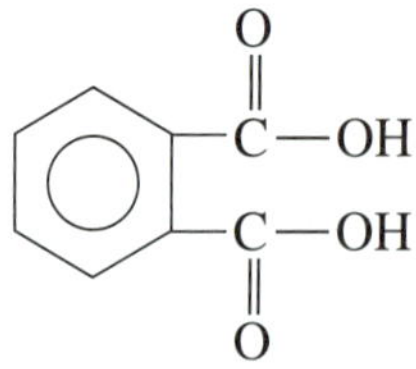

프탈산

이들 세 산은 고분자 제조에 이용된다(9-5절). 하지만 천연에서 산출되어 출처가 익숙한 다른 산들도 있다(표 9.7).

9-3b 에스터

에스터: —COOR 작용기를 포함하는 유기 화합물.

강산 존재 하에서 카복실산과 알코올이 반응하면 —COOR 작용기를 포함하는 **에스터(ester)**가 만들어진다. 에스터에서 카복실산의 —OH가 알코올에서의 OR 기로 치환된다. 예를 들어 황산 존재 하에서 에탄올을 아세트산과 혼합하면 아세트산 에틸(ethyl acetate)이 형성된다. 이 반응은 탈수반응(dehydration, 물을 잃는 반응)이며 황산은 촉매로 작용한다.

표 9.7 몇 가지 천연에서 산출되는 카복실산

이름	구조	천연 출처
글라이콜산	$HO-CH_2-COOH$	사탕수수
구연산	$HOOC-CH_2-C(OH)(COOH)-CH_2-COOH$	감귤류 과일
젖산	$CH_3-CH(OH)-COOH$	상한 우유
올레산	$CH_3(CH_2)_7-CH{=}CH-(CH_2)_7-COOH$	식물성 기름
옥살산	$HOOH-COOH$	대황, 시금치, 양배추, 토마토
스테아르산	$CH_3(CH_2)_{16}-COOH$	동물성 지방
타타르산	$HOOH-CH(OH)-CH(OH)-COOH$	포도 주스, 와인

메니큐어에는 독특한 향을 가지는 용매인 아세트산 에틸이 들어있다.

$$\underset{\text{아세트산}}{CH_3\overset{\overset{O}{\|}}{C}-OH} + \underset{\text{에탄올}}{H-OCH_2CH_3} \xrightarrow{H_2SO_4} \underset{\text{아세트산 에틸}}{CH_3\overset{\overset{O}{\|}}{C}-OCH_2CH_3} + H_2O$$

에스터의 이름은 에스터 합성에 사용된 알코올과 산의 이름에서 유래한다. 우리말 명명은 산의 이름을 먼저 쓰고 알코올의 알킬기를 다음에 쓴다. 영어명은 알코올의 알킬기 이름을 쓰고 산 이름의 어미를 *-ate*로 바꾸어 뒤에 쓴다. 에를 들어 아세트산 에틸(ethyl acetate)은 에탄올과 아세트산의 반응으로 만들어진 에스터의 이름이다. 아세트산 에틸은 래커와 플라스틱의 일반적인 용매와 손톱의 메니큐어를 지우는 용제로도 사용된다.

유래된 산과는 다르게, 에스터는 종종 좋은 향기를 낸다(표 9.8). 많은 꽃과 과일의 특징적인 향기는 천연 에스터가 존재하기 때문이다. 예를 들어 바나나의 향은 주로 에스터인 아세트산 3-메틸뷰틸(3-methylbutyl acetate, 아세트산 아이소아밀이라도도 알려짐) 때문이다.

식품과 음료 제조에서 식품 첨가제로 에스터 혼합물을 종종 사용한다. 바나나 추출물을 흉내낸 상품의 성분표를 보면 "물, 알코올(40%), 아세트산 아이소아밀과 다른 에스터, 오렌지 오일과 다른 정유, FD&C 노랑 5호"라고 적혀있다.

9-4 합성 유기 고분자

우리는 매일 십 여개의 합성 유기 고분자를 사용하고 지낸다. **고분자(polymer)**라는 말은 많은 부분을 뜻한다(그리스어 *poly*는 많은, *meros*는 부분을 뜻함). 고분자는 몰질량이

고분자: 더 작은 분자들로부터 유도된 단위체가 반복되어 구성된 거대 분자.

표 9.8 몇 가지 산과 알코올 그리고 이들의 에스터

산	알코올	에스터	에스터의 향
CH_3COOH 아세트산	CH_3 | $CH_3CHCH_2CH_2OH$ 3-메틸-1-뷰탄올	O　　　CH_3 ‖　　　| $CH_3COCH_2CH_2CHCH_3$ 아세트산 3-메틸뷰틸	바나나
$CH_3CH_2CH_2CH_2COOH$ 펜탄산	CH_3 | $CH_3CHCH_2CH_2OH$ 3-메틸-1-뷰탄올	O　　　CH_3 ‖　　　| $CH_3CH_2CH_2CH_2COCH_2CH_2CHCH_3$ 펜탄산 3-메틸뷰틸	사과
$CH_3CH_2CH_2COOH$ 뷰탄산	$CH_3CH_2CH_2CH_2OH$ 1-뷰탄올	O ‖ $CH_3CH_2CH_2COCH_2CH_2CH_2CH_3$ 뷰탄산 뷰틸	파인애플
$CH_3CH_2CH_2COOH$ 뷰탄산	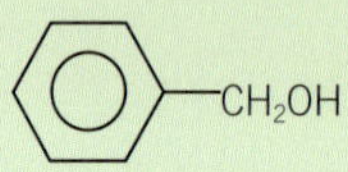 벤질 알코올	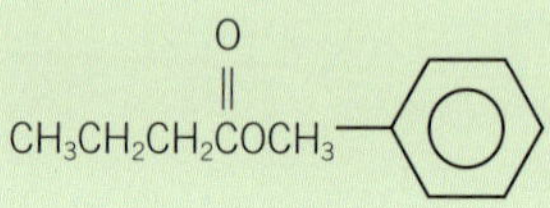 뷰탄산 벤질	장미

수천에서 수백만에 이르는 거대 분자이다. 우리가 입는 옷도 고분자이며, 음식은 고분자로 포장되어 있고, 가정용 기기나 자동차에도 많은 고분자 성분이 포함되어 있다.

유기 화학 공업의 약 80%가 합성 고분자 생산이다. 상품에서 합성 고분자의 중요성은 미국에서 생산된 최고 50개 화학물질의 절반 가량이 플라스틱, 섬유, 고무 생산에 사용되었다는 사실에 나타나 있다. 미국에서 생산되는 합성 고분자의 평균 양은 매년 1인당 200 파운드를 넘어섰다. 많은 합성 유기 고분자들은 여러 종류의 **플라스틱(plastic)**이다. 플라스틱은 여러 모양으로 성형할 수 있는 고분자이다. 모든 플라스틱이 고분자이지만 모든 고분자가 다 플라스틱은 아니다. 플라스틱으로 만들어진 물품의 예를 보면 접시, 컵, 용기, 전화기, 포장용이나 쓰레기용 비닐 봉지, 플라스틱 파이프와 부품, 자동차 핸들과 시트 커버, 가정용 캐비닛, 라디오, 텔레비전 등이 있다. 사실 옷감 섬유나 합성 고무와 마찬가지로 이러한 플라스틱 물품들은 널리 사용되어 일반적으로 경시하는 경향이 있다.

플라스틱: 여러 모양으로 성형할 수 있는 고분자.

가장 유용한 고분자 화학의 일부는 천연 거대분자를 모방한 결과이다. 레이온은 셀룰로오스를 다시 제조한 것이며, 합성 고무는 천연 라텍스 고무를 모방한 것이다. 하지만 이들 고분자들이 유용해짐에 따라 고분자 화학은 천연 모형에 제한되지 않는다. 폴리스타이렌, 나일론, 다크론은 천연물을 정확하게 복제하지 않은 합성 분자의 몇 가지 예이다.

고분자는 작은 분자 여러 개를 화학적으로 연결하여 하나의 거대 분자로 만든 것이다. 고분자 제조에 사용되는 작은 분자들을 **단량체(monomer)**라고 한다. 합성 고분자는 단량체 단위를 직접 서로 연결하는 **첨가 고분자(addition polymer)**와 단량체 단위를 결합할 때 주로 물과 같은 작은 분자가 이들 사이에서 빠져나오는 **축합 고분자(condensation polymer)**로 분류한다.

단량체: 결합하여 고분자를 형성하는 작은 분자.

첨가 고분자: 서로 직접 결합하여 단량체로부터 만들어지는 고분자.

축합 고분자: 물 같이 작은 분자가 빠져나오면서 결합된 단량체로부터 만들어지는 고분자.

9-4a 첨가 고분자

폴리에틸렌

첨가 고분자의 단량체는 일반적으로 하나 이상의 이중 결합이나 삼중 결합을 포함한다.

이 부류에서 가장 간단한 단량체는 에틸렌(ethylene, $CH_2{=}CH_2$)이다. 에틸렌을 촉매 존재하 1000~3000 기압(atm)에서 100~250°C로 가열하면 몰질량이 수백만인 고분자가 형성된다. 에틸렌의 반응은 탄소–탄소 이중 결합에 있는 결합 중 하나를 끊음으로써 시작된다. 이렇게 되면 반응성이 큰 홑전자(쌍을 이루지 않은 전자)가 분자의 양쪽 끝에 남게 된다. 고분자화의 *개시*(*initiation*) 단계인 이 단계는 유기 과산화물과 같은 개시제를 넣어 이루어지는데, 과산화물은 불안정하여 쉽게 자유 라디칼로 나뉘어 홑전자를 가지게 된다(6-3절). 자유 라디칼은 탄소–탄소 이중 결합을 포함하는 분자와 즉각 결합하여 새로운 자유 라디칼을 만든다. 이것이 이중 결합을 파괴한다.

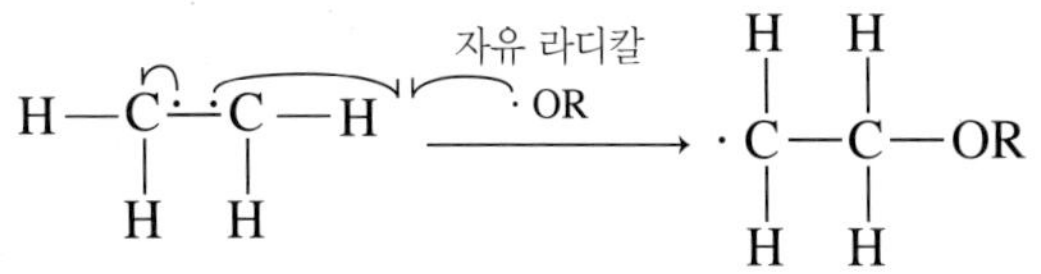

그런 다음 홑전자가 반응하지 않은 에틸렌 분자에 있는 이중 결합 전자와 결합하여 폴리에틸렌 사슬이 자라기 시작한다. 이렇게 되면 또다른 홑전자가 남게 되어 또다른 에틸렌 분자와 반응하게 된다. 예를 들면 다음과 같다.

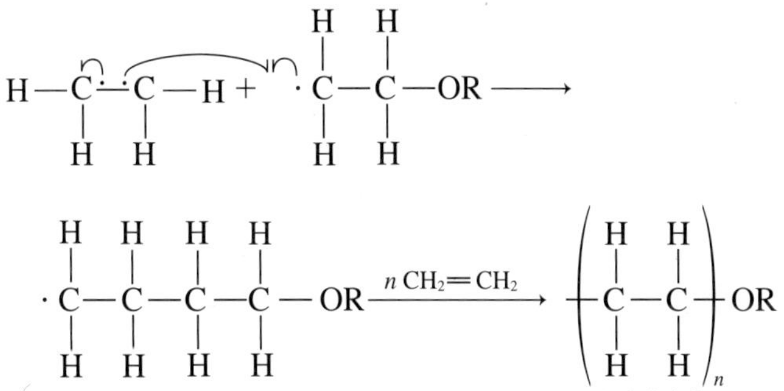

폴리에틸렌
n은 1,000~50,000
정도이다.

이 과정에서 불포화 탄화수소 단량체인 에틸렌이 포화 탄화수소 고분자인 *폴리에틸렌*(*polyethylene*)으로 바뀌게 된다.

폴리에틸렌은 전세계에서 가장 널리 사용되는 고분자로 미국에서만 매년 수백만 톤이 생산된다. 이렇게 많이 사용되는 이유가 무엇일까? 폴리에틸렌은 다양한 성질을 가지고 있어 여러 용도에 사용되는 것이다.

여러 압력과 촉매 조건에서 형성된 폴리에틸렌은 분자 구조가 달라 물리적 성질이 다르다. 예를 들어 촉매로 산화 크로뮴(chromium oxide)을 사용하면 거의 모두 다 선형 폴리에틸렌(linear polyethylene)이 된다. 이 선형 폴리에틸렌은 탄소 사슬에 가지가 없는 고분자이다. 포화 폴리에틸렌 사슬에 있는 각 탄소 주변의 결합이 사면체 배열을 하고 있기 때문에 지그재그 구조가 사슬의 모양에 더 가깝게 나타낸 것이다. 폴리에틸렌의 긴 선형 사슬은 서로 가깝게 채워져 밀도가 크고(0.97 g/mL) 몰질량이 큰 물질이 되게 하는데 이를 고밀도 폴리에틸렌(high-density polyethylene, HDPE)라고 한다. 이 물질은 단단하고 강하며 잘 구부러지지 않는다. HDPE의 좋은 용도의 예는 플라스틱 우유병이다. 다른 HDPE 용기를 그림 9.3에 나타내었다.

그림 9.3 ▸ 가장 흔하게 재사용되는 고분자 물질 중 하나인 HDPE로 만든 병.

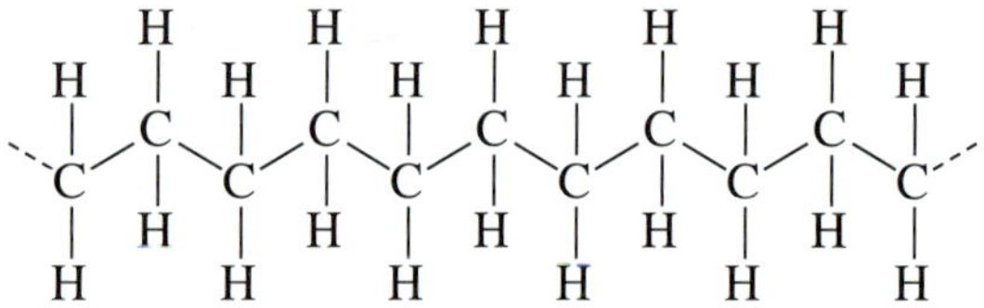

폴리에틸렌 분자의 일부분

또는

선형 폴리에틸렌 모형

구부러진 부분은 각각 CH_2기를 나타낸다.

에틸렌을 200 기압의 압력에서 230°C로 가열하면 자유 라디칼이 폴리에틸렌 사슬을 무작위로 공격하여 불규칙적인 가지를 만든다(그림 9.4a). 가지가 나 있는 폴리에틸렌 사슬은 서로 가깝게 채워지지 않으므로 밀도가 낮아(0.92 g/mL) 저밀도 폴리에틸렌(low-density polyethylene, LDPE)라고 한다. 이 물질은 연하고 구부릴 수 있다(그림 9.5). 샌드위치 백은 LDPE로 만든다. 다른 조건에서는 가교 폴리에틸렌(cross-linked polyethylene, CLPE)이 만들어지는데, 이것은 가지가 긴 사슬을 서로 연결하는 것이다(그림 9.4b). 선형 폴리에틸렌 사슬을 사슬 사이에 상호결합이 일어나도록 하는 방법으로 처리하면 단단한 형태의 폴리에틸렌인 CLPE가 형성된다. 음료수병의 플라스틱 뚜껑은 CLPE로 만든다.

》에틸렌 유도체의 고분자

에틸렌의 수소 원자 중 하나 이상이 할로젠 원자나 여러 유기 작용기로 치환된 단량체로부터 많은 다른 종류의 첨가 고분자를 만든다. 폴리에틸렌 형성을 다음과 같이 나타낸다면

그림 9.4 ▸ (a) 가지난 폴리에틸렌과 (b) 가교 폴리에틸렌의 모형.

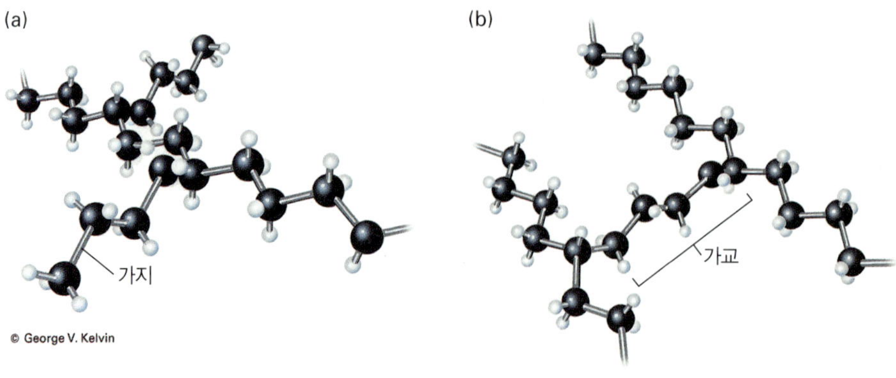

© George V. Kelvin

그림 9.5 ▸ LDPE 필름 제조. (a) 부풀린 폴리에틸렌 필름 관. (b) 관을 어떻게 부풀려 필름을 말아 모으는지 보여주는 그림.

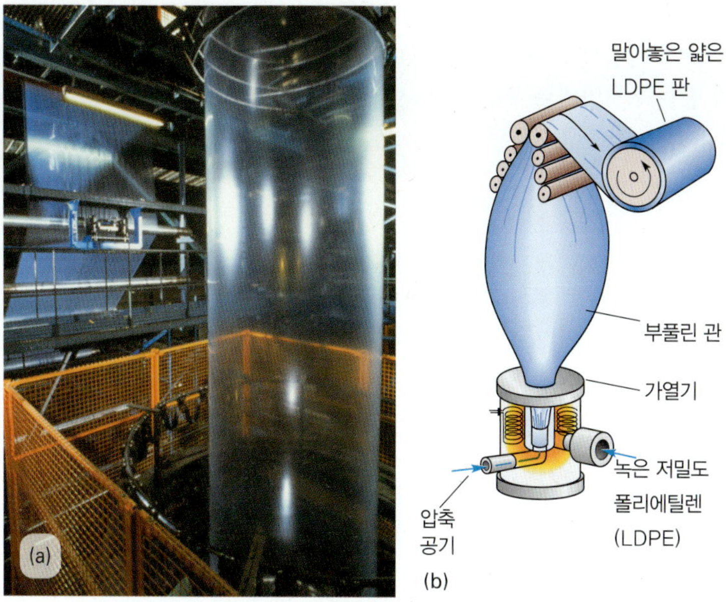

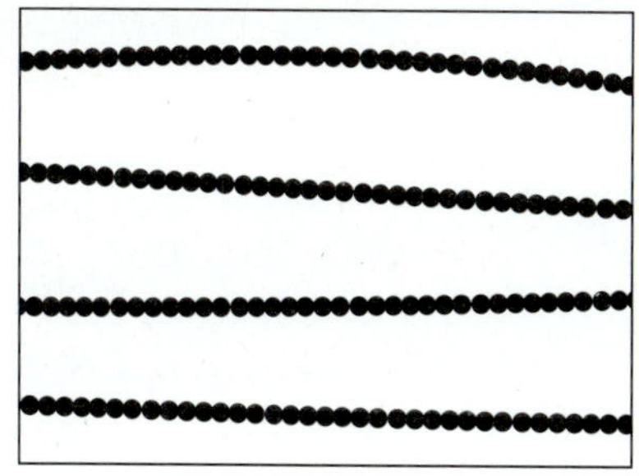

고밀도 폴리에틸렌(HDPE) 고분자 사슬 사이의 관계.

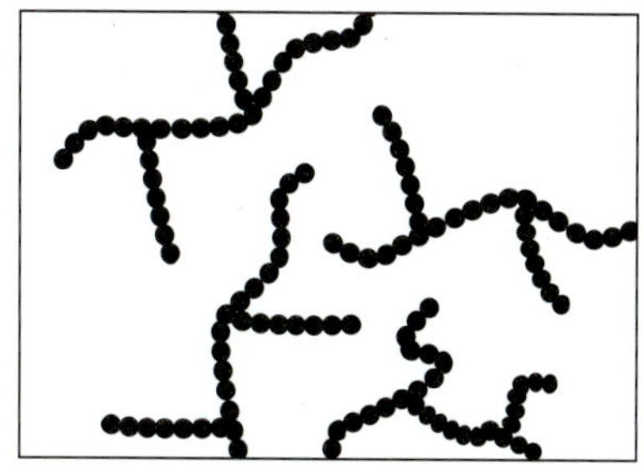

저밀도 폴리에틸렌(LDPE)의 가지난 고분자 사슬 사이의 관계.

$$n\,H_2C{=}CH_2 \longrightarrow \left(CH_2 - CH_2 \right)_n$$

다음 일반식을 사용하여 X가 Cl, F 또는 유기 작용기일 때 많은 다른 중요한 첨가 고분자를 나타낼 수 있다(표 9.9).

$$n\,H_2C{=}\underset{\displaystyle X}{\underset{|}{CH}} \longrightarrow \left(CH_2 - \underset{\displaystyle X}{\underset{|}{CH}} \right)_n$$

예를 들어 *폴리스타이렌(polystyrene)*을 만들기 위한 단량체는 스타이렌(styrene)이며 여기서 n은 5,700 가량이다.

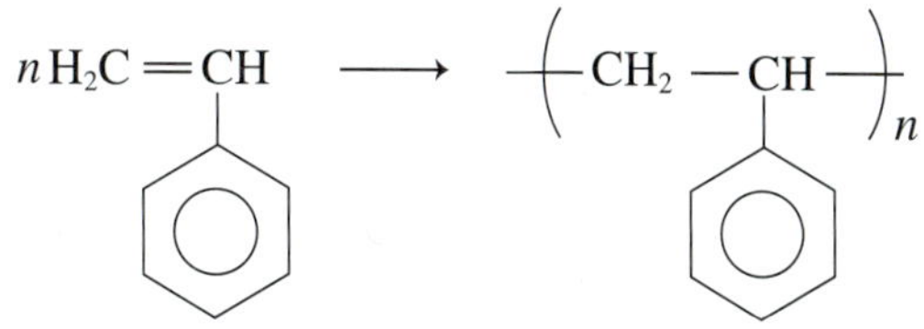

스타이렌은 일파적으로 폴리스타이렌 제조에 사용되는 용도 때문에 주요한 공업 화학물질이다. 폴리스타이렌은 상온에서 맑고 단단한 무색의 고체로 250°C에서 쉽게 성형할 수 있는 플라스틱이다. 미국에서는 매년 6백만 톤 이상이 생산되며 식품 용기, 장난감, 전기 부품, 절연 패널, 가전 제품과 가구와 기타 물품 제조에 쓰인다. 폴리스타이렌 생산물이 나타내는 다양한 성질은 합성 고분자에서 전형적인 것이다. 예를 들어 투명 폴리스타이렌 음료용 컵은 잘 부서지며 유리처럼 날카로운 조각으로 부서지는데, 이는 부드럽고 유연한 폴리스타이렌 커피용 컵과는 매우 다르다.

폴리스타이렌의 주용도는 “팽창 주형(expansion molding)”을 이용한 단단한 거품 생산이다. 이 과정에서 폴리스타이렌 구슬을 주형 안에 넣고 증기나 뜨거운 공기로 가열한다. 지름 0.25~1.5 mm인 이 구슬에는 펜테인과 같이 끓는점이 낮은 액체가 무게로 4~7% 들어있다. 이전에 염화플루오린화탄소(chlorofluorocarbon)가 오존층에 부정적인 영향을 미친다는 것을 알기 전에는 이 목적으로 염화플루오린화탄소를 사용했다. 증기가 끓는점이 낮은 액체를 증발시켜 구슬을 팽창하게 만들고 거품이 든 입자가 팽창함에 따라 주형 빈 공간의 모양대로 주형이 이루어진다. 팽창된 폴리에틸렌은 달걀 상자, 고기 쟁반, 커피용 컵, 포장재에 사용된다.

실내외 카펫, 병, 섬유, 배터리 통으로 사용되는 *폴리프로필렌(polypropylene)*은 플로필렌(propylene)에서부터 만든다.

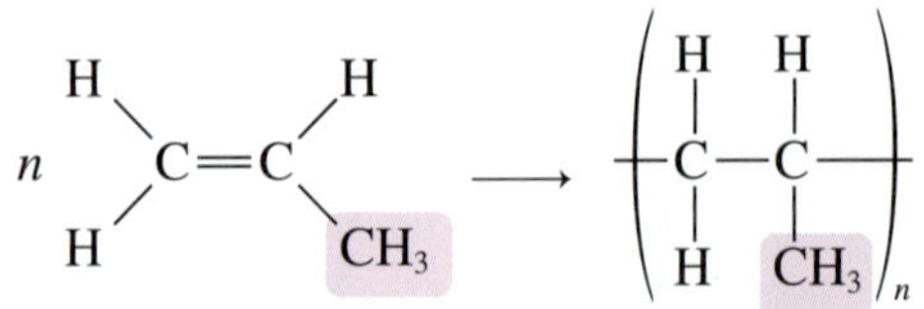

프로필렌 폴리프로필렌

폴리염화비닐[poly(vinyl chloride), PVC]은 바닥 타일, 정원용 호스, 배수관, 쓰레기 봉투 등에 사용되며 에틸렌에서 수소 원자 하나가 염소 원자로 치환되어 있다.

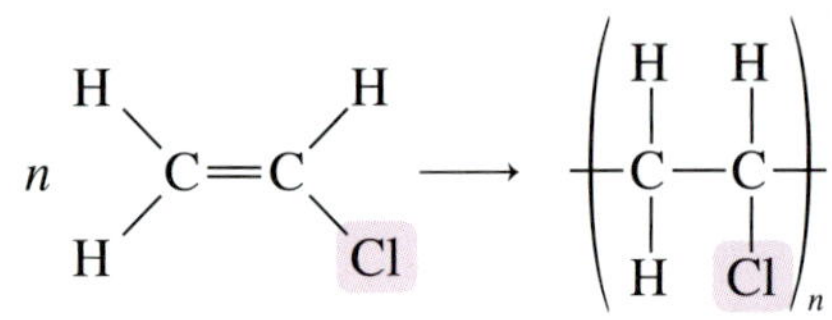

염화 비닐 폴리염화비닐

다음과 같은 표기법이 공간을 절약할 수 있지만 고분자가 얼마나 큰지에 대해서 기억하도록 하라.

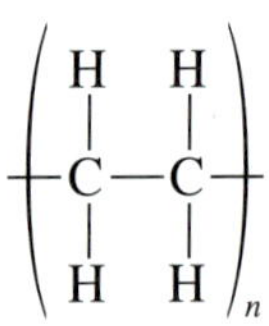

일반적으로 n은 500~50,000이며 분자량이 10,000에서 수백만에 달하는 것이다. 주어진 고분자 시료를 구성하는 분자들은 길이가 모두 달라서 분자량이 동일하지 않다. 그 결과 평균 분자량만을 측정할 수 있다.

달걀 상자는 주로 매우 우수한 단열재인 폴리스타이렌 거품으로 만든다.

요약하면 치환기, 길이, 가지, 가교를 여러 가지로 변화시킴으로써 각 형태 첨가 고분자의 성질을 변화시킬 수 있다. 화학자들과 화학공학자들은 고분자의 성질을 원하는 성질과 잘 들어맞도록 미세하게 조정할 수 있게 되었다. 단량체와 반응 조건을 적절하게 선택할 수 있다는 것이 이들 거대 분자가 널리 사용되는 이유가 된다.

첨가 고분자의 여러 용도가 있지만 아마도 가장 흥미로운 것은 폴리아크릴산 소듐(sodium polyacrylate)을 고흡수성 기저귀와 여성용 위생제품에 사용하는 것이다. 이 고분자의 단량체는 아크릴산 소듐(sodium acrylate)이다.

표 9.9 첨가 고분자 반응을 하는 에틸렌 유도체들

식	단량체의 일반명	고분자 이름(상표명)	용도
$H_2C{=}CH_2$	에틸렌	폴리에틸렌(폴리텐)	눌러 짜내는 플라스틱 병, 봉투, 필름, 장난감, 주조물, 전기 절연체
$H_2C{=}C(H){-}CH_3$	프로필렌	폴리프로필렌(벡트라, 허큘론)	병, 필름, 실내외 카펫
$H_2C{=}C(H){-}Cl$	염화 비닐	폴리(염화 비닐)(PVC)	바닥 타일, 비옷, 파이프
$H_2C{=}C(H){-}CN$	아크릴로나이트릴	폴리아크릴로나이트릴(오론, 아크릴란)	깔개, 섬유
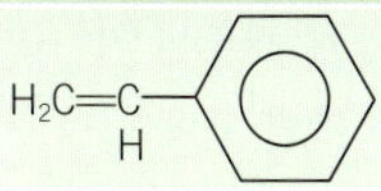	스타이렌	폴리스타이렌(EPS, 스타이론)	음식과 음료 냉장 박스, 건축 자재 절연재
$H_2C{=}C(H){-}O{-}C({=}O){-}CH_3$	아세트산 비닐	폴리(아세트산 비닐)(PVA)	라텍스 페인트, 접착제, 섬유 코팅
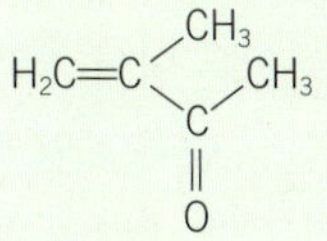	메타크릴산 메틸	폴리메타크릴산 메틸(플렉시글라스, 루사이트)	고급 투명 물체, 라텍스 페인트, 콘택트 렌즈
$F_2C{=}CF_2$	테트라플루오로에틸렌	테트라플루오로에틸렌(PTFE, 테플론)	개스킷, 절연재, 베어링, 테플론 코팅

예제 9.1 첨가 고분자

다음 첨가 고분자에 대해 반복 단위의 구조식을 그리시오. (a) 폴리프로필렌, (b) 폴리(아세트산 비닐), (c) 폴리(비닐 알코올)

풀이

이름에서 이들 고분자의 단량체는 프로필렌($CH_2{=}CHCH_3$), 아세트산 비닐($CH_2{=}CHOOCCH_3$), 비닐 알코올($CH_2{=}CHOH$)라는 것을 알 수 있다. 따라서 고분자 내 반복 단위는 같은 구조를 가지지만 이중 결합은 없다.

(a) 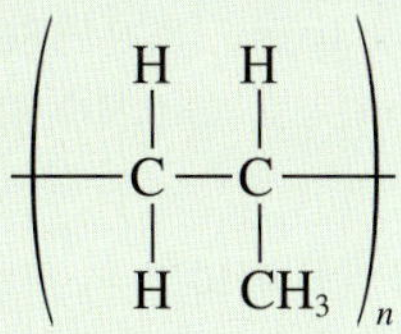
(b) 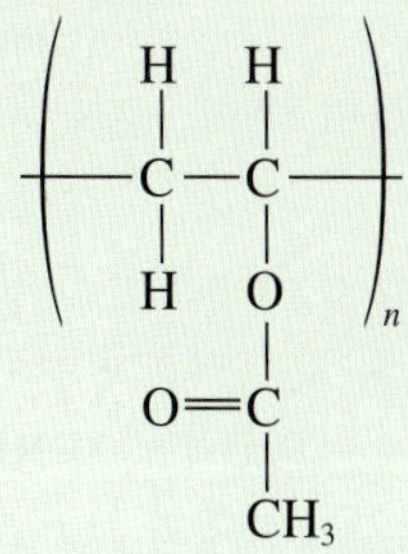
(c) 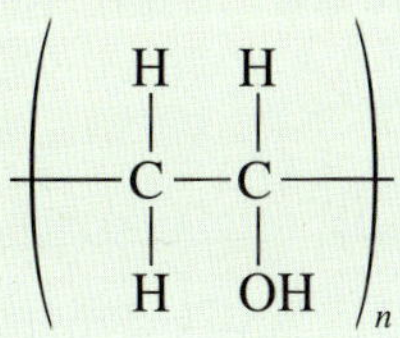

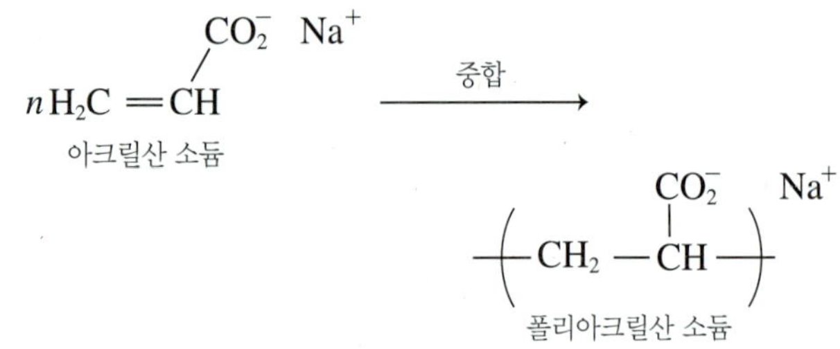

이 고분자는 분말 형태로 구할 수 있는데, 현대 일회용 기저귀의 종이 보푸라기와 고분자로 된 층 안에서 볼 수 있다. 이 고분자는 자신의 무게의 800배에 해당하는 물을 흡수하여 액체 물을 젤로 변환하는 능력이 있어 워터락(Waterlock)이라는 상품명으로 유통되고 있다. 고분자와 물 사이에는 아무런 화학 반응이 일어나지 않기 때문에 긴 시간이 지나면 물이 고분자로부터 빠져나가게 된다. 이러한 이유로 식물 주변 흙에 물을 자주 주는 것을 줄일 수 있는 용도로 정원용품 가게에서 고분자 결정이 판매된다. 이들 결정은 살아있는 크리스마스 트리 바닥 주변에 놓아 일찍 시드는 것을 방지하는 데에도 쓰인다. 장난감 산업에서도 동물이나 물고기와 같은 작은 모양을 장시간 물에 담가 놓기만 해도 원래 크기의 몇 배로 팽창하도록 하는 데 사용된다. 이 때 물에 녹아있는 염이 부풀어오르는 것을 방해하기 때문에 증류수를 사용하는 것이 가장 좋다. 사실상 증류수 안에 워터락 고분자 분말을 놓아 만들어지는 젤리 같이 찐득찐득한 것은 일반 식용 소금을 약간 가하기만 해도 바로 액체로 전환될 수 있다.

고무: 천연 고무와 합성 고무

천연 고무: 고무 나무로부터 얻어지는 폴리-*cis*-아이소프렌.

가황 고무: 천연 고무의 고분자 사슬에 황 원자의 짧은 사슬이 결합된 고무.

천연 고무(**natural rubber**)는 고무 나무의 산물로서 실험식이 C_5H_8인 탄화수소이다. 산소가 없는 조건에서 고무를 분해하면 단량체인 아이소프렌(isoprene)이 얻어진다.

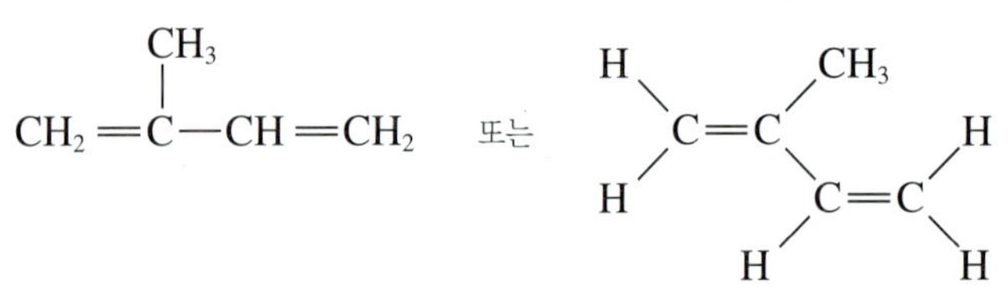

아이소프렌(isoprene, 2-methyl-1,3-butadiene)

천연 고무는 *라텍스*(*latex*, 물에 고무 입자의 에멀션)로 산출되는데, 이것은 고무 나무를 베면 흘러나오게 된다. 고무 입자가 침전되면 탄성이 있고 발수성이 있을 뿐만 아니라 특별히 따뜻하게 하면 매우 끈적끈적한 점착성 물질이 얻어진다. 이 물질이 알려진 지 5년 후인 1839년에 찰스 굿이어(Charles Goodyear, 1800~1860)는 끈적끈적한 고무를 황과 함께 가열하면 더 이상 끈적이지 않고 탄성과 발수성은 유지되는 것을 발견하였다.

가황 고무(**vulcanized rubber**)는 굿이어가 발견한 것과 같은 형태로, 천연 고무의 고분자 사슬에 황 원자의 짧은 사슬이 서로 결합되어 불포화도가 줄어든 것이다. 황 사슬이 고분자 사슬을 연결함으로써 이 물질을 잡아당겼을 때 영구적인 변화가 일어나지 않고 긴장을 풀었을 때 원래 모양과 크기로 되돌아가게 된다(그림 9.6). 이러한 거동을 하는 물질을 *탄성체*(*elastomer*)라 한다.

몇 년 후 화학자들은 제 2차 세계대전의 첫 해와 같은 비상시에도 수입 천연 고무에 완전히 의지하지 않을 수 있는 합성 고무를 만드는 방법을 연구하였다. 1920년대 중반

그림 9.6 ▸ 가황 고무 늘이기. 늘인 후에 가교가 원래 배열로 끌어당긴다.

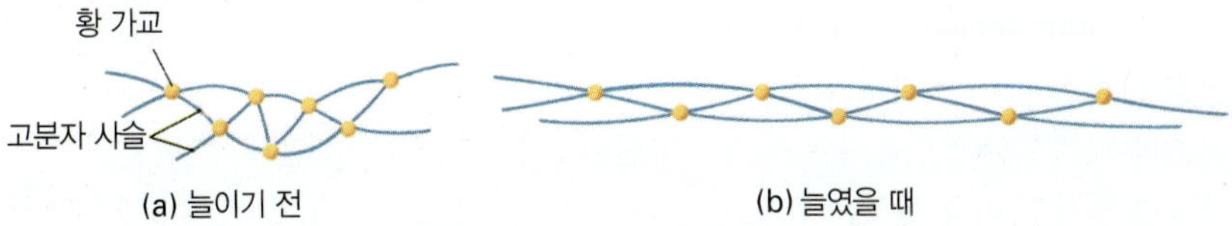

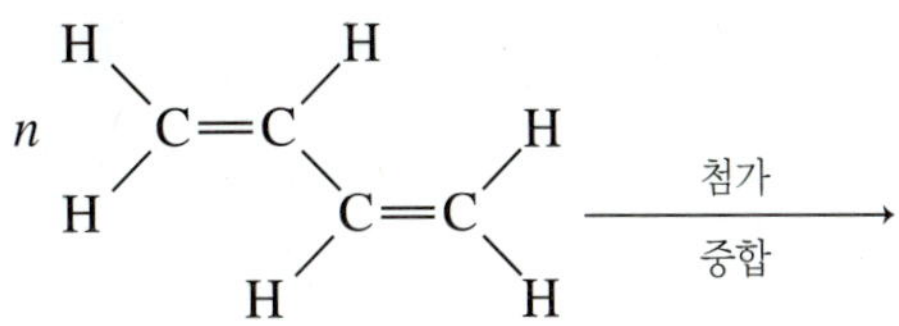

1,3-뷰타다이엔

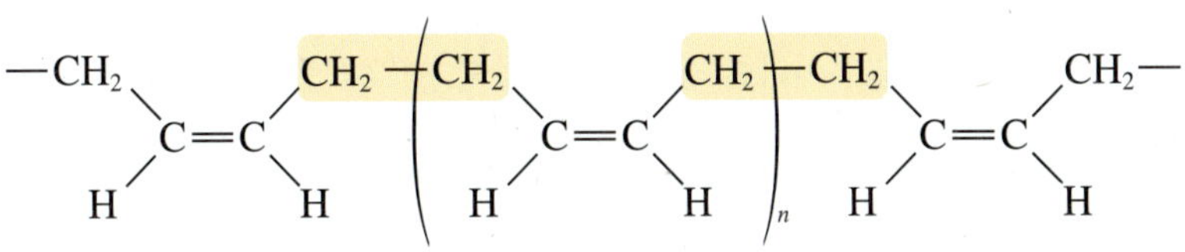

폴리-*cis*-뷰타다이엔: 천연 고무, $-CH_2-CH_2-$ 기가 *cis*이다.

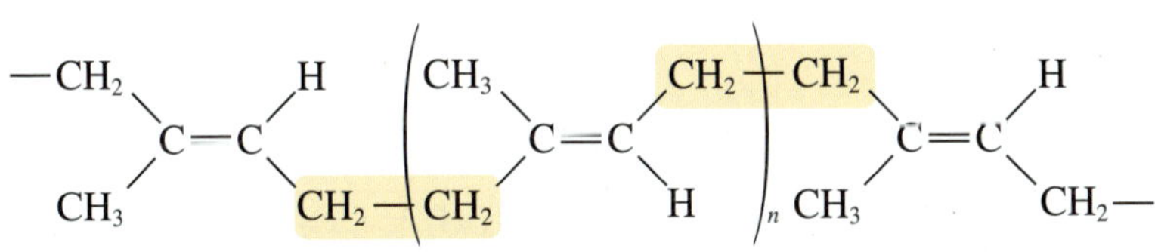

폴리-*trans*-뷰타다이엔: 구타페르카, $-CH_2-CH_2-$ 기가 *trans*이다.

독일 화학자들은 뷰타다이엔(butadiene, 석유로부터 얻어지며 구조적으로 아이소프렌과 비슷하나 메틸 곁사슬을 가지지 않음)을 중합하였다. 폴리뷰타다이엔(polybutadiene)은 타이어, 호스, 벨트 생산에 이용된다.

천연 고무(폴리아이소프렌, polyisoprene)의 성질은 고분자 사슬 내 특별한 분자의 기하학적 구조 때문이다. 폴리아이소프렌의 구조는 CH_2를 이중 결합의 반대 쪽(*trans* 배열)에 쓰거나 이중 결합의 같은 쪽(*cis* 배열)에 쓸 수 있다.

천연 고무는 폴리-*cis*-아이소프렌이다. 하지만 말레이시아에 있는 사포타 나무의 잎이나 나무껍질과 같이 천연에서도 트랜스 물질이 산출되며 이를 *구타페르카*(*gutta-percha*)라고 한다. 이것은 잘 부서지고 딱딱하여 골프공 덮개나 전기 절연체, 그 밖에 고무의 신장성이 필요하지 않은 다른 곳에 사용된다. 적절한 촉매 없이 아이소프렌을 중합하면 *cis*와 *trans* 배열이 무작위로 섞여 고무 같지도 않고 구타페르카 같지도 않은 고체가 얻어진다. 트랜스 고분자도 아니고 무작위로 배열된 물질도 아니므로 천연 고무(*cis*)만큼이나 자동차 타이어 제조에 좋다.

1955년 굿이어와 파이어스톤의 화학자들은 거의 동시에 합성 폴리-*cis*-아이소프렌 제조에 *입체조절*(*stereoregulation*) 촉매를 사용하는 방법을 발견하였다. 이 물질은 구조적으로 천연 고무와 동일하다. 합성 고무는 매년 전 세계에서 1천만 톤 이상 생산된다.

9-4b 축합 고분자

축합 반응: 작은 분자가 제거되면서 더 큰 분자가 형성되는 두 분자 사이의 반응.

축합 반응(condensation reaction)은 각각 적어도 하나의 반응성 작용기를 가진 두 분자가 반응하여 주로 물과 같은 작은 분자가 제거되어 더 큰 분자가 형성되는 것이다. 알코올과 카복실산이 반응하여 에스터와 물이 되는 반응(9-3절)은 축합 반응의 예이다. 이 중요한 형태의 화학 반응은 반응 분자 내에 탄소-탄소 이중 결합의 존재에 무관하다. 대신에 두 개의 다른 분자에 두 가지 다른 종류의 작용기가 있어야 한다. 각 반응 분자에 두 개의 작용기가 있어 모두 반응할 수 있다면 축합 반응이 일어나 긴 사슬 고분자가 만들어질 수 있다.

》폴리에스터

한 분자에 테레프탈산(terephthalic acid)과 같이 카복실산기가 두 개 있고 다른 분자에 에틸렌 글라이콜 같이 알코올 기가 두 개 있으면 양 끝이 서로 반응하여 에스터 결합을 형성한다(9-3절).

산과 알코올 분자 *n*개가 이러한 방식으로 반응할 수 있으면 이 과정이 계속되어 *폴리에스터*(polyester)라고 하는 커다란 고분자를 형성한다.

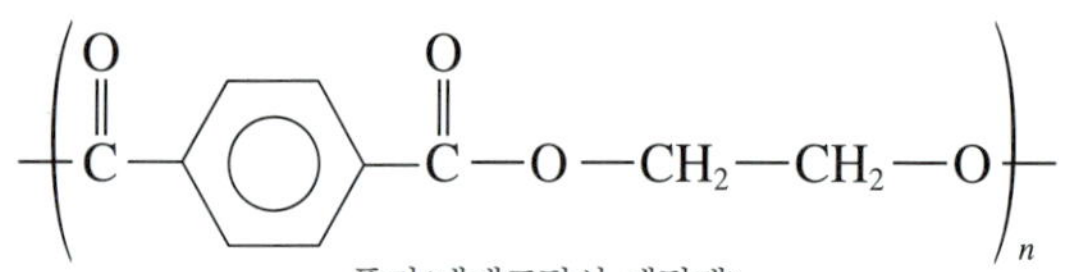

폴리(테레프탈산 에틸렌)

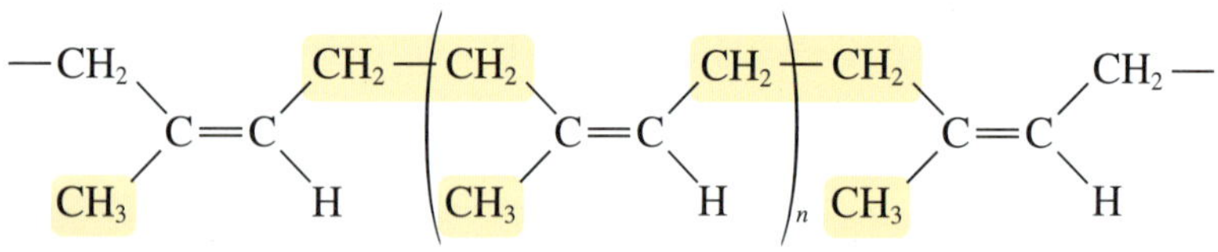

폴리-*cis*-아이소프렌: $-CH_2-CH_2-$ 기가 *cis*이다.

구타페르카 덮개로 만든 골프공.

미국에서는 매년 2백만 톤의 폴리(테레프탈산 에틸렌)[poly(ethylene terephthalate), PET 또는 PETE라고도 함]이 생산되어 음료수 병, 의류, 타이어 코드, 사진 필름, 음식물 포장, 전자레인지와 오븐용 코팅, 가정용 가구 등에 사용된다. 폴리에스터 섬유는 다크론(Dacron)과 테릴렌(Terylene)이라는 상표로 유통된다. 자기적으로 코팅하면 같은 폴리에스터 필름을 녹음 테이프나 녹화 테이프에 사용된다. 마일라(Mylar)라고 하는 이 필름은 강도가 커서 사람 머리카락 두께의 1/30의 판으로 만들어 말아놓을 수 있다.

다크론 고분자는 안정하고 독성이 없으며 알레르기와 염증을 일으키지도 않고 혈액 응고도 일어나지 않기 때문에 심장 우회 수술에서 다크론 튜브를 대체 혈관으로 사용할 수 있다(그림 9.7). 다크론 판은 화상 환자용 대체 피부로 사용된다.

그림 9.7 ▸ 다크론의 의학적 용도. 심장 질환 환자에게서 심방중격결손을 폐쇄하는 데 다크론 패치를 사용한다.

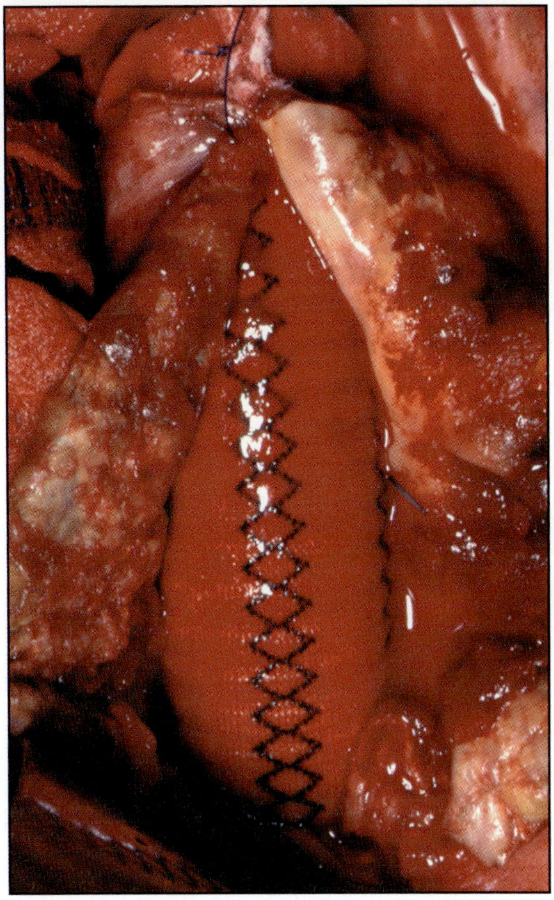

폴리아마이드(나일론)

다른 유용한 형태의 축합 반응은 카복실산과 **일차 아민**(**primary amine**, —NH_2 작용기를 포함하는 유기 화합물) 사이의 반응이다. 아민은 암모니아(NH_3) 유도체로 간주하며 이들은 대개 약염기로 암모니아와 비슷한 세기를 가진다. 아민이 카복실산과 반응하면 물 분자가 떨어지면서 **아마이드**(**amide**)를 형성한다.

일차 아민: —NH_2 작용기를 포함하는 유기 화합물.

아마이드: —$CONH_2$ 또는 —CONHR 작용기를 포함하는 유기 화합물.

예를 들면,

$$\underset{\text{카복실산}}{R-\overset{\overset{\displaystyle O}{\|}}{C}-OH} + \underset{\text{아민}}{H-\underset{\underset{\displaystyle H}{|}}{N}-R} \xrightarrow{\text{열}} \underset{\text{아마이드}}{R-\overset{\overset{\displaystyle O}{\|}}{C}-\underset{\underset{\displaystyle H}{|}}{N}-R} + H_2O$$

다이아민을 다이카복실산과 반응하면 나일론 고분자가 얻어진다. 이런 형태의 반응은 다른 형태에 비해 사회적으로 더 많은 영향을 줄 수 있는 고분자들을 생산하게 된다. 이것이 바로 *폴리아마이드*(*polyamide*)인 나일론(nylon)이다.

1928년 듀퐁(DuPont) 사에서는 하버드대학교 교수를 하다가 이 회사로 온 캐러더스(Wallace Carothers, 1896~1937) 박사를 책임자로 한 기초 연구 프로그램에 착수하였다. 그의 연구 관심사는 고무, 단백질, 수지와 같은 고분자량의 화합물과 이들 화합물을 만드는 반응 메커니즘이었다. 1935년 2월 그의 연구 결과 뷰탄-1,4-다이카복

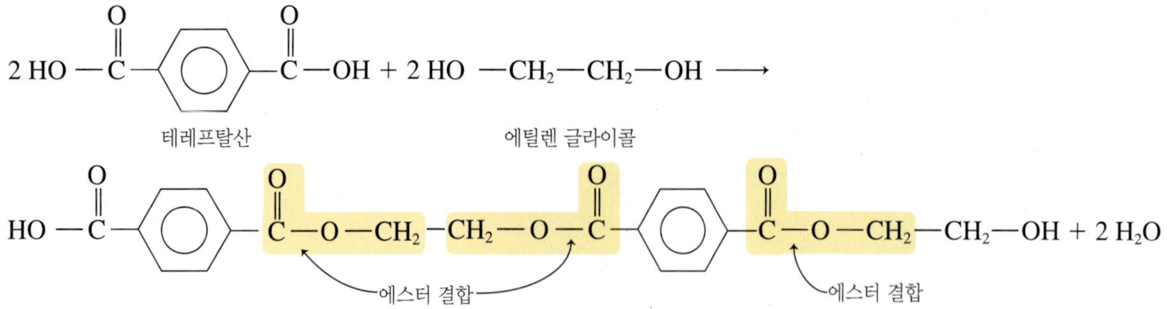

실산(butane-1,4-dicarboxylic acid, adipic acid라고도 함과 1,6-다이아미노헥세인(1,6-diaminohexane, hexamethylenediamine이라고도 함, 다이아민)으로부터 합성된 나일론-6,6(그림 9-8)이라는 생성물을 얻게 되었다. 나일론-6,6이라는 이름은 이 고분자를 만드는 데 사용된 각 단량체에 탄소가 6개씩 존재하는 것에서 유래된 것이다.

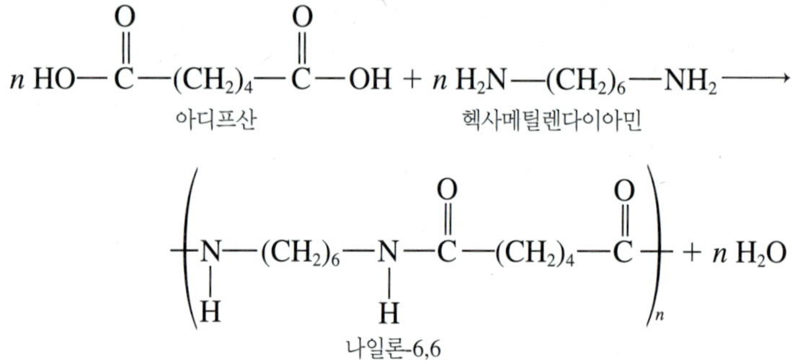

이 물질은 쉽게 구멍을 통해 밀어내어 천연 섬유보다 더 강하고 화학적으로 안정한 섬유를 만들 수 있었다. 나일론의 발견은 적시에 거의 정확히 미국 섬유 공업에 충격을 주었다. 천연 섬유는 20세기 미국 국민들의 요구에 부응하지 못하고 있었다. 비단은 오래가지 못하고 매우 비쌌으며, 모는 따끔거리고, 마는 쉽게 부서졌으며, 면은 최신 패션의 인상을 주지 못하고 있었 다. 네 가지 모두 다 세탁 후에는 다림질을 해야만 했다. 1930년대 중반 여성의 치마 끝단이 올라가면서 비단으로 된 스타킹의 수요가 많아졌지만 너무 비싸고 오래가지 못했다. 나일론이 이들을 거의 하룻밤 사이에 바꾸어 놓았다. 나일론을 여성들이 원하는 얇은 양말로 짤 수 있게 되었는데, 나일론은 비단보다 훨씬 더 내구성이 있었다. 나일론 양말의 첫 번째 공식적인 판매는 1939년 10월 24일 듀퐁사의 본점이 위치한 미국 델라웨어 주 윌밍턴에서였다. 제2차 세계대전이 일어나 공업이 낙하산과 다른 전쟁 물자를 만드는 쪽으로 선회함에 따라 1945년까지 나일론의 상업적 용도는 포기되었다. 1952년에 이르러서야 나일론 산업이 양말 산업에서의 수요를 충족시켜 나일론을 다른 용도로 쓸 수 있게 되었다.

그림 9.9는 나일론이 좋은 섬유를 만드는 이유를 설명하는 나일론에서의 수소 결합 구조의 다른 측면을 나타낸 것이다. 좋은 인장 강도를 가지기 위해 고분자 내 원자의 사슬은 서로 인력이 있어야 하지만 그리 강하지 않아 이 플라스틱이 처음에 섬유를 형성하도록 연장되지는 않는다. 사슬 사이를 연결하는 일반적인 공유 결합은 매우 강할 것이다. 일반적인 공유 결합의 1/10 정도의 세기를 가지는 수소 결합은 나일론 사슬을 원하는 대로 연결한다. 다른 폴리아마이드인 케블라(Kevlar)는 방탄 조끼나 군사용 헬멧, 방화복을 만드는 데 사용된다. 케블라는 *p*-페닐렌다이아민(*p*-phenylenediamine)과 테레프탈산(terephthalic acid)으로부터 만든다.

그림 9.8 ▸ 나일론 제조. 이가산을 헥세인에 녹이고 다이아민을 물에 녹인다. 이들은 서로 섞이지 않는다. 헥세인과 물이 섞이지 않으므로 층이 형성된다. 물은 헥세인보다 밀도가 커서 아래층을 이룬다. 두 반응물의 경계면에서 나일론 고분자가 형성되어 나일론 "끈"을 끌어당기면 계속 형성된다.

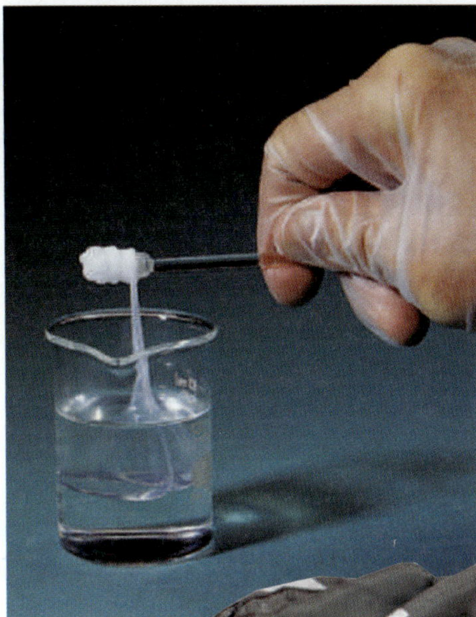

케블라로 만든 조끼가 많은 경찰관과 군인들의 생명을 구했다. (케블라®는 아라미드 섬유에 대한 듀퐁사의 등록상표이다.)

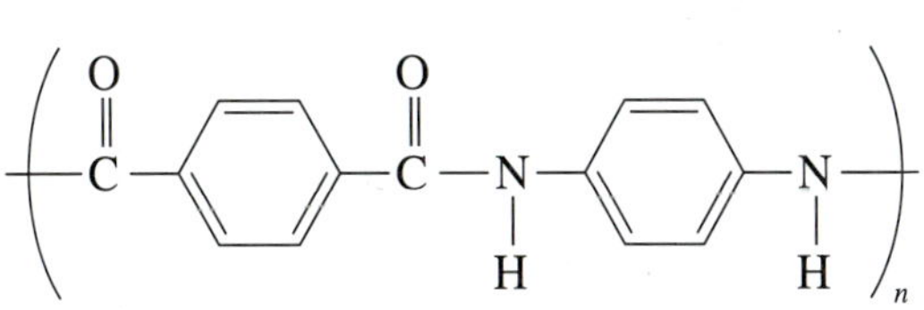

케블라

예제 9.2 축합 고분자

$HOOCCH_2CH_2COOH$와 $H_2NCH_2CH_2NH_2$를 결합하여 얻어지는 축합 고분자의 반복 단위를 쓰시오.

풀이

다이카복실산이 다이아민과 반응하여 물 분자가 떨어지면서 폴리아마이드를 형성한다. 반복 단위는 다음과 같다.

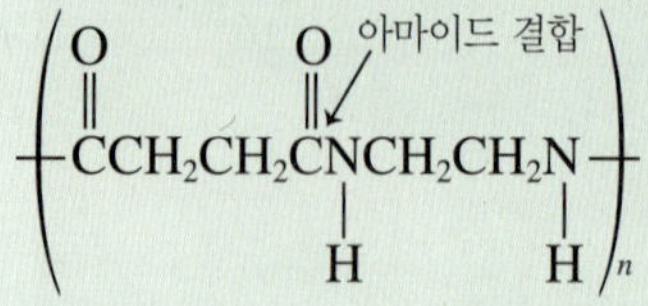

9-5 새로운 고분자 물질

강화 플라스틱: 고분자 매트릭스에 내장된 다른 물질의 섬유를 가지는 플라스틱.

오늘날 생산되는 플라스틱은 거의 대부분 어떤 종류의 변환을 하지 않고서는 최종 용도를 찾을 수 없다. 예를 들어 GM 새턴(Saturn)과 코르벳(Corvette) 자동차는 고분자 매트릭스 안에 내장된 섬유를 포함하고 있는 **강화 플라스틱**(**reinforced plastic**, 또는 composite라고 하기도 함)으로 만든다. 고체에서 가장 강한 기하학적 모양은 선형, 즉 섬유이며 고분자 매트릭스를 사용하면 섬유가 구부러지거나 찌그러지는 것을 막게 된다. 그 결과 강화 플라스틱은 무게를 기준으로 했을 때 강철보다 더 강하다. 또한 강화 플라스틱은 밀도도 1.5~2.25 g/cm^{3}로, 알루미늄의 2.7 g/cm^3, 강철의 7.9 g/cm^3, 콘크리트의 2.5 g/cm^{3}에 비해 더 낮다. 밀도가 더 낮은 유일한 물질은 목재로 평균값이 0.5 g/cm^3 정도 된다. 또한 고분자는 부식되지 않는다. 강화 플라스틱은 밀도가 낮고, 강도가 높으며, 화학적 내구성도 높아 자동차, 비행기, 건설, 스포츠 용품 산업에 사용된다.

최근에는 유리 섬유가 강화 플라스틱에 사용되는 섬유상 물질의 90% 이상을 차지한다. 그 이유는 유리가 값이 싸며 유리 섬유가 강도가 높고, 밀도가 낮으며, 화학 물질에

그림 9.9 ▸ **나일론-6,6에 있는 수소 결합.** 수소 결합은 푸른 색 음영으로 나타내었다.

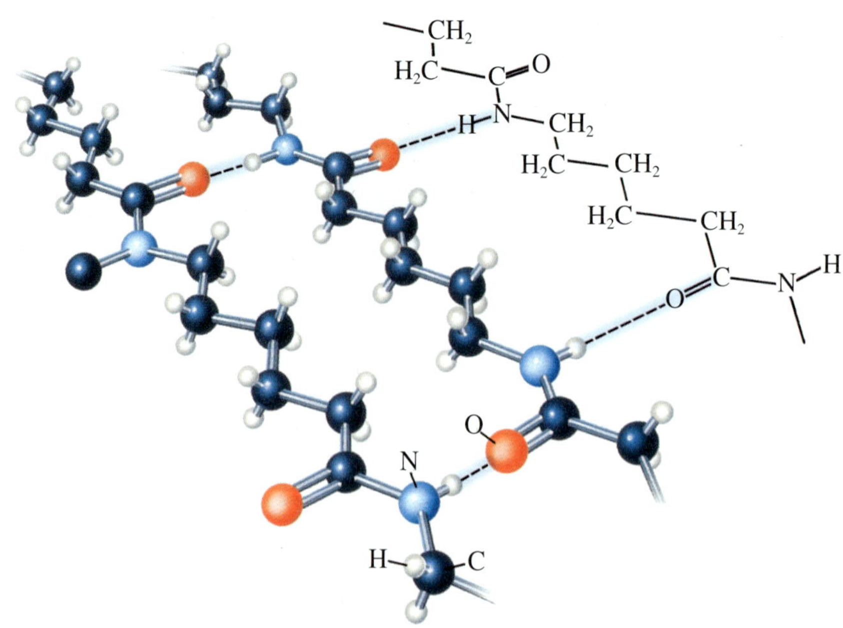

복합재는 강도가 크고 유연성이 좋다. 최신 전투기와 고성능 스키는 복합재 기술을 사용하는 많은 생산품 중 두 가지이다.

대한 내구성도 크고, 절연성이 좋기 때문이다. 원칙적으로 어떤 고분자든지 매트릭스 재료로 사용할 수 있다. 현재 가장 좋은 고분자 매트릭스는 폴리에스터이다. 유리 강화 폴리에스터 복합재는 보트 선체, 비행기, 미사일 덮개, 자동차 본체 패널과 같은 구조적 용도로 사용된다.

다른 섬유와 고분자들도 사용되어 왔으며, 추세는 자동차와 항공기에 강화 플라스틱 사용이 증가한다는 것이다. 예를 들어 고분자 매트릭스 안에 흑연 섬유가 든 강화 플라스틱은 F-117 스텔스 전투기와 다른 군용기 제조에 사용된다. 흑연 고분자 복합재는 골프채 손잡이나 테니스 라켓, 낚시대, 스키 등 많은 스포츠 용품에 사용된다. F-16 군용기는 흑연 고분자 복합재 물질을 처음으로 포함한 것이었으며, 기술이 많이 발전하여 F-22와 같은 많은 항공기가 흑연 복합재를 사용할 정도가 되었다.

자동차가 플라스틱으로 만든 외부 본체 패널을 가시는 경우는 거의 없지만 많은 부품들이 플라스틱으로 되어있다. 범퍼, 장식 테두리, 전조등 렌즈, 안전망, 계기판, 시트 커버, 운전대 등 많은 예가 있으며, 자동차 한 대당 평균 약 120 kg에 해당한다. 연료 효율을 증가시키는 것을 중요시하기 때문에 내부 부품과 외부 본체 패널 모두 자동차 제조에 플라스틱을 더 많이 사용하게 될 것이다.

9-6 플라스틱 재활용

알루미늄, 철, 납과 같은 금속의 재활용은 여러 해 전부터 있어왔다. 하지만 플라스틱을 재활용하는 프로그램은 다른 종류의 플라스틱을 나누고 사용한 플라스틱으로부터 사용 가능한 재활용품을 만드는 데 들어가는 비용 때문에 훨씬 더 느리게 개발되었다.

지방자치 단체가 쓰레기 매립지를 충분히 설치하는 데 있어서 늘어나는 문제를 직면함에 따라 플라스틱 처리는 많은 논쟁의 주제가 되어왔다. 가장 많은 쓰레기는 종이로 매립지에서 부피로 약 40%를 차지한다. 신문만도 부피로 16%를 차지한다. 다음이 플라스틱으로 쓰레기 매립지에서 부피의 약 20%를 차지한다.

파타고니아는 플라스틱 음료수 병 8천6백만 개 이상을 재활용하여 이 여성이 입고 있는 신칠리아® 자켓과 같은 사용 후 재활용(post-consumer recycled, PCR®) 옷을 만들었다. 이 회사는 "신칠리아"가 의류 상품 생산에 아무런 해가 되지 않는다는 것을 언급한다.

어떠한 쓰레기든지 성공적으로 재활용되려면 네 단계가 필요하다. 그것은 수집하고, 분류하고, 재생하여 최종 사용하는 것이다. 재활용을 위한 대중의 열정과 재활용을 위한 법률로 인해 재활용 품목 수집이 극적으로 증가하였다. 미국에서는 1988~1993년 동안에 플라스틱 재활용이 매년 평균적으로 32% 증가하게 되었다. 이러한 성장 추세가 거의 10년간 느려지긴 했으나 그 후 오르막이 다시 시작되었다(그림 9.10).

플라스틱 용기에 부호를 찍어 넣어서 소비자들이 재활용 플라스틱을 확인하고 분류하도록 한다(그림 9.11). PET와 고밀도 폴리에틸렌은 모두 음료수 병 제작에 널리 사용되며 이런 이유로 가장 흔하게 재활용되는 플라스틱이다. 미국 플라스틱 협의회(American Plastics Council)에 따르면 2003년에 PET 병 중 20%, HDPE 병 중 25%만이 재활용되었다. PVC, LDPE, PP(폴리프로필렌)으로 만든 병은 훨씬 더 적은 비율만 재활용되어 이 세 가지 형태에서 단연코 가장 많은 PP 병의 재활용율이 3.4%에 불과했다. 2003년에 전체적으로 플라스틱 병의 약 21%가 재활용되었다. 그림 9.10은 또한 플라스틱 병의 재활용에 대한 최근 추세를 나타낸 것이며, 그림 9.12는 재활용된 PET 병이 주로 카펫,

그림 9.10 ▸ 사용 후 플라스틱 병 재활용 증가.

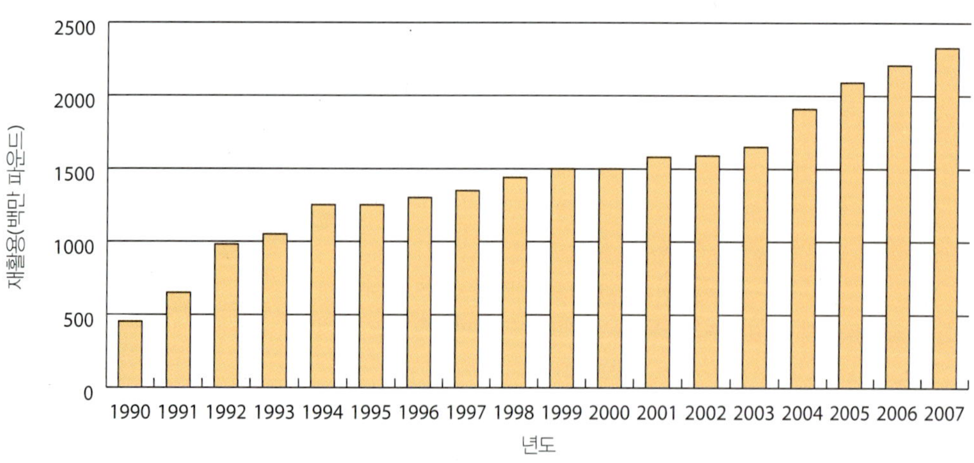

부호	물질	전체 병 (재활용율, %)
1 PETE	폴리(테레프탈산 에틸렌)(PET 또는 PETE)*	20~30
2 HDPE	고밀도 폴리에틸렌	50~60
3 V	폴리(염화 비닐) (PVC)*	5~10
4 LDPE	저밀도 폴리에틸렌	5~10
5 PP	폴리프로필렌	5~10
6 PS	폴리스타이렌	5~10
7 OTHER	기타 수지 및 층상 복합물질	5~10

* 병의 부호는 등록 상표와 혼란을 피하기 위해 표준 공업 인증과는 다르다.

그림 9.11 ▶ 플라스틱 용기 부호. 이 기호는 미국에서 용기를 재활용하기 위해 분류할 수 있도록 플라스틱의 형태를 확인하는 데 사용된다.

의복, 가구용 섬유로 사용되고 있음을 보여준다. 새로운 식품 및 음료 용기와 공업용 노끈 등의 용도도 매우 흔하다. HDPE도 비슷한 용도로 재활용되며 쓰레기 봉투나 배수관, 플라스틱 판재 등에도 쓰인다.

그림 9.12 ▶ 미국에서 재활용 PET 병의 최종 용도.

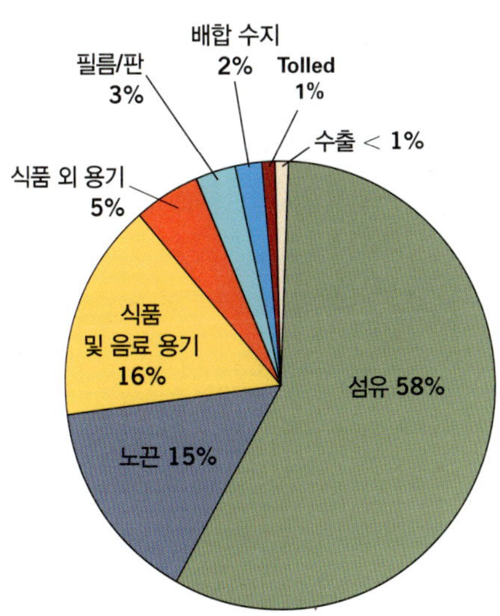

연습 문제

1. 유기 화합물이 천만 개 이상 존재하는 이유는 무엇인가?

2. 다음 각 화합물이 어떤 부류인지 밝히시오.
   (a) $CH_3CH_2CH_2CH_2COOH$
   (b) $CH_3CH{=}CHCH_2CH_3$
   (c) $C_2H_5OC_2H_5$
   (d) $CH_3CH_2CHOHCH_2CH_3$
   (e) $(CH_3)_3COH$
   (f) 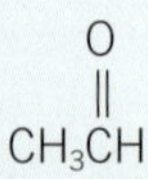

3. 다음 각각의 구조를 그리고, 분류하고 명명하시오.
   (a) CH_3COOH
   (b) CH_3OCH_3
   (c) CH_3CH_2OH
   (d) CH_3COCH_3
   (e) HCHO
   (f) CH_3COOCH_3

4. 작용기란 무엇인가? 이 장에 있는 것을 포함하여 예를 들어 보시오.

5. 많은 천연 카복실산은 두 개 이상의 산 작용기를 가진다(표 9.7). 종종 존재하는 다른 작용기는 무엇인가?

6. 아세트산(acetic acid)와 에탄올(ethanol)로부터 형성되는 에스터의 식을 쓰고 명명하시오.

7. 다음 알코올의 산화 생성물을 그리시오. 알코올이 산화되면 탄소와 산소 원자 사이에 이미 결합된 결합이 증가한다는 것을 기억하라.

(a) 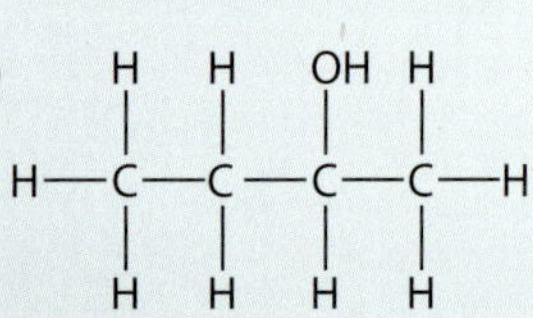

(b) 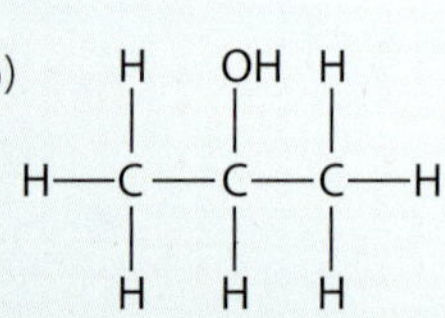

(c) 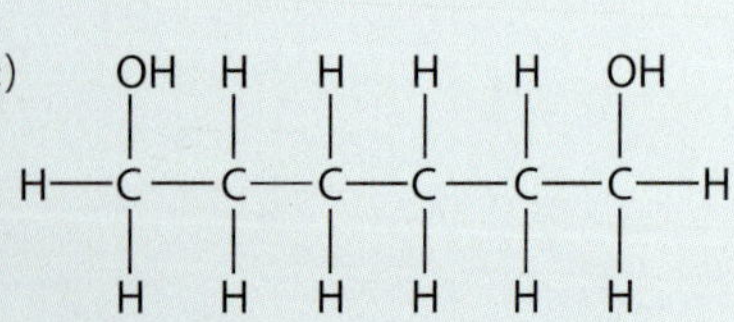

8. 알코올 작용기가 카복실산의 작용기와 다른 점이 무엇인가?

9. 다음 중 어느 카복실산이 수산화 소듐과 반응하여 가장 좋은 비누를 생성하겠는가?

(a) 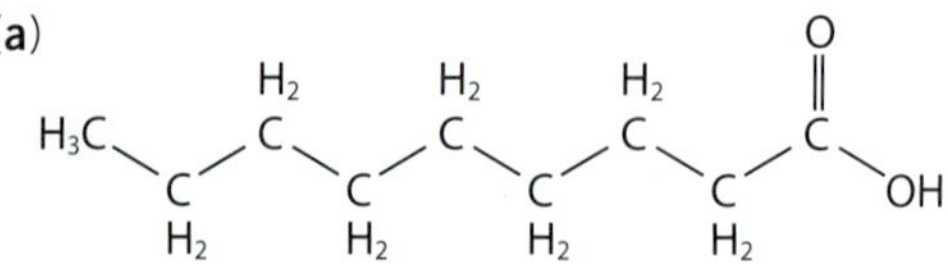

(b) 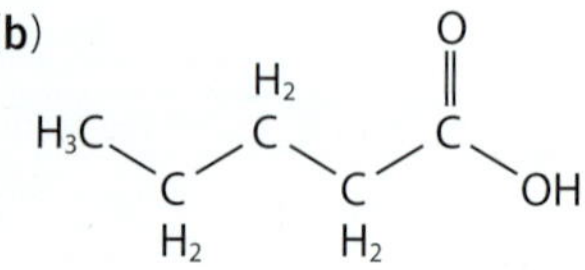

(c) 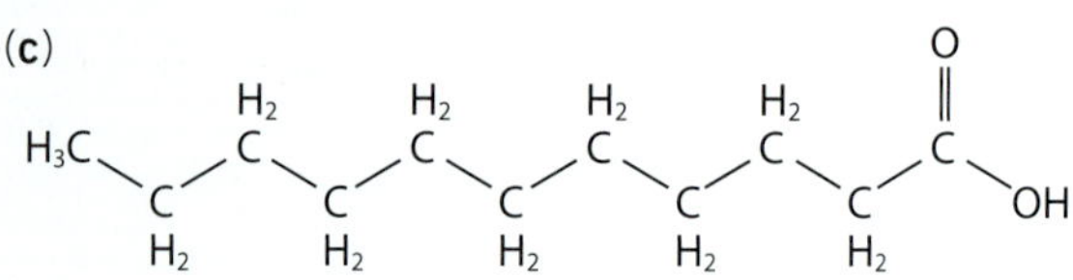

(d) 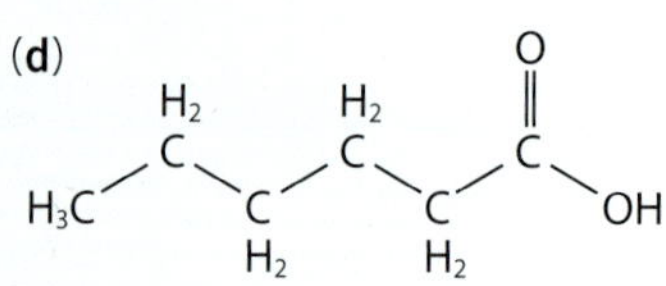

10. "거대분자(macromolecule)"라는 용어가 무슨 뜻인가?

11. 어떤 분자가 첨가 고분자화하려면 어떤 구조적 특징이 있어야 하는가?

12. 천연 고무의 반복 단위는 무엇인가?

13. PET는 어떤 고분자인가?

14. 나일론-6,6의 출발 물질은 무엇인가?

15. 고분자 복합재란 무엇인가? 상업 제품 제조에서 고분자 복합체가 중요한 예를 두 가지 들어 보시오.

16. 분자량이 280,000인 폴리에틸렌 분자에는 에틸렌 단량체 단위($CH_2{=}CH_2$) 몇 개가 서로 연결되어 있는가?

10 생명의 화학
The Chemistry of Life

차례

요리, 영양, 개인 건강, 약품, 의학, 치의학, 농학 등 우리 자연 환경에서 생화학은 이들 모두의 기본이 된다. 때로 생화학은 실제 방식에 적용된다. 예를 들어 요리사가 달걀로 스크램블을 만들거나 두통을 완화하기 위해 아스피린 알약을 먹는 것 등이다. 때로는 활동 중인 전문가나 연구 과학자들이 생화학을 적용하기도 한다. 예를 들면 농업 전문가가 농부에게 적절한 살충제를 추천한다든지 약사가 질병과 싸울 분자를 고안하는 것 등이다. 이 장에서는 생화학 물질의 주요 부류와 이들의 체내에서의 작용을 소개한다. 생화학의 응용 측면도 일부 포함되어 있다.

생화학(**biochemistry**)은 생물계에서의 화학이다. 따라서 정확히는 생명의 화학(the chemistry of life)이라고도 불러야 할 것이며 탄소를 기본으로 하는 분자를 주로 다룬다. 생물체 내에서 발견되는 이들 유기 화학물질이 *생화학 물질*(*biochemical*)이다. 석유화학 제조 공장과 우리 몸 속 세포는 같은 일을 하고 있다. 원료를 취해 에너지를 사용하여 주의깊게 조절된 조건에서 화학 반응을 하고 유용한 생성물과 폐기물을 배출하는 것이다. 많은 생화학 물질은 고분자이다. 녹말은 단순당들의 축합 고분자이며, 단백질은 아미노산들의 축합 고분자이다. 핵산은 단순당, 질소 염기, 인산 기로 된 축합 고분자이다. 매우 큰 이들 생화학 물질과 다른 필수적인 더 작은 분자들은 모두 식품에 있는 원료 물질로부터 모아져야 한다. 이러한 작용을 동시에 수행하기 위해서 생물은 음식 분자들을 쪼개고 그들을 다시 함께 모으는 정교한 시스템을 발전시켰다.

생화학: 동식물을 포함하는 생물계에서의 화학 연구.

생화학(*biochemistry*)이라는 용어는 1903년 독일 화학자인 카를 노이베르크(Carl Neuberg)가 만든 것이다. 이전에는 이러한 연구 분야를 *생리화학*(*physiological chemistry*)이라고 불렀다. 이 장에서는 가장 중요한 종류의 생화학 물질에서 분자 구조에 초점을 맞추어 생화학의 개요를 살펴보기로 한다. 많은 생화학 물질들이 "손잡이성"을 가지는데, 이는 새로운 형태의 이성질 현상이다.

CHAPTER 10

10-1 손잡이성과 광학 이성질 현상

당신은 오른손잡이인가, 왼손잡이인가? 선호도와 관계 없이 오른쪽 장갑이 왼손에 맞지 않는다는 것과 그 반대도 그렇다는 것을 우리는 아주 어릴 때 학습한다. 이들은 서로 거울상이며 겹쳐지지 않는다(그림 10.1). *거울상과 겹쳐지지 않는 물체*를 **카이랄성**(**chiral**)이라고 한다. 거울상과 겹쳐지는 물질은 **비카이랄성**(**achiral**)이다. 잠시 멈추고 우리 일상생활에서 카이랄성이 얼마나 되는지 생각해 보라. 손의 카이랄성은 이미 언급하였다. 나선 구조의 조개껍질은 카이랄성이며, 대부분은 오른 나사처럼 오른쪽으로 나선형을 그린다. 쓰여있는 것이나 상표를 무시하면 골프채는 카이랄성이지만 야구 방망이는 비카이랄성이다. 분자를 포함하여 대칭인 물체는 비카이랄성이며 동일한 거울상을 갖는다.

동식물에 있는 수많은 분자들이 카이랄성이며 카이랄성 분자 중 한 형태(왼손잡이형 또는 오른손잡이형)만이 천연에 존재한다는 것은 잘 알려지지 않았다. 예를 들어 우리

카이랄성: 자신의 거울상과 포개어지지 않음.

비카이랄성: 자신의 거울상과 포개어짐.

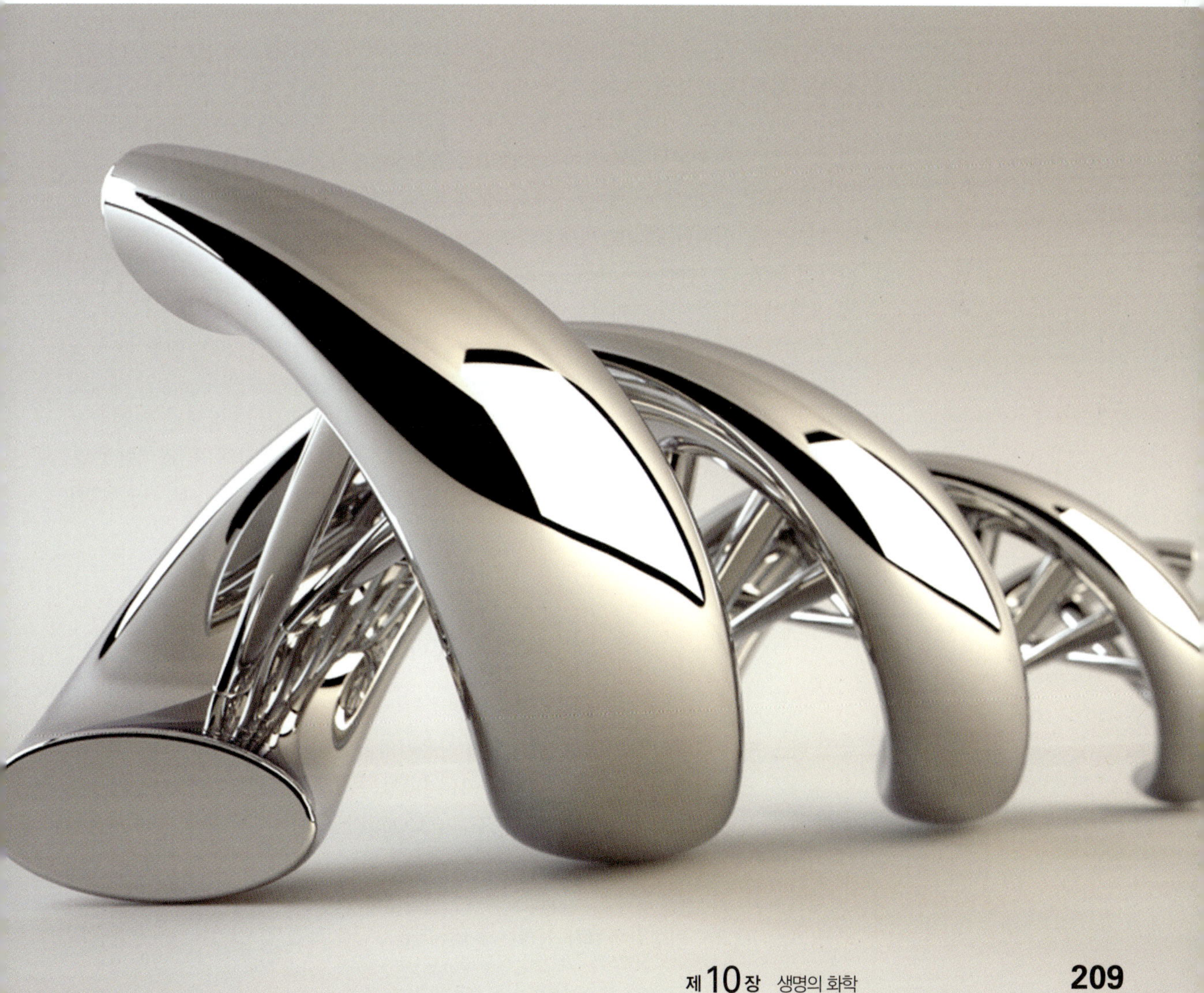

그림 10.1 ▸ 거울상.
왼손을 거울 위에 올려놓으면 오른손처럼 보인다. 하지만 손바닥을 위로 가게해서 한 손을 다른 손 위에 올려놓으면 이들은 동일하지 않다. 이것은 우리 두 손이 겹쳐지지 않는 거울상임을 보여준다.

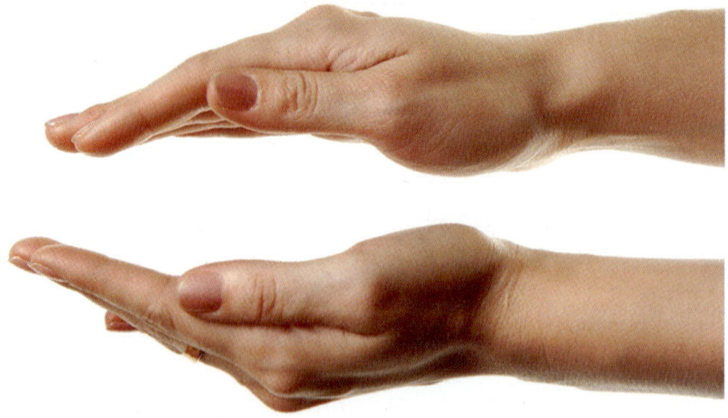

거울상이성질체: 카이랄성이며 자신의 거울상과 포개어지지 않는 분자.

입체 중심: 네 개의 다른 원자나 원자단들이 결합하여 거울상이성질체가 되게 하는 탄소 원자.

단백질에 있는 20가지 천연 아미노산 중 하나를 제외하고는 모두 카이랄성이며 이들은 모두 같은 손잡이성을 가진다. 천연 당은 대부분 아미노산과 비교했을 때 반대 손잡이성을 나타낸다.

카이랄성 분자와 이의 겹쳐지지 않는 거울상을 **거울상이성질체(enantiomers**, 광학 이성질체)라고 부른다. 이성질체란 조성은 같지만 원자의 배열이 다른 분자를 말한다는 것을 상기하라. 곧은사슬 알케인과 가지난 사슬 알케인 이성질체는 8-3절에서 논의하였다. 알켄의 *시스-트랜스* 이성질체들은 8-7절에서 논의하였다. 왼손과 오른손이 다른 것과 같이 두 개의 다른 분자가 거울상이성질체이다. 거울상이성질체를 가지려면 분자의 구조가 비대칭이어야한다. 가장 간단한 경우는 네 개의 *다른* 원자나 원자단과 결합된 사면체 탄소 원자이다. 이러한 탄소는 비대칭이며 **입체 중심(stereogenic center**, '손'을 뜻하는 그리스어 *stereo*와 '근원'을 뜻하는 *genesis*에서 유래)이라고 한다. 여기서 집중하지 않는 몇 가지 예외가 있지만 카이랄성 원자를 포함하는 분자는 카이랄성일 것이다.

어떤 화합물은 천연에서 두 가지 거울상이성질체 형태 모두 발견된다. 예를 들어 젖산(lactic acid)은 두 가지 형태 모두가 천연에서 발견된다. 근육이 수축하는 동안 체내에서는 젖산의 거울상이성질체 중 한 가지만 합성된다. 다른 거울상이성질체는 우유가 상할 때 만들어진다. 젖산의 구조를 보고 왜 두 개의 다른 거울상이성질체 즉, 카이랄성 분자들이 가능한지 알아보자. 젖산의 중심 탄소 원자에는 $-CH_3$, $-OH$, $-H$, $-COOH$의 네 개의 다른 기가 결합되어 있다.

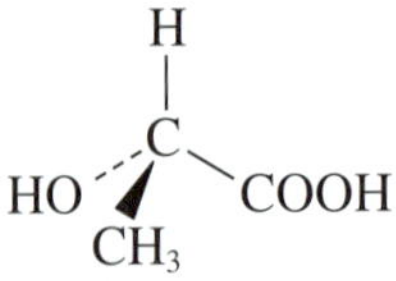

젖산

중심 탄소 원자 주위로 사면체 배열 결과 네 작용기의 두 가지 다른 배열이 가능하다. 젖산 분자가 그림 10.2에 나타낸 것처럼 C—H 결합이 수직으로 배열된다면 남아있는 기들의 한 가지 가능한 배열은 $-OH$, $-CH_3$, $-COOH$가 시계 방향으로 붙어있는 것이다(이성질체 I, 아래에서 보았을 때). 또한 이 기들은 반시계 방향으로 결합될 수도 있다(이성질체 II). 이 배열들이 다르다는 것을 더 보기 위하여 이성질체 I을 거울 앞에 놓아보자(그림 10.2b). 이성질체 II가 이성질체 I의 거울상임을 보게 될 것이다. 하지만 중요

그림 10.2 ▸ 젖산의 거울상이성질체들.
(a) 이성질체 I에서 아래에서 보았을 때 —OH, —CH_3, —COOH 기가 시계방향으로 붙어있다. 이성질체 II에서는 같은 작용기가 반시계 방향으로 붙어있다. (b) 네 개의 다른 기가 같은 탄소에 붙어있으므로, 이성질체 I과 II는 거울상이다. (c) 두 이성질체는 어떤 방법으로 돌려도 포갤 수 없다.

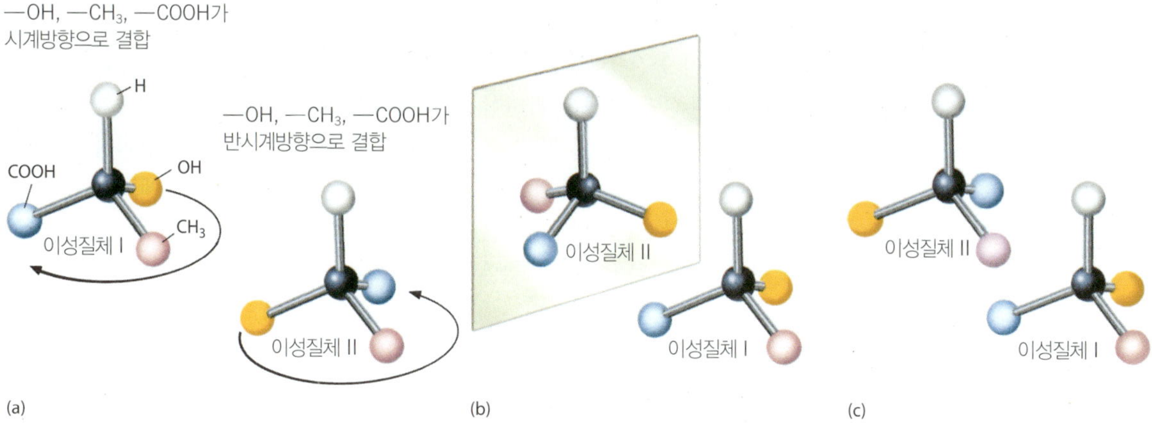

한 것은 분자를 어떻게 돌리더라도 이들 거울상 분자들이 서로 *포개어지지 않는다*는 것이다. *이들 두 포개어지지 않는 거울상 카이랄성 분자들은 거울상이성질체이다.*

카이랄성 화합물의 거울상이성질체들은 녹는점, 끓는점, 밀도와 다른 물리적, 화학적 성질이 동일하다. 이들은 단 두 가지만 다르다. 이들은 그림 10.3에 나타낸 *것처럼 편광*(plane-polarized light)의 빛살을 반대 방향으로 회전한다. 이러한 이유로 카이랄성 분자는 때로 광학 이성질체(optical isomer)라고 부르며 "광학 활성(optically active)"이라고 한다. 거울상이성질체들은 또한 다른 카이랄성 분자들과 상호작용하는 방식이 다르다. 때때로 이 차이가 매우 분명한데, 이 절의 뒤쪽에서 설명할 것이다.

이들 사이의 구별을 위해 카이랄성 중심의 "손잡이성"을 명시할 줄 알아야 한다. 거울상이성질체들은 결합된 기가 모두 같지만 공간상에서 다르게 배열된 거울상 분자

그림 10.3 ▸ 광학 이성질체에 의한 평면 편광의 회전.
(*위*) 소듐 등으로부터 단색광(한 파장으로만 된 빛)이 만들어진다. 편광 필터를 통과한 후 빛은 한 방향으로만 진동한다(편광). 두 번째 편광 필터가 첫 번째 편광 필터와 평행하게 놓여있다면 편광이 이 필터를 통과할 것이다. 하지만 두 번째 편광 필터가 첫 번째 편광 필터와 수직하다면 편광은 필터를 통과하지 않을 것이다. (*아래*) 첫 번째와 두 번째 편광 필터 사이에 위치한 광학 이성질체 용액이 편광 평면을 회전시킨다. 회전각은 최대 빛 통과가 일어날 때까지 두 번째 필터를 회전하여 측정할 수 있다. 회전의 크기와 방향은 시험하고 있는 광학 이성질체의 고유한 물리적 성질이다.

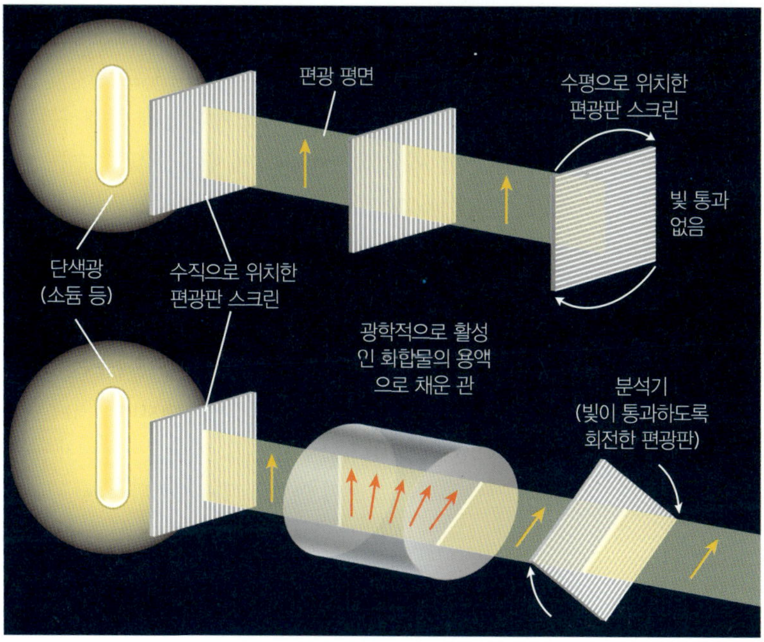

들이다. 과학자들이 자신들이 같은 분자에 대해 말하고 있다는 것을 확실하게 하기 위해 이들 원자의 배열을 설명하기 위한 방법을 개발할 필요가 있다. 역사적으로, 우선성(dextrorotatory, "오른쪽"을 뜻하는 라틴어 *dexter*에서 유래, 평면편광면을 시계 방향으로 회전)이라고 하는 글리세르알데하이드(D-글리세르알데하이드)의 거울상이성질체와 비슷한 작용기들이 공간상에서 배열하고 있을 때 D-거울상이성질체라고 불렀다. 좌선성(levorotatory, "왼쪽"을 뜻하는 라틴어 *laves*에서 유래, 평면편광면을 반시계 방향으로 회전)이라고 하는 글리세르알데하이드(L-글리세르알데하이드)의 거울상이성질체와 비슷한 작용기들이 공간상에서 배열된 거울상이성질체는 L-거울상이성질체로 나타내었다. 이러한 간단한 체계는 여러 개의 카이랄성 중심을 가진 더 복잡한 분자나 글리세르알데하이드와 유사성이 거의 없는 분자들에 대해서는 적용하기 어려울 것이라는 것이 곧 분명해졌다. 하지만 천연에서 산출되는 아미노산이나 당을 부를 때에는 아직도 이 방법을 사용한다. 글리세르알데하이드의 거울상이성질체와 구조적 관계 때문에 천연 아미노산들은 L-아미노산이며, 천연 당류는 D-당이지만 모든 D-당이 우선성이라거나 모든 L-아미노산이 좌선성이라는 것은 사실이 아니다. 매우 혼란스럽다! 이러한 혼란을 젖산을 가지고 그림으로 설명해 보자. D-젖산은 우유가 상할 때 발견되며 좌선성이다. 운동하는 동안 근육 조직에 축적되어 경련을 일으킬 수 있는 L-젖산은 좌선성이다.

이러한 혼란을 제거하기 위해 화학자들은 이제 알켄 주위의 기들이 배열된 것을 나타내기 위해 *시스*(*cis*)와 *트랜스*(*trans*)를 사용하는 것과 같은 방법으로 입체 중심 주위의 기의 특정 배열을 나타내기 위해 **배열(configuration)**을 사용한다. 이 체계에서는 한 이성질체가 *R* 배열(라틴어 *rectus*는 오른손잡이 또는 시계 방향을 뜻함)을 가지며 그 거울상은 *S* 배열(라틴어 *sinister*는 왼쪽 또는 반시계 방향을 뜻함)을 가진다고 한다. 하지만 이들 배열이 이 화합물이 우선성인지 좌선성인지를 결정하는 것은 아니다.

배열: 화합물 내에서 원자들의 특정한 배열에 대한 설명.

라세미 혼합물: 거울상이성질체들의 같은 양 혼합물.

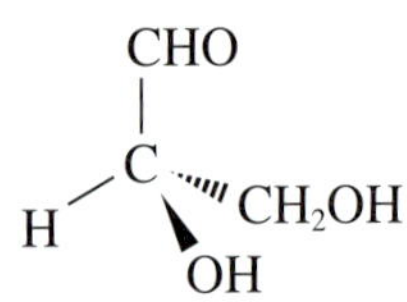
D-글리세르알데하이드

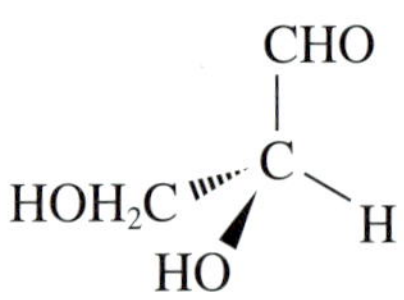
L-글리세르알데하이드

거울상이성질체들은 또한 생물학적 성질도 다를 수 있다. 이들은 *카이랄성 환경*(*chiral environment*)에서 다른 속도로 반응하는데, 동식물에 있는 많은 분자들이 카이랄성이다. 이러한 활동도의 차이가 왜 존재하는지를 이해하기 위해 장갑과 손의 관계를 생각해 보자. 오른쪽 장갑에 왼손을 넣을 수는 있지만 넣는 데 시간이 더 오래 걸리고 잘 맞지도 않는다. 자연은 아미노산의 L-이성질체를 선호하며 생화학 반응의 촉매인 효소들은 L-아미노산으로 만들어진 단백질이므로 촉매는 카이랄성 분자이다. 효소의 촉매 활성은 이들의 삼차원 구조에 달려있으며, 결국은 이들의 L-아미노산 서열에 의존한다. 결과적으로 효소는 반응물의 한 거울상이성질체에 더 잘 결합하게 된다.

자연은 주로 한 거울상이성질체를 선호하지만 카이랄성 화합물을 실험실에서 합성하려면 **라세미 혼합물(racemic mixture)**이라고 하는 거울상이성질체들의 같은 양의 혼합물이 일반적으로 얻어진다. 거울상이성질체들은 물리적 성질이 동일하기 때문에 분리하고 정제하는 것이 어렵다. 1848년 파스퇴르(Louis Pasteur)가 처음 거울상이성질체들을 분리한 것은 타타르산 암모늄 소듐의 라세미 혼합물에서 거울상 결정을 관찰한 것에 기반을 두고 있다(그림 10.4). 라세미 화합물들이 거울상으로 인식할 수 있는 결정 혼합물을 형성하는 경우가 드물기 때문에 이 방법은 매우 드물게 사용할 수밖에 없다. 대신에 거

그림 10.4 ▸ 파스퇴르가 핀셋과 현미경을 사용하여 분리한 타타르산 암모늄 소듐의 결정에 대한 묘사(자신이 그린 그림). 어떻게 한 결정 형태가 반대의 거울상인지 주목하라.

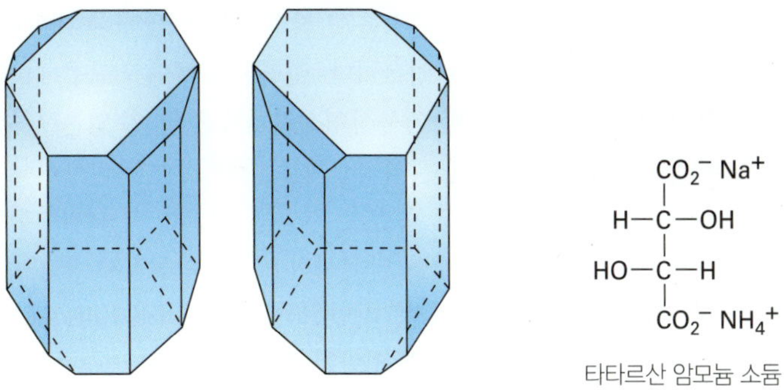

타타르산 암모늄 소듐

울상이성질체들을 분리하는 일반적인 방법은 다른쪽보다 한쪽 거울상이성질체에 더 큰 친화력을 가지는 광학 활성 반응물과 반응하는 것이다. 타타르산의 한쪽 거울상이성질체를 선택적으로 파괴할 수 있는 틀을 파스퇴르가 처음 발견한 것이 이 접근법의 첫 번째 예이다.

당류, 단백질, DNA의 카이랄성 때문에 인체는 거울상이성질체에 매우 민감하다. 예를 들어 어떤 약의 한 거울상이성질체가 다른 것보다 더 활성(또는 더 독성)일 수도 있다. 두 거울상이성질체 모두를 시험할 필요에 주의를 환기시키는 비극적인 예가 1963년에 발생했는데, 이 해에 임산부들이 탈리도마이드를 복용하여 끔찍한 선천성 이상이 야기되었다. 이러한 사실이 발견된 이후 입덧 치료에 한쪽 거울상이성질체가 효과가 있으며 다른 거울상이성질체는 **기형 유발물질(teratogen)**이었다는 것이 확인되었다. 기형을 유발하는 거울상이성질체가 임신 3개월 중에 탈리도마이드를 복용한 여성의 아이들에게서 심각한 선천성 이상을 유발한 것이었다.

기형 유발물질: 배아(embryo)의 기형을 일으키는 화학물질이나 요인.

이러한 사건의 결과로 탈리도마이드는 가장 악명 높은 약품이 되었고, 소위 "탈리도마이드 아이들(thalidomide children)"은 대부분의 경우에 발육이 덜 된 팔이나 다리를 가지고 살아야만 했다. 전 세계 과학자들 뿐만 아니라 그들과 그 가족들은 이러한 형태의 사건이 다시 발생하지 않도록 하자고 서약했다. 미국 식품의약품안전청(FDA)의 켈지(Frances Kelsey) 박사가 제기한 이 약품의 안전에 대한 고집스러운 의심 덕분에 이 비극은 일차적으로 영국과 유럽에 국한되었다. 탈리도마이드 약제 승인 신청서 검토가 맡겨졌을 때 그녀는 유럽으로부터의 처참한 소식이 분명해질 때까지 미국 내에서 탈리도마이드를 판매하고자 했던 제약 회사를 상대로 끈질긴 싸움을 하였다.

유럽에서 탈리도마이드 비극이 어떻게 일어나게 되었는지를 살펴보는 것이 중요하다. 과학자들은 이러한 특별한 사건이 있기 이전에 거울상이성질체들이 원칙적으로 완전히 다른 생물학적 성질을 가질 수 있다는 것을 알고 있었지만 이전에는 이러한 규모로 일어난 적이 없었다. 더 광범위한 시험이 그렇게 이루어져야 했었음에도 불구하고 판매되기 이전에 탈리도마이드에 대한 안전성 시험에서는 기형유발 효과가 나타나질 않았다. 이러한 사건의 결과 전세계 제약회사들은 약품의 두 거울상이성질체 모두에 대해서 훨씬 더 엄중한 시험을 시작하였고 이러한 시험은 오늘날까지도 계속되고 있다.

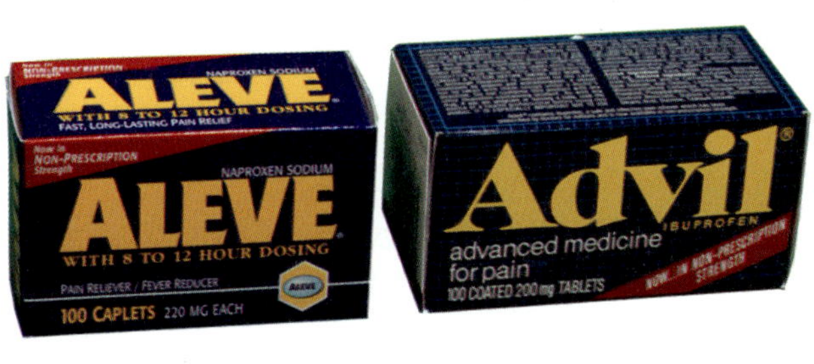

나프록센(naproxen, Aleve)은 단일 거울상이성질체로 판매하며, 이부프로펜(ibuprofen, Advil)은 라세미 혼합물로 판매한다.

미국에서 현재 많은 약들이 라세미 혼합물로 판매되고 있다는 것을 알게되면 놀랄 것이다. 이들 경우에는 과학자들이 한 거울상이성질체가 원하는 양성 치료반응을 보이는 반면 다른 거울상이성질체는 생물학적 활성을 전혀 나타내지 않거나 대단하지 않은 생물학적 활성만을 나타냄을 보일 수 있는 경우이다. 이러한 경우에 약품을 라세미 혼합물 형태로 판매할 수 있다. 다른 경우로 한 거울상이성질체가 견딜 수 없는 생물학적 응답을 끌어내는 경우 과학자들은 좋은 거울상이성질체를 나쁜 것과 분리하거나 좋은 거울상이성질체만을 합성하는 방법을 개발할 수 있는 유용한 기술을 사용해야 한다. 제약회사에서는 수 억 달러를 들여 이러한 기술을 발전시켜 거울상이성질체 중 순수한 약품만을 판매하려고 하고 있다. 주요 제약회사 붕 하나인 엘리 릴리(Eli Lilly)에서 만들어 2012년 슈퍼 보울 동안에 방송된 광고를 보면 의약품 하나를 개발하고 상품화하는 비용이 약 13억 달러라고 하였다. 제안됨 많은 제약 화합물들이 최종적으로 FDA 승인을 받지 못하기 때문에 승인 건수 당 전체 비용은 40억~110억 달러로 추정된다.

흥미롭게도 최근 사용되는 많은 의약품들은 거의 항상 단일 거울상이성질체로 발견되는 천연 자원에서 분리된다는 사실을 주목하라. 이것은 자연이 일반적으로 다른 가능한 **입체이성질체(stereoisomer)**를 배제하고 단일 거울상이성질체를 생성하기 때문이다.

입체이성질체: 분자식은 같지만 삼차원 구조가 다른 분자들.

탈리도마이드 이야기가 끝난 일이라고 생각할 수도 있다. 하지만 많은 의약품들처럼 탈리도마이드가 의학적으로 다른 용도가 있음이 최근 밝혀졌다. 이 물질은 최근 미국에서 HIV, 특정 신경아세포종, 나병 환자를 치료하는 용도로 탈로미드(Thalomid)라는 상품명으로 판매되고 있다. 하지만 탈리도마이드의 기형유발 효과가 여전히 존재하고 있으며 탈리도마이드의 "좋은" 거울상이성질체가 체내에서 기형유발 거울상이성질체로 전환됨이 실제로 밝혀져 상황은 훨씬 더 복잡해졌다. 따라서 탈리도마이드가 순수한 거울상이성질체로만 관리된다 하더라도 기형유발 효과는 계속 나타날 것이다. 다행히도 생물계에서 거울상이성질체간의 상호변환이 모든 약품에 대해 일반적인 것은 아니다.

이러한 이유로 탈리도마이드는 판매된 시약 중 가장 많이 규제된 것이라고 하며, 이 약을 먹는 여성은 탈리도마이드의 영향을 받은 임신을 피하기 위해 두 다른 형태의 산아 제한을 하겠다는 서명을 해야 한다. 일부 경우에 탈리도마이드 치료를 통해 올 수 있는 좋은 가능성에도 불구하고 이 의약품의 해로운 가능성이 크다는 것이 알려졌기 때문에 이 약의 사용을 영원히 금지해야 한다고 하는 많은 사람과 조직들이 있다. 많은 탈리도마이드 피해자와 그 가족들 뿐만 아니라 이들에 따르면 어떤 경우에라도 장점보다 위험성이 더 크다고 한다.

이러한 사안과 다른 의약품과 기술에 더 넓은 적용 가능성에 대해 어떻게 생각하는가?

거울상이성질체들 사이의 생물학적 차이가 독성의 차이는 없고 하나가 활성을 가지거나 효과가 없는 경우가 많다. 인공 감미료로 널리 사용되는 아스파탐(뉴트라스위트)은 두 거울상이성질체가 있다. 하지만 한 거울상이성질체는 단맛을 가지지만 다른 거울상이성질체는 쓴 맛이 난다. 아스파탐의 거울상이성질체의 손잡이성에 따라 다르게 나타나기 때문에 이것은 우리의 미뢰에 있는 수용체 부위가 카이랄성이어야함을 나타낸다. 단순당의 성질을 보면 이러한 것이 더 분명해진다. D-글루코스는 단맛이 나고 영양가가 높은 반면 L-글루코스는 단맛이 없고 체내에서 대사되지 않는다. 다른 천연 물질인 카르본(carvone)은 한 거울상이성질체(민트에서 발견)는 민트 향을 가지며 다른 이성질체(캐러웨이 씨에서 발견)는 호밀 빵 냄새를 가진다.

예제 10.1 카이랄성 분자

다음 각 분자에 대해 밑줄 친 탄소 원자가 입체중심인지 아닌지 결정하시오.
(a) <u>C</u>H_2Cl_2, (b) H_2N—<u>C</u>H(CH_3)—COOH, (c) Cl—<u>C</u>H(OH)—CH_2Cl

풀이

입체중심이 되기 위해서는 한 원자에 네 개의 다른 기가 결합하고 있어야 한다. (b)와 (c) 분자의 밑줄 친 탄소 원자들은 이러한 조건을 만족시키므로 입체중심이다. (a)에서 밑줄 친 탄소 원자는 한 쌍의 H 원자 및 한 쌍의 Cl 원자와 결합하고 있으므로 입체중심이 아니다.

10-2 탄수화물

탄수화물(*carbohydrate*)이란 말은 문자적으로 "탄소의 수화물"을 의미한다. 탄수화물의 일반식은 $C_x(H_2O)_y$인데 여기서 x와 y는 정수이다. 하지만 탄수화물인 수크로스와 황산과의 반응에서 탄소가 얻어진다 하더라도(그림 10.5) 수크로스가 탄소와 물의 단순 조합임을 뜻하는 것은 아니다. 탄수화물에서 탄소, 수소, 산소는 일차적으로 다음 세 가지 유기 작용기로 배열되어 있다.

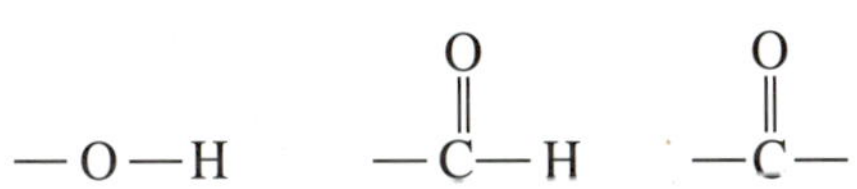

알코올 하이드록시 기 　 알데하이드 기 　 케톤 기

탄수화물(**carbohydrate**)은 단량체 몇 개가 축합중합되어 결합하였는가에 따라 *단당류*(*monosaccharide*, 라틴어 saccharum, 당), *이당류*(*disaccharide*), *삼당류*(*trisaccharide*), *다당류*(*polysaccharide*)로 나눌 수 있다. 단당류는 산 가수분해에 의해 더 작은 단량체 단위로 쪼갤 수 없는 단순당이다. 반면 이당류나 삼당류를 가수분해하면 단당류(같을 수도 있고 다를 수도 있음) 두 개나 세 개가 얻어지고 다당류를 가수분해하면 많은 단당류(때로는 수천개)가 얻어진다.

탄수화물: 단순 당으로 구성된 생분자.

우리 평균 식단의 거의 절반을 차지하는 탄수화물은 생명체 에너지 회로의 주요 부분을 형성한다(10-10절). 식물에서의 에너지 저장과 동물에서의 에너지 생산 뿐만 아니라 탄수화물은 많은 다른 생물학적 도움이 된다. 셀룰로스는 식물 구조의 주성분이다. 핵산(10-11절)은 반복 구조 내에 탄수화물 단위체들과 결합되어 있다.

10-2a 단당류

가장 흔한 단순당은 D-글루코스(D-glucose, 덱스트로스, 포도당, 혈당이라고도 함)로서, 과일, 혈액, 생체 세포 내에서 발견된다. 생명을 연장하기 위해 에너지원이 빨리 필요할 때 종종 포도당 용액을 정맥주사한다. D-글루코스는 D-갈락토스(D-galactose), D-프럭토스(D-fructose)와 함께 체내에서 발견되는 세 가지 흔한 단당류이다. 이들은 구조는 다르지만 분자식은 $C_6H_{12}O_6$로 같다. D-갈락토스와 D-글루코스는 서로 입체이성질체이며 카이랄성 중심 한 곳만 다르다.

그림 10.5 ▸ 황산과 설탕의 반응.
황산을 설탕에 부으면 설탕이 물을 잃어 탄소가 형성되는 것을 볼 수 있다.

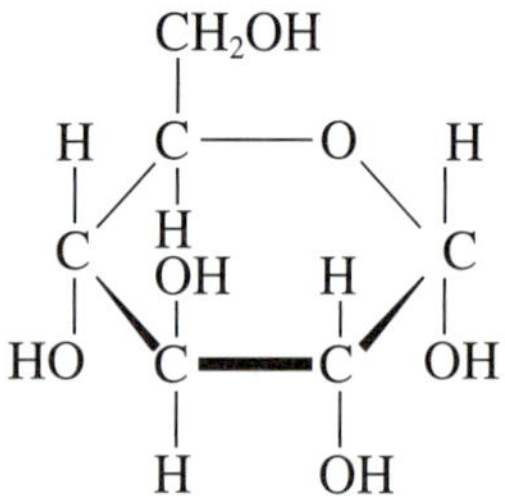

D-글루코스

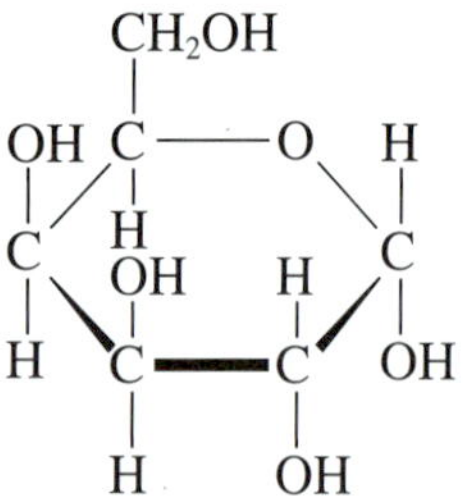

D-갈락토스

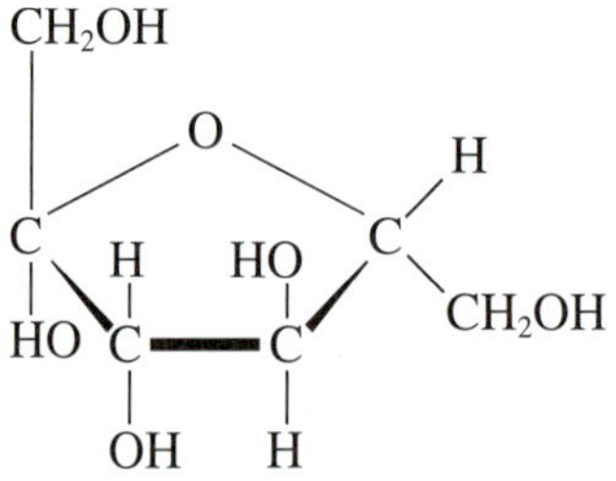

D-프럭토스

위에 나타낸 것처럼 단당류를 평면으로 표현하는 방법이 편리하기 때문에 주로 사용되지만 이들 분자 내에 있는 탄소 원자의 사면체 결합이 아래 나타낸 삼차원 구조를 나타낸다는 것을 이해해야 한다. 단당류 뿐만 아니라 비슷하지만 더 복잡한 분자들의 평면 표현법을 볼 때에는 이것을 유념해야 한다.

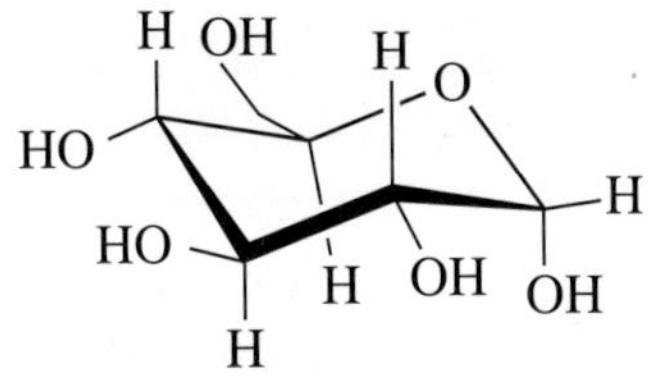

D-글루코스

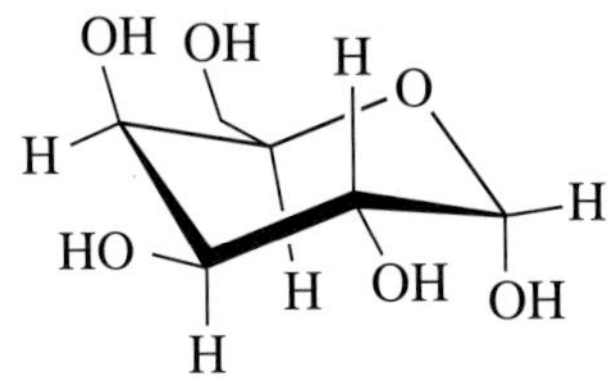

D-갈락토스

10-2b 이당류

단당류 두 개가 서로 결합하고 물이 떨어져 나가 일반식 $C_{12}H_{22}O_{11}$인 화합물을 만들면 이당류가 얻어진다. 가장 흔한 이당류 세 가지는 다음과 같다.

- **수크로스**(*sucrose*, 사탕수수나 사탕무에서 얻음): D-글루코스 단량체와 D-프럭토스 단량체로 구성, 설탕.
- **말토스**(*maltose*, 녹말에서 얻음): D-글루코스 단량체 두 개로 구성, 조리식품 감미료로 사용.
- **락토스**(*lactose*, 젖당, 우유에서 얻음): D-글루코스 단량체와 D-갈락토스 단량체로 구성, 의약품과 유아식 제조 및 제빵에 사용, 락토스는 또한 세균의 영양소도 되어 생치즈를 숙성시켜 독특한 향이 나게 한다.

이들 이당류의 식($C_{12}H_{22}O_{11}$)은 단순히 두 단량류의 합($C_6H_{12}O_6$ + $C_6H_{12}O_6$)이 아니다. 단당류 두 개가 결합하여 이당류를 형성하면서 물 분자 하나가 제거된다. 체내에서 효소가 이당류가 단당류로 분해(가수분해)되도록 촉매로 작용한다.

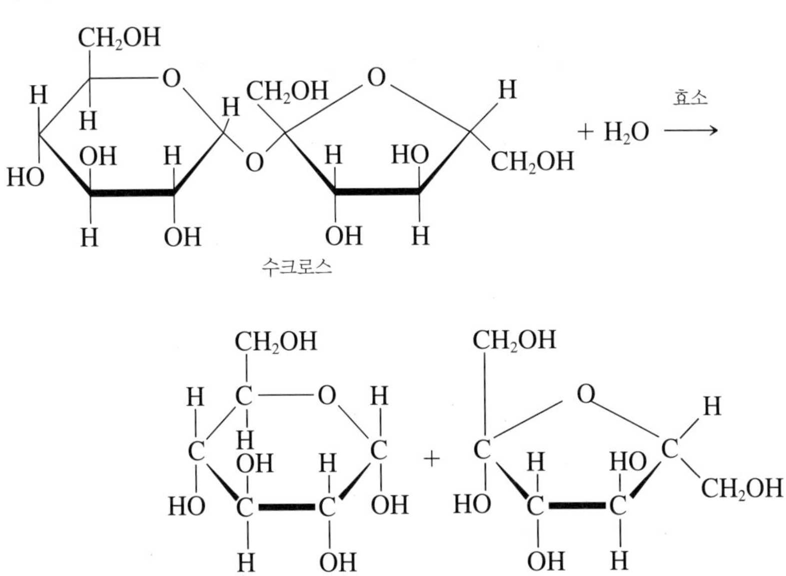

수크로스

D-글루코스 D-프럭토스

표 10.1 수크로스에 대한 일반적인 당들과 인공 감미료의 당도

물질	수크로스(1.0)와 비교한 당도
락토스	0.16
갈락토스	0.32
말토스	0.33
글루코스	0.74
수크로스	1.00
프럭토스	1.17
아스파탐*	180
사카린*	300
스플렌다*	600

*인공 감미료

수크로스는 대규모(연간 8천만 톤 이상)로 높은 순도로 얻는다. 전 세계 수크로스 생산량의 약 40%는 사탕무에서, 60%는 사탕수수에서 온다. 수크로스에 대한 일반적인 당들과 인공 감미료의 당도를 표 10.1에 비교해 놓았다. 단당류인 글루코스와 프럭토스의 혼합물인 꿀은 수백년간 식용 천연 감미료로 사용되었으며 수크로스(자당, 설탕)보다 더 달다(표 10.1). 설탕을 글루코스와 프럭토스로 전환하려면 산이나 "자당전화효소(invertase)"라는 천연 효소로 처리해야 한다. *전환당(invert sugar)*이라고 알려진 생성물은 종종 상업 식품에 감미료로 사용된다. 옥수수녹말을 가공하여 순수한 글루코스를 얻을 수 있으며 글루코스를 효소로 처리하면 글루코스와 프럭토스의 혼합물이 얻어진다. 이 혼합물은 액상과당(high-fructose corn syrup)이라고 한다.

인공 감미료

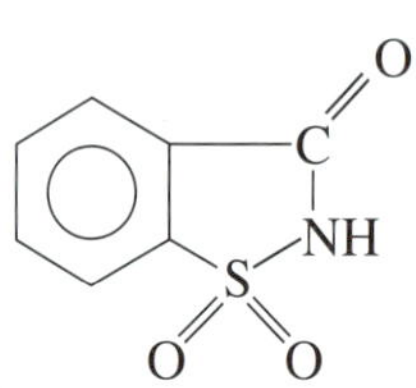

사카린

*사카린(saccharin)*은 첫 번째 일반적인 인공 감미료였다. 사카린은 소화되지 않고 인체를 통과하므로 칼로리 값이 없다. 사카린은 약간 쓴 뒷맛을 내므로 상품에서는 천연 감미료를 소량 첨가하여 상쇄한다. 이러한 상품은 천연 감미료가 첨가되었기 때문에 약간의 칼로리 값을 가지게 된다.

사탕수수는 이당류인 수크로스의 일반적인 공급원이다.

아스파탐(*aspartame*, 뉴트라스위트)은 주요 인공 감미료로 사카린을 대치하였는데, 3천 가지 이상의 상품이 사용되며 10조 달러에 달하는 전 세계 인공 감미료 시장의 75%를 차지한다. 아스파탐은 아미노산인 아스파트산과 다른 아미노산인 페닐알라닌의 메틸 에스터로부터 만든 다이펩타이드 유도체이다. 아스파탐은 소화되며 아미노산과 거의 같은 양의 칼로리 값을 갖는다. 하지만 단맛을 위해 필요한 아스파탐의 양은 설탕보다 훨씬 적으므로 감미식품에 훨씬 더 적은 열량이 소모된다. 아스파탐은 조리 온도에서 안정하지 않기 때문에 저온 식품과 청량음료에서 설탕을 대체하는 정도로 용도가 제한된다.

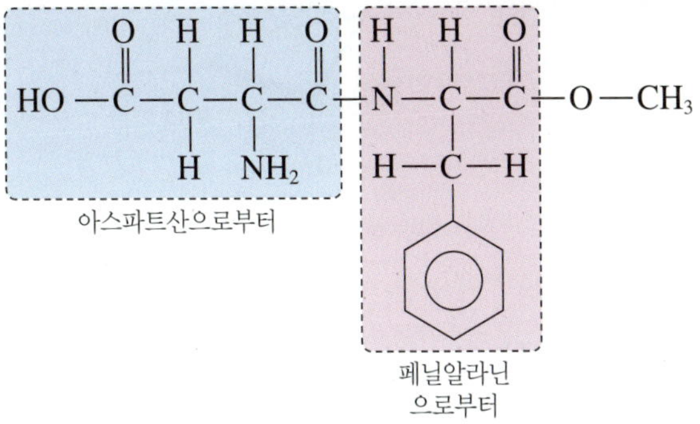

아스파탐

수크랄로스(*sucralose*, 스플렌다)는 다른 나라에서 수 년간 사용한 후인 1998년에 미국에서 사용이 승인된 비교적 새로운 인공 감미료이다. 이것은 수크로스보다 600배나 더 단맛을 낸다고 주장하고 있다. 그 구조를 수크로스의 구조와 비교해 보면 수크랄로스는 수크로스에 있는 세 개의 OH 기를 세 개의 Cl 원자로 치환하여 만든다는 것을 보여준다. 다른 인공 감미료와 마찬가지로 수크랄로스의 안전은 일부 소비자 대변인들에 의해 공개적으로 심문을 받아왔다.

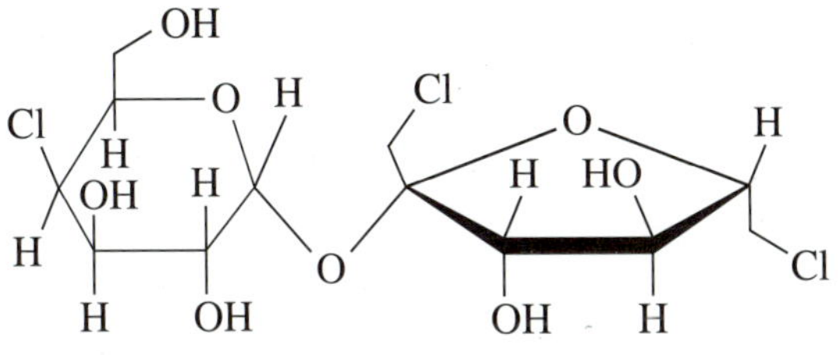

수크랄로스(스플렌다)

10-2c 다당류

천연에서 가장 풍부한 다당류는 녹말, 글리코겐, 셀룰로스이다. 어떤 다당류는 5000개 이상의 단당류 단량체를 가지며 몰질량이 백만 이상이다. 다당류를 만드는 데 가장 흔하게 사용되는 단당류는 D-글루코스이다.

》녹말과 글리코겐

식물성 녹말은 단백질로 덮인 작은 알갱이에서 발견된다. 이들 알갱이를 열로 파열시키면 뜨거운 물에 녹는 녹말인 *아밀로스*(*amylose*)가 얻어진다. 아밀로스는 천연 녹말의 약 25%를 차지한다.

구조적으로 아밀로스는 분자당 평균 약 200 개의 글루코스 단량체를 가지는 곧은 사슬 축합 중합체(9장)이다. 말토스에서 두 단위가 결합된 것과 같이 각 단량체가 물 분자

그림 10.6 ▸ (a) 아밀로스 구조.
나타낸 방법으로 60~300 개의 글루코스 단위가 연결됨.
(b) 셀룰로스 구조.
나타낸 방법으로 900~6000 개의 글루코스 단위가 연결됨.

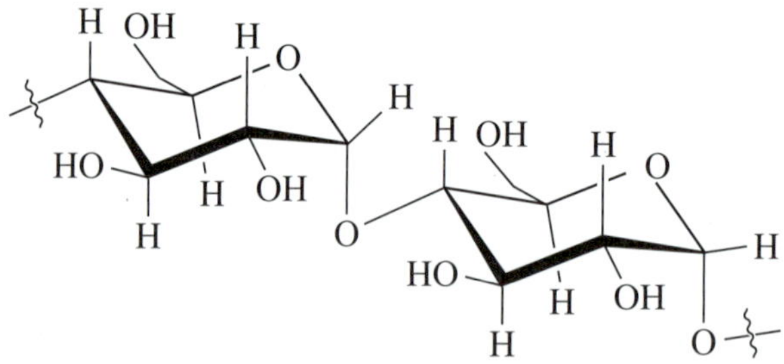

(a) 아밀로스

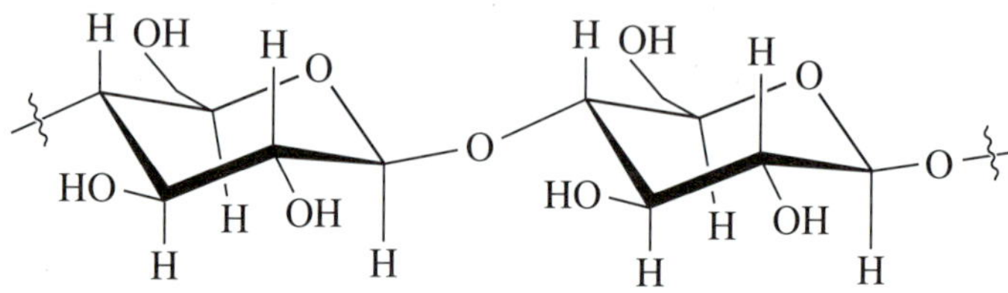

(b) 셀룰로스

를 잃으면서 이웃한 것과 결합한다. 아밀로스 구조의 대표적인 부분을 그림 10.6a에 나타내었다.

녹말이 식물에서의 에너지 저장소인 것처럼 *글리코겐*(*glycogen*)은 동물에서의 에너지 저장소이다. 글리코겐은 간과 근육 조직에 저장되며 지방 대사 과정이 인수받아 에너지 원으로 작용할 수 있을 때까지 "즉각적인" 에너지로 사용된다.

빵에는 녹말이 특히 많다.

셀룰로스

셀룰로스는 지구 상에서 가장 풍부한 유기 화합물이며, 가장 순수한 천연 형태는 면(cotton)이다. 나무의 목재부, 잎과 식물의 지지재, 이들로부터 만드는 종이도 주로 셀룰로스로 되어 있다. 아밀로스와 마찬가지로 셀룰로스는 D-글루코스 단위로 이루어져 있다. 셀룰로스와 아밀로스의 차이는 D-글루코스 단위체들 사이의 결합이다(그림 10.6b). 아밀로스와 셀룰로스에 있는 글루코스 단위체 사이의 연결에서 이 미묘한 구조적 차이 때문에 우리가 셀룰로스를 소화(대사)시킬 수 없는 것이다. *대사*(*metabolism*)란 생물에서 모든 화학적, 물리적 과정의 총합을 나타내는 일반적인 용어이다. 어떤 것이 대사될 때 이들 과정에 의해 변화되는 것이다. 인간은 셀룰로스를 대사하는 데 필요한 효소를 가지고 있지 않지만 아밀로스에 있는 글루코스 단위 사이의 연결을 인식하고 끊을 수 있는 효소는 가지고 있다. 반면에 흰개미, 몇 종류의 바퀴벌레, 반추 포유류(소, 양, 염소, 낙타)는 내장 안에서 살고 있는 세균이 필요한 효소를 제공하기 때문에 셀룰로스를 소화할 수 있다. D-글루코스는 강산 존재하에서 다당류의 현탁액을 가열하여 셀룰로스로부터 얻을 수 있다.

10-3 지질

지질(lipid)은 물에는 잘 녹지 않지만 유기 용매에는 잘 녹는 생체에서 발견되는 유기 물질이다. 지질의 분류가 작용기와 같은 구조적인 특징에 의한 것이 아니라 물에 대한 불용성을 기초로 이루어졌기 때문에 지질은 구조가 상당히 다르며 단백질이나 다당류와 달리 고분자가 아니다. 지질은 지방, 기름, 스테로이드, 왁스를 포함한다. 주된 지질은 지방과 기름인데 이들은 식품에서 지질의 95%를 차지한다. 다른 5%는 스테로이드와 세포 기능에 중요한 여러 다른 지질이다.

> **지질:** 물에는 녹지 않지만 유기 용매에 녹는 생분자의 한 부류.
>
> **트리글리세라이드:** 글리세롤과 지방산의 트라이에스터.

10-3a 지방과 기름

지방(fat)과 기름(oil)은 글리세롤(글리세린)과 지방산의 트라이에스터인 **트라이글리세라이드(triglyceride)**이다. 글리세롤의 트라이에스터를 형성하는 일반식은 다음과 같다.

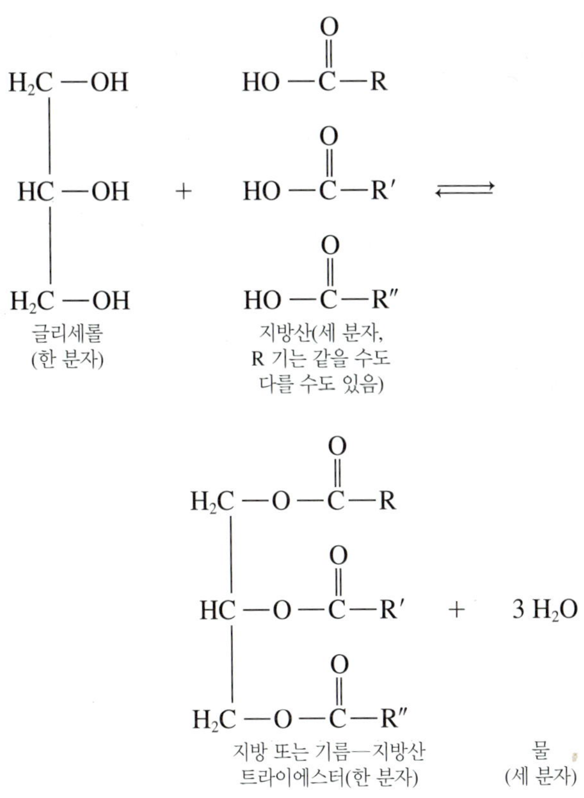

같은 지방이나 기름 안에 있는 세 개의 R 기는 같을 수도 다를 수도 있으며, 포화일 수도 불포화일수도 있다. 지방과 기름에 있는 가장 흔한 지방산을 표 10.2에 나열하였다.

단일 결합 하나만을 포함하는 올레산과 같은 지방산을 *단일불포화산(monounsaturated acid)*라고 한다. 불포화산인 리놀레산(linoleic acid)은 *필수 지방산(essential*

표 10.2 지방과 기름에 있는 일반적인 지방산

산		녹는점(℃)	근원
포화(상온에서 모두 고체)			
라우르산	$CH_3(CH_2)_{10}COOH$	44	코코넛 오일
팔미트산	$CH_3(CH_2)_{14}COOH$	63	동물성, 식물성 지방
스테아르산	$CH_3(CH_2)_{16}COOH$	69	동물성, 식물성 지방
불포화(상온에서 모두 액체)			
올레산	$CH_3(CH_2)_7CH\ CH(CH_2)_7COOH$	4	동물성, 식물성 지방
리놀레산*	$CH_3(CH_2)_4CH{=}CHCH_2CH\ CH(CH_2)_7COOH$	−5	아마인유, 면실유
리놀렌산	$CH_3CH_2CH{=}CHCH_2CH{=}CHCH_2CH{=}CH(CH_2)_7COOH$	−11	아마인유

*사람이 음식을 통해 취하여야 하는 필수 지방산

fatty acid)이다. 인체는 이 산을 만들지 못하지만 20개 이상 관련 화합물의 중요한 그룹인 *프로스타글란딘*(*prostaglandin*) 합성에 이 산이 필요하다. 프로스타글란딘은 혈압, 평활근의 이완과 수축, 위산 분비, 체온, 음식물 섭취, 혈소판 응집과 같은 생리학적 작용에 강력한 효과를 가진다. 많은 프로스타글란딘이 염증과 열병의 원인이 된다, 아스피린의 해열 효과는 프로스타글란딘 합성에 촉매로 작용하는 효소인 고리형산소화효소(cyclooxygenase)를 억제하기 때문이다.

지방(*fat*)이란 말은 주로 버터나 라드와 같은 *고체* 트라이글리세라이드에 사용되며, *기름*(*oil*)은 올리브유, 콩기름, 옥수수기름과 같은 *액체* 트라이글리세라이드에 사용된다. 지방의 지방산 부분에 있는 R 기는 일반적으로 포화되어 있어 C—C 단일결합만을 가진다. 기름에 있는 R 기는 주로 단일불포화(하나의 C=C 이중결합) 또는 다중불포화(둘 이상의 C=C 이중결합) 되어있다. C=C 결합이 120°를 가지며 사면체 각의 지그재그 패턴을 방해하기 때문에 분자가 모양이 불규칙적이고 고체를 형성할만큼 효과적으로 서로 쌓이지 않는다. 표 10.3은 일반적인 음식물에 있는 기름과 지방 중에서 포화 및 불포화 지방의 백분율을 나타낸 것이다.

포화 지방산 사슬

불포화 지방산 사슬

기름의 이중결합에 촉매 존재하에서 수소를 첨가하여 반고체 지방으로 전환할 수 있다. 예를 들어 액체인 콩기름이나 다른 식물성 기름을 *수소화*(*hydrogenation*)하여 요리용 지방과 마가린을 만든다.

표 10.3 지방과 기름에 들어있는 포화 지방산과 불포화 지방산의 양

식이성 기름/지방	포화 지방	불포화 지방	단일불포화 지방
카놀라유	6%	36%	58%
홍화유	9%	78%	13%
해바라기기름	11%	69%	20%
옥수수기름	13%	62%	25%
올리브유	14%	9%	77%
콩기름	15%	61%	24%
땅콩기름	18%	24%	48%
라드	41%	12%	47%
팜유	51%	10%	39%
유지방	66%	4%	30%
야자유	92%	2%	6%

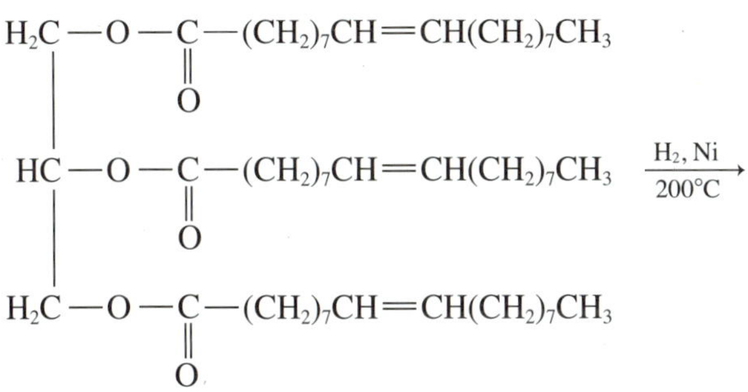

트라이올레인(액체 기름)

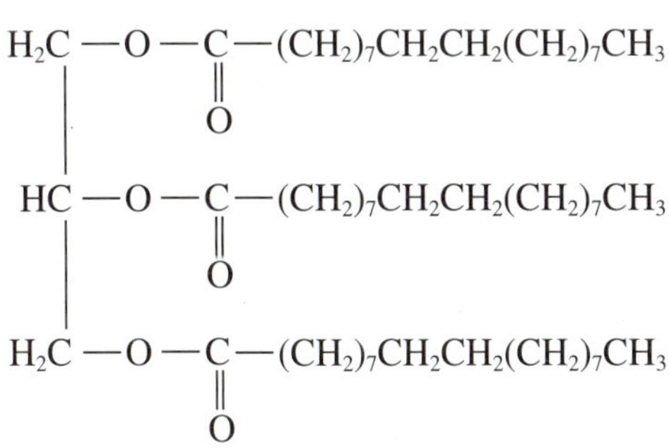

트라이스테아린(고체 지방)

수소화 과정의 부산물인 트랜스 지방산은 인체 내에서 쉽게 대사되지 않는다.

포화 지방 대신에 불포화 지방을 섭취하는 것이 더 좋다면 식품 회사들이 왜 기름을 수소화하여 불포화도를 낮추는가? 이 질문에 대해서는 여러 답이 있다. 첫째로 지방산에 있는 이중 결합은 반응성이 커서 산소가 지방의 이들 결합을 공격할 수 있다. 기름이 산화되면 불쾌한 냄새와 맛이 난다. 기름을 수소화하면 식품이 산화되어 산패할 공산이 줄어든다. 둘째로 기름을 수소화하면 덜 유동적이게 된다. 식품의 질감과 일관성을 향상시키기 위하여 식품 공급자가 고체 지방을 필요로 할 때가 여러 번 있다. 예를 들어 과자 당의(糖衣)로 액체인 식물성 기름을 사용한다면 당의

가 과자에서 미끄러질 것이다. 콜레스테롤을 포함하여 동물성 지방을 사용하는 대신 제조사에서 수소화된 기름이나 부분적으로 수소화된 기름으로 변환한다.

10-3b 스테로이드

스테로이드: 네 고리 구조를 가지는 지질.

호르몬: 내분비샘으로부터 혈류로 분비되는 화학적 메신저.

스테로이드(**steroid**)는 모든 동식물에서 발견되며 다음과 같은 네 개의 고리 골격을 포함한다.

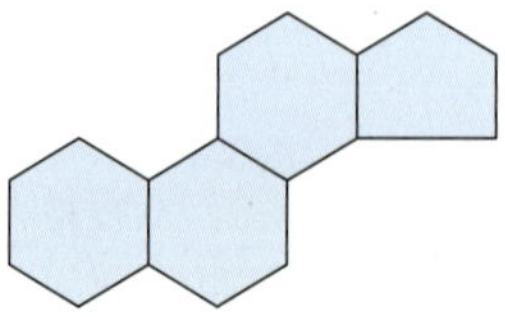

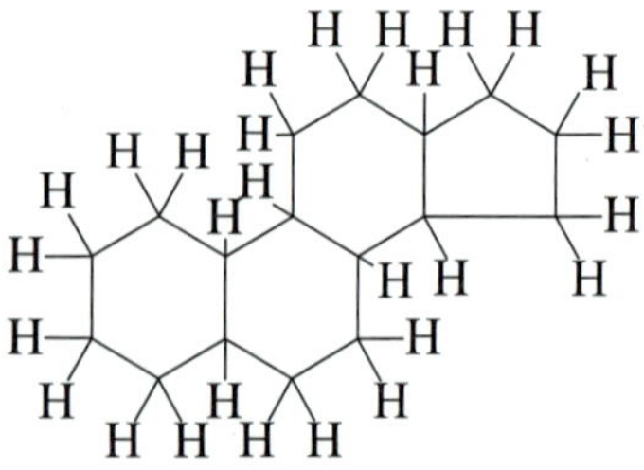

왼쪽에 나타낸 골격만으로 그린 네 고리 구조 그림은 8-8절에서 고리형 탄화수소를 설명할 때 사용한 것과 비슷한 화학 속기이다. 각 모서리에는 탄소가 있고 선은 C—C 결합을 나타낸다. 각 탄소 원자가 네 개의 결합을 형성하기 때문에 골격 구조에서 결합이 네 개가 되지 않으면 탄소 원자와 수소 원자 사이의 추가적인 결합이 존재한다고 이해하면 된다. 오른쪽 그림의 구조는 왼쪽에 나타낸 네 고리 구조에 존재하는 것으로 이해되는 수소 원자를 보여준다. 골격 그림의 모든 고리가 포화된 고리로 보이더라도 스테로이드는 종종 불포화되거나 방향족(벤젠 유사체)인 고리를 하나 포함한다. 예를 들어 *콜레스테롤*(*cholesterol*)은 두 번째 고리에 이중 결합을 하나 가지고 있다. 그 구조는 또한 알킬 기와 알코올 기를 포함한다. 이들 작용기는 골격 그림에서 수소 원자를 치환한다.

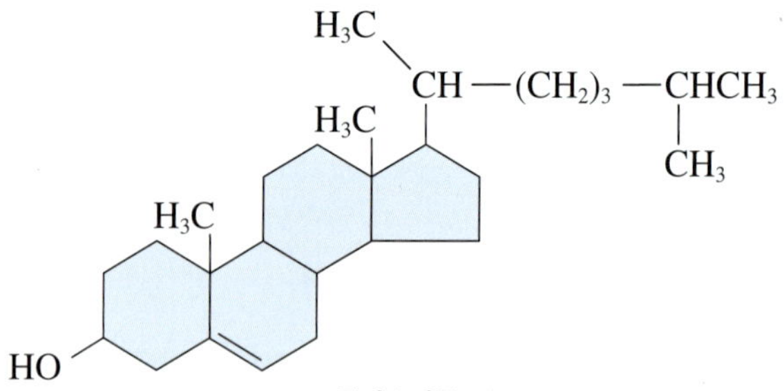

콜레스테롤

이 분자가 중요한데, 하인리히 오토 빌란트(Heinrich Otto Wieland, 1877~1957)와 아돌프 빈타우스(Adolf Wintaus, 1876~1959)는 콜레스테롤 구조를 결정하는 데 기여한 공로로 1927년과 1928년에 각각 노벨 화학상을 받았다. 콜레스테롤은 가장 풍부한 동물성 스테로이드로 식물에서는 발견되지 않는다. 인체는 콜레스테롤을 합성하며 장벽을 통해 식품의 콜레스테롤을 바로 흡수한다. 따라서 콜레스테롤이 전혀 들어있지 않은 식품만을 먹는다고 해서 체내에 콜레스테롤이 존재하지 않는 것이 아니다. 성인은 약 250 g의 콜레스테롤을 포함한다. 혈중 콜레스테롤 수치가 높으면 심장병과 관련이 있기 때문에 콜레스테롤이 많은 주목을 받고 있다(12-11절). 콜레스테롤은 생화학적 변환을 통해 비타민 D, 코티손, 성 호르몬과 같은 많은 중요한 **호르몬**(**hormone**)을 밀리그램 단위로 만들어내기 때문에 적당한 양의 콜레스테롤은 건강에 필수적이다. 콜레스테롤은 또한 세포막의 기본 성분이기 때문에 이 중요한 분자가 없으면 많은 세포가 정상 체온에서 그 구조를 유지할 수가 없다.

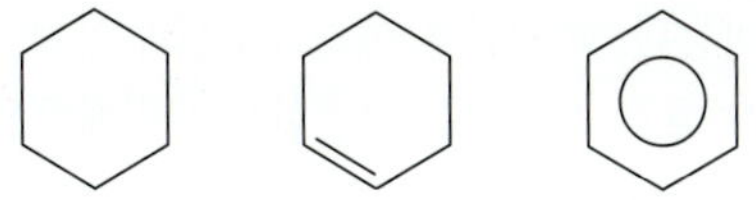

포화 고리 C_6H_{12} | 불포화 고리 C_6H_{10} | 방향족 고리 C_6H_6

》성 호르몬

콜레스테롤은 스테로이드 성 호르몬 합성의 출발 물질(선구체)이다. 여성 호르몬의 하나인 *프로제스테론(progesterone)*은 남성 호르몬인 *테스토스테론(testosterone)*과 구조면에서 아주 약간의 차이만 있다. 사실 많은 여성 호르몬과 남성 호르몬 사이에 상대적으로 적은 구조적 차이가 현저히 다른 생물학적 활성의 이유가 된다.

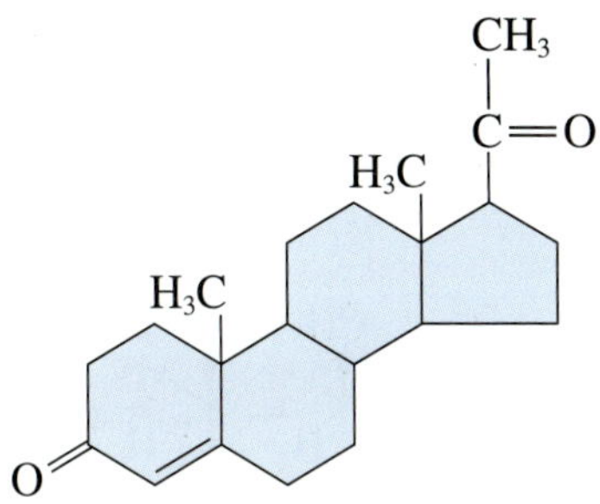

프로제스테론

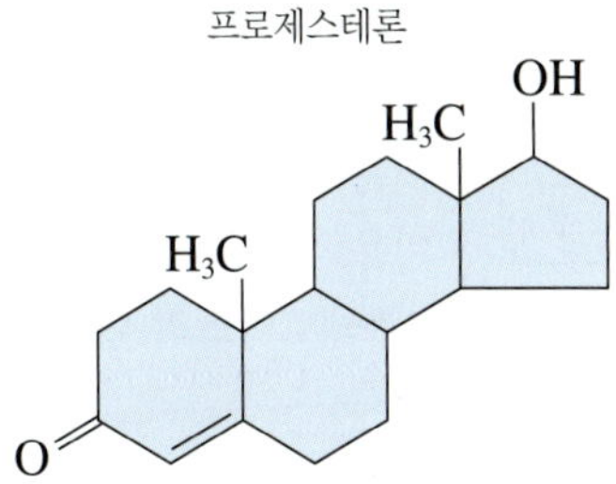

테스토스테론

다른 여성 호르몬으로 *에스트라다이올(estradiol)*과 *에스트론(estrone)*이 있는데, 이들을 함께 *에스트로젠(estrogen)*이라고 부른다. 에스트로젠은 방향족 고리를 포함하는데, 이것으로 이들이 스테로이드 프로제스테론 및 테스토스테론과 구별된다.

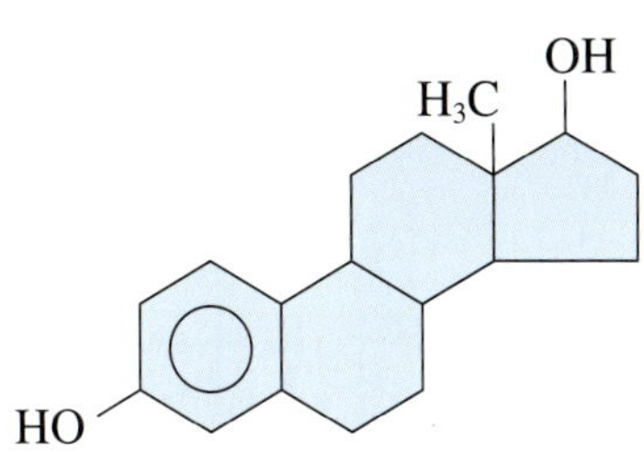

에스트라다이올

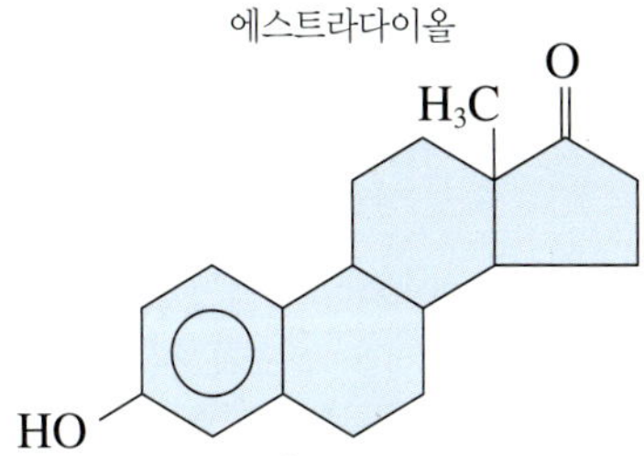

에스트론

에스트로젠과 프로제스테론은 난소에서 만들어진다. 에스트로젠은 난소에서 난자의 성장에 중요하며 프로제스테론은 자궁벽을 변화시키며 수정 후에 난소에서 새로운 난자가 방출(배란)되는 것을 막는다. 피임약은 에스트로젠과 프로제스테론의 유도체를 사용하여 임신에 의해 일어나는 호르몬 과정을 모방함으로써 배란을 억제한다(12-4절).

테스토스테론(*testosterone*)과 *안드로스테론*(*androsterone*)은 두 가지 가장 중요한 남성 호르몬으로 *안드로젠*(*androgen*)이라고 알려져 있다. 이들은 콜레스테롤로부터 정소에서 만들어지며 남성의 이차 성징과 근육 및 조직 성장을 촉진하는 데 관여한다.

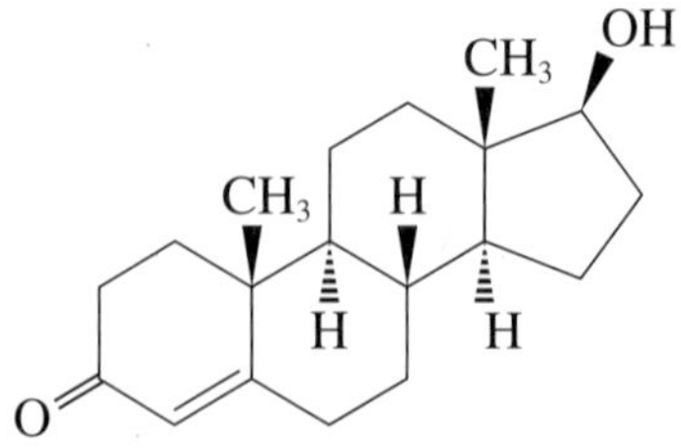

테스토스테론

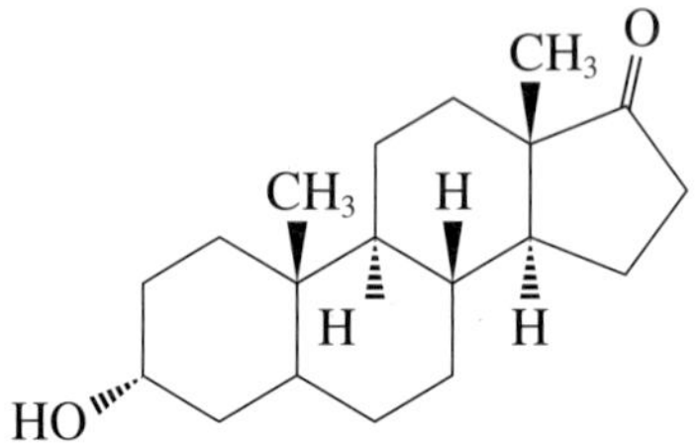

안드로스테론

또다른 남성 호르몬인 안드로스텐다이온(androstenedione)도 근육을 강화하는 성질이 있어 합법적으로 비합법적으로 모두 이용되어 왔다. 실제로 이들 *동화작용*(*anabolic*, 근육 강화) 특성으로 합성(천연이 아닌) 스테로이드의 여러 변종을 개발하여 남성 호르몬의 조직 강화 효과를 모방하게 되었다.

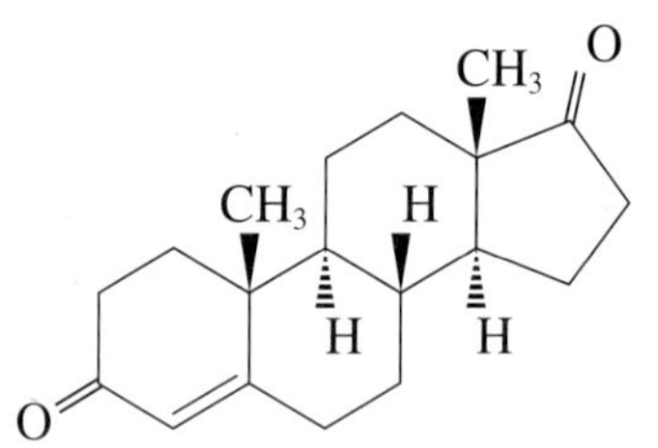

안드로스텐다이온

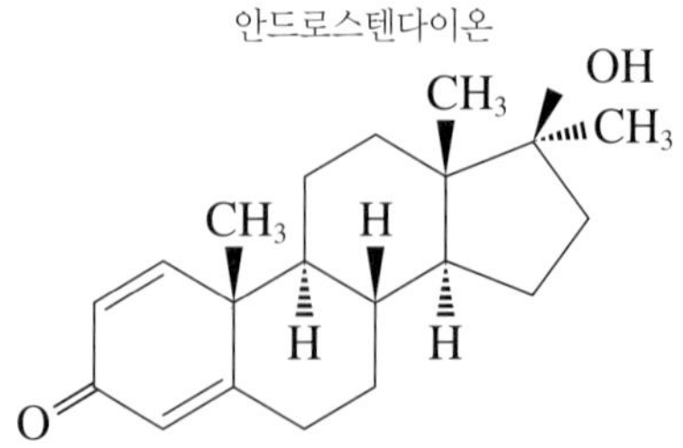

메탄드로스테놀론
(디아나볼)

메탄드로스테놀론(methandrostenolone, 디아나볼)과 같은 합성 스테로이드들은 프로 운동선수들과, 점점 더 경쟁적인 이점을 얻고자하는 중학생 연령의 어린 아마추어 선수들에 의해서 남용되어 왔다. 이들 강력한 화학 물질 남용의 결과를 생각해 보면, 많은 경우에 처방전 없이 상점과 인터넷에서 쉽게 구입할 수 있는 이러한 스테로이드의 변종들은 위협적이다. 남성이 스테로이드를 남용할 때 생기는 부작용으로는 고환 위축, 유방 확대와 여성화, 탈모 증가, 고혈압, 예측 불가능하고 빠른 기분 변화(때로 '스테로이드 분노'라고 알려짐)가 있으며 사망에까지도 이르게 된다. 이들 스테로이드를 남용하는 여성들은 매우 남자같이 되는데, 종종 외관상 거의 여자로 인식하기 어려울 정도까지 되기도 한다. 종종 많은 운동선수들의 마음에 스테로이드 남용의 위험요인보다 얻어지는 경쟁적 우위가 더 큰 것으로 보인다. "*스포츠 일러스트레이티드(Sports Illustrated)*"라는 잡지에서 경기에서 금지된 스테로이드의 사용에 관하여 세계적 운동 선수들을 조사하였다. 이들 중 90%가 넘는 선수들이 모든 경기에서 이기고 잡히지 않는다는 보장만 있다면 금지된 약물을 사용하겠다고 답하였다. 계속된 질문에서 50%는 그들이 잡히지 않고 5년간 모든 경기에서 이긴다면 단 5년 후에 금지 약물 사용의 부작용으로 인해 죽을 수도 있다는 말을 들어도 그렇게 하겠다고 답하였다.

10-3c 왁스

왁스는 긴 사슬 지방산(탄소 원자 16개 이상)과 긴 사슬 알코올로부터 형성되는 에스터이다. 왁스의 일반식은 간단한 에스터의 식과 같은 RCOOR′이다. 단 R과 R′은 많은 수의 탄소 원자로 된 알킬 기로 제한된다. 천연 왁스는 주로 여러 에스터의 혼합물이다. 나뭇잎의 왁스 코팅은 잎을 질병으로부터 보호하며 식물이 물을 아낄 수 있도록 한다. 새의 깃털도 왁스로 코팅되어 있다. 우리 귀는 왁스로 보호된다. 여러 천연 왁스가 상품으로 사용되어 왔다. 이 중에는 바닥용 왁스, 자동차용 왁스, 구두약에 사용되는 카르나우바 왁스(carnauba wax, 브라질납야자)와 화장품과 연고에 사용되는 라놀린(lanoline, 양모에서 추출)이 있다. 라놀린에는 콜레스테롤도 들어있다.

10-4 비누, 세제, 샴푸

강염기 용액 중에서 지방과 기름은 가수분해되어 글리세롤과 치방산의 염이 얻어진다. 이러한 반응을 *비누화(saponification)* 반응이라고 하며, 이 때 형성된 지방산의 소듐염이나 포타슘염이 *비누(soap)*이다.

$$\begin{array}{l} CH_3—(CH_2)_{16}—COO—CH_2 \\ \qquad\qquad\qquad\qquad\quad | \\ CH_3—(CH_2)_{16}—COO—CH_2 + 3\,NaOH \longrightarrow \\ \qquad\qquad\qquad\qquad\quad | \\ CH_3—(CH_2)_{16}—COO—CH_2 \end{array}$$

트라이스테아린 (동물성 지방) 수산화 소듐

$$3\,CH_3—(CH_2)_{16}—COO^-Na^+ + \begin{array}{l} HO—CH_2 \\ \qquad\ \ | \\ HO—CH \\ \qquad\ \ | \\ HO—CH_2 \end{array}$$

스테아르산 소듐 (비누) 글리세롤 (글리세린)

$$CH_3CH_2CH_2CH_2CH_2CH_2CH_2CH_2CH_2CH_2CH_2CH_2CH_2CH_2CH_2CH_2CH_2\overset{O}{\overset{\|}{C}}O^-Na^+$$

스테아르산 소듐 분자

그림 10.7 ▸ 비누와 세제의 작용 원리.
분자의 친수성인 이온성 말단이 물과 강하게 상호작용한다. 소수성인 탄화수소 말단은 물을 피하여 오염물의 유성 부분을 끌어당긴다. 흔들어 주면 기름 오염물이 부서지고 입자들을 둘러싸 서로 분리한다. 이로 인해 서로 다시 모이지 않고 헹구는 물에 씻겨 내려가게 된다.

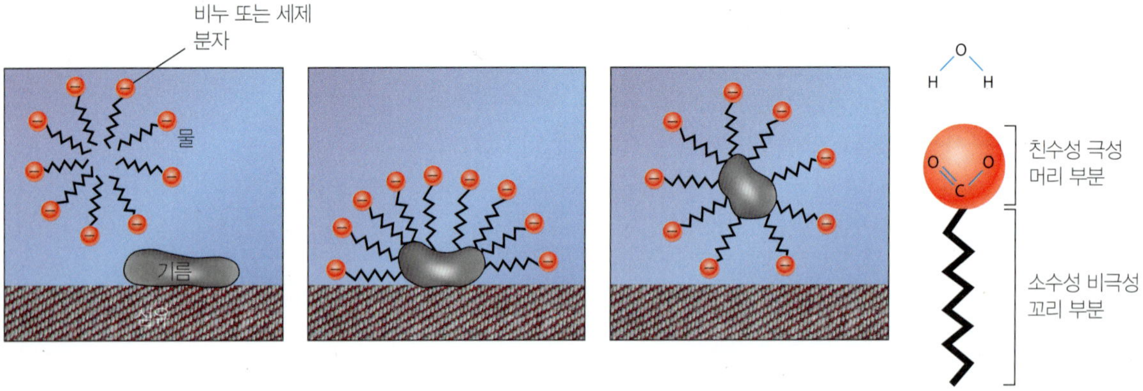

개척자들은 나무의 재로부터 얻은 알칼리성 용액과 동물성 지방을 끓여서 비누를 만들었다. 비누는 물에서보다 소금 용액에서 덜 녹기 때문에 염화 소듐을 가함으로써 얻어진 잿물 비누를 염석(소금을 가하여 분리 석출함)할 수 있었다. 이러한 방법으로 만든 가공하지 않은 비누는 비누 분자 뿐만 아니라 매우 부식성인 물질(수산화 소듐이나 수산화 포타슘)을 포함하고 있었지만 깨끗하게 하는 임무를 매우 잘 수행하였다.

수용성 물질들은 다량의 물로 씻기만 해도 피부나 표면에서 바로 제거할 수 있다. 손에 묻은 끈적끈적한 설탕 시럽은 물로 설탕을 녹이고 헹구어 제거할 수 있다. 제거하고자 하는 물질이 유성이면 많은 경우에 물이 기름 표면 위로 흐르기만 할 것이다. 피부에는 천연 기름이 있기 때문에 유성이 아닌 일반적인 오염 물질이더라도 피부나 이들 기름을 포함하는 의복에 아주 강하게 달라붙을 수 있다. 물 분자를 서로 붙들고 있는 수소 결합은 매우 커서 기름과 물이 섞이지 못하므로(그림 10.7) 오염물을 느슨하게 해서 씻어 내려면 비누와 같은 것이 필요하다.

비누의 세정작용은 그 분자 구조로 설명할 수 있다. 기름–물 계에서 비누에 있는 지방산 음이온이 기름과 물 사이 경계면으로 움직인다.

비누나 합성세제 분자의 구조를 보면 긴 유성(소수성, **hydrophobic**)기와 수성(친수성, **hydrophilic**)기로 이루어져 있다. 물에 녹으면 비누와 세제는 *미셀*(*micelle*)이라고 하는 구형 입자 안쪽으로 소수성 '꼬리' 부분이 묻히는 방식으로 서로 모이게 된다. 소수성인 비극성 탄화수소 내부는 곧 비극성인 기름이나 그리스 분자를 둘러싸서 물로 씻어내면 표면에서 기름이 제거될 수 있도록 한다(그림 10.7).

> **소수성:** 물을 싫어하는, 물에 녹지 않음.
>
> **친수성:** 물을 좋아하는, 물에 녹음.

비누의 한 가지 좋지 않은 성질은 경수(hard water)에서 발견되는 Ca^{2+}, Mg^{2+}, Fe^{2+} 이온과 침전을 형성한다는 것이다. 이들 이가 이온의 지방산염들은 Na^{+} 이온의 염만큼 물에 잘 녹지 않는다. 이러한 덜 녹는 분자들은 물때로 세탁물이나 욕조에 달라붙으며 종종 오염물을 잡고 있어 훨씬 더 심각하게 보일 수도 있다.

세제(*detergent*)는 유기 분자로부터 만든 인공 화합물로 비누보다 훨씬 더 좋은 세척 작용을 가지지만 경수에서 발견되는 이가 양이온과 덜 반응하도록 설계되었다. 결론적으로 비누보다 세제가 종종 더 경제적이며 경수에서 더 효과적이다. 상점에 가면 많은 다른 세제들이 있다. 전형적인 가정에서 세제 목록을 보면 특정한 작업(피부, 모발, 의복, 바닥, 자동차 등)을 위해 가정 적절하게 설계된 6개 이상의 배합 제품도 있을 것이다.

세제는 일반적으로 한쪽 말단에 벤젠과 같은 고리를 가지고 있다. 이것으로 인해 머리 부분에 더 많은 변화가 가능하다.

전형적인 친수성 머리 부분은 음전하를 띤 황산($—OSO_3^-$), 설폰산($—SO_3^-$), 인산($—OPO_3^{2-}$) 기를 포함한다. 이들 기를 가지는 화합물들은 *음이온 계면활성제*(*anionic surfactant*)이다. 소수성 꼬리 부분은 일반적으로 가지가 나있지 않으며 이로 인해 이 계면활성제가 생분해가 가능해진다.

양이온 계면활성제(*cationic surfactant*)들은 거의 다음과 같은 구조를 가지는 사차 암모늄 할로젠화물(중심 질소 원자에 네 기가 결합)이다.

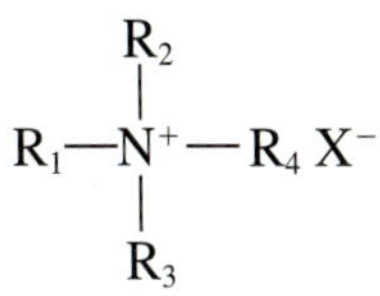

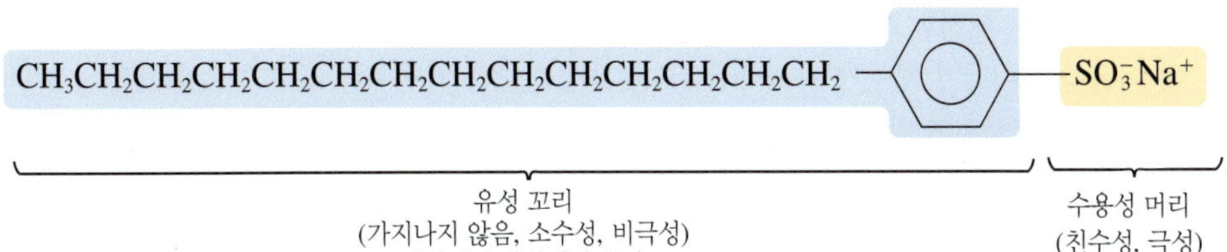

전형적인 합성세제 분자

여기서 R 기 중 하나는 긴 탄화수소 사슬이며, 다른 것에 주로 —OH 기가 포함되어 있다. 식에서 X^-는 염화 이온(Cl^-)이나 브로민화 이온(Br^-)과 같은 할로젠화 이온을 나타낸다.

샴푸(*shampoo*)는 일반적으로 단순한 비누 용액보다 더 복잡한 배합으로 되어있는데, 모발의 청결을 유지하고 건강해 보이도록 하는 다른 요구들을 만족시키기 위해 많은 성분들이 들어있다. 비누로 머리를 감으면 덜 헹구었을 때 머리카락에 "비누막"이 형성되어 윤기가 없게 보일 것이다. 비누를 사용하여 경수에서 머리를 감으면 매우 뚜렷한 막을 흔히 볼 수 있는데 이것을 제거하기가 매우 어렵다. 또한 비누는 염기성 pH 값을 가지는 용액을 만드는 경향이 있다. 이렇게 가혹한 조건에서는 모발이 손상된다.

대부분의 샴푸는 음이온성 세제를 포함한다. 음이온성 세제들은 일반적으로 양이온이나 비이온성 세제에 비해 더 많은 거품을 내므로, 샴푸는 거품을 잘 내는 성질이 있다. 다이에탄올아민(diethanolamine)과 라우르산(lauric acid)의 반응으로 얻어지는 생성물과 같은 비이온성 세제들도 샴푸에 종종 존재한다. 음이온 계면활성제만큼 좋지는 않지만 비이온성 세제들도 걸쭉하게 만드는 물질이나 거품 안정제로 유용하다. 이들은 샴푸가 병에서 더 느리게 부어지게 하며 거품이 더 오랫동안 두껍게 유지되게 한다.

머리를 감을 때나 설거지할 때, 빨래할 때에 화학에 대한 약간의 지식이 오래 지속된다. 지성의 더러운 머리를 물만으로 빨리 감으려고 해본 사람이라면 누구나 머리를 말리자마자 모발에 기름 성분이 남아있기 때문에 물과 기름은 서로 섞이지 않는다는 옛 속담을 재확인하게 된다. 하지만 샴푸를 약간 가하면 문제가 해결된다. 음이온성 세제와 비누는 물 속에서 구형 클러스터를 형성한다. 이들 구형 클러스터는 수백개의 각 세제나 비누 분자가 서로 모여 소수성 꼬리 부분은 클러스터 안쪽을 향하고 있으며 친수성 머리 부분은 클러스터 표면 쪽을 향하여 접촉하고 있는 많은 물 분자들과 수소 결합을 형성함으로써 용해된다. 모발에 샴푸를 묻혀 손으로 문지르면 모발에 있는 소수성 기름과 때가 미셀의 소수성이며 유성인 내부에 용해되게 된다. 흐르는 물에 머리를 헹구면 이들 기름과 때가 떨어져나가게 된다.

$$\underset{\text{다이에탄올아민}}{HN(CH_2CH_2OH)_2} + \underset{\text{라우르산}}{CH_3(CH_2)_{10}COOH} \longrightarrow$$

$$CH_3(CH_2)_{10}-\overset{\overset{\displaystyle O}{\|}}{C}-N(CH_2CH_2OH)_2 + H_2O$$

라우르산 다이에탄올아마이드
(아마이드 세제)

세제를 사용하여 그릇이나 옷에서 기름때를 제거할 때도 비슷한 과정이 일어난다. 어떤 얼룩은 이런 형태의 화학적 제거법이 적합하지 않으므로 다른 방법의 세탁법을 사용해야 한다.

씻은 후에 샴푸를 모두 제거하면 모발을 관리하기 더 쉽고 광택이 나며 정전기가 덜 발생하게 된다. 음이온성 세제는 묽은 양이온성 세제 용액을 포함하고 있는 린스(컨디셔너)를 쓰면 제거할 수 있다. 주로 사차 암모늄 화합물인 양이온성 세제는 전기적으로 음이온을 끌어당겨 제거가 가능하게 된다. 사차 암모늄 계면 활성제의 양으로 하전된 말단은 또한 손상된 모발에 있는 음전하(끊어진 단백질 사슬의 $-COO^-$기)를 중화시키며 알킬 기가 모발에 결합되어 매끈한 느낌을 주도록 한다.

샴푸 후 컨디셔너는 세제로 인해 제거된 기름 성분의 일부를 모발로 되돌리려는 시도이기도 하다. 전형적인 컨디셔너는 피부 연화제, 기름, 왁스, 수지 뿐만 아니라 모발에 달라붙어 건조하게 되거나 대기 조건에 영향을 받게 되지 않는 더 유연하고 탄력있는 섬유로 만드는 짧은 아미노산 고분자를 포함하는 물-알코올 분산 매질로 되어있다. 물이 너무 많으면 축 처지게 되고 너무 적으면 모발에 정전기가 발생하게 되므로, 알맞은 양의 수분을 유지하는 것이 모발 조절의 열쇠가 된다. 많은 모발용 화장품들이 그 안에 들어있는 단백질과 다른 유익한 성분들이 모발에 침투하여 모발을 회복시키고 심지어는 강하게 할 수 있다고 직간접적으로 주장하지만 이들 주장에 과학적 근거는 없다. 예를 들어 단백질 분자는 너무 커서 모발의 표면을 통과해 들어갈 수 없다. 훨씬 더 작은 분자들만이 이렇게 할 수 있다. 사실 이런 방식으로 모발용 화장품이 작용한다면 FDA에 의해 약품으로 분류되었어야만 할 것이다.

라놀린과 광유(mineral oil, 또는 그 대체물)를 종종 샴푸에 첨가하여 두피에 있는 천연 기름을 대체함으로써 모발이 마르거나 때가 부착되는 것을 막는다. 기름 첨가제나 안정제가 존재하면 샴푸가 진주 광택이 난다. 이러한 첨가제는 샴푸의 거품을 줄이기도 하여 유럽 여러 나라에서 많이 사용된다.

10-5 크림과 로션

씻고 난 후에 건조한 피부에 유성 물질을 바르면 충분한 천연 기름이 재생될 때까지 피부를 보호하게 된다. 이 때 사용되는 유성 물질은 동물성 기름, 식물성 기름, 심지어는 석유로부터 난 기름(광유)으로부터 유래된 것이다. 화장품에 밍크 오일과 같은 희귀 동물의 기름 종류가 사용되는 것을 자주 보게 되지만, 피부의 보습에 밍크로부터 얻은 기름이 더 값싼 식물성 기름이나 광유에 비해 더 효과적이지 않다. 기름을 포함하는 피부용 제품을 선택할 때 기름의 종류보다 더 중요한 요인은 아마도 피부에 자극적인지 또는 진정시키는지의 여부일 것이다.

피부의 수분을 유지하도록 하는 물질을 *보습제*(*moisturizer*)라고 한다. 이들 물질은 천연에서 모두 기름기가 있기 때문에 피부를 빛나게 하며(정상적인 기름기의 느낌을 유지) 피부를 부드럽게 하고 진정시키는 분명한 효과를 나타낸다. 이들 물질은 *유연제*(*emollient*)라고도 한다. 앞 단락에서 나열한 피부의 수분을 유지시키는 모든 기름은 유연제라고 할 수 있을 것이다.

피부에 균등하게 유연제를 배분하는 것도 보기만큼 쉽지 않다. 샤워한 후에 몸 전체에 기름을 붓는 대신에(이렇게 하면 피부에 기름이 너무 많아진다), 유연제를 포함하는 제품을 사용하는 것이 더 좋을 것이다. 널리 사용되는 두 종류의 제품인 *크림*(*cream*)과 *로션*(*lotion*)은 기름 성분과 물, 그리고 다른 성분을 적절한 비율로 혼합하여 만든 안정한 혼합물이다. 좀 더 고체 형태로 만든 것이 크림이고, 좀 더 액체 형태로 만든 것이 로션이다. 이와 같은 혼합물들을 **유제**(**emulsion**)라고 한다. 유제는 물과 기름같이 일반적으로 섞이지 않는 두 물질로 이루어져 있지만 **유화제**(**emulsifying agent**)에 의해 섞이도록 만든다. 유화제는 그 구성 분자에 물에 녹는 부분과 기름에 녹는 부분이 있다. 이러한 이중적 용해도로 인해 유화제는 혼합물을 안정하게 한다. 따라서 크림은 기름 성분을 더 많이 포함하고 있으며, 물이 있기 때문에 기름기가 느껴지지 않는다. 크림을 피부에 바르면 피부에 물이 약간 흡수되어 수분에 잡혀있는 표면 위로 기름(유연제)가 남게 된다.

유제: 물과 기름 성분의 안정한 혼합물.

유화제: 유제를 안정화하는 지용성 부분과 수용성 부분을 가지는 화합물.

콜로이드: 용매 같은 매질에 분산된 대부분의 분자나 이온보다 더 큰 입자.

유제는 **콜로이드**(**colloid**)의 매우 흔한 예이다. 안개, 거품, 우유와 같은 음식물, 에어로솔, 스프레이도 모두 콜로이드이다(표 10.4). 콜로이드성 혼합물은 용액과 다르다. 용매 같은 매질[*연속상*(*continuous phase*)이라고 부름]에 분산된 콜로이드 입자[*분산상*(*dispersed phase*)이라고 부름]들은 실제 용액 중의 용질 분자나 이온보다 훨씬 더 크다. 물과 기름 사이에는 두 가지 유제를 형성할 수 있다. 하나는 물에 분산된 콜로이드 크기의 기름방울이고 다른 하나는 기름에 분산된 콜로이드 크기의 물방울이다. 예상대로 유중수적형 유제(water-in-oil emulsion)는 기름의 성질을 더 가지는 반면 수중유적형 유제(oil-in-water emulsion)은 수용액의 성질을 더 가진다. 수중유적형 유제는 작은 기름 방울들이 물에 분산되어 있는데, 균질 우유가 그 예가 된다. 유중수적형 유제는 작은 물 방울들이 기름에 분산되어 있는데, 천연 석유와 버터가 그 예이다. 피부에 묻은 수중유적형 유제는 수돗물로 씻어낼 수 있지만 유중수적형 유제는 피부에 기름기가 있어 물을 발산하게 만들므로 흐르는 물에 씻기지 않는다. 유제를 주의 깊게 만들어 해로운 성분을 포함할 수도 있는 수용액에 효과적으로 견딜 수 있도록 *보호 크림*(*barrier cream*)을 만

표 10.4 콜로이드의 형태

연속상	분산상	형태	예
기체	액체	에어로솔	안개, 구름, 에어로솔 스프레이
기체	고체	에어로솔	연기, 대기중 바이러스, 자동차 배기가스
액체	기체	거품	면도 크림, 휘핑 크림
액체	액체	유제	마요네즈, 우유, 얼굴 크림
액체	고체	용액	마그네시아유, 진흙
고체	액체	젤	젤리, 치즈, 버터
고체	고체	고체 용액	우유잔, 일부 원석, 강철 등의 많은 합금

주의: 대부분의 콜로이드는 안정화하지 않으면 분리된다. 음식이나 화장품 유제, 거품, 에어로졸은 주로 유화제로 안정화하여 지속시간이 길고 색이나 질감과 같은 성질이 지속되도록 한다.

그림 10.8 ▸ 두 개의 폰즈 보습 크림.
콜드 크림(왼쪽)은 유중수적형제이고 건성 피부용 크림(오른쪽)은 수중유적형제이다.

들 수 있다,

크림이나 로션의 라벨에 맨 처음에 기록한 성분은 존재하는 유제의 종류를 나타낸다. 물을 먼저 기록했다면 이 유제는 수중유적형제일 것이다. 기름을 먼저 기록했다면 유중수적형제일 것이다(그림 10.8). 로션은 크림과 같은 피부 연화제를 포함할 수도 있지만 다른 유화제(emulsifier)를 포함하며 물과 기름의 비율이 다르다. 크림이나 로션에 있는 피부 연화제가 피부에 분배되는지의 여부는 어떤 종류의 제품이 더 효과적인가 하는 것보다 제품을 사용자가 어떻게 인지하는가에 더 달려있다. 모든 크림과 로션은 유통기한이 있다. 모든 콜로이드와 마찬가지로 크림과 로션은 시간이 지나면 가라앉는 것을 볼 수 있는데, 이것은 용액에서는 관찰되지 않는 것이다.

10-6 아미노산

아미노산: 알파 아미노기와 카복실기를 포함하는 생체분자.

아미노산(amino acid)은 효소, 결합조직(콜라겐), 모발(케라틴)을 포함한 모든 단백질의 구성 요소이다. 많은 단백질들이 자연에 존재한다. 예를 들어 인체에는 10만 개 정도의 다른 단백질들이 존재하는 것으로 추정된다. 이러한 단백질들이 단지 20가지 아미노산들로부터 만들어진다는 것은 놀랍다(표 10.5). 모든 단백질은 아미노산의 축합 고분자이다. 더욱 놀라운 것은 이러한 아미노산들의 L-거울상이성질체만을 자연이 선택했다는 것이다. 20가지 아미노산들은 1개를 제외하면 모두 일반식이 *알파* 탄소(—COOH 옆에 있는 첫 번째 탄소)에 아미노기($—NH_2$), 카복실기(—COOH), R기가 결합된 모습을 하고

표 10.5 단백질에서 발견되는 공통적인 L-아미노산

아미노산	약자	구조
		비극성 R기
글라이신 (Glycine)	Gly	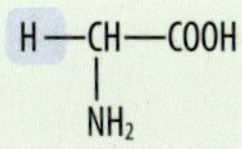
알라닌 (Alanine)	Ala	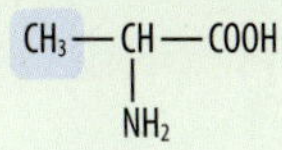
발린* (Valine)	Val	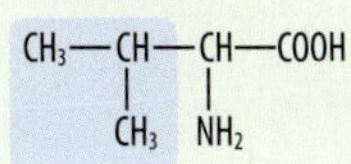
류신* (Leucine)	Leu	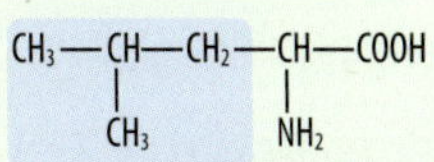
아이소류신* (Isoleucine)	Ile	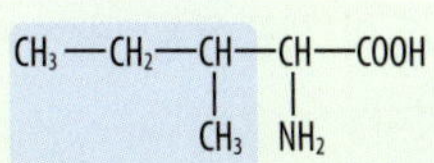
프롤린 (Proline)	Pro	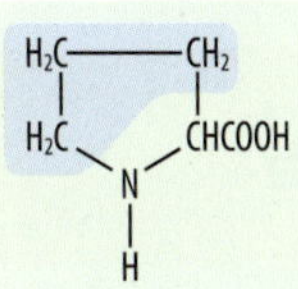
페닐알라닌* (Phenylalanine)	Phe	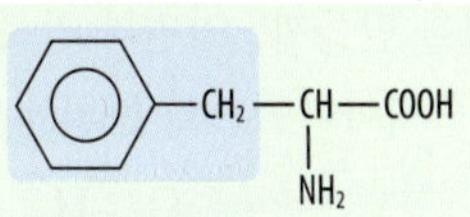
메티오닌* (Methionine)	Met	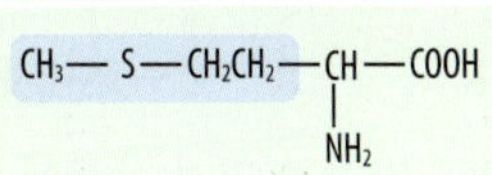
트립토판* (Tryptophan)	Trp	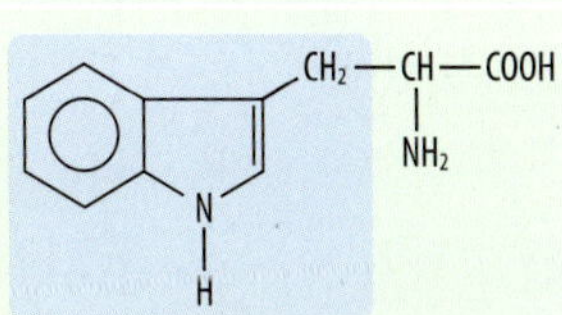
		극성이지만 중성인 R기
세린 (Serine)	Ser	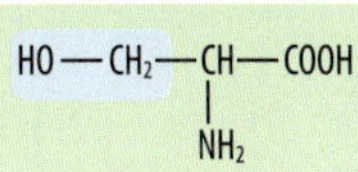
		극성이지만 중성인 R기
트레오닌* (Threonine)	Thr	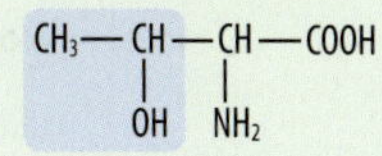
시스테인 (Cysteine)	Cys	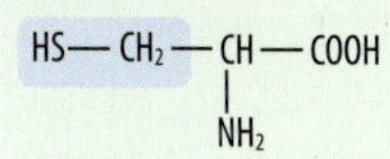
아스파라진 (Asparagine)	Asn	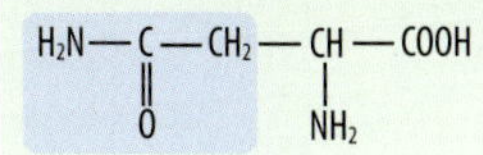
글루타민 (Glutamine)	Gln	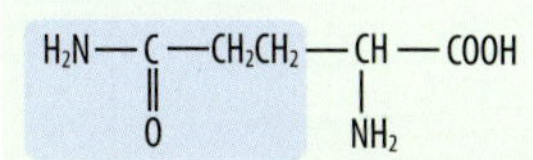
타이로신 (Tyrosine)	Tyr	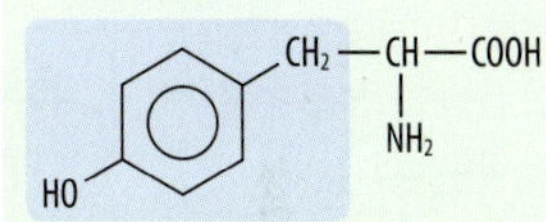
		산성 R기
글루탐산 (Glutamic acid)	Glu	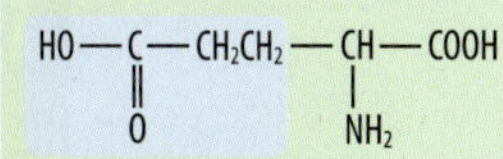
아스파트산 (Aspartic acid)	Asp	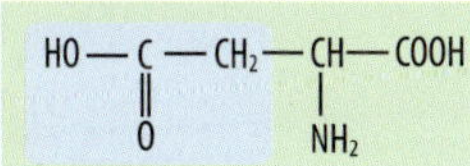
		염기성 R기
라이신* (Lysine)	Lys	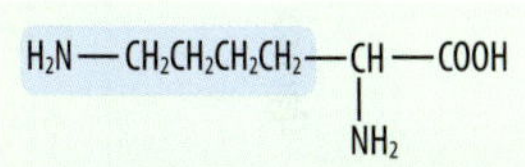
아르지닌† (Arginine)	Arg	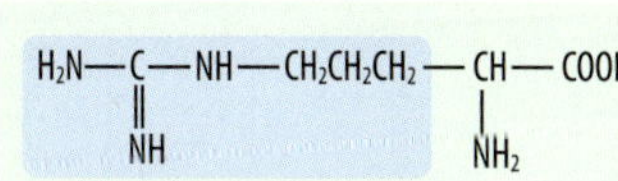
히스티딘 (Histidine)	His	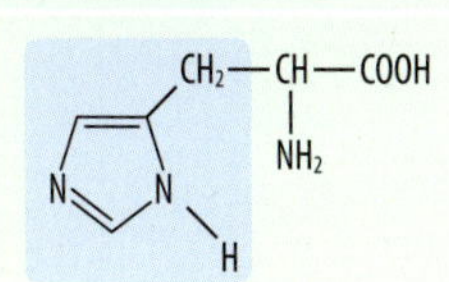

*음식을 통해 섭취해야 하는 필수 아미노산. 다른 아미노산들은 체내에서 합성할 수 있다.

†성장하는 어린이는 음식을 통해 아르지닌도 섭취해야 한다.

있다. R은 각 아미노산에 대해 특정한 기이며(표 10.5 참조), 글라이신(glycine)을 제외한 α 탄소는 입체 중심(stereogenic center)이다. 가장 간단한 아미노산인 글라이신에서는 R이 수소 원자이다. 따라서 글라이신은 비카이랄성(achiral)이며 자연에서 거울상이 성질체가 없는 유일한 아미노산이다. 아미노산에 있는 R의 극성이 단백질의 구조와 기능에 영향을 준다. 표 8.5에서는 R기가 비극성인지, 극성인지, 산성인지, 염기성인지에 따라 아미노산들을 분류하였다.

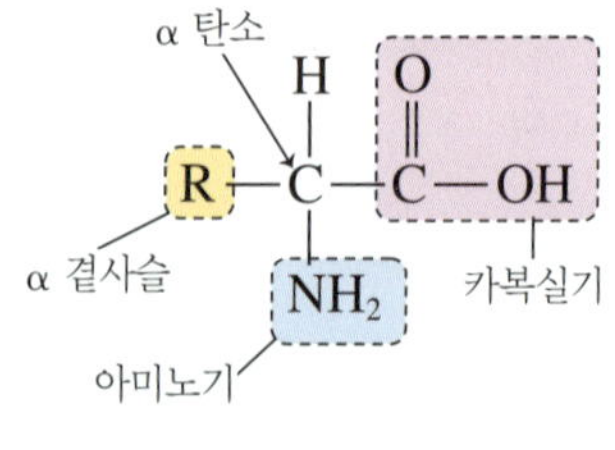

아미노산

필수 아미노산: 체내에서 합성되지 않아 음식으로부터 얻어야만 하는 아미노산.

펩타이드 결합: 두 아미노산을 연결하는 아마이드 기.

필수 아미노산(**essential amino acid**)은 음식물로부터 섭취해야 하며 표 10.5에서 별표로 나타내었다. 고기, 우유, 계란, 치즈 등의 식품에는 필수 아미노산이 모두 들어있다. 다른 아미노산들은 체내에서 합성할 수 있다.

10-7 펩타이드와 단백질

아미노산들이 어떻게 중합되어 단백질을 만들까? 아민과 카복실산의 반응으로부터 아마이드 형성은 10-5절에서 나일론 같은 폴리아마이드의 논의에서 설명하였다.

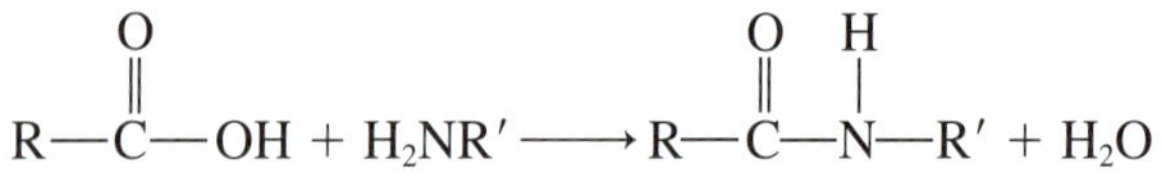

아미노산은 아민기와 카복실산기를 모두 가지고 있기 때문에 한 아미노산의 —COOH는 다른 아미노산의 $—NH_2$와 결합할 수 있다.

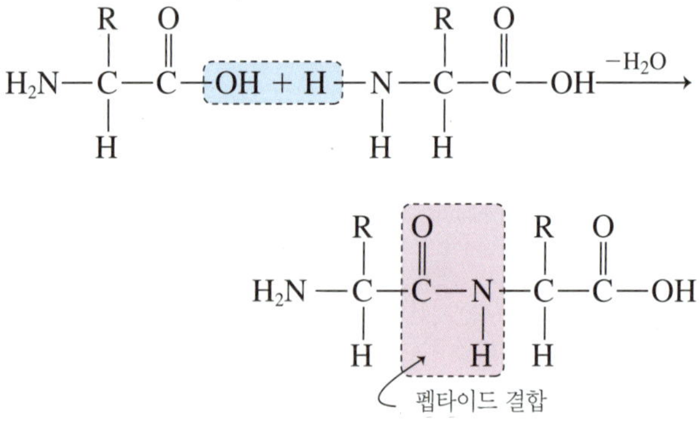

축합반응에서 한 아미노산의 카복실산과 또다른 아미노산의 아민기 사이에서 물 분자 하나가 제거된다. 그 결과 **펩타이드 결합**(**peptide bond**, 더 간단한 분자에서는 아마이드기라고 부름)이 만들어지고 그 분자를 *다이펩타이드*(*dipeptide*)라고 한다. 두 아미노산이 아마이드 결합으로 연결될 때 어느 아민이 어떤 산 기와 반응하느냐에 따라서 두 가지 다른 결합이 가능하다. 예를 들면 글라이신과 알라닌이 반응하면 글라이실알라닌(glycylalanine)과 알라닐글라이신(alanylglycine)이 형성될 수 있다. 다이펩타이드의 양

끝은 또다른 아미노산과 반응할 수 있다.

각 다이펩타이드에는 —COOH와 —NH_2가 하나씩 있으므로 어느 쪽 끝에서든지 반응하면 트라이펩타이드를 형성할 수 있으며 중합반응이 계속되면 커다란 **폴리펩타이드**(**polypeptide**) 사슬을 형성할 수 있다(그림 10.9). 펩타이드의 이름은 아미노, 즉 N-말단부터 시작해서 왼쪽에서 오른쪽으로 쓴다. 모든 아미노산 잔기(카복실, 즉 C-말단을 제외하고)의 *-ine* 어미를 *-yl*로 바꾼다. 예를 들어 Gly-Ala-Ser은 트라이펩타이드인 글라이실알라닐세린(glycylalanylserine)이다.

폴리펩타이드: 아미노산의 축합 고분자.

단백질: 비아미노산 부분을 포함할 수도 있는 폴리펩타이드의 한 종류.

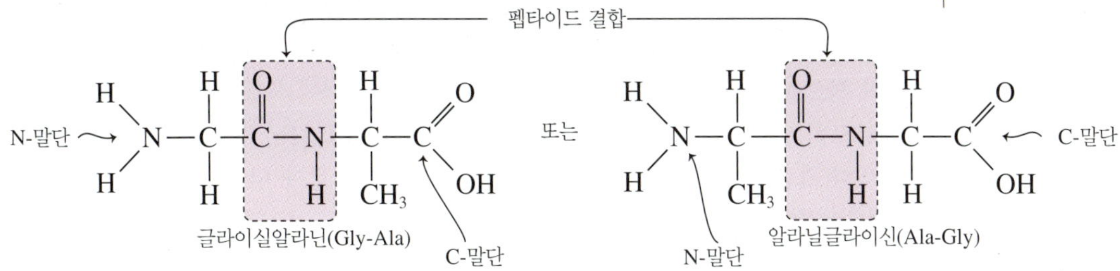

단백질(**protein**)은 50에서 수천 개의 아미노산 단량체를 포함하는 폴리펩타이드로 구조와 조성이 매우 다양하다. 단백질은 단순 단백질과 접합 단백질의 두 가지로 분류할

그림 10.9 ▸ 같은 폴리펩타이드 사슬의 두 가지 다른 표현법.
모형에서 원자의 색은 탄소(검정), 질소(파랑), 산소(빨강), 수소(흰색)이다. 각 펩타이드 결합, 각 아미노산의 R기, 이 조각의 N-말단과 C-말단을 확인하라.

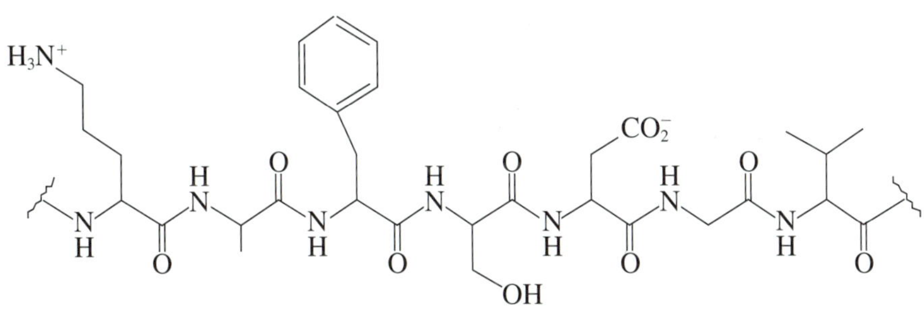

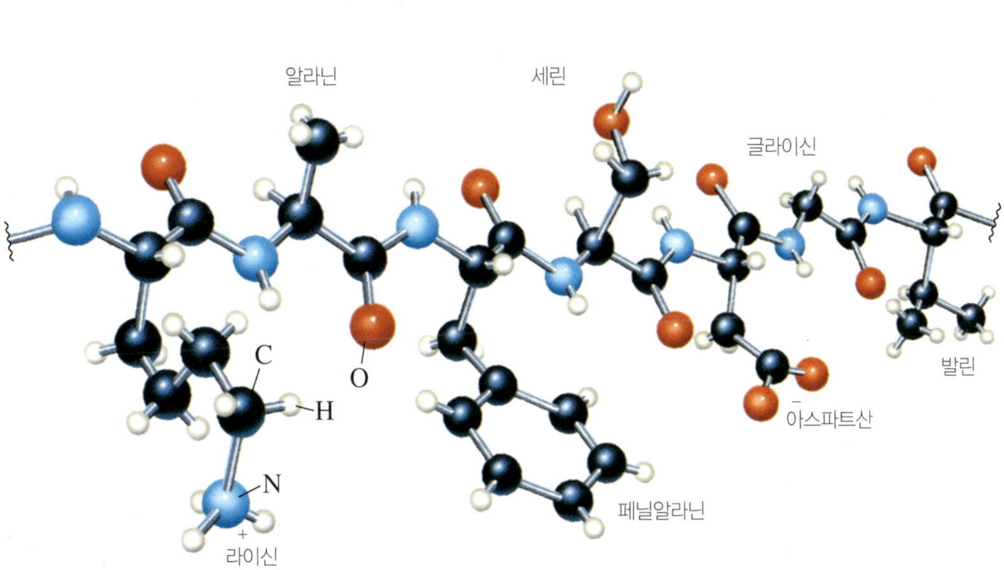

그림 10.10 ▸ 인슐린의 아미노산 서열.
시스테인 잔기의 곁사슬간에 이황화 결합(10-9절)로 연결된 두 사슬에 51개의 아미노산을 포함한다.

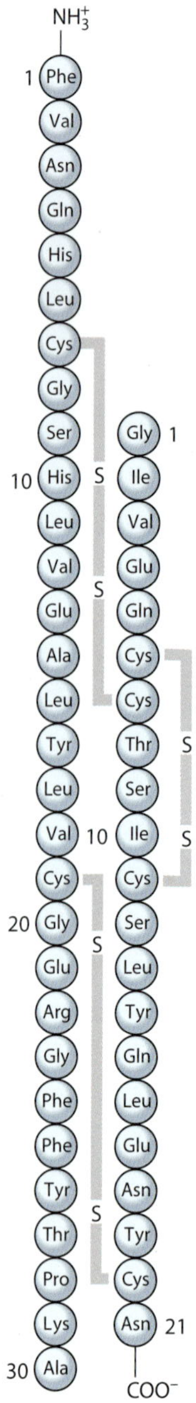

수 있다. *단순 단백질(simple protein)*은 아미노산들로만 구성되어 있다. 단순 단백질의 두 가지 예로 인슐린과 키모트립신(chymotrypsin)을 들 수 있다. 인슐린은 혈중 포도당 농도를 조절하는 필수적인 호르몬으로서 연결된 2개 사슬에 51개의 아미노산 단량체가 들어있다(그림 10.10). 키모트립신은 단백질의 소화를 돕는 효소로 245개의 아미노산 단량체로 이루어졌다. *접합 단백질(conjugated protein)*은 단순 단백질보다 더 흔한데, *보조인자(prosthetic group)*라 하는 비단백질 부분이 들어있다. 보조인자는 단백질에 공유결합된 작은 비단백질 분자이다. 미오글로빈(myoglobin, 그림 10.11a)과 헤모글로빈(hemoglobin, 그림 10.11b)에는 *헴 기(heme group*, 그림 10.11c)라 부르는 보조인자가 들어있다. 미오글로빈은 근육에서 산소와 결합하며 1개의 단백질 사슬과(그림 10.11a) 1개의 헴으로 되어있다(그림 10.11c). 헤모글로빈은 혈액에서 산소와 결합한다. 인간의 헤모글로빈은 4개의 단백질로 사슬로 이루어졌고(그림 10.11b) 각 사슬에는 1개의 헴이 들어있다(그림 10.11c). 이들 네 사슬 중 두 사슬은 서로 같아 141개의 아미노산 단량체로 이루어졌으며 다른 두 사슬도 서로 같아 146개의 아미노산 단량체로 이루어졌다. 미오글로빈과 헤모글로빈에서 모두 산소는 헴 중앙에 있는 철 이온(Fe^{2+})과 가역적으로 결합한다. 일산화 탄소는 산소보다 헤모글로빈 헴의 철에 더 강하게 결합한다. 일산화 탄소가 결합한 헤모글로빈은 물질대사에 필요한 산소를 운반할 수 없어 일산화 탄소 중독이 심하면 사망하게 된다.

효소(7-8절)라는 단백질에도 생활성(biological activity)에 필요한 *보조인자(cofactor)*라 부르는 비단백질 부분이 들어있다. 이 보조인자들은 대개 무기 양이온이지만, *보조효소(coenzyme)*라는 작은 유기 분자일 수도 있다. 보조인자(prosthetic)와 보조효소(coenzyme)의 구별은 관여된 단백질의 종류와 관련있다. 접합 단백질에는 보조인자가, 효소에는 보조효소가 들어있다.

요약하면, *단백질은 아미노산의 축합 고분자인 폴리펩타이드이다*. 단백질은 크기가 매우 다양하며 경우에 따라 비아미노산 부분을 포함하기도 한다.

10-8 단백질의 구조와 기능

어떤 펩타이드나 단백질 분자에 있는 아미노산 잔기의 서열은 그 기능에 중요하다. 사슬의 길이가 증가할수록 아미노산 서열의 변화하는 가지수는 급격히 증가한다. 아미노산 3개(예를 들어 글라이신 Gly, 알라닌 Ala, 세린 Ser)가 모든 가능한 조합으로 결합된다면 다음과 같은 6개의 트라이펩타이드가 가능하다.

- Gly-Ala-Ser
- Ser-Gly-Ala
- Ala-Gly-Ser
- Gly-Ser-Ala
- Ser-Ala-Gly
- Ala-Ser-Gly

n개의 아미노산이 모두 다르다면 배열하는 가지수는 $n!$이다. *n 팩토리얼(factorial)*이라고 부르는 표기법 $n!$은 1부터 n까지의 모든 정수를 곱한 결과를 수학적으로 간략하게 표현하는 방법이다. 네 개의 다른 아미노산에 대해 다른 배열 가지수는 4! 즉, $4 \times 3 \times 2 \times 1 = 24$이다. 다섯 개의 다른 아미노산에 대해서는 다른 배열의 수가 5! 즉, 120

그림 10.11 ▸ (a) 미오글로빈, (b) 헤모글로빈, (c) 이들이 포함하는 헴 기.
"리본"으로 나타낸 그림에서는 폴리펩타이드의 주사슬만 나타내고 곁사슬은 생략하였다. 미오글로빈은 단일 단백질 사슬(노란색)과 하나의 헴 기(흰색으로 나타낸 안에 Fe 이온)을 가지고 있다. 헤모글로빈은 두 가지 다른 종류의 단백질 사슬(노란색과 자주색)과 각 단백질 사슬마다 하나의 헴 기를 가지고 있다. 이러한 형태의 단백질 표현법에서 단백질 사슬의 알파 나선 부분은 리본에서 나선형으로 나타낸다.

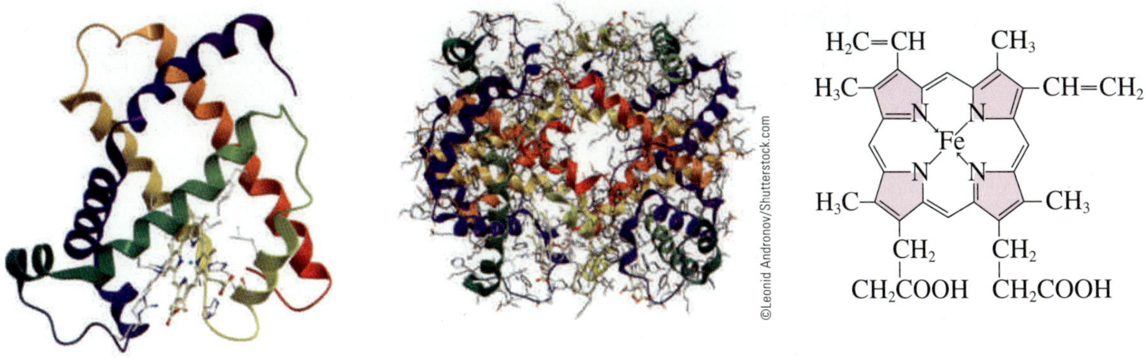

(a) (b) (c)

이다. 천연에 존재하는 20가지 다른 아미노산들이 모두 결합한다면, 20개의 다른 단량체 분자들이 만드는 서열은 2.43×10^{18}(243경) 가지이다. *단백질은 주어진 아미노산을 두 분자 이상 포함할 수도 있으므로 가능한 조합은 사실상 무한하다.* 하지만 한 세트의 아미노산으로부터 만들 수 있는 가능한 많은 다른 단백질 중에서 살아있는 세포는 상대적으로 적은 필요한만큼 선택된 수만 만들게 된다. 다른 말로 하면 가능한 아미노산 조합이 수백경 개가 된다 해도 이들 중에서 적은 비율의 것만 생물학적 활성이 있으며 생체에서는 훨씬 더 적은 수만 생성된다.

여러 짧은 사슬 펩타이드들은 중요한 생화학 물질이다. 예를 들어 엔케팔린(enkephalin)과 엔도르핀(endorphin)은 아편 유도체들과 같은 방식으로 진통 효과가 있기 때문에 "천연 아편"이라고 부른다(그림 10.12). 우리 몸에서 엔케팔린과 엔도르핀을 만들어 통증을 완화시키며, 동통 역치(pain threshold)는 중추신경계에 있는 이들 신경 펩타이드(neuropeptide) 수준과 관련이 있다. 통증에 대한 내성이 큰 사람들은 보통 사람들보다 이들 신경 펩타이드를 더 많이 생성하고 결국 더 많은 수용체를 묶어 고통을 덜 느끼게 된다. 헤로인을 복용하면 그 자리의 많은 부분에 일시적으로 결합하여 고통을 거의 느끼지 못하게 된다. 헤로인을 계속 사용하면 몸에서 에케팔린과 엔도르핀 생산을 줄이거나 멈추게 된다. 마약 사용을 중지하면 수용체가 비게 되어 금단 증상이 나타난다.

그림 10.12 ▸ 천연 아편인 엔케팔린과 엔도르핀 폴리펩타이드.
세 펩타이드 모두 하나의 동일한 아미노산 서열을 가짐을 유의하라.

펩타이드	아미노산 서열
Met-엔케팔린	Tyr — Gly — Gly — Phe — Met
Leu-엔케팔린	Tyr — Gly — Gly — Phe — Leu
베타 엔도르핀	Lys — Arg — Tyr — Gly — Gly — Phe — Met — Thr — Ser — Glu — Lys — Ser — Glu — Thr — Pro — Leu — Val — Thr — Leu — Phe — Lys — Asn — Ala — Ile — Ile — Lys — Asp — Ala — Tyr — Lys — Lys — Gly — Glu

예제 10.2 펩타이드

➜ 표 10.5에 있는 아미노산의 구조를 이용하여 Ala-Ser-Gly로 나타낸 트라이펩타이드의 구조를 그리고 명명하시오.

풀이

약자로 쓴 아미노산 서열은 알라닌이 왼쪽에 있으므로 자유 H_2N— 기를 가지며, 글라이신이 오른쪽에 있으므로 자유 —COOH 기를 가지고 있으며 이 둘은 펩타이드 결합으로 세린과 연결되어있음을 나타낸다.

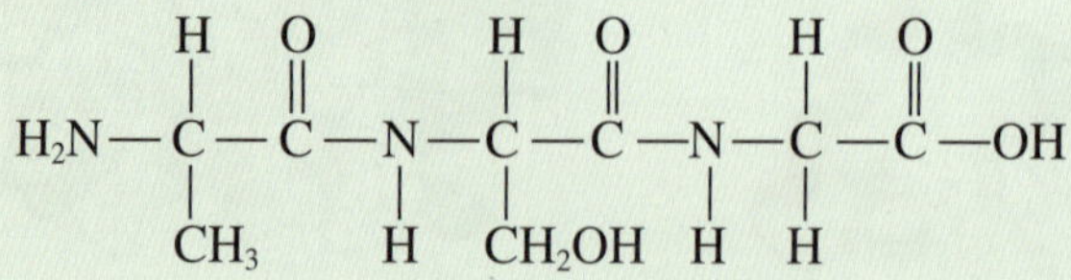

이름은 알라닐세릴글라이신(alanylserylglycine)이다.

단백질은 다른 종류의 생분자보다 더 다양한 면에서 중요하다. *효소(enzyme)*로서, 생물학적 합성과 분해 반응에서 촉매로 작용한다. *호르몬(hormone)*으로서 조절 작용을 하며, *항체(antibody)*로서 질병을 막는 역할을 한다. 수축하여 움직일 수 있도록 하는 근육 섬유를 이룬다. 그리고 단백질은 세포막과 세포내막, 피부, 모발, 근육, 힘줄의 주성분이다. 각 단백질은 그 단백질의 작용에 특이적인 제한된 분자 구조로 배열된 아미노산 기들을 가지고 있다.

일차 단백질 구조: 단백질 내의 아미노산 서열.

이차 단백질 구조: 단백질의 중추 구조의 모양.

단백질 내에서 펩타이드 결합에 의해 서로 결합된 아미노산 서열이 그 단백질의 **일차 단백질 구조(primary protein structure)**이다. 서열이 바뀌면 단백질의 성질이 변하여, 단 하나만 바뀌어도 새로운 단백질은 원래의 것처럼 작용할 수 없게 될 수도 있다. 예를 들어 낫세포 헤모글로빈(sickle cell hemoglobin)이라는 정상 헤모글로빈의 돌연변이가 체내에 존재하면 *낫세포 빈혈증(sickle cell anemia)*이 나타난다. 정상 헤모글로빈의 네 사슬 중 두 개에서 하나의 산성 아미노산(글루탐산)이 비극성 아미노산(발린)으로 바뀌면 낫세포 헤모글로빈이 된다. 네 개의 단백질 사슬에 있는 총 574개의 아미노산 중 단 두 개의 아미노산의 이러한 변화가 손상되기 쉬운 낫 모양의 세포를 형성하게 한다. 이들 세포는 모세 혈관을 통해 쉽게 흘러가지 못하기 때문에 통증과 염증이 생기게 되고 심각한 빈혈, 장기 손상, 심지어는 조기 사망에 이르게 한다.

몇몇 단백질의 일부와 다른 단백질의 전체에서 분자 중추(펩타이드를 포함하는 사슬)의 모양이 규칙적이고 반복되는 패턴을 나타내는데, 이를 **이차 단백질 구조(secondary protein structure)**라고 한다. 흔한 두 가지 구조는 알파 나선(α-helix)과 베타 병풍(β-pleated sheet)이다. 알파 나선은 중추 펩타이드 결합 사이에서 *분자내(intramolecular)* 수소 결합으로 서로 묶여있다. 한 아미노산의 N—H 기가 사슬 아래 세 번째 아미노산에 있는 산소 원자와 수소 결합을 형성한다(그림 10-13).

원반 모양 낫 모양

적혈구 세포(erythrocyte). 정상적으로는 원반 모양이지만 단백질 사슬 중 두 개에서 하나의 아미노산 결합으로 날카로운 낫 모양이 된다. 낫세포 빈혈증은 유전 질환이다.

알파 나선은 양털, 모발, 피부, 부리, 손톱, 발톱에 있는 알파 케라틴(α-keratin)의 기본 구조 단위이다.

비단은 *분자간(intermolecular*, 단백질 사슬간) 수소 결합에 의해 여러 아미노산 사슬이 옆으로 결합된 베타 병풍구조를 한다. 섬유가 늘어나면 판에 있는 각 단백질 가닥을 유지하는 많은 수소 결합이나 공유 결합이 깨질 수 있기 때문에 이 구조는 탄성을 띠지 않는다. 하지만 이 책 여러 장을 구부릴 수 있는 것처럼 단백질 판 여러 장도 구부릴 수 있다.

삼차 단백질 구조(tertiary protein structure)는 나선과 판이 함께 어떻게 오는가를 말한다. 삼차 구조의 한 종류를 섬유상 단백질인 콜라겐(collagen)에서 볼 수 있다. 콜라겐은 세 개의 아미노산 사슬(일차 구조)이 각각 좌선성으로 꼬이고(이차 구조), 우선성 초나선(삼차 구조)로 꼬여 매우 강한 소섬유(fibril)을 형성한다(그림 10.15). 소섬유 꾸러미가 튼튼한 콜라젠을 이룬다. 처음 세 단계의 단백질 구조를 시각화한 비슷한 예를 그림 10.16에 나타내었다.

삼차 구조의 두 번째 종류는 구상 단백질(globular protein)에서 발견되는데, 폴리펩타이드 사슬이 알파 나선을 형성한 부분과 사슬의 평행한 부분이 베타 병풍을 형성한 부분과 일부는 무작위로 꼬여 있는 부분으로 되어있다.

사차 단백질 구조(quaternary protein structure)는 두 개 이상의 사슬로 구성된 단백질에서 사슬 전체에 의해 만들어지는 모양을 말한다. 헤모글로빈(그림 10.11)은 사차 구조의 기본적인 예이다. 각각 결합된 비단백질인 헴(heme) 분자와 함께 네 개의 단백질 사슬은 정확히 올바른 모양으로 결합될 때에만 그 기능을 나타낼 수 있다.

일차, 이차, 삼차, 사차 모두의 구조적 특징은 단백질이 적절한 기능을 하고 원래 구조를 가지도록 하는 데 대단히 중요하다. 원래 단백질 구조를 변화시켜 단백질이 정상적인 기능을 할 수 없게 만드는 물리적, 화학적 과정을 **변성(denaturation)** 과정이라고 한다. 예를 들어 단백질의 수용액을 가열하면 삼차 구조를 유지하는 데 도움이 되는 수소 결합이 끊어져 단백질 분자가 펼쳐져 가라앉게 된다. 이런 일은 달걀을 요리할 때 일어나는 것이다. 변성을 일으키는 또다른 방법은 화학 물질을 사용하는 것이다. 변성 화합물로는 이황화 결합을 끊는 환원제와 폴리펩타이드 사이의 수소 결합과 이온성 상호작용에 영향을 주는 산과 염기이다. 변성이 가역적인지의 여부는 단백질과 변성도에 따라 달라진다. 확실히 달걀을 요리하지 않는 것은 불가능하다.

그림 10.13 ▸ 나선 단백질 구조.
펩타이드 결합을 하는 질소 원자와 사슬에서 세 번째 아미노산 단위 아래에 있는 산소 원자를 수소 결합이 어떻게 연결하여 감긴 구조를 형성하는지를 나타내는 그림.

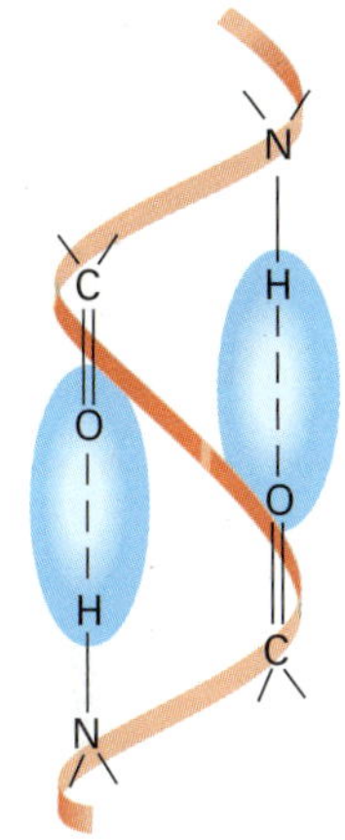

삼차 단백질 구조: 완전히 접힌 단백질 사슬의 모양.

사차 단백질 구조: 두 개 이상의 폴리펩타이드를 가지는 단백질의 구조.

변성: 구조 변화로 인해 단백질이 정상적인 기능을 할 수 없게 됨.

그림 10.14 ▸ 베타 병풍 단백질 구조.
수소 결합은 점선으로 나타내었다.

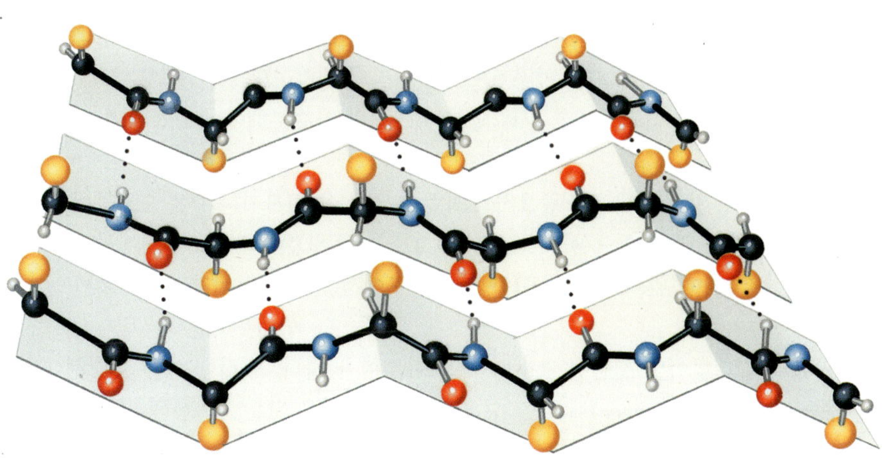

그림 10.15 ▸ 구상 단백질인 콜라겐.
콜라겐은 세 개의 폴리펩타이드 사슬이 함께 꼬여 만들어진 밧줄과 같은 섬유로 이루어져 있다.

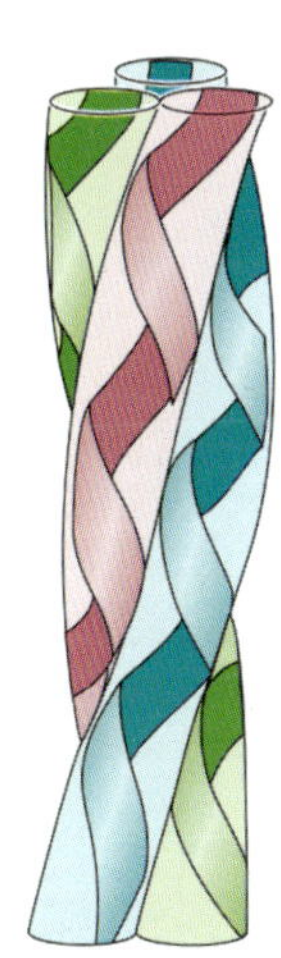

그림 10.16 ▸ 전화선의 구조.
(a) 곧은 선은 단백질의 일차 구조와 같다. (b) 선이 말린 것은 단백질의 이차 구조와 같다. (c) 말린 선이 꼬인 것은 단백질의 삼차 구조와 같다.

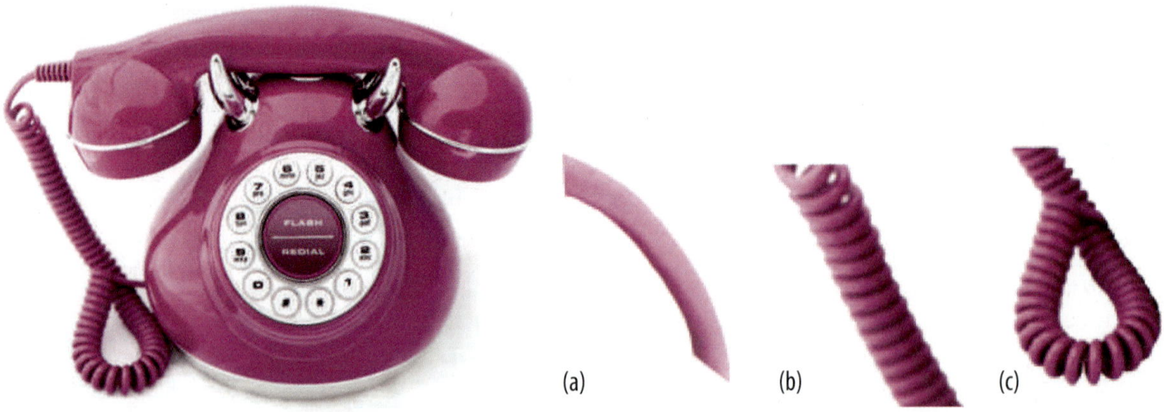

10-8a 효소: 단백질 촉매

효소: 생화학 반응에서 촉매로 작용하는 생분자.

활성 자리: 효소에서 촉매 화학이 일어나는 구역.

효소(enzyme)는 생체 내에서 화학 반응의 촉매로 작용한다. 많은 효소는 구상 단백질이다. 무작위로 되어있는 것처럼 보이지만 고도로 조직화된 구상 단백질의 구조에서 나오는 한 가지 결과는 효소가 촉매로 작용할 수 있도록 하는 자리인 **활성 자리**(active site)를 만드는 것이다. 모든 촉매와 마찬가지로 효소들은 활성화 에너지를 낮춤으로써 반응 속도를 높인다. 이렇게 활성화 에너지가 낮아지는 것은 반응 경로가 변화하기 때문이다. 효소는 매우 효과적인 촉매로 10^6~10^{16}배나 반응 속도를 높인다.

소화 과정이 일어나는 동안 가수분해 반응에 의해 많은 생분자들이 분해되는데, 이것은 기본적으로 축합 반응의 역이다. 가수분해하면 더 큰 분자가 쪼개어지며 결합이 끊어지는 곳에서 물의 —H와 —OH가 첨가된 더 작은 분자들로 나뉜다. 효소인 말타아제(maltase)는 당인 말토스(maltose)가 가수분해되어 D-글루코스(D-glucose) 두 분자로 되는 반응의 촉매로 작용한다. 이것은 말토오스만의 유일한 작용이며 다른 어떤 효소도 이것을 대신할 수 없다, 다른 효소인 수크라아제(sucrase)는 수크로스(sucrose)만을 가수분해한다. 라이소자임(lysozyme)은 박테리아 세포벽에서 발견되는 당 고분자(다당류)의 가수분해에서 촉매 역할을 한다(그림 10.17). 어떤 효소들은 특이성이 덜하다. 예를 들어 소화 효소인 트립신(trypsin)은 일차적으로 단백질의 펩타이드 결합을 가수분해한다. 하지만 트립신의 구조와 극성으로 인해 일부 에스터의 가수분해에서도 촉매로 작용할 수 있다.

효소의 활성 자리의 구조가 중요하기 때문에, 변성을 일으키는 같은 요소들이 효소의 활성도 저해하게 된다. 예를 들어 대부분의 효소는 좁은 온도와 pH 영역에서만 효과를 나타낸다. 유효한 범위를 벗어난 pH와 높은 온도에서는 효소가 비가역적으로 변성이 일어난다.

많은 유전질환이나 결함이 효소의 작용에 영향을 준다. 이러한 예는 *젖당분해효소 결핍증*(*lactose intolerance*)에서 볼 수 있는데, 이 질환은 모든 포유류의 젖에 존재하는 당인 락토스(lactose, 젖당)을 소화하지 못한다. 세계 인구의 절반 이상이 어느 정도 이러한 문제를 가지고 있다. 이러한 유전의 양식은 아시아계와 아프리카계, 아메리카 원주민과 라틴 원주민에게서 확연하고, 좀 덜하긴 하지만 북유럽 조상을 둔 후손들에게서도

그림 10.17 ▸ 활성 자리에 기질이 연결된 라이소자임.
라이소자임의 구조를 (1)에 공간 채움 모형으로 나타내었다. 활성 자리는 라이소자임 표면에서 갈라진 틈새인데, 효소의 중앙부를 수평으로 가로지르며 뻗쳐있다. 활성 자리에는 다당류 분자인 기질(녹색 원자들)로 채워져 있다. (활성 자리에 결합되지 않은 다당류 부분은 효소를 더 잘 볼 수 있도록 생략하였다.) 그림 (4)에서는 기질을 효소에 붙들려 있게하는 비공유결합을 나타내었다. 기질이 가수분해되었을 때 끊어질 결합을 화살표로 나타내었다.

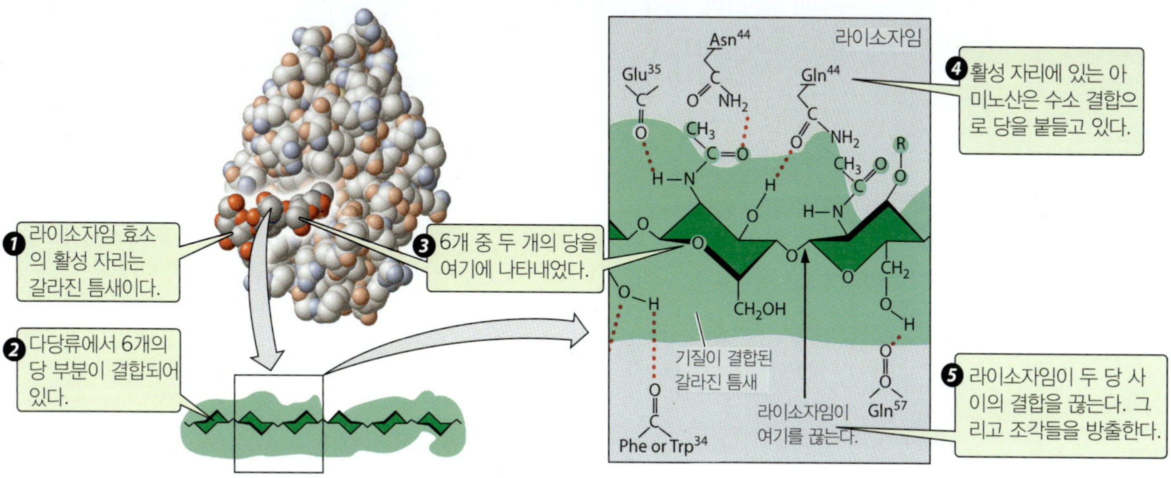

발견된다. 젖당분해효소결핍증이 있는 사람들도 유아기에는 락토스 소화에 필요한 락타아제(lactase)를 만든다. 그러더거 나이가 들면 몸에서 이 효소의 생산을 멈추게 되고 락토오스가 들어있는 유제품을 먹으면 위통이나 설사 등의 심각한 불편을 초래한다. 이 문제는 음식에서 유제품을 제하고 유제품을 먹기 전에 효소가 들어있는 약을 먹으면 피할 수 있다.

10-9 모발 단백질과 퍼머

모발, 손톱, 발톱은 주로 케라틴(keratin)으로 구성되어 있다. 모발 케라틴과 다른 단백질과의 차이점은 곁사슬에 —SH 기를 지닌 시스테인(cystein)이 많다는 것이다.

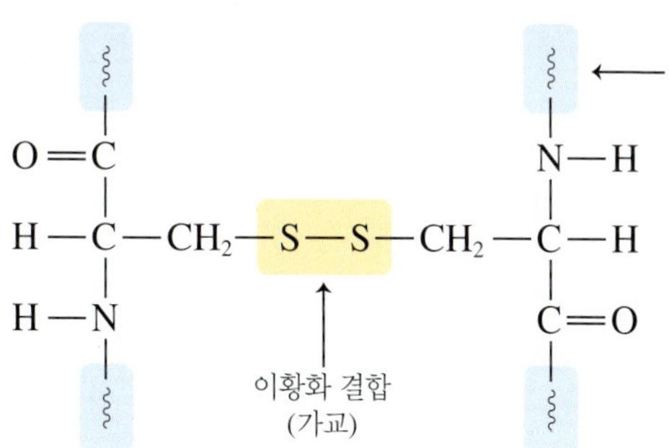

시스테인은 단백질 사슬 사이에 이황화 결합(—S—S—)을 형성해서 모발의 구조에 중요한 역할을 한다. 이황화 결합은 다른 고분자에서 가교 결합이 하는 것과 같은 방법으로 작용한다. 케라틴에서 이 단백질 사슬들이 나선형으로 꼬이고 이들이 다발을 형성해서 모발 한 올을 만든다(그림 10.18).

모발 단백질 구조 사이의 이황화 결합과 함께 단백질 곁사슬 사이의 이온결합이나 수소 결합이 모발의 상태에 영향을 미친다. 사실 이들 결합이 머릿결이 나쁜 날을 설명해준다. 예를 들어 이웃한 단백질 사슬에서 라이신의 $-NH_2$ 기와 글루탐산의 $-COOH$ 기 사이의 결합을 생각해 보자. 산성인 $-COOH$ 기는 양성자를 잃고 음전하를 띤 $-COO^-$로 되며, 염기성인 $-NH_2$기는 양성자를 받아 양전하를 띤 $-NH_3^+$가 된다. 이웃한 사슬의 $-NH_3^+$과 $-COO^-$이 서로 근접하면 두 단백질 사슬 사이에 이온결합이 형성된다. 또는 곁가지 사이에 수소 결합이 형성될 수도 있다.

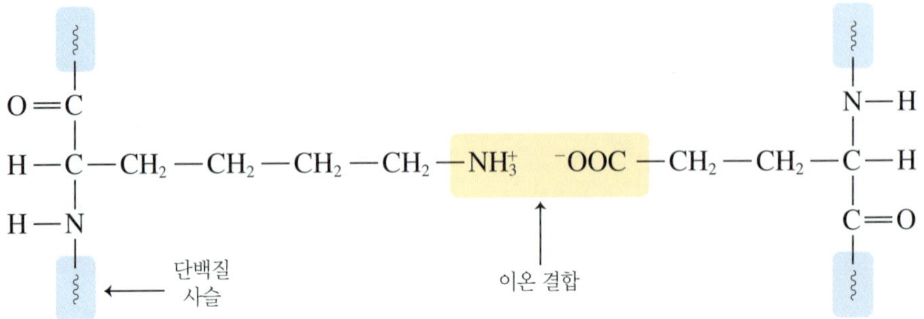

두 단백질 사슬간의 이온 결합

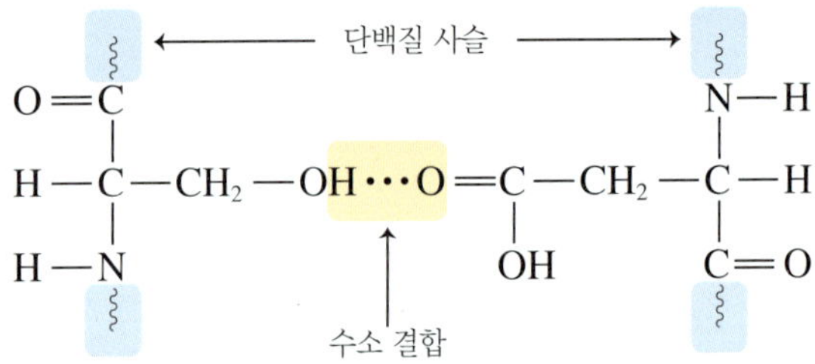

두 단백질 사슬간의 수소 결합

갓 만든 퍼머 곱슬머리.

습기는 단백질 사슬간의 수소 결합에 영향을 미치며 수소 결합의 수와 배열이 변하면 머릿결도 변한다. 머리가 젖으면 건조할 때 길이보다 1.5배 늘어난다. 아주 습한 날에는 많은 결합이 동시에 깨져서 곱슬곱슬한 형태가 없어진다. 아주 건조한 날에는 머리카락 한 올 한 올에 정전기가 발생하여 서로 반발한다. 사람마다 머리카락의 결합 형태가 서로 다르므로 머릿결이 나쁜 날이 서로 다르다.

보다 곱슬곱슬한 머리 모양을 위해서는 더 많은 모발구조의 화학적 변형이 필요하다. 단백질 사슬간의 이황화 결합이 자연적인 머리 모양을 유지시킨다. 퍼머를 하게 되면 사슬간의 장력을 완화시키는 환원제에 의해 이 교차결합이 깨진다(그림 8.12의 단계 1). 산화제는 새로운 교차결합을 형성하는데, 이 때 머리를 둥글게 말면 그 모양이 유지되어 곱슬곱슬해진다.

가장 널리 사용되는 퍼머용 환원제는 싸이오글라이콜산의 암모늄염($HSCH_2COO^-NH_4^+$)이다. 전형적인 퍼머 용액에는 싸이오글라이콜산 5.7%, 암모니아 2.0%, 물 92.3%가 들어있다. 산화제로는 보통 과산화 수소(H_2O_2) 또는 용액에서 과산화 수소를 방출하는 과산화 붕소 화합물($NaBO_3 \cdot 4H_2O$)이 사용된다.

10-10 에너지와 생화학계

일부 형태의 생물을 제외한 모두를 살아가게 하는 에너지는 태양으로부터 온다. 광합성 동안 녹색 식물은 태양으로부터 에너지를 흡수하여 물과 이산화 탄소로부터 포도당과 산소를 만든다. 포도당은 모든 생명체들의 주요 에너지원이다. 대사과정 동안 우리가 먹은 단백질, 지방, 탄수화물 중 많은 부분이 포도당으로 전환된다(11-2절). 포도당에 저장된 에너지는 최종적으로 아데노신 삼인산(ATP, 그림 10.15)과 같은 분자의 결합으로 옮겨진다. 생물이 에너지가 필요하게 되면 ATP 분자 안에 있는 인산 결합이 가수분해되어 아데노신 이인산(ADP, 그림 10.20)과 다른 생화학 반응을 위한 에너지로 된다.

광합성의 복잡한 과정에서 이산화 탄소는 환원되어 당을 만들고, 물은 산화되어 산소로 된다.

$$\underset{\text{이산화 탄소}}{6\,CO_2} + \underset{\text{물}}{6\,H_2O} + \underset{\text{에너지 (햇빛)}}{688\text{ kcal}} \longrightarrow \underset{\text{포도당}}{C_6H_{12}O_6} + \underset{\text{산소}}{6\,O_2}$$

광합성에서 생성되는 산소는 우리 대기에 있는 산소의 모든 근원이다. 우리는 지구의 식물에 의존하며, 같은 식물이 주는 음식 뿐만 아니라 그 식물이 내는 산소와도 균형을 이루며 살아가야 한다. 광합성은 지구상의 모든 생물의 생명유지에 완전히 필수적이며 이 자유에너지 증가 반응은 태양으로부터의 에너지를 필요로 한다.

그림 10.18 ▸ 화학적 산화–환원 과정인 퍼머 곱슬머리. 모발 단백질에 있는 이황화 결합이 환원제에 의해 끊어진다(단계 1). 단백질 가닥을 더 RH인 모양으로 만다(단계 2). 산화제에 의해 이황화 결합이 다시 형성되어 새로운 모양이 고정된다(단계 3).

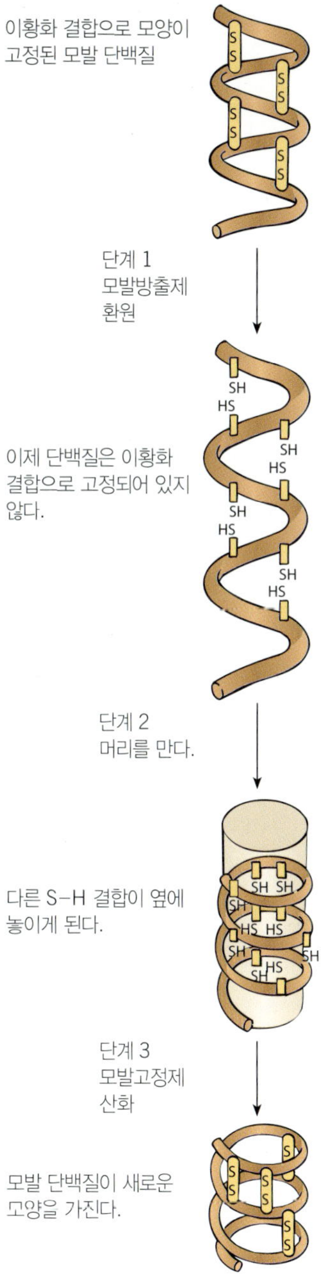

그림 10.19 ▸ 아데노신 삼인산(ATP)의 양식화된 구조(*왼쪽*)와 분자 구조(*오른쪽*).

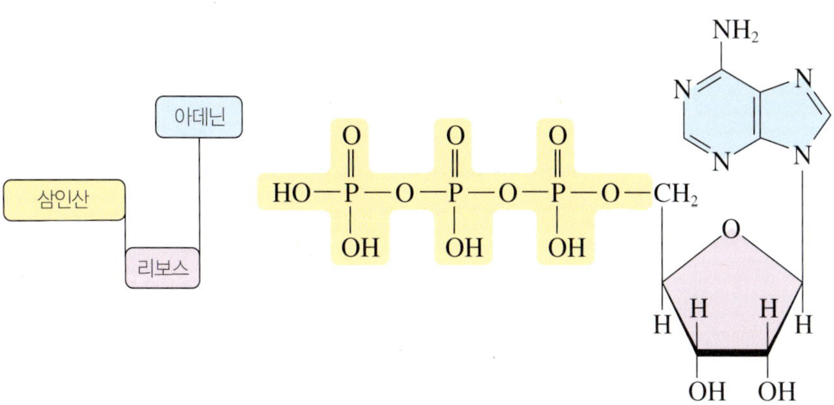

그림 10.20 ▸ ATP가 가수분해되어 ADP로 됨.

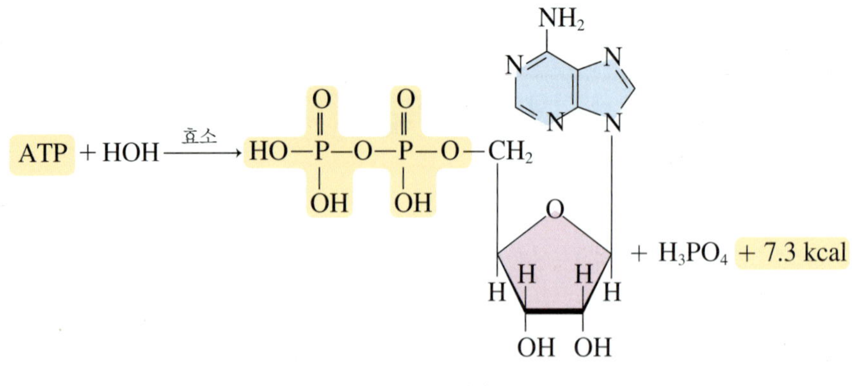

아데노신 이인산
(ADP)

10-11 핵산

핵산: 데옥시리보스나 리보스, 질소 염기, 인산 기를 포함하는 뉴클레오타이드의 고분자.

데옥시리보핵산(DNA): 유전 정보 저장 분자로 작용하는 핵산.

리보핵산(RNA): 유전정보를 전달하고 단백질 합성을 지시하는 핵산.

각 유기체의 자식이 그 부모와 닮고 비슷하게 행동하도록 하는 유전정보는 핵산(**nucleic acid**)이라고 하는 분자 안에 암호화되어 있다. 합성과 분해에 촉매로 작용하는 일련의 특정 효소와 함께 핵산은 수백만개의 자료를 거의 실수하지 않고 정확하게 복제하는 놀라운 시스템이다.

다당류나 폴리펩타이드처럼 핵산은 축합 고분자이다. 이들 고분자의 각 단량체는 두 단순당 중 하나, 인산기 하나, 화학적으로 염기로 거동하는 헤테로고리 질소 화합물 중 하나를 포함한다. 당 2-데옥시-D-리보스(2-deoxy-D-ribose)를 포함하고 있으면 특정 핵산은 데옥시리보핵산(**deoxyribonucleic acid, DNA**)이고, 당 D-리보스(D-ribose)를 포함하고 있으면 특정 핵산은 리보핵산(**ribonucleic acid, RNA**)이 된다.

정보 저장 메커니즘에서 중요한 역할을 하는 다섯 개의 유기 염기는 *아데닌(adenine, A)*, *구아닌(guanine, G)*, *티민(thymine, T)*, *사이토신(cytosine, C)*, *우라실(uracil, U)*이다. 이들 염기는 핵산 화학에서 매우 자주 등장하며 공간을 절약하기 위해 주로 각 이름의 첫 글자만으로 나타낸다.

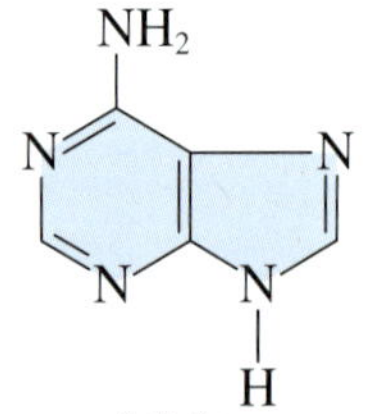
아데닌(A)

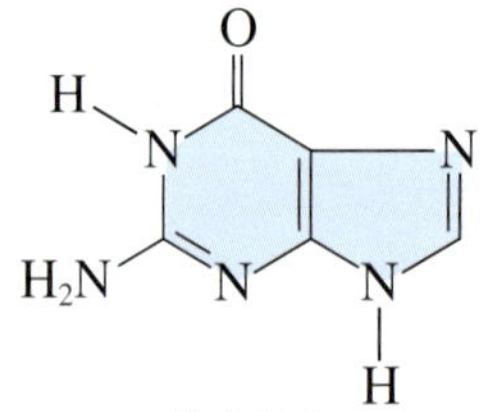
구아닌(G)

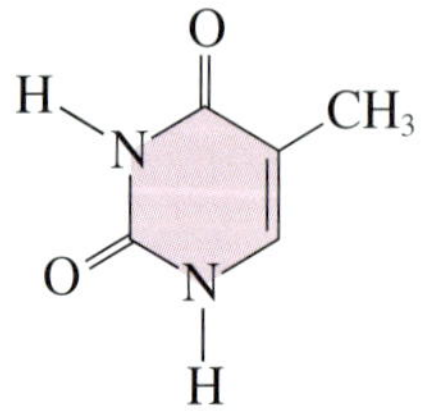
티민(T)

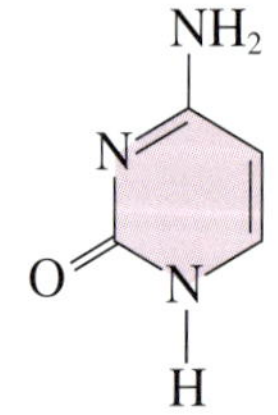
사이토신(C)

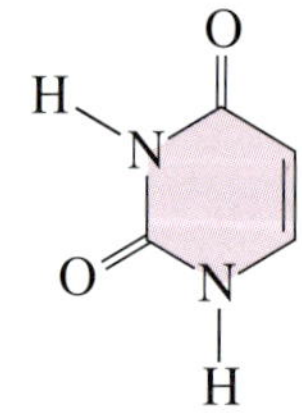
우라실(U)

핵산은 포유류의 적혈구 세포를 제외하고 모든 생물의 세포에서 발견된다. DNA는 세포핵에서 주로 발견되며 RNA는 주로 핵 바깥의 세포질에서 발견된다. RNA는 전령 RNA(messenger RNA, mRNA), 운반 RNA(transfer RNA, tRNA), 리보좀 RNA(ribosomal RNA, rRNA)의 세 가지 주요 형태가 있으며, 각각은 특징적인 크기, 염기 조성, 단백질 합성에서의 작용을 갖는다.

중합되어 DNA와 RNA를 만드는 단량체를 **뉴클레오타이드(nucleotide)**라고 한다. 이들의 구조는 그림 10.21a에 나타낸 것과 같다. 각 뉴클레오타이드는 인산 단위, 리보스당 단위, 다섯 가지 염기 중 하나를 포함한다. DNA와 RNA의 뉴클레오타이드는 두 가지 특징적인 차이가 있다. 첫째, 이들은 다른 당(데옥시리보스와 리보스)을 갖는다. 둘째, 염기 우라실은 RNA에만 있으며 염기 티민은 DNA에서만 있다. 다른 당(아데닌, 구아닌, 사이토신)은 DNA와 RNA 모두에서 발견된다.

뉴클레오타이드: 핵산 염기와 인산기에 결합된 오탄당을 가지는 생분자.

폴리뉴클레오타이드는 몰질량이 25,000(tRNA 분자)에서부터 수십억(인간 DNA)에 이른다. 고분자 사슬에 있는 뉴클레오타이드의 서열(염기 서열로 나타냄)이 그 일차 구조이다. 폴리뉴클레오타이드는 뉴클레오타이드가 중합하여 에스터를 만들어 형성된다. 예를 들어 그림 10.21b에서는 세 단량체가 축합하여 트라이뉴클레오타이드가 되는 것을 나타내었다.

DNA가 어떻게 작용하는가를 이해하기 위해서는 그 구조를 알아야 한다. 1950년대 초 세 팀이 이 목표를 향해 집중하였다. 그들은 런던에 있는 킹즈 대학(King's College)의 Rosalind Franklin과 Maurice Wilkins 박사(개별 연구), 케임브리지대학교의 James Watson과 Francis Crick 박사(공동 연구), 미국 캘리포니아 공과대학의 Linus Pauling 박사이다. 1953년 Pauling은 DNA의 구조를 잘못 보고하였다. 다음에 일어난 것이 논란의 근원이 되었다. Watson은 킹즈 대학을 방문하여 그와 Wilkins, Franklin의 실험실에서 한 일들을 합하자고 하였다. 그가 방문한 동안 Franklin은 모르는 채로 그녀의 자료를 보게 되었다. '사진 51'로 알려진 이들 자료는 Watson과 Crick이 DNA의 정확한 구조를 제안하는 데 필요한 일부 정보를 제공하였다. 1953년 Watson과 Crick은 DNA 구조에 대한 자신들의 가설을 발표하여, 유전과 유전질환에 대한 우리의 이해에 대변혁을 일으켰다. Watson, Crick, Wilkins는 1962년 노벨 생리의학상을 공동 수상하였다. Rosalind Franklin은 1958년 사망하였기 때문에 이 상을 받지 못했다. 노벨상은 사후에는 수상하

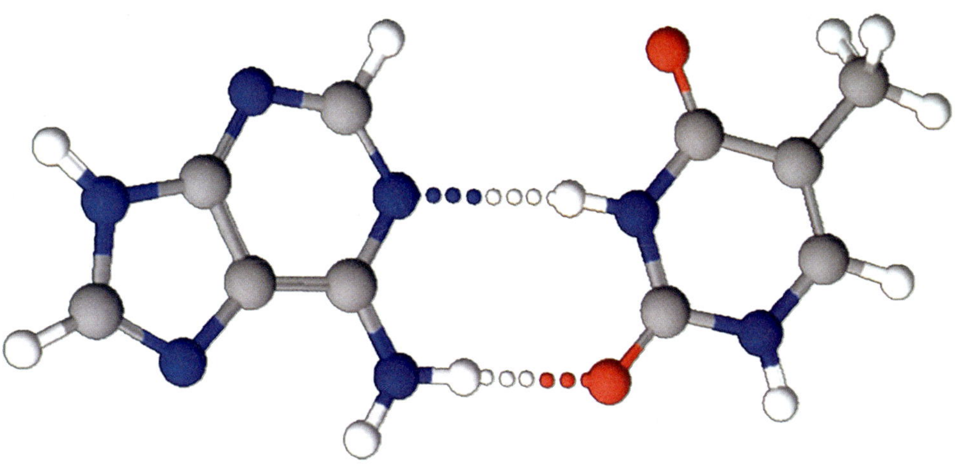

두 핵산 염기인 티민과 아데닌 사이의 수소 결합.

그림 10.21 ▸ **(a) 뉴클레오타이드.**
당 단위가 리보스이므로 이것은 리보핵산이다.

(b) 트라이뉴클레오타이드에서의 결합.
당은 데옥시리보스일 수도 있으며 염기는 본문 중에 있는 다섯 가지 중 어느 것일 수도 있다. DNA와 RNA의 일차 구조는 모두 이 구조를 연장한 것이다.

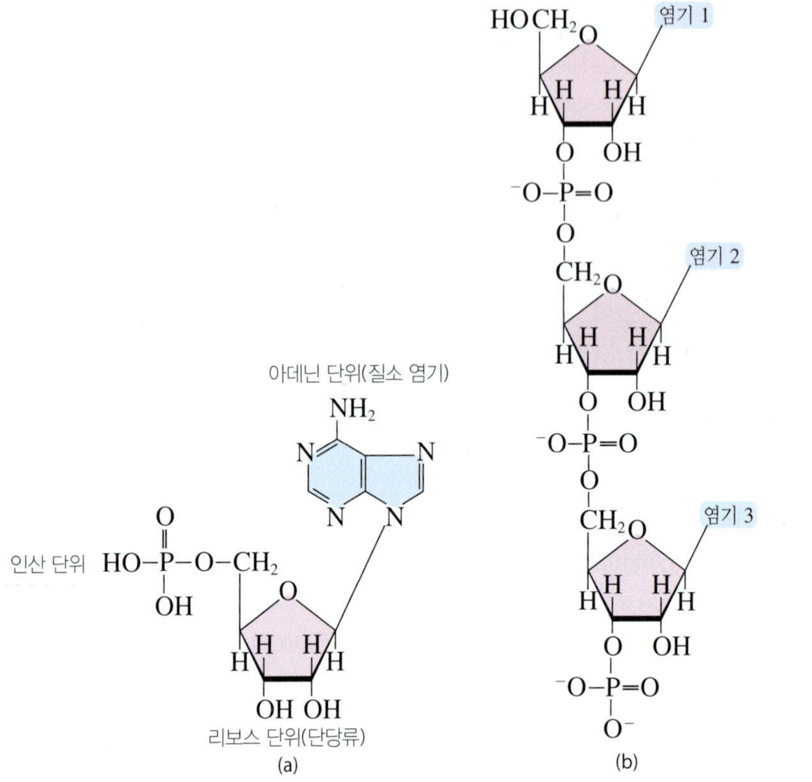

지 않는다. Franklin 박사의 업적은 2000년대 초까지 널리 알려지지 않았었다. 출간된 DNA 구조에는 폴리뉴클레오타이드 쌍이 이중 나선으로 배열되고 두 사슬에 각각 마주보고 있는 염기 사이의 수소 결합에 의해 안정화되어 있다는 것이 포함되어 있었다. Watson-Crick 모형에서 결정적인 것은 특정 염기 사이에서 수소 결합이 가장 잘 일어난다고 하는 것이다. 매우 견고한 수소 결합 때문에 아데닌—티민(A—T)과 구아닌—사이토신(G—C) 쌍만 형성된다. 이들 특정 염기 사이의 상보적인 수소 결합을 그림 10.22에 나타내었다.

폴리뉴클레오타이드의 기능은 부전자전이 되도록 유전 정보를 기록하는 것이다. 폴리뉴클레오타이드의 일차 구조는 거의 무한한 다양성이 있으므로 핵산 가닥의 분자 구조에 기록되는 정보도 거의 무한하게 된다. 단 몇 개 염기만 다르게 배열해도 매우 다양한 구조를 가질 수 있게 된다. 폴리뉴클레오타이드 안에 암호화된 정보는 그 유기체의 연속된 생애 과정의 대부분 뿐만 아니라 다음 세대에도 유전적 특징을 제어한다.

23개의 이중 나선 DNA 쌍은 46개의 인간 염색체를 만드는데, 이것은 **유전자(gene)**라는 특정 유전 구역을 가지고 있다. 유전자는 그림 10.22에 나타낸 것과 같이 1000~100,000 염기쌍으로 된 DNA의 일부분이다. 각 유전자는 단일 단백질 합성에 필요한 정보를 가지고 있다. 인간 DNA[**인간 게놈(genome)**]은 40,000개의 유전자와 약 30억개의 염기쌍으로 되어있을 것으로 추정된다. 하지만 유전자는 DNA의 겨우 3%만에

유전자: 단백질 합성을 지시하는 DNA의 부분.

게놈: 동식물 DNA에 있는 염기쌍의 전체 서열.

그림 10.22 ▸ DNA 이중나선에서 상보적인 수소 결합.
티민—아데닌(T—A)과 사이토신—구아닌(C—G) 쌍의 수소 결합이 이중 나선을 안정화시킨다.

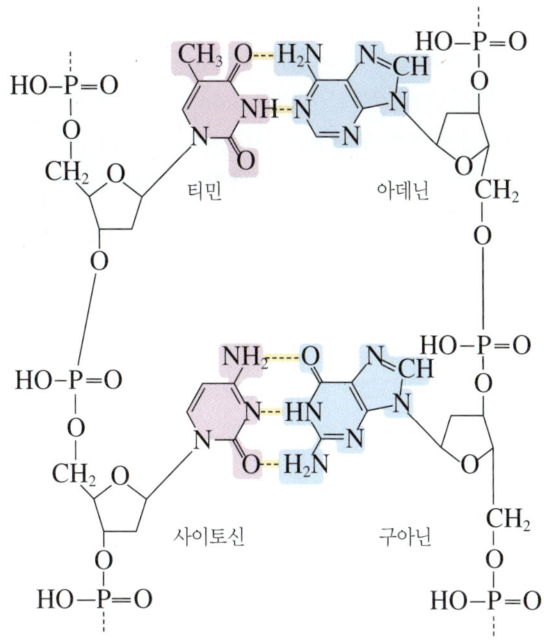

해당되며 각 유전자는 비암호화된 DNA 서열 사이에 끼어있다. 또한 암호화 서열이 시작되는 곳에서 신호를 바꾸는 기능을 하는 짧은 부분도 있다.

복제: 세포 분열시 DNA가 복사되는 과정.

10-11a DNA 복제: 유전

암호화된 정보의 전달은 DNA 복제로부터 시작되어 천연 단백질 합성으로 이어진다. 한 조직 세포의 모든 핵은 거의 대부분 같은 염색체 조성을 포함한다. 이 조성은 세포가 굶주렸거나 식품재료가 충분히 공급되었는가에 관계없이 일정하다. 각 조직체는 이렇게 같은 염색체 조성을 가진 단일 세포로서 생을 시작한다. 유성 생식에서 염색체의 반쪽씩이 각 부모에게서 온다. DNA 구조는 정상 세포 분열 동안 정확히 복제된다(유사분열—두 가닥). 생식 세포를 만드는 세포 분열에서는 반쪽만이 복제된다(감수분열—한 가닥).

복제(replication)에서는 DNA 구조의 이중 나선이 풀리고 구조의 각 반쪽이 주형으로 작용하여 여기서부터 다른 상보적인 반쪽이 세포 환경에서 분자로부터 복제된다(그림 10.23). DNA 복제는 세포 분열 전 세포핵에서 일어난다.

인간 염색체(8000배로 확대). 세포가 나뉠 때 DNA는 염색체로 모인다.

10-11b 천연 단백질 합성

몸에 있는 단백질은 계속적으로 대체되고 몸에서 유용한 아미노산으로부터 재합성된다. 동위원소로 표지된 아미노산을 사용하여 단백질 구성원으로서 아미노산의 평균 수명(조직에 있는 단백질을 치환하는 데 걸리는 시간)을 연구할 수 있다. 이 과정이 아주 복잡하다는 것을 고려하면 치환은 매우 빠르게 일어난다. 방사성 아미노산을 동물에게 주입한 후 단 몇 분 후에 방사성 단백질이 발견된다. 몸에 있는 모든 단백질이 계속 치환되고 있지만 치환되

그림 10.23 ▸ DNA 복제.
DNA 이중 나선(파란색)이 풀릴 때 각 반쪽이 주형으로 작용해 뉴클레오타이드들을 조립하여 새로운 DNA 가닥을 형성한다.

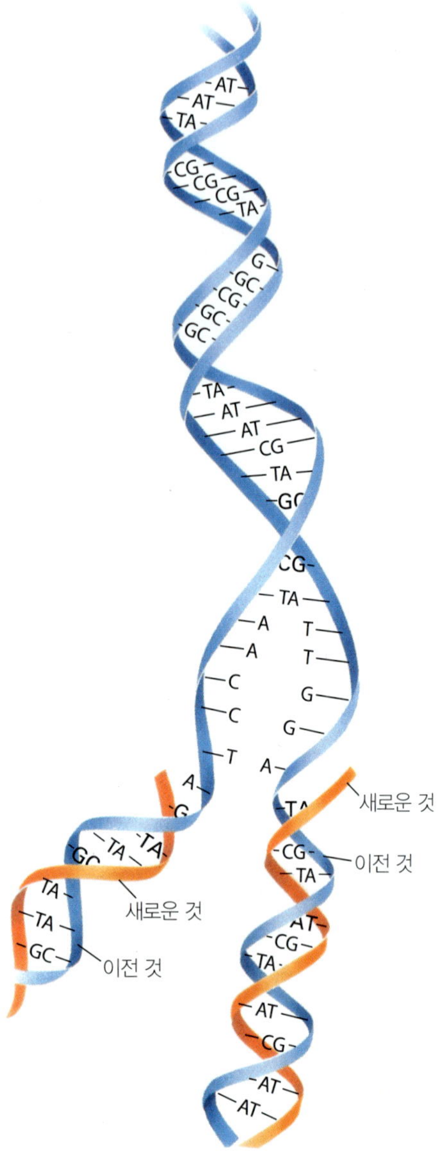

는 속도는 다양하다. 간과 혈장에 있는 단백질의 절반은 6일 이내에 치환된다. 근육 단백질의 치환에 필요한 시간은 약 180일이다. 뼈 콜라겐과 같은 다른 조직에 있는 단백질 치환은 훨씬 더 오래 걸린다.

각 유기체는 자신만의 단백질을 가진다는 것을 상기하라. 20개 아미노산 단위의 가능한 배열은 2.43×10^{18} 가지이지만 어떤 주어진 유기체의 특징적인 단백질은 수 분 이내에 유기체에 의해 합성될 수 있다.

세포핵에 있는 DNA가 단백질 합성의 암호를 쥐고 있는데 이는 그림 10.24에 요약한 일련의 단계로 이루어진다. 먼저, 모든 형태의 RNA와 마찬가지로 전령 RNA가 세포핵에서 합성된다. 염색체 DNA의 한 가닥에 있는 염기 서열이 주형으로 작용하여 **전사(transcription)**라는 과정으로 전령 뉴클레오타이드의 한 가닥(mRNA)이 만들어진다. mRNA 가닥의 염기는 DNA 가닥의 염기와 상보적이다. 각각이 다른 것과 맞아서 하나 이상의 수소 결합을 형성할 때 두 염기가 상보적이 된다. 전령 RNA는 아데닌(A), 구아닌(G), 사이토신(C), 우라실(U)의 네 가지 염기만을 포함한다. DNA에 있는 염기들은 다음과 같이 mRNA로 전사된다.

DNA	RNA
A	U
G	C
C	G
T	A

이것은 필요한 효소와 에너지가 있으면 DNA가 아데닌 염기(A)를 가지는 경우 어디서나 mRNA는 우라실 염기(U)로 전사되는 등의 방식이라는 것을 뜻한다. 전사 후에 mRNA는 세포핵으로부터 리보좀(rRNA를 포함하고 있음)으로 나아간다. 리보좀에서 **번역(translation)**이라는 과정으로 단백질 합성 동안 아미노산을 순차적으로 정리하는 데 mRNA가 주형으로 작용한다. 그 이름이 나타내는 것처럼 전령 RNA는 아미노산들이 단백질로 정리하는 세 염기 암호(**코돈, codon**) 형태의 서열 메시지를 포함하고 있다(표 10.6). 세포 내에서 합성되는 수천 가지 다른 단백질 각각은 특정 mRNA나 mRNA 분자의 부분에 의해 암호화되어 있다.

운반 RNA는 아미노산을 mRNA로 하나씩 운반한다. 단백질에서 발견되는 20가지 아미노산 각각은 이에 해당하는 tRNA를 적어도 하나씩 가지고 있으며, 어떤 것은 여러 개의 tRNA를 갖는다(표 10.6). 표 10.6에 RNA 암호를 나타내었는데, 예를 들어 첫 번째 줄의 UUU는 페닐알라닌의 암호이며 UCU는 세린의 암호이다.

DNA ⟶ RNA ⟶ 단백질로 요약할 수 있는 그림 10.24에서 맨 윗 그림의 두 DNA 가닥 중 아래 DNA 가닥에서 세 개의 염기 서열을 선택하여 tRNA가 mRNA이 세 염기 코돈에 결합된 아래 그림까지 쭉 따라가 보라. 선택한 DNA 가닥이 그림에 나타낸 mRNA 단일 가닥 합성의 주형으로 작용한다고 가정하자. 세 염기 서열을 나타내는 문자에서 일어나는 변화에 동의하는가?

전사: DNA에 있는 정보를 읽어 RNA 합성에 사용하는 과정.

번역: 단백질 합성 동안 RNA로부터 지시받은 아미노산 순차적인 정리 과정.

코돈: 단백질 합성에서 특정 아미노산을 암호화하여 mRNA에 의해 운반되는 세 염기 서열.

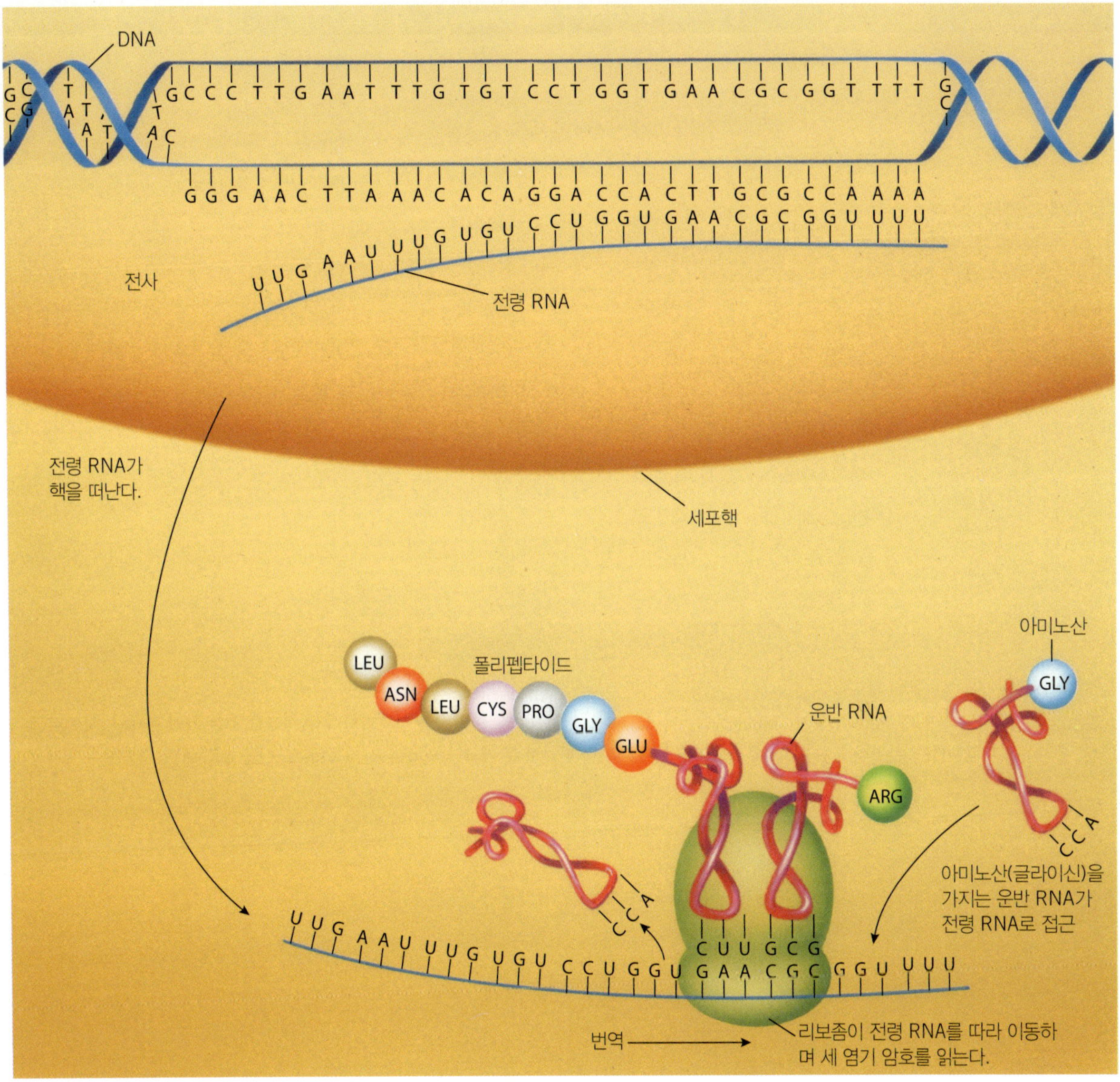

그림 10.24 ▸ 단백질 합성.
DNA의 한 구역이 풀리고 전사되어 전령 RNA를 만든다. 세포핵 바깥인 리보좀에서 전령 RNA에 의해 운반된 암호는 새롭게 합성된 단백질의 아미노산 순서로 번역된다. 운반 RNA가 아미노산을 한 번에 하나씩 가져온다.

예제 10.3 핵산

어떤 DNA의 일부분에서 염기 서열이 ...GCTGTA...라면 상보되는 mRNA의 염기 서열은 무엇인가? tRNA의 순서는?

풀이

DNA와 RNA 사이의 염기쌍은 G...C, A...U, T...A이다. 따라서 GCTGTA의 DNA 부분에 대한 상보 mRNA 부분은 이들 허용된 염기쌍을 이용하여 결정할 수 있다. GCTGTA에서부터 시작하여 그 아래에 옳은 염기를 써 보라. tRNA의 순서는 mRNA 부분에 대해 상보적이다. 허용된 염기쌍은 G...C, A...U이다. 따라서 tRNA의 순서는 GCUGUA이다.

표 10.6 아미노산에 대한 전령 RNA 암호*

암호의 첫 번째 글자	암호의 두 번째 글자				암호의 세 번째 글자
	U	C	A	G	
U	페닐알라닌	세린	타이로신	시스테인	U
	페닐알라닌	세린	타이로신	시스테인	C
	류신	세린	멈춤	멈춤	A
	류신	세린	멈춤	트립토판	G
C	류신	프롤린	히스티딘	아르지닌	U
	류신	프롤린	히스티딘	아르지닌	C
	류신	프롤린	글루타민	아르지닌	A
	류신	프롤린	글루타민	아르지닌	G
A	아이소류신	트레오닌	아스파라진	세린	U
	아이소류신	트레오닌	아스파라진	세린	C
	아이소류신	트레오닌	라이신	아르지닌	A
	시작 또는 메티오닌	트레오닌	라이신	아르지닌	G
G	발린	알라닌	아스파트산	글라이신	U
	발린	알라닌	아스파트산	글라이신	C
	발린	알라닌	글루탐산	글라이신	A
	발린	알라닌	글루탐산	글라이신	G

*코돈(codon)이라고 하는 세 mRNA 염기 그룹이 폴리펩타이드 사슬 내의 아미노산 순서를 암호화한다. A, C, G, U는 각각 아데닌, 사이토신, 구아닌, 우라실을 나타낸다. 일부 아미노산은 두 개 이상의 코돈을 가지며 따라서 두 개 이상의 tRNA가 그 아미노산을 mRNA로 가져올 수 있다.

연습 문제

1. 카이랄성(chiral)은 무슨 뜻인가?

2. 다음 용어의 의미는 무엇인가?

(a) L-이성질체 (b) D-이성질체

(c) 광학 활성 (d) 편광계

3. 다음 각 쌍의 구조가 같은 분자를 나타내는가, 다른 분자를 나타내는가, 거울상이성질체인가?

4. 다음 분자 중 어느 것이 카이랄성인가? 카이랄성 분자의 거울상이성질체를 그리시오.

(a)

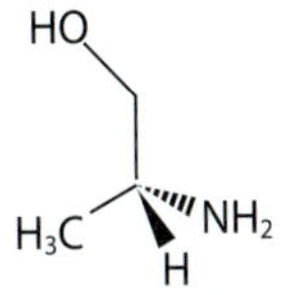

(b)

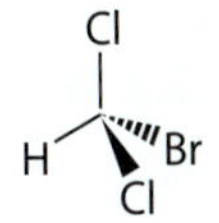

(c)

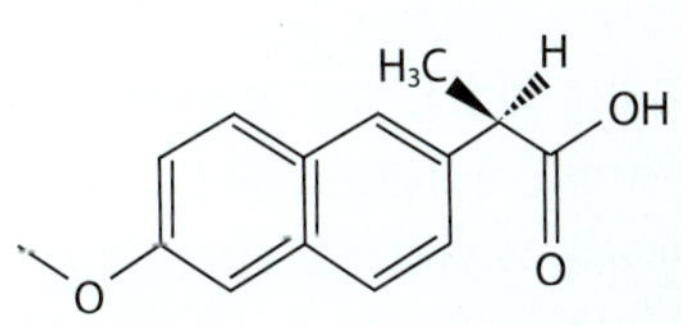

5. 다음을 정의하시오.

(a) 탄수화물 (b) 단당류

(c) 이당류 (d) 다당류

6. 다음 물질은 무엇인가?

(a) 녹말

(b) 글리코겐

(c) 셀룰로스

7. 불포화 지방산과 포화 지방산의 구조는 어떻게 다른가?

8. 트랜스 지방산이란 무엇인가?

9. 비누와 세제의 차이는 무엇인가?

10. 어떤 크림은 바르고 난 후 피부가 약간 지성을 나타내도록 한다. 이 크림은 어떤 종류의 에멀션을 기본으로 하여 만든 것이라 생각하는가?

(a) 유중수적형

(b) 수중유적형

11. 아미노산이란 무엇인가? 아미노산의 일반 구조를 그리시오.

12. 필수 아미노산이란 무엇인가?

13. 다음 용어의 의미는 무엇인가?

(a) 다이펩타이드

(b) 폴리펩타이드

(c) 아미노산 잔기

(d) 단백질

14. 다음 생화학 물질 중 어느 것이 고분자인가?

(a) 녹말

(b) 셀룰로스

(c) 글루코스

(d) 지방

(e) 글라이실알라닐시스테인

(f) 단백질

(g) DNA

(h) RNA

15. 다음 용어의 의미는 무엇인가?

(a) 알파 나선

(b) 베타 병풍

16. 모든 효소는 단백질이지만 모든 단백질이 효소는 아니다. 아미노산을 기반으로 하는 이들 두 분자 부류의 차이점은 무엇인가?

17. 어떤 DNA의 가닥 한 부분의 염기 서열이 . . .GCTGTA-ACCGAT. . .이다.

(a) 상보적인 mRNA의 염기 서열은 무엇인가?

(b) tRNA에서의 순서는?

(c) 표 10.6을 참조하여 펩다이드의 이 부분이 합성할 아미노산 서열을 쓰시오.

18. DNA 서열 GGGAACTTA를 다음으로 변환하시오.

(a) mRNA 서열

(b) 아미노산 서열

19. 다음 DNA 조각의 염기 서열과 맞는 mRNA의 상보 염기 서열을 쓰시오.

DNA 서열	RNA 서열
G...	
A...	
C...	
A...	

11

영양: 건강한 삶의 기본

Nutrition: The Basis of Healthy Living

차례

오늘날 건강에 대한 관심이 매우 높다. 웹사이트, 잡지, TV 등을 통해 우리는 무엇을 먹을 것인가에 대한 보도들을 끊임없이 접하게 된다. 이러한 보도들은 책임있는 언론정신에 입각한 것부터 공포를 유도하는 전술 내지는 인기주의에 편승한 것까지 다양하다. 무엇을 먹어야 하며 무엇은 먹지 말아야 하는지에 대한 일시적 열풍은 급속도로 상업화되고 있다. 따라서 어디를 가나 식품에 대한 정보로 가득한 광고들에 휩싸이게 된다. 대중매체를 통한 이러한 광고들과 식품 정보들은 우리의 관심을 끌게 되고, 결국 하루에도 몇 번씩 식품에 대한 선택을 해야 한다.

어떻게 이렇게 많은 정보들을 선별하여 올바른 선택을 할 수 있을까? 10장에서 소개한 생화학을 기초로 하는 영양학의 기본 이론을 알지 못하면 올바른 선택을 하기란 거의 불가능하다.

영양학(**nutrition**)은 식생활과 건강에 대해 다루는 학문이다. "우리는 바로 우리가 먹은 것으로 이루어진다(we are what we eat)"는 옛 속담은 정말로 맞는 말이다. 지금 우리 몸을 둘러싸고 있는 피부는 7년 전의 것이 아니며, 피부 아래에 있는 피하지방 역시도 1년 전에 그 자리에 있던 것과는 같지 않다. 적혈구의 수명은 120일이며, 소화관 내막은 3일마다 새로 만들어진다. 이와 같이 조직들을 재생하기 위해서는 많은 화학 반응들이 일어나는데, 이에 필요한 에너지와 재료들은 우리가 먹는 음식물에 의해 공급된다.

따라서 영양학에서는 우리 몸이 필요로 하는 화학적 요구물질에 대해 관심을 가지게 된다. **영양소**(**nutrient**)란 생화학 반응들이 필요로 하는 에너지와 재료를 제공하는 식품들의 화학적 성분이다. *5대 영양소로는 탄수화물, 지방, 단백질, 비타민과 무기질이 있다.* 그 외에도 성인은 매일 평균 약 2.5 L의 물을 필요로 한다.

영양학: 식생활과 건강을 다루는 과학.

영양소: 화학 반응에 필요한 에너지와 재료를 제공하는 음식물 속의 화학 물질.

소화: 음식물이 소화관으로부터 몸 속으로 흡수될 수 있도록 잘게 분해되는 과정.

11-1 소화: 화학적 분해작용

심지어 우리가 음식을 삼키기도 전에, **소화**(**digestion**) 과정의 화학 반응은 시작된다. 모든 생화학적 반응과 마찬가지로, 소화 과정은 효소(생화학적 촉매, 10-8절)에 의해 조절된다. 타액 속에 들어있는 효소인 아밀라아제(amylase)는 전분 형태의 탄수화물을 소화시키기 시작한다. 탄수화물은 단당류의 중합체(10-2절)로서, 소화는 합성의 역반응이다. 결합이 끊어지면 단당류들이 생성된다. 단백질(아미노산의 중합체)과 중성지방(지질과 유지류에 존재하며 글리세롤과 지방산으로 구성)의 소화도 마찬가지이다.

이런 식품들은 모두 다섯 종류의 영양소를 제공한다.

$$\text{탄수화물} \xrightarrow{\text{소화}} \text{단순당(단당류)}$$

$$\text{단백질} \xrightarrow{\text{소화}} \text{아미노산}$$

$$\text{지방(중성지방)} \xrightarrow{\text{소화}} \text{글리세롤} + \text{지방산}$$

소화는 입에서 시작하여 위를 거쳐 소장에서 끝난다. 식사한 것이 모두 소화될 때쯤에는, 너무 커서 세포막을 통과하지 못해서 혈류 속으로 들어가지 못했던 모든 영양소들이 잘게 분해되어 흡수된다.

점심으로 땅콩 버터와 젤리 샌드위치를 먹었다고 해보자. 식빵에 들어있던 전분은 입에서 씹을 때부터 소화되기 시작되며 위장에서도 계속 소화된다. 전분의 소화는 소장에서 완결되며, 젤리의 다당류들도 소장에서 단당류로 분해된다. 식빵과 땅콩버터에 들어있던 소화되지 않는 탄수화물(식이섬유)은 소화되지 않은 채로 소장과 대장을 통과하게 된다.

식빵과 땅콩버터 속에 있던 단백질은 위장에서부터 소화되기 시작되는데, 여기서 분자량이 큰 폴리펩타이드들이 잘게 분해된다. 단백질의 소화는 소장에서 끝나며 개개의 아미노산으로 분해되어 혈류 속으로 흡수된다. 땅콩버터 속에 있던 지방과 기름인 지질은 주로 소장에서 소화된다.

일단 소화작용이 끝나게 되면, 잘게 분해되어 흡수된 영양소들은 어떻게 될까? (1) 이산화 탄소와 물로 완전 연소되어 에너지를 생산하거나, (2) 새로운 고분자들로 생합성되거나 또는, (3) 필요할 때 에너지원으로 이용될 수 있도록 중성지방(triglyceride)으로 저장된다(그림 11.1). 음식물로부터 얻는 에너지는 이 장에서 뒤에 논하기로 한다. 다음 절에서 식사에서 이들 영양소들의 역할에 대해 알아보자.

11-2 당류와 다당류: 소화성과 난소화성

우리 몸에서 소화할 수 있는 중요한 탄수화물 식품에는 단당류(포도당과 과당), 이당류(설탕, 엿당, 젖당)와 다당류(식물성 전분의 아밀로스와 아밀로펙틴, 동물성 글리코겐) 등이 있다. 소화할 수 없는 탄수화물로는 셀룰로스와 그 유도체, 펙틴(잼과 젤리의 젤을 만드는 물질) 및 식물성 고무질 등이 있다.

포도당은 중요한 연료분자이다. 이것은 탄수화물 소화의 최종 생성물이며 더 필요할 경우에는 저장된 지방이나 심지어는 단백질로부터 합성할 수 있는 경로도 있다. 필요한 에너지를 포도당으로만 충당하는 뇌와 적혈구 세포에서는 이런 경로가 필수적이다. 포도당 분자는 에너지를 제공하기 위해서 몸 안에서 잘 짜인 일련의 생화학적 반응들을 통해서 '연소'된다. 이 반응의 최종 생성물은 이산화 탄소와 아데노신 삼인산(ATP) 형태로 저장된 에너지이다. ATP는 흔히 신체의 에너지 통용수단으로 불리는데, 그 구조를 그림 10.19에 나타내었다. ATP는 신체에서 에너지가 필요한 곳은 어디든지 에너지를 운반해 준다.

글리코겐과 같은 다당류는 입에서 소화되기 시작한다. 포도당 단위체를 나타낸 글리코겐의 구조를 그림 11.2에 원으로 나타내었다. 입에서 알파 아밀라아제는 가지를 잘라 내서 글리코겐을 더 작은 다당류로 분해한다. 추가적인 소화는 산성 환경이 도움을 받아

그림 11.1 ▸ 생체 고분자의 분해 및 합성과정 중 화학적 에너지의 방출 및 이용.

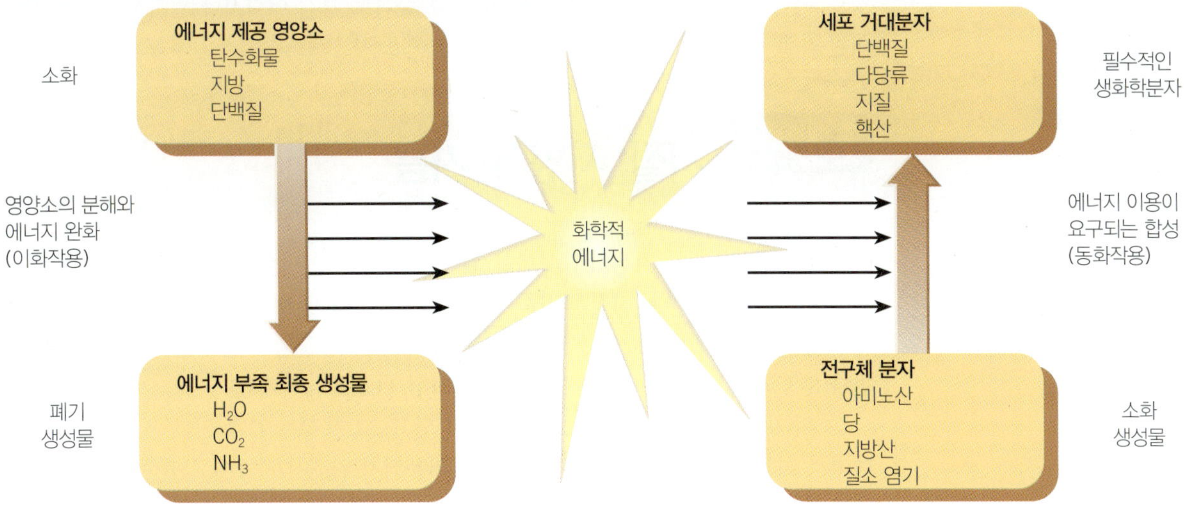

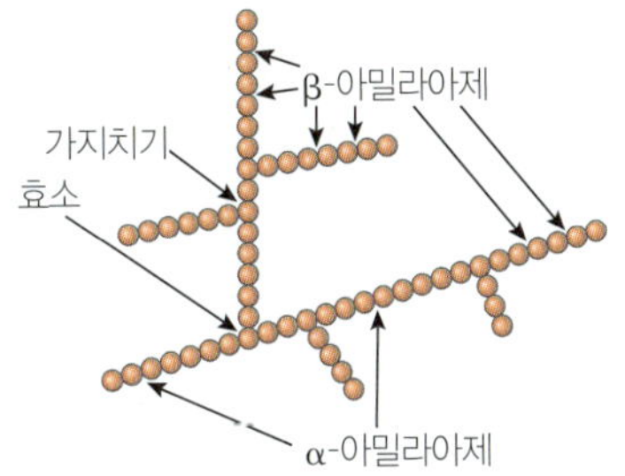

그림 11.2 ▸ 글리코겐의 소화.

서 위장에서 이루어진다. 마지막으로 소장에 있는 두 효소(베타 아밀라아제와 가지치기 효소)가 남아있는 다당류를 포도당으로 분해한다. 그 다음 포도당은 장의 내막을 통과하여 혈액으로 들어간다.

식이 섬유: 소화에 의해 분해되지 않는 음식의 다당류.

이러한 소화하기 어려운 다당류를 통틀어 식이 섬유(**dietary fiber**)라 한다. 식이 섬유는 대부분 식물에서 유래된다. 주로 식물의 구조물질인 셀룰로스와 같은 불용성 섬유질과 고무질이나 펙틴과 같은 수용성 섬유질로 나눌 수 있다. 보리, 콩류, 사과, 감귤류 등은 고무질과 팩틴을 다량 함유하고 있다.

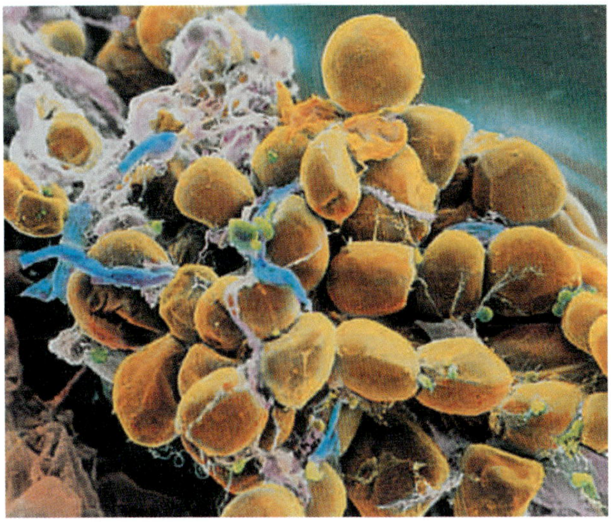

지방이 가는 곳. 노란색 부분은 체내에서 지방을 저장하는 지방세포로, 대부분 순수한 중성지방 덩어리로 구성되어 있다.

식이 섬유가 변비를 방지한다는 것은 오래 전부터 잘 알려진 사실이다. 최근에는 이외에도 식이 섬유가 우리 몸에 유익한 점이 많다는 것이 널리 알려져 있다. 식사에 수용성 섬유질을 첨가해주면 혈중 콜레스테롤치가 떨어져서 심장병에 대한 위험이 감소한다. 또한 식이 섬유 섭취 부족과 대장암 사이에는 깊은 관계가 있다. 건강에 대한 관심이 날로 고조되는 현대 사회에서, 이러한 정보들은 상업적으로 유리하게 작용한다. 그 증거로 빵집 어디서나 밀기울을 섞어 만든 머핀을 볼 수 있다.

11-3 지질: 지방 및 기름

식사로부터 섭취하는 지질의 대부분은 일반적으로 "지방"이라고 부르는 트라이글리세라이드(triglyceride)이다. 지질은 육류와 어류, 식물성유 및 낙농제품에 많이 함유되어 있다. 지질은 고체 지방(fat)이나 액체 기름(oil) 상태이며, 포화 또는 불포화 지방산을 함유한다(8-3절). 일상적인 식품의 지방함량을 그림 11.3에 나타내었다.

지방조직은 주로 특수한 세포들로 되어 있고, 그 특징은 각각 커다란 중성지방의 덩어리로 이루어져 있다는 것이다. 에너지로 이용되기 위해서 지방세포의 중성지방은 글리세롤과 유리 지방산으로 가수분해되어 간으로 이동한다. 거기서 지방산은 탄소 두 개로 된 분자 조각으로 분해되어 에너지 생산경로로 들어간다.

미국 보건복지부에서 발표한 '2005 미국인을 위한 영양섭취 기준'에서는 식사로 섭취하는 지방의 함량으로 20~35%가 적당하다고 추천한다. 오늘날 식사에서, 지방은 대략 포화 지방산(saturated fatty acid) 40%, 일가 불포화 지방산(monounsaturated fatty acid) 40%, 다가 불포화 지방산(polyunsaturated fatty acid) 20%를 포함하고 있다. 포화 지방산과 일가 불포화 지방산의 섭취량을 줄이고 다가 불포화 지방산 섭취량을 증가시키는 방법이 강력히 권장된다. 이렇게 권장하는 근거는 무엇일까? 미국에서 심장병은 제1사망 원인인데(12-1절), 동맥 내벽에 *혈전*(*plaque*)이라고 하는 지질의 퇴적물 때문에 생기는 *동맥경화증*(*atherosclerosis*)은 심장으로 가는 피의 혈류량을 감소시킨다. 관상동맥이 혈전에 의해 막히면, 심장으로 산소를 운반하는 혈류량이 감소하여 심장마비가 일어난다. 심장마비 환자의 약 98%는 동맥경화증이 있으며, 동맥경화를 유발하는 혈전의 주성분은 포화 지방산과 콜레스테롤이다.

혈중 콜레스테롤과 심장병과의 관계는 잘 알려져 있다. 식사 중 포화 지방산과 콜레

그림 11.3 ▸ 상용 식품의 구성 성분.

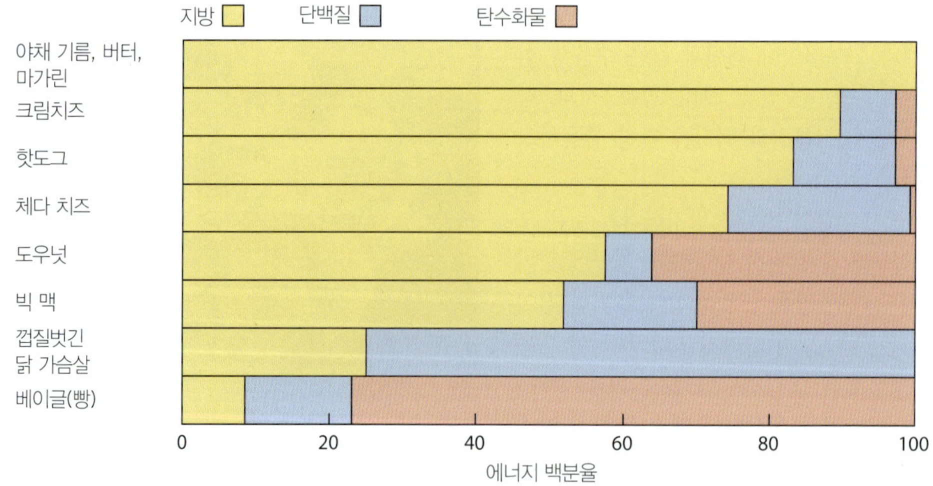

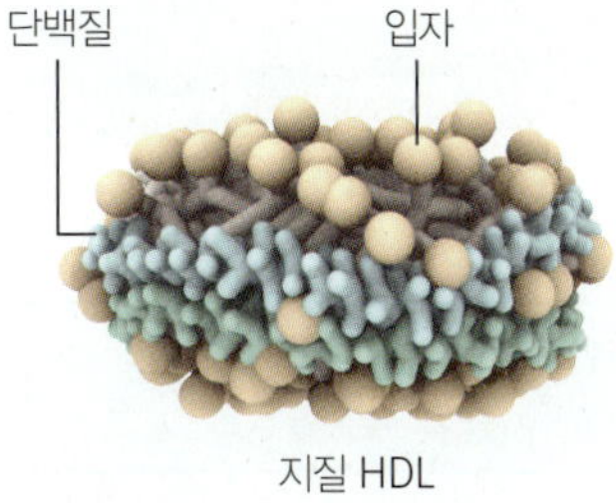

그림 11.4 ▶ 단백질과 지질의 조합을 보여주는 HDL 입자의 구조.

스테롤 함량이 높을수록, 혈중 콜레스테롤 수치는 더 높아지기 쉽다. 지질의 일종인 콜레스테롤은 왁스처럼 끈적거려서, 혈류를 따라 이동하기 위해서는 좀 더 수용성인 물질과 결합해야만 한다. 콜레스테롤은 단백질과 결합하여 **지질단백질(lipoprotein)**을 형성하는데(그림 11.4), 이들은 $—NH_3^+$와 $—COO^-$ 이온들을 많이 함유하여 수용성이 된다. 혈중 콜레스테롤 중 약 65%는 **저밀도 지질단백질(low-density lipoprotein**, LDL)에 의해 운반되는 반면, 약 25%는 **고밀도 지질단백질(high-density lipoprotein**, HDL)에 의해 운반된다. 밀도 차는 지질 대 단백질의 성분비율에 의해 결정된다.

LDL은 심장병에 대하여 "나쁜" 콜레스테롤, HDL은 "좋은" 콜레스테롤이라고 일컫는다. LDL은 콜레스테롤을 간으로부터 멀리 몸 전체로 이동시킨다. 따라서 동맥경화성 혈전을 형성하도록 콜레스테롤을 동맥에 분산시키는 역할을 하므로 "나쁘다"고 한다. HDL은 과량의 콜레스테롤을 신체조직으로부터 간으로 이동시켜서 분해하여 몸 밖으로 배출하므로 "좋다"고 한다.

지질단백질: 지질, 콜레스테롤과 수용성 단백질의 집합.

저밀도 지질단백질(LDL): 간으로부터 콜레스테롤을 몸의 조직으로 운반하는 지질단백질(나쁜 지질단백질).

고밀도 지질단백질(HDL): 콜레스테롤을 몸 조직으로부터 간으로 운반하는 지질단백질(좋은 지질단백질).

11-4 식사에서의 단백질

육류, 어류, 달걀, 치즈, 콩은 고단백질 식품이다. 단백질의 주요한 기능은 새로운 단백질의 생합성을 위한 아미노산을 제공하는 것이다. 단백질은 또한 다른 종류의 질소 화합물을 생합성하기 위한 질소의 주요한 식이성 원천이기도 하다. 우리가 숨쉬는 공기의 78%가 질소이지만 이 질소는 생합성에 직접 쓰일 수는 없다.

단백질 소화과정은 식품을 조리하는 경우 신체 외부부터 시작된다. 가열하면 단백질은 변성이 일어나고(10-8절), 더 소화하기 쉬운 상태가 된다. 위에서 산성 조건과 소화효소인 펩신의 작용으로 폴리펩타이드 사슬이 더 작은 펩타이드들로 분해된다. 소장에서 펩타이드들은 여러 소화효소들에 의해서 아미노산으로 분해된다. 이것이 장이 내막을 통과하여 혈액으로 들어간다(그림 11.5).

과량으로 섭취한 단백질은 우리 몸에 축적되지 않는다. 질소는 암모니아를 거쳐 요소로 배출되는 반면, 탄소 원자들은 포도당으로 순환되어 에너지를 발생하거나 지방으로 축적된다(그림 11.6). 그러므로 매일 적당량의 단백질을 섭취하는 것은 필수적이다.

미국인의 식사에서 단백질이 결핍되는 일은 드물다. 그러나 저개발 국가에서는 여러 형태의 단백질과 열량 섭취의 부족 때문에 생기는 *단백질 열량 결핍증(protein-energy malnutrition)*이 어린이들에게 흔히 생긴다.

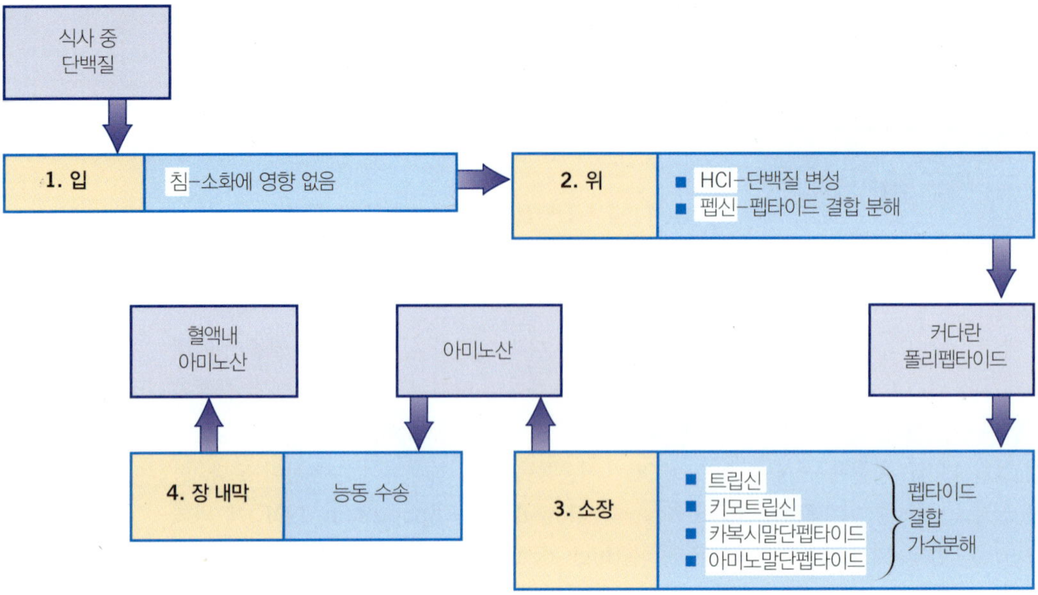

그림 11.5 ▸ 단백질의 소화.

그림 11.6 ▸ 소화 결과로 생기는 단백질의 운명.

11-5 식사에서의 비타민

비타민: 식사에 의해서 소량을 섭취해야 하는 필수적 유기 화합물.

보조효소: 효소가 제 기능을 발휘하도록 해주는 비단백질 분자.

비타민(vitamin)은 식사로 소량 섭취해야만 하는 건강에 필수적인 유기 화합물이다. 비타민은 열량은 내지 않고 소화작용에 의해 변화하지 않는다. 비타민은 체내에서 합성되지 않지만, **보조효소**(coenzyme)로 작용하므로 필요하다. 비타민에는 수용성과 지용성의 두 가지가 있다.

지용성 비타민(A, D, E, K)은 우리 몸의 지방조직(특히 간)에 축적될 수 있다. 이들 지용성 비타민은 비극성 유지류처럼 비극성 탄화수소 사슬과 고리 구조를 가지고 있다. 지용성 비타민을 충분히 섭취하는 것은 중요하지만 너무 많이 먹으면 안 되는데 과량이 축적되면 독성이 있기 때문이다.

수용성 비타민에는 8가지의 비타민 B군과 비타민 C가 있다. 과량의 수용성 비타민은 축적되지 않고 배출되므로, 과량 복용하여도 아무런 해가 없다고 생각해왔다. 그러나 비타민을 과용하는 경향이 커지면서, 약간의 독성반응들이 나타나곤 한다. 그래도 유해한 작용을 나타내기 위해서는 지용성 비타민에 비해 수용성 비타민은 훨씬 더 많은 양이 필요하다.

11-5a 지용성 비타민

*비타민 A*는 레티놀(retinol)이라고도 하며, 눈의 시각 수용체 구성 성분으로 시력에 필수적이다. 오랫동안 시력에 도움이 된다고 알려진 당근은 비타민 A 자체는 아니지만 베타 카로틴을 함유하고 있다. 소장을 통과하는 동안 베타 카로틴은 비타민 A로 전환된다. 비타민 A는 박테리아가 세포막을 통과해 들어가는 것을 막아줌으로써 감염을 예방하기도 한다. 성인이 비타민 A를 한 번에 200 mg 이상(영양학자들이 사용하는 비타민의 단위인 국제단위로는 660,000 IU에 해당) 복용하면 급성 구토, 피로와 두통을 수반하는 급성 비타민 A 과다증(hypervitaminosis A)을 일으키게 된다.

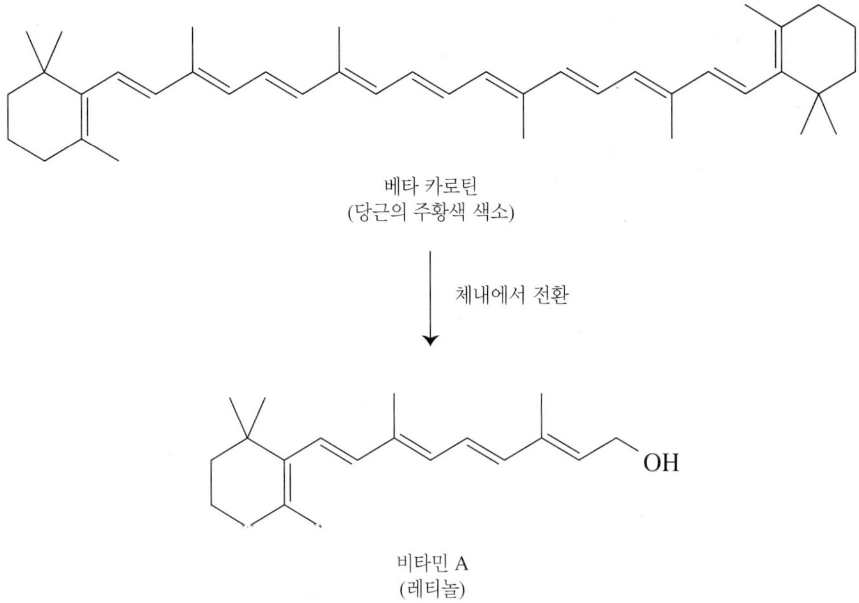

*비타민 D*는 피부에 자외선을 쪼여주면 생산된다. 자외선은 *에르고스테롤(ergosterol)*이라고 알려진 스테로이드로가 비타민 D로 전환되는 것을 촉진한다. 비타민 D는 체내에서 칼슘의 이용을 도우므로, 결핍되면 어린이에게는 칼슘 결핍이 나타나는 증상과 같은 구루병이 나타난다. 햇볕을 전혀 쬐지 못하는 사람들을 제외하고는 비타민 D의 보충은 거의 필요하지 않다. 비타민 A와 D는 정상적인 성장과 발육에 필수적이다. 그러나 비타민 D의 과다 섭취는 심각한 결과를 가져온다. 칼슘이 신장, 폐 또는 귀의 고막에 침착될 수 있다(귀머거리가 될 수 있다). 영유아와 어린이들은 비타민 D의 독성에 더 민감하다.

*비타민 E*는 *항산화제(antioxidant)*로 잘 알려져 있다(6-3절). 이것은 특히 다가 불포화 지방산이 산화되어 과산화물(—O—O—기 포함)을 형성하는 것을 예방하는 데 특히 효과적이다. 바로 이 때문에 천연적으로 지방 중에 비타민 E가 분포되어 있다. 아마도 이것이 자연계에서 지방들 중에 비타민 E가 항상 존재하는 이유일 것이다. 지방산의 과산화물은 세포 내에서 급속한 산화를 유발시키므로 특히 해롭다. 비타민 E는 세포막의 원형을 보호해주는 일을 한다. 비타민 E의 과다섭취로 인한 독성은 특별히 보고된 바가 없지만, 과다섭취하지 않도록 주의하여야 한다. 비타민 E는 식품의 동결에 의해서 파괴되는 유일한 비타민이다. 그러나 물에서 조리하는 과정에서는 파괴되지 않는다.

*비타민 K*는 체내에서 빠르게 소모되므로 매일 지속적인 공급이 필요하다. 피부의 상처나 일상적인 혈관의 작은 손상을 보수하기 위하여 혈병을 만드는 것이 체내에서 비타민 K의 중요한 역할이다. 비타민 K를 과량 섭취하면 지나치게 혈액이 응고되어 뇌 손상

브로콜리는 비타민 K의 좋은 공급원이다.

을 가져올 수 있으므로, 비타민 보충제로서 의사의 처방이 필요한 유일한 종이다.

11-5b 수용성 비타민

모든 수용성 비타민들은 비타민 C와 몇몇 B군 비타민의 구조에서 보듯이 극성인 —OH, $—NH_2$, —COOH기를 포함하는 보조효소(coenzyme)이다.

한때 하나의 비타민으로 생각되었던 8가지의 B군 비타민들은 흔히 함께 존재하며 상호작용을 하기 때문에 한 가지 결핍이 다른 것의 결핍을 일으키기도 한다. B군 비타민에는 B_6, B_{12}, 엽산, 니아신, 티아민, 리보플라빈, 비오틴, 판토텐산이 있다. 일명 만능 비타민으로 알려진 비타민 B_6는 60여 가지 효소반응에 참여하며, 이 반응들은 거의 대부분 단백질의 대사와 합성에 관계되는 반응이다. 또한 헤모글로빈과 면역계의 백혈구 합성에도 필요하다. 1일 권장량의 60배 이상 섭취하면 신경손상을 초래하며, 아주 과량 섭취하면(2~6 g/일) 마비를 일으키기도 한다.

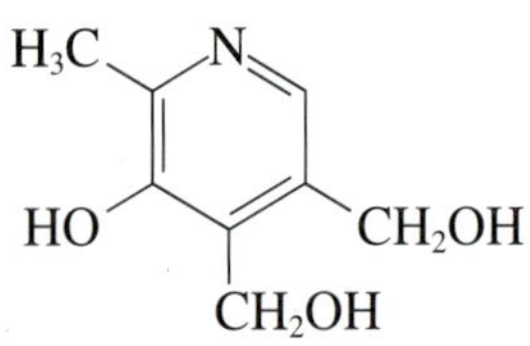
비타민 B_6

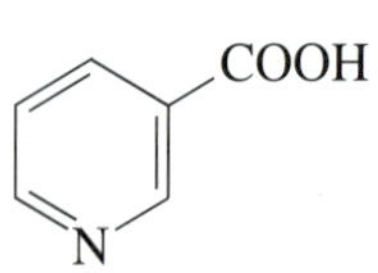
니아신

과량(50 mg/일 이상)의 니아신(niacin)도 독성을 나타내며, 피부발진과 메스꺼움에서부터 비정상적 간 기능과 심장박동 변화를 일으킨다. 니아신 결핍증은 옥수수를 주식으로 하는 나라에서 볼 수 있다.

밀, 쌀과 그 밖의 곡류들은 정미하거나 제분할 때 다량의 리보플라빈과 그 밖의 다른 비타민들과 무기질 등이 수용성 섬유소와 함께 손실된다. 이 손실을 보상하기 위해 미국에서는 1940년대 이래로 손실된 비타민과 무기질을 첨가하여 영양이 강화된 밀가루를 판매해왔다. 관례적으로, 강화 밀가루에는 리보플라빈, 티아민, 니아신과 철분이 첨가되어 있다. 미국에서 강화 밀가루가 사용되면서 니아신 결핍중인 펠라그라(pellagra)의 발병이 거의 사라졌다.

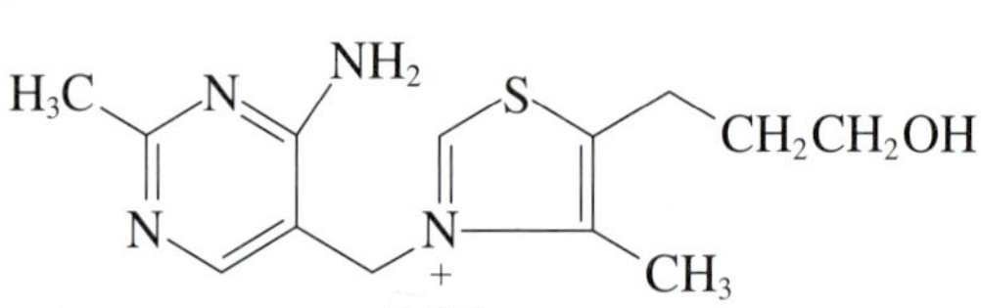
티아민

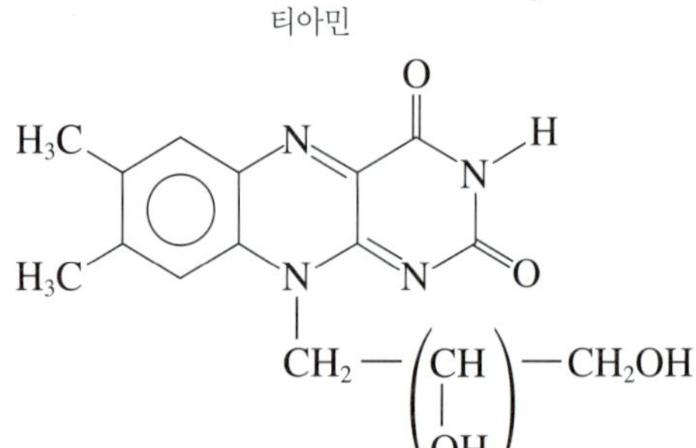
리보플라빈

증가하는 과학적 증거에 기초하여 FDA는 1996년에 엽산을 강화 밀가루에 첨가하도록 규정하였다. 엽산은 출생시 결함이나 빈혈증, 심장병 발생의 위험을 줄일 수 있다.

아스코르브산(*ascorbic acid*)이라고도 하는 *비타민* C는 침입하는 세균의 파괴를 도우며, 바이러스의 세포 내 침투를 막는 인터페론의 합성과 작용을 도와준다. 또한 마약과 공해물질과 같은 독성물질의 피해를 줄이는 데 관여한다. 연골, 뼈, 힘줄과 결합 조직에 존재하는 콜라젠의 합성을 도와 상처 치유에 중요하며 영유아와 임산부에게 필수적이다. 또한, 비타민 C는 항산화제 중 하나이다.

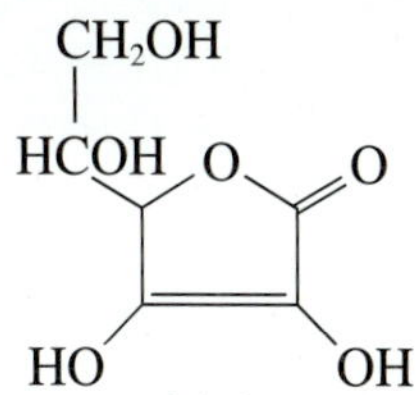

비타민 C

비타민 C가 보통 감기 예방에 효과가 있는지 여부에 대해서는 오랫동안 논쟁의 대상이 되어왔다. 현재로는 비타민 C가 감기를 예방한다기보다는 감기 증상 완화에 더 우세하게 작용하는 것으로 알려져 있다. 그러나 미국인의 1/3 가량은 감기를 예방하기 위해 비타민 C를 복용한다고 보고되고 있다. 하루에 1 g 이상 복용하면 사람에 따라서는 설사, 메스꺼움과 복통을 유발할 수 있다.

11-6 식사에서의 무기질

무기질(**mineral**)이란 C, H, N, O 이외의 원소들로 건강을 위해 필요한 영양소이다. 식품 표시에는 "포타슘" 또는 "아이오딘" 등으로 표시되지만, 식품, 식품 보충제와 체내에서는 무기질은 대부분 이온 상태로 존재한다. 우리 몸은 무기질을 필요로 하지만 무기질은 모자라지도 남지도 않게 균형있게 유지되어야 한다. 체내 무기질의 대부분은 매일 배출되므로 매일 필요량을 보충하여야 한다.

무기질: C, H, N, O 이외의 원소들로 건강을 위해 필요한 영양소.

골다공증: 칼슘 유출에 따른 골 질량의 감소.

무기질 중 *7가지의 다량원소들*(*macronutrient minerals*)이 대략 체중의 4%를 차지한다. *칼슘*, *인*, *마그네슘*, *소듐*, *포타슘*, *염소*, *황*이 여기에 속하며, 표 11.1에 이들의 기능을 나타내었다. 골다공증과 같은 장기적인 칼슘 결핍증의 경우를 제외하고는 이들 무기질 원소들은 다양한 식품에 풍부하므로 결핍증은 그리 흔하지 않다.

소듐, *포타슘*, *염소*는 이온 상태(Na^+, K^+, Cl^-)로 존재하며, 체액의 *전해질 균형*(*electrolyte balance*)에 필수적이다. 전해질 균형은 체액 균형, 산-염기 평형 및 신경자극 전달에 필수이다. 소금이 소듐과 염소 이온의 주요 공급원이므로 결핍증은 거의 일어나지 않는다. 그러나 구토, 설사 또는 심한 외상으로 인해 체액 손실이 큰 경우에는 원래 체액 농도를 회복할 수 있도록 전해질을 보충해 주어야 한다.

체내 약 99%의 *칼슘 이온*은 뼈와 이에 존재한다. 소듐 이온 및 포타슘 이온과 함께 칼슘 이온도 신경 전달과 심장박동 조절에 관여한다. 칼슘은 이온 상태(Ca^{2+})에서만 흡수된다. 락토스(젖당)와 함께 섭취할 때와 지방이 많은 식사를 섭취하면 소장을 천천히 통과하게 되므로 흡수할 수 있는 시간이 길어져서 흡수가 증진된다. 비타민 D가 결핍되면 칼슘 이온의 흡수가 감소하여 구루병과 같은 뼈의 기형을 초래한다.

성인기 동안의 뼈의 무게와 밀도가 서서히 감소하는 것은 정상적인 과정이며, 65세 이상의 성인 3명당 1명은 어느 정도의 **골다공증**(**osteoporosis**) 증세를 보인다. 평상시 칼슘이 부족한 식사를 지속하면 골다공증이 촉진된다는 것은 잘 입증된 사실이며, 이런 근

표 11.1 다량 원소 무기질

무기질	공급원	주요 기능	결핍증	결핍위험군
소듐(Na^+)	식염, 가공식품	세포 외액의 주요 이온, 신경 전달, 수분평형 조절	근육경직	극심한 소듐 제한 식단을 섭취하는 자
포타슘(K^+)	과일, 채소, 곡류	세포 내액의 주요 이온, 신경 전달	부정맥, 피로	소듐 함량이 높은 가공식품 섭취자, 고혈압 치료제 복용자
염소(Cl^-)	식염	세포외액의 주요 이온	거의 없음	없음
칼슘(Ca^{2+})	우유, 치즈, 뼈째 먹는 생선, 녹색잎채소	뼈와 이의 구성성분, 신경전달, 근육 수축, 혈액응고	골다공증 위험도 증가	폐경기 여성, 십대 소녀, 신장병 환자
인*	육류, 낙농제품 시리얼 및 제빵류	뼈와 이의 구성성분, 완충작용, 세포막, ATP, DNA	뼈 유출, 무력증, 식욕부진	조숙아, 철저한 채식주의자, 알코올 중독자, 노인
마그네슘(Mg^{2+})	견과류, 녹색 채소, 전곡류	ATP를 포함하는 반응, 신경 및 근육 기능	메스꺼움, 구토, 무력증	알코올 중독자, 신장병 환자
황†	단백질 식품, 보존제	아미노산과 비타민의 일부 글루타티온, 산-염기 평형	단백질 필요량을 섭취하면 없음	없음

*인은 유기 화합물에 공유결합되어 있고 인산 이온(PO_4^{3-})으로도 존재한다.
†황은 유기 화합물에 공유결합되어 있고 황산 이온(SO_4^{2-})으로도 존재한다.
Source: Adapted from L. A. Smolin and M. B. Grosvenor: *Nutrition*: *Science & Applications*. Philadelphia: Saunders College Publishing, 1997.

거에서 식품의 영양정보표시에 기재할 수 있도록 허용하였다. 비활동적 생활태도를 지닌, 골격이 잘 발달되지 않은 폐경기 백인과 아시아인 여성이 골다공증의 위험이 가장 큰 집단이다. 폐경 후에는 에스트로젠 생산이 감소하여 뼈에서 칼슘의 유출이 빨라지게 된다. 나중에 골다공증의 발병을 예방하는 방법은 뼈가 형성되는 청년기(12~18세)에 칼슘을 충분히 섭취하는 것이다. 폐경기 여성에게 에스트로젠을 투여하는 것은 뼈의 손실 속도를 늦추는 데 효과적이다(12-4절).

무기질 중에는 소량만 필요한 것들(미량원소, micronutrient minerals)도 많다. 이들 중에서 4가지 원소인 철분, 구리, 아연, 아이오딘은 영양정보표시에 기재하도록 허용되었는데, 철분은 의무적이며 나머지는 선택사양이다. 그 외 필수 무기질로는 셀레늄, 망가니즈, 플루오린, 크로뮴, 몰리브데넘이 있다. 다른 포유동물에 필수적인 것으로 알려진 10여 가지 이상의 다른 무기질들도 인간에 존재하며 아마도 필수적일 것이다. 미량원소의 종류와 그들의 기능에 대해 계속 연구되어 알려지고 있다.

골다공증. 왼쪽의 정상 뼈와 오른쪽의 골다공증에 걸린 뼈의 구조를 보면 뼈에서 칼슘 유출의 효과를 알 수 있다.

아이오딘화 이온은 갑상선 기능에 필수적이라고 오랫동안 알려져 왔다. 갑상선 호르몬은 아이오딘을 함유하고 있으며 모든 체세포의 성장, 발달과 유지 보수에 관여한다. 아이오딘이

부족하면 갑상선은 크게 비대해지는 갑상선종(goiter)에 걸리게 된다. 아이오딘 강화 소금(0.1% 아이오딘화 포타슘)을 사용하는 것이 적정량의 아이오딘의 섭취를 보장해 주는 가장 좋은 방법이다. 미국에서 팔리는 소금의 절반 이상이 아이오딘 강화 소금이며, 몇몇 나라에서는 강제적으로 이러한 소금을 사용한다.

*철분*이 부족하면 *빈혈*(*anemia*)이 생길 수 있는데, 빈혈은 적혈구 또는 헴의 농도가 낮아져서 혈액의 산소운반 능력이 감소하는 현상이다. 철분 결핍성 빈혈은 선진국과 저개발국 모두에서 가장 보편적인 영양 결핍증이다. 초기 증상은 근육 피로와 무기력증이다. 박테리아 감염에 대항하는 능력도 감소하게 된다. 빈혈이 장기화되면 피부, 손톱, 입과 위장의 구조와 기능에 장애를 초래한다.

*아연*이 부족하면 성장 및 발달 지연, 면역기능 감소와 상처 치유 능력의 감소 등이 일어난다고 한다. 육류가 식물성 식품에 비해 아연의 더 나은 공급원 식품이므로, 채식주의자들(그 외에는 식사가 부실한 노인과 어린이들)은 아연 결핍증 위험군에 속한다. 아연 보충제는 종종 면역 기능을 강화하며, 성기능과 임신 능력을 증진시킨다고 선전되고 있다. 아연과 다른 무기질에 대해서 이러한 건강 강조를 하는 것은 일단 의심의 눈초리로 보는 것이 좋은 생각이다. 아연의 경우, 경미한 결핍증이 있는 사람에게 아연을 보충해 주면 상처 치유, 면역기능과 식욕이 증진될 수 있다. 그러나 현재로는 아연 결핍증이 없는 건강한 사람에게서는 이러한 증상들이 개선된다는 증거는 거의 없다.

11-7 식품 첨가물

시판중인 가공식품에는 영양가가 거의 없거나 아주 없는 화학물질들이 많이 첨가된다(그림 11.7). 식품 첨가물(food additive)을 사용하는 목적은 산화나 미생물 또는 노화에 의한 부패를 방지하는 것이다. 또한 향미 또는 색을 더해주고, pH를 조절하고, 딱딱해지는 것을 막고, 안정화시키며, 점도를 증가시키고, 유화를 시키며, 달게 하고, 팽창시키거나 또는 연화시키는 작용을 한다.

11-7a GRAS 목록

미국 식품의약국(FDA)은 사용 목적에 따라 "일반적으로 안전하다고 인정되는(generally recognized as safe, GRAS)" 수백 가지의 화학물질을 지정해 놓고 있다. GRAS 목록은 1959년과 1960년에 걸쳐 여러 번에 나누어 발표되었다. 이 목록은 영양학, 독성학 및 관련 분야 전문가들에게 관례적으로 식품에 첨가되는 여러 조미료, 인공향미료와 그 밖의 물질들의 안정성에 대한 의견을 듣기 위하여 설문지를 돌려 그 결과들을 종합하여 만들어진 것이다. 그 후 몇 가지가 더 첨가되기도 하고, 몇 가지는 발암성이 있다고 의심이 되어 목록에서 제거되기도 하였다. 그런 것 중 한 가지가 인공감미료인 사이클라메이트(cyclamate)인데 이것은 1969년에 방광암과 증가와 관련이 있다고 알려졌다. 원래 GRAS 목록에 없던 새로

과자에 들어있는 다양한 여러 가지 식품 첨가물에 주목하라.

그림 11.7 ▸ 많은 가공 식품의 보존과 증진에는 식품 첨가물이 필요하다.

식품 첨가물 유형

- 산도 조정제
- 응고 억제제
- 소포제
- 항산화제
- 색소 정착제
- 색소 유지제
- 유화제
- 고화제
- 향미 증진제
- 밀가루 처리제
- 식용 산
- 식용 색소
- 젤화제
- 광택제
- 습윤제
- 향상제
- 무기염
- 보존제
- 분사제
- 조미료
- 금속 제거제
- 안정제
- 감미료
- 증점제
- 식물성 검

첨가물은 다양한 유형의 천연식품과 가공식품에서 살균작용하고, 산화를 방지하고, 비타민 함량을 증가시키고, 향미, 질감과 색을 증진시킬 수 있다. 우유, 정육, 곡류와 채소류는 모두 첨가물 첨가 과정을 거친다. 유기농 식품도 인공 첨가물 대신 천연 첨가물로 처리한다는 점을 제외하면 예외가 아니다.

운 식품첨가물은 제조업자가 안전성 실험결과를 FDA에 제출하여 시용 승인을 받아야만 한다.

11-7b 식품 보존

산화와 미생물(박테리아, 곰팡이 등)은 식품을 변질시키는 최대의 적이다. 미생물의 성장을 막거나 산화를 지연시킬 수 있는 방법은 모두 일반적으로 식품 보존에 효과적이다. 곡류, 과일, 육류의 건조는 가장 오래된 보존 기술의 하나이다. 수분은 미생물의 성장과 산화 반응에 필요하기 때문에 건조는 효과적인 보존법이 된다.

화학물질이 보존제로 첨가될 수도 있다. 소금에 절인 육류와 설탕용액에 저장된 과일은 미생물로부터 안전하다. 용해된 염화 소듐이나 설탕이 고장액(hypertonic solution)을 만들어 그 결과 삼투현상(osmosis)에 의해 미생물에서 그 주변으로 수분이 빠져 나오게 된다. 따라서 소금과 설탕은 미생물을 탈수시키며, 이는 건조법과 동일한 효과를 나타낸다.

고장액: 용질의 농도가 주위보다 더 높은 용액.

보존제가 식품의 유통기간 중 미생물의 증식을 막을 수 있다면 보존제로서 효과적이다. 일반적으로, 식품은 미생물에 의해 분비되는 독성물질에 의해 부패된다. 가열 또는 방사선 조사에 의한 살균법이나 냉동에 의한 미생물의 불활성화는 종종 식품의 질을 손상시키므로 바람직하지 못하다. 화학물질을 첨가하여 살균하기는 어렵지만 상당 기간 동안 식품을 보존할 수 있다. 포장식품에서 가장 흔히 사용되는 화학보존제로는 비알코올 음료, 과일 주스, 시럽, 마가린, 피클, 렐리시 소스, 올리브, 샐러드드레싱, 파이 속, 잼, 젤리 및 저장 식품에 허용되는 벤조산 소듐과 빵, 초콜릿 제품, 치즈, 파이 껍질과 파이 속에 사용할 수 있는 프로피온산 소듐 두 가지를 들 수 있다.

11-7c 항산화제

공기 중의 산소에 의한 직접 산화는 식품의 지방을 변질시키는 주요 원인이다. 특히 다가 불포화 지방산의 탄소-탄소 이중결합은 공격을 받기 쉽다. 산화는 썩는 냄새와 맛을 내는 휘발성 알데하이드, 케톤 및 유기산의 복잡한 혼합물을 생성한다. 식품을 건냉소에 밀폐시켜 보관하면 비교적 직접 산화가 잘 일어나지 않는다. 식품에 첨가되는 가장 일반적인 항산화제는 BHA(butylated hydroxyanisole)와 BHT(butylated hydroxytoluene)인데, 작용 메커니즘은 항산화제의 —OH기에서 수소 원자를 떼어내어 자유 라디칼(H·)로 작용하게 하는 것이다.

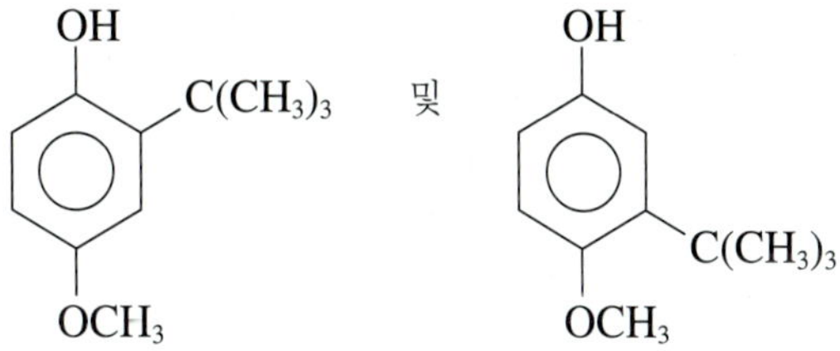

BHA (두 이성질체)

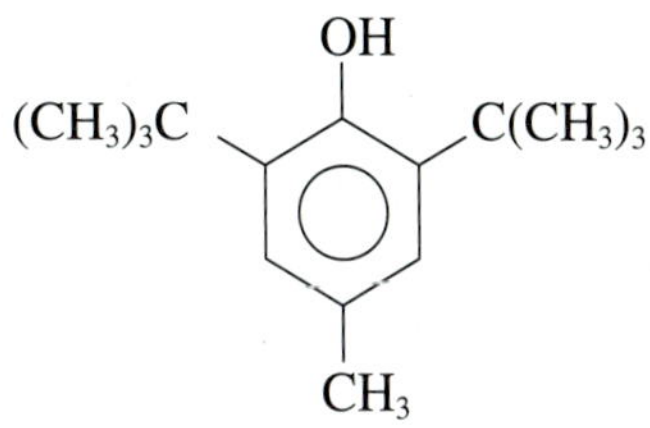

BHT

11-7d 금속 제거제

곡물의 수확과 가공과정에서 흙이나 기계로부터 금속 성분이 식품에 유입될 수 있다. 구리, 철, 니켈과 그 이온들은 지방 산화에 촉매작용을 한다. 소위 금속 제거제(sequestrant)는 식품 중의 미량원소들과 반응하여 착물을 형성하여 금속원소가 식품의 분해에서 촉매로서 작용하지 못하도록 한다. 촉매작용을 하는 금속을 제거하면 BHA와 BHT는 더 효과적으로 항산화작용을 할 수 있다.

금속 제거제: 금속 원자나 이온에 결합하는 화학물질로서 식품첨가제로 사용됨.

EDTA(ethylenediaminetetraacetic acid)의 소듐염과 칼슘염은 많은 식품과 음료에 보편적인 금속 제거제로 사용된다. 테트라소듐 EDTA(NaEDTA)와 금속 이온과 결합한 EDTA의 구조를 그림 11.8에 나타내었다.

아황산염 첨가제. 많은 사람들이 아황산염에 알레르기 반응을 보이므로 10 ppm 이상 아황산염을 함유하는 식품에는 표기하여야 한다. 이산화 황(SO_2), 황화 소듐(Na_2S), 아황산 수소 소듐($NaHSO_3$) 등이 소위 "아황산염"에 속한다.

11-7e 향미제

식품의 맛을 느끼는 감각의 대부분은 냄새에 기인한다. 예를 들어 커피의 풍미는 거의 대부분 향에 의해 결정되는데, 그 향은 휘발성 기름 성분인 500여 가지 이상의 화합물이 한데 섞여서 만들어진다. 대부분의 향 성분은 향수의 성분과 마찬가지로 근본적으로 식물에서 얻는다. 식물을 분쇄하여 에탄올이나 사염화 탄소와 같은 유기 용매를 사용하여 화합물을 추출한다. 한 가지 물질이 추출되기도 하지만, 대부분은 여러 화합물의 혼합물로 얻어진다. 이 과정을 여러 번 반복하면 비교적 순수한 물질을 얻을 수 있다. 동록 기름(wintergreen), 페퍼민트 기름, 오렌지 기름, 레몬 기름, 생강 기름 등은 아직도 이와 같은 방법으로 추출한다. 이러한 기름을 단독 또는 혼합하여 식품에 첨가하여 원하는 향을 낸다. 요즘은 합성 향료도 식품첨가물로 흔히 사용된다.

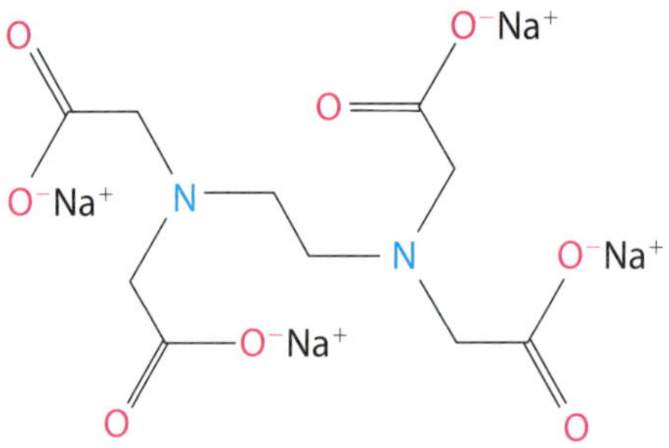

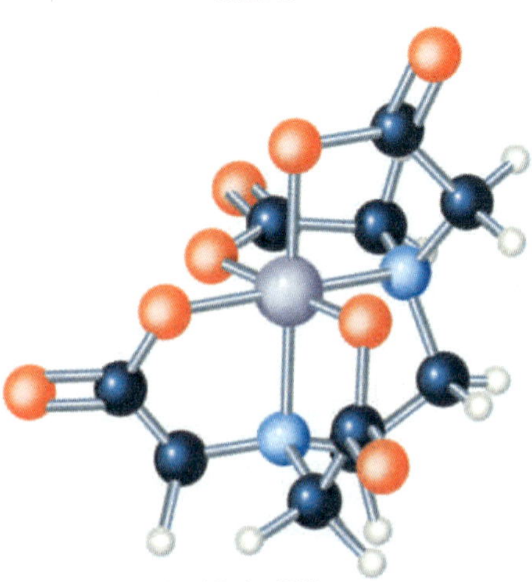

그림 11.8 ▸ 에틸렌다이아민테트라아세트산의 소듐염(NaEDTA).

EDTA 분자는 금속 이온과 6개의 결합을 형성하여 제거하는 탁월한 능력이 있다. 6개의 결합 중 2개는 아미노기의 질소 원자와, 4개는 카복실기($-COO^-$)의 산소 원자와 형성한다.

11-7f 향미 증진제

향미 증진제(flavor enhancers)는 그 자체로는 전혀 또는 거의 맛이 없으나 다른 물질의 향을 증진시킨다. 즉, 향미 증진제는 상승효과와 강화효과를 나타낸다. *상승효과(synergism)*란 서로 다른 물질들이 협동적으로 작용하여 각각의 물질이 따로 사용될 때보다 더 큰 효과를 내는 현상을 일컫는다. *강화제(potentiator)*는 그 자체만으로는 효과가 없지만 다른 화합물들의 효과가 더 강하게 나타나도록 도와주는 화학물질이다. 예를 들어, 어떤 뉴클레오타이드들(10-11절)은 아무런 맛이 없지만 육류의 풍미를 강화하고 소금의 효과를 증진시킨다. 향미 증진제는 원래 육류와 어류에 사용되었으나 요즈음은 채소, 빵, 케이크, 과일, 음료 등에 풍미를 강화하고 원치 않는 냄새를 가리기 위해서도 사용된다. 많이 사용하고 있는 3가지 향미 증진제에는 글루탐산 소듐(monosodium glutamate, MSG), 5′-뉴클레오타이드와 말톨(maltol)이 있다. MSG는 일부 사람들에게서 두통을 일으키고 많은 땀을 흘리게 하지만(중국음식 증후군) 많은 식품의 천연 구성 성분이다.

11-7g 식용색소

식용색소로 사용되는 화합물은 30여 종류가 있다. 이들 중 절반가량은 실험실에서 합성된 것이고 나머지 반은 천연 물질에서 추출한 것이다. 대부분의 식용색소들은 여러 개의 이중결합과 방향족 고리를 갖는 고분자 유기 화합물이다. 이러한 구조는 특정한 파장의 빛은 흡수하고 나머지는 투과시키는 전자들을 가지는데 투과된 파장의 빛에 의해 물질의 독특한 색이 나타나게 된다. 당근과 다른 식물에서 주황색을 띠는 물질인 베타 카로틴(항산화제도 됨)은 천연색소의 한 예이다. 합성 식용색소는 안전성, 품질, 일관성, 색의 세기를 FDA에서 시험한 "인증 식용색소"여야 하며 그 이름을 명기해야 한다.

11-7h pH 조절제

치즈, 음료, 드레싱에 약한 유기산을 첨가하여 적당한 신맛이 나도록 조절한다. 이러한 유기산들은 깔끔하지 못한 뒷맛을 가리게 하기 위해 사용한다. 그러나 과일향 탄산음료 같은 어떤 경우에서는 신맛이 기대된다. 빵 굽는 과정 중에 약산과 약산의 염은 탄산 수소염과 반응하여 CO_2를 발생시키기도 한다. 원하는 pH를 맞추고 유지하기 위해서 완충제(buffer)가 첨가되기도 한다. 주석산 포타슘(potassium acid tartrate)은 완충제의 한 예로서 산으로도 염기로도 작용할 수 있는 유기산염이다.

pH 조절제는 미생물 성장을 억제하는 보존제, 산패와 갈변을 억제하는 항산화제, 반죽의 점도 변형제, 바르는 치즈와 알사탕과 같은 제품의 녹는점 조정제와 같은 다양한 기능을 갖기도 한다. 구연산은 가장 흔하고 잘 알려진 산성 제제(acidulant)이다.

FDA에서 승인된 식용색소의 사용 예.

11-7i 응고 억제제

응고 억제제(anticaking agent)는 습한 날씨에 *흡습성(hygroscopic)* 식품이 덩어리지는 것을 막기 위해 1% 이내의 양으로 첨가된다. 소금은 특히 응고 억제제를 넣지 않으면 덩어리가 굳어지기 쉽다. 염화 소듐 결정은 표면에 물이 흡수되어 축축하게 되는데 응고 억제제(예를 들면 규산 마그네슘, $MgSiO_3$)는 주위의 물을 수화물 형태로 구조 안에 흡수하여 소금이 젖지 않도록 한다. 그 결과 응고 억제제는 염화 소듐 표면을 건조하게 유지해 결정들이 녹아 서로 달라붙어 덩어리지는 것을 방지한다.

11-7j 안정제 및 증점제

안정제(stabilizers)와 증점제(thickeners)는 식품의 질감을 개선하여 잘 섞이도록 한다. 카라기난(carrageenan)과 같이 대부분의 안정제와 증점제는 다당류로서, 그 구조에 여러 개의 하이드록실기(hydroxyl group)들을 가진다. 하이드록실기는 물과 수소결합을 형성하여 식품 중의 물과 기름이 더 잘 섞이게 해준다. 안정제와 증점제는 설탕을 입힌 제과류, 아이스크림류, 샐러드드레싱, 휘핑크림 및 치즈 제조 시에 특히 효과적이다. 저지방식품에서는 지방에 의한 매끄러운 질감이 부족하기 쉬운데 이를 대체하기 위해 첨가된다. 증점제로 사용되는 식물성 검질(아라비아 검, 구아 검, 메뚜기콩 검, 트라칸스 검 등)은 수용성 식이섬유의 좋은 공급원이 된다(11-2절).

11-8 에너지: 사용할 것인가, 저장할 것인가?

11-8a 에너지는 어떻게 사용되는가?

단지 살아있기 위해서도 우리는 얼마간의 에너지를 필요로 한다. 우리가 꼼짝하지 않고 가만히 앉아 있는 동안에도 우리 심장은 뛰며, 숨을 쉴 때마다 가슴이 들먹거리며, 체온이 유지되고, 세포 내에서는 화학반응들이 진행되며, 이러한 움직임들을 조절하기 위해 신경계를 타고 신호가 전달된다. 이러한 신체의 기초 활동을 유지하는 데 필요한 에너지를 기초대사량(**basal metabolic rate**, BMR)이라 한다. 이것은 12시간 동안 음식을 섭취하지 않고 그전 몇 시간 동안 심한 활동을 하지 않은 사람이 잠들지 않고 깨어서 적당한 온도에서 휴식 중인 상태에서 측정된다.

기초대사량(BMR): 움직이지 않고 깨어있는 신체를 유지하는 데 필요한 최소 에너지.

기초대사량은 체중과 활동 수준을 비롯한 여러 요인들에 의해 영향을 받는다. 불안감, 스트레스, 수면부족, 빈약한 식사섭취, 울혈성 심장마비, 고열, 심장기능 항진 및 카페인, 암페타민(amphetamine), 에피네프린(epinephrine) 등의 약물복용은 기초대사량을 증가시킨다. 반면 영양실조, 비만에 의한 비활동성 조직, 부신기능저하는 기초대사량을 감소시킨다. 영유아들은 성인에 비해 기초대사량이 더 높으며, 성인기 초반 이후에는 기초대사량이 매 10년마다 약 2~3%씩 감소한다.

자의적으로 여러 활동을 시작하면, 대사량은 급격히 증가한다. 표 11.2에 몇 가지 예를 나타내었다.

표 11.2 일반적인 신체활동에서 소비되는 시간당 열량

다음은 체중 70 kg(154 파운드) 성인을 기준으로 시간당 소비되는 음식물 열량의 평균 수치를 포함한 일반적인 신체활동을 나타낸 표이다. 소비된 수치는 남아 있는 음식물 열량의 대사율과 활동량 소비가 포함되어 있다. 그 중에서 걷기와 자전거 타기는 비율에 따라 적당하거나 격렬한 강도의 신체활동으로 구분된다.

적당한 신체활동	일반적인 신체활동에서 소비되는 시간당 음식물 열량*
하이킹	370
정원 손질, 잡초 뽑기	330
춤추기	330
골프(걷고 타구봉 나르기)	330
자전거 타기(<10 mph)	290
걷기(3.5 mph)	280
역도(가벼운 운동)	220
스트레칭	180
격렬한 신체활동	
뛰기, 조깅(5 mph)	590
자전거 타기(>10 mph)	590
수영(자유형)	510
에어로빅	480
걷기(4.5 mph)	460
힘든 작업(숲 벌목)	440
역도(강도 높은 운동)	440
농구(격렬하게)	440

*시간당 소비되는 음식물 열량은 체중이 70 kg(154 lbs)보다 높은 사람에게는 많게, 그보다 적은 체중의 사람에게는 적게 효과가 나타난다.

출처: 미국인을 위한 식사 지침서(2005): www.healthierus.gov/dietaryguideline

11-8b 식품의 에너지 발생량

섭취한 지방은 탄수화물과 단백질보다 g당 칼로리를 2배 이상 발생한다.

지방: 9 kcal/g; 또는 9 Cal/g
탄수화물: 4 kcal/g; 또는 4 Cal/g
단백질: 4 kcal/g; 또는 4 Cal/g

예를 들어 스테이크가 수분 49%, 단백질 15%, 탄수화물 0%, 지방 36%, 무기질 0.7%로 이루어져 있다면, 이 스테이크 100 g은 약 384 kcal, 즉 384 Cal의 에너지를 발생하게 된다. 큰 칼로리(Cal)는 대문자 C로 시작하며 1000 cal 즉 1 kcal와 같다. 대부분 식품의 열량값은 위에서 설명한 방법으로 계산하며, 식품에 관한 책들과 식품 라벨 등에 기재된 열량가는 바로 이렇게 계산한 수치들이다. 대표적인 열량값을 표 11.3에 나타내었다.

모든 것들과 마찬가지로 인체도 에너지 보존 법칙을 따르게 된다. 이 경우에 다음 식으로 바꿀 수 있다.

표 11.3 일반적으로 섭취하는 식품 중에 포함된 탄수화물, 지방, 단백질과 물의 대략적인 백분율(%)

식품	물	단백질	지방	탄수화물	kcal/100 g
야채					
생시금치	90.7	3.2	0.3	4.3	26
조리한 녹색 케일	89.6	3.6	0.7	5.1	33
생상추, Boston	91.1	2.4	0.3	4.6	25
조리한 양배추	93.9	1.1	0.2	4.3	20
조리한 감자	75.1	2.6	0.1	21.1	93
조리한 순무	93.6	0.8	0.2	4.9	23
생 당근	88.2	1.1	0.2	9.7	42
여름 생호박	94.0	1.1	0.1	4.2	19
생 토마토	93.5	1.1	0.2	4.7	22
조리한 옥수수 알	74.1	3.3	1.0	21.0	91
조리한 스냅콩	92.4	1.6	0.2	5.4	25
조리한 완두콩	81.5	5.4	0.4	12.1	71
조리한 Lima콩	70.1	7.6	0.5	21.1	111
조리한 강낭콩	69.0	7.8	0.5	21.4	118
조리한 콩	73.8	9.8	5.1	10.1	118
육류 및 생선					
구운 쇠고기	61.6	31.7	5.3	0	183
생 소지방	14.4	5.5	79.9	0	744
구운 양고기	61.3	28.0	8.6	0	197
구운 돼지고기	69.3	17.8	10.5	0	171
정제한 돼지기름	0	0	100.0	0	902
조리한 송아지간	51.4	29.5	13.2	4.0	261
조리한 소 심장	61.3	31.3	5.7	0.7	188
소골	78.9	10.4	8.6	0.8	125
구운 통닭	71.0	23.8	3.8	0	136
생 대구	81.2	17.6	0.3	0	78
구운 연어	63.4	27.0	7.4	0	182
생농어	79.2	19.5	0.9	0	91
육류 및 생선(계속)					
생굴	84.6	8.4	1.8	3.4	66
곡류와 곡물제품					
밀알	13.0	14.0	2.2	69.1	330
건조한 쌀	12.0	7.5	1.9	77.4	360
조리한 쌀	70.3	2.5	0.6	25.5	119
통밀빵	36.4	10.5	3.0	47.7	243
흰빵	35.8	8.7	3.2	50.4	269
밀가루	12.0	14.1	2.5	78.0	361
빵가루	12.0	7.5	0.8	79.4	364
유제품과 계란					
우유	87.4	3.5	3.5	4.9	65
요구르트	89.0	3.4	1.7	5.2	50
아이스크림	62.1	4.0	12.5	20.6	207
코테지 치즈	79.0	17.0	0.3	2.7	86
체다치즈	37.0	25.0	32.2	2.1	398
계란	73.7	12.9	11.5	0.9	163
과일, 장과 및 견과					
사과	84.4	0.2	0.6	14.5	58
배	83.2	0.7	0.4	15.3	61
오렌지	86.0	1.0	0.2	12.2	49
체리	80.4	1.3	0.3	17.4	70
바나나	75.7	1.1	0.2	22.2	85
블루베리	83.2	0.7	0.5	15.3	62
라즈베리	84.2	1.2	0.5	13.6	57
딸기	89.9	0.7	0.5	8.4	37
아몬드	4.7	18.6	54.2	19.5	598
피칸	3.4	9.2	71.2	14.6	689
호두	3.5	14.8	64.0	15.8	651

(식품에서) 섭취한 에너지 = 사용한 에너지 + 저장된 에너지(지방)

대부분의 경우 살찌지 않기 위한 식이요법의 비결은 위 공식을 얼마나 잘 적용하느냐에 달려 있다. 섭취한 에너지가 사용한 에너지보다 많으면 그 여분은 대부분 지방세포에 중성 지질(트라이글리세라이드)의 형태로 축적된다. 섭취한 에너지의 양은 같아도 에너지 사용이 늘어나게 되면 지방으로 축적되는 양이 줄어든다. 사용한 에너지가 섭취한

예제 11.1 일 에너지 필요량

대학교 1년생인 보라의 몸무게는 110 lb이다. 일주일에 몇 차례 테니스를 하고 스케이트를 타며, 매일 달리기를 하여 몸매를 유지한다. 표 11.4를 이용하여 1일 에너지 필요량을 계산하시오.

풀이

몸무게를 기준으로 하여 계산한 보라의 BMR은

$$110 \text{ lb} \times 10 \text{ kcal/lb} = 1100 \text{ kcal} = 1100 \text{ Cal}$$

보라의 활동량은 적당한 활동에 속하는 것으로 판단되므로, 1일 에너지 필요량을 구하기 위해 BMR에 1.6배하면(표 11.4)

$$1100 \text{ kcal} \times 1.6 = 1760 \text{ kcal} = 1760 \text{ Cal}$$

표 11.4 활동량에 따른 1일 에너지 필요량

활동량	환산계수	
아주 가벼운 활동		1일 에너지 필요량을 계산하기 위해서는, 개인의 기초대사량(10 kcal/lb × 몸무게)에 1일 활동량과 가장 부합하는 환산계수를 곱한다. **아주 가벼운 활동**: 대체로 앉거나 서서 하는 작업 **가벼운 활동**: 대체로 걷는 활동 **적당한 활동**: 자전거 타기, 테니스, 춤추기 **격렬한 활동**: 격렬한 삽질, 등산, 농구, 축구
남자	1.3	
여자	1.3	
가벼운 활동		
남자	1.6	
여자	1.5	
적당한 활동		
남자	1.7	
여자	1.6	
격렬한 활동		
남자	2.1	
여자	1.9	

에너지보다 더 많으면 지방으로 축적되었던 것이 얼마간 빠지게 된다. 체중감량에 완벽하게 성공하려면, 식사요법과 운동을 적절히 병행하여야 한다.

BMR을 계산하기 위해서 파운드로 나타낸 자신의 몸무게에 10 kcal/lb를 곱한다. 그리고 1일 에너지 필요량을 대략 평가하기 위해 표 11.4에서 일반적인 활동도 단계를 선택하여, 표에 주어진 적당한 환산계수에 BMR을 곱한다.

이 두 사람의 활동 수준은 다르며 필요한 열량도 다르다.

11-9 일일 식사

1994년에 발표되고 2008년에 보강된 식품 표시제도에 따르면 가장 쉽게 식품의 영양가에 대한 정보를 얻을 수 있는 곳은 식품의 포장재이다. 그림 11.9에 새로운 영양정보표시(Nutrition Facts label)에 대한 예를 나타내었다. 총열량과 지방에 대한 열량은 맨 위에 표시하고, 다음 칸에는 1 회 제공 분량 당 건강에 가장 필요하다고 판단되는 다량영양소(macronutrient)의 함량(g 또는 mg 단위)과 1일 필요량의 백분율(% Daily Value, DV)을 표시한다. 여기에서는 의무적으로 총 지방, 포화지방, 콜레스테롤, 소듐, 총 탄수화물, 식이 섬유, 당류 및 단백질 등을 기재하여야 한다. 식이 섬유와 단백질을 제외하고는 모두 섭취량이 제한되어야하는 것들이다.

1일 권장가(reference daily value, DV)는 맨 아래 표시되며, 표 11.5에서 상세하게 설명하였다. 1일 2000 Cal를 섭취하는 것을 기준으로 하여, 1일 필요량의 백분율은 1일 권장가에 대해 계산된다. 이 정도의 양은 중간정도 활동을 하는 성인 여자, 10 대 소녀와 앉아서 일하는 성인 남자에게 꼭 알맞은 섭취량이다. 10대 소년, 활동적인 성인 남자와 매우 활동적이거나 임신 중인 여성들은 더 많은 열량을 필요로 한다.

모든 영양소를 기재한 두꺼운 선 아래에 비타민 A, 비타민 C, 칼슘과 철분도 의무적

그림 11.9 ▸ 영양정보 표시.

1994년 이래로 법에 따라 요구되는 표시의 예. 특정 영양소를 거의 함유하지 않은 소포장이나 식품 경우는 표시 면제가 가능하다.

1회 제공량은 비교하기 쉽게 하기 위해 표준화함.

Nutrition Facts
Serving Size 1 cup (283g)

Amount Per Serving
Calories 640 Calories from Fat 350

지방으로부터의 열량은 1일 섭취열량의 30% 이하로 제한하라는 식사 지침을 위함.

	% Daily Value*
Total Fat 39g	60%
Saturated Fat 8g	40%
Cholesterol 10mg	3%
Sodium 950mg	40%
Total Carbohydrate 53g	10%
Dietary Fiber 3g	12%
Sugars 5g	
Protein 19g	

Vitamin A 0%	• Vitamin C 4%
Calcium 0%	• Iron 4%

기재 영양소들(의무조항)은 건강에 미치는 영향이 큰 것임.

1일 필요량의 백분율은 하루 전체 섭취량에 대한 영양소의 비율.

* Percent Daily Values are based on a 2,000 calorie diet. Your daily values may be higher or lower depending on your calorie needs:

	Calories:	2,000	2,500
Total Fat	Less than	65g	80g
Sat. Fat	Less than	20g	25g
Cholesterol	Less than	300mg	300mg
Sodium	Less than	2,400mg	2,400mg
Total Carbohydrate		300g	375g
Dietary Fiber		25g	30g

1일 필요량의 백분율에 기초.

식품제조업자의 선택사양인 기재 영양소들:

포화지방으로부터의 열량	수용성 식이섬유
스테아르산(육류 및 가금류 제품에 한함)	불용성 식이섬유
다가 불포화지방산	당알코올(예, 소르비톨인 설탕을 대체)
일가 불포화지방산	그 외 탄수화물
칼륨	β-카로틴의 비타민 A 필요량의 %
	그 외 필수 비타민과 무기질

표 11.5 영양정보 표시: 1일 권장가의 근거자료

총 지방	1일 섭취 열량의 30% — 상한선(65 g/2000 Cal)
포화지방	1일 섭취 열량의 10% — 상한선(20 g/2000 Cal)
콜레스테롤	300 mg — 섭취 열량에 상관없이 1일 최대치
소듐	2400 mg — 섭취 열량에 상관없이 1일 최대치
총 탄수화물	1일 섭취 열량의 60%(300 g/2000 Cal)
식이섬유	23 g(11.5 g/1000 Cal 필요에 근거)
당질	1일 권장가 없음
단백질	1일 필요량의 백분율 표시가 의무사항은 아니나, 성인(임신부와 수유부 제외)과 4살 이상의 어린이는 1일 섭취 열량의 10%에 해당하는 열량을 단백질로 섭취할 것을 권장(50 g/2000 Cal)

으로 기재하여야 한다. 이 영양소들을 의무적으로 기재하는 이유는 이들이 공중 보건상 커다란 관심거리이기 때문이다. 오늘날 주요한 영양결핍증인 빈혈은 철분 부족과 관계가 깊고, 골다공증은 칼슘과, 비타민 A와 C는 암 발생률의 감소와 관계가 있다.

11-10 일일 식사에 관한 계산

때로 약간의 산술 계산이 식품표시를 이해하거나 자신의 식사 필요량을 알아내는 데 도움이 된다. 여기서는 실제로 사용되는 식사의 종류에 따른 계산을 예로 들어 설명하기로 하자.

우리는 다양한 비타민 보충제를 선택할 수 있다.

예제 11.2 1일 지방량

지방으로부터 섭취하는 칼로리가 얼마나 되는지를 아는 가장 좋은 방법은 매일 먹는 식사에서 차지하는 지방의 총량을 추적해 보는 것이다. 중간정도의 활동을 하는 몸무게 100 lb의 여자가 하루 53 g의 지방을 섭취하면 지방으로부터 30%의 칼로리를 섭취하게 된다. 그녀는 자신이 먹을 수 있는 과자의 양을 결정하고자 한다. 과자의 영양표시에 의하면 포장 당 제공량이 2개이며 포장 당 지방 열량이 45 Cal라고 한다. 다른 음식에서 섭취할 33 g의 지방을 남겨 놓으려면 하루에 몇 개의 과자를 먹을 수 있는가? 그녀의 53 g의 지방 중 몇 %가 과자로부터 제공되는 양인가?

풀이

다른 음식을 위해서 33 g의 지방을 남겨둔다는 것은 다음의 지방 양을 가진 과자를 먹을 수 있다는 것을 의미한다.

$$53\ \text{g 지방} - 33\ \text{g 지방} = 20\ \text{g 지방}$$

지방 1 g당 9 Cal가 나오므로 제공되는 과자의 지방량은

$$\frac{45\ \text{Cal}}{\text{과자 2개}} \times \frac{1\ \text{g 지방}}{9\ \text{Cal}} = 5\ \text{g 지방/2개 과자}$$

과자 2개에서 제공되는 지방량이 5 g이므로 8개의 과자를 먹을 수 있다(그러나 그 날 먹을 다른 음식은 지방함량이 낮아야 될 것이다). 과자 8개의 지방 20 g은 1일 지방허용량의 38%가 된다.

$$\frac{20\ \text{g 지방(과자)}}{53\ \text{g 지방(1일량)}} \times 100 = 38\%$$

예제 11.3 식품과 운동의 열량값

페퍼로니 피자 1조각은 단백질 10 g, 탄수화물 20 g, 지방 7 g을 함유하고 있다. (a) 피자 1조각에서 얻을 수 있는 칼로리는? (b) 지방에서 얻는 칼로리는 총 열량의 몇 %인가? (c) 피자 1조각의 열량을 모두 연소시키기 위해서 5 mi/h로 몇 분이나 뛰어야 할까?

풀이

(a) 단백질, 탄수화물과 지방의 양으로부터 피자의 총 칼로리를 계산할 수 있다.

$$10\ \cancel{\text{g 단백질}} \times \frac{4\ \text{Cal}}{\cancel{\text{g 단백질}}} = 40\ \text{Cal}$$

$$20\ \cancel{\text{g 탄수화물}} \times \frac{4\ \text{Cal}}{\cancel{\text{g 탄수화물}}} = 80\ \text{Cal}$$

$$7\ \cancel{\text{g 지방}} \times \frac{9\ \text{Cal}}{\cancel{\text{g 지방}}} = 63\ \text{Cal}$$

$$\text{총} \quad 183\ \text{Cal}$$

(b) 지방에서 얻는 칼로리 백분율

$$\frac{63\ \text{Cal(지방)}}{183\ \text{Cal(총)}} \times 100 = 34\%$$

(c) 5 mi/h로 뛴다면 분당 10 Cal가 연소되므로 피자 1조각의 열량을 모두 연소시키려면

$$183\ \text{Cal} \times \frac{1\text{분}}{10\ \text{Cal(연소)}} = 18\text{분}$$

연습 문제

1. 소화란 무엇인지 정의하시오.

2. 다음 물질의 질량과 에너지의 관계를 설명하시오.
   (a) 지방 (b) 단백질
   (c) 탄수화물

3. *BMR*(기초대사량)의 의미는 무엇인가?

4. 중성지방(triglyceride)이란 무엇인지 정의하시오.

5. 다음 용어들은 무엇을 의미하는가?
   (a) 동맥경화증 (b) 콜레스테롤
   (c) 혈전 (d) 지질단백질
   (e) 저밀도 지질단백질
   (f) 고밀도 지질단백질

6. 다음 용어들을 정의하시오.
   (a) 다량원소 (b) 미량원소

7. 다음 물질들은 자연계 어디에서 얻을 수 있는가?
   (a) 전분 (b) 글리코겐
   (c) 셀룰로스

8. 다음 중 지용성 비타민은 어느 것인가?
   (a) 비타민 C
   (b) 비타민 B_6
   (c) 비타민 K
   (d) 비타민 B_{12}

9. 관련되는 비타민 결핍증이나 과다증을 골라 기호를 쓰시오.

비타민 C 결핍증	___	(a) 구루병
비타민 K 과다증	___	(b) 혈액 응고 과잉
비타민 D 결핍증	___	(c) 신경 손상
니아신 결핍증	___	(d) 펠라그라
비타민 B_6 과다증	___	(e) 괴혈병

10. 전해질이란 무엇인가? 신체의 전해질 균형은 무엇을 의미하는가?

11. 무기질 중에서 체내에 가장 많은 7가지 다량원소는 무엇인가?

12. 식품첨가물로 금속 제거제가 필요한 이유는?

13. 아이오딘이 결핍된 사람의 갑상선에서는 무슨 일이 일어나는가? 이 병을 무엇이라고 부르는가? 이 문제와 아이오딘 강화 소금과의 연관성은 무엇인가?

14. 보통 정도의 활동을 하는 110 lb 여자 성인의 기초대사량(BMR)은 얼마인가?

15. 3.5 mi/h의 속도로 길을 걷는 것은 분당 3.5 Cal를 소모한다. 식빵 100 g의 열량을 다 소비하기 위해서는 얼마나 걸어야 할까? (주; 식빵 100 g = 269 Cal)

16. 단백질 27 g, 탄수화물 46 g, 지방 34 g을 함유하는 치킨 샌드위치에서 생산되는 열량은 몇 칼로리(Cal)일까?

12

화학과 의약품

Chemistry and Medicine

차례

누구나 공중보건과 자신의 건강에 관련된 발전에 관심을 가지고 있다. 적어도 한번쯤 처방약이나 일반약을 구매한 적이 있을 것이다. 대부분 건강에 대해 많이 알고 있다고 생각하지만 사람들은 질병의 경계에 놓여있다. 이 장에서는 화학을 기초로 하여 중요한 질병과 치료에 사용할 수 있는 약품을 살펴보기로 한다.

미국 남성의 평균 수명은 1920년 53.6세에서 2008년에는 74.6세로 증가하였고, 여성의 평균 수명은 54.6에서 82.67세로 증가하였다.

화학과 화학공업은 평균 수명의 증가와 삶의 질 개선에 어떤 역할을 하는가?

최근 생물학적 과정을 조절하는 화학 반응들을 잘 이해할 수 있게 되었다. 이런 지식이 증가함에 따라 의약품으로 사용될 화학 물질을 선별하는 오래된 시행착오법이 대체되고 있다. 의약품 분자는 질병 치료에 필요한 적절한 화학 반응성과 모양을 가지는 분자로 설계하게 되었으며, 무엇이 건강한 생활방식에 기여하는지에 대한 이해를 넓히게 되었다.

12-1 의약품, 처방의약, 질병: 상위 10가지

일반약: 처방전 없이 구입할 수 있는 약.

처방약: 의사의 지시가 있어야만 구입할 수 있는 약.

미국인은 2010년 한 해 동안 의약품 구입에 3천7십억 달러 이상의 비용을 지출하였는데, 이는 1990년에 비해 7배 이상 증가한 것이다. 이 중 약 150억 달러는 슈퍼마켓이나 약국에서 의사의 처방전 없이 구입할 수 있는 **일반약**(**over-the-counter drug**)이고, 그 나머지는 의사의 처방전이 없으면 구입할 수 없는 **처방약**(**prescription drug**)이다. 처방약과 비처방약의 구분은 미국 식품의약청(FDA)에서 한다. 위험한 부작용의 가능성이 있거나, 특별한 의학적 문제가 있는 사람, 또는 의사가 관리하는 심각한 상태의 사람을 치료할 때는 처방에 의해 특정 약물을 사용할 수 있다.

표 12.1은 2008년 발급된 처방전의 수에 따라 정해진 상위 몇 가지 약품을 나타낸

것인데 약품 사용에서 흥미로운 면이 관찰된다. 첫째는 진통완화를 하는 동안 콜레스테롤이 혈액 속에 쌓이지 않으면서 수치가 낮게 유지되는 소염진통제이다. 다음은 양성자 펌프 저해제(Nexium and Prevacid)로 위에서 위산이 나오는 것을 감소시켜줌으로써 소화불량이나 위산역류와 같은 질병을 방지해 준다. 세 가지 의약품(Lipitor, Plavix, Diovan)은 혈관문제에 작용하고, 호흡기 질환에는 두 가지 의약품(Singulair, Advair Diskus)이 관여한다. 갑상선기능항진증에는 한 가지 의약품(Synthroid)이 작용하고, 우울증에는 항우울제로 두 가지 의약품(Lexapro, Effexor)이 작용한다. Effexor는 9번째로 많이 처방되는 의약품으로 1급 지정 의약품에 있는 2C-B, mescaline, MDMA(3,4-methylenedioxymethamphetamine)와 같은 계열의 물질이다.

표 12.1과 같이, 모든 의약품은 상품명과 일반명이 있다. 상품명은 제조가 만든 이름이다. 예를 들어 항생제 *아목실린(amoxicillin)*은 아목실(Amoxil), 아목시달(Amoxidall), 아목시비오틱(Amoxibiotic), 인펙토마이신(infectomycin), 목살린(Moxalline), 트리목스

약학은 화학을 의학과 연결한다. 1862년 영국 약전은 질병치료에 화학 사용을 표준화하기 위한 최초의 시도였다.

표 12.1 2008년도 미국에서 처방된 상위 10가지 약품

순위	상품명	일반명	약품 분류
1	Lipitor	Atorvastatin	콜레스테롤 강하제
2	Nexium	Esomeprazole	위식도 역류질환제
3	Lexapro	Escitalopram	정신신경용제
4	Singulair	Montelukast	알레르기용약
5	Plavix	Clopidogrel	동맥경화용제
6	Synthroid	Levothyroxine	갑상선기능 저하치료제
7	Prevacid	Lansoprazole	궤양치료제
8	Advari Diskus	Fluticasone/salmeterol	천식치료제
9	Effexor	Venlafaxine	항우울제
10	Diovan	Valsartan	혈압강하제

출처: SDI/Verispan, VONA, Full year 2008.

(Trimox), 우티목스(Utimox), 위목스(Wymox) 등의 이름으로 판매되고 있다. 아목실린은 일반명이며, 일반적으로 허용된 보통 화학명이다. 의약품은 특허 보호 기간이 종료되면, 많은 회사들이 경쟁적으로 생산 · 판매할 수 있으며 일반명으로 처방된다. 일반명으로 쓰인 처방은 더 값싸게 구입할 수 있다.

1900년 미국에서 사망 원인 열 가지 중 5가지는 전염병(폐렴과 유행성 감기, 결핵, 위장 감염, 신장 감염, 디프테리아)이었다. 현재 폐렴과 독감에 의한 사망은 모든 연령에서 전체 사망의 2.7%에 불과하다(표 12.2). 항생물질의 개발 덕분에 이런 전염병에 의한 사망이 극적으로 감소될 수 있었다.

반면 HIV(Human immunodeficiency virus, 인체 면역 결핍 바이러스)에 의해 발병하는 후천성면역결핍증(AIDS, acquired immunodeficiency syndrome)이 주요 사망 원인으로 나타나, 1993년 25~44세 집단에서 HIV 감염에 의한 사망이 모든 다른 사망 원인을 앞질렀다. AIDS는 여전히 건강에 심각한 위협이지만, 적극적인 AIDS 예방 교육프로그램, 완치는 불가능하지만 수명을 극적으로 연장시킬 수 있는 약품의 개발 덕분에 미국 내 AIDS 사망은 현저하게 감소하였다. 24~44세 집단에서 AIDS로 인한 사망은 여섯 번째이다. 이들 약품의 가격이 비싸 전 세계적으로 사용되는 데는 어려움이 있다. 특히 아프리카의 사하라 이남 지역에서는 AIDS가 여전히 심각한 문제로 남아있다.

미국의 현 사회반영에 따라 15~24세에서 사고, 살인, 자살이 가장 많이 사망과 관련되어 있으며, 25~44세에서 사고는 가장 높은 사망의 원인이며, 자살과 살인은 각각 네 번째와 다섯 번째이다.

12-2 전염병을 위한 의약품

화학 약품 질병을 치료하는 근대 화학요법은 Paul Ehrlich의 노력으로 시작되었다. 1904년 그는 숙주에 해를 주지 않고 병을 일으키는 미생물을 공격할 수 있는 화학물질을 찾을 수 있다면 **전염병**(**infectious diseases**)을 정복할 수 있다고 결론을 내렸다. 그는 세균

전염병: 미생물에 의해 생기는 질병.

표 12.2 2006년 주된 사망 원인과 총 사망자수

	모든 연령		15~24세		25~34세	
	사망자수	비율(%)	사망자수	비율(%)	사망자수	비율(%)
총 사망자수	2,426,264		34,887		42,952	
심장 질환	631,636	26.03	1,076	3.08	3,307	7.70
암	559,888	23.08	1,644	4.71	3,656	8.51
뇌혈관 질병	137,119	5.65	210	0.60	527	1.23
만성하부 호흡기 질환	124,583	5.13	151	0.43	255	0.59
사고	121,599	5.01	16,229	46.52	14,954	34.82
당뇨	72,449	2.99	165	0.47	673	1.57
알츠하이머병	72,432	2.99	*	*	1	0.00
독감 및 폐렴	56,326	2.32	184	0.53	335	0.78
신장질환	45,344	1.87	99	0.28	276	0.64
혈액오염	34,234	1.41	139	0.40	291	0.68
자살	33,300	1.37	4,189	12.01	4,985	11.61
만성 간 질환	27,555	1.14	26	0.07	316	0.74
고혈압성 질환	23,855	0.98	21	0.06	110	0.26
파킨슨 병	19,566	0.81	2	0.01	4	0.01
피살	18,573	0.77	5,717	16.39	4,725	11.00

*다른 원인에 의한 사망자수가 포함되지 않아 합계가 100%가 되지 않는다.

출처: *National Vital Statistics Report*, Vol. 57, No. 14, www.cdc.gov/nchs/data/nvsr/nvsr57/nvsr57_14.pdf

의 염색에 사용된 염료가 세균을 죽이는 것을 관찰하고, 염료와 유사한 비소 화합물을 개발하였다. 이들 화합물 중 하나인 아스펜아민(arsphenamine)은 전염병에 유효한 최초의 의약품이었으며, 당시 매독 치료에 대변혁을 일으켰다. 지금은 매독 치료에 페니실린을 사용하고 있다.

엄밀하게 말해서, **항생물질**(**antibiotic**)은 다른 미생물의 성장을 저해하는 미생물에서 생성된 물질이다. 이러한 방식으로 작용하는 천연 또는 합성물질은 모두 항생물질이다. 침입한 미생물이 체내의 면역 체계에 의하여 죽는 것보다 더 빠르게 증식된다면 감염성 질병으로 희생된다. 항생물질은 이러한 침입자를 죽이거나 증식을 억제함으로써 면역체계를 돕는다.

항생물질: 미생물의 성장을 저해하는 물질.

병원균: 질병을 일으킬 수 있는 세균.

12-2a 페니실린

페니실린(penicillin)은 런던대학교의 미생물학자인 플레밍(Alexander Fleming) 경에 의하여 발견되었다. 1928년 그는 종기와 몇 가지 다른 감염증을 일으키는 세균인 *포도상구균*(*Staphylococcus aureus*)을 배양하고 있었다. 어느 날 한 배양지가 청록색 곰팡이에 의해 오염되었음을 알게 되었는데 곰팡이가 자라고 있는 주변에는 세균이 자라지 못하고 있었다. 더 연구한 결과 Fleming은 이 곰팡이 배양액도 많은 **병원균**(**pathogenic bacteria**) 치사효과를 가지고 있음을 발견하였으며, 후에 이 곰팡이는 *페니실린 노타툼* [*penicillium notatum*, 포자가 연필(pencil) 모양의 가지로 자라는 모습에서 명칭이 유래

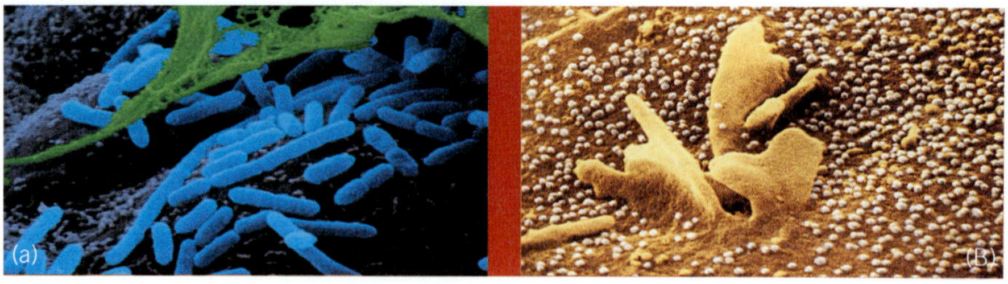

박테리아와 바이러스. (a) 푸른 막대는 사람 코의 조직에 있는 *Haemophilus* 인플루엔자 박테리아이다. 이 박테리아는 기관지염, 폐렴, 수막염과 폐혈증 등의 광범위한 어린이 질병을 일으킨다. (b) 점은 감염 세포의 표면에서 나온 *Rubella* 바이러스로 풍진을 일으키는 바이러스이다.

됨]으로 확인되었다. Fleming은 그 곰팡이가 항균물질을 함유하고 있다는 것은 밝히고 이를 *페니실린*(*penicillin*)이라고 명명하였지만 활성 성분을 정제하지는 못하였다.

1940년 활성물질인 페니실린 G가 확인되어 1943년에 임상에 사용되었다. 제2차 세계대전 말기에 페니실린 G는 폐렴, 골수감염, 임질, 괴저병과 다른 감염으로부터 위협받던 많은 생명을 구하였다. 그 이후 많은 페니실린들이 개발되었다. 가장 많이 처방된 항생제인 아목시실린(amoxicillin)도 페니실린이다.

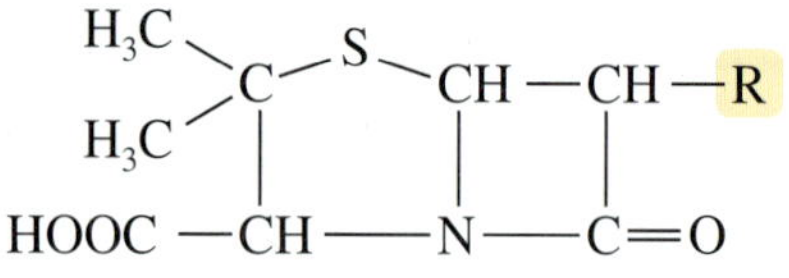

일반적인 페니실린 구조

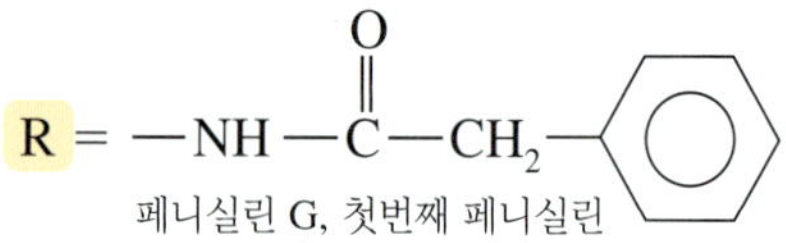

페니실린 G, 첫번째 페니실린

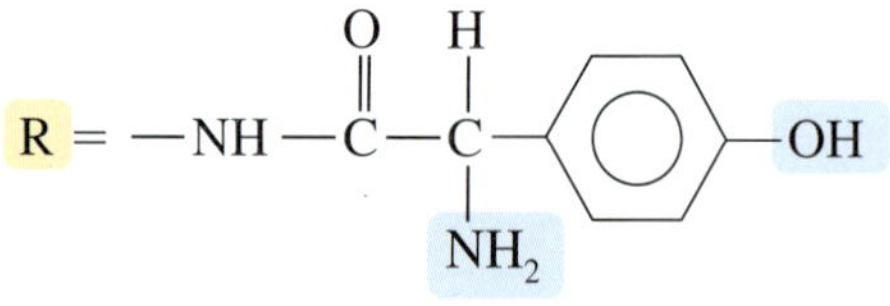

아목시실린, 광범위 항생제—
여러 세균에 활성

모든 페니실린은 성장하는 세균의 세포벽이 정상적으로 합성하는 것을 방해하여 살균하게 된다. 포유동물의 세포와 달리 세균의 세포벽은 견고하다. 이러한 견고성은 펩타이드 사슬 사이의 교차결합 때문인데, 페니실린은 이 교차결합을 만드는 효소를 저해하여 반응이 일어나지 못하게 함으로써 세포가 터지게 만든다.

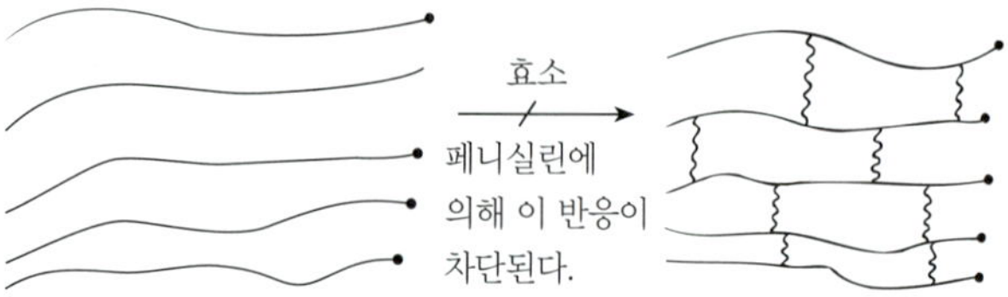

12-2b 다른 종류의 항생물질

*세팔로스포린(cephalosporin)*은 페니실린과 구조가 유사하며 역시 세포벽의 합성을 차단한다. 독성이 낮고 광범위한 항균력을 가지므로 병원에서 가장 널리 사용되고 있다. 모든 세팔로스포린은 동일한 골격구조를 가지는데, 보통 R_1은 수소이고 R_2와 R_3는 여러 작용기를 가진 치환기이다.

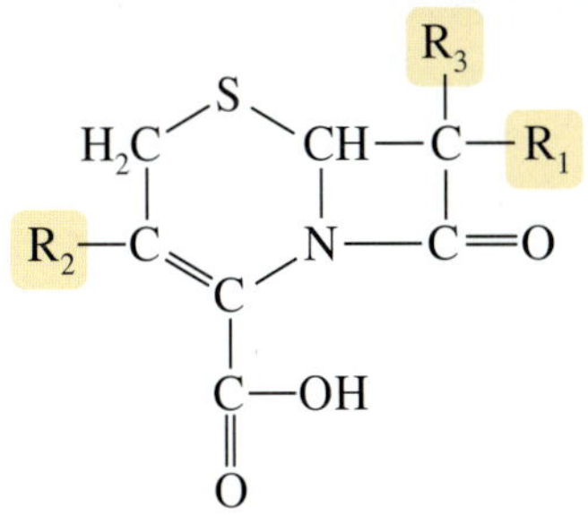

일반적인 세팔로스포린의 구조

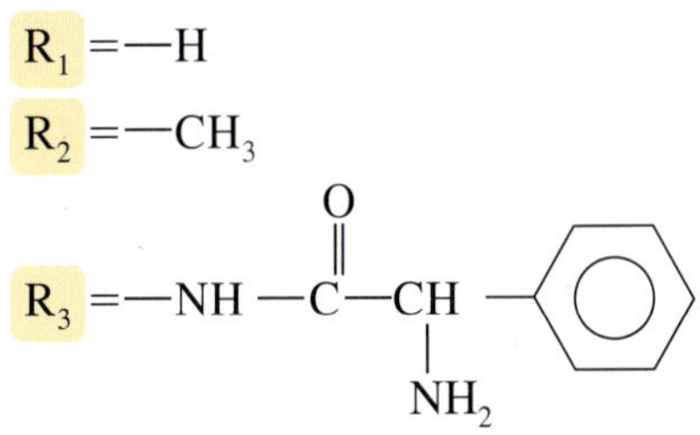

세팔렉신에 있는 R기,
연쇄상구균 감염 치료에 사용

페니실린이나 세팔로스포린과 다른 방법으로 세균을 공격하는 다른 종류의 항생물질도 있다. 세균의 DNA의 합성과 기능을 방해하는 많은 항생물질들이 있다. *테트라사이클린류(tetracyclines*; 예, achromycin, terramycin)와 *독시사이클린(doxycyclin)*은 단백질 합성을 방해하며, *리팜핀(rifampin*, 결핵 치료에 중요)은 DNA로부터 RNA 합성을 방해한다.

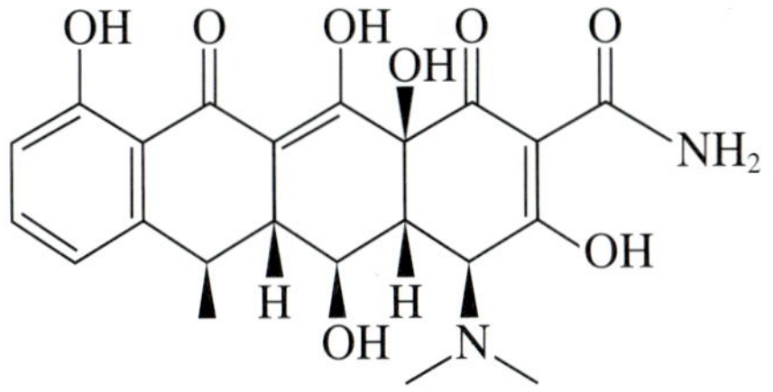

독시사이클린

항생물질에 의해 전염병이 완전히 퇴치되었다고 생각했지만 그것은 큰 오산이었다. 항생물질에 내성을 가지는 말라리아, 장티푸스, 임질, 결핵균의 변형이 나타났던 것이다. 따라서 연구자들은 새로운 항생물질을 찾기 시작했으며 어떤 때는 불필요하다고 폐기했던 것들도 다시 취급하기 시작했다. 1997년 입원한 중환자에게서 박테리아의 변형인 반코마이신 내성 포도상구균이 발견되면서 새 항생물질의 발견은 더 시급해졌다. 반코마이신은 포도상구균을 치료할 수 있는 유일한 항생제였다. 질병예방 관리본부(CDC)에 의하면, 미국에서 매년 거의 2백만명의 환자가 병원 내에서 감염이 되고 있다. 1992년에는

Penicillium notatum 배양.

13,300명이 죽었고 2009년에는 *병원 내에서* 감염된 환자 중 99,000명이 죽음에 이르렀다. 이는 그들이 공통적으로 복용한 약 중 하나 이상이 70% 넘게 박테리아에 감염되었음을 의미한다.

메티실린 내성 황색 포도상 구균의 변종은 병원에서 일반적으로 존재하며 이러한 세균은 라커룸과 같이 병원이 아닌 곳에서도 점점 발견되고 있다. 고등학교 축구 선수가 입은 작은 찰과상이 감염으로 인해 매우 짧은 기간 내에 손발 절단 또는 죽음에 연결되었는데 문제는 이것이 2005년 봄 Sports Illustrated 기사의 초점이었던 것이다.

이러한 신종 항생물질의 탐색이 진행되는 동안에 의료계는 다음의 기본 사항을 지킬 것을 권고하고 있다.

- 의사는 항생물질의 처방을 남용하지 않도록 주의해야 한다.
- 환자는 불필요한 경우에 항생제 치료를 요구하지 말아야 한다. (예컨대 바이러스 감염에는 항생물질이 효과가 없다.)
- 처방된 항생물질은 반드시 모두 복용해야 한다.
- 손을 자주 깨끗이 씻도록 한다.

12-3 AIDS, 바이러스성 질병

1980년 AIDS가 처음 나타난 이후 HIV 감염자가 세계적으로 빠르게 확산되었다. 미국 내에서 1981년부터 1989년까지 8년간 10만 건의 HIV 감염이 보고된 바 있다. 또 다른 10만 건은 2년 만에 발생하였다. 2006년에 미국에서는 110만 명이 HIV에 감염된 채로 살았으며 이중 25~35%는 감염된 사실조차 몰랐다. 세계 보건 기구에서는 전 세계적으로 2007년에 약 33억 명이 HIV에 감염된 것으로 추정하였다.

화학적 관점에서, 바이러스성 질병을 치료하는 방법이 (백신 이외는) 거의 없다는 것을 알아야한다. 바이러스는 근본적으로 화학적 기생체로서 공격하기 때문이다. 바이러스는 인간의 DNA를 점령하고 자신을 복제하므로, 숙주 세포의 공격 없이 바이러스를 복제하는 세포를 공격하기는 어렵다.

HIV는 *역전사 효소*(*reverse transcriptase*)라는 효소인 단백질과 RNA를 함유한 기질을 둘러싸는 이중 지질막으로 구성된 일종의 *레트로바이러스*(*retrovirus*)이다. “레트로바이러스”라는 용어는 효소가 DNA에 의해 지시된 일반적인 RNA 합성 대신 RNA에 의하여 지시된 DNA 합성을 수행하기 때문에 사용된다.

AIDS 레트로바이러스는 면역계의 T 세포에 침투한다(그림 12.1의 ①). 내부에서 바이러스는 그 내용물을 방출하며, AIDS의 역전사효소는 바이러스의 RNA 암호를 번역하여 이중나선의 DNA를 만든다(그림 12.2의 ②). T 세포의 핵에 들어간 바이러스 DNA는 세포 자체의 DNA에 섞이게 된다(그림 12.2의 ③). 다음 T 세포는 바이러스 DNA로

RNA를 만들며, 새로운 바이러스에 필요한 단백질은 이 RNA로부터 만들어지고(그림 12.2의 ④), 새로운 바이러스가 생긴다(그림 12.2의 ⑤). 결국 T 세포는 팽창되고 죽게 되며, 더 많은 바이러스가 방출되어 다른 T세포를 공격하게 된다. T 세포가 파괴됨으로써, 정상인이면 체내의 면역계에 의하여 격퇴될 수 있는 질병의 공격을 받게 되는 것이다.

HIV 치료제 연구는 1996년 전환점을 맞이하였다. 그 전에 나온 약들은 AIDS의 진행을 다소 느리게는 하지만 질병을 치료하지는 못했다. 1996년 초에 새로운 부류의 세 가지 HIV 프로테아제 억제제가 잇달아 인가를 받았다. 임상 실험을 통해 프로테아제 억제제는 이미 나온 AIDS 약과 병용할 때 환자 혈액 속에 있는 바이러스 농도를 현저히 감소시키는 것을 알 수 있었다. 약의 병용은 심각한 합병증을 줄이고 중환자의 사망률을 감소시킨다. 조합약의 사용은 단일약 치료에서 생기는 주요 문제점을 해결하는 듯하였으나, 일부 바이러스는 투약 중에도 살아남아 그 약에 내성을 지니는 형태로 빠르게 전환되어 적응할 수 있다.

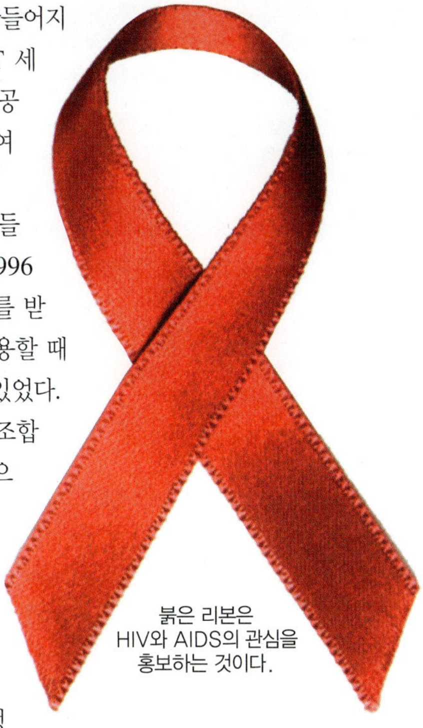

붉은 리본은 HIV와 AIDS의 관심을 홍보하는 것이다.

약품명이 나타내듯이 프로테아제 억제제는 프로테아제 효소를 억제하는 작용을 한다. 효소의 활성화 자리에 끼어들어가 효소의 기능을 방해한다(그림 12.2). 이 효소는 긴 단백질 사슬을 절단해서 HIV 바이러스의 생존에 필수적인 더 작은 단백질로 만들기 때문에 효소작용이 정지되면 바이러스가 죽게 된다.

가장 오랫동안 널리 사용하고 있는 AIDS 치료약인 AZT(azidothymidine, zidovudine)는 프로테아제 억제제와 병용할 수 있는 약 중 하나이다. AZT는 뉴클레오사이

그림 12.1 ▸ 임파구 T 세포에 대한 HIV 바이러스의 공격.
바이러스가 임파구에 들어가(1), 자신의 DNA를 만들고(2), 그 DNA는 임파구 핵으로 들어가서(3), 임파구 DNA와 결합한다. 그리고 세포의 정상 과정으로, DNA는 메신저 RNA에 전사되고, 핵 밖으로 나온다. 그 바이러스는 RNA는 단백질 생산의 주형이 된다(4). 단백질은 새로운 바이러스 안으로 조립되어 돌아간다(5).

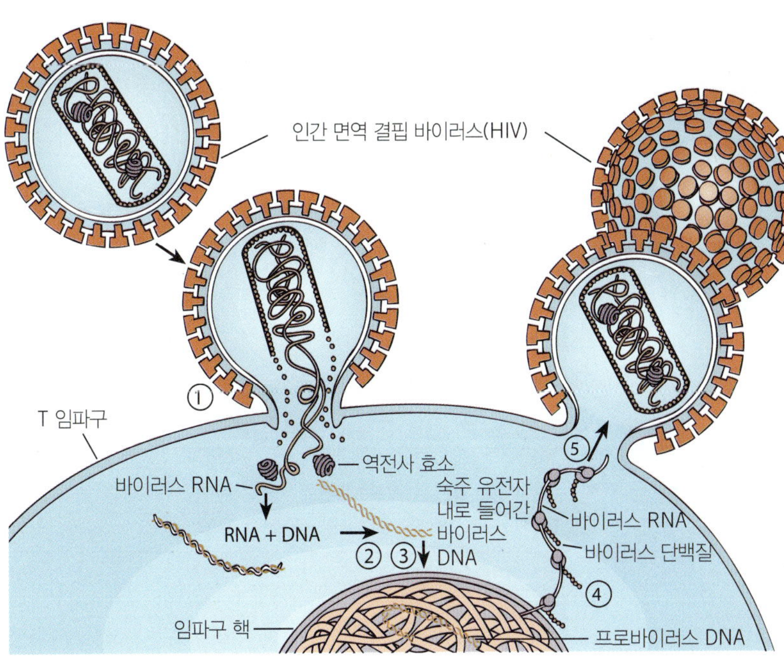

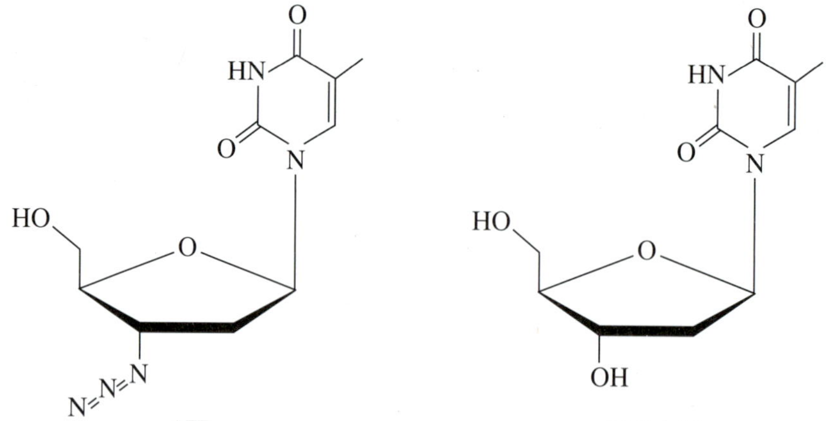

AZT　　　데옥시티미딘

드인 데옥시티미딘(deoxythymidine) 유도체이다(뉴클레오사이드는 뉴클레오타이드에서 인산기가 없는 것이다. 10-11절 참조). AZT는 천연 뉴클레오사이드의 —OH기 대신에 $-N_3$기가 있다. 여전히 AZT는 천연 뉴클레오사이드와 닮았기 때문에 HIV 역전사효소에 수용되어 바이러스 DNA 속에 들어간다. 이렇게 되면 뉴클레오사이드가 추가로 사슬에 첨가되는 것을 방해하여 세포 분할을 멈춘다.

이러한 희망적인 분위기에도 불구하고 여전히 문제점이 남아있다. 새로운 조합약도 완치할 수 있는 치료제는 아니다. 값이 너무 비싸므로 제3세계에 있는 사람들은 이용할 수도 없고 부작용도 있다. 또 다른 문제점은 시간표에 따라 하루 20알씩 복용해야 하며 조금만 시간을 어겨도 바이러스가 약에 내성인 변종으로 바뀔 수 있다는 점이다.

최근 개발된 세 가지 AIDS 의약품(Enfuvirtide, Atazanavir, Fosamprenavir)은 2003년 FDA 승인을 받았고 현재 사용 중에 있지만, 그들을 관리하기가 불편하고 매우 비싸다. 2009년 발간된 *New England Journal of Medicine*에서는 HIV 저항 유전자를

그림 12.2 ▸ 프로테아제 효소의 활성 자리에 들어있는 Ritonovir 프로테아제 억제제. 붉은 네모 안에 나타내었다. 리본처럼 생긴 것은 효소의 단백질 사슬을 나타낸다.

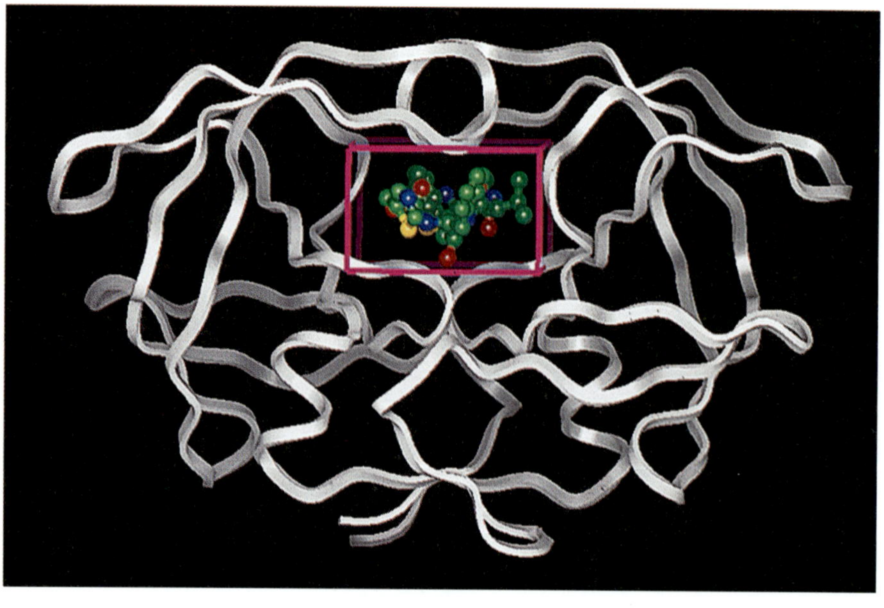

가진 사람에게 장기기증을 받은 한 HIV 환자가 HIV 수준이 낮게 감지된다는 내용을 실은 적이 있다.

연구자들은 이러한 사실에 의거하여 AIDS의 치료가 가능하다면 미래에 치료제가 개발될 수 있을 것이라 생각하고 있다.

12-4 스테로이드 호르몬

수용체: 다른 분자와 상호작용하여 생화학적 활성을 변화시키는 분자나 분자의 일부분.

호르몬(hormone)제는 천연 생화학 물질의 부족한 점을 보완하거나 그들의 작용을 모방하는 의약품으로, 침투한 생명체와 싸우는 의약품과는 다르다.

호르몬은 내분비선에서 만들어지며, 혈액 속으로 직접 분비된다. 호르몬이 분비된 곳에서 멀리 떨어진 **수용체(receptor)**와 상호작용하여 생물학적 과정을 조절하는 화학적 메신저 역할을 한다. 예를 들어, 신장 바로 위에 있는 부신은 혈액 내 글루코스의 이용률을 조절하는 호르몬을 체내 곳곳에 분비한다. 호르몬은 화학적으로 다양하지만 대체로 단백질이나 스테로이드이다. *하이드로코르티손(hydrocortisone)*이라고도 부르는 코르티솔(cortisol)은 스테로이드 호르몬으로, 합성 코르티솔은 관절에 주사하거나 피부에 바르는 항염제로 사용된다. 모든 스테로이드에 공통적으로 있는 고리 구조가 코르티솔에서 보인다.

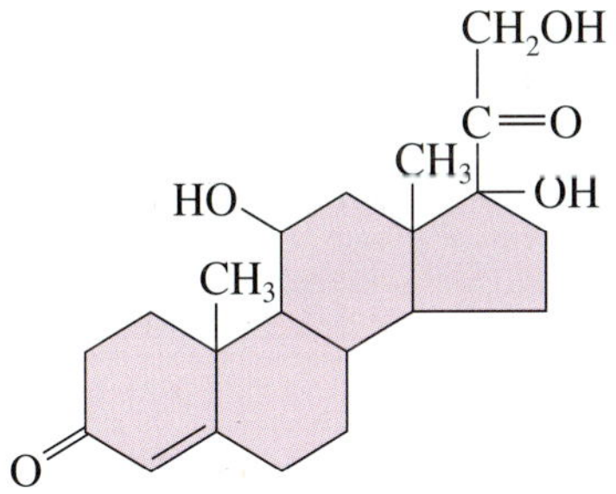

코르티솔

1950년대 가장 혁명적인 의약 발전의 하나는 전 세계에 도입된 피임약의 사용이다. 여성 호르몬의 합성 유사체를 개발함으로써 처음으로 여성이 확실하게 출산을 조절할 수 있게 되었다. 남성용 피임약 연구도 계속되고 있지만 아직은 여성 피임약만큼 성공적이지 못하다.

오늘날 여성이 사용하는 경구용 피임약은 대부분 두 가지 합성 호르몬을 배합하여 사용하고 있다. 하나는 거의가 월경 주기를 조절하는 에스트로젠과 같은 작용을 하는 에티닐 에스트라다이올(ethinyl estradiol)이다. 다른 하나는 노르에틴드론(norethindrone)이며 가임신 상태로 만들어 배란을 막는 프로제스테론과 같은 작용을 한다. 일반적인 의약품 개발의 방식처럼, 성공적인 피임약은 천연 분자와 구조적으로 매우 비슷하고 그 약리작용도 유사하다(10-3절에 있는 것들과 다음 구조를 비교해 보라).

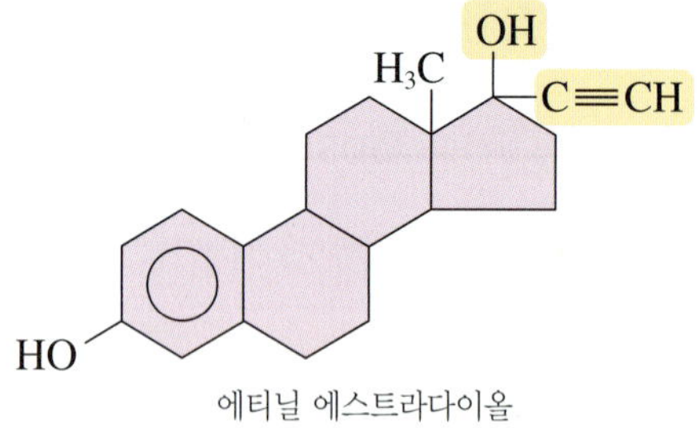

에티닐 에스트라다이올
(합성 에스트로젠)

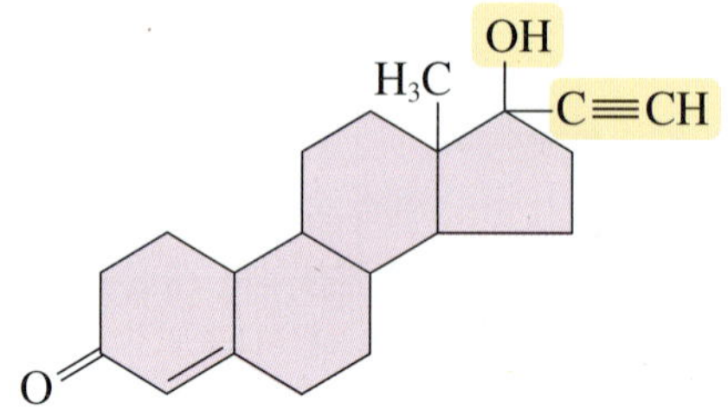

노르에틴드론
(합성 프로제스테론)

임신하지 않은 여성은 월별 주기로 뇌하수체에 의한 호르몬의 분비가 나타나고 이는 배란을 야기한다. 여성이 임신하면 *프로제스테론*(임신 호르몬)이 분비된다. 이 호르몬은 태아의 착상과 임신 중에 추가적인 배란을 막을 수 있게 여성의 자궁을 준비하도록 하는 화학적 메시지를 보낼 수 있게 한다. 이는 프로제스테론 결합부위에 결합해서 더 이상의 태아의 착상이나 배란을 막아주는 스테로이드 계열의 피임기구라고 할 수 있다. 이 역할은 효과적으로 여성이 임신을 했다고 생각하게 하게끔 여성의 몸을 변화시킨다. 따라서 더 이상 배란이 일어나지 않고 여성은 임신을 하지 않게 된다. 배란을 방지하는 피임약의 사용여부를 둘러싼 몇 가지 논쟁에도 불구하고 이런 화학적 지식을 사용하여 수정 후 피임용 화학약품이 개발되었다. 프랑스 제약회사 Roussel-Uclaf는 유럽에서 1988년 이후 낙태를 유도시키기 위해 사용되었던 약에 대해 불매운동과 소송을 방지하기 위해 비영리 인권위원회에 특허권을 기부한 후 일반적으로 알려진 RU-486(mifepristone)은 브랜드 이름을 Mifeprex로 2000년 이후 바꾸면서 미국에서 사용 가능하게 되었다. Mifeprex는 실제로 미페프리스톤(mifepristone)과 미소프로톨(misoprotol)의 혼합물이다. 미페프리스톤은 프로제스테론 결합부위에 결합해서 프로제스테론 저항제처럼 보이지만 태아를 착상시키는 적절한 화학적 메시지를 보낼 수 있고 미소프로톨은 낙태약으로 태아가 자발적으로 유산되게 된다. 환자는 이런 과정이 실패하는 경우에 낙태수술을 해야 하는 것에 대해서 동의해야 한다.

약물을 이용해서 낙태를 하는 방법 대신에 미소프로톨과 메토트렉세이트(methotrexate)의 조합이 대안으로 포함되고 있다. 메토트렉세이트는 배아 및 태반의 발달을 억제하기 위해서 정상세포의 성장 및 분열을 억제한다. 이 약물들은 여기서 설명하는 것과 다른 사용 가치가 없지만 이들이 낙태제로의 사용 가능성이 있기 때문에 아직 논란의 여지가 남아있다.

일반적으로 말하는 사후 피임약이나 응급 피임약은 실제로 일반 경구 피임약에 비해 많은 양으로 구성되어 있으며, 이는 성관계 직후에 복용하는 것으로 알려져 있다. 피임약은 처음에 강간 피해자에게 사용되었지만, 적절한 피임없이 성관계를 한 경우 72시간 내에 복용하면 응급 피임이 가능하다. FDA는 2013년에 응급 피임약을 처방전 없이 살

미국 국무장관이었던 힐러리 클린턴이 Planned Parenthood event에 대해 이야기하고 있다. 1916년에 설립된 Planned Parenthood는 미국에서 850개 이상의 의료 서비스 제공업체이다. 이는 많은 다른 서비스를 제공하기도 하지만 응급 및 비응급 피임의 국가 선도적 유통업체 중 하나이다.

수 있도록 승인했다.

에스트로젠과 비슷한 약리작용을 하는 합성 스테로이드는 폐경 후나 자궁적출수술로 천연 호르몬이 부족하여 일어나는 질병에 의학적으로 사용된다. 나이가 들면서 나타나는 골다공증(osteoporosis)의 지연에 아주 효과적이다.

12-5 신경전달물질

호르몬과 신경전달물질(neurotransmitter)은 체내에서 화학 메신저 역할을 한다는 공통점이 있다. 그림 12.3에 설명한 것과 같이 신경전달물질은 한 신경에서 다음 신경으로 또는 신호에 응답하는 위치로 신경자극을 전달한다.

인체에는 다양한 신경전달물질이 있으며, 각각 독특한 수용체와 기능을 가진다. 신경전달물질에 대한 새로운 정보는 수시로 보고되고 있으며, 의약품으로서의 유용성 때문에 큰 관심을 끌고 있다. 신경계 또는 두뇌에 영향을 주는 대부분의 의약품은 신경전달물질 또는 그 수용체와 상호작용을 한다.

12-5a 노르에프네프린, 세로토닌 그리고 항우울제

노르에피네프린(norepinephrine)과 세로토닌(serotonin)은 두뇌 전체에 수용체를 가진 신경전달물질이다. 노르에피네프린은 신체의 운동과 균형, 기민성, 그리고 정서의 섬세한 협동작용의 조절을 도우며, 기분, 꿈, 만족감에도 영향을 준다. 세로토닌은 체온과 혈압 조절, 통증 인식, 기분에 관여한다. 세로토닌과 노르에피네프린은 합동으로 수면과 잠깨기 주기를 조절하는 역할도 한다.

신경 시냅스에서 일어나는 신경전달물질의 정상 회로(그림 12.3)는 다음과 같다.

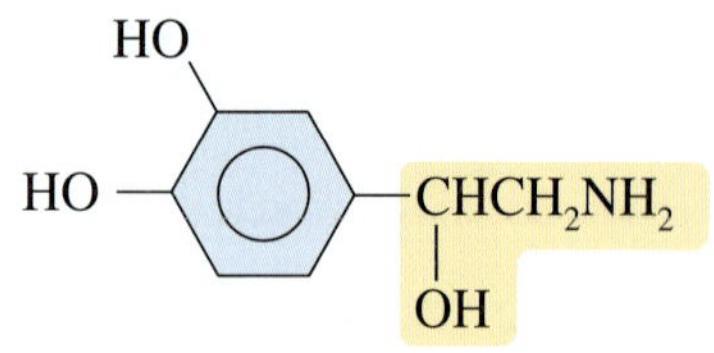

노르에피네프린

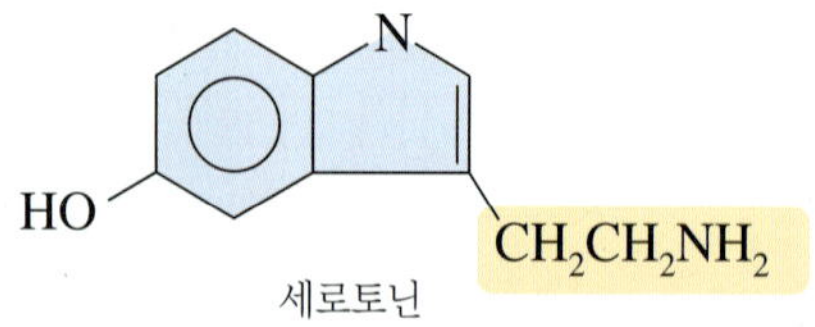

세로토닌

1. 신경세포에서 방출된다.
2. 시냅스를 건너서 수용체와 상호작용한다.
3. 뉴런(신경단위)에 재흡수되거나 효소에 의해 비활성형으로 바뀌어 신경전달물질이 비활성화 된다.

우울증의 생화학은 완전히 이해하지 못하지만, 노르에피네프린과 세로토닌(도파민 역시)의 결핍이 어떤 역할을 하는 것은 거의 확실하다. 우울증 치료에 사용된 다음 세 부류의 의약품이 이들 신경전달물질의 작용에 영향을 주는 그 증거이다.

세 고리 항우울제(amitriptyline, Elavil)는 시냅스에서 신경전달물질의 농도를 증가시키는 뉴런이 신경전달물질을 재흡수하는 것을 방해한다. 모노아민산화효소(MAO) 억제제는 노르에피네프린과 세로토닌을 탈 활성화시키는 효소인데, Nardil과 같은 MAO 억제제는 MAO의 활성을 감소시킨다. 제3 형태의 약물작용을 나타내는 플루오세틴(fluocetine, Prozac)은 세로토닌을 방출한 뉴런이 세로토닌을 재흡수하는 것을 방해한다. 이런 종류의 약품을 *세로토닌 선택성 재흡수 억제제(SSRI)*라고 부르며, 중증 우울증 치료

그림 12.3 ▸ 신경자극의 전달.
신경전달물질은 필요할 때까지 소포 속에 저장된다. 신경자극이 도착하면 세포막 쪽으로 작은 소포가 이동해서 결합함으로서 신경전달물질이 배출된다. 시냅스(신경세포연접부)를 가로질러 인접 신경세포의 수용체와 결합함으로써 신경전달물질이 신경자극을 전달한다. 수용체는 화학변화를 시작해서 신경자극을 다른 쪽으로 전달한다.

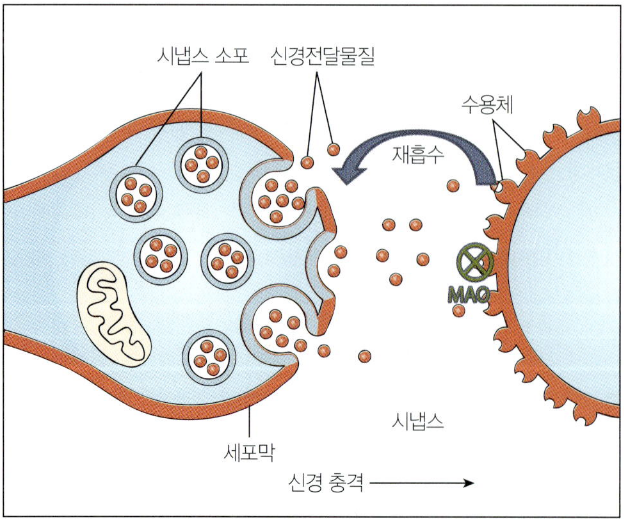

제로 가장 널리 쓰인다. 이들 세 가지 의약품의 주요작용 메커니즘은 시냅스에서 세로토닌의 농도를 증가시키는 것이다.

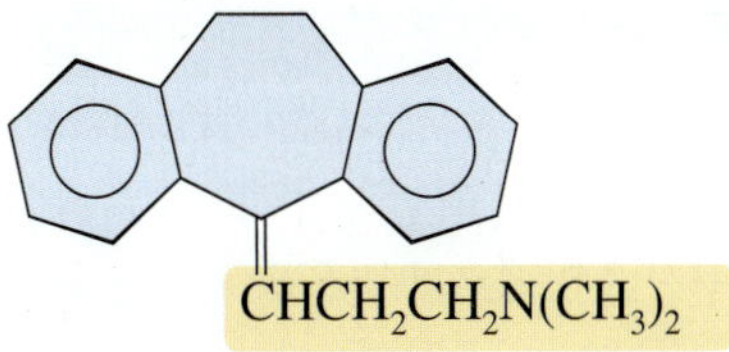

아미트립틸린, 세 고리 항우울제
(Elavil)

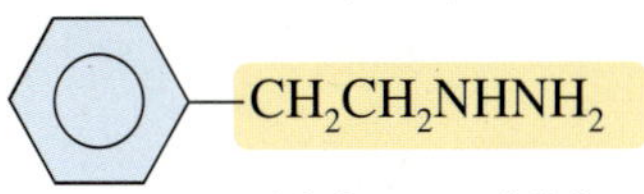

페넬진, MAO 억제제
(Nardil)

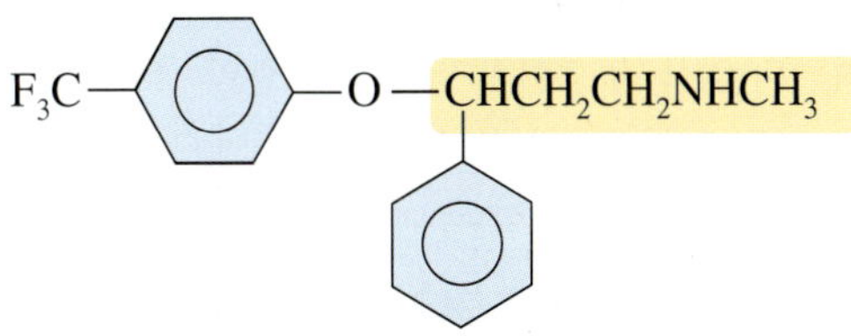

플루옥세틴, SSRI
(Prozac)

12.5b 도파민

도파민(dopamine)은 뇌의 여러 부위에서 생성되며 정밀한 근육 움직임을 담당하고 기억과 감정을 조절한다. 도파민의 뇌화학을 이해함으로써 파킨슨병의 효과적인 치료법을 개발하게 되었다. 파킨슨병 환자는 도파민 결핍 때문에 떨림, 근육경직 등의 여러 증상을 겪게 된다. 도파민은 뇌혈관 벽을 통과하지 못하므로(그림 12.4) 의약품으로 사용할 수 없다. L-도파는 혈관 벽을 통과할 수 있으며 뇌에서 도파민으로 변한다는 것을 발견하였다. 파킨슨병을 치료할 수는 없지만, L-도파는 수년간 증상을 완전하게 완화할 수 있었다.

도파민은 안락감과 약물중독과 관련된 보상의 느낌을 일으키는 신경전달물질로 밝혀졌다. 도파민 수용체를 차단하는 약품은 정신분열증 치료에 사용되기도 하지만, 정신분열증은 도파민 활성에 의한 증상만으로는 볼 수 없는 복잡한 증상이다.

12.5c 에피네프린

에피네프린(epinephrine)은 아드레날린(adrenaline) 신경전달 물질로, 부신에서 분비되는 호르몬이다. 놀랐을 때 갑작스럽게 에피네프린이 분비되면 혈압이 오르고, 혈관이 확

그림 12.4 ▸ 혈액-뇌 장벽
뇌 모세혈관의 작은 통로는 큰 분자의 통과를 막으며, 세포막은 지질을 함유하므로 이온도 통과하지 못하고 지질에 녹는 분자만 통과시킨다. 이들 제한은 독성 물질로부터 뇌를 보호하는 장벽 역할을 하지만, 때때로 유익한 의약품을 막는 문제를 일으키기도 한다.

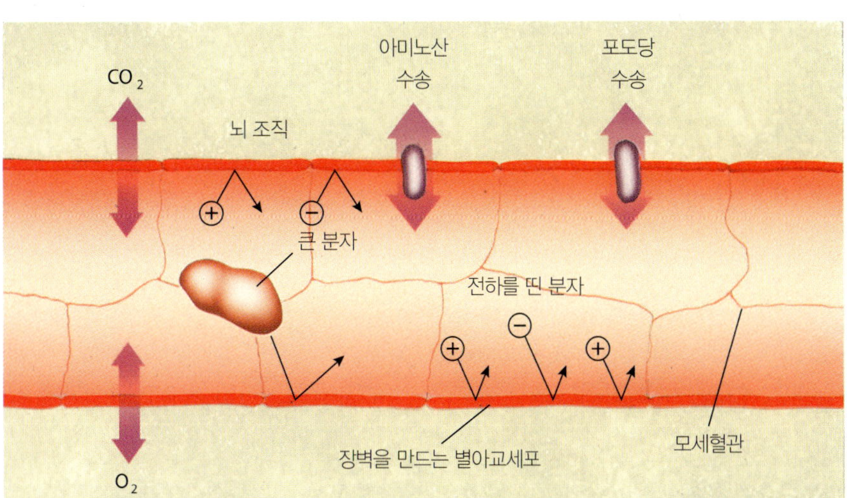

장되며, 동공이 확대되고, 모발이 곤두서는 등 놀라는 반응을 일으킨다. 광범위하고도 빠른 효과 때문에 에피네프린은 특히 위기 상황에서 의약품으로 많이 이용된다. 심정지를 막아주며(심장 박동의 자극으로), 위험한 저혈압을 높이고(혈관 수축으로), 격심한 천식을 멈추게 하며, 초과민 반응 쇼크로 알려진 극심한 알레르기 반응을 치료한다.

12-6 과량 복용은 독

몸에 투여하는 화학 물질의 양을 *복용량(dose)*이라고 한다. 약은 생명을 구할 수도 있지만 지나치면 해가 될 수도 있다. 그 차이를 어떻게 설명할 수 있을까? *복용하면 독이 된다*. 자신을 파라켈수스라고 지칭했던 독일의 의사 겸 화학자가 16세기에 이 사실을 깨달았으며 여전히 맞는 얘기이다. 투여하는 물질의 독성 여부는 투여량의 정도에 달려있다. 대부분의 물질은 과량 복용하면 독이 된다. 개인의 나이, 성별, 체중, 건강상태 등도 투여량에 중요한 요인이 된다.

보통 복용량은 체중 1 kg 당 mg(mg/kg)으로 나타낸다. 예를 들어 류머티스성 관절염을 치료하는 데 사용하는 아스피린의 투여량은 하루에 110 mg/kg이다. 보통 아스피린 정제 한 알은 약 325 mg 정도이며 체중 70 kg인 성인이 두 알을 복용했다면 투여량은 9 mg/kg이 된다.

해로운 정도는 쥐와 같은 실험동물에게 물질의 투여량을 다양하게 조절해서 알아낸

표 12.3 여러 화학물질의 LD_{50} 값

화학물질	(생쥐에서 경구 투여한 LD_{50} mg/kg)
염화 소듐(소금)	3750
아스피린	1750
에탄올	1000
모르핀	500
카페인	200
헤로인	150
납	20
코카인	17.5
파라티온	13
아플라톡신	10
사이안화 소듐	10
니코틴	2
스트리크닌	0.8
사린	0.4
바트라초톡신	0.002*
파상풍독	5×10^{-6}
보툴리눅스 독	3×10^{-8}

*독성 개구리에서 발견. 쥐의 LD_{50}.

다. 실험동물의 50%가 죽게 될 때 투여량을 LD_{50}(치사량 50%)이라 부르며, 보통 mg/kg 단위로 나타낸다. 같은 독이라도 종이 다르면 LD_{50} 값이 다르다. 동물 실험을 바탕으로 결정한 것을 사람에게 그대로 적용하는 것도 문제점은 있다. 여러 종으로 실험하여 얻은 LD_{50}가 낮은 화학물질은 인간에게도 안전하다고 생각할 수도 있다. 표 12.3은 여러 물질의 LD_{50} 값을 나타낸 것인데, 몇 가지 흔히 사용되는 제초제, 살충제 같은 화합물과 신경제제는 매우 작은 LD_{50} 값을 가지므로 항상 주의하여 사용하여야 한다.

12-7 진통제

진통제(analgestic)는 통증을 완화시키는 약으로, 코카인, 모르핀, 아스피린과 같이 불법약, 처방약, 처방 없이 살 수 있는 약에 이르기까지 다양하다.

진통제: 통증을 완화시키는 약.

12-7a 아편과 관련 물질

아편은 양귀비의 덜 익은 씨의 깍지에서 얻어지며, 20가지 이상의 다른 화합물로 구성된다. 화학적으로는 식물에서 생산되며 질소를 함유하는 염기성 유기 화합물인 알칼로이드(alkaloid)이다. 정제하지 않은 아편의 약 10%는 *모르핀(morphine)*이며, 아편 효과의 일차적 원인이다. 모르핀은 1803년 아편으로부터 처음 분리한 독일 약사에 의해 그리스 꿈의 신인 *모르페우스(Morpheus)*의 이름에서 그 이름이 유래되었으며, 진정작용과 의식을 잃게 하는 강력한 진통제로서 의학적으로 가치가 있다. *아편류(opioid)*라는 용어는 지금 모르핀과 같은 작용을 나타내는 모든 화합물에 적용되고 있다.

*헤로인(heroin)*은 모르핀의 다이아세트산 에스터이며, 천연에서는 산출되지 않고 모르핀으로부터 합성할 수 있다. 그림 12.5와 같이, 그 구조는 한 종류의 작용기만 다르다. 헤로인은 모르핀보다 더 중독성이 강하여 법으로 금지되어 있다. 모르핀의 메틸 에터인 *코데인(codeine)*은 아편 알칼로이드 중 하나이며 기침약과 통증 완화에 사용된다. 코데인은 모르핀보다 중독성은 덜하지만, 진통 효과가 모르핀의 1/5 정도에 지나지 않는다. 모르핀의 가장 효과적인 대체품 중 하나인 *메페리딘(meperidine)*은 1931년에 그 구조가 확인되어 현재 데메롤(demerol)이라는 이름으로 판매되고 있으며, 모르핀보다 중독성이 약하다.

12-7b 약한 진통제

약한 진통제가 필요할 때 *아스피린(aspirin)*만큼 효과적인 것은 없다. 옛날부터 버드나무 껍질 추출물이 진통제로 사용되었다. 1800년대 후반에 처음 합성되어 바이엘(Bayer)사에서 제조된 아스피린은 천연 버드나무 살리실산 염의 유도체로 부작용이 덜하다. 미국에서는 매년 2만 톤의 아스피린이 생산되고 있다. 아스피린은 해열제(**antipyretic**)와 소염제(**anti-inflammatory**)로도 사용되며, 심장병 치료에도 효과가 있다. 아스피린은 프로스타글란딘을 만드는 다중 불포화산의 산화 반응에 촉매작용을 하는 효소인 고리산소화효소(cyclooxygenase)를 저해한다. 프로스타글란딘의 과다 생성은 발열, 통증, 염증을 일으키며, 아스피린은 이러한 증상을 완화시킨다.

해열제: 열을 떨어뜨리는 약.

소염제: 염증을 가라앉히는 약.

아스피린은 혈액의 응고 능력을 감소시키며, 자주 사용하면 위궤양을 일으킨다. 이 궤양은 분화구 모양의 상처로, 위에서 생산된 소화액이 소화기 내벽을 부식시켜 발생한다. 출혈 위험때문에 수술이나 치과치료시 적어도 닷새 전에는 아스피린 복용을 중단해

그림 12.5 ▸ 아편류.
모르핀과 코데인은 양귀비에 들어 있는 천연 알칼로이드이며, 헤로인은 약으로 비슷한 활성을 갖고 있는 합성 유도체이지만, 중독성이 있어서 위험하다.

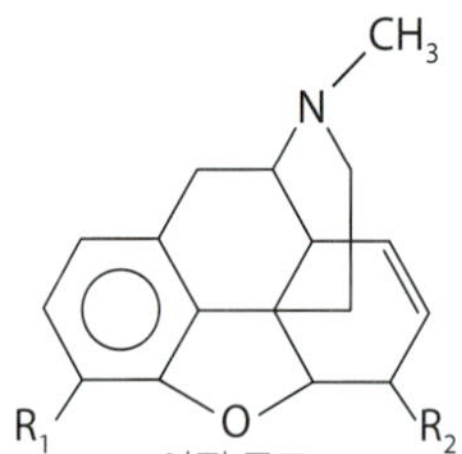

아편 구조

	R_1	R_2
모르핀	$-O-H$	$-O-H$
코데인	$-O-CH_3$	$-O-H$
헤로인	$-O-C(=O)-CH_3$	$-O-C(=O)-CH_3$

야 한다. 아스피린은 리에 증후군(Reye's syndrome)도 일으키는 것으로 알려져 있다. 이 병은 바이러스 감염병에 대한 이례적인 반응으로서, 뇌의 부종, 간과 콩팥의 지방질환을 일으켜 죽음을 초래할 수 있다. 주로 독감이나 수두에서 회복중인 어린이에게 나타나는데, 정확한 이유는 밝혀지지 않았지만 바이러스 질병의 증세를 치료하는 아스피린이나 화학적으로 유사한 살리실산 약품을 사용하면 이 증후군의 발병 위험을 높인다는 연구 결과가 나와 있다. 이와 같은 우려에도 불구하고 아스피린은 여전히 가장 많이 처방되는 진통제이다.

양귀비 꽃.

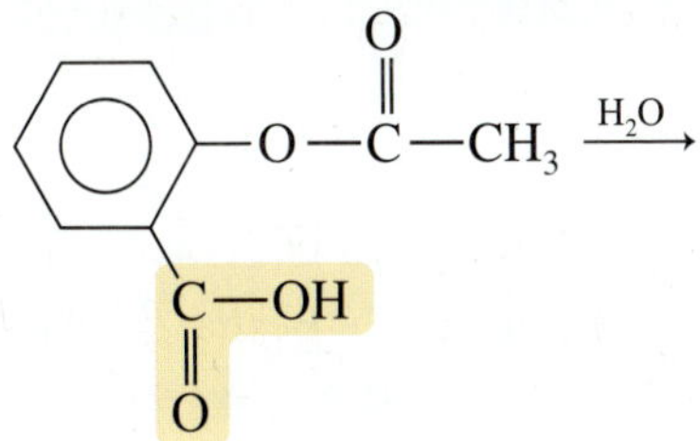

아세틸살리실산
(아스피린)

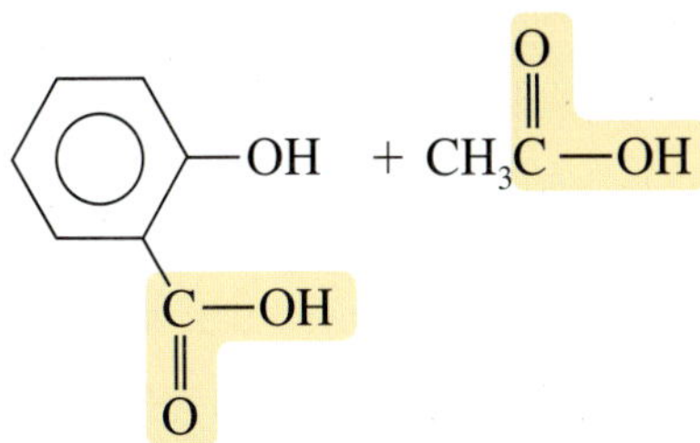

살리실산 아세트산

아세트산의 식초 냄새가 나는 아스피린 병은 버려야 한다. 아세트산은 오래된 아스피린이 공기 중의 습기와 반응하여 분해되어 생긴다.

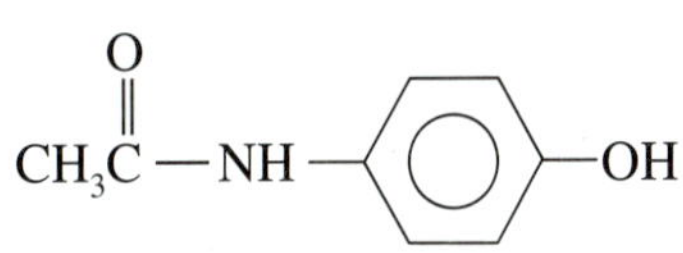

아세트아미노펜
(Tyrenol)

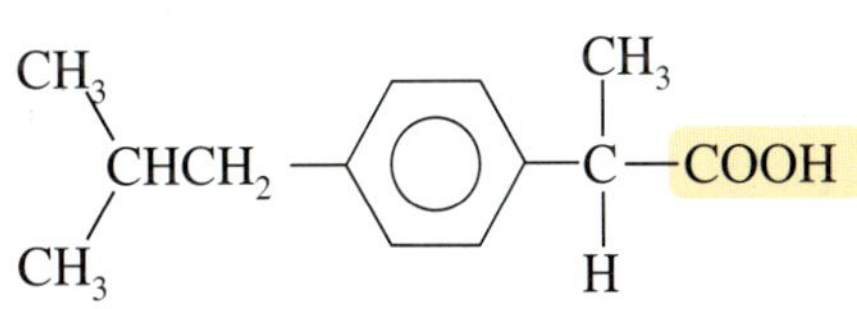

이부프로펜
(Advil, Nuprin, Motrin)

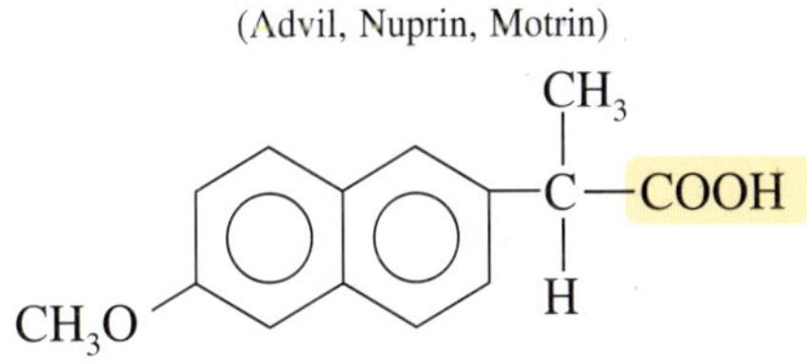

나프록센
(Aleve)

비처방 진통제로서 몇 가지 아스피린 대체 제제가 나와 있는데 아세트아미노펜(acetaminophen, Tylenol), 이부프로펜(Ibuprofen, Advil, Nuprin, Motrin), 나프록센(Naproxen, Aleve)이 가장 많이 사용되고 있다. 아세트아미노펜은 산성이 아니므로 유일하게 위장출혈을 일으키지 않는 약이다.

아세트아미노펜은 진통 해열에는 효과적이지만, 소염제는 아니다. 아스피린, 이부프로펜, 나프록센은 *비스테로이드성 소염제(nonsteroidal anti-inflammatory drug*, NSAID)로서 코르티손 같은 스테로이드 소염제와 구분이 된다. 이부프로펜은 아스피린과 효과가 비슷하지만 출혈이 적다. 처음에는 처방 약이었던 나프록센은 장시간 활성인 것이 장점이며, 하루에 두 번 투여하면 24시간 진통효과를 얻을 수 있다.

COX-2 억제제로 알려진 비스테로이드성 소염진통제 군은 최근 잠재적인 부작용으로 주목을 받고 있다. 이 약은 고리산소화효소-2(cyclooxygenase-2)를 차단하고 이는 통증과 관절염 염증과 관련된 붓기의 원인으로 알려진 프로스타글란딘의 화학적 생산 메시지를 억제한다. COX-2 억제제로는 셀레콕시브(celecoxib, celebrex), 로페콕시브(rofecoxib, Vioxx), 발데콕시브(valdecoxib, Bextra)가 있다. 2004년 말 이러한 약물은 이들을 복용하는 임상시험 참가자에게 치명적이든 아니든 심장마비의 위험을 증가시키는 것으로 나타났다. COX-2로 인해 나타나는 심장마비의 위험이 절대적으로 조금 남아 있는 한 이런 위험은 50%까지 증가하면서 우려가 발생한다. FDA의 초기 대응은 시장에서 이러한 약을 제거하는 것이었지만 관절염 환자에 의한 매우 많은 수요가 이러한 결정에 대해 재검토하게 만들었다. 의사들은 아직도 COX-2 저해제를 처방할 수 있다. 하지만 2005년 비옥스(Vioxx) 제조업체인 머크(Merck) 사는 미국 텍사스 주에서 남편이 심장마비로 사망한 부인에게 250만 달러가 넘는 배상을 해주면서 치명타를 받았다. 그는 관절염 진통제를 복용하고 있었다. 이후 머크 사는 유사한 혐의로 여러 번 법원에 회부되었다. 머크 사는 약을 복용한 20만 명 이상의 사람들과 아직도 소송 중이며 2007년에는 48억 5천만 달러를 미국 시민의 미래 법적 소송에 대해 따로 설정해두었다. 궁극적으로 심장마비의 위험 증가는 이러한 약물 사용자의 통증 완화와 균형을 맞출 것이다.

12-8 합법 또는 불법 기분전환제

커피나 알코올 음료를 마시는 모든 사람은 각성(커피 속의 카페인)과 진정(에틸 알코올)으로 분류되는 약한 의약효과를 경험한다. 더 강한 활성의 각성제와 진정제는 흔히 사회적으로 허용될 수 없거나 해로운 방향으로 사용되어 남용될 수 있는 의약품들이다. 적당한 알코올의 소비는 사회적으로 허용되는 관습이지만, 알코올은 많은 사람들에게 허용되고 있는 약물이다. 오용되고 있는 다른 약물로는 아편류와 환각제가 있다.

오용되는 약물은 광범위하지만, 중심 주제는 뇌의 화학과의 관계 그리고 신경전달물질 또는 수용체에 대한 약물의 효과이다. 기분전환제를 논의하기 전에 오용 약물에 대한 법적 규제를 이해하는 것이 중요하다. 표 12.4는 미국 마약 단속국의 의약품 분류표이다. 1급 지정 의약품은 어떤 방식으로든 사용하면 불법이며, 2급 지정 의약품은 처방전에 의해서 한 번만 구입 가능하며 더 사려면 새로운 처방전이 필요하다.

12-8a 억제제

진정: 주로 약물 복용으로 긴장 완화 상태를 유도함.

중추신경계 억제제(depressant) 효과는 특정 약물보다 복용량에 더 의존한다. 순서는 **진정**(sedation) 즉, 긴장완화로부터 수면 전신마취, 혼수상태, 사망으로 진행된다. 의학적으로 억제제는 불안과 불면증 치료에 사용된다.

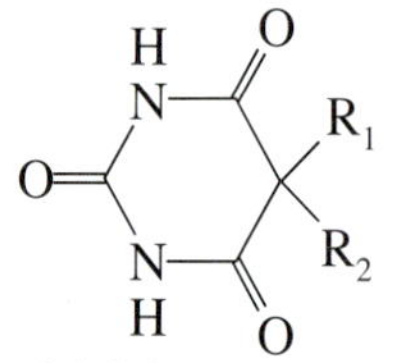

일반적인 바르비투르산

가장 잘 알려진 억제제는 *바르비투르산*(*barbiturate*)이다. 화학 구조를 변화시켜 단기작용에서 장기작용에 이르는 다양한 바르비투르산 유도체를 만들 수 있다. 바르비투르산은 남용되기 쉬우며, 과복용으로 인한 사망이 많이 나타난다. 에틸 알코올(또 다른 진정제)과 함께 복용하면 상승효과 때문에 특히 더 위험하다.

두 번째 주요 억제제는 *벤조다이아제핀*(*benzodiazepine*)으로, *신경안정제*(*tranquilizer*)인 리브륨(Librium, chlordiazepoxide)과 발륨(Valium, diazepam)이 여기에 속한다. 바르비투르산과 벤조다이아제핀은 신경전달물질인 감마 아미노부티르산(gamma-aminobutyric acid, GABA, $HOOCCH_2CH_2NH_2$)의 수용체에 작용하며, 일반적으로 신경자극의 전달을 자극하기보다 *저해*한다. 분자 작용 메커니즘의 차이 때문에 벤조다이아제핀이 바르비투르산보다 더 안정하며 남용 위험이 적다.

에탄올도 바르비투르산과 같이 신경전달물질인 GABA의 작용을 증가시킨다. 그러나 바르비투르산과 달리 효과는 복용량에 의존한다. 소량 마셨을 때에는 높은 수준의 두뇌 지능에 영향을 주어 저행작용이 감소하고 판단력이 떨어지며, 운동 조절이 나빠진다. 양이 증가하면, 반사운동이 약화되고 의식이 희미해져 혼수 및 죽음에 이를 수 있다.

12-8b 흥분제

흥분제(stimulant)는 중추신경계를 흥분시키는 약물이다. 흥분제는 뇌, 심장(박동을 더 빠르게 자극), 혈관(수축)에서 노르에피네프린, 세로토닌, 도파민 생성을 자극한다. 암페타민(amphetamine)과 메스암페타민(methamphetamine)의 구조가 에피네프린과 노르에피네프린과 비슷하다는 것에 주목하면(12-5절) 이들의 작용을 설명하는 데 도움이 된다.

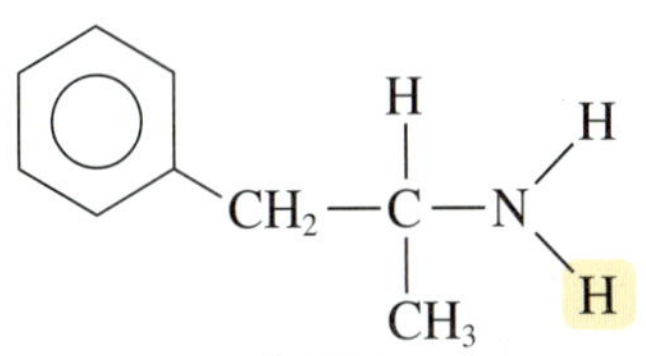

암페타민

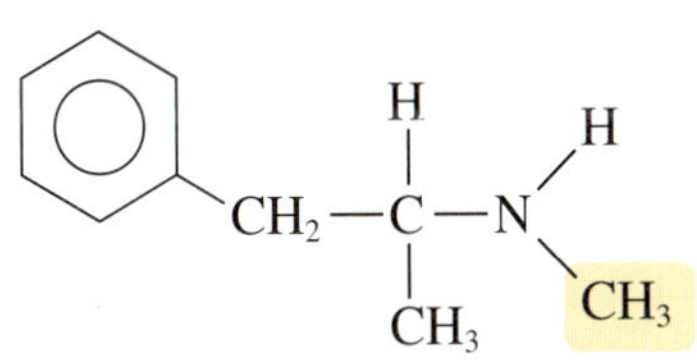

메스암페타민

암페타민은 한때 잠깨는 약으로 처방전 없이 판매되었다. 지금은 잠깨는 약으로 허가된 서분은 카페인뿐이다. 암페타민은 남용될 가능성이 아주 크기 때문에 규제품이 되었다. 현재 허용되는 암페타민의 유일한 의료용도는 발작성수면(narcolepsy)의 치료에 국한되어 있다.

메스암페타민(*methamphetamine*)의 남용은 최근 몇 년간 미국에서 큰 문제가 되고 있다. 최근 메스암페타민 사용에 대한 이야기가 신문이나 저녁 뉴스의 첫 페이지를 장식한다. 이 때 상대적으로 농촌 지역에 초점이 맞춰지는데 이는 필로폰의 제조 및 유통이 가내수공업으로 이루어지기 때문이다. 인터넷에서 찾은 정보를 통해 화학물질의 구입과 메스암페타민의 제조가 쉬워지면서 마약문제가 전염병처럼 퍼지게 만들었다. 사용되는 화학물질인 수도에페드린(pseudoephedrine)으로 수다페드(Sudafed)나 클라리틴 D(Claritin-D)와 같은 처방전 없이 구입할 수 있는 감기 약물의 주성분이다.

페닐프로판올아민(*phenylpropanolamine*, 수도에페드린의 질소 원자에 있는 메틸기가 수소 원자로 치환)으로 알려진 비슷한 화합물이 최근까지도 처방전 없이 살 수 있는 이뇨제인 덱사트림(Dexatrim)의 활성 성분이었다.

수도에페드린은 코, 폐, 기타 점막에 있는 혈관을 수축시키는 충혈 완화제이다. 마약

표 12.4 마약류의 분류

명칭	설명	예
비처방약	모든 사람에게 판매 가능	제산제, 아스피린, 진해제
처방약	처방전에 의해서만 판매 가능	항생제
통제대상이 아닌 의약외품	음료수, 식품, 담배	에탄올, 카페인, 니코틴
통제대상약품*		
1급 지정 마약	안정성이 입증되지 않아 의료용으로 사용하지 않는 남용약품	헤로인, LSD, 마리화나, 메탈괄론
2급 지정 마약	남용하면 심각한 신체적, 심리적 의존성이 나타나지만 엄격한 제한하에 의료용으로 사용되는 남용약품	모르핀, PCP, 코카인, 메타돈, 메스암페타민
3급 지정 마약	사용 시 중간 또는 낮은 정도의 신체 또는 심리적 의존성이 나타나지만 의료용으로 처방되는 약품	대사성 스테로이드, 코데인, 아스피린, 타이레놀과 몇 가지 진정제의 하이드로코돈 복합체
4급 지정 마약	남용시 3급 지정 약품에 비해 제한적인 신체 또는 심리적 의존성을 나타낼 수 있으나 의료용으로 사용되는 약품	다르본, 탈윈, 이퀴닐, 발륨, 재낵스
5급 지정 마약	남용시 4급 지정 약품에 비해 제한적인 신체 또는 심리적 의존성을 나타내지만 의료용으로 사용되는 약품	코데인 함유 기침약

*통제대상 약물의 판매, 유통 및 소지는 미(美) 법무부 마약단속국(DEA)의 통제를 받는다.

상들이 감기약에서 수도에페드린 성분을 분리하는 방법을 배웠다. 그리고 농장 저장 탱크에서 주로 훔친 무수 암모니아와 같은 일반 화학물질을 이용해서 집이나 차고, 심지어 트럭에 만든 이동식 실험실에서 메스암페타민을 제조했다. 2004년 문제가 점점 심각해지자 오클라호마 주에서 처음으로 일반 감기약을 일급 지정 V 마취제로 분류했다. 오클라호마 주의 약국에서는 감기약의 판매를 제한하고 약을 유리장 뒤에 보관하도록 했으며 1인당 구매할 수 있는 양을 제한하였다. 구매시에는 사진이 부착된 신분증을 보여주고 컴퓨터에 등록된 서명은 주 전체에서 사용가능하도록 했다. 2005년 미국 의회는 메스암페타민 남용 방지법을 통과시켰다. 이는 수도에페드린이 포함된 제품을 제한된 장소에 두고 이들 제품의 구매와 보관에 관한 권한은 약국에 둔다는 것이다. 한 제약회사는 문제 해결을 위해서 충혈완화제의 다른 활성 성분을 사용하기 시작했다. 이 성분은 쉽게 메스암페타민으로 바꿀 수 없다. 아직은 이런 개선의 노력에도 불구하고 여러 가지 문제들은 수년간 계속되고 있다.

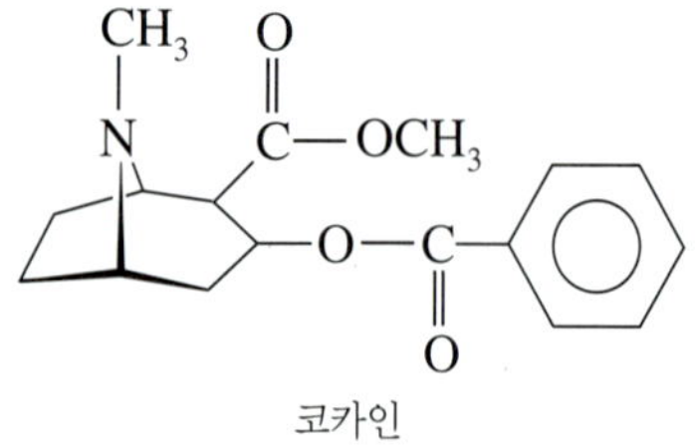

코카인

코카인(*cocaine*)은 남아메리카 코카 잎에서 얻어지며, 2급 지정 마약인 흥분제이다. 신경 말단에서 노르에피네프린의 제거를 방해함으로써 신경의 흥분을 억제할 수 없게 된다. *크랙*(*crack*)은 코카인과 탄산 수소 소듐의 혼합물을 가열하여 만들어진 것인데 염기인 탄산 수소 소듐이 분리되고 코카인의 일반 형태인 염상 코카인이 산과 반응하는 산-염기 반응이다. "크랙"이라는 용어는 혼합물을 가열할 때 탄산 수소염이 산과 반응

십여개 이상의 주에서 마리화나의 개인적 사용이나 소지를 무죄로 인정하는 반면 1970년 연방통제물질 법률에서는 이 약물이 불법적인 것으로 남아있다. 2009년 10월 오바마 행정부는 주 법률을 따르는 한 의료용 마리화나 복용자나 공급자를 체포하지 않겠다고 발표하였다. 2007년에는 775,000명 이상이 마리화나 소지로 구속되었는데, 이것은 그 해 모든 마약으로 인한 체포자의 42.1%에 해당한다.

할 때 이산화 탄소가 발생하여 나는 탁탁하는 소리에서 유래되었다. 불법 마약시장에 기존 코카인보다 훨씬 더 중독성이 큰 크랙 코카인이 나타나 코카인 중독자가 증가하는 원인이 되었다. 환각효과의 지속 시간이 10분 이내이므로, 짧은 시간에 반복적으로 사용하지 않을 수 없게 만들므로, 많은 사용자가 한 번의 사용만으로도 중독자가 되며 치사량을 복용할 위험성이 높다.

12-8c 환각제

환각제: 현실 세계에 기초하지 않는 인식을 일으키는 약물.

환각제(**hallucianogen**)는 생생한 환상, 망상, 환각을 일으키는 화학물질이다. 많은 환각제들은 식물에서 발견되는데, 페요테 선인장의 열매에서 얻어지는 *메스칼린*(*mescaline*)과 나팔꽃이나 잔디에 자라는 곰팡이인 맥각에서 추출된 리세르진산(lysergic acid)으로부터 만들어지는 *리세르진산 다이에틸아마이드*(*lysergic acid diethylamide*, LSD) 등이 있다. MDMA나 2C-E(2,5-dimethoxy-4-ethylphenethylamine)와 같은 것들만이 실험실에서 합성된 것이다. 이들 약물은 코카인과 같은 중독성은 없으나, 때로 파괴적 행동과 오래 지속되는 심리적 문제를 일으킨다. 치료에 환각제를 사용하는 일은 없으며, 환각제는 세로토닌 수용체를 활성화하는 것으로 여겨진다.

마리화나는 약한 환각제 및 진정제이며 암대마초(cannabis sativa)에서 얻어진다. 수백만 명의 사용자가 안전한 약물이라고 생각하지만 확실한 결론은 아니다. 복용량을 높이면, 어느 정도 습관성이 되며 마리화나는 심한 불안증과 편집증을 일으킬 수 있다. 중간 정도의 복용량으로 오랜 시간 사용하면 개인적인 성취에 무관심한 상태가 된다. 마리화나의 활성 성분인 테트라하이드로카나비놀(tetrahydrocannabinol, THC)은 폐 손상, 뇌 기능 저하, 면역계 저해를 유발한다.

PCP(phencyclidine, angel dust)는 독특한 효과를 지닌 특히 위험한 약물이다. 소량 복용하면 알코올과 비슷한 효과를 나타낸다. 더 많이 복용하면 환각상태가 되어, 여러 주 동안 지속될 수 있는 정신 이상이 일어나 적대적이고 자살하게 될 수 있다. 신체적 효과로 발작, 혼수상태, 심정지에 의한 죽음 등이 일어난다.

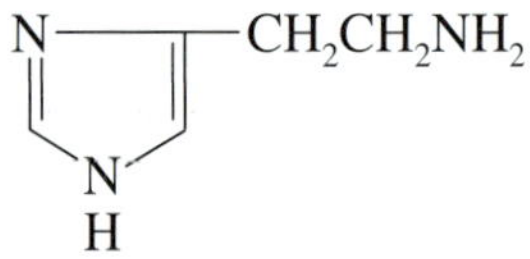

히스타민
(알레르기 반응을 일으키는
신경전달물질)

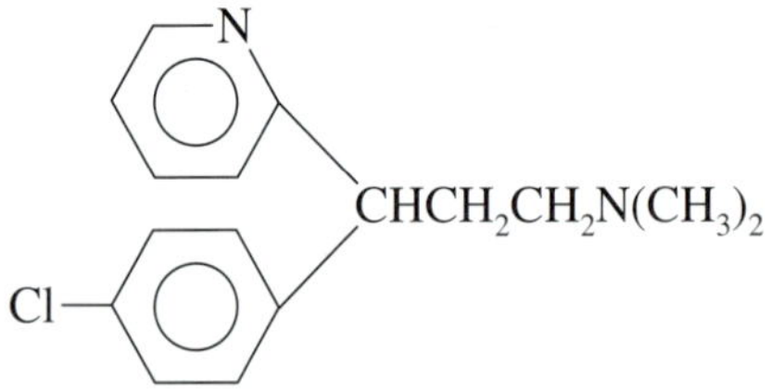

클로르페닐아민
(항히스타민)

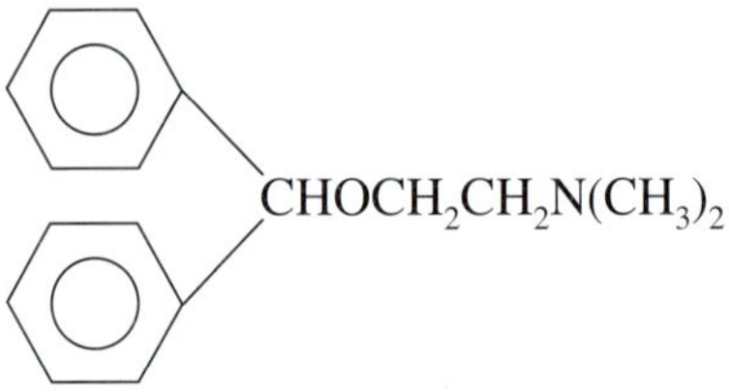

다이펜하이드라민
(수면제로 사용하는
항히스타민)

표 12.5 종합 비처방 감기약의 대표적 성분

	흔한 예	
성분 형태(목적)	이름	구조
코막힘 완화제(코 조직 수축)	수도에페드린 (Pseudoephedrine)	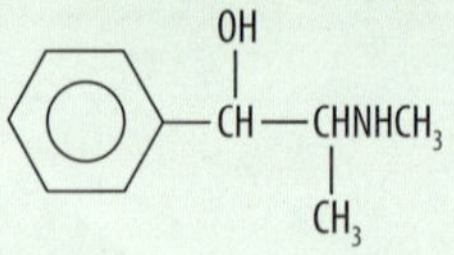
진해제(기침 억제)	덱스트로메토르판 (Dextromethorphan)	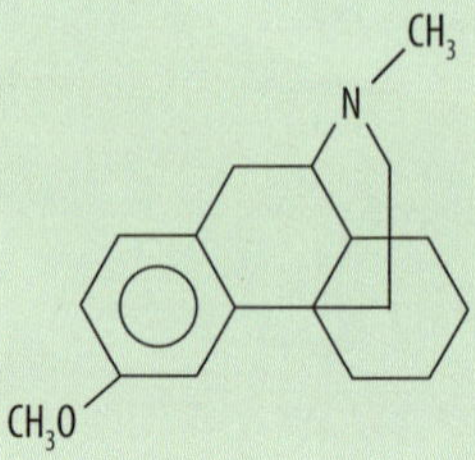
거담제(기침의 가래를 묽게 함)	구아이페네신 (Guaifenesin)	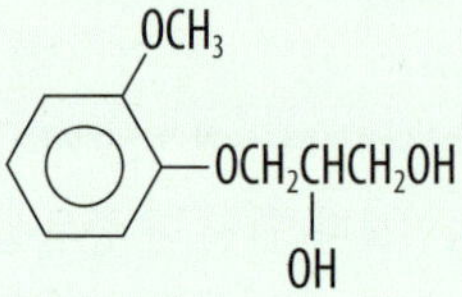
진통제(고통과 열 완화)	아세트아미노펜 (Acetaminophen)	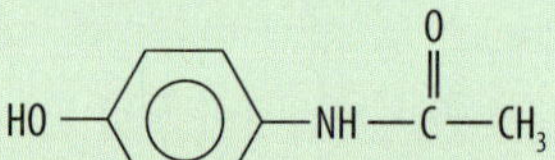
항히스타민제(알레르기 완화)	클로르페니라민 (Chlorpheniramine)	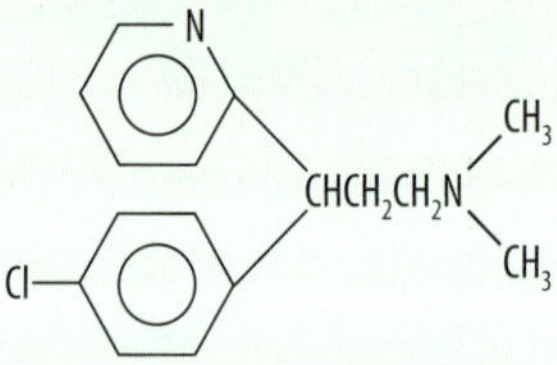

덩굴 옻나무. 덩굴 옻나무에서 나오는 우루시 기름과 접촉하면 심각한 알레르기 반응을 일으킬 수 있다. 칼라민 로션은 산화 아연(ZnO)과 0.5% 산화 철(III)(Fe_2O_3)의 혼합물을 포함하는데, 가려움증 완화제로 작용한다.

12-9 감기, 알레르기와 비처방약으로 치료할 수 있는 다른 증상들

우리가 아플 때 처음 하는 일은 무엇인가? 모든 질병의 약 75%는 약국에 진열된(OTC) 비처방약으로 치료한다. 시장에는 30만 종 이상의 OTC 약품이 나와 있다. 그러나 이들 약품에는 8백여 종의 성분만이 다른 비율로 포장되어 있다는 것을 알아야 한다. 매출액

면에서 비처방 의약품의 상위 세 부류는 알레르기, 감기, 위장질환 치료제이다.

열 명 중에서 한 명 정도는 알레르기로 고통받고 있다. 알레르기 증상은 코나 호흡기의 세포가 히스타민을 방출하기 때문에 일어난다. 히스타민은 고초열, 기관지 천식, 그리고 다른 알레르기 증상의 원인인 신경전달 물질이다. *항히스타민제(antihistamine)*는 히스타민 수용체를 차단하는 약이다. 클로르페닐아민(chlorpheniramine)과 비슷한 화학적 구조를 가진 화합물들(bromopheniramine, diphenhydramine)은 고초열과 알레르기에 의한 코막힘을 치료하는 조제약의 성분이다. 많은 항히스타민제에서 흔히 일어나는 부작용은 졸음이다. 실제로 많은 OTC 수면제에는 항히스타민제가 포함되어 있다.

보통 감기는 바이러스가 원인이며, 다른 더 심한 바이러스성 질병과 같이 완치할 수 없다. 우리가 할 수 있는 최선은 증상의 치료이다. 대부분의 OTC 감기약은 표 12.5에 나열된 두 가지 이상의 성분을 다양하게 함유한다. 항히스타민제와 진통제에 대하여 이미 논의하였지만, 감기 치료에 있어서 항히스타민의 유용성에 대해서는 불확실성이 남아 있다.

*코막힘 완화제(decongestant)*는 코 안을 수축시켜 알레르기와 감기에 의한 코막힘을 완화시킨다. 충혈완화제는 에피네프린(감기약의 한 성분)과 유사한 신경전달물질이 수용체를 활성화시킨다. *진해제(antitussive)*는 기침을 억제한다. 아편류도 진해효과를 가지고 있으므로, 코데인도 흔히 진해제로 쓰인다. 덱스트로메토르판(dextromethorphan, 표 12.5 참조)은 진해효과를 가진 아편류이지만 아편류의 진정작용과 다른 작용이 없다. *거담제(expectorant)*는 호흡기에서 분비를 자극하여 기침할 때 점액을 내보낸다.

공중보건에 관련된 많은 단체에서 추천하는 OTC 제품의 사용과 선택의 몇 가지 지침은 다음과 같다.

- 증상에 맞는 단일 성분 제품을 선택하라.
- 일반약품(화학 성분은 같음)을 선택하여 불필요한 비용을 줄여라.
- 설명서를 *읽고* 투약에 대한 지시를 *따르라*.
- 졸음이나 알코올 또는 다른 약물과의 상호작용에 관련된 주의사항에 *주목하라*.

12-10 질병의 예방: 햇볕 차단제와 치약

약국에 나와 있는 많은 약들은 질병 치료보다 몸에 해로운 것을 미리 예방하는 쪽으로 기울고 있음을 알 수 있다. 이 중 가장 중요한 것으로 피부암을 예방하는 햇볕 차단제(sunscreen)와 충치 및 잇몸질환을 예방하는 치약(toothpaste)이 있다. 자외선(UV)는 세기가 강해서 생물체가 오랫동안 이에 노출되면 손상을 입게 된다. 자외선 노출에 대한 자연적인 보호 구조는 피부 속의 멜라닌 색소가 증가하여 '탠(tan)'이라고 부르는 보호층이 생기는 것이다. 멜라닌 분자는 UV 에너지를 흡수해서 열로 변환시켜 피부의 분자구조가 손상되는 것을 막아준다. 이러한 멜라닌의 보호 작용에도 불구하고 햇볕에 피부가 노출되면 문제가 생긴다. 특히 멜라닌 색소가 적은 사람은 피부가 붉은 색으로 변하는데 이것을 *홍반*(erythema) 또는 햇볕화상(sunburn)이라고 한다. 눈에 잘 보이지는 않지만 검은 피부를 가진 사람에게도 홍반이 나타난다. 햇볕에 노출이 심한 사람에게서 피부암의 발병률이 높다고 보고된 바 있다.

1994년에 미국 국립기상대와 환경보호국(EPA)이 개발한 UV 지수가 2004년에 전지구 태양 UV 지수로 대체되었다. 새 척도는 특정일 정오에 측정된 예상 UV 노출 수준을 나타낸다. 색부호 척도가 표 12.6에 나와 있다. 햇볕에 직접 노출하게 될 경우 가능한

표 12.6 전 지구 태양(2004년 제정) UV 지수*

노출분류	지수값	햇볕보호메시지
낮음	1~2	• 맑은 날에는 선글라스를 써라. 겨울에는 눈에서 반사되는 빛으로 인해 UV 세기가 거의 2배가 된다.
중간	3~5	• 햇볕에 잘 타는 사람은 가리고 햇볕 차단제를 사용하라. • 밖에 나갈 때는 햇볕 차단제를 사용하는 등 예방조치를 하라.
높음	6~7	• 햇빛이 가장 강한 한낮에는 그늘에 있어라. • 햇볕화상을 입지 않도록 보호조치가 필요하다. • 오전 11시에서 오후 4시에는 햇빛에서 노출되는 시간을 줄여라. • 가리고, 모자와 선글라스를 쓰고, 햇볕 차단제를 발라라.
매우 높음	8~10	• 추가 보호조치를 취하라. • 보호하지 않으면 피부가 망가지고 금세 화상을 입을 수 있다. • 나가게 되면 그늘에 들어가고, 가리고, 모자, 선글라스, 햇볕 차단제를 써라.
극단적	11+	• 모든 보호조치를 취하라. • 보호하지 않으면 수분 이내에 피부화상이 발생한다. • 해변에 가는 사람은 흰 모래와 다른 밝은 표면이 UV를 반사하여 UV 노출을 증가시킨다는 것을 유의하라.. • 오전 11시에서 오후 4시 사이에는 햇볕에 나가지 마라. • 그늘에 들어가고, 가리고, 모자, 선글라스와 햇볕 차단제를 써라.

*UV 지수의 세기는 최대 피크 3시간 전후에는 1/2 정도로, 땀에나 눈이나 물이 있는 주변 환경에서 자외선이 더 강하게 반사되므로 노출세기는 증가된다. 위도나 고도 역시 중요인자인데 고도가 높고 적도에 가까울수록 노출세기는 증가한다.

한 충분히 자신을 UV로부터 보호할 필요가 있다. 긴 소매 옷이나 창이 넓은 모자 외에도 자외선을 잘 흡수할 수 있는 다양한 물질을 선택할 수 있다. 햇볕 *차단제*(*sunscreen*)는 오일, 크림, 로션 형태가 있다. 햇볕 차단제는 자외선을 흡수해서 열에너지로 변환시키는 멜라닌과 비슷한 기능을 갖고 있다. 대부분의 햇볕 차단제에는 파라아미노벤조산(*p*-aminobenzoic acid, PABA)과 비슷한 구조를 갖는 화합물질이 활성성분으로 들어 있다. 이러한 화합물은 몸에 가장 해로운 자외선을 상당한 흡수하는 것이다.

햇볕 차단제의 라벨에는 자외선차단지수(sun protection factor, SPF)가 적혀 있다. 이 SPF는 햇볕 차단제를 적정량 사용했을 때와 그렇지 않은 경우에 홍반이 나타날 때까지 걸리는 시간의 비율이다. 가령 SPF가 4이면 자연적인 피부보호 때보다 4배 정도 더 보호할 수 있다는 것이다. 미국 환경보호국(EPA)는 "햇볕 화상이 일어나는 데 걸리는 시간"은 보호가 필요 없는 시간을 의미하는 것으로 오해될 수 있으므로 권장하지 않는다. *피부의 자연색에서 어떤 변화든지 일어나면 피부화상이 생겼음을 의미하기 때문에 안전한 기간은 없다.* 선탠이 피부암을 예방해 주지 못한다. 다라서 SPF가 15 이상인 햇볕 차단제를 늘 사용해야 한다.

치아를 깨끗이 유지하기 위해서 치약이 필요한데 이것은 세제와 *연마제*(*abrasive*)의 혼합물이며, 연마제는 치아 표면의 이물질을 제거하는 데 도움이 된다. 치아 에나멜의 구조는 탄산 칼슘($CaCO_3$)과 인산 하이드록시 칼슘[$Ca_{10}(PO_4)_6(OH)_2$]으로 구성된 광물질이다. 인체에서 가장 단단한 물질이지만 치아 에나멜은 산에 의해 쉽게 공격을 받는다. 음식물 알갱이가 분해되어 산이 생기므로 치아를 닦아 주어야 한다.

치아를 닦아낸 후에는 곧바로 침 속의 단백질로 구성된 투명막이 치아와 잇몸을 감싸게 된다. 이런 피막은 음식 조각이 모이고 입안 세균이 증식하는 장소가 되는 것이다.

당분이 분해되어 생긴 덱스트린을 이들 세균이 산으로 변화시킨다. 동시에 이들 세균과 음식물 입자, 그 분해산물로 이루어진 접착성 막이 생기기 시작한다. 이러한 막이 굳으면 *플라크(plaque)*가 된다. 치아 표면이나 잇몸에 있는 플라크를 규칙적으로 칫솔이나 치실로 완전히 제거하지 않으면 산이나 해로운 물질이 생겨나서 치아나 잇몸을 상하게 하여 결국은 그것을 지탱하는 뼈마저 상하게 된다.

치아에서 제거되지 않은 플라크는 침 속에 있는 광물질에 의해 석회질로 변한다. 이렇게 석회화된 플라크를 *치석(tartar)*이라 부른다. 치석 형성의 요인이 되는 광결정화 작용을 방해하는 파이로인산 소듐(sodium pyrophosphate, $Na_4P_2O_7$)이 함유된 치약을 사용하면 치석이 생기는 것을 예방할 수 있다. 잇몸선 아래에 있는 치석은 쉽게 플라크를 형성하게 하여 잇몸에 염증을 일으키게 하므로 더 문제가 된다. 치과 의사나 구강 위생사만이 잇몸선 아래에 있는 치석을 제거할 수 있다. 치아 표면의 플라크를 제거해주고 플라크 세균에서 생기는 산과 장시간 접촉하는 것을 피해주면 단단한 치아 에나멜을 잘 보전할 수 있다.

치약 속에 있는 연마제는 치아 표면에 붙어있는 것을 잘게 부수고 세제는 물에 입자가 잘 풀어지게 하는 역할을 한다. 치약에 사용하는 흔히 연마제는 실리카 수화물(모래형태, $SiO_2 \cdot nH_2O$), 알루미나 수화물($Al_2O_3 \cdot nH_2O$) 및 탄산 칼슘($CaCO_3$)이다. 치아 에나멜은 잘 보호하면서 치아 표면의 이물질을 부술 수 있는 적당히 단단한 연마제를 선택하기란 쉽지 않다. 반면에 좋은 세정제이면 어느 세정제라도 사용할 수 있다. 치약의 필수성분들은 입맛에 맞지 않으므로 여러 가지 향료, 감미제, 색소를 첨가하여 여러 감각에 잘 어울리게 한다.

세균이 치아의 작은 균열이나 틈에 남아있는 음식 찌꺼기를 먹어서 생기는 산이 치아 에나멜을 공격해서 충치가 생긴다. 다행히 치약에 플루오린화 이온(F^-)을 첨가해서 치아 에나멜의 구조를 부식에 저항력이 있는 물질로 변형시킬 수 있다. 규칙적으로 이런 치약을 사용하면 치아 에나멜의 하이드록시아파타이트(hydroxyapatite) 구조에 있는 수산화 이온(OH^-)이 F^-로 치환되어 플루오르아파타이트[fluorapatite, $Ca_{10}(PO_4)_6F_2$]로 된다. 이 구조에서 F^- 이온은 OH^- 이온보다 음의 하전이 높아서 강한 이온결합을 형성하므로 더 단단하고 산의 공격에 민감하지 않게 한다. 따라서 치아가 잘 썩지 않는다. 이러한 목적으로 수돗물에 플루오린을 첨가한다. F^- 이온의 농도가 1 ppm 이하이면 안전하고 충치 예방에 효과적이다. 치약의 80% 정도는 F^- 이온을 함유하고 있다. 치약에 낮은 농도의 F^- 이온을 넣어주기 위해 플루오린화 제일주석(stannous fluoride, SnF_2)와 일플루오로인산 소듐(sodium monofluorophosphate, Na_5FPO_3)과 같은 화합물을 사용한다.

미국에서는 충치보다 잇몸 질환에 의해 치아를 잃는 환자의 수가 더 많아졌다. 잇몸 질환은 잇몸 마사지의 부족 잇몸선 아래의 염증성 퇴적, 세균 감염 및 영양 결핍 때문에 생기는 것이다. 치약에 과산화물과 같은 감염 예방제들이 추가로 들어있는지 잘 살펴보아야 한다.

12-11 심장 질환

많은 새로운 의약품과 외과적 기술로 인해 심장 질환으로 고통을 받는 사람들의 삶의 질이 향상되고 사망률이 감소되었다. 의학적으로 **심혈관질환**(cardiovascular disease)으로 알려진 심장 질환은 혈류의 감소와 그에 따른 산소량의 감소, 규칙적인 심장박동의 능력

심혈관질환: 심장이나 혈관의 질병.

저하 등에서 일어난다.

심장 질환의 가장 일반적인 원인은 동맥벽에 플라크 퇴적물이 쌓이는 *동맥경화증*(*atherosclerosis*) 때문이며, 플라크 형성에서 음식물의 영향은 9-3절에서 논의한 바 있다. 혈액의 콜레스테롤을 낮추는 첫 단계는 항상 식이요법과 생활양식 변경이다. 다음 단계는 *로바스타틴*(*lovastatin*)과 *콜레스티라민*(*cholestyramine*) 같은 콜레스테롤을 낮추는 약물의 사용이다. 로바스타틴은 간에서 콜레스테롤 합성을 방해한다. 콜레스티라민은 장에서 담즙 산에 결합하여 담즙 산의 분비를 촉진한다. 간에서 더 많은 콜레스테롤을 담즙 산으로 변하게 하여 혈액 순환계에 덜 들어가게 한다.

혈관에 플라크가 쌓이면 격렬한 운동을 할 때 가슴에 통증이 오는데 이것을 협심증(angina)이라고 한다. 이것은 심장 근육에 산소가 충분히 공급되지 못하기 때문에 생기는 것이다. 심장의 활동이 활발해지면서 산소가 아주 많이 필요해져서 협심증이 일어난다. 협심증 치료에는 *혈관 확장제*(*vasodilator*)가 사용된다. 혈관이 확장되면, 심장이 작동하는 데 따른 혈압은 감소하게 된다. 고전적인 혈관 확장제는 니트로글리세린이나 아질산 아밀(amyl nitrite)과 같은 유기질소 화합물이다.

고혈압도 심장병과 관련이 있다. 생활 습관을 바꾸고, 그 다음 가장 보편적으로 사용되는 *싸이아지드*(*thiazide*)계의 **이뇨제**(**diuretic**)를 사용하여 소변 생성과 Na^+ 이온 배출을 촉진한다. 소변 배출이 늘면, 혈액량이 줄게 되어 결과적으로 혈압이 떨어지게 된다.

이뇨제: 몸으로부터 유체의 배설을 일으키는 약.

협심증과 다른 심장질환 증상을 치료하기 위해 사용하는 약품인 베타 차단제의 개발은 질병에 대한 생화학의 이해가 어떻게 신약의 설계로 이어질 수 있는지 설명하여 준다.

1960년대 심박도수 조절계의 일부인 두 가지 수용체가 발견되었으며 이를 *베타 수용체*(*beta-receptor*)라고 명명하였다. 베타-1 수용체는 주로 심장에 위치하며, 이를 자극하면 심장 박동이 빨라지게 된다. 베타-2 수용체는 말초혈관이나 기관지에 있다. 베타-2 수용체의 자극은 근육 섬유를 이완시켜서 혈관과 기관지를 확장하여 혈액이 더 쉽게 흐르게 하고, 숨을 더 빠르고 깊이 쉴 수 있게 해준다. 베타 수용체는 놀람반응 동안 분비되는 천연 호르몬인 에피네프린과 노르에피네프린에 의하여 활성화된다(12-5절).

이러한 정보를 가지고, 화학자는 베타 수용체의 활성자리에서 에피네프린과 노르에피네프린과 경쟁하는 화학물질을 찾기 시작하였다. 이들 자리를 차단하면, 심근의 자극을 예방할 수 있다. 이 약물은 동맥의 플라크 침적으로 이미 과로된 심장을 충분히 이완시켜 심장 발작을 피할 수 있으며 높은 혈압을 낮출 수 있다.

최초의 성공적인 *베타 수용체 차단제*(*beta-blocker*)는 *프로프라놀롤*(*propranolol*, Inderal)이며, 현재 심부정맥, 협심증, 고혈압의 치료에 쓰인다. 12-5절을 보면 이것을 차단시키는 물질인 노르에피네프린, 에피네프린과 구조가 비슷함에 유의하기 바란다. 프로프라놀롤과 다른 베타 차단제는 널리 처방되는 약들이다.

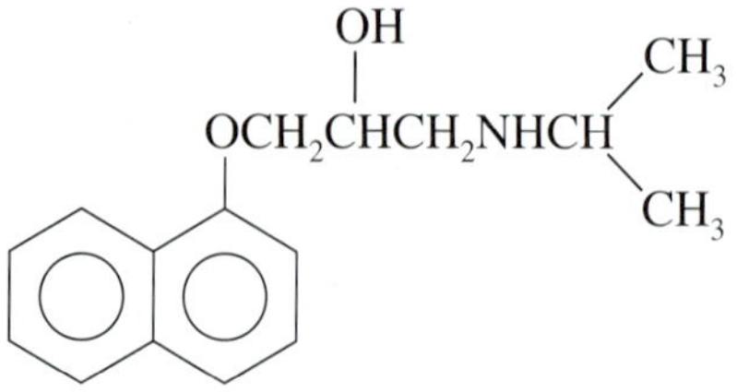

프로프라놀롤(Inderal)

심장마비는 심장 조직에서 혈류가 느려지기 때문에 생긴다. 심장마비 환자의 약 98%가 동맥경화증 환자였으며, 혈류의 감소는 보통 관상동맥의 플라크에 생긴 엉긴 덩어리 때문이다. 이것이 오래되면 산소부족으로 심장 근육의 일부가 죽게 되고 손상이 심해지면 치명적인 심장마비를 일으킬 수 있다.

응급실이나 앰뷸런스에서 심장마비 환자에게 투여하는 새로운 혈전용해제는 사망률을 감소시킨다. 이 약은 혈액 속의 천연 인자인 플라스미노젠(plasminogen)이 플라스민(plasmin)으로 변하게 하는 작용을 하는 효소이나, 전환된 플라스민은 인체의 자연 메커니즘에 따라 혈전을 녹게 만든다. 플라스미노젠 → 플라스민 전환의 촉매장을 하는 의약품은 (1) 사람의 오줌에서 분리한 천연 효소인 *유로키나아제(urokinase)*, (2) 연쇄상구균에서 분리된 *스트렙토키나아제(streptokinase)*, (3) *조직 프라스미노젠 활성화제(tissue plasminogen activator*, TPA) 등 세 가지가 있다. TPA는 재조합형 DNA 공학으로 제조되어 승인을 받았다. TPA는 유전자 변형 햄스터 난소세포에서 만들어지며 플라스미노젠을 활성화하는 인간의 효소와 동일하다.

12-12 암, 발암물질, 항암제

암은 한 종류가 아니며, 100여 가지의 다른 질환이다. 암은 신체 내의 한 세포가 제한 없이 증식되고 다른 조직에 퍼짐으로 시작된다. 그렇다면 약품은 암의 발생을 예방하거나 암세포의 바람직하지 않은 확산을 막을 수 있어야 한다. 암의 성공적인 약물 치료에 주요 장애는 암의 생화학적 작용을 모르고 있다는 것이다. 그러나 물리적(이온화 방사선 등), 생물학적(바이러스 등), 화학 물질(담배 연기 속의 화합물 등)에 의한 DNA의 손상에 의하여 시작된다.

발암물질: 암을 일으키는 물질.

모든 암은 정상 세포가 변형된 단일 세포로부터 나타난다. 정상 세포는 유전자료 은행인 DNA에 저장된 명령에 따라 기능은 발휘한다. 정상적으로 세포가 분열할 때, 새로운 세포는 부모의 DNA와 정확히 동일한 복제본을 갖게 된다. 어떠한 요인이 DNA 복제과정을 방해할 때, 자손의 세포 중에 있는 유전암호는 세포가 정상 세포와는 다르게 성장하고 작동하게 만든다. **발암물질**(**carcinogen**)이 암을 유발시키는데, 비정상적이고 적어도 세 가지 이상의 특징을 보인다. (1) 암 조직의 세포성장 속도(즉, 세포분열 속도)는 정상 조직의 속도와 다르다. 암 세포들은 정상 세포에 비해 더 빠르거나 더 느리게 분열한다. (2) 암 세포들은 다른 조직으로 퍼져 나가며 경계가 없다. 정상 간 세포는 분열하여 간의 일부로 남아있다. 간암 세포는 간을 떠나 예컨대 폐에서 발견될 수 있다. (3) 대부분의 암 세포는 그 세포들이 있는 기관에서 담당해야 하는 *특수 기능을 부분적으로 혹은 전혀 발휘하지 못한다*. 간암 세포는 간에 있더라고 더 이상 간의 기능을 발휘하지 못한다.

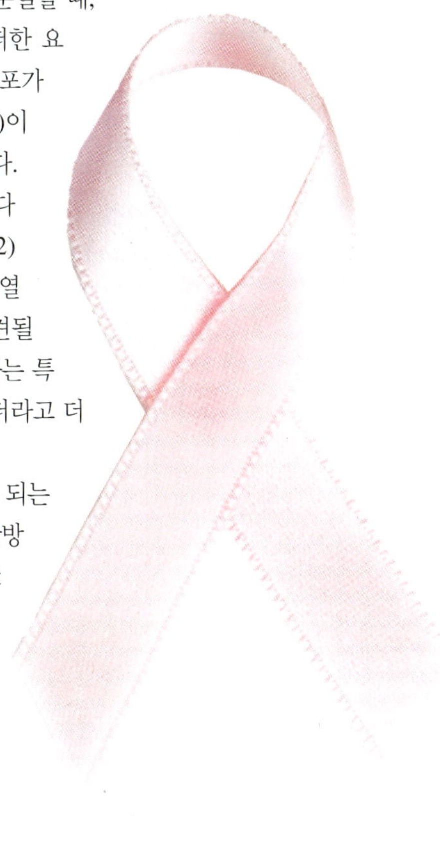

분홍 리본은 유방암의 관심을 홍보하는 것이다.

특정 암은 직접 관계가 있음이 밝혀진 초기 연구로부터 암의 원인이 되는 화학물질을 밝혀보려는 연구들이 시도되었다. 또한 우리는 사람의 생활방식도 일부 역할을 하고 있음을 잘 알고 있다. 1775년 영국 의사인 P. Pott 박사는 굴뚝 청소부로 일하는 사람이 보통 사람들에 비해 피부암에 걸린 비율이 높다는 것을 처음으로 알아냈다. 1933년에야 비로소 벤조[a]피렌($C_{20}H_{12}$, 다섯 개의 접합 탄소 고리계가 포함된 방향족 탄화수소)가 석탄 분진으로부터 분리되었고 생체 내에서 대사되어 한 가지 이상의 발암물질을 생성한다는 사실이 밝혀졌다.

발암은 두 단계 과정이다. 첫 단계인 *개시단계*(*initiation*)에서는 화학적, 물리적 혹은 바이러스성 물질이 세포의 DNA를 변화시킨다. 때로는 몇 가지 발암성 물질에 단발성으로 노출되어도 빠르게 증식되고 제어하기 어려운 세포로 구성된 종양의 원인이 되지만, 보통 비정상 세포는 주위의 정상세포와 거의 동일한 방법으로 계속적으로 복제를 한다. 그러고 나서 *촉진단계*(*promotion*)가 일어난다. 이 과정이 두 번째 단계이며 개시단계 이후에 며칠, 몇 달 혹은 몇 년 동안에 걸쳐 일어날 수 있다. 촉진단계는 물리적 자극이나 발암물질이 아닌 독성이 강한 화학물질에 노출되어 일어날 수 있다. 어느 경우이든 촉진단계는 많은 세포를 죽이는 결과를 가져온다. 세포가 파괴되면 새로운 세포가 갑자기 증식되어 보충되는데, 이 비정상 세포는 원래 DNA 유전자 암호가 의도하지 않았던 방식으로 성장하기 시작한다. 암이 시작된 것이다.

발암현상의 개시와 촉진을 알아보기 위해서 1947년 영국 옥스퍼드대학교에서 수행한 몇 가지 실험을 살펴보자. 첫째로 콜타르의 발암성 성분으로 알려진 다이메틸벤즈안트라센(dimethylbenzanthracene, DMBA)을 생쥐의 피부에 극소량 바르고 두 군으로 분리하였다. 다른 군의 생쥐 피부에는 4개월 후에 파두 기름을 처리하였다. 두 군의 모든 생쥐에서 DMBA를 바른 피부에 종양이 나타났다. 그러나 파두 기름만 사용하거나 DMBA로만 실험한 생쥐 군에서는 어떠한 종양도 형성되지 않았고, 피부에 파두 기름을 먼저 바르고, 이어서 DMBA로 처리하면 종양은 나타나지 않았다. 이 결과로부터 DMBA는 개시효과를 가지고 있으며, 반면에 파두 기름은 촉진효과가 있음이 명백하였다.

그림 12.6 ▸ 2009년 성별에 따른 미국 내 10대 암 발병 및 암 사망 유형

암 발병*

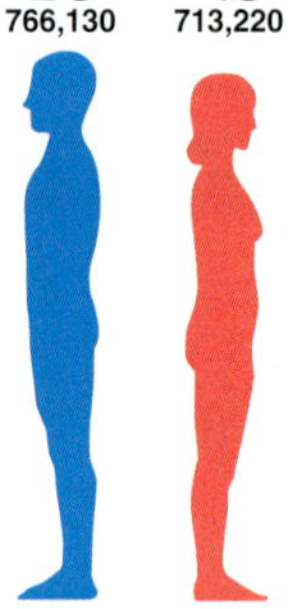

남성 766,130		여성 713,220	
전립선	25%	27%	유방
폐, 기관지	15%	14%	폐, 기관지
대장, 직장	10%	10%	대장, 직장
방광	7%	6%	자궁체부
피부흑색종	5%	4%	비호즈킨 림프종
비호즈킨 림프종	5%	4%	피부흑색종
신장, 신우	5%	4%	갑상선
백혈병	3%	3%	신장, 신우
구강	3%	3%	난소
췌장	3%	3%	췌장
기타	19%	22%	기타

암 사망*

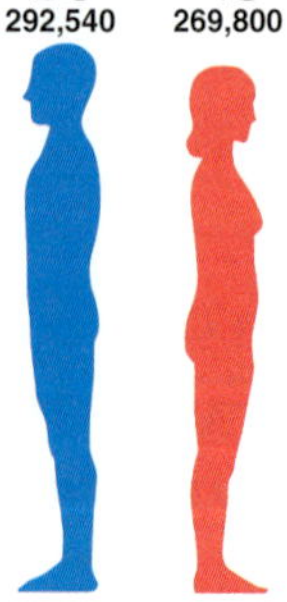

남성 292,540		여성 269,800	
폐, 기관지	30%	26%	폐, 기관지
전립선	9%	15%	유방
대장, 직장	9%	9%	대장, 직장
췌장	6%	6%	췌장
백혈병	4%	5%	난소
간, 간내담도	4%	4%	비호즈킨 림프종
식도	4%	3%	백혈병
방광	3%	3%	자궁체부
비호즈킨 림프종	3%	2%	간, 간내담도
신장, 신우	3%	2%	뇌/ONS
기타	25%	25%	기타

기저 및 바늘 모양 세포 피부암과 방광암을 제외한 상피암 제외, 추산치는 10명 단위로 표시, 반올림 때문에 100%가 되지 않을 수 있다.

암은 (1) 암의 종양과 주변 조직을 외과적으로 제거, (2) 방사선으로 암세포의 파괴, (3) 화학물질로 암세포를 죽이는 화학요법의 세 가지 방법으로 치료된다. 암 환자의 치료 후 사망률이 일반인과 거의 같으면 완치되었다고 한다. 암 치료 성공의 다른 정의는 암 치료 후에 5년간 생존한 환자 수이다. 1930년대에는 암환자 100명 중 20명 이하, 1940년대에는 100명 중 25명, 1960년대에는 100명 중 33명, 그리고 오늘날에는 100명 중 60명이 치료 후 5년간 생존하고 있다.

남자와 여자가 잘 걸리는 암의 종류는 상당한 차이가 있다. 그림 12.6은 2005년 미국 내 남자와 여자의 암 발병수치를 암 유형별 사망률 수치와 함께 보여준다. 남자의 경우 전립선암이 전체의 약 1/3 정도인 반면 폐암, 기관지암에 의한 사망률이 가장 높고 전립선암 사망률은 전체 남성암의 10%에 불과했다. 여자의 경우, 유방암이 전체 여성암 환자의 거의 1/3에 이르지만 유방암 사망률은 전체의 약 15%이고, 폐와 기관지암에 의한 여성암 사망률이 여전히 가장 큰 비율(27%)을 차지한다. 그림 12.7과 12.8은 1930~2005년과 1930~2001년 남성과 여성암의 유형별 수치 변화를 보여준다. 지난 몇 년간 한 가지 경우를 제외하고 남성과 여성암 유형 전체에서 사망률이 감소한 것은 고무적인 일이다. 폐와 기관지암에 의한 여성 사망률은 몇 년간 증가해왔지만 지금은 증가추세가 둔화된 것으로 보인다.

제1차 세계대전 중 사용된 겨자 가스(mustard gas)의 독성효과는 골수의 손상과 기형아를 낳는 DNA의 변이를 일으킨다는 것이 밝혀졌다. 더구나 *질소 겨자(nitrogen mustard)*는 일부 동물에 암을 유발하였다.

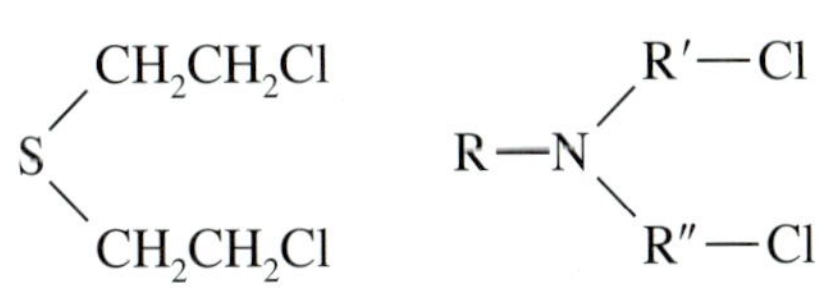

겨자 가스　　질소 겨자(일반식)

그림 12.7 ▸ 1930~2005년 일부 암 유형별 미국 내 연간 나이 보정 남성 암 사망률

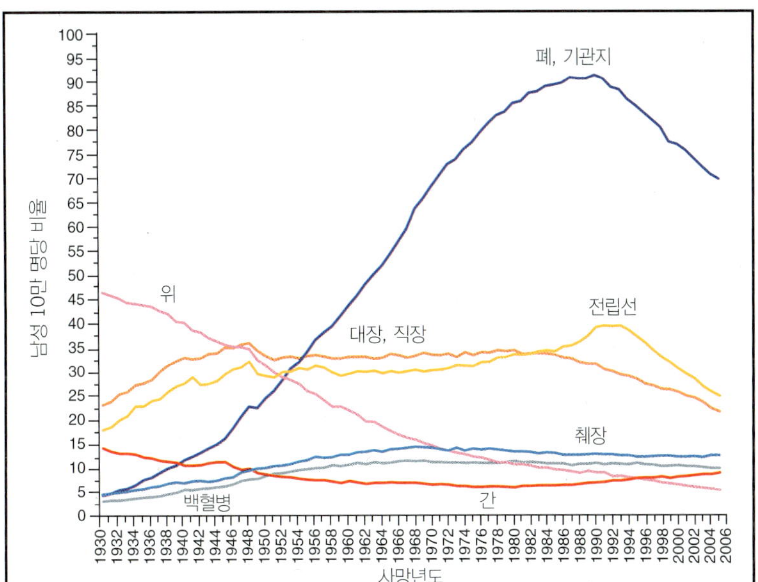

* 비율은 2000년 미국 표준 인구에 맞춰 연령이 조정된 것이다.

그림 12.8 ▸ 1930~2005년 일부 암 유형별 미국 내 연간 나이 보정 여성 암 사망률

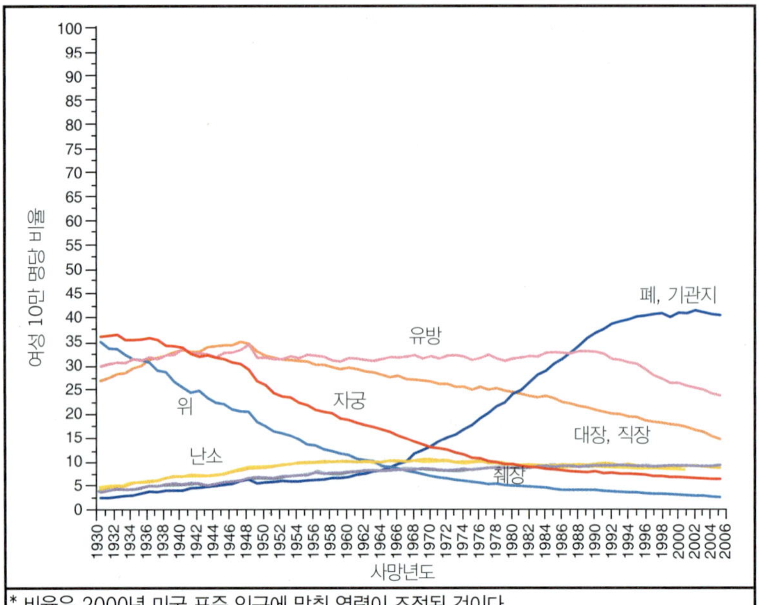

* 비율은 2000년 미국 표준 인구에 맞춰 연령이 조정된 것이다.

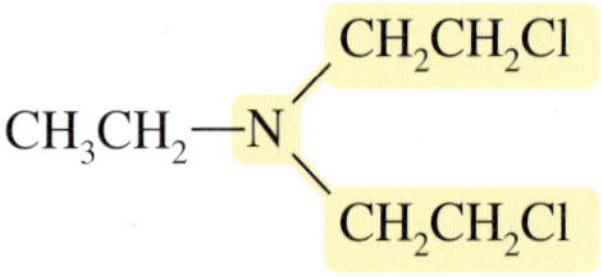

질소 겨자의 예

전시에 내려진 화학물질에 관련된 기밀유지 시한이 끝났을 때, 일부 연구자들이 유사한 화합물로 암을 치료할 수 있지 않을까 생각하게 되었다. 암세포는 선택적으로 파괴될 정도로 암세포 내의 DNA를 변형시킬 수 있다는 생각이었다.

오늘날 가장 널리 사용되는 항암제는 질소 겨자 작용기를 포함하는 화합물인 사이클로포스파미드(cyclophosphamide)이다.

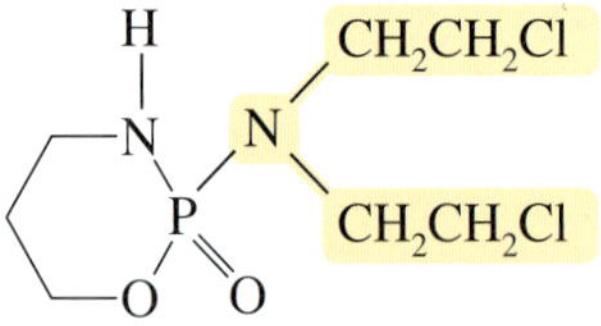

사이클로포스파미드

사이클로포스파미드 및 같은 방식으로 작용하는 다른 항암제는 화학반응에서 알킬기를 전달해주는 반응성이 큰 유기 화합물인 *알킬화 시약(alkylating agent)*이다. 그들의 항암작용은 DNA(흔히 구아닌)의 질소에 알킬기(예를 들어 CH_3CH_2—)의 전달하는 결과이다. 알킬기는 염기의 짝지음을 물리적으로 방해하여 DNA 복제를 못하게 하여 세포분열을 멈춘다. 알킬화 시약은 정상세포와 암세포 모두를 공격하지만, 그 효과는 빠르게 분열하는 암세포에 더 크며, 이 기준은 모든 화학요법에 적용된다.

다른 종류의 화학요법제인 *대사길항제(antimetabolite)*는 DNA 합성을 방해하는데, DNA 합성(대사체)에 필요한 화합물과 분자구조가 유사하기 때문이다. 예를 들어 메토트렉세이트(methotrexate)는 핵산 합성에 사용되는 엽산(비타민 B)과 구조적으로 유사

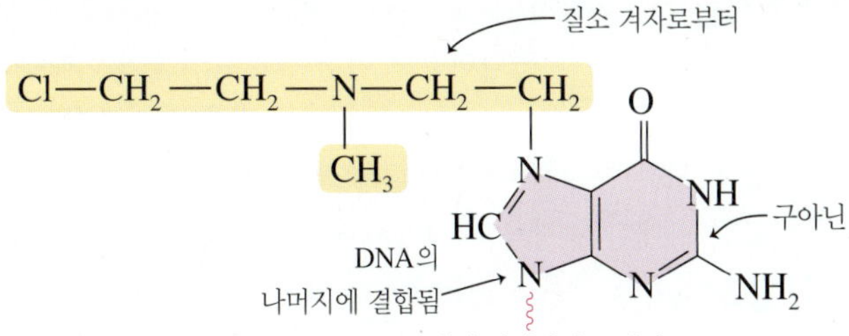

DNA에서 알킬화된 구아닌.
알킬기가 구아닌 잔기의 크기를 어떻게 변하게 하는지 볼 수 있다.

한 대사길항제이다. 메토트렉세이트는 핵산 합성의 첫 단계에서 효소와 강하게 결합하여 엽산의 환원을 방해한다. (메토트렉세이트와 엽산은 큰 분자이며, 메토트렉세이트는 $-CH_3$기가 하나 더 있고 C=O가 $C-NH_2$기로 치환된 것이 엽산과 다르다.)

DNA를 공격하는 또 다른 방법은 그 모양을 물리적으로 훼손하는 것이다. 약은 DNA 사다리 구조를 만드는 염기쌍 사이에 그 분자 구조의 평면 고리부분을 끼워 넣음으로써 DNA 모양의 훼손을 일으킨다(그림 10.22 참조). 독소루비신(doxorubicin)은 유별나게 많은 암에 효과를 보이기 때문에 이런 방식의 화학요법제 중 가장 가치가 있다.

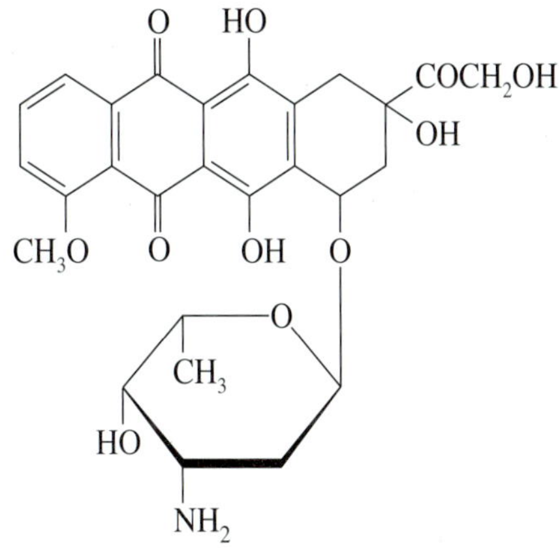

독소루비신

모든 암의 화학요법은 지겹고 위험하며 불쾌한 부작용을 가지고 있다. 이런 문제는 단지 암세포만 죽이는 작용제를 찾지 못하였기 때문이며 따라서 건강한 세포의 암세포의 파괴의 균형을 항상 유지하여야 한다. 화학요법제는 활발하게 분열하는 세포를 죽이기 때문에, 목표는 정상세포보다 암세포를 더 많이 죽여야 한다. 대부분의 암 화학요법제는 독성이 크고 그 자체가 발암성이며, 많은 양의 투여가 필요하다. 결과적으로 단일 성분의 화학요법보다 둘 이상의 약물이 사용되었을 때 일어나는 복합 또는 상승효과 때문에 복합 화학요법을 이용한다. 상승효과 때문에 각 화합물의 투여량을 줄일 수 있으며, 해로운 부작용을 줄일 수 있다. 화학요법만으로 암세포가 전신에 넓게 퍼진 백혈병 또는 임파종 같은 암을 가장 성공적으로 치료할 수 있다.

12-13 유사요법

최근 점점 현대적이고 과학적인 치료보다 다른 요법에 의존하는 경향이 있다. 인기 잡지, 텔레비전 쇼, 웹 사이트들은 대체 의학 치료, 한방, 자연 요법 치료, 자기요법, 터치 테라

피, 심령요법, 침술과 같은 유사요법에 대해 이야기하며, 이러한 치료의 효과에 대한 논란은 계속 되고 있다. 하지만, 전부는 아니더라도 이러한 치료법들이 대다수의 현대적인 치료법처럼 정밀하고 과학적인 기준을 적용하지 않는다는 말은 일리가 있다.

대체 의학적 치료법의 모든 종류에 대한 토론은 이 책의 범위를 벗어나기 때문에 과학이 대체 의학적 치료법에 대한 주장을 지지하지 않는다는 것을 설명할 수 있는 동종요법 영역에 초점을 맞출 것이다. **동종 요법**(**homeopathy**)은 일반적인 의료 치료법을 바탕으로, 적은 양의 약물을 통해 큰 치료의 효과를 보는 것을 의미한다.

동종 요법: 건강한 사람에게서는 같은 질병의 증상을 일으킬 수도 있는 미량의 천연물질을 사용하는 의학적 치료 방법.

약리학: 약의 작용방식, 용도, 효과에 관심을 가지는 의학의 한 분야.

동종 요법은 종종 "자연 요법", "한방 요법"으로 소비자가 혼동하기도 하지만 동종요법은 자연 의학에 거의 또는 전혀 근거가 없는 매우 특별한 질병 치료 방법이다. 현대 의학은 약을 투여하고 효과를 유도하는 직접적인 관계인 용량-반응 관계에 의존한다. 대부분의 과학자들은 효과를 유발하는 약제는 관찰이 되므로 생물학적 시스템에서 물리적으로 존재할 수 있다고 생각한다. **약리학**(**pharmacology**)은 과학적 원리에 의존한다. 예를 들면 아이스 티나 탄산음료에 설탕 감미료를 추가하는 것인데 이는 겉보기에는 평범한 활동 같지만 실은 농도와 그 효과 사이에 관계가 있음을 알 수 있다.

동종요법의 설립자인 의사 사무엘 하네만(Samuel Hahnemann, 1775~1843)은 말라리아 치료법은 기나(cinchora) 껍질을 섭취했던 경험과 그의 이론을 기반으로 한 것이라고 말했다. 기나 껍질을 섭취한 후 그는 갈증이 나타나고 머리가 욱신거리는 말라리아와 비슷한 발열 증상을 경험했다. 그는 질병을 치료하는 약물의 힘은 그 약물에 질병 자체와 비슷한 증상을 나타나게 하는 능력이 있기 때문이라고 하면서 그의 지지자들과 함께 자신을 포함해서 건강한 사람들에게 허브, 미네랄 및 기타 물질을 투여하면서 이를 실제로 증명해 보이고 이를 관찰하면서 자세한 기록을 남겼다. 하네만은 자신이 사용하는 대부분의 물질에 대한 독성 부작용을 고민했다. 그래서 그는 약물을 희석하는 실험을 하면서, 약물의 희석이 부작용은 제거하고 물질의 효과는 유지된다고 주장했다. "극소의 법칙"이라고 알려진 법칙은 약물치료 과정에서 약물을 단계별로 희석하게 되면 약물의 효과가 점점 떨어져 치료의 결과에 영향을 끼칠 수 있다는 것이다. 하네만은 아보가드로(Amedeo Avogadro)와 같은 시대에 살았지만, 그는 물질 1 mol의 몰수(6.02×10^{23})에 대한 아보가드로의 생각을 인지하지 못했다. 이런 과도한 희석에 대해 현대 과학자들과 동종 요법의 지지자들은 우려했지만 하네만은 걱정하지 않았다. 사실 많은 동종요법의 간단한 계산은 활성성분의 단일 분자를 포함하지 않은 것으로 나타났다. 예를 들어 동종요법의 방법으로 오리 간 추출물로 만든 Oscillococcinum과 비슷한 약물을 이용하여 감기와 독감치료를 한다면, 활성 성분의 섭취를 위해서는 대략 10^{377} L를 소비해야 한다. 과학적인 근거가 없는 동종요법에 대해 많은 과학자들과 소비자 보호 단체는 모니터링 및 동종 요법 의약품, 약초의 규제를 요구했다. 하지만 소비자들은 매년 보조제와 동종요법 치료제에 매년 200만 달러 이상을 사용하고 있다. 또 보조제와 동종요법의 구별이 점점 없어지면서 많은 자연적인 약초 보조제와 치료제는 자연적인 동종요법이 아니며, 현재 시장에 나와 있는 많은 약물들이 원주민의 자연 요법을 토대로 만들어졌다고 하지만 '동종 요법'이라는 단어만으로 그들의 특징을 광고하기 때문에 이 분야에 주의를 해야한다. 현재 시장에 나와 있는 몇 가지 천연 첨가제는 FDA에서 요구하는 엄격한 기준을 통과하였으며 이러한 테스트를 통해 몇 가지 첨가제는 상당한 불순물과 활성 성분이 포함되어 있음을 알 수 있다. 마지막으로, 환자는 종종 보조제를 복용하는 것을 의사에게 얘기하기를 꺼려하는데, 보조제는 의사 처방 약물과 상호 작용할 수 있기 때문에 심각한 문제가 될 수 있다.

연습 문제

1. 세균성 질병과 바이러스성 질병의 예를 쓰시오

2. 항생물질의 세 가지 주요한 종류는 무엇인가?

3. 화학요법이란?

4. 레트로바이러스(retrovirus)란 무엇인가?

5. 다음 각 종류의 약품은 어느 질병 및 증상에 사용되는가?
(a) 혈관확장제
(b) 알킬화 시약
(c) 베타 차단제
(d) 대사길항제

6. 어떤 두 종류의 자연 생체분자의 작용에 수용체를 필요로 하는가?

7. 다음 중 코데인(codeine)에 적용되는 것은 어느 것인가?
(a) 진통제
(b) 항생제
(c) 아편류
(d) 남용 가능성이 있는 지정 약품
(e) 진해제

8. 협심증의 증상은 어떤 것인가?

9. 심근에 있는 베타 수용체에 자극이 가해졌을 때 어떤 일이 일어나는가?

10. 에스트라다이올은 다음과 같은 구조를 갖는다. 에티닐 에스트라다이올의 작용기와 차이점은 무엇인가?

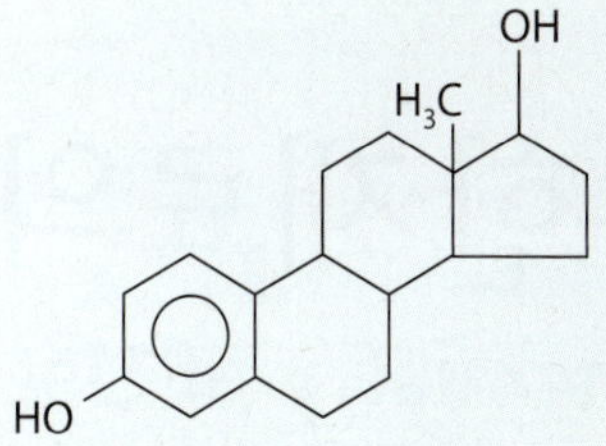

11. 다음 물질을 환각제, 항우울제, 억제제 중 어디에 속하는지 분류하시오.
(a) 메스칼린(Mescaline)
(b) 리세르긴산 다이에틸아민(Lysergic acid diethylamine, LSD)
(c) Cannabis sativa 대마초
(d) Phencyclidine(PCP)
(e) 바르비투르산(Barbiturate)
(f) 암페타민(Amphetamine)

12. 암 치료법의 3가지 형태는 무엇인가?

13. 환각제의 효과는? 환각제의 2가지 예를 쓰이오.

14. 헤로인, 모르핀, 코데인 중에서 다음 질문에 딥하시오.
(a) 가장 효과적인 진통제는?
(b) 천연 알칼로이드가 아닌 것은?
(c) 중독성이 너무 강해서 미국에서 판매나 사용이 불법화된 것은?

13

유용한 재료의 화학

The Chemistry of Useful Materials

차례

멀리 우주로부터 바라본 지구의 모습은 우리가 이미 알고 있던 사실들을 극적으로 보여준다. 지구 표면은 매우 특별한 공간으로, 잘 아는 것처럼 적어도 우리 태양계에서는 유일하게 생명체의 생산과 성장에 적절한 환경을 제공하고 있다. 우리의 환경은 또한 상당히 불균일하다. 우리 주위 모든 곳에 혼합물이 존재하며, 그러한 혼합물은 원소와 화합물들이 오랜 시간에 걸쳐 자연적 힘에 의해 일련의 복합체로 변화된 결과이다.

역사적으로 우리 인간은 환경을 현저하게 변화시킬 만한 능력을 개발하지는 못했다. 돌망치나 나무쟁기와 같은 인류의 초기 도구들은 자연물질을 단지 물리적으로 변형시킨 것에 불과했다. 그 후, 천연 광물로부터 구리를 화학적으로 환원시킬 수 있게 되었으며 철이 그 뒤를 이었고, 이제는 매년 막대한 양의 새로운 물질을 생산하고 있다. 의심의 여지없이 인류는 우리가 선택하는 많은 다른 방법으로 지구상 자연의 화학 혼합물을 변화시킬 수 있는 힘을 갖게 되었다.

이 장에서는 탄소와 그 화합물을 제외한 무기물질에 초점을 맞출 것이다. 냄비와 프라이팬에서부터 집과 사무실 건물, 자동차와 비행기 그리고 다수의 공산품에 이르기까지 이들을 구성하는 기본 물질의 근원에 관해 살펴보게 된다.

13-1 지구

우리는 유용한 재료를 얻을 수 있는 원천으로 지구에 의존할 수 밖에 없지만 이러한 재료를 얻을 수 있는 부분은 지구의 극히 일부분뿐이다. **수권**(**hydrosphere**)이란 지표 상하의 해수와 담수를 포함하는 권역을 말한다. 수권은 마그네슘, 브로민 뿐만 아니라 식용, 화학적 기본물질로 필수적인 염화 소듐을 상업적으로 얻는 원천이다.

수권: 지구의 일부로 모든 담수와 해수.

우리가 접근할 수 있는 지구의 고체 부분인 지각은 지구 전체 질량의 1%에도 못 미치는 극히 작은 부분이다. 지질학자들은 지구의 고밀도 부분 위에 존재하는 지구 표면으로부터 약 5~35 km를 지각이라고 정의한다(그림 13.1).

지각으로부터 발견되는 암석은 크게 세 가지로 분류한다. 용융된 암석이 응고되어 형성된 *화성암*(*igneous rock*, 예: 현무암), 해양과 강에 용해되었거나 분산되었던 물질이

CHAPTER 13

침전되어 생성된 *퇴적암*(*sedimentary rock*, 예: 사암), 이미 형성된 암석에 열이나 압력이 가해져 생성된 *변성암*(*metamorphic rock*, 예: 대리석) 등이 그것이다. 그림 13.2는 지각의 평균 구성 성분을 보여준다. 암석에 가장 많이 존재하는 물질은 규산염으로 규소, 산소, 금속 양이온으로 구성되어 있다(13-5절). 지금까지 알려진 2000 종류 이상의 **광물(mineral)**은 크게 몇 가지 부류로 분류된다(표 13.1).

광물: 자연에 존재하는 고체 무기 화합물.

지각의 조성이 균일하지 않다는 점은 채광산업에게는 다행스러운 점이다. 가장 깊은 광산인 남아프리카의 타우 토나(Tau Tona) 광산도 지표면에서 단지 3.94 km까지에 걸쳐 있을 뿐이며, 여기에 풍부한 금맥이 존재한다. 자연적 힘에 의하여 장소마다 각기 다른 종류의 광물들이 농축되어 있다. 예를 들면, 용해되었던 암석이 서서히 식으면서, 가장 먼

지각으로부터 얻는 금속은 현대 사회에 중요한 물질이다.

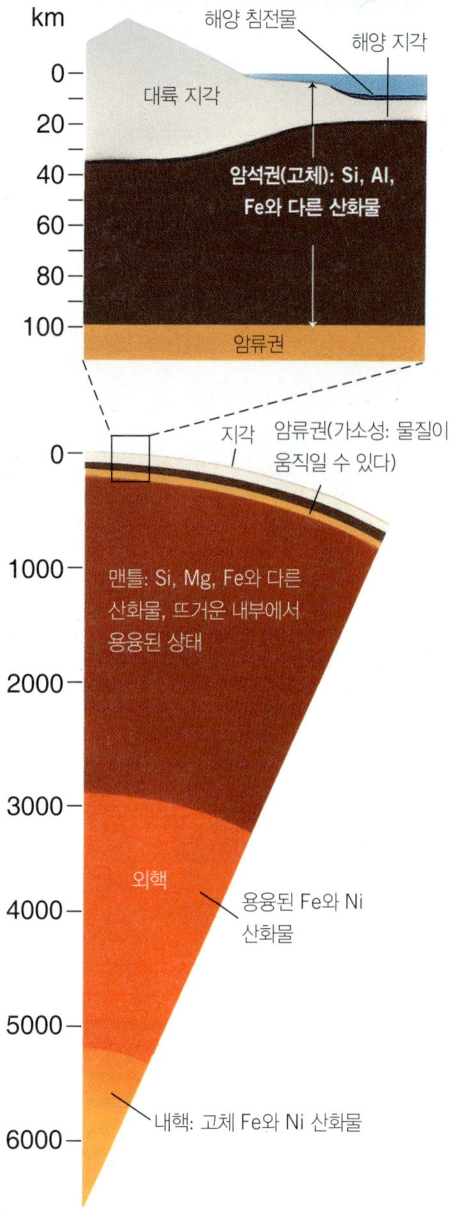

그림 13.1 ▸ 지각의 단면.
관례적으로 지질학자들은 산화물을 기준으로 지구의 구성을 나타낸다.

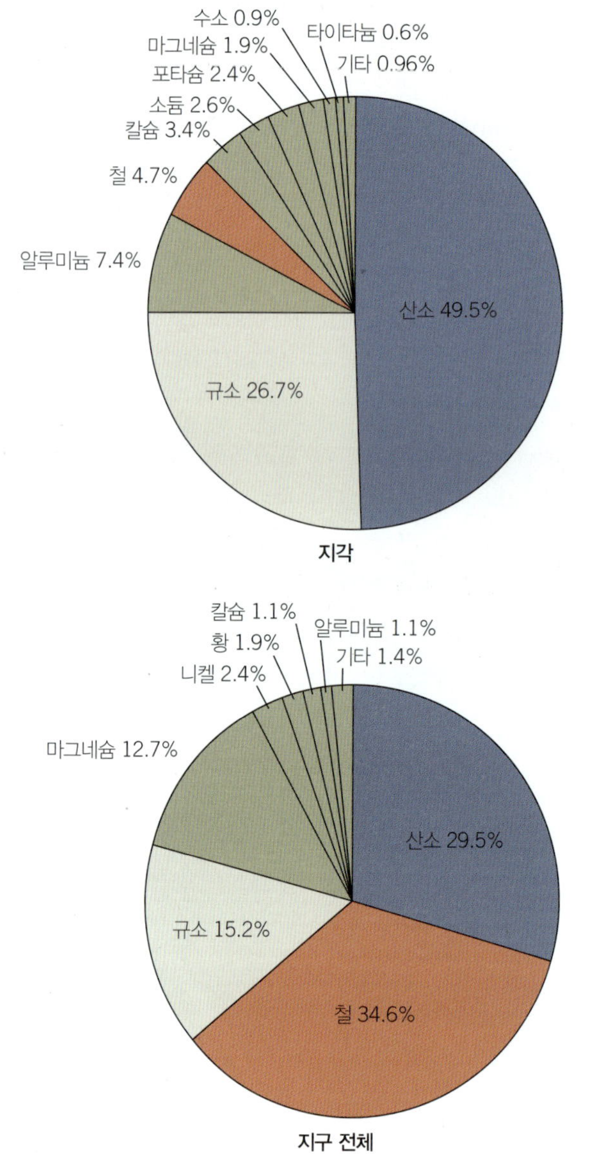

그림 13.2 ▸ 지각과 지구 전체에서 원소의 상대적인 양(질량 기준).

저 고체화하는 광물(녹는점이 높은 광물)은 나머지 액체 아래쪽으로 가라앉아 농축되게 된다. 또 다른 경우에는 물에 대한 용해도의 차이에 따라 광물들이 재분배되기도 한다.

미국 서부 지역은 과거에 육지로 둘러싸인 광대한 바다였던 때가 있었다. 물이 증발한 후 엄청난 양의 탄산 소듐 침전이 남게 되었다. 탄산 소듐은 용해성 염으로 매우 귀중한 화학 물질 원료이다. 대부분의 나라에서는 다른 화학 물질로부터 탄산 소듐을 생산해야만 하는 것과는 달리, 미국은 수요의 많은 부분을 채광만으로 채운다. 물론 다른 광물은 다른 장소에 집중적으로 매장되어 있다. 지금까지 알려진 니켈 매장량의 대부분은 뉴칼레도니아와 짐바브웨에, 크로뮴의 대부분은 보츠와나와 터키에 묻혀있다. 각 국가가 어쩔 수 없이 어떤 광물은 수입에 의존할 수 밖에 없는 이유이다.

표 13.1 지각에 존재하는 주요 광물군

광물군	예	화학식	용도
규산염	석영	SiO_2	유리, 세라믹, 합금
	장석	$KAlSi_3O_8$	세라믹
산화물	적철광	Fe_2O_3	철광, 페인트 염료
탄산염	방해석	$CaCO_3$	광학기계(순수결정), 공업화합물
황화물	방연광	PbS	납 광석, 반도체
황산염	석고	$CaSO_4 \cdot 2H_2O$	시멘트,석고, 인조벽판, 종이 표면처리(paper sizing)
할로젠화물	형석	CaF_2	레이저, 전자제품(순수결정), 플루오린(F_2) 원료

13-2 수권에서 얻는 화학물질

바닷물을 한 모금만 마셔보면 누구나 그것이 짜다는 것을 쉽게 알 수 있다. 실제로, 염화소듐은 바닷물에 있는 주된 광물이다. 그러나 다른 많은 용해성 광물들이 강, 해저 화산, 열 배출구(thermal vents)부터 바다로 유입되어 계속 침전되는 것은 잊어서는 안 된다. 소듐과 염소 외에도 해수에 이온으로 존재하는 주요 원소로는 마그네슘, 황, 칼슘, 포타슘, 브로민, 탄소, 질소, 스트론튬 등이 있다. 이보다 낮은 농도로 존재하지만 경제적으로 유용한 우라늄, 구리, 망가니즈, 금과 같은 금속도 막대한 양이 바다에 존재한다.

물론 바닷물에 있는 금속 이온의 농도가 낮을수록, 금속을 분리해내는 데 비용이 더 많이 들 것이다. 그럼에도 불구하고, 육지에 있는 양질의 광물이 고갈됨에 따라, 경제적 측면에서 바다 채광에 대한 매력이 증가하고 있다. 바다의 유기체들이 문제를 해결하는 데 도움을 줄 수도 있다. 예를 들면, 척색동물은 해수 중 바나듐 농도의 28만 배 이상으로 농축시킨다. 따라서 이런 생물의 수중양식으로 금속을 추출하는 것이 가능하다.

샌프란시스코 만에서 증발로 인해 바닷물로부터 소금이 분리된 모습.

13-2a 소금과 염화알칼리 공업

수권으로부터 얻는 가장 중요한 물질은 아마도 소금일 것이다. 소금은 몇몇 중요한 화합물의 원료로 사용된다. 해안지역에서 소금은 햇볕에 노출된 거대한 개펄에서 해수를 증발시켜 분리한다. 지하수나 미국 유타 주에 있는 그레이트 솔트 레이크(Great Salt Lake)와 같은 자연호수에서 발견되는 천연 염수는 소금의 또 다른 원천이다. 소금은 분리된 후 용도에 따라 필요한 만큼의 순도로 정제된다. 많은 양의 소금이 염소와 수산화 소듐을 생산하는 염화 알칼리 공업에 쓰인다.

염소는 음료수나 오염된 물을 소독하는 데 사용되고 살충제와 같은 유기화학 약품 제조나 PVC(폴리염화비닐, 9-5절 참조)라는 플라스틱의 기본 재료인 염화 비닐의 제조에 쓰인다. 염소는 미국에서 생산되는 주요 화학약품 중 하나이다. 대부분의 염소 기체는 염화 소듐 수용액을 전기분해하여 만든다. 염화 소듐을 전기분해할 때 생성되는 또 다른 물질인 수산화 소듐은 공업 공정에서 가장 널리 쓰이는 염기로서 염소만큼이나 유용하다. NaCl 수용액의 전기분해 반응은 다음과 같다.

$$2\,\text{NaCl}(aq) + 2\,\text{H}_2\text{O}(\ell) \xrightarrow{\text{전기 에너지}} 2\,\text{NaOH}(aq) + \text{H}_2(g) + \text{Cl}_2(g)$$

이 반응을 위한 전기화학 전지를 설계하는 데 있어서 어려운 점은 염소와 수산화 소듐이 접촉하게 되면 서로 반응을 한다는 것이다.

그림 13.3은 염소와 수산화 소듐을 생산하는 데 쓰이는 현대식 전기화학 전지를 보여준다. 두 전극이 들어있는 칸은 소금물을 통과시킬 때 소듐 이온만이 통과할 수 있는 합성 막에 의해 분리되어 있다. 반응식은 다음과 같다.

그림 13.3 ▸ 염화 알칼리 전지.

이같이 커다란 전지는 기체 상태의 염소와 수산화소듐 용액을 생산한다. 이 두 물질은 산업적으로 중요하다. 값싼 전기를 필요로 하기 때문에 염화 알칼리 공장은 나이아가라 폭포와 같은 수력발전소 근처에 위치한다.

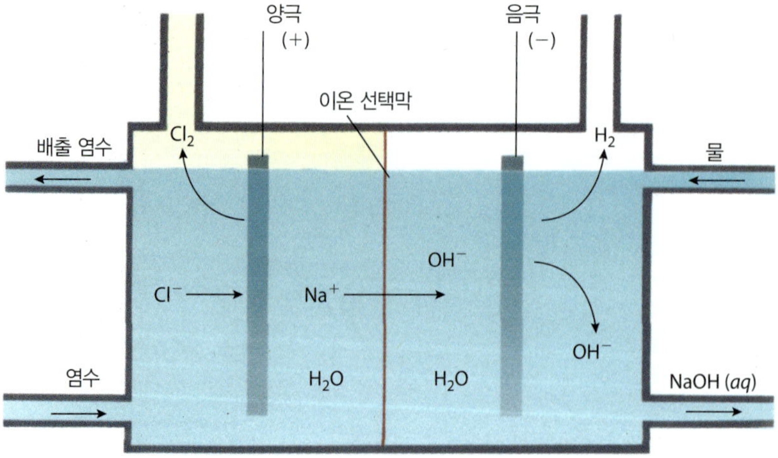

$$2\,Cl^-(aq) \longrightarrow Cl_2(g) + 2\,e^- \quad \text{산화}$$

$$2\,H_2O(\ell) + 2\,e^- \longrightarrow H_2(g) + 2\,OH^-(aq) \quad \text{환원}$$

$$2\,Cl^-(aq) + 2\,H_2O(\ell) \longrightarrow H_2(g) + Cl_2(g) + 2\,OH^-(aq) \quad \text{전체 반응}$$

소금물을 양극 칸에 넣고 이 곳에서 염화 이온의 산화가 일어난다. 전지 내에서 전하의 균형을 유지하기 위해서, Cl^- 이온이 산화됨에 따라, Na^+ 이온은 음극(anode)으로부터 양극(cathode) 칸으로 이동한다. 양극 칸에서 OH^- 이온이 생성되기 때문에 그 곳에서는 수산화 소듐 수용액이 생성되고, 이 때 수산화 소듐 수용액의 농도는 무게로 20~35% 정도이다. 수산화 소듐은 오븐, 배수관, 하수관용 세제로도 사용되지만, 대부분의 수산화 소듐은 산업공정에 쓰인다.

13-2b 바다로부터 얻는 마그네슘

마그네슘은 밀도가 1.74 g/cm³으로 구조용으로 사용되는 가장 가벼운 금속으로 용도가 많다. 마그네슘은 알루미늄보다 36% 가볍고 철보다는 78% 가볍다. 가볍고 높은 강도를 가진 많은 **합금**(alloy)에는 대부분 마그네슘이 포함되어 있다. 예를 들면, 대부분의 알루미늄 제품에는 5%의 마그네슘을 첨가하여 염기성 조건하에서 알루미늄의 부식에 대한 저항성과 기계적 성질을 향상시켰다. 또한 알루미늄보다 마그네슘의 함량이 더 많은 합금도 있다. 이러한 합금들은 무게 대비 높은 강도가 필요한 곳이나 항부식성이 특히 중요한 데에 쓰인다.

합금: 2개 이상의 금속 혼합물.

2002년에 미국에서 자동차 1대 당 약 4 kg의 마그네슘을 사용하였으나, 2020년에는 자동차 모델에 따라 150 kg까지도 사용될 것으로 예상된다. 이렇게 예상되는 이유는 제조업자들이 새로운 미 연방정부의 연비 표준을 맞추기 위해서는 가벼운 차를 생산해야만 하기 때문이다.

마그네슘-알루미늄 합금은 철로 만든 자동차 바퀴를 대체하는 경량 소재로 사용된다.

침전: 용액 상에서 반응물간의 화학 반응으로 생성되는 고체.

바닷물에는 단위 입방마일마다 약 0.14%, 즉 6백만 톤의 마그네슘이 Mg^{2+} 형태로 존재하기 때문에 거의 무한한 양의 마그네슘을 얻을 수 있다. 바닷물부터 마그네슘을 얻는 첫 단계는 불용성 물질인 수산화 마그네슘[$Mg(OH)_2$]을 **침전(precipitate)**시키는 것이다. 이 단계에서 단지 필요한 것은 값싼 염기(OH^- 이온의 원천)를 적시에 공급하는 일인데, 이는 탄산 칼슘($CaCO_3$)을 함유한 바다 조개에 의해 쉽게 해결된다. 탄산 칼슘을 가열하면 석회로 변화되고 이것이 물과 반응하여 침전 반응에 사용되는 염기인 수산화 칼슘을 생성한다.

$$\underset{\text{바다조개}}{CaCO_3(s)} \xrightarrow{\text{열}} \underset{\text{석회}}{CaO(s)} + CO_2(g)$$

$$CaO(s) + H_2O(\ell) \longrightarrow Ca(OH)_2(aq)$$

$$Mg^{2+}(aq) + Ca(OH)_2(aq) \longrightarrow Mg(OH)_2(s) + Ca^{2+}(aq)$$

고체 수산화 마그네슘을 여과하여 분리한 후, 또다른 값싼 화합물인 염산으로 중화한다.

$$Mg(OH)_2(s) + 2\,HCl(aq) \longrightarrow MgCl_2(aq) + 2\,H_2O(\ell)$$

물을 증발시키면, 수화된 염화 마그네슘 고체가 남게 된다. 이것을 건조시킨 후 녹이고(708°C), 음극(cathode)으로 작용하는 거대한 강철 용기에서 전기 분해한다. 양극(anode)은 흑연 막대기를 사용하며, 전극 반응은 다음과 같다.

$$\begin{array}{lr} 2\,Cl^- \longrightarrow Cl_2(g) + 2\,e^- & \text{산화} \\ Mg^{2+} + 2\,e^- \longrightarrow Mg(\ell) & \text{환원} \\ \hline Mg^{2+} + 2\,Cl^- \longrightarrow Mg(\ell) + Cl_2(g) & \text{전체 반응} \end{array}$$

용융 마그네슘이 형성되면, 이것을 분리한다. 전기분해에서 생산된 염소는 수소와 반응시켜 염산으로 만든 후 반응에 다시 이용한다.

표 13.2 연간 미국인 1인당 지구의 지각으로부터 제공되는 새로운 원료물질

원소 또는 광물질	양(파운드)	주용도
돌, 모래, 자갈	19,000	도로와 건물
석탄	7,650	전기 생산; 철, 강철, 화학약품 제조
철광석	600	자동차, 배, 구조물 지지대
진흙	280	벽돌, 종이, 페인트 유리, 도기류
소금	420	결빙 방지제, 세제, 요리, 화학약품 제조
알루미늄	75	음식물과 음료의 캔, 주방용품, 차량
구리	25	전기모터, 전선
아연	15	놋쇠, 아연철판(양철 등), 강철
납	15	자동차 배터리, 연납, 전자부품
망가니즈	6	철과 강철제품, 유리 탈색제, 벽돌과 세라믹 착색제

*출처: http://minerals.usgs.gov/west/

그림 13.4 ▸ 마그네슘 생산을 위한 다우 공정의 개략도.

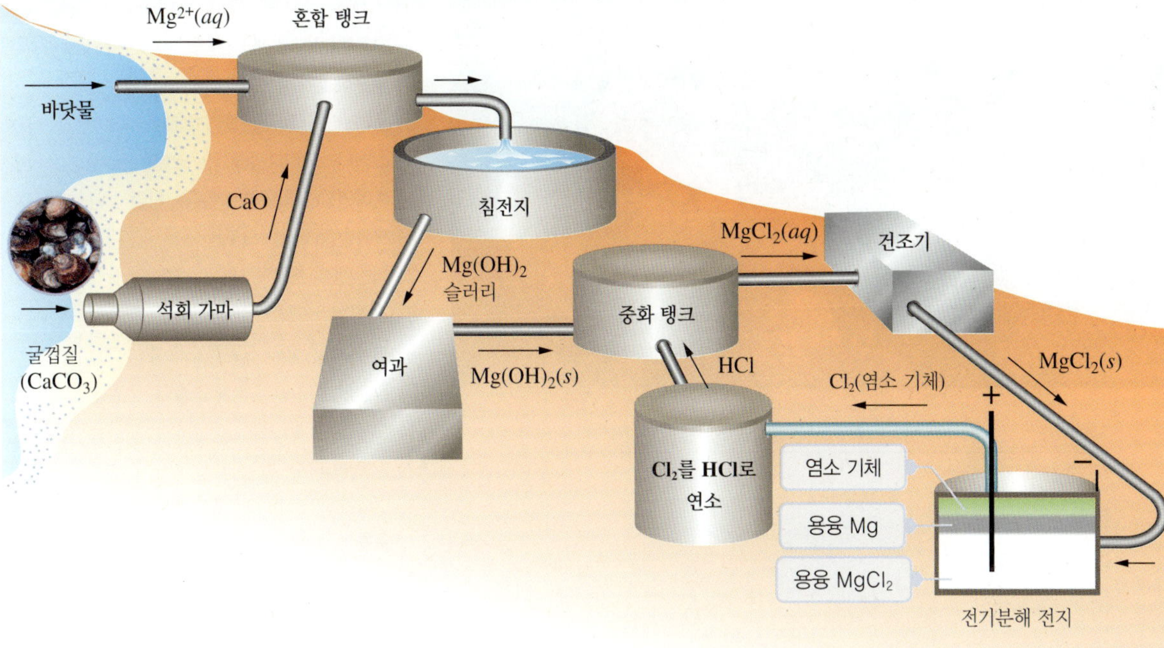

13-3 금속과 광석

미국 지질조사에 따르면, 평균적인 미국인은 매년 표 13.2에 나열한 것과 같은 양의 광물질이 필요하다. 이 절에서는 금속에 초점을 맞추고자 한다. 유리, 세라믹, 시멘트와 같이 우리에게 친숙한 규소에 바탕을 둔 물질의 화학에 대해서는 13-5절에서 다룬다.

반응성이 적은 구리, 은, 금과 같은 금속은 자연에서 원소로 발견되기도 한다. 약간 반응성이 큰 금속은 처음 지구가 형성될 때 만들어진 황화물(예를 들면, CuS, PbS, ZnS)로 존재한다. 이들 금속의 황화물은 물에 대한 용해도가 매우 낮기 때문에 산화되기 어렵고, 물이나 다른 이온과 반응하기 어렵다. 반응성이 더 큰 금속은 수천 년을 거치는 동안 산화물(예를 들면, MnO_2, Al_2O_3, TiO_2)의 형태로 변화되어, 이 형태로 채굴된다.

소듐이나 포타슘과 같이 반응성이 가장 큰 금속은 자연에서 해양이나 광천수에서는 용해된 염의 형태로 발견된다. 아니면 고체 침전물 형태의 염이나 조장석(albite, $NaAlSi_3O_8$), 정장석(orthoclase, $KAlSi_3O_8$)과 같은 용해성이 없는 안정한 알루미노규산염(aluminosilicate)으로 존재한다. 이러한 규산염은 전 세계 어디에서나 발견되지만, 안정성이 대단히 크기 때문에 금속을 얻기 위한 재료로는 현재 쓰이지 않는다. 마치 해양과도 같이, 이러한 광물들은 일단 풍부하고 쉽게 가공 처리될 수 있는 광석이 고갈되었을 때 개발될 대표적 자원이라 할 수 있다.

광석이기도 한 몇 가지 아름다운 광물들을 그림 13.5에 나타내었다. (광석은 금속을 분리해 낼 수 있고 경제성이 있는 광물이다). 광물로부터 금속을 분리하기 위해서는 화학적 환원이 필요하다. 즉, 금속 양이온이 금속으로 전환되는 것이다. 금속 이온을 환원하기 위해서는 전자의 공급이 필요하다. 이 때 전자는 앞 절에서 마그네슘에서 언급된 전류이거나 화학적 환원제로부터 공급된다.

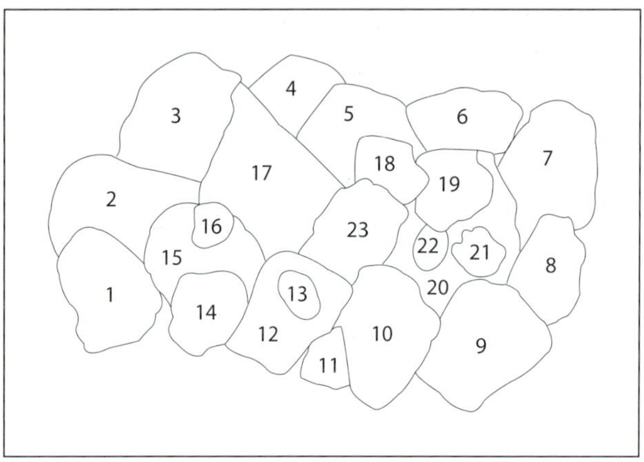

그림 13.5 ▸ 천연 금속과 광물.
광물과 그것으로 얻을 수 있는 금속을 나열하였다.

1. 반동광(무지개 색)–구리
2. 백운석(분홍색)–마그네슘
3. 몰리브덴광(회색)–몰리브데늄
4. 스커터러다이트광(회색)–코발트, 니켈
5. 홍아연광(얼룩덜룩한 빨강)–아연
6. 크롬철광(회색)–크로뮴
7. 휘안광(위 오른쪽, 회색)–안티모니
8. 구마이트(노랑)–우라늄
9. 석석(녹빛, 아래 오른쪽)–주석
10. 침철광 위의 갈연광(빨강 결정)–바나듐
11. 진사(빨강색)–수은
12. 방연광(회색)–납
13. 모나즈석(백석)–희토류: 세슘, 란타넘, 네오디뮴, 토륨
14. 보크사이트(금색)–알루미늄
15. 스트론티안석(흰색, 가시가 있는)–스트론튬
16. 휘코발트광(회색 입방체)–코발트
17. 황화철광(금색)–철
18. 콜럼브석(황갈색, 회색줄무늬)–니오븀, 탄탈럼
19. 창연(Bismuth)(빛나는)
20. 능망간광(분홍색)–마그네슘
21. 금홍석(빛나는 쌍둥이결정)–타이타늄
22. 천연 은 포함 석영 (회색)–천연 은
23. 연망간광(검정, 가루)–망가니즈

13-3a 철

철은 지각에서 네 번째로 가장 풍부한 원소로 금속 중에서는 두 번째로 풍부하다. 우리 경제는 철과 철의 합금(특히 강철)에 의존한다. 세계적으로 철의 대부분은 미국의 미네소타, 스웨덴, 프랑스, 베네수엘라, 러시아, 호주, 영국의 커다란 광상에 철 산화물의 형태로 분포되어 있다.

철광석은 용광로에서 환원된다(그림 13.6a). 산화물(Fe_2O_3), 코크스(C), 석회석($CaCO_3$)의 고체 혼합물을 용광로 꼭대기에서 투입하고, 뜨거운 공기를 용광로의 바닥 근처에서 송풍한다. 용광로에서 일어나는 주요 반응은 다음과 같은 철 산화물의 환원과 광석에 존재하는 실리카를 용융 칼슘규산염($CaSiO_3$)으로 전환하는 것이다.

$$2\ C(s) + O_2(g) \longrightarrow 2\ CO(g) + 열$$

$$Fe_2O_3(s) + 3\ CO(g) \longrightarrow 2\ Fe(s) + 3\ CO_2(g) + 열$$

$$CaCO_3(s) \xrightarrow{열} CaO(s) + CO_2(g)$$

$$CaO(s) + SiO_2(s) \xrightarrow{열} \underset{슬래그}{CaSiO_3(\ell)}$$

결과적으로 용광로가 계속 가동되면 바닥에 두 용융층이 쌓인다. 아래층은 밀도가 큰 층

으로서 대부분이 액화 철이다. 밀도가 작은 위층은 **슬래그**(slag)이다. 용광로 밑에 출구가 있어 이곳으로 용융 철을 뽑아낸다. 용광로의 약간 높은 부분에 다른 출구를 만들어 액체 슬래그를 제거할 수 있다.

슬래그: 금속을 정제할 때 분리되는 비금속 폐기물 혼합물.

선철(pig iron)로 알려진 용광로부터 나온 철은 많은 불순물을 포함하고 있다(많게는 탄소 4.5%, 망가니즈 1.7%, 인 0.3%, 황 0.04%, 규소 1%). 용광로 온도에서 철은 탄소 불순물과 반응하여 선철을 부서지기 쉽게 만드는 탄화철, 철의 탄화물(Fe_3C)을 생성한다.

$$3\ Fe(s) + C(s) \longrightarrow Fe_3C(s)$$

용융 선철을 엔진 몸체, 브레이크 드럼, 변속장치 틀 같은 원하는 모양의 주형에 부었을 때, **주철**(cast iron, 무쇠)이라 부른다. 그러나 선철과 주철은 대부분의 다른 용도로 사용하기에는 탄소와 다른 불순물을 너무 많이 함유하고 있다. **강철**(steel)이라고 알려져 있는 구조적으로 더 강한 물질은 인, 황, 규소 불순물을 제거하고 탄소의 양을 줄여 얻는다.

주철: 성형된 선철 또는 탄소–철 합금.

강철: 상대적으로 탄소 함유율이 낮은 전연성 철 합금.

13-3b 강철

많은 종류의 철 합금을 총체적으로 강철이라 한다. 가장 흔한 것은 1.3%의 탄소를 함유한 탄소강이다. 선철을 탄소강으로 만들기 위해서는 과량의 탄소를 산소로 연소시켜야 한다.

강철 생산에 이용되는 염기산소공정(basic oxygen process)에서는(그림 13.6b) 용융

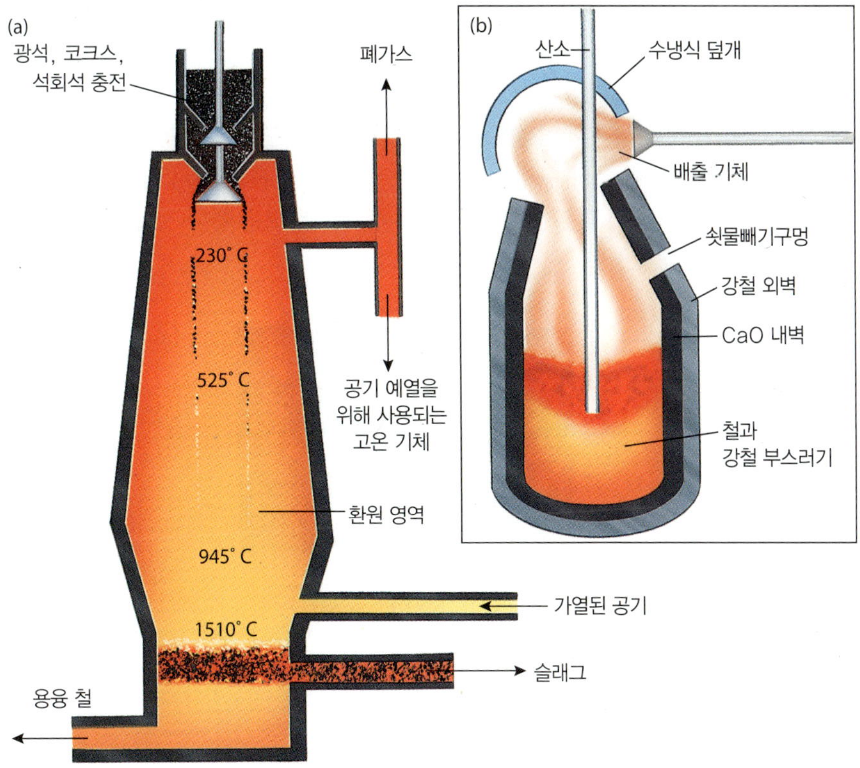

그림 13.6 ▸ 철과 강철의 생산.

(a) 용광로로 주입된 물질에 가열된 공기에 의해 연소되는 코크스로부터 나오는 뜨거운 공기가 가해진다. (b) 강철 생산을 위한 기본적인 산소 용광로는 용광로로부터 나오는 선철, 재생용 강철 부스러기, 그리고 만들어질 강철의 종류에 따라 다른 금속의 혼합물로 채워진다. 약 20분 동안 산소를 불어넣은 후, 최종 처리된 강철이 배출구를 통해 나오면, 용광로는 또 다른 투입을 위해 준비된다.

맥석: 광석으로부터 금속을 생산할 때 광물과 혼합되어 있는 원하지 않는 물질.

배소: 야금 과정에서 공기와 함께 광석을 가열하는 것. 보통 산화물이 생성됨.

철의 표면 아래로 밀어 넣은 내화 물질의 튜브(관)를 통하여 순수한 산소를 용융 철에 불어 넣는다. 내화 물질이란 높은 온도에서도 녹지 않고 견디는 물질이다. 용해된 탄소는 높은 온도에서 산소와 급격히 반응하여 일산화 탄소나 이산화 탄소 같은 기체를 생성, 배출한다.

강철을 만드는 과정에서 규소 또는 크로뮴, 망간, 니켈 같은 전이금속을 첨가하면 특별한 물리적, 화학적, 기계적 특성을 갖는 합금을 만들 수 있다. 예를 들어 크로뮴을 첨가하면 스테인리스 철강을 얻을 수 있다.

강철의 특성은 생산 온도와 냉각 속도 등을 변화시켜 조절할 수 있다. 만일 강철을 물이나 기름에 넣어 급격히 냉각하면 강철 내의 탄소가 탄화철(Fe_3C) 형태로 남아있게 되고, 이 강철은 딱딱하고 부서지기 쉬우며 밝은 색을 띠게 된다. 천천히 냉각하면 탄화철 대신 결정성 탄소(흑연)를 생성시킨다. 이렇게 생성된 강철의 연성은 훨씬 좋다(쉽게 원하는 형태로 변형시킬 수 있다).

용광로로부터 마지막 열처리 과정까지 강철을 만드는 모든 공정에서 엄청난 양의 에너지를 대부분 열의 형태로 사용한다. 1톤의 강철을 생산하기 위해서는, 약 1톤의 석탄 또는 이에 해당하는 양의 에너지가 소비된다.

버즈 두바이. 높이 818 m인 이 빌딩은 지금까지의 인공 구조물 중 가장 높다. 저단부는 강화 콘크리트로 되어있으나 상단부는 그 엄청난 높이가 가능하도록 강철로 세워졌다.

13-3c 구리

세계적으로 일부 지역에서는 금속 구리가 자유상태(원소)로 산출되기도 하지만, 이런 상태의 공급량은 세계의 수요량에 비하면 매우 부족하다. 오늘날 사용되는 구리의 대부분은 황동석($CuFeS_2$), 휘동석(Cu_2S), 코벨라이트(CuS) 등의 황화 구리 광석으로부터 얻는다. 광석에서 구리의 함유량은 약 1~2% 정도이기 때문에 먼저 분쇄된 광석을 부유선광법으로 농축한다.

부유선광 과정에서는 분쇄된 광석을 물과 송근유(pine oil) 등의 거품제와 혼합한다. 공기를 혼합물에 불어넣어 거품을 일으킨다. 광석에 포함된 모래, 자갈, 진흙 등의 **맥석(gangue)**은 쉽게 물에 젖어 용기의 바닥에 가라앉는다. 반면 황화 구리 입자들은 소수성이므로 물에 젖지 않는다. 황화 구리 입자들은 기름에 싸여 거품이 있는 용기의 위쪽으로 이동한다. 거품을 계속 걷어내어 그 속으로부터 황화 구리 광석을 회수한다.

황화 구리 광석으로부터 구리 금속을 얻으려면 광석을 공기 중에서 **배소(焙燒, roasting)**하여 황화 구리의 일부와 이와 함께 존재하는 모든 황화 철을 산화물로 만든다.

부유선광으로 맥석으로부터 CuS 분리.

$$2\ Cu_2S(s) + 3\ O_2(g) \longrightarrow 2\ Cu_2O(s) + 2\ SO_2(g)$$

$$2\ FeS(s) + 3\ O_2(g) \longrightarrow 2\ FeO(s) + 2\ SO_2(g)$$

계속하여 혼합물을 더 높은 온도에서 가열하면, 다음 반응으로 일부 구리가 만들어진다.

$$Cu_2S(s) + 2\ Cu_2O(s) \xrightarrow{\text{열}} 6\ Cu(s) + SO_2(g)$$

이 과정으로 얻는 것은 구리 금속, 황화 구리, 철, 기타 광석 조성물, 슬래그이다. 용융된 혼합물을 규산염 광물과 함께 변환로에서 가열한다. 변환로에서 용융된 재료에 공기를 불어 넣으면 두 가지 반응이 일어난다. 하나는 철이 슬래그로 변하는 것이다.

$$2\ FeS(s) + 3\ O_2(g) \longrightarrow 2\ FeO(s) + 2\ SO_2(g)$$

$$FeO(s) + SiO_2(s) \longrightarrow \underset{\text{용융 슬래그}}{FeSiO_3(\ell)}$$

다른 반응은 남은 황화 구리가 앞서 보여준 바와 같이 Cu_2S가 구리 금속이 되는 두 가지 종류의 반응이다. 이 방법으로 생산되는 구리는 조동(粗銅, crude copper) 또는 "발포(blister)" 구리(96~99.5% Cu)라고 하며, 표면이 발포성인 것은 공기가 빠져나가면서 생긴 것이다. 조동은 다시 전기화학적으로 정제된다.

구리를 전기화학적으로 정제할 때, 조동 막대를 양극으로, 순수한 구리를 음극으로 한다. 전기분해가 진행됨에 따라 음극에서는 구리가 Cu^{2+} 이온으로 산화되어 용액으로 들어가고 양극에 석출된다. 전지 전압을 적절히 조절하면 구리보다 활성이 더 큰 칠 등의 불순물은 용액에 남고 비활성 물질은 산화되지 않는다. 상대적으로 비활성인 불순물로는 금과 은이 있으며, 양극 아래에 불용성 찌꺼기인 "양극 찌꺼기(anode slime)"로 쌓인다. 양극 찌꺼기는 추가로 처리하여 귀금속으로 회수한다.

전기분해법으로 생산된 구리는 순도가 99.95%로 전선으로 사용하기에 적합하다. 이런 목적으로 사용되는 구리는 순수하여야 되는데, 그 이유는 비소와 같은 극소량의 불순물이 구리의 전기전도도를 크게 감소시키기 때문이다.

13-4 금속, 반도체, 초전도체의 특성

금속은 다른 물질과는 매우 다른 몇 가지 특성이 있다. 실온에서 액체인 수은과 실온보다 조금 높은 온도에서 액체인 갈륨을 제외한 모든 금속은 고체이다. 일부 금속은 아주 고온에서도 고체이다. 텅스텐은 녹는점이 3410°C이다. 금속은 몇 가지 공통적인 특성을 지닌다.

- 높은 *전기 전도성*. 금속선은 전류가 잘 흐른다. 금속의 전자는 유동성이 크다.
- 높은 *열 전도성*. 금속은 다른 재료보다 좋은 열 전도체이다. 뜨거운 차를 플라스틱 스푼으로 저으면 금속만큼 뜨거워지지 않는다. 어떤 금속은 다른 금속보다 열을 더 잘 전도한다. 은의 열 전도도는 강철의 두 배이다.
- *연성과 전성*. 대부분 금속은 가는 선으로 늘어나거나(연성), 망치로 두들겨 얇게

펼 수 있다(전성). 금은 가장 좋은 전성의 금속이다. 금 박막은 장식용으로 사용되고 있다.

- *광택*. 연마한 금속 표면은 빛을 반사한다. 대개 금속은 모든 파장의 빛을 반사하기 때문에 은빛 흰색을 갖는다.
- *물과 다른 용매에 대한 불용성*. 모든 금속은 물에 녹지 않지만 1족과 2족 금속과 같은 일부 금속은 물과 반응하여 수소 기체와 금속 수산화물 용액을 생성한다.

금속 원자의 결합 이론은 금속의 특성을 잘 설명할 수 있어야 한다. 금속의 구조를 연구해 보면, 고체 금속은 결합 전자에 의해 느슨하게 결합된 금속 이온들의 규칙적 배열 혹은 격자로 구성되어 있다는 것을 알 수 있다. 그림 13.7은 양전하를 가진 금속 이온들의 규칙적 배열, 즉 격자가 유동성 전자(자유 전자) 바다 속에 둘러싸여 있는 금속 결합의 한 모형을 보여주고 있다. 이들 유동성 원자가전자(valence electron)들이 금속 결정 전체에 비편재화되어 있으며 고체 전체로 자유롭게 운동할 수 있는 것은 금속이 나타내는 특별한 성질의 원인이 된다. 금속에 비해서 비금속의 원자가전자들은 원자 사이의 결합에 고정되어 있다. 이것은 비금속이 전기 전도체가 아니라는 것을 의미한다.

13-4a 반도체: 현대 사회의 기반

반도체: 전기 전도성이 금속과 비금속의 중간인 물질.

도핑: 반도체 물질의 원소보다 원자가전자가 많거나 적은 원소의 원자를 첨가하는 것.

우수한 전기 전도성을 가진 대부분의 금속과 비전도성 비금속 사이에 **반도체(semiconductor)**인 원소들이 위치하고 있다는 사실은 놀라운 것은 아니다. 이것은 그들이 특정한 조건에서 전기를 전도할 수 있음을 의미한다. 매우 순수한 규소는 반도체이다. 규소는 특정 전압을 걸어주기까지는 전기를 통하지 않아 비금속처럼 행동하지만 그 이상의 전압에서는 전기를 제법 통한다. 이런 성질에 흥미를 가진 전기 기술자들은 규소가 전기 회로에서 전자의 흐름을 여닫는 "문(gate)"으로 작용할 수 있다는 사실을 인식하게 되었다. 이 전자에 대한 문과 같은 작용은 **도핑(doping)**이라는 과정을 발견하기까지는 실현되지 못하였다. 흔한 도핑 첨가물은 주기율표에서 규소의 왼편 위쪽에 있는 13족 원소인 붕소이다. 붕소를 규소에 첨가하면 붕소 원자는 규소보다 원자가전자가 1개 부족하므로 규소 원자들의 격자 배열에서 *양공(positive hole)*을 형성한다. 이들 양공(이것은 전자처럼 고체에서 잘 움직일 수 있으나 전자와는 반대 방향으로 움직인다)의 존재는 도핑된 규소의 전도성을 증가시킨다. 즉, 더 좋은 전자 게이트가 된다. 정공을 만드는 원소로 도핑된 규소를 *p*형 반도체라 한다. 다른 도핑 첨가제로는 규소보다 원자가전자가 1개 많은 15족 원소 비소가 있다. 비소로 도핑한 규소는 고체에서 여분의 음성 전자 때문에 *n*형 반도체라 한다. 물론 이것도 도핑된 규소의 전도성을 증가시킨다. 도핑 첨가제의 양을 잘 조절하면 규소의 전도성을 미세하게 조절할 수 있다(그림 13.8).

그림 13.7 ▸ 금속의 "전자 바다" 결합 모형.
양으로 하전된 금속 원자핵이 음으로 하전된 "전자 바다"로 둘러있다.

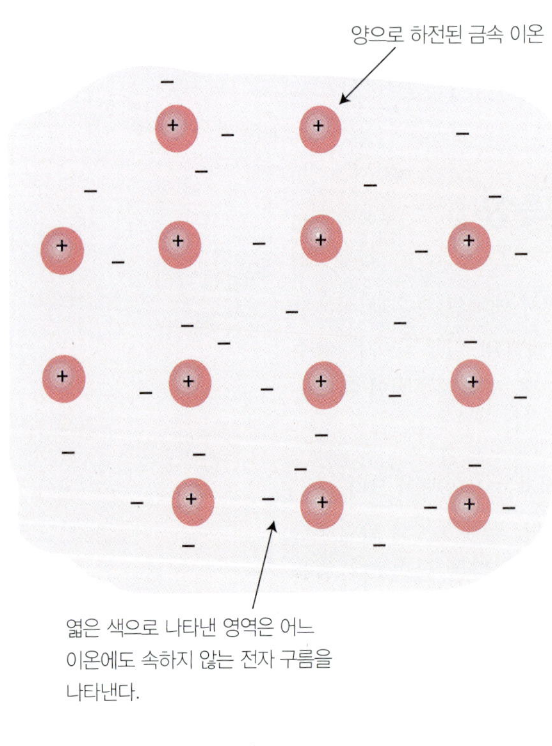

1947년에 벨 연구소의 John Bardeen, Walter Brattain, William Shockley는 두 층으로 된 *n*형 사이에 단

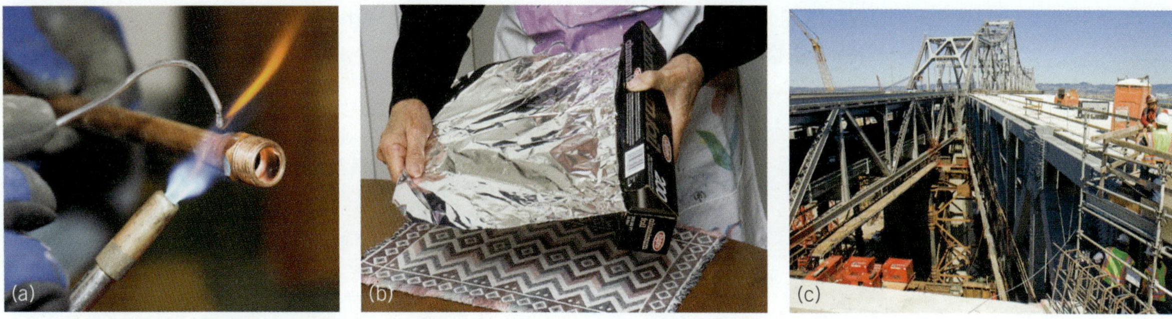

금속 성질의 활용. (a) 두 전전을 녹인 땜납으로 연결하기, (b) 얇게 편 알루미늄 포일로 음식물 저장, (c) 철과 강철로 만든 단단한 대형 구조물.

층의 p형 규소를 넣은 장치를 제작하였다. **트랜지스터(transistor)**라고 하는 이 장치는 세계를 혁명적으로 변화시켰고(그림 13.9), 이 세 사람은 이 발견으로 1956년에 노벨 물리학상을 공동 수상하였다. 트랜지스터의 중요성은 즉시 인식되었다. 트랜지스터는 1947년에 벨 연구소에서 처음 시연되었지만 특허권 신청이 마무리된 1948년 7월 1일이 되어서야 발표되었다. 트랜지스터는 회로의 전자 흐름을 정밀하게 조절할 수 있고, 크기가 작아 적은 전력으로 동작이 가능하기 때문에 매우 작은 크기의 전자회로를 제작하는 것이 가능하게 되었다. 도핑된 규소로 만든 트랜지스터를 사용해서 완두콩만큼 작은 캠코더, 개미 등에 얹을 정도로 충분히 작은 라디오, 그 밖의 여러 놀랄만한 장치들이 만들어졌다. 물론 휴대 전화기, 마이크로 오븐, 비디오 게임 박스같이 흔히 볼 수 있는 것들도 트랜지스터가 있었기 때문에 존재할 수 있게 되었다. 컴퓨터의 중앙 처리 장치는 순수 실리콘 웨이퍼 기판 위에 조립된 수백만 개의 트랜지스터와 다른 회로 요소로 구성되어 있다(그림 13.9). 이같은 장치를 집적 회로라 한다.

트랜지스터: 회로에서 전자의 흐름을 제어할 수 있는 반도체 장치.

그림 13.8 ▸ 반도체 장치에서 규소 도핑.

원자가전자가 5개인 원자(예: 비소)를 첨가하면 결정에서 자유롭게 다닐 수 있는 전자가 추가된다. 원자가전자가 3개인 원자를 추가하면 결정은 자유롭게 다닐 수 있는 정공이 주가된다.

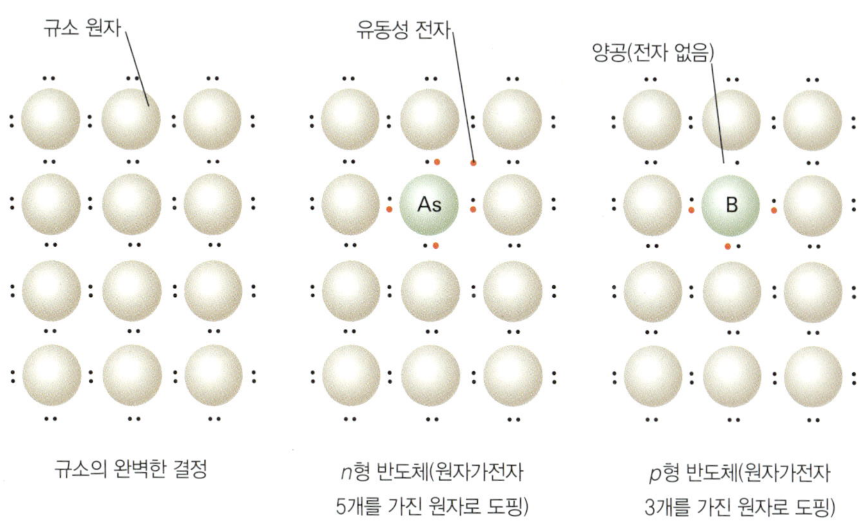

그림 13.9 ▸ 벨 연구소에서 개발된 첫 번째 트랜지스터와 수백만개의 트랜지스터를 포함하는 최신 컴퓨터 칩(작은 사진).

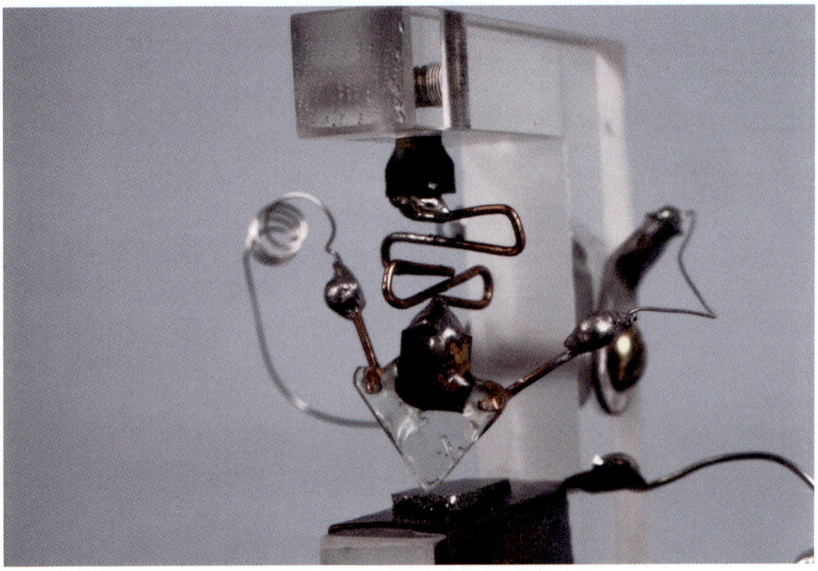

13-4b 태양 에너지를 전기 에너지로

태양전지(*solar cell*) 즉, 광전지는 태양에서 받은 에너지를 전자의 흐름으로 바꾸는 것이다. 태양전지는 현재 계산기, 시계, 우주선 관련 기기, 통신위성, 자동차와 기차의 신호기 등에 이용되며, 세계적으로 송전 설비가 사실상 미비된 미개발지역에서는 동력원으로 사용되고 있다. 효율 10%인 태양전지가 개발되고, 그것을 설치할 미국 전체 면적의 0.13%에 해당되는 1만 3천 km^2의 땅만 있으면 미국에서 필요한 모든 전기를 공급할 수 있을 것으로 추산된다.

태양전지의 한 형태는 두 층이 거의 순수한 규소로 구성되어 있다. 아래의 두꺼운 층에는 미량의 붕소(B)가 들어있고, 위쪽의 얇은 층에는 미량의 비소(As)가 포함되어 있다. 이미 앞에서 설명한 것처럼 비소가 첨가된 층은 이동 전자를 가진 *n*형 반도체이며, 붕소가 첨가된 전자가 부족한 층은 정공을 가진 *p*형 반도체이다(그림 13.8 참조). *n*형 층에 있는 유동 전자들은 *p*형 층의 정공에 있는 홀전자와 짝을 이루려고 하는 경향이 강하다. 만약 두 층을 외부회로로 연결하고(그림 13.10) 충분한 에너지를 가진 광자가 표면을 때려 흡수된다면, 들뜬 전자는 *n*형 층을 떠나서 외부 회로를 통하여 *p*형 층으로 흘러들어간다. 흘러 들어오는 전자들 때문에 *p*형 층은 점점 더 음전하를 띠게 되며 전자들은 내부적으로 반발이 일어나서 *p*형 층으로 되돌아간다. 이 때 *p*형 층은 양전하를 띠므로 전자를 끌어들이게 된다. 전지가 햇빛이 노출되는 한 이와 같은 과정이 무한히 계속될 수 있다.

13-4c 금속보다 전도성이 더 좋은 물질이 있을까?

금속을 가열하면 전기 전도성은 감소한다. 고온에서 전도성이 낮은 것은 고온에서 금속 격자 내에서 빠르게 진동하는 원자들이 원자가전자의 움직임을 제한하기 때문이라고 설명할 수 있다. 분자 운동론에 따르면 온도가 높아지면 입자 운동 속도가 높아지며, 이것은 금속처럼 원자들이 고정된 위치에 있더라도 적용할 수 있다. 금속 원자들이 차가워서 움직임이 상대적으로 정적인 상황에서 전자들은 격자 사이를 헤치고 다닐 수 있다. 이는

그림 13.10 ▸ 태양전지.

바깥 유리 아래에 있는 금속 그리드는 전자를 내놓는 전극 역할을 하면서, *n*형 반도체 층에 가능한 한 많은 빛이 때리도록 하고 있다. *n*형 반도체 층은 거의 투명하다. 그 아래층에는 *p*형 층이 있고 전자가 다시 들어가는 전지 전극이 있다.

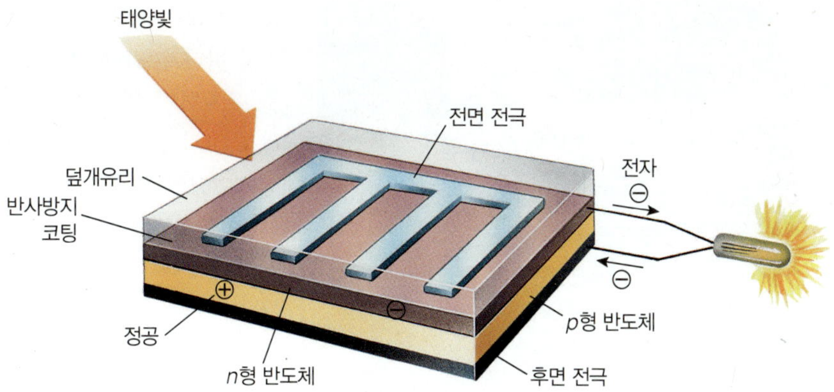

조용히 대화하는 많은 사람들로 가득찬 실내를 돌아다니는 사람으로 비유할 수 있다. 온도가 상승하여 금속 원자가 격렬히 진동하고 전자가 이 격자 사이를 헤치고 나아가기 어려워지는 상황은 실내의 모든 사람들이 갑자기 동요하여, 그 방에서 돌아다니기가 어려워지는 모습과 유사하다.

이러한 관점에서 충분히 낮은 온도에 도달하면 금속의 전기 전도성이 아주 높아질 것으로 생각할 수 있다(즉, 저항이 0이 된다). 실제로 순수한 금속 결정의 전도성은 절대영도(0 K, −273℃)에 도달하면 무한대가 된다(제로 저항). 그러나 많은 금속에서는 절대 영도에 도달하기 전에 더욱 흥미로운 일이 나타난다. 어떤 낮은 온도에서, 마치 절대 영도에 이미 도달한 것처럼 전도성이 갑자기 증가한다. *초전도 전이 온도* (*superconducting transition temperature*)라고 하는 이 온도에서 금속은 전기적 **초전도체**(**superconductor**)가 된다. 초전도체는 전기가 흐를 때 어떠한 저항도 나타내지 않는다. 이같은 현상은 초전도성 와이어로 만든 전기 모터는 100% 효율을 나타내고 전력 송전선 역시 100% 효율을 갖는다는 것을 의미한다. 전자 흐름에 대한 저항은 모터나 전송선 또는 다른 전기 장치에서 에너지 손실이 초래한다. 초전도체에서는 금속 격자 내에서 진동하는 원자들로 인한 전자흐름의 방해 현상이 일어나는 대신에 전자의 흐름을 허용하는 어떤 협동 작용이 일어난다. 표 13.3에는 초전도 전이 온도를 갖는 몇몇 금속을 나타내었다. 모든 금속이 초전도성을 보이는 것은 아니다.

초전도체: 전기 흐름에 저항이 없는 물질.

표 13.3 ▸ 몇몇 금속의 초전도성 전이 온도

금속	전이 온도(K)
갈륨	1.087
납	7.23
니오븀	9.17
란타넘	4.8
알루미늄	1.183

표 13.3에 나타낸 금속의 전이 온도가 상대적으로 낮은 것은 이 금속들을 사용하여 초전도성 모터나 전송선을 만드는 것이 비현실적이라는 것을 뜻한다. 금속의 초전도성이 발견된 후 얼마 되지 않아 금속보다 더 높은 전이 온도를 갖는 일련

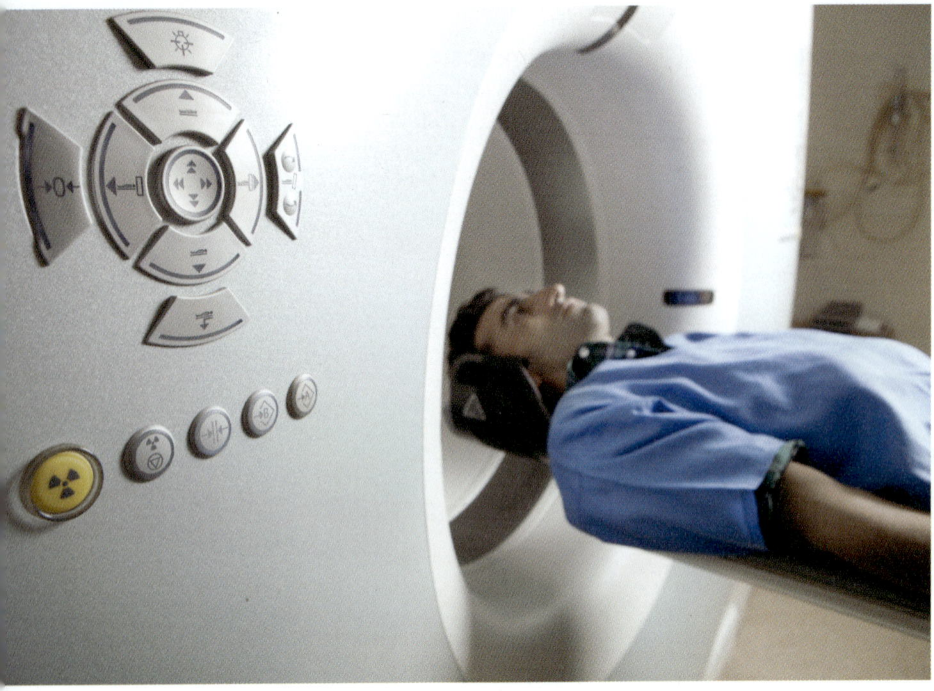

의 합금(금속 혼합물)이 제조되었다. 니오븀 합금은 가장 유망하였으나 초전도성을 나타내기 위해서는 23 K(−250°C) 이하로 냉각시켜야 한다. 그러한 낮은 온도를 유지하기 위해서는 리터당 6 달러나 되는 매우 값비싼 액체 헬륨이 필요하다. 이는 아주 특별한 곳에 적용하는 것을 제외하고는 너무 비싸다.

스위스 IBM 연구실 과학자인 K. Alex Müller와 J. Georg Bednorz는 1986년 1월에 바륨-란타넘-구리 산화물이 액체 헬륨이 필요한 35 K에서 초전도성을 나타낸다는 것을 발견하였다. 이 발견 때문에 많은 연구가 뒤따르게 되었고, 곧 $LaBa_2Cu_3O_x$ 화합물이 질소의 끓는점(77 K, −190°C)보다 높은 온도인 90 K에서 초전도성을 나타낸다는 사실이 발표되었다. 리터당 50 센트 이하인 액체 질소는 액체 헬륨보다 훨씬 값싼 냉동제이다. 2010년 기준으로 $HgBa_2Ca_3Cu_3O_9$이 135 K에서 초전도성을 보여주는 기록을 보유하고 있다.

왜 초전도성의 가능성에 대해서 흥분하고 있는가? 초전도성 물질을 이용하여 더 강력한 전자석을 만들 수 있으며 이것은 핵 입자 가속기나 의료 진단 기기인 자기공명영상(MRI)에 쓰인있다. MRI 기기의 효율에 영향을 미치는 요소 중 하나는 전기저항 때문에 생기는 전자석의 열발생 문제이다. 많은 과학자는 고온 초전도체가 발견되면 전기 및 전자 공학에서의 잠재적 효과 때문에 트랜지스터의 발견보다도 더 중요하다는 사실을 입증하게 될 것이라고 말하고 있다. 예로, 전력 송전에 초전도성 물질을 사용하면 전선의 저항으로 인한 에너지 손실의 30%나 절약할 수 있다.

13-5 암석로부터 얻는 유리, 세라믹, 시멘트

지구의 지각은 대개 규소와 산소가 화학 결합하고 있는 순수한 **실리카**(SiO_2) 또는 **규산염**(silicate) 광물로 이루어져 있는데, 이는 규소-산소 음이온이 금속 양이온과 결합된 형태이다.

실리카: 자연에서 얻는 이산화규소.

규산염: 금속 양이온과 규소-산소 음이온으로 조성된 광물.

순수한 실리카로 이루어진 여러 결정 형태 중 가장 흔한 것은 석영이다. 이것은 화강암과 사암의 주성분이며 순수한 결정으로도 석출된다. 석영과 대부분 규산염의 기본 구조는 사면체이다. 석영에서 각 규소 원자는 4개의 산소 원자와 결합하고 있고, 각 산소 원자는 두 개의 규소 원자와 결합하고 있다. 그 결과 꼭지점을 공유하는 사면체들의 무한 배열이 이루어진다.

대부분의 규산염은 규소－산소가 만드는 사면체에 의해 사슬이나 고리, 얇은 판상 구조에서 3차원적 그물 구조에 이르기까지 다른 방식의 망상구조로 이루어져 있다.

가장 간단한 망상조직 규산염은 *휘석(pyroxene)*으로, 이는 SiO_4 사면체들이 사슬처럼 길게 연결되어 있다(그림 13.11). 이러한 두 사슬이 나란히 놓이면 옆 사슬의 산소 원자를 공유하여 서로 연결될 수 있다. 이것이 *각섬석(amphibole)*이다. 이런 이중 사슬구조 때문에 각섬석은 섬유성 물질이다. 이러한 형태의 규산염의 예는 비취와 석면이다.

규산염 사슬 사이의 연결이 2차원적으로 계속되면, SiO_4 사면체 단위의 얇은 판이 된다(표 13.4). 다양한 점토와 운모가 이러한 판상구조로 되어 있다. 토양의 주성분인 점토는 *규산알루미늄(aluminosilicate)*인데, 여기서는 Si^{4+} 이온의 일부가 Al^{3+}과 양의 전하가 더 큰 다른 양이온으로 치환되어 있다. 많은 암석의 성분이고, 그물망 구조를 가진 규산염의 일종인 장석은 다음 반응으로 풍화되어 진흙을 만든다.

$$\underset{\text{장석}}{2\,KAlSi_3O_8(s)} + CO_2(g) + 2\,H_2O(\ell) \longrightarrow$$

$$\underset{\text{Kaolinite (진흙)}}{Al_2(OH)_4Si_2O_5(s)} + 4\,SiO_2(s) + K_2CO_3(aq)$$

미국에서 판매되는 몇 가지 의약품(예: Kaopectate)은 고순도의 정제 진흙을 함유하고 있는데 위산과다나 위장 장애를 유발하는 해로운 세균을 흡수하는 역할을 한다.

13-5a 유리

실리카가 녹을 때 일부 결합이 끊어지면서 SiO_4의 사면체 단위의 위치가 헝클어진다. 냉각될 때 단위들은 결정질 실리카의 규칙적 배열로 재조직되기 어려운데 그 이유는 상호간에 이동이 쉽지 않기 때문이다. 대신에, 냉각시 액체와 비슷한 내부 구조를 가진 단단하고 비결정질인 투명 물질인 **유리(glass)**가 생성된다. 액체처럼 불규칙한 분자 배열은 유리의 특성 중 하나를 설명해 준다. 즉, 결정처럼 한 면을 따라 쪼개지지 않고 불규칙하게 깨진다. 유리나 규칙적 원자 배열과 특성이 존재하지 않는 물질은 비결정질 물질

유리: 규산염을 다른 물질과 함께 녹여 만든 단단한 비결정질 투명 물질.

그림 13.11 ▸ 규산염의 구조(빨강: 산소 원자, 노랑: 규소 원자)

(a) 휘석; 사면체 SiO_4 단위가 Si–O–Si 사슬로 결합되어 있다. (b) 각섬석의 예인 석면. SiO_4 단위의 사슬들이 측면으로 Si–O–Si 결합으로 연결되어 있다.

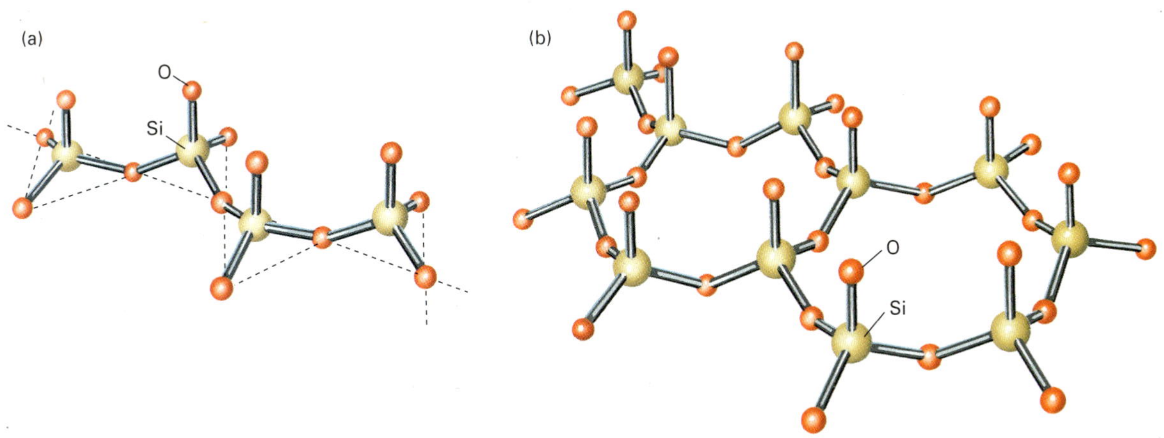

표 13.4 규산염

Si–O 사면체의 형태	종류명	구조
개별 음이온	오쏘규산염	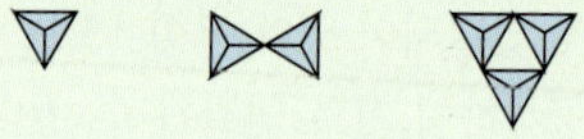
사슬	휘석(직선형 사슬)	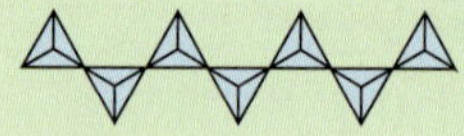
	각섬석(이중 사슬)	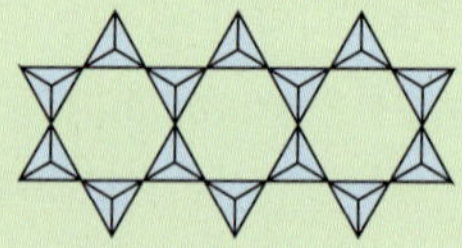
판	운모, 활석, 진흙	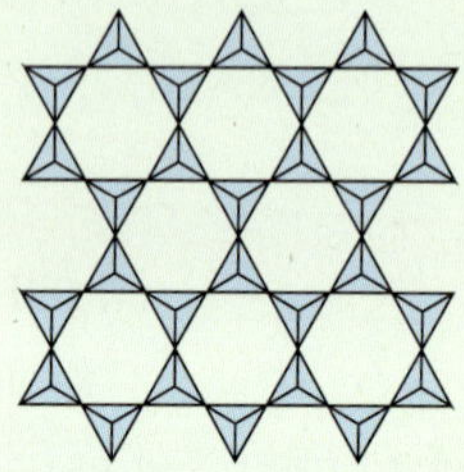
3차원 그물망	실리카, 장석, 제올라이트	–

(amorphous substances)로 알려져 있다.

일반적인 창유리는 탄산 소듐과 탄산 칼슘을 실리카와 혼합하여 녹여서 만든다. 이산화 탄소 기포가 빠져나간 후, 냉각된 혼합물은 규산 소듐과 규산 칼슘으로 이루어진 유리이다.

$$n\,Na_2CO_3(\ell) + n\,SiO_2(s) \xrightarrow{\text{열}} Na_{2n}(SiO_3)_n + n\,CO_2(g)$$

$$n\,CaCO_3(\ell) + n\,SiO_2(s) \xrightarrow{\text{열}} Ca_n(SiO_3)_n + n\,CO_2(g)$$

백색 모래는 유리를 만드는 데 쓰이는 실리카의 원료이다. 최상급의 모래조차도 약간의 갈색이나 노란색을 띠는데 그것은 모래에 포함된 소량의 철(III) 화합물 때문이다. 이러한 모래로 유리를 만들 때, 철은 옅은 녹색의 규산 철(II) 혼합물로 변한다. 오래 전에 만들어진 유리병에서 보는 녹색 흔적은 이 때문이다. 용융액에 망가니즈 화합물을 첨가하면 분홍색의 규산 망가니즈가 생성되며, 이것이 규산 철의 녹색을 상쇄하여 유리를 무색으로 보이게 한다.

유리의 조성과 특성에 변화를 주는 수없이 많은 방법이 가능하다. 실리카 일부를 산화 붕소로 대체하면, 온도가 변할 때 균열을 덜 생기게 할 수 있다. 주방이나 실험실에서 일반적으로 사용되는 유리의 대표적인 상표인 파이렉스(Pyrex)는 붕소규산(borosilicate) 유리이다. 표 13.5의 물질을 첨가하면 여러 가지 아름다운 색을 만들 수 있다. 몇 가지 다른 형태의 유리 조성과 특성을 표 13.6에 나타내었다.

담금질: 금속, 유리 또는 합금을 덜 부스러지도록 가열과 냉각하는 과정.

유리 제조에서는 적절한 **담금질(annealing)**이 중요하다. 담금질이란 유리가 끈적끈적한 액체 상태에서 실온의 고체로 되는 과정에서 냉각을 조절해 주는 것이다. 유리가 너무 빨리 냉각되면, 작은 면적의 결정질이 생기면서 국부적으로 결합력이 불균일하게 된다. 이것은 기계적 충격이나 갑작스런 온도 변화 시에 유리에 금이 가거나 산산 조각

유리 제조에 쓰이는 천연 재료: 모래(SiO_2), 조개껍질($CaCO_3$), 소다회(Na_2CO_3)로 쓰이는 해초.

나도록 하는 뒤틀림을 초래한다. 광학 재료같이 고품질 유리는 매우 조심스럽게 담금질하여야 한다. 미국 캘리포니아 팔로마 산 천문대의 거대한 거울은 9개월에 걸쳐서 500°C에서 300°C로 담금질되었다.

13-5b 세라믹

세라믹에 대해 아는 것이 무엇인가? 아마도 공예품 전시회에서 본 도자기 화병, 욕실 타일, 전기부품 등이 떠오를 것이다. **세라믹(ceramic)**은 비금속의 성질을 갖는 많은 다양한 종류의 물질이다. 공통점은 모두 광물이나 기타 규산염과 금속 산화물 같은 물질을 굽거나 불에 태워서 만든다는 것이다.

세라믹: 비금속 광물 혼합물을 불로 처리하여 만든 재료나 제품.

세라믹 물질은 역사가 기록되기 이전부터 만들어져왔다. 일반적으로 진흙이나 그 밖의 흙을 이용하여 실온에서 모양을 빚어서 가열하여 영구히 모양이 변하지않도록 굳힌다. 규산염 세라믹은 도자기 화병, 벽돌, 찻잔과 같은 진흙으로 만든 것을 포함한다. 일반적인 도자기의 세 가지 중요한 재료는 진흙(앞서 언급된 바와 같이 장석이 풍화된 것),

표 13.5 색유리에 사용되는 물질

물질	색
산화 구리(I)	빨간색, 녹색, 파란색
산화 주석(IV)	불투명
플루오린화 칼슘	유백색
산화 망가니즈(IV)	보라색
산화 코발트(II)	푸른색
고운 입자의 금	빨간색, 자주색, 파란색
우라늄 화합물	노란색, 녹색
철(II) 화합물	녹색
철(III) 화합물	노란색

각양각색의 예술적 유리 향수병. 금속 화합물에 따라 다른 색을 나타낸다.

모래(실리카), 장석(규산알루미늄)이다. 물과 섞인 진흙은 빚을 수 있는 반죽이 되는데, 그 이유는 이들이 서로 쉽게 미끄러지는 많은 작은 규산염 판들로 이루어져 있기 때문이다. 진흙과 물의 혼합물을 가열하면, 물이 날아가고 새로운 Si—O—Si 결합이 형성되어 판들의 덩어리가 영구히 굳게 된다. 유리와 같이 세라믹도 비결정질이다.

유리와 비슷한 독특한 특성을 가진 새로운 종류의 세라믹을 가정용이나 공업용으로 널리 사용하기 시작했다. 일반 유리는 일단 금이 생기면 깨지며, 작은 금이 커지는 것을 막을 방법이 없다. 보통 방식으로 제조된 유리제품을 많은 작은 결정이 생길 때까지 가열한 다음 냉각하면, 일반 유리에 비해서 잘 깨지지 않는다는 사실이 발견되었다. 분자 관점에서 보면, 불규칙한 유리 구조 일부가 질서있는 결정성 규산염으로 대치되는 것이다. 이러한 방식으로 제조된 물질[한 가지 예는 피로세람(Pyroceram)]은 일반적으로 불투명하며 주방용품과 외부 충격이나 고온 저항성이 필요한 제품 등에 사용된다.

세라막 제품은 여러 이유로 흥미를 끈다. 그것을 만드는 데 필요한 출발 물질이 구하기 쉽고 값도 싸다. 세라믹은 금속에 비해 가볍고 금속과는 달리 1000°C 이상의 온도에서도 강도를 유지한다. 또한 컴퓨터와 전자 산업에 유용한 전기적, 광학적, 자기적 특성을 가지고 있다.

세라믹을 이용하는 데 유일한 심각한 단점은 쉽게 부서지는 성질이다. 세라믹은 거의 변형되지 않지만, 세라믹 매트릭스 내의 결합의 약점으로 인하여 부서지면 완전히 부서진다. 그렇지만 그러한 약점은 제품마다 달라서 예측하기 어렵다. 세라믹 제품이 충격에 약한 것은 불순물이나 기본 원자 배치의 불규칙성에서 초래되는 분자의 비정상성 때문이므로, 좀 더 순수한 출발 물질을 사용하고 제조 공정의 단계를 잘 조절하는 데 주

표 13.6 몇 가지 특수 유리

특수 첨가제나 조성	원하는 성질
SiO_2, Na_2CO_3와 다량의 PbO	밝고 투명해서 광학 재질로 적당. 크리스탈 또는 플린트 유리
SiO_2, B_2O_3와 소량의 Al_2O_3	열팽창 계수가 작은 붕소규산 유리. 파이렉스, 키맥스
SiO_2, PbO 1:4 혼합물	다량의 X선과 감마선을 막아주는(흡수하는) 능력. 납유리
고농도의 CdO	중성자를 흡수하는 능력
고농도의 As_2O_3	적외선을 통과시킴

의를 많이 기울여야 한다. 또한 *세라믹 복합 재료*(*ceramic composite materials*, 세라믹 재료 혼합물 또는 세라믹 섬유와 플라스틱의 혼합물)는 보통 세라믹의 금이 잘 가는 성질을 극복할 수 있다.

A.D. 1200년경의 이 도자기 같이 많은 세라믹은 진흙을 구워서 굳혀 만든다.

13-5c 시멘트와 콘크리트

시멘트(**cement**)는 광물 조각들을 결합시켜 고체 덩어리로 만들 수 있는 물질이다. 포틀랜드 시멘트로 알려진 가장 흔한 시멘트는 탄산 칼슘(석회석이나 분필), 실리카(모래), 알루미노규산염 광물(고령토, 진흙 또는 혈암), 산화 철의 혼합물을 회전 가마에서 고온으로 구워 만든다. 재료가 가마를 통과하면서 수분과 이산화 탄소를 잃고, 부분적으로 서로 녹아 엉겨붙은 클링커 벽돌(과열 벽돌)을 형성한다. 여기에 소량의 황산 칼슘(석고)을 첨가한 후에 빻아서 매우 고운 분말로 만든다. 포틀랜드 시멘트의 전형적인 조성은 산화물로 표현할 때, CaO 60~67%, SiO_2 17~25%, Al_2O_3 3~8%, Fe_2O_3 0~6%와 소량의 산화 마그네슘, 황산 마그네슘, 산화 포타슘, 산화 소듐으로 되어 있다. 유리에서와 같이 산화물은 분자나 이온성 결정으로 분리될 수 없으며 매우 복잡한 미세 구조를 가진다.

시멘트: 광물 조각들을 고체 덩어리로 결합시키는 물질 또는 다른 재료를 결합시키는 물질.

시멘트가 굳는 동안 여러 가지 반응이 일어난다. 처음에는 규산 칼슘이 물과 반응하여 끈끈한 젤이 만들어진다. 콘크리트의 높은 강도는 젤의 매우 넓은 표면적 때문이다. 표면에서는 공기 중 이산화 탄소와의 반응도 일어난다. 초기의 고형화가 일어난 후에 크기가 작고 밀도가 큰 서로 조밀하게 맞물린 결정들이 형성되기 시작한다. 이 과정은 오랜 시간 지속되며 시멘트의 압축 강도를 증가시킨다.

매년 8억 톤 이상의 시멘트가 생산되며 대부분은 콘크리트를 만드는 데 사용된다. Si—O 결합을 함유한 다른 재료와 마찬가지로 콘크리트는 실질적으로 압축에는 매우 강하지만 인장에는 매우 약하다. 콘크리트를 인장력이 가해지는 곳에 사용할 때에는 강철로 보강해 주어야 한다.

연습 문제

1. 다음 용어를 정의하시오.
   (a) 퇴적암
   (b) 화성암

2. 다음 용어를 정의하시오.
   (a) 담금질(annealing)
   (b) 무정형(amorphous)
   (c) 세라믹(ceramic)
   (d) 시멘트

3. 바닷물에서 얻는 일반적인 금속 하나를 쓰고, 이 금속의 용도를 몇 가지 열거하시오.

4. 다음 식을 완결하고 (필요하면) 계수를 맞추시오.
   (a) $2H_2O(\ell) + 2e^- \rightarrow$______ $+ OH^-(aq)$
   (b) $Mg^{2+}(aq) + 2OH^-(aq) \rightarrow$______
   (c) $Cl^-(aq) \rightarrow Cl_2(g) +$______
   (d) $CaCO_3(s) \rightarrow$ ______ $+ CO_2(g)$

5. 철의 제련에서 용광로에 투입하는 3가지 물질은 무엇인가? 이 중 환원제는 무엇인가?

6. 선철, 주철, 강철의 차이는 무엇인가? 각각의 조성, 특성, 용도를 말하시오.

7. 선철로부터 강철을 만들 때 사용되는 원소는 무엇인가?

8. 다음 식을 완결하고 (필요하면) 계수를 맞추시오.
   (a) $Cu_2S(s) + O_2(g) \rightarrow$
   (b) $Fe_S(s) + O_2(g) \rightarrow$

9. 주기율표에 관한 지식을 사용하여 규소로 n형 반도체를 만들고자 할 때 비소 대신에 사용할 수 있는 원소는 무엇인지 말하시오.

10. 주기율표에 관한 지식을 사용하여 반도체의 주성분으로 규소 대신에 사용할 수 있는 원소는 무엇인지 말하시오.

11. 많은 규산염 광석에서 발견되는 SiO_4 단위의 구조를 그리시오. 이 구조에서 분자의 모양은 무엇인가?

12. 규산염의 하나인 수정은 전기적으로 부도체이지만, 순수한 규소는 반도체인 이유는 무엇인가?

생활 속의 화학 찾아보기

ㄱ

ㄴ

ㄷ

ㄹ

ㅁ

ㅂ

ㅅ

ㅇ

ㅈ

ㅊ

ㅋ

ㅌ

ㅍ

ㅎ

옮긴이 소개

- 강남대학교 남궁미옥, 윤신숙
- 건양대학교 심원보, 이우일, 이재영, 정규성
- 경희대학교 이영식
- 경북대학교 김창민, 이홍인, 정종화
- 계명대학교 박영태
- 대구가톨릭대학교 구본권, 엄인용, 이갑용, 이상협
- 대구한의대학교 변부형
- 부산대학교 박장수, 박 현
- 삼육대학교 고원배
- 서울시립대학교 권해두, 윤미경
- 성균관대학교 이순원
- 숭실대학교 이종율
- 울산대학교 류광선, 양성봉, 우상국, 이민형, 이영일, 이형일, 정한모, 지기환
- 전남대학교 최상원, 최용국
- 전북대학교 이동헌
- 조선대학교 고문주
- 중앙대학교 손태일
- 창원대학교 신동수, 안철진
- 초당대학교 홍순강
- 한국교통대학교 정봉환
- 호서대학교 임수아, 차은희

생활속의 화학 제2판

인 쇄 일 2024년 8월 12일 2판 5쇄 인쇄
발 행 일 2024년 8월 19일 2판 5쇄 발행
지 은 이 John L. Hogg
옮 긴 이 화학교재연구회
발 행 인 송성헌
발 행 처 센게이지러닝코리아㈜
등록번호 제313-2007-000074호(2007.3.19.)
이 메 일 asia.infokorea@cengage.com
홈페이지 www.cengage.co.kr
I S B N 978-89-6218-457-0 93430

공 급 처 사이플러스
주 소 서울시 영등포구 양평로 30길 14, 세종앤까뮤스퀘어 1106호
도서안내 및 주문 TEL 02) 332-6171 FAX 02) 332-6185
E-mail scieditor@sciplus.co.kr

정가 30,000원